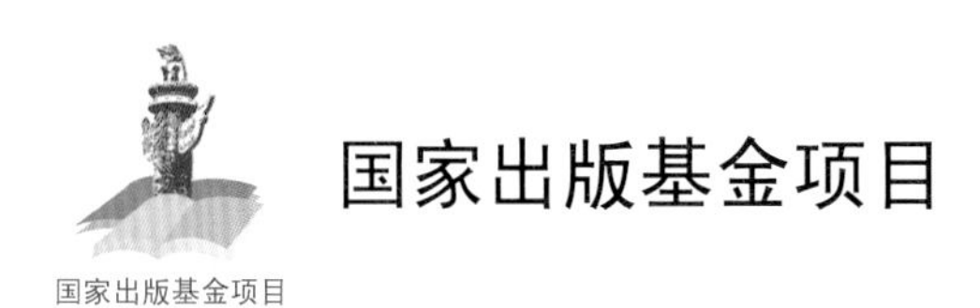

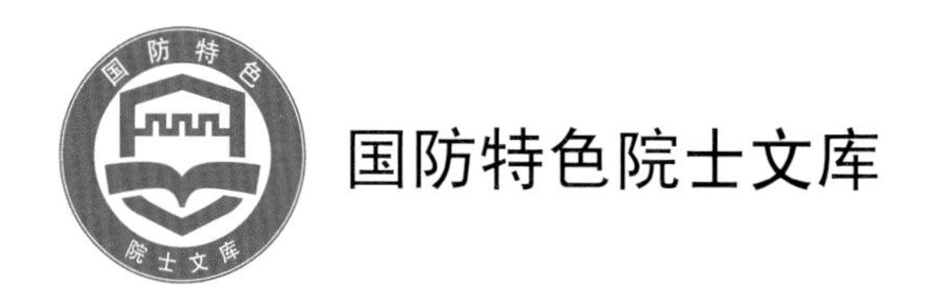

中间弹道学

INTERMEDIATE BALLISTICS

李鸿志　姜孝海　王　杨　郭则庆◎著

北京理工大学出版社
BEIJING INSTITUTE OF TECHNOLOGY PRESS

内容简介

中间弹道学是弹道学最年轻的学科分支，主要研究身管武器发射过程中，弹丸穿越膛口流场时的受力状况、运动规律，以及伴随膛内火药燃气排空过程发生的各种现象（中国大百科全书）。本书主要内容包括：膛口流场特性与物理模型、火药燃气后效期理论、膛口装置气体动力学、膛口冲击波动力学、膛口气流脉冲噪声、膛口焰燃烧动力学、弹丸的后效作用、膛口流场数值计算、膛口制退器优化设计、膛口气流危害控制原理、中间弹道学实验研究等11章。

本书是一本全面介绍中间弹道学学科体系、学术内涵的学术专著。书中详细介绍了实验规律、机理分析、理论方法评价和数值计算实例。以应用为目的，为武器设计与安全防护提供弹道学基础。

本书的主要特色：

——在总结、借鉴、评价近半个世纪的中间弹道学各种经典理论成果的基础上，重点探索数值模拟为主的近代理论，以逐步取代经典理论计算方法，并自主完成了本书全部数值计算算例；

——充分发挥实验研究的图像可视、机理清晰的优点，利用自研的瞬态高速流场显示、光谱测温、激光测速和高空流场模拟等新手段，自主完成了全书的试验图例。

本书可作为兵器、航空、航天、船舶等涉及发射与气流危害、安全控制学科的研究生、科技人员教学参考书，也可为研究复杂流场测量与计算的有关领域提供参考。

图书在版编目（CIP）数据

中间弹道学/李鸿志等著. —北京：北京理工大学出版社，2015.1
ISBN 978-7-5682-0004-2

Ⅰ.①中…　Ⅱ.①李…　Ⅲ.①中间弹道学　Ⅳ.①O315

中国版本图书馆CIP数据核字（2014）第288971号

出版发行 / 北京理工大学出版社有限责任公司
社　　址 / 北京市海淀区中关村南大街5号
邮　　编 / 100081
电　　话 / (010)68914775(总编室)
　　　　　82562903(教材售后服务热线)
　　　　　68948351(其他图书服务热线)
网　　址 / http://www.bitpress.com.cn
经　　销 / 全国各地新华书店
印　　刷 / 北京地大天成印务有限公司
开　　本 / 787毫米×1092毫米　1/16
印　　张 / 27.25
字　　数 / 527千字
版　　次 / 2015年1月第1版　2015年1月第1次印刷
定　　价 / 150.00元

责任编辑 / 樊红亮
　　　　　王玲玲
文案编辑 / 王玲玲
责任校对 / 周瑞红
责任印制 / 王美丽

自　序

“中间弹道学是研究身管武器发射过程中，弹丸穿越膛口流场时的受力状况、运动规律，以及伴随膛内火药燃气排空过程发生的各种现象的学科，是弹道学的一个分支。”——《中国大百科全书》《中国军事百科全书》。

（一）

中间弹道学是弹道学中诞生最晚的新学科，早期属于内弹道学。20 世纪 60 年代后，随着武器需求的日益迫切与学科内涵的不断充实，逐渐独立成为弹道学的一个分支。半个世纪以来，作为一门应用基础学科，中间弹道学经历了起步、发展、低潮、再发展的历史过程。20 世纪 60 年代至 90 年代初是它的快速发展期，其中，以美国陆军弹道研究所（BRL）、德国恩斯特一马赫研究所（EMI）和中国弹道研究所为代表，开展了系统的研究工作，为中间弹道学的理论和实验体系的建立以及经典理论的完善起到了奠基的作用。

进入 20 世纪 90 年代中期后，由于新军事变革对武器需求的变化以及自身理论与方法的不适应，中间弹道学经历了一段低潮期。近年来，依托计算机技术和大规模数值计算方法的应用，以建立中间弹道学的现代理论与精确方法为目标，研究工作又重新活跃起来。

（二）

我是 1960 年 9 月开始从事中间弹道学的科研工作的（当时“中间弹道学”一词在科研管理中尚未使用），至今已 54 年了，亲身经历了我国中间弹道学起步和发展的全过程。在 1963—1993 年的 30 年快速发展期，在专业发展方面，我将主要精力都用于中间弹道学的科研、实验室与学科建设工作。

——在兵器科研管理部门的大力支持下，连续争取并完成了 16 个中间弹道科研项目，先后获国家级奖 4 项，省部级奖 10 项，发明专利 2 项，国际发明金奖 1 项。包括：

8 个中间弹道学理论研究项目和成果：

① 炮口制退器的研究（1963—1965，1971—1976）；

② 膛口冲击波机理研究（1977—1981）；

③ 中间弹道理论及应用研究（1981—1985）；

④ 高膛压滑膛炮炮口制退器研究（1986—1989）；

⑤ 膛口焰机理及抑制技术研究（1988—1990）；

⑥ 炮口制退器的优化设计方法研究（1988—1990）；

⑦ 高膛压滑膛炮炮口制退器对尾翼稳定脱壳穿甲弹弹道性能的影响研究（1989—1993）；

⑧ 膛口非定常复杂流场的数学模拟研究（1998）。

以及 8 个中间弹道实验技术研究项目和成果：

① YA-1 亚微秒光源及其阴影照相系统（1981—1983）；

② 新型多闪光高速摄影机研制（1981—1985）；

③ YA-16 多闪光照相机（1986）；

④ 冲击波压力测量系统（1985—1987）；

⑤ 膛口气流温度测量（1986—1988）；

⑥ 高超声速气流速度激光激发测量方法及测试系统（1986—1989）；

⑦ IB-12 中间弹道靶道正交多站闪光测量系统（1989—1991）；

⑧ 大口径真空实验舱及其测量系统（1983—1985），等。

——1983 年，我负责组建在弹道研究所成立的中间弹道研究室，随后建成了中间弹道实验室。以自主研制的七项中间弹道测试方法和设备为基础，形成了较为完整的实验体系。其中，中间弹道靶道、高空发射真空实验舱等设施和几个瞬态测量系统都是该领域的第一次尝试。

——1985 年，我主持弹道研究所和弹道学会工作以后，重点进行了弹道学学科体系建设，明确了包括中间弹道学在内的全弹道学五个分支学科结构，与国际弹道会议的学科分类一致：内弹道学（Interior Ballistics）、中间弹道学（过渡弹道学或发射动力学）（Intermediate Ballistics，Transitional Ballistics 或 Launch Dynamics）、外弹道学（飞行动力学）（Exterior Ballistics，Flight Dynamics）、终点弹道学（Terminal Ballistics）、实验弹道学（Experimental Ballistics），充实和完善了学科内涵。

1986 年，我校的弹道学科被批准为首批国家重点学科。

——1988 年，中间弹道学作为独立学科首次写入《中国大百科全书》、《中国军事百科全书》（1992 第一版，共 6 个词条与 2007 第二版，共 6 个词条）、《中国兵工科技词典》（1991 年版，共 43 个词条），我执笔，系统地将中间弹道学的学科定义、学术内涵、研究方向及有关物理概念和名词术语进行了规范。

——1986 年，我国应邀参加在美国召开的第 10 届国际弹道会议，参会代表被美国国防部无理拒于会议门外。为了突破封锁，我于 1988 年 10 月邀请了几位国际知名弹道学家（如美国内弹道专家 H. Krier 和 M. Summerfield）共同发起并在我校成功举办了"1988 年国际弹道学术会议"（我与 H. Krier 担任会议主席），比利时皇家研究院院长 H. Celens 等人也应邀参加。会议达到了展示我国弹道学整体水平，增进国际弹道界了解的目的。会议结束前，即将担任第 11 届国际弹道学术会议主席的 H. Celens 当即同意签发会议邀请函。此后，国内不少弹道研究单位纷纷组团参加了以后的会议，我国也被接纳为会议组委会成员，并争取到 2010 年第 25 届国际弹道会议（北京）的主办权。

此间，我邀请了恩斯特一马赫研究所（EMI）所长 H. Reichenbach、弹道专家 G. Klingenberg 以及刚卸任的美国弹道研究所所长 J. Eichelberger 来学校访问和讲学，并参观了中间弹道实验室。我也两次访问德国恩斯特一马赫研究所。这些交流和访问为本学科的建设提供了许多借鉴与帮助。

在 1988 年国际弹道学术会议（南京）及 1993 年第 14 届国际弹道会议上，我撰写的《中国弹道学的研究现状与发展》和《带膛口装置的膛口冲击波特性分析》两篇论文分别在大会上报告。重点介绍了弹道学及中间弹道学在中国的研究现状，增进了国际弹道界对我国中间弹道学的了解与交流。

通过三十多年的努力，我国的中间弹道学从无到有，不断发展为一个具有较完整的理论与实验体系的独立学科，为兵器发展起到了一定的技术支持作用。

1970—1993 年，先后参加中间弹道课题研究的教师与研究生有 40 多人，按参加课题的数量和时间，主要有：刘殿金、郭建国、崔东明、叶经方、何正求、管雪元、许厚谦、杜其学、王俊德、刘晓利、张勇、林太基、王莹、冯海友、马大为、曾仕伦、杨新泉、金凌、高树滋、尤国钊、季儒彦、董殿军、唐颖华、郎明君、张玉诚等。现在，这些教师多已退休，还有两位早已过世。我当时指导的中间弹道学研究方向的 15 位研究生也已步入中年。他们为中间弹道学的发展洒下的辛勤汗水和一起彻夜拼搏的情景还时时浮现在我眼前。在此期间，我执笔或主持撰写的中间弹道学科研技术报告 16 份，指导中间弹道学方向的研究生撰写学位论文 17 篇，我个人发表中间弹道学方向的论文 32 篇，出版教材 3 本。这些文献是撰写本书的部分主要参考资料。

——1993 年起，我的工作重心转移到筹建弹道国防科技重点实验室和开拓电磁发射与工业爆炸灾害力学等科研方向，直到 2007 年才又继续参与中间弹道学的课题研究。

（三）

中间弹道学属于应用力学学科，几十年来，我们实践了“实验—理论—计算”同步发展和相互渗透的学科建设道路，取得了一定效果。应当承认，过去的几十年，实验研究和理论探索已达到相当的广度和深度，但是，中间弹道学大量的非线性问题，如：多层冲击波和脉冲噪声场计算、气流与复杂形状弹丸和卡瓣的相互作用、高空膛口气流对飞机干扰效应、湍流燃烧与爆轰以及涉及气—固耦合、气体动力学与气流脉冲噪声耦合计算等难题，阻碍着中间弹道学的理论和应用，亟待解决。

钱学森先生很早就说过：“必须把计算机和力学结合起来，不然就不是现代力学。”我认为，现代中间弹道学的出路也是如此。要大力引入数值计算方法，开发适用于中间弹道学特殊问题的计算软件；要与实验和理论应用紧密结合，努力为兵器研究和工程设计提供准确、适用的理论、方法和实用软件。舍此，中间弹道学将难于发展。

（四）

为“院士文库”撰写《中间弹道学》一书，很久才下定决心。此前，在 20 世纪 80 年代末和 90 年代末，也曾两次被邀撰写这本书。一方面是学校管理工作缠身，无暇顾及，更主要的是，当时还缺乏替代经典理论计算的数值方法，也不具备解决中间弹道学非线性问题与高精度数值模拟的计算机软、硬件。我想，与其勉强编写，起不到总结和提高的作用，不如等到条件成熟时再写，意义可能更大些。

从 1993 年算起，又是 21 年过去了。在此期间（1993—2002），我与范宝春、汤明筠教授一起主持了两个“工业爆炸灾害力学研究”的自然科学基金重点项目和一个德国大众基金项目，主要研究粉尘与气云爆炸机理和二相反应流湍流燃烧诱导激波的实验与数值模拟方法，为解决中间弹道学有关非线性力学问题提供了新的思路与方法。2007 年开始，我重新介入了中间弹道学的课题研究工作，又指导了 4 位博士生和 1 位博士后，参与主持了自然科学基金等四个关于带燃烧化学反应和高空膛口流场数值模拟及并行计算方法的基金课题：

① 高速瞬态复杂流场发展机理数值研究；

② 三维全流场数值仿真在弹道设计中的应用；

③ 应用于带化学反应的膛口流场动网格并行计算；

④ 变压力环境航炮发射危害机理研究。

开展四个课题研究的目的是：运用计算机和计算流体力学的最新成果，以数值模拟方法为主解决过去无法计算或无法准确计算的中间弹道问题。我和姜孝海老师主要解决膛口反应流的数值计算方法和中间弹道学计算软件的编制与使用问题。指导郭则庆、王杨、张焕好三位博士生在膛口湍流燃烧、多层冲击波和脉冲噪声场计算、气流与复杂形状弹丸和卡瓣的相互作用、高空膛口流场计算等方面的研究工作，拓展了中间弹道学的研究方向，先后完成了30多个数值模拟计算算例，分析了新发现的现象机理和应用中的问题。他们也以此为背景独立发表了多篇论文。此外，陈志华教授和博士生黄振贵在三维脱壳动力学数值模拟方面帮助本书获得较好的计算结果。几年来，这些工作相对以往有了一些进展和突破，大大充实和更新了本书的内容。

自2008年年初开始，我重新整理了过去的科研总结报告、论文和实验资料，形成了《中间弹道学文献数据库》，以便长期存档，查阅；将多年收存的全部高速摄影底片重新整理、删选并扫描为数字图片，又先后用约一年的时间，组织了膛口流场高速阴影摄影的系统试验，全面更新了原有的照片，形成了《膛口流场高速摄影数字式图库》，以便科研参考及研究生数值计算引用。撰写这本专著也列入了基金课题的内容。历时5年时间，我完成了全部书稿，终于体会到一种如释重负的感觉。

与20年前相比，中间弹道学已经有了长足的进步。其中，利用计算机和计算流体力学方法是一个重要方面。本书以数值计算为主，尝试解决一些传统理论方法难以计算的问题，比如，膛口流场和膛口装置内气流的参数分布，多层冲击波相互作用的流场计算，高速运动平台在低温、低压流场环境下的发射，对弹丸的后效作用和卡瓣不对称飞散的气动力干扰三维计算，考虑化学动力学方程的湍流燃烧、膛口气流脉冲噪声波的形成与传播等。也借助数值模拟解释了之前分析不清的机理问题，比如，膛口冠状气团与冠状冲击波的形成机理、膛口冲击波是动球心球形冲击波的证明以及膛口冲击波和气流噪声的区分等。此外，利用计算阴影和计算纹影也提高了流场的可视化程度，为检验计算结果提供了方便。

应当指出，目前取得的进展还是初步的。中间弹道学在考虑综合因素（如包含湍流和化学反应以及复杂膛口装置）、大计算域（如冲击波远场）、高计算精度（气流脉冲噪声）等的三维高性能并行计算能力及其工程应用方面还比较薄弱，计算速度与容量还不能满足要求。本书也只是对其中比较简单的情况作若干试验性的算例，还缺乏复杂问题的成熟方法和软件，许多工作有待进一步研究解决。

参加本书撰写的还有：姜孝海（第八章、附录七和第六章部分内容）、王杨（第五章和第四章部分内容）、郭则庆（第四章和第六章部分内容），郭则庆、王杨、张焕好及黄振贵等几位博士生参加了全书的数值计算工作。

这本书系统地总结了课题组多年的知识积累，尤其是近七年的研究成果，记录了长期坚持基础研究的艰辛，也窥见中间弹道学未来的一丝曙光。

如今，我已逾古稀之年，谨将此书作为新一代中间弹道学工作者入门的向导。

任重道远，现代中间弹道学属于他们！

是为序。

李鸿志

于南京理工大学弹道国防科技重点实验室

2014 年 6 月

符 号 表

a——声速

a_∞——空气声速

B——后效期流空过程的时间常数

c_V——定容比热

c_p——定压比热

C_y——升力系数

C_x——阻力系数

d——出口直径

D——激波（冲击波）阵面速度

e——比内能，即单位质量气体内能

e_t——比总能，即单位质量总能

E——火药燃气剩余总能量

F——气流反力

F_e——膛口截面气流反力

g——重力加速度

G——总流量

H——比总焓或阻心距（阻力中心与质心距离）

J——变换的雅可比矩阵行列式

k——比热比，化学反应速率系数或湍流脉动动能

k_∞——空气比热比

K——火药燃气动量或 S 截面反作用系数

K'——理想喷管的反作用系数

K_g——弹丸出口时，火药燃气动量
K_T——带膛口装置时，后效期火药燃气动量的增量
K_m——不带膛口装置时，后效期火药燃气动量的增量
Ma——马赫数
M_o——后坐部分质量
n——出口压力比
N——膛口装置壁面轴向反力
p——压力
p_g——弹丸出膛口时的膛内燃气平均压力
p_∞——空气压力
P——炮膛合力
P_T——带膛口装置的炮膛合力
P_{pt}——不带膛口装置的炮膛合力
$P(t)$——t 瞬时膛口气流的轴向总动量
q——弹丸质量
R——极坐标矢径
Re——雷诺数
t——时间
t_g——弹丸出膛口时间
t_k——后效期结束时间
t_d——弹丸后效期作用时间
T_g——弹丸出膛口时的膛内燃气平均温度
u_g——膛口气流速度
V——气流速度
u——笛卡儿坐标 x 方向的速度分量
v——弹丸速度、笛卡儿坐标 y 方向的速度分量
w——笛卡儿坐标 z 方向的速度分量
v_g——弹丸出膛口速度
v_0——弹丸初速（最大速度）
W——后座部分自由后坐速度
W_g——弹丸出口时，自由后坐速度

W_m，$W_{\max}$——不带膛口装置，后效期结束时的自由后坐速度（最大速度）

W_T——带膛口装置，后效期结束时的自由后坐速度

Y——气体组分质量分数

ρ——密度

ρ_g——弹丸出膛口时的膛内燃气平均密度

ρ_∞——空气密度

λ——速度系数

Δp——冲击波超压

Δp_A——A 点的冲击波超压

$\Delta p(R, \varphi)$——极坐标中（R，φ）点的冲击波超压

α——膛口装置结构特征量

β——不带膛口装置的火药燃气作用系数

β_T——带膛口装置的火药燃气作用系数

δ_0——攻角

ε——湍流耗散率

η_T——膛口装置能量效率

θ——飞散角或喷管出口半锥角

$\dot{\theta}$——飞散角速度

σ——流量比

τ——火药燃气后效期时间

Φ——原始变量

φ——极坐标角度

χ——膛口装置冲量效率

ψ_0——起始偏角

$\Delta\psi$——喷管斜切角

ψ——出口气流方向角

ψ'——瓶状激波轴线偏角，侧孔几何轴线与炮膛轴线夹角

ω——火药装药量

Δ——装填密度

如未特别说明，上下标含义如下：

上标 $*$ 表示临界参数

下标 e 表示出口气流参数

下标 0 表示弹孔气流参数

下标 1 表示侧孔气流参数

下标 g 表示弹丸出口时参数

下标 k 表示后效期结束时的气流参数

下标 ∞ 表示环境空气参数

目 录

绪　论

第一节　中间弹道学的学科内涵

一、中间弹道学的定义

中间弹道学是研究身管武器发射过程中，弹丸穿越膛口流场时的受力状况、运动规律，以及伴随膛内火药燃气排空过程发生的各种现象的学科。它是弹道学的一个分支学科。

弹道学是研究各种弹丸或其他发射体从发射开始到终点的运动规律及伴随发生的有关现象的学科。根据发射过程的性质，弹道学分为5个弹道阶段，形成了相应的学科分支：起始弹道学、膛内弹道学（简称内弹道学）、中间弹道学、膛外弹道学（简称外弹道学）和终点弹道学。在弹道学科体系中，中间弹道学是最年轻的一支，20世纪60年代以后才从内弹道学中分离出来形成独立学科。

在弹道学的各阶段中，中间弹道段是从弹丸出膛口（即内弹道段结束）开始，到膛内火药燃气排空为止，总时间等于火炮（枪）的火药燃气后效期时间（用τ表示）。其中，对弹丸的后效作用时间（用t_d表示）要短很多。而外弹道段的起点是弹丸后效期结束，自由飞行开始时。因此，中间弹道段与外弹道段有交叉（图0-1）。

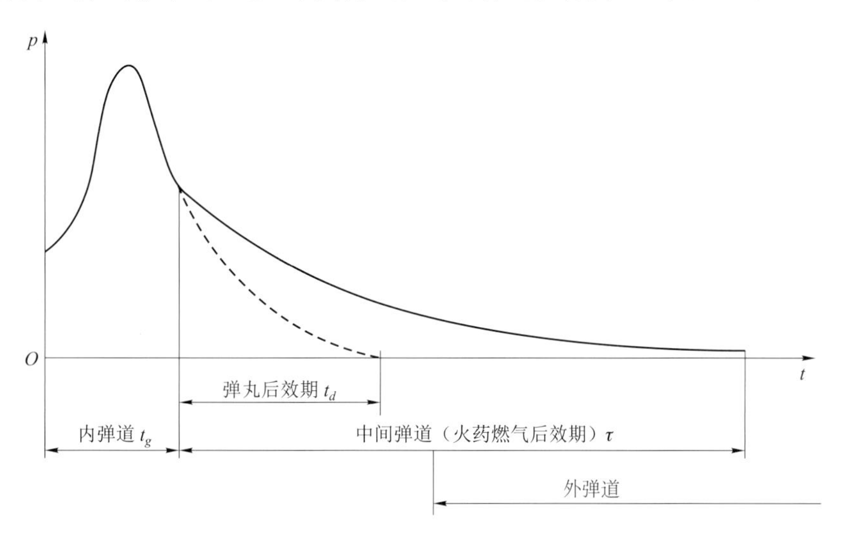

图0-1　中间弹道所处的弹道阶段

二、发射现象与中间弹道学的研究对象

自火炮（枪）发射开始，弹丸在膛内运动过程中，不断地推动和压缩弹前的空气柱（以空气为主，含少量泄漏的火药燃气），逐步形成了 1～2 个跟随弹丸一起运动的弹前激波，其波阵面压力最高可达 3 MPa。这个以弹前激波为先导的空气柱在出膛口后，在膛口外形成了 1～2 个初始冲击波与初始射流组成的膛口初始流场。当弹丸出膛口时，火药高压燃气突然溢出，在初始流场内形成了比外界压力大数百倍的膛口火药燃气冲击波波阵面和紧跟其后的高压火药燃气流，由于其膨胀速度超过弹丸速度，很快包围弹丸并冲垮初始射流，形成了火药燃气射流特有的典型瓶状激波结构。同时，火药燃气冲击波继续膨胀，很快追赶上外层运动的初始冲击波，二者合二为一，形成独立发展的、波阵面形状逐步呈稳定球形的空气冲击波——膛口冲击波。严格地说，膛口冲击波是指膛口区域运动的各个冲击波的总称，包括几个初始冲击波和火药燃气冲击波。膛口冲击波波阵面以超声速向外膨胀（图 0-2），其冲击波压力不断衰减，最后蜕化为脉冲噪声波。

图 0-2　大口径舰炮齐射时，膛口冲击波球形波阵面与火药燃气射流照片[1]

自初始流场形成起，至火药燃气流排空止，高压、高速射流及与固体边界和冲击波相互作用，不间断地产生大量强度不同的弱扰动波——膛口脉冲噪声波（图 0-3）。

膛口冲击波和膛口脉冲噪声波在向外传播过程中对阵地的操作人员与装备有危害作用。其中，膛口脉冲噪声波主要损伤人的听觉器官；膛口冲击波由于其超压较高，不仅严重损伤射手的听觉器官，而且对人的内脏和运载平台也造成严重的冲击破坏作用。这是膛口气流的主要负效应之一。膛口火药燃气流是膛内火药负氧燃烧的可燃气流，在膛

口外与空气混合后，可能被点火而再次燃烧产生明亮的膛口焰（图 0-4），若发生爆燃转爆轰，将引起二次冲击波。这是膛口气流的另一个负效应。

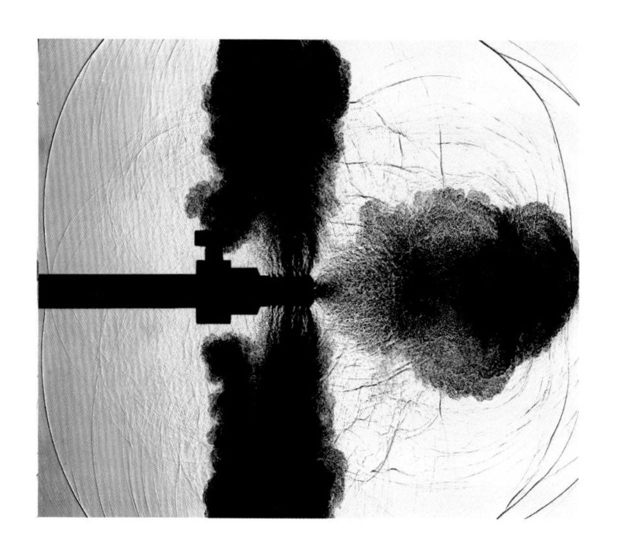

图 0-3 膛口气流形成的大量脉冲噪声波高速阴影照片（YA-1 拍摄）

图 0-4 火炮发射时的膛口焰

各种形式的膛口冲击波和脉冲噪声波都属于压力波，由于复杂的相互作用，在阵地测量时交混在一起，难于准确地区分；对人员器官的危害机理也难于判断。因此，在危害研究和安全标准制定时，常用压力波的提法。

此外，发射时在口部还发生高频电磁辐射和由气流产生的膛口烟等负效应（图 0-5）。

图 0-5　大口径地面火炮发射时的膛口烟

从弹丸飞出膛口到脱离火药燃气和各种干扰开始自由飞行为止的一段时期，称为中间弹道的弹丸后效期。在弹丸后效期内，弹丸在穿越火药燃气流场过程中，受到火药燃气射流的推力作用，继续加速，在穿过射流的马赫盘后，弹丸达到最大速度——弹丸初速。同时，弹丸也受到各种干扰，特别是尾翼稳定脱壳穿甲弹弹托分离过程，易产生不对称脱壳干扰力，是增大脱壳弹散布的主要扰动源（图 0-6）。

图 0-6　尾翼稳定脱壳穿甲弹弹托分离过程高速摄影

火药燃气自膛口流出开始至排空（接近外界空气压力）为止的整个时期，称为火药燃气后效期。在此期间，火药燃气继续对炮身产生反作用力，是炮膛合力的组成部分，增加了火炮后坐力。

当安装膛口装置时，膛口附近形成多股射流与冲击波相互作用的复杂流场。一方面，改变了炮膛合力的方向与大小；另一方面，改变了膛口冲击波的结构与分布，对火炮受力、冲击波场分布及膛口焰的形成都有很大的影响。

中间弹道学的研究对象是带有膛口装置及运动弹丸的膛口流场。其特点是：火药燃气在膛口外的多层冲击波内继续发生化学反应、燃烧，乃至爆燃转爆轰。由于作用时间短暂（0.1～8 ms），参数变化剧烈（压力约从 100 MPa 变化为 0.1 MPa，温度约从

2 000 K 变化为 300 K，速度约从 2 000 m/s 变化至 1 m/s），加之三维气室结构与弹丸、飞散物的高速穿行，强光与烟雾干扰，以及各种冲击波、声波的相互作用，使流场观测和计算十分困难。膛口流场问题是三维、两相、带湍流与燃烧化学反应及强、弱运动间断的非定常流体力学问题，因此，中间弹道学是典型的气体动力学、声学、燃烧与化学动力学、爆炸力学的交叉学科。

三、中间弹道学发展的历史回顾

中间弹道学早期属于内弹道学科，其研究内容仅为火药燃气对枪、炮的后效作用。1886 年，法国科学家雨贡纽首先计算了火药燃气从膛内排空的规律与对炮身产生的反作用力。第一次世界大战期间，膛口制退器已开始应用，法国拉蒂尤提出了设计方法。第二次世界大战前后，膛口制退器在德国、苏联等国广泛采用，对后效期炮膛受力与膛口制退器理论的研究开始引起重视。

1. 中间弹道学的起步

1945 年，苏联学者斯鲁霍斯基首次提出了“中间弹道学”这一术语，其主要内容是关于火药燃气后效期计算与膛口制退器设计方法。膛口制退器这种利用火药燃气剩余能量减小后坐力的技术以及自动武器利用后效期火药燃气提高射频的技术对兵器的发展和膛口气体动力学的研究起了很大的推动作用。1960 年后，随着对武器威力和射击精度要求不断提高，以及应用膛口装置以后，膛口气流的有效利用及有害现象抑制等问题的出现，对膛口气流的研究日益受到重视，中间弹道学逐渐从内弹道学中分化出来，形成了独立的学科分支。1964 年，德国学者 K・奥斯瓦提斯正式将自己的著作命名为《中间弹道学》，标志着中间弹道学的起步时期开始。

2. 中间弹道学的发展

20 世纪 60 年代后期至 20 世纪 80 年代末，随着高膛压、高初速反坦克炮以及装有炮口制退器的轻型压制火炮的发展，使得膛口气流危害问题日益严重，成为影响火炮发展的技术关键之一。一方面，需要利用火药燃气剩余能量，增大膛口制退器效率，以有效地减小后坐力，提高武器机动性；另一方面，又必须抑制由此产生的各种危害效应。这一矛盾在技术上长期未能很好解决。于是，从弄清膛口气流机理入手，开展大量的实验与理论研究，建立了相应的物理模型与方法。这些研究结果构成了中间弹道学的理论基础。

从武器运用与人员、装备的安全保障出发，对膛口冲击波的形成与分布规律开展了深入的研究，形成了膛口冲击波动力学方向。声学，主要是气流噪声学的理论与方法引入，促进了人员的损伤机理、防护标准和各种防护手段的研究，推动了创伤弹道学的发展。

20 世纪 70 年代初，高初速反坦克炮出现后，为提高脱壳穿甲弹的首发命中率，开展了对弹丸发射扰动的研究，逐步形成了以提高弹丸射击精度为中心的发射动力学分支。

膛口焰现象自19世纪末被发现，直到第一、二次世界大战期间，其危害才引起军方重视，并采取了一些消焰措施。20世纪70年代，随着大口径、高膛压火炮的装备，膛口二次焰现象愈发严重，化学动力学方法开始引入中间弹道学中，使膛口焰机理研究步入理论轨道，形成了膛口焰燃烧动力学方向。

膛口装置，包括制退器、助退器、消焰器、偏流器、稳定器、消声器等，作为火炮（枪）的主要部件，一直是研究设计和使用的热点。为推动膛口装置设计理论的提高，作为武器的弹道学基础，形成了膛口装置气体动力学方向。

在这段时期，各国研究机构和大学（以美国陆军弹道研究所（the U. S. Army's Ballistic Research Laboratory，BRL）、德国恩斯特一马赫研究所（Ernst-Mach-Institut，EMI）、法一德研究所（French-German Research Institute of Saint-Louis，ISL）、中国弹道研究所等为代表）开展了连续、系统的研究工作，为该学科的建立和体系的完善起到了奠基的作用。中间弹道学作为新学科，也首次写入《中国大百科全书》《中国军事百科全书》及《兵器科学技术词典》中。中间弹道学（发射动力学）作为弹道学的主要分支，也是历届“国际弹道会议”的交流主题之一。至20世纪80年代末期，中间弹道学已经形成了一个相对完整的独立的学科体系，与内弹道、外弹道、火炮、枪械、弹药等学科关系密切。在武器系统总体论证、利用火药燃气能量、改进装药设计、解决威力与机动性矛盾、提高火炮（枪）射击精度以及减小气流危害等方面，发挥了重要作用，标志着经典中间弹道学的基本完善。所谓经典中间弹道学，主要是以大量的试验观测为基础，对流场现象的机理和参数变化规律进行细致的描述，以此为基础，建立简化的物理一数学模型和近似的、解析的或半经验公式与相应设计方法。经典中间弹道学理论方法对武器工程设计起到了一定的指导作用。

3. 中间弹道学的未来

新军事革命以来，武器研制、生产、使用水平明显提高，对以精确理论为基础进行精细设计、减少试验环节的需求更为迫切。在此背景下，现有的经典理论已不能满足武器技术发展的要求。因此，进入20世纪90年代以来，中间弹道学的研究处于低潮。而在此期间，计算机技术（存储量与运算速度）的快速进步、计算流体力学的高精度与并行算法的进展，推动了近代力学的新生，也为中间弹道学未来发展提供了物质基础。中间弹道学需要建立的包括湍流燃烧与化学反应动力学在内的真实、三维、多相、非定常流场的物理数学模型，必须运用高性能、大容量、高效的并行计算机才能解决。例如，完成带复杂膛口流场波系结构的精细描述；复杂膛口装置及运动体的动力学分析；膛口流场燃气两相流的随机点火、湍流燃烧、爆燃转爆轰与二次膛口冲击波形成；高空及水下发射环境以及膛口冲击波的远场传播、地面及障碍物反射、绕射等的全流场中间弹道过程计算；膛口、无后坐炮尾、火箭发射管的燃气射流脉冲噪声形成机理、传播特性与防护措施；模拟复杂运动边界弹丸（如脱壳弹）与气流相互作用过程的流固耦合问题；采用计算流体力学（Computational Fluid Dynamics，CFD）和计算气动声学（Computational Aeroacoustics，CAA）耦合算法研究膛口噪声场；在三维真实膛口流场计算软件编制的基础上，计算膛口装置气流参数、受力、效率以及冲击波场分布，建立优化设计方法及膛口装置优化设计理论，形成以精确理论和数值方法为主的理论体系，为武器精确设计和生产、使用提供技术支持，为现代中间弹道学的建立奠定基础。

第二节　中间弹道学的研究内容与研究方法

一、中间弹道学的研究内容

① 膛口流场特性与物理模型；
② 火药燃气后效期理论；
③ 膛口装置气体动力学；
④ 膛口冲击波动力学；
⑤ 膛口气流脉冲噪声；
⑥ 膛口焰燃烧动力学；
⑦ 弹丸后效作用；
⑧ 膛口流场数值计算；
⑨ 膛口制退器优化设计方法；
⑩ 膛口气流危害控制原理；
⑪ 中间弹道学实验研究。

二、中间弹道学的研究方法

中间弹道学是武器设计和使用的理论基础，是一门应用基础学科。由于其现象的复杂性和特殊性，既要进行必要的现象机理分析和基本原理的研究，又直接受武器研究设计与试验的检验。因此，它是应用基础与应用技术交叉的学科。其研究方法具有近代力学研究的特点——实验、数值计算、理论三者紧密结合、相辅相成、融为一体。

1. 实验研究

实验是认识科学规律和检验成果的基本手段，对中间弹道复杂物理现象的研究尤其如此。中间弹道学实验研究以弹道靶道和靶场为主要试验平台，由各类专门测量仪器设备组成中间弹道测量系统。包括靶场全尺寸试验与实验室模型试验两种。模型试验以相似理论为基础，主要任务是观测和发现新的物理现象，分析机理，测量流场参数分布规律，提供定性的全流场可视化的时间演化图像与参数测量的定量结果，为建立准确的物理一数学模型做准备。全尺寸试验是检测理论和设计的最直接手段。两种试验平台各有所长，相互比照，统一安排，形成完整的中间弹道学实验体系。本书将以大量的、各种类型的试验数据、照片、资料作为机理分析的基础，尽量做到真实、形象、直观地阐明理论，验证设计及计算方法的准确度。

2. 数值计算

数值计算是以计算机和计算流体力学方法为手段，以求解膛口流场三维、带燃烧化学反应非定常的非线性问题为主要内容，是中间弹道学近代理论的主要研究方法。当20世纪60年代中间弹道学形成独立学科分支时，正值计算流体力学刚刚兴起，进入20世纪90年代以后，数值计算方法已成为近代力学领域的实用手段。

CFD是用离散化的数值计算方法和计算机直接求解流动主控方程（Euler或N-S方程）。当前CFD问题的规模，网格数达到了十亿级，工业应用达千万级，为中间弹道学解决复杂气流与气一固耦合问题创造了良好条件。

CAA是计算流体力学与气动声学的交叉学科，采用数值计算方法研究流动与固体边界间相互作用产生噪声的非定常机理，为膛口脉冲噪声的预测与控制提供了新的手段。

计算流动显示（Computational Flow Imagine，CFI）是应用光学流动显示原理（如干涉、纹影、阴影等），把数值计算得到的密度场转换为各个方向流动显示图像。可以将CFD的计算结果与试验结果直接、形象地对比，验证CFD的有效性。这个方法对提高中间弹道瞬态流场的可视化程度十分有效，本书中部分算例采用。

3. 理论分析

理论分析是将实验现象用已有的物理、化学知识进行机理分析和解释，或者，根据实际问题的性质、设计要求和解的难度，分类抽象为各种典型问题的物理模型，并基于简化数学模型给出分析解或半经验的简化方法，为系统参数分析与结构优化设计提供一种快捷的理论方法。本书将简化理论方法作为辅助手段。

三、本书的基本思路

以二、三维非定常流简化（理想）物理模型为基础，以数值计算与实验、分析相结合的方法为主要手段，以便于读者理解和工程应用为目的，将过去多年机理研究的现象用新的角度加以总结和分析，建立为工程优化设计所需的简化理论方法。

① 实验以介绍物理现象和总结规律为主，为增强可视化，书中附有大量瞬态流场图片，主要实验结果出自本室完成的《膛口流场高速摄影数字式图库》。

② 理论以分析物理一化学现象的发生、发展机理为主，便于读者了解本质。

③ 计算以数值方法为主，理论或解析方法为辅，后者在附录中详细介绍。

④ 尽量减少已过时或烦琐的数学推导以及在现有文献、书籍中已详细介绍过的内容。本书所需的必要知识与概念在附录中介绍。

⑤ 数值模拟采用体系研究方法，以非定常欧拉方程与N-S方程为基础，按问题的性质与应用目的，简化为三类基本问题：

第一类问题为膛口非反应流。这类问题中化学反应的影响较小或者不是研究的主要方面，如膛口早、中期流场流谱可视化与数值模拟，火药燃气后效作用、弹丸的后效作用、膛口装置内流与效率计算以及远场冲击波场的计算等。

第二类问题为膛口反应流。这类问题中化学反应的影响较大或为研究的主要方面，一般与湍流燃烧相关，如膛口焰（烟）、二次燃烧（二次冲击波）等。

第三类问题为膛口气流脉冲噪声。膛口气流脉冲噪声场的计算与流动现象紧密相关，主要研究膛口脉冲噪声的产生、传播与分布特性。

第一章　膛口流场特性与物理模型

第一节　膛口流场结构

膛口流场是火炮（枪）发射时，膛内气体在膛口外膨胀形成的随时间变化的气流区域。

按气流发展的时间顺序，膛口流场分为初始流场、火药燃气流场、膛口冲击波远场和膛口气流脉冲噪声场四个部分。

按膛口结构形式，膛口流场分为无膛口装置流场与带膛口装置流场两种。

一、膛口初始流场

弹丸在膛内运动，推动弹前空气柱和弹前激波从膛内流出时，在膛口外形成的气流区域，为膛口初始流场。

初始流场包括初始冲击波与初始射流（图 1-1）。

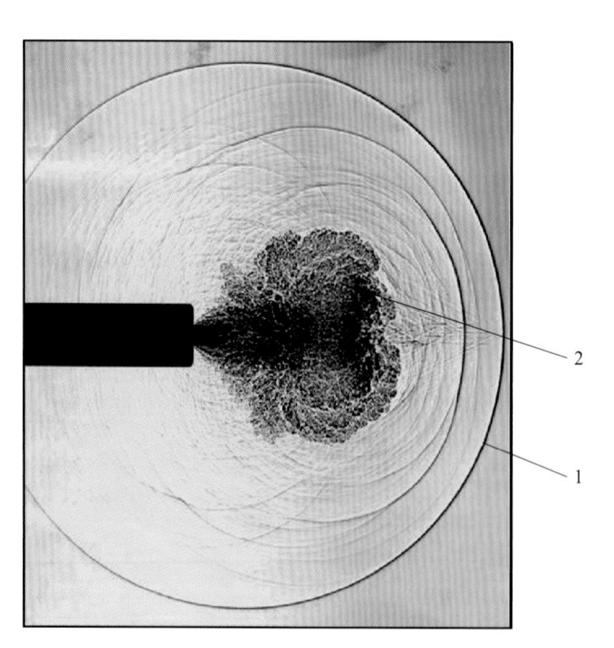

图 1-1　初始流场高速阴影照片（5.8 mm 弹道枪，YA-1 拍摄）

1—初始冲击波；2—初始射流

二、膛口火药燃气流场

弹丸出膛后，火药燃气自膛内排空过程中在膛口外形成的早期、中期气流区域，为膛口火药燃气流场。

早期——火药燃气射流生长期，时间约为（1/20）τ（τ 为火药燃气后效期时间）；

中期——火药燃气射流稳定期，时间约为（1/10）τ。

火药燃气流场包括火药燃气冲击波与火药燃气射流（图 1-2）。

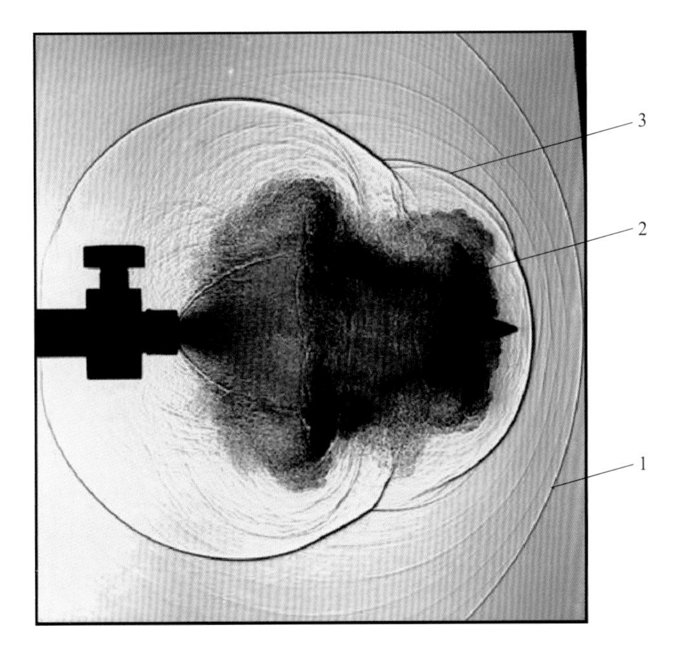

图 1-2　膛口火药燃气流场高速阴影照片（7.62 mm 弹道枪，YA-1 拍摄）

1—初始冲击波；2—火药燃气射流；3—火药燃气冲击波

三、膛口冲击波远场

火药燃气冲击波在追赶上初始冲击波并与之合并后，与火药燃气及弹丸的相互作用也已结束，开始无约束地自由膨胀，此时的火药燃气冲击波又称为膛口冲击波。在冲击波远离膛口后，继续向外发展的晚期气流区域称为膛口冲击波远场。

晚期——火药燃气射流衰减期，时间约为（9/10）τ。

膛口冲击波远场包括膛口冲击波（主冲击波）、二次冲击波和地面反射冲击波、障碍物反射与绕射冲击波以及各种脉冲噪声波（图 1-3）。

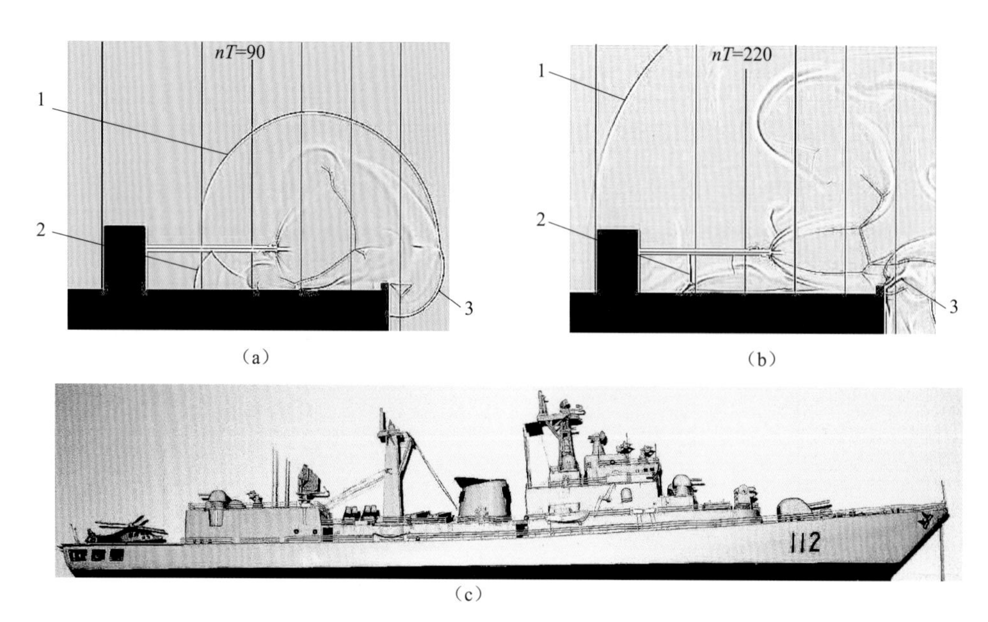

图 1-3 膛口冲击波远场（舰炮膛口冲击波计算阴影图）

1—膛口冲击波；2—反射冲击波；3—绕射冲击波

四、膛口气流脉冲噪声场

膛口气流脉冲噪声场是指膛口气流脉冲噪声波扫过的区域。

膛口气流脉冲噪声波是由火药燃气湍流射流及与激波、冲击波等的相互作用产生的，紧随膛口冲击波后传播。它形成于膛口流场早期，至火药燃气射流生长期达最大值。膛口气流脉冲噪声波一直被包围在火药燃气流场内，在初始流场（图 1-1）和火药燃气流场（图 1-2）中看到的大量弱扰动波就包含了初始射流和火药燃气射流形成的脉冲噪声波。因此，在膛口区域测量到的压力波形是冲击波与脉冲噪声波交混在一起的混合压力波。但是，由于二者在形成机理、传播规律、危害特点等物理性质方面的区别，需要将膛口气流脉冲噪声，主要是火药燃气射流脉冲噪声单独加以研究。

有关膛口气流脉冲噪声及其危害的内容在第五章和第十章介绍。

五、膛口装置流场

火炮（枪）膛口加装各种膛口装置后，在膛口外形成的气流区域，即为膛口装置流场。

带膛口装置的膛口流场（以多孔型膛口制退器的膛口流场为例）包括弹孔冲击波、冠状冲击波、侧孔冲击波、弹孔射流、侧孔射流等（图 1-4）。

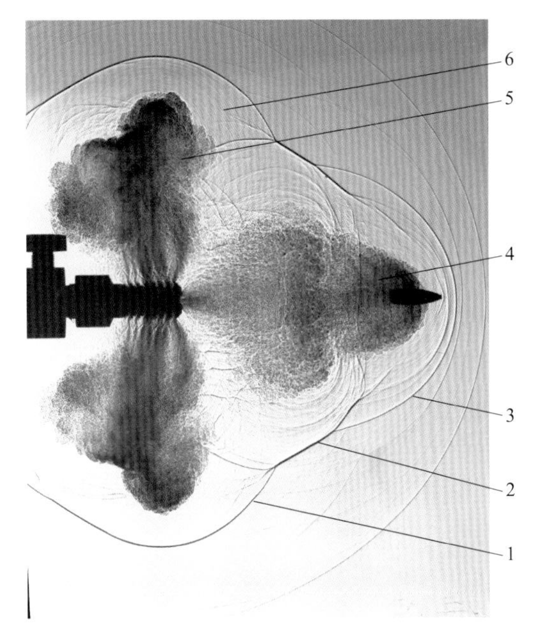

图 1-4　带多孔型制退器的火药燃气流场高速阴影照片（7.62 mm 弹道枪，YA-1 拍摄）

1—侧孔冲击波；2—弹孔冲击波；3—冠状冲击波；

4—弹孔射流；5—侧孔射流；6—噪声波

第二节　初始流场

初始流场在弹丸出膛口前已经形成，包围于火药燃气流场外部并约束其发展。因此，初始流场的参数分布必将影响火药燃气射流和火药燃气冲击波的传播规律。传统理论因无法计算初始流场，故将其忽略。现在，用数值方法可以计算初始流场的影响。同时，由于初始流场与火药燃气流场发展规律的某些相似性，初始流场气体透明与波系简单的优点对研究火药燃气流场的复杂流谱结构和机理分析有很好的借鉴作用。因此，对初始流场现象的观察与计算显得十分重要。

一、膛内弹前激波

从膛内火药点火开始，弹丸像一个活塞，不断推动和压缩前方的空气柱（及泄漏的燃气）与之一起运动，活塞推动产生的弱压缩波以当地声速向前传播。被它扫过的气体，温度和压力随之升高。后面的压缩波传播速度必然高于前面的压缩波，形成压缩波不断追赶、叠加、波形变陡的过程，最终叠加成一个有限幅值的压力间断——激波。

用特征线法计算图可形象地表示此追赶过程。图 1-5 是特征线 x-t 曲线，弹丸膛内运动曲线如①所示，弹底发出的若干条弱压缩波如②所示。由于速度曲线斜率变化，弱压缩波叠加，即后面的压缩波不断追赶上前面的压缩波，形成弹前激波③。

由于内弹道时期弹丸速度连续增大，因此，弹前激波强度也不断增强，运动至膛口时，其波阵面压力将达到最大值。

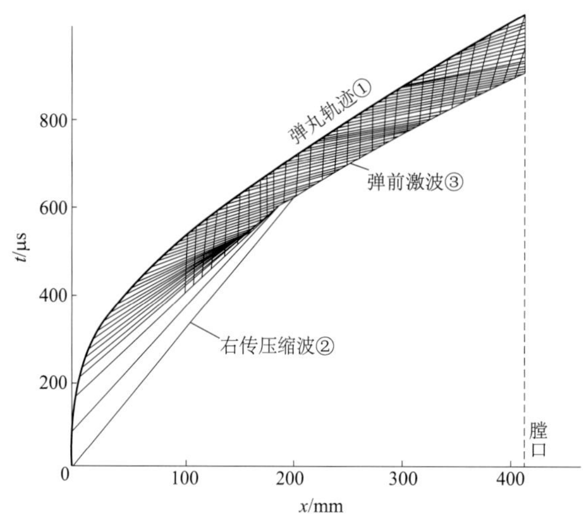

图 1-5　特征线法计算膛内弹前激波的 x-t 曲线（7.62 mm 冲锋枪）

1. 弹前激波的计算

已知内弹道弹丸 v-t 曲线，即可计算弹前激波的参数。用特征线法计算弹前激波的计算机程序及其编制方法，本章不再赘述。

利用膛口流场的数值计算程序也可计算弹前激波。

弹前激波的出口参数（激波阵面速度与压力、波后气体速度与能量）是膛口初始流场分布的初始条件，也是影响膛口全流场发展的主要参数之一。

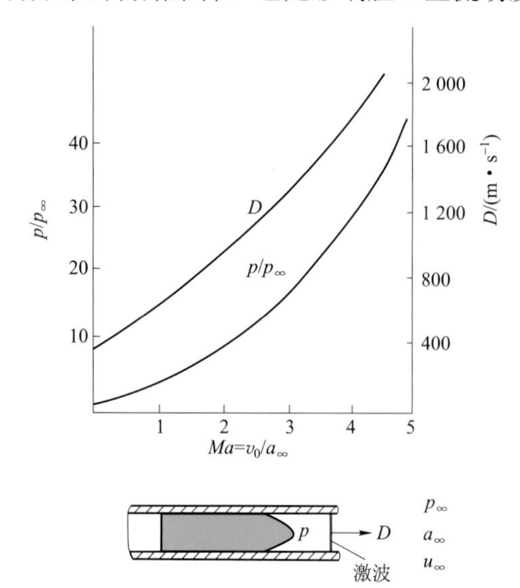

图 1-6　弹前激波压力与弹丸初速的关系

2. 弹前激波的性质

① 弹前激波的强度取决于弹丸膛内运动速度变化规律与初速 v_0。弹丸速度决定了压缩波的强度，速度越高，弹前激波越强。一般，弹丸初速在 1 000 m/s 以下时，弹前激波到达膛口时的压力为 1～2 MPa；弹丸初速超过 1 500 m/s 时，弹前激波到达膛口时的压力可达 3.5 MPa 以上。弹前激波强度与弹丸初速的近似关系曲线如图 1-6 所示。

② 弹前激波后的压缩空气柱成分是空气与火药燃气的混合气体。发射前，弹前全部是空气。随着弹丸运动，膛内的高压火药燃气会沿着弹带与膛线间隙泄漏至空气柱

中。因此，弹前压缩气柱中的火药燃气成分至膛口时最大。该比例取决于炮膛导向形式（滑膛或膛线）、膛线与弹带的结构、膛线磨损程度以及影响火药燃气泄漏的其他因素。对于膛线及弹带结构完好的枪管和炮管，火药燃气泄漏很少，弹前气柱的主要气体成分是空气；滑膛炮的弹前气柱的主要成分是火药燃气与空气的混合物。

③ 弹前激波的数量主要取决于弹丸初速。初速较高（试验统计约在 900 m/s 以上）时，只形成一条弹前激波，膛口形成一个初始冲击波。初速越高，出现一条激波的概率越大。初速较低时，可形成两条弹前激波，膛口形成两条初始冲击波。初速越低，出现两条激波的概率越大。这是因为，弹丸初速较低时，弹丸与弹前激波位置相对滞后，作用时间相对长，就增加了弱压缩波追赶、叠加为第二条弹前激波的概率。随着初速增加，弹前空气柱的压缩强度与波速增大，相互作用时间很短，第二条弹前激波产生的概率变小。膛口装置可能产生多条初始冲击波（参见图 1-37（b））。

④ 弹前激波是弹丸膛内运动的阻力之一。当弹丸速度不高时，弹前激波波后压力与膛内火药燃气压力相比较低，经典内弹道计算往往将其忽略；对于超高速火炮，激波阻力将变得很大（图 1-7），计算时必须计及。

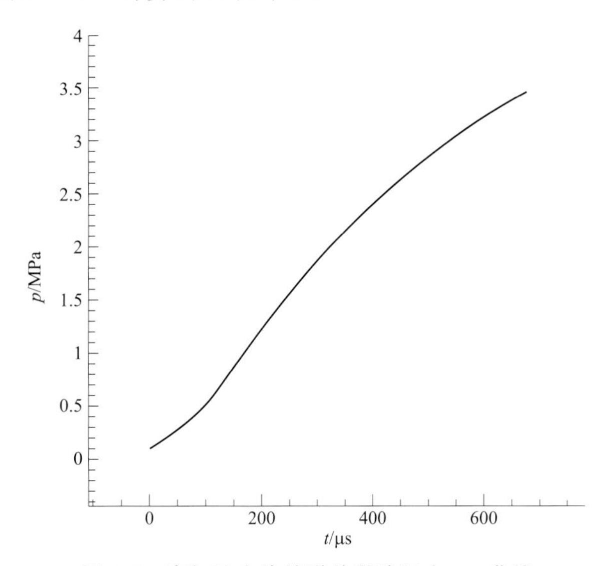

图 1-7　高初速火炮的弹前激波阻力 p-t 曲线

二、初始流场的形成、发展过程

当弹前激波运动至膛口时，开始了向口外的膨胀过程，即初始流场的形成与发展过程。弹前激波出口膨胀为初始冲击波，弹前气体柱出口膨胀为初始射流。假设第一条弹前激波到达膛口时刻为初始流场的时间零点，初始流场的结束时间为弹丸出膛口瞬时。

图 1-8 展示了初始流场形成与发展过程。其中，图 1-8（a）是 7.62 mm 弹道枪拍摄的高速阴影照片；图 1-8（b）～（c）是数值模拟结果（压力等值线、密度等值线和计算阴影图）。

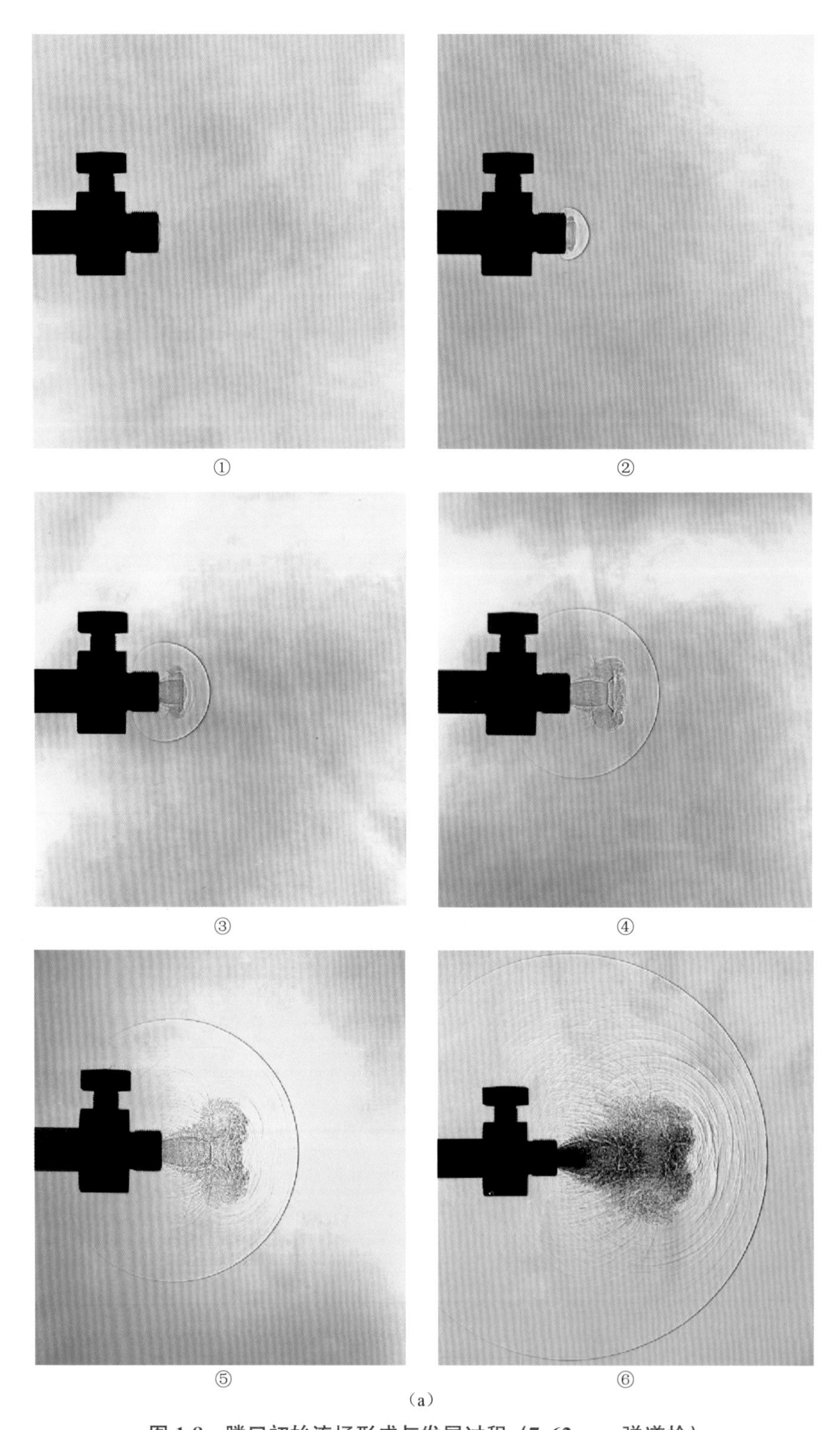

(a)

图 1-8 膛口初始流场形成与发展过程（7.62 mm 弹道枪）

(a) 高速阴影照片（7.62 mm 弹道枪，YA-1 拍摄）（t=1，12，34，60，92，200 μs）

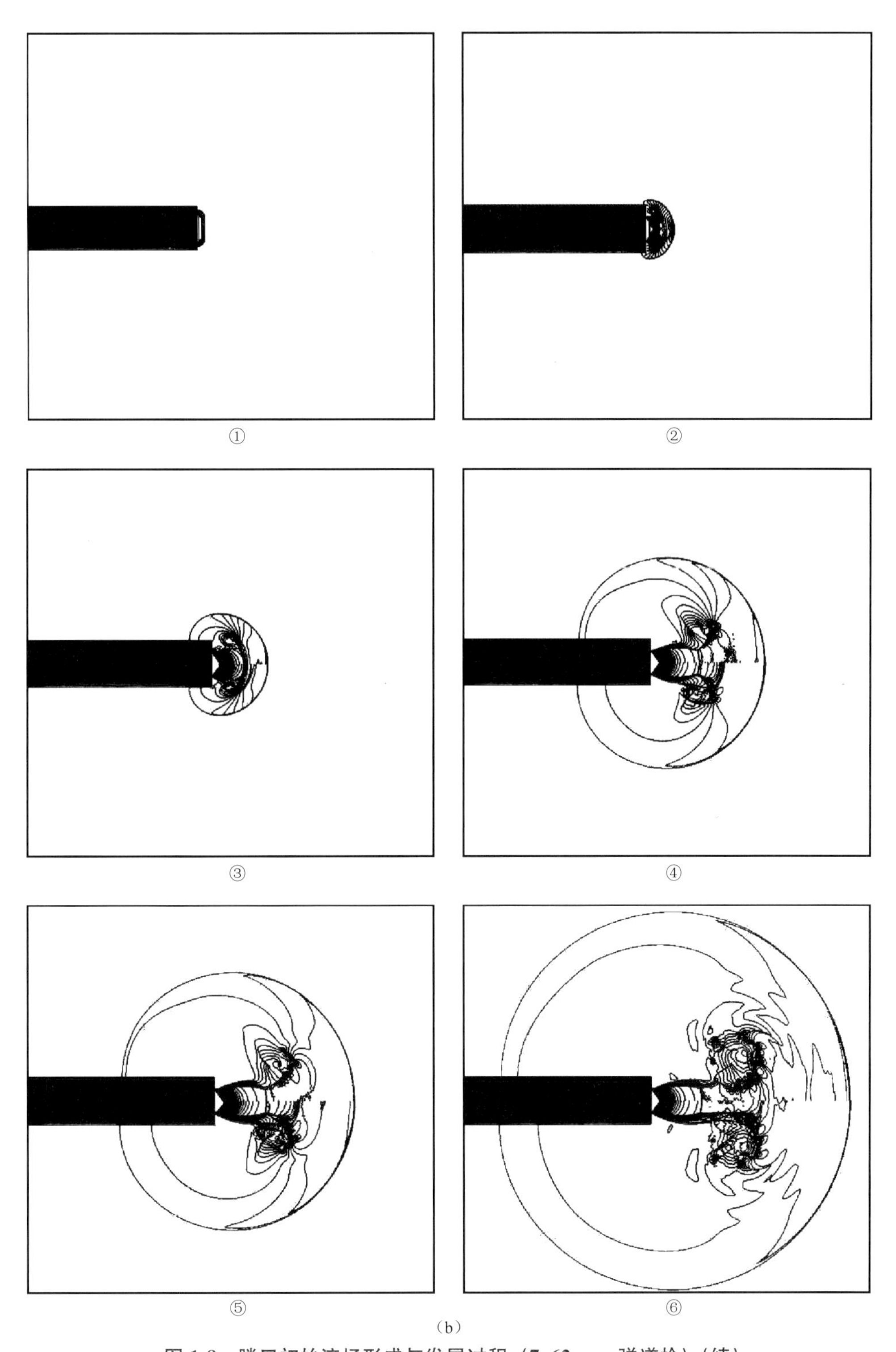

(b)

图 1-8　膛口初始流场形成与发展过程（7.62 mm 弹道枪）（续）

(b) 数值计算的压力等值线（上半部）、密度等值线（下半部）（t=1，12，34，60，92，200 μs）

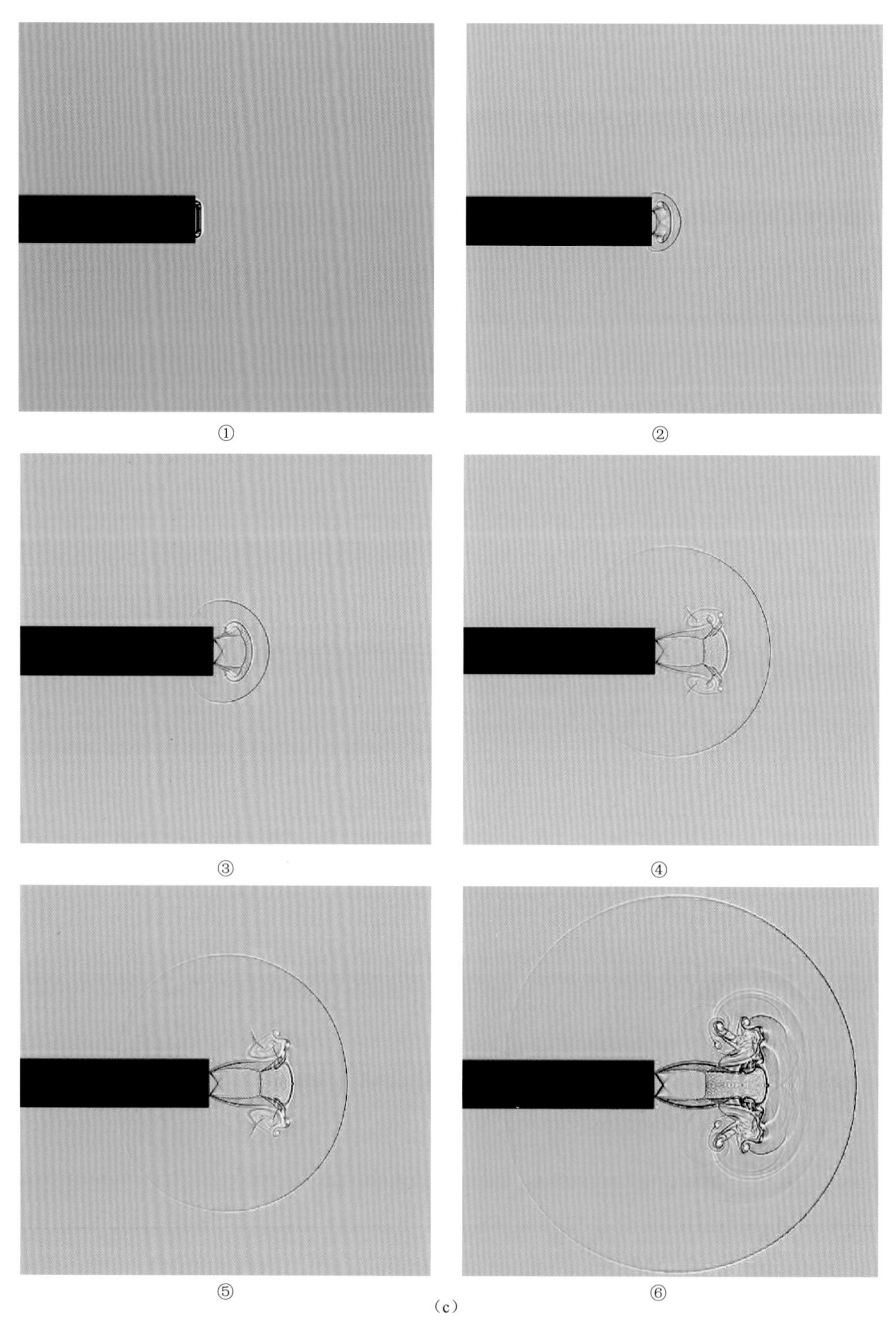

图 1-8　膛口初始流场形成与发展过程（7.62 mm 弹道枪）（续）

（c）计算阴影图（t=1，12，34，60，92，200 μs）

图 1-8 中，①为膛内第一条弹前激波刚出膛口时刻的初始冲击波形状。在膛内，弹前激波是一个沿轴线传播的平面激波，一出膛口即向外绕射与扩张，呈扁平状，这是初始冲击波的起始形状；②图中初始冲击波直径不断扩大为椭球状，紧随其后的压缩气体柱向口外膨胀，形成湍流涡环，初始射流开始出现；③图中椭球形初始冲击波直径不断扩大，弹前激波后的气体沿身管边缘做普朗特一迈耶膨胀流动，欠膨胀射流瓶状激波开始形成；④图中初始冲击波已接近稳定的球形，欠膨胀射流瓶状激波的马赫相交结构形成，马赫盘和反射激波清晰可见，射流边界将膛内高压气体与口外膨胀形成的超声速欠膨胀射流分开；⑤图中初始冲击波已形成球形阵面并稳定地向外膨胀，射流继续增长；⑥图中弹丸即将出膛口，此后，初始流场开始了与火药燃气流和弹丸相互作用和冲击波的追赶过程。

图 1-9 是初始流场典型的流谱图。可以看出，初始射流在发展中一直受到初始冲击波的约束，在马赫盘前方，有一个未受干扰的弧形间断 3 在发展，马赫盘 4 与弧形间断作为超声速/亚声速区的分界面。其下游，接触间断 2 已形成，它把射流与冲击波后的空气分开；弧形间断和接触间断的形状与初始冲击波形状相似。

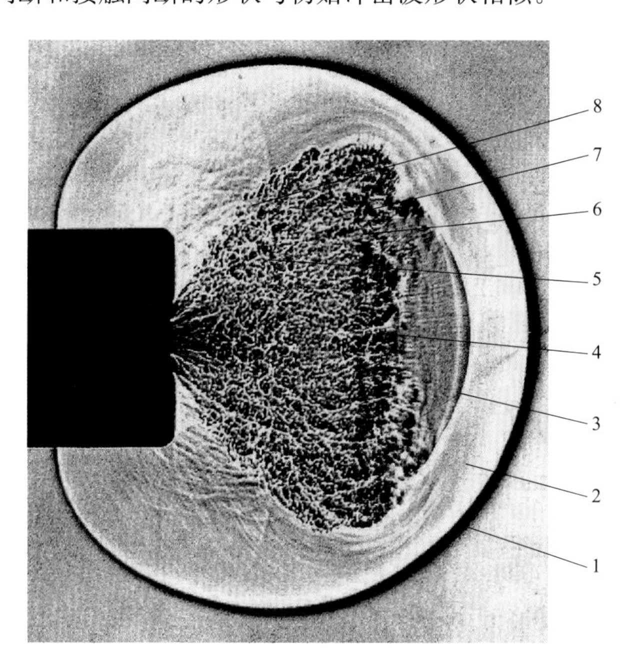

图 1-9　膛口初始流场的典型流谱（5.8 mm 弹道枪，YA-1 拍摄）

1—初始冲击波；2—接触间断；3—弧形间断；4—马赫盘；
5—初始射流瓶状激波的相交激波；6—三波点；7—反射激波；8—射流边界

三、初始射流的特点

初始射流是弹前空气柱在弹前激波出膛口后形成的非定常、欠膨胀伴随射流。

有关欠膨胀气体射流的知识请参阅本书附录二。

1. 膛口初始射流是欠膨胀伴随射流

初始流场形成初期，紧随弹前激波流出的气体，其出口压力比 $n>10$，很快在口部形成一个典型的欠膨胀射流。对于每一瞬时，其流谱结构与附录二介绍的定常欠膨胀射流结构十分相似。但是，由于初始射流的外部被初始冲击波球包围并约束着，初始冲击波球的发展受初始射流的推动并补充其波后能量。这种现象称为初始射流与初始冲击波的相互作用。初始射流在初始冲击波的约束下，外界环境是初始冲击波波阵面后的运动空气（环境压力 p_c、环境气体速度 u_c），不同于自由射流的静止空气，其压力比 $n=p_e/p_c$ 也随之变化。这说明，膛口初始射流不是自由射流，而是伴随射流。

从射流理论可知，定常欠膨胀射流的流谱取决于出口参数和环境参数。通常，利用欠膨胀射流的瓶状激波直径 D_m 和长度 X_m 表征射流结构，其经验公式为

$$\frac{D_m}{d}=\frac{1.1n^{0.5}}{k^{2.5}\cos^2\theta}$$
$$\frac{X_m}{d}=0.7Ma_e(kn)^{0.5} \tag{1-1}$$

可见，影响欠膨胀射流的主要参数是：出口压力比 n、出口马赫数 Ma_e、气体比热比 k、喷管的出口锥角 θ。对于膛口初始射流，主要决定于 n，即

$$D_m/d\propto n^{0.5}$$
$$X_m/d\propto n^{0.5} \tag{1-2}$$

式中　$n=p_e/p_c$；

p_e——膛口压力；

p_c——环境压力。

初始射流发展过程的分析计算表明，对每一瞬时，其射流瓶状激波尺寸与该瞬时气流参数的变化基本符合上述定常欠膨胀射流关系式。

需要注意的是气体比热比 k 的性质及对膨胀能力的影响。

热力学中定义的气体比热比（绝热指数）$k(\gamma)$ 是定压比热 c_p 与定容比热 c_V 之比：

$$k=c_p/c_V$$

和比热一样，k 取决于气体的分子结构，并且是温度和压力的函数。图 1-10（a）为不同气压下空气比热比随温度变化的曲线。

火药燃气成分比较复杂，但以双分子气体为主，故其 k 值的变化规律可以参考该图。一般认为，在内弹道与中间弹道时期的火药燃气压力和温度变化范围内，比热比 k 在 1.20～1.35 之间变化。由于本书采用多变指数修正气体摩擦与热损失，考虑到公式表述的方便，用比热比 k 的符号代替多变指数。此时，k 的取值则加大。根据计算经验，在中间弹道计算中，k 取 1.32～1.40 比较符合。

k 值的大小直接影响气体膨胀能力，因而对绕外角流动和射流尺寸有明显的影响，

图 1-10（b）绘出了 k 值对普朗特一迈耶角 υ 和射流尺寸的影响。由于初始射流的气体成分是以空气为主，k 取 1.4 为宜。

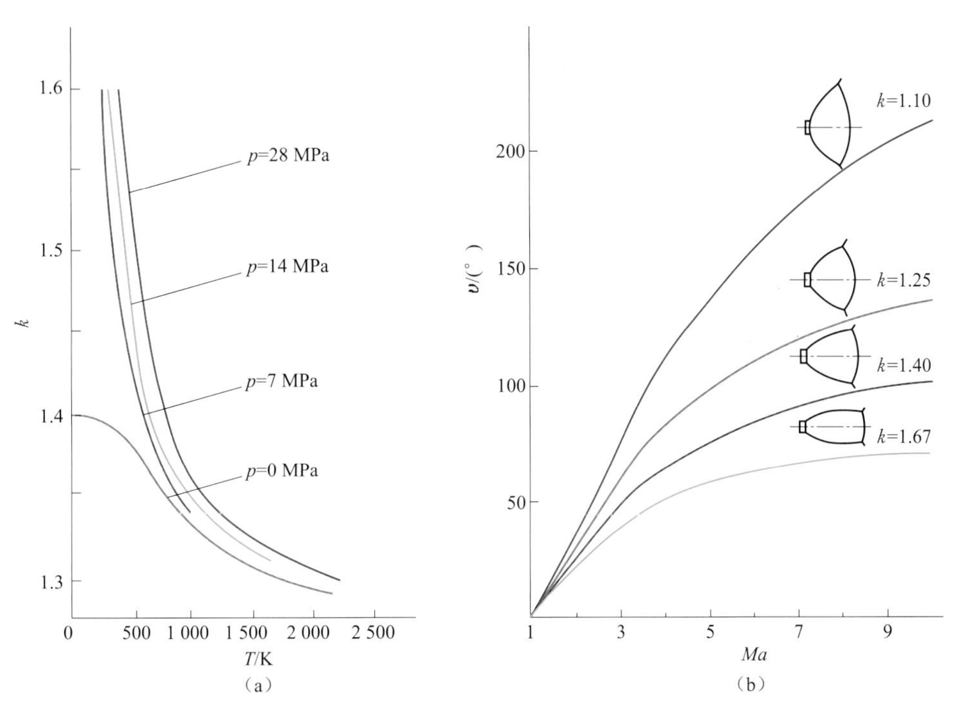

图 1-10　气体比热比 k 的变化及对绕外角流动的影响

2. 膛口初始射流的非定常性

由于膛内弹前气体的不断流出和初始冲击波波阵面的不断扩大，射流的几何尺寸与气体参数将随时间连续变化，因此，膛口初始射流是典型的非定常射流。

（1）膛口参数的变化规律

由于膛内弹前空气柱被运动弹丸连续压缩，其参数（压力）不断增大，出口压力比 n 相应提高。图 1-11 是从第一条弹前激波出口（即初始冲击波起始时刻 $t=0$ μs）至弹丸底部出口时（即初始流场结束时刻 $t=200$ μs）的膛内、外参数分布曲线（图 1-11（a））和出口压力随时间变化曲线（图 1-11（b））。可见，在 $t=0$ μs 时，弹丸头部（d 点）位于－150 mm 处，膛内压力较低；$t=90$ μs 时，弹丸头部（d 点）运动至－80 mm 处，膛内压力增大。自弹丸头部（d 点）至膛口的压力曲线呈下降趋势。而膛口处的气体参数（主要是出口压力 p_e）随时间 t 增大，这符合运动活塞连续推动气体运动的规律。

（2）膛口外环境的变化规律

初始射流在初始冲击波的约束下发展，随着初始冲击波不断扩大，波后区域不同位置的气体压力 p_c 均呈快速衰减趋势，并很快接近大气压力（图 1-12），于是，压力比 n 连续增大。

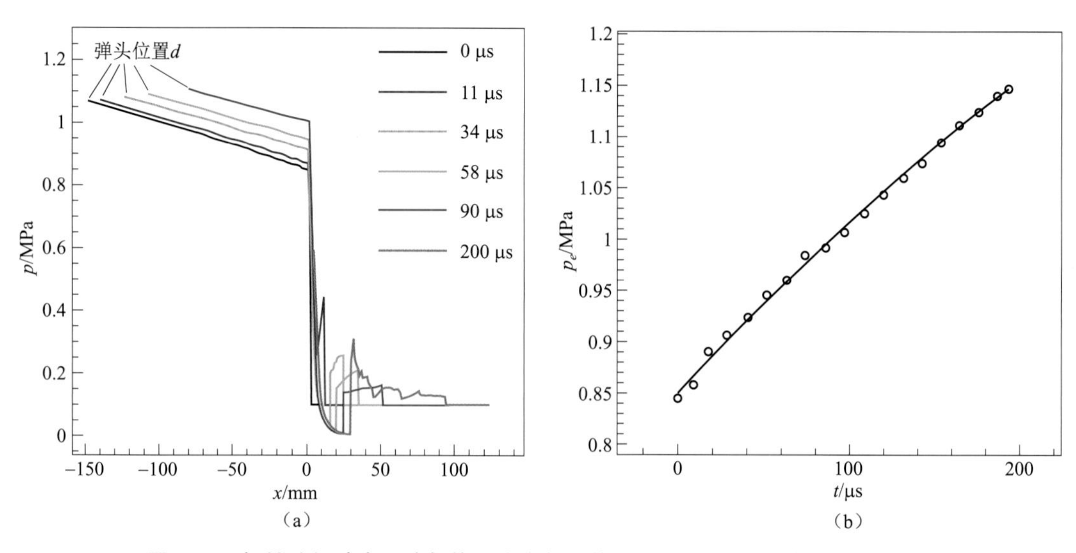

图 1-11 初始流场膛内、外气体压力变化规律（7.62 mm 弹道枪，数值计算）

（a）膛内、外压力分布曲线（膛口位置坐标为 0）；（b）出口压力 p_e 随时间变化曲线

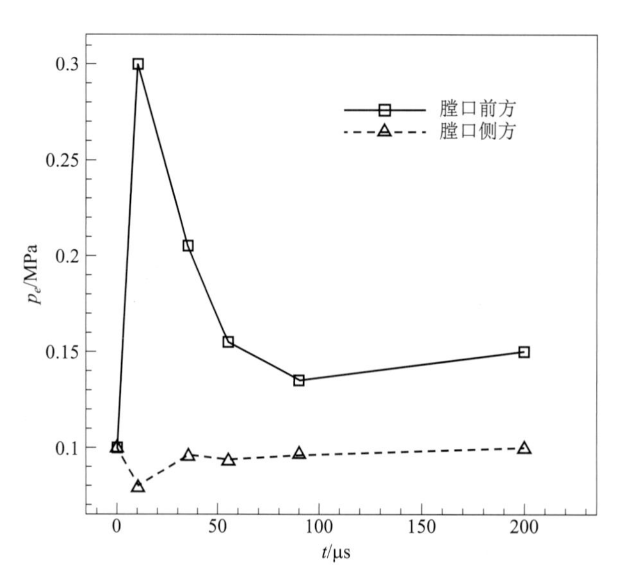

图 1-12 初始射流的膛口外环境压力 p_c 变化规律

由式（1-1），初始射流的尺寸、瓶状激波的马赫盘直径与长度也连续增大，直至弹丸出口时达到最大值（图 1-13）。与第三节介绍的火药燃气射流比较，初始射流只有“生长期”，没有“稳定期”和“衰减期”。

上述规律表明，初始流场与初始射流的流谱参数是随时间非定常变化的。

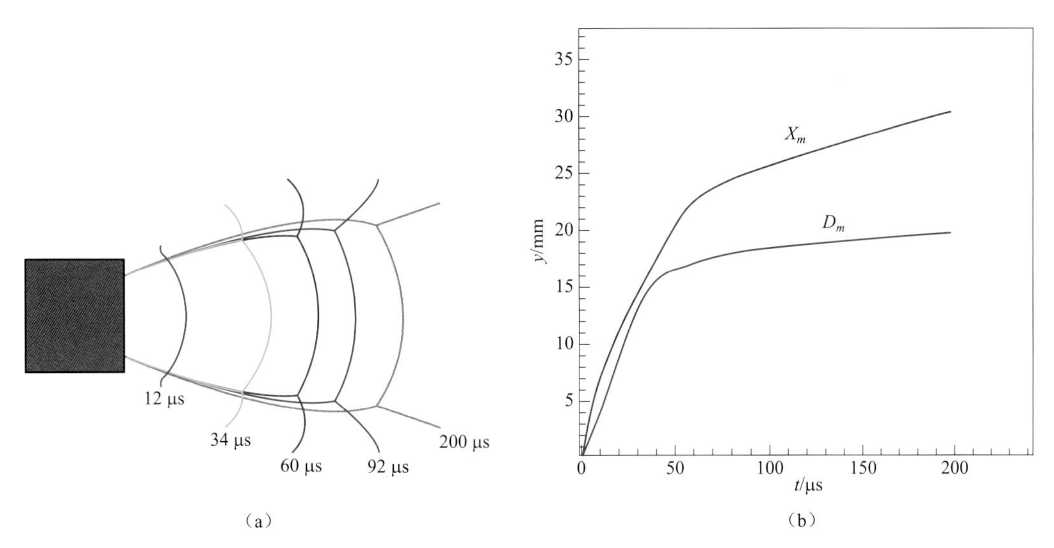

图 1-13　初始射流的瓶状激波形状和尺寸随时间变化图
（7.62 mm 弹道枪，数值计算）

四、影响初始流场的因素

膛口初始流场是膛内弹前激波及波后气体出膛口形成的，其唯一的影响因素就是弹丸速度—时间（行程）曲线。就武器特点和弹道参数而言，以身管长度和初速对初始流场的影响最明显。图 1-14 列出了不同初速与身管长度的初始冲击波在弹丸出口时的传播距离。

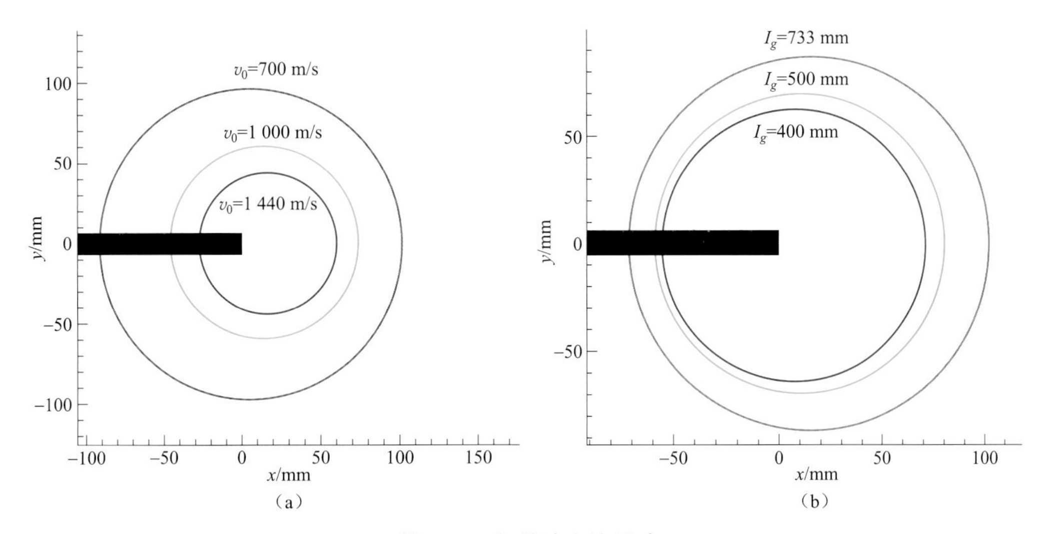

图 1-14　初始冲击波尺寸

（a）不同初速；（b）不同身管长度

（1）弹丸初速对初始流场的影响（身管长度相同时）

对于相同长度的身管，随着弹丸初速的增大，弹丸出口时的初始冲击波直径变小，即初始流场范围变小。换句话说，高初速火炮（枪）的初始流场对火药燃气流场的影响要小于低初速的火炮（枪）。这是弹丸与弹前激波之间的距离因初速的增大而减小造成的，如图 1-14（a）所示。

（2）身管长度对初始流场的影响（弹药相同时）

与初速的影响类似，短身管火炮（枪）的初始流场对火药燃气流场的影响要小于长身管火炮（枪）。这是弹丸与弹前激波之间的距离因身管缩短而减小造成的，如图 1-14（b）所示。

五、初始冲击波的特点

初始冲击波是弹前激波在膛口外绕射形成的球形冲击波。由于外部环境为静止空气，内部气流仅由单一的初始射流推动，初始冲击波的波阵面一直呈球形。试验结果表明，初始冲击波是一个球心运动的球形冲击波。为了证明这一特点，计算了初始冲击波与相同能量点爆炸冲击波的波阵面发展，绘出了不同时刻波阵面形状（图 1-15）。可以看出，点爆炸冲击波波阵面（图 1-15（a））是以点源为中心的同心圆，而初始冲击波是球心运动的非同心圆（图 1-15（b）），其球心运动轨迹和速度如图 1-15（c）所示。

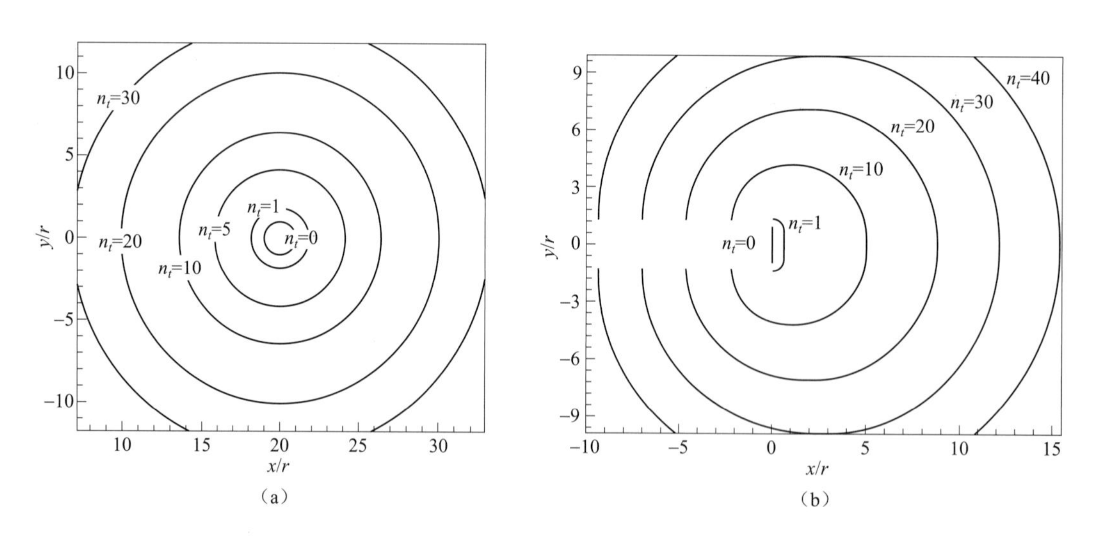

图 1-15　初始冲击波与点爆炸冲击波波阵面发展对比图

(a) 点爆炸冲击波（n_t表示计算时间步）；(b) 膛口初始冲击波

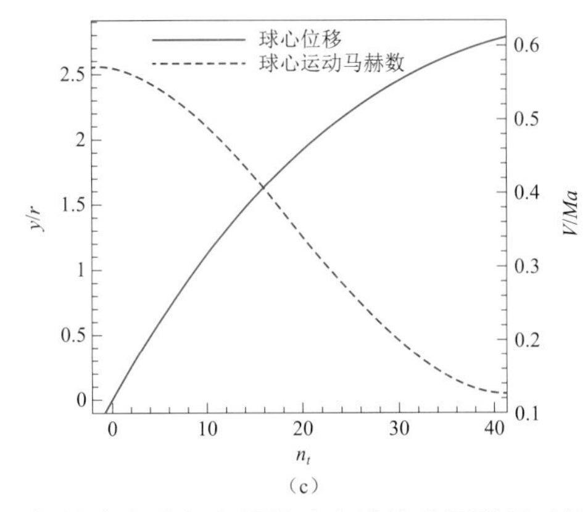

（c）

图 1-15　初始冲击波与点爆炸冲击波波阵面发展对比图（续）

（c）膛口初始冲击波球心位移（y）和速度（V）曲线

第三节　火药燃气流场

火药燃气流场的作用周期是火炮（枪）的火药燃气后效期。其时间起点是弹丸飞出膛口瞬时（t_g），其终结点是膛内气体流空瞬时（$t_g+\tau$）。

火药燃气流场与初始流场的主要区别：

① 火药燃气流进入的是膛口初始流场内，而初始冲击波进入的是未受扰动的静止空气中。外界环境状态的不同对火药燃气流场形成和发展有重要影响。

② 在火药燃气流场形成与发展过程中，弹丸穿行其中并与流场发生强烈的相互作用。

一、火药燃气流场的形成、发展过程

图 1-16 是火药燃气流场形成和发展图。其中，图 1-16（a）是原理图，图 1-16（b）是 7.62 mm 弹道枪高速阴影摄影照片，图 1-16（c）、图 1-16（d）是数值计算结果（压力等值线、密度等值线、计算阴影图）。

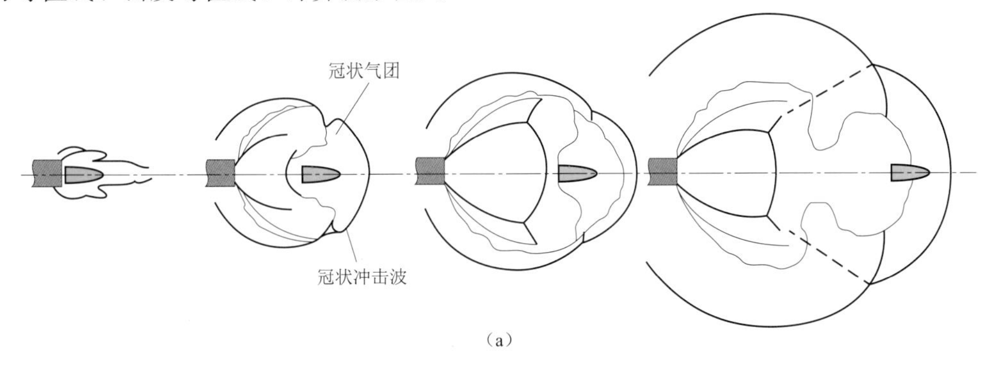

（a）

图 1-16　火药燃气流场发展图（7.62 mm 弹道枪）

（a）原理图

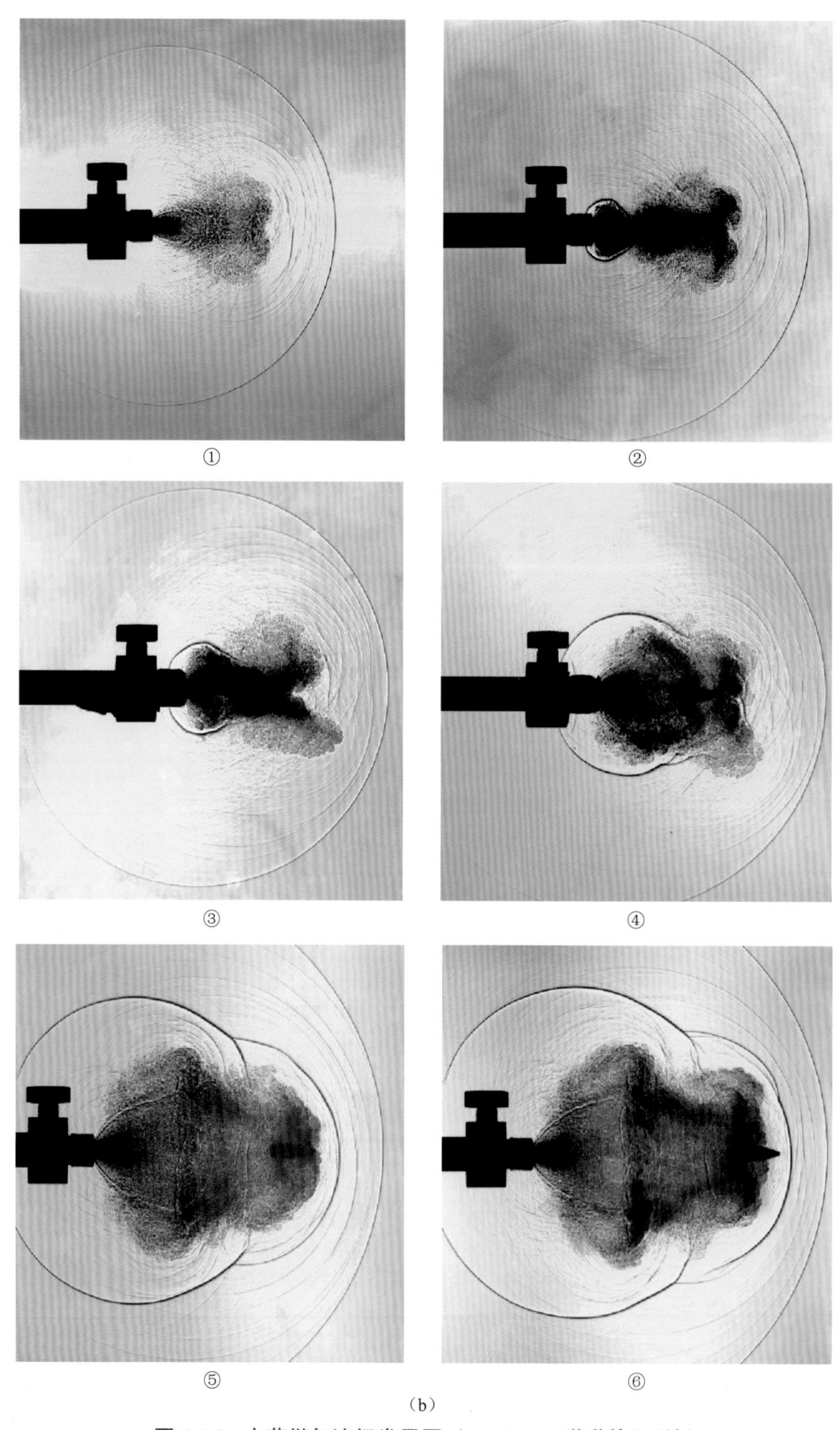

(b)

图 1-16 火药燃气流场发展图（7.62 mm 弹道枪）（续）

（b）高速阴影照片（7.62 mm 弹道枪，YA-1 拍摄）（t=7，20，48，98，132，210 μs）

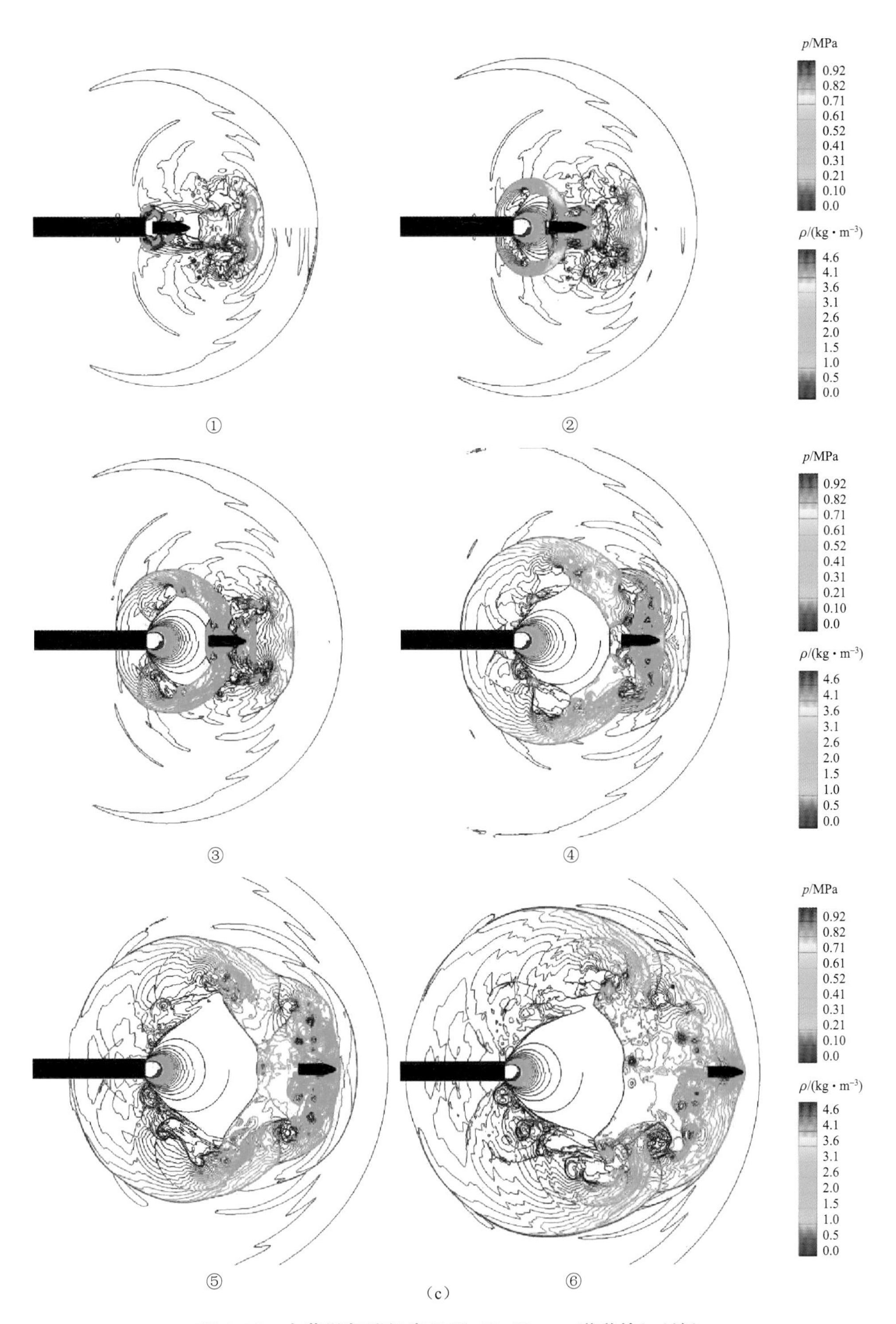

（c）

图 1-16　火药燃气流场发展图（7.62 mm 弹道枪）（续）

（c）压力等值线（上半部分）、密度等值线（下半部分）（t=7，20，48，98，132，210 μs）

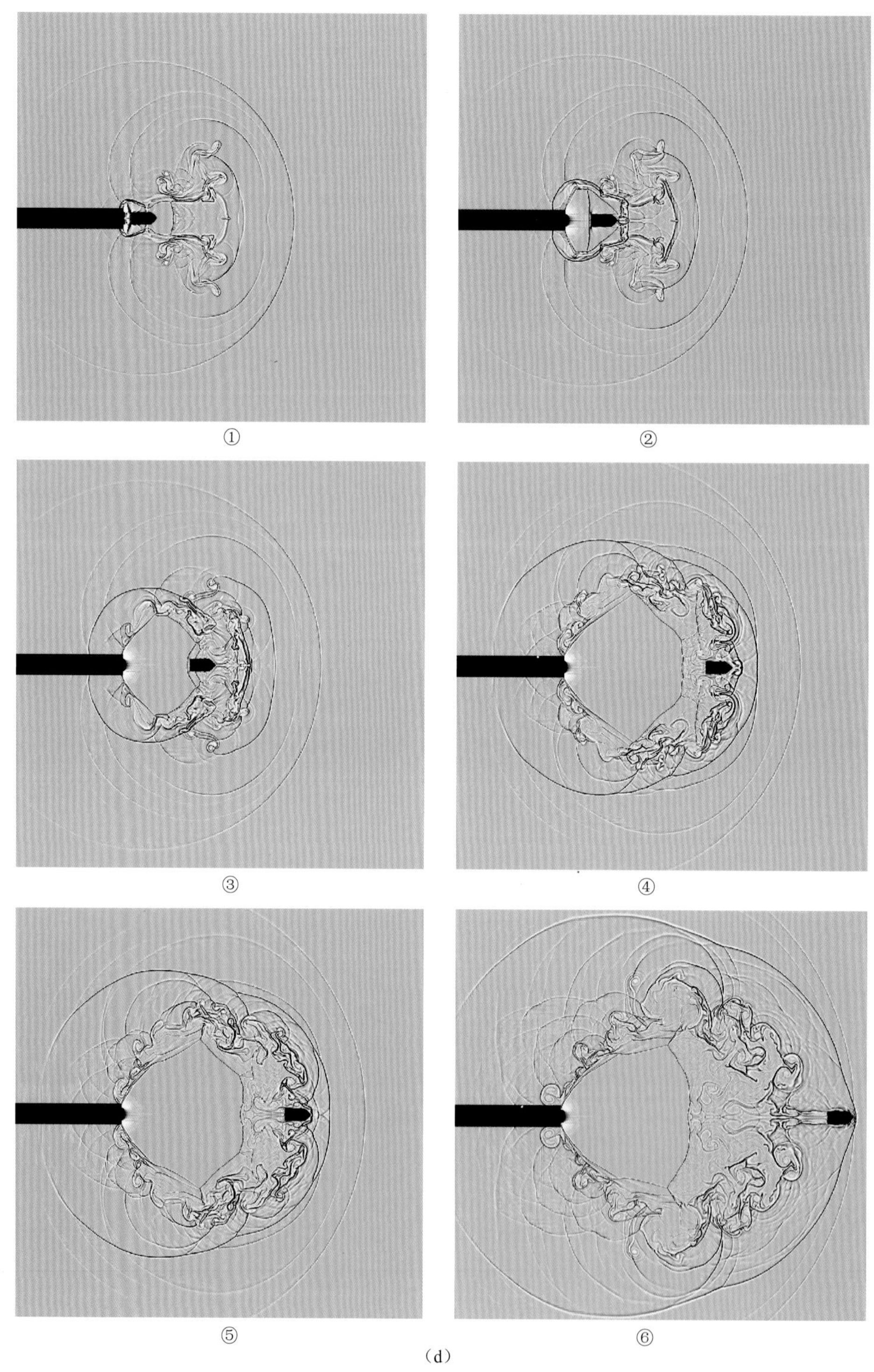

（d）

图 1-16　火药燃气流场发展图（7.62 mm 弹道枪）（续）

（d）计算阴影图（t=7，20，48，98，132，210 μs）

弹丸飞出膛口前，膛内压力仍高达 50～100 MPa，温度达 2 000 K（图 1-16（b）中的①）。当弹丸飞至膛口断面时，火药燃气首先从船尾形弹尾部开始外泄，与初始射流的气体形成压力间断，如同高压激波管破膜形成出口冲击波（图 1-17）一样。此时，火药燃气速度高达 1 500～2 000 m/s，如同一超声速气体活塞继续推动冲击波，波阵面速度超过弹丸速度，很快包围弹丸并将初始射流向前方推去（图 1-16（b）中的②）。由于气流膨胀受限，新流出的火药燃气堆积，形成一个环绕锥形流区域的湍流旋涡或烟环，随着旋涡发展进入气团，积累的湍流燃气停留在膛口或近膛口区域。火药燃气冲击波首先在射流边界附近形成，而在轴线方向，由于初始流场的高速、低密度区域存在，加速了火药燃气的轴向运动和冠状气团的形成。由于火药燃气流与初始气流的相互作用以及弹丸的阻碍作用，下游轴向强间断的形成条件一直不具备。

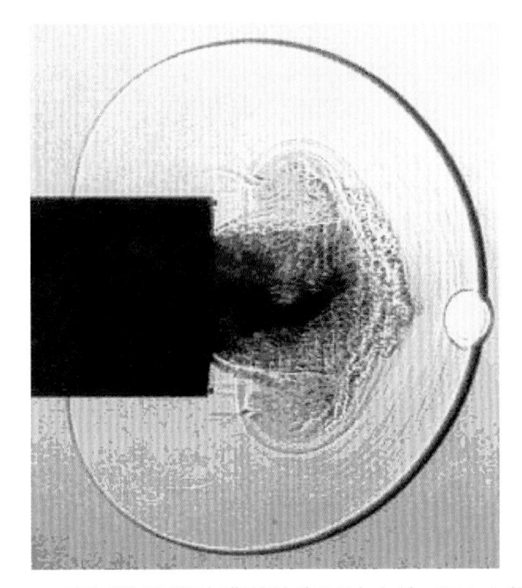

图 1-17　高压激波管破膜时的出口冲击波（YA-1 拍摄）

火药燃气逐步吞没初始射流，弹丸处于瓶状激波的超声速气流区内，弹底激波形成，弹丸的存在影响了马赫盘的形成和位置（图 1-16（b）中的③）。

弹丸穿过马赫盘，进入冠状气团，气流速度降为亚声速，弹底激波消失（图 1-16（b）中的④）。

随着冲击波传播远离膛口，射流与冲击波之间的耦合相互作用变小，冠状冲击波形成。火药燃气流场呈现一个包括单个瓶状激波的自由、无约束的气流膨胀结构（图 1-16（b）中的⑤）。

弹头激波出现，弹丸即将穿过冠状冲击波开始自由飞行（图 1-16（b）中的⑥）。此后，膛口流场进入膛内流空过程的衰减期，出口压力比 n 连续减小，射流呈现低压力比（n 从 20 降至 2 以下）的欠膨胀射流的典型结构，直到相交激波出现和射流激波消失。

自膛口火药燃气射流形成开始，由于湍流边界脉动、与射流激波系及冲击波相互作用，形成了一系列气流脉冲噪声波。

图 1-18 是火药燃气流场典型流谱图。

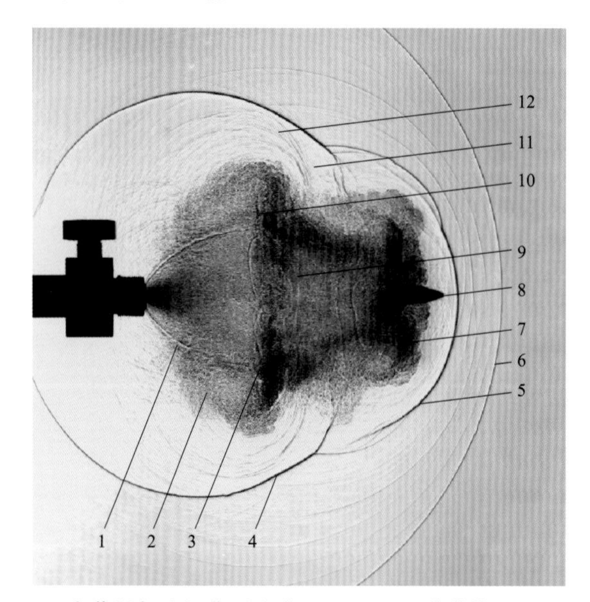

图 1-18　火药燃气流场典型流谱（7.62 mm 弹道枪，YA-1 拍摄）

1—瓶状激波；2—射流湍流边界；3—三波点；4—火药燃气冲击波；5—冠状冲击波；
6—初始冲击波；7—冠状气团；8—弹丸；9—马赫盘；10—反射激波；
11—切向间断；12—脉冲噪声波和各种弱扰动波

二、火药燃气射流的特点

火药燃气射流是膛内火药燃气在后效期流空过程中于膛口或炮尾（无后坐炮和火箭发动机）出口形成的非定常、声速（或超声速）射流。其特征如下。

1. 火药燃气射流是高度欠膨胀射流

弹丸出膛口时，压力比 n 为 $10^2 \sim 10^3$ 量级，远高于初始射流，属于高度欠膨胀射流（$n>50$）。在火药燃气后效期流空过程的早、中期内，仍为高度欠膨胀射流，至晚期，则降为欠膨胀射流。高度欠膨胀射流流谱的典型结构如图 1-19 所示。

此图是根据膛口流场的高速阴影照片绘制的。其中，将射流理论边界包围的整个区域分为以下几部分：

（1）区——瓶状激波内的自由膨胀区，气流主要在此瓶区内膨胀，压力剧降，速度激增，$Ma>1$。

（2）区——相交激波与射流边界之间的超声速区，$Ma>1$。

（3）区——马赫盘后的亚声速区。气流经正激波后压力与温度陡增，$Ma<1$，是膛口中间焰的形成及二次焰的点火源区。

（4）区——经两次斜激波后，流动情况复杂，压力与（3）区的相同，但 $Ma>1$，两区之间形成拉瓦尔喷管形状的切向间断面。

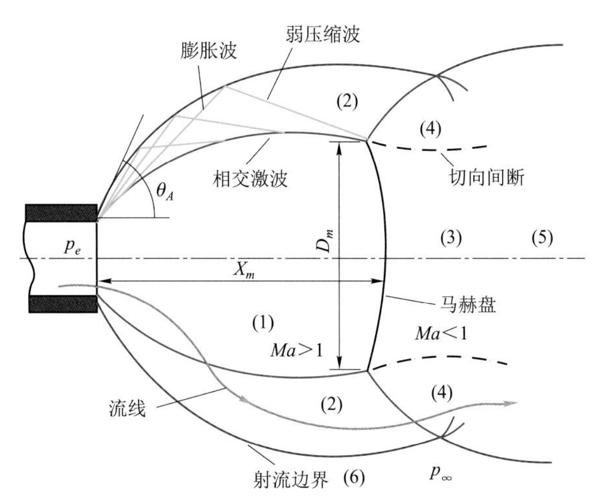

图 1-19 火药燃气高度欠膨胀射流的单周期流谱结构图

(5) 区——湍流混合过渡区。

(6) 区——射流边界层。

膛口火药燃气射流的单周期结构流谱是后效期早、中期的基本模式。在后效期晚期，弹丸与火药燃气冲击波远离膛口区域，膛口流场进入衰减期时，出口压力比 n 降低，射流出现多周期的驻波结构。

图 1-20 是无膛口装置时，火药燃气射流瓶状激波内的气体量纲为 1 的参数 A（气体参数/膛口参数）沿轴线的分布图，是典型的膨胀过程。在以后章、节的数值计算中，将进一步介绍带与不带膛口装置时膛口射流的参数变化。

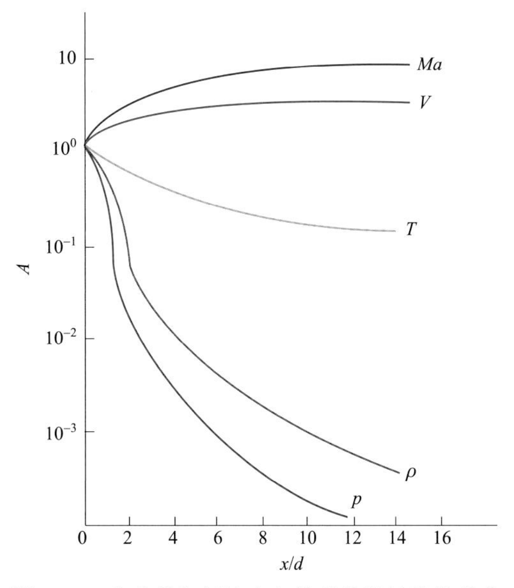

图 1-20 火药燃气射流内气体参数沿轴线的分布

A—气体参数/膛口参数

对于锥形喷管等膛口装置的超声速出口，其膛口流场在中期即呈现出多周期欠膨胀射流的流谱结构，如图 1-21 所示。由于火药燃气的黏性，(3)，(4)，(5) 区的湍流混合明显，第二周期的瓶状激波结构与无黏流体的理论结构有差别。

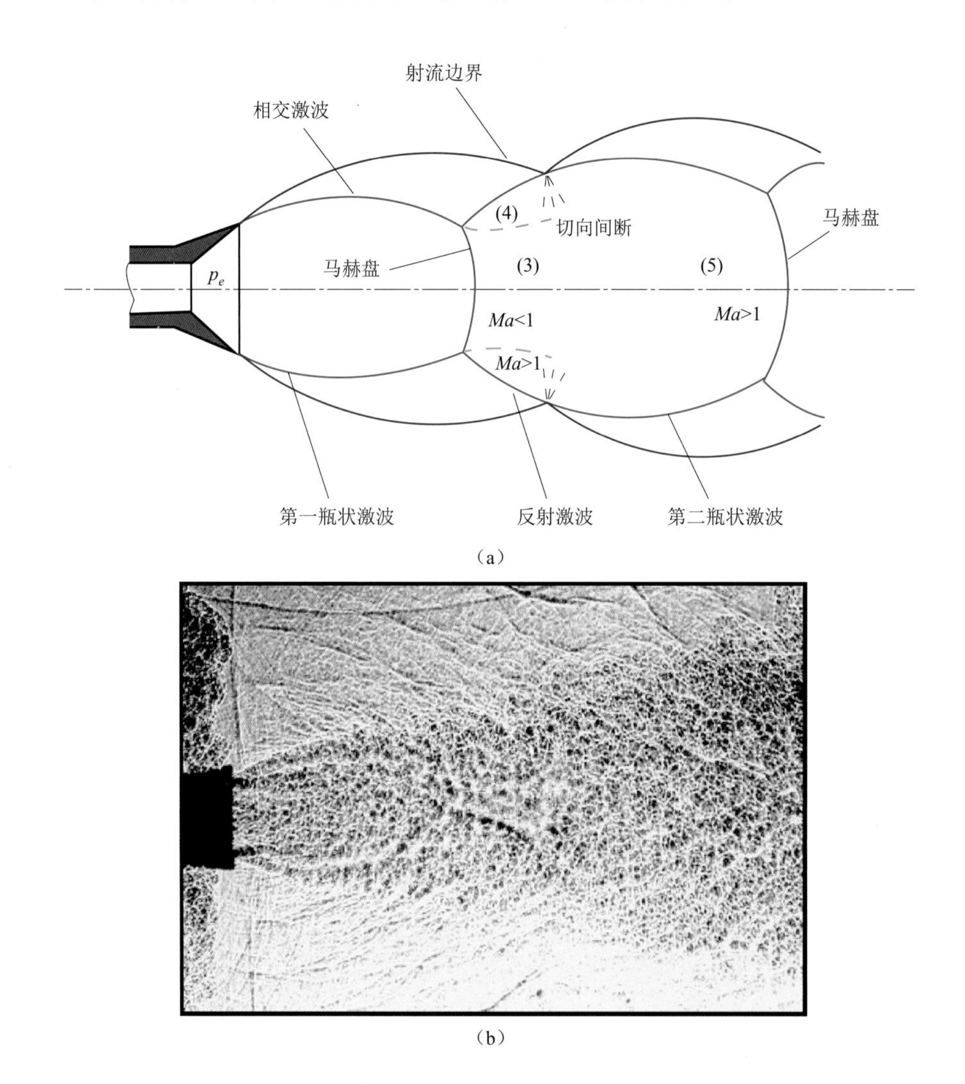

图 1-21　火药燃气欠膨胀射流的双周期流谱结构图

(a) 流谱结构示意图；(b) 高速阴影照片（7.62 mm 弹道枪，YA-1 拍摄）

2. 火药燃气射流的非定常性

由于膛内火药燃气不断流空，出口压力比呈指数规律下降，射流的几何尺寸与气体参数将随时间连续变化，火药燃气射流是典型的非定常射流。

膛口射流的非定常性可以用瓶状激波尺寸与气流参数随时间的变化来表示。图 1-22 绘出了不同瞬时高速阴影摄影得到的瓶状激波发展图。可见，其几何尺寸经历了由小增大，然后收缩的过程。

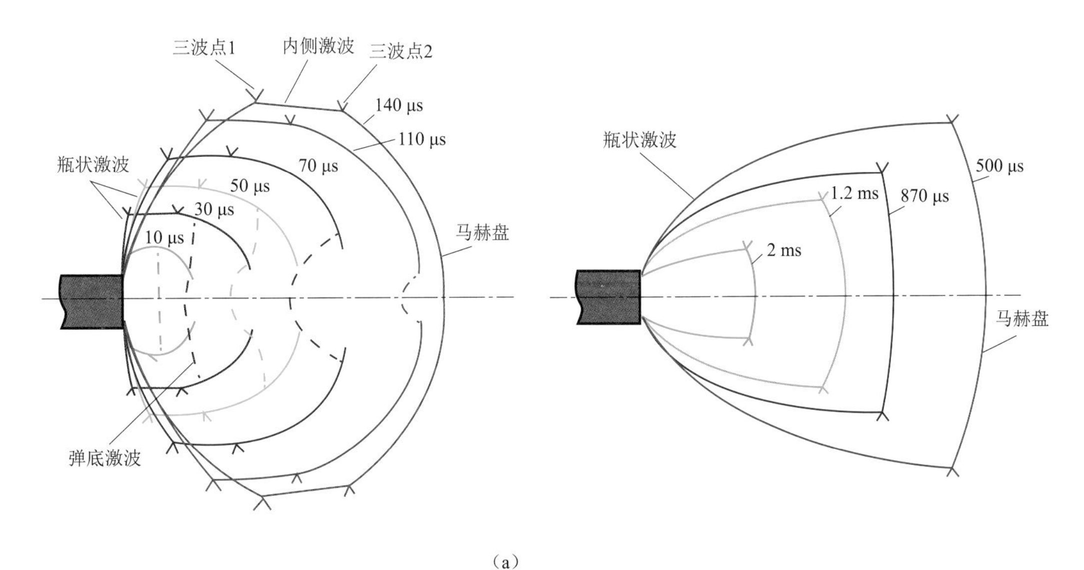

（a）

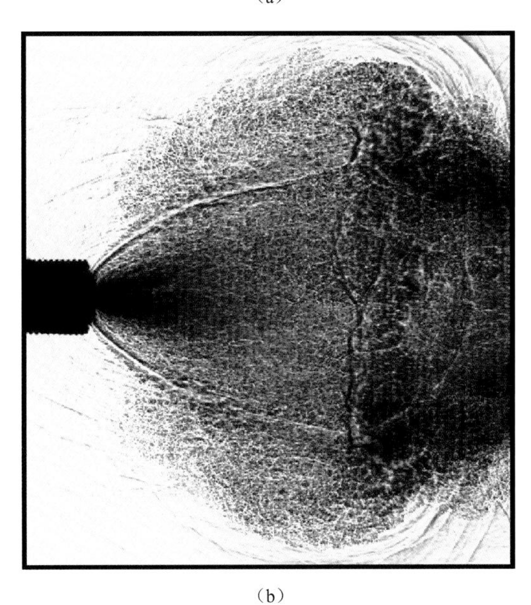

（b）

图 1-22 火药燃气射流的瓶状激波随时间发展图（7.62 mm 步枪）

（a）瓶状激波时间发展示意图；（b）高速阴影照片（YA-1 拍摄）

用马赫盘直径（D_m/d）、马赫盘与膛口距离（X_m/d）随时间变化的曲线进一步说明瓶状激波的非定常性（图 1-23）。

从图 1-23 的试验结果可以看出：

① 马赫盘的直径 D_m 在约（1/20）τ 前连续增大，经过约（1/40）τ 的稳定阶段，然后持续减小。

② 马赫盘距膛口距离 X_m（瓶的长度）在约（1/20）τ 前连续增大，至（1/10）τ 为稳定阶段，以后便持续减小，直至后效期终了。

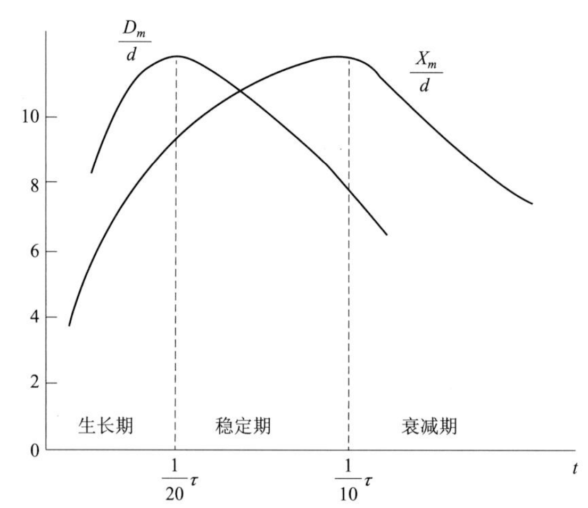

图 1-23 瓶状激波尺寸（D_m/d，X_m/d）随时间的变化曲线

③（D_m/d）-t 与（X_m/d）-t 变化规律不完全一致，瓶的直径比长度提前缩小，在直径开始缩小后，瓶的长度仍增加或稳定，这种不一致反映了瓶状激波的拉长过程。

由此得出结论：火药燃气射流（以瓶状激波为代表）经历“生长—稳定—衰减”三个时期。其形成机理是后效期膛内气体参数随时间变化的规律与膛口冲击波对射流的约束作用。

图 1-24 是后效期膛口压力 p_e-t 的实测曲线，左下角是火药燃气射流边界外的环境压力p_c-t 变化曲线。

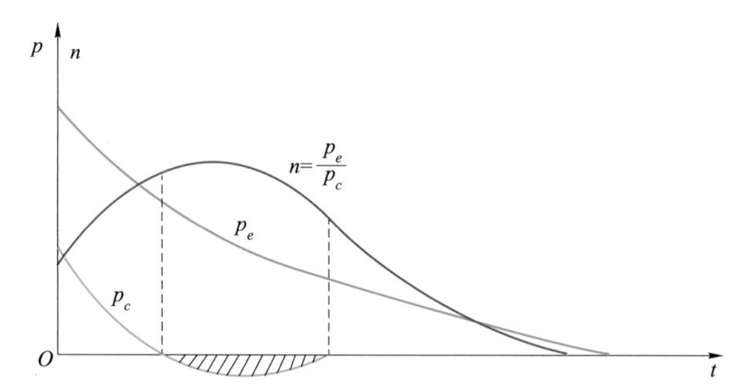

图 1-24 后效期膛口压力 p_e、环境压力 p_c 、压力比 n 随时间 t 的变化曲线

膛口射流通过射流边界外的接触面推动冲击波并对其补充能量，这样，射流边界就处在被冲击波压缩过的空气层中。设边界外环境压力为 p_c，则 p_c随时间的变化规律如图 1-24 的正、负压曲线所示。显然，在开始时，冲击波波阵面压力很大，其波后区域压力 p_c也很大，随着冲击波波阵面向外扩展，p_c呈指数下降，继之（约在（1/20）τ），因过度膨胀而出现负压区，在（1/10）τ 以后射流边界外的空气才恢复常压。这说明，膛口射流的发展过程不是处于静止的大气环境中，而是处于有一定速度和压力 p_c的扰动空气中。其出口压力比 $n=p_e/p_c$，反映了膛口冲击波对射流的约束作用。

由于 n-t 曲线非单调下降，而是上升—平缓—下降，反映了射流瓶状激波发展的三个时期，也解释了 D_m/d 与 X_m/d 的变化规律。

应当注意的是，p_c除了随时间变化外，也是位置的函数。由于冲击波的方向性，p_c也按相似的规律分布，即马赫盘轴线方向 p_c最大，侧前方边界外 p_c次之，侧后方边界外 p_c最小。这样，对于同瞬时，不同方向的 n 不同。摄影记录的侧后方相交激波的生长期短于侧前方相交激波，马赫盘直径 D_m的生长期短于马赫盘位置 X_m，其主要原因就在这里。

3. 弹丸对火药燃气射流的影响

弹丸对射流的影响仅限于射流生长期。在弹丸飞出膛口约一倍口径左右开始，气流速度大于弹丸速度（气流相对马赫数 $Ma'>1$），形成弹底激波，此后随着 Ma'的增大，激波尺寸、强度也增大。弹底激波的阻挡影响马赫盘的形成，在弹底穿出马赫盘后的一段时间内，对马赫盘的正常位置也有一定影响。弹底激波的存在不会影响上游的气流参数及相交激波的位置，而且，它对下游的影响也不同于马赫盘。不过，从射流实验结果的比较中可以认为，与冲击波的约束作用相比，弹丸对射流的影响是次要的。

三、火药燃气冲击波

火药燃气冲击波是弹底飞离膛口时，膛内高压燃气剧烈膨胀，在口外形成，并以球形波阵面向外运动的强间断。与初始冲击波比较，早期的火药燃气冲击波首先在侧方形成与发展，由于弹丸的存在和初始流场的影响，冲击波在轴线方向缺乏形成的条件，没有完整的球形封闭结构。火药燃气冲击波的波阵面，其主体部分仍然是动球心的球形冲击波，在球形冲击波的前方冠以一个半球形波，称为“冠状冲击波”（图 1-25）。关于动球心球形冲击波和冠状冲击波的形成机理与物理模型，将在第七节详细分析。

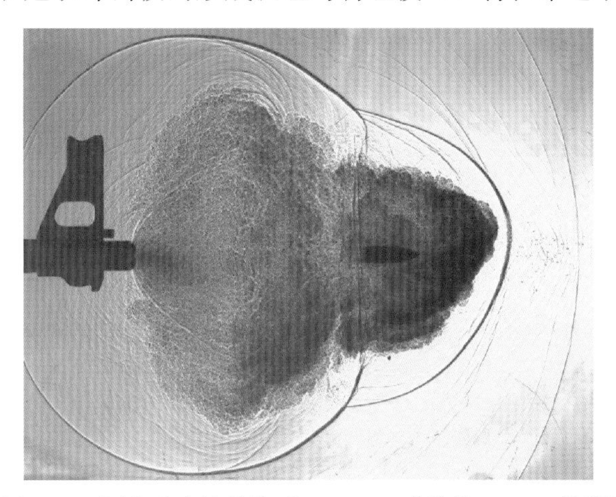

图 1-25　冠状冲击波结构（7.62 mm 冲锋枪，YA-1 拍摄）

四、初始流场对火药燃气流场的影响

1.“理想发射”的火药燃气流场

初始流场的存在是形成冠状冲击波的主要原因。为了证明这一点，设计了一个对比试验：将试验枪管抽真空并密封，使发射时弹前无空气柱，也没有火药燃气从膛壁间隙泄出，发射时没有初始流场存在，不妨称这种发射为“理想发射”。图 1-26 是“理想发射”的高速阴影摄影照片和数值计算结果。

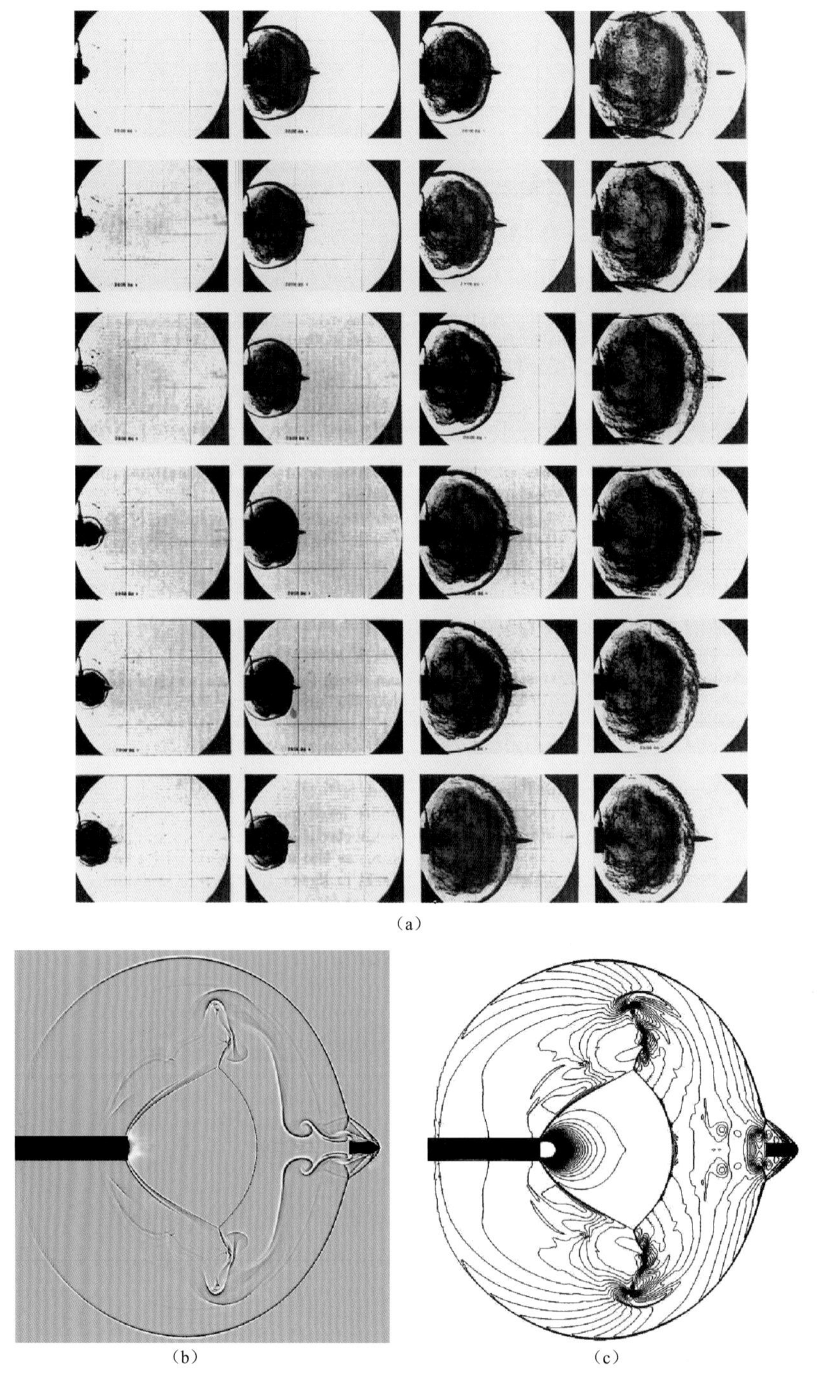

（a）

（b）　　　　　　　　　　（c）

图 1-26　无初始流场（理想发射）的火药燃气流场

（a）高速阴影照片（7.62 mm 步枪）[2]；（b）计算阴影图；（c）压力等值线

与有初始流场影响的火药燃气流场相比，“理想发射”时，火药燃气流场的流谱具有以下特点：

① 除了弹丸对流场的少量影响外，与初始流场的特征十分相似，冲击波波阵面近似呈球形，侧向膨胀与轴向膨胀能力接近。

② 冲击波对射流结构的约束作用均匀，同时出现瓶状激波的完整结构。

③ 弹丸在早期对冲击波与射流均有影响，导致冲击波与射流侧向膨胀趋势加大。后期只对冲击波有局部扰动。

④ 没有火药燃气流的轴向加速与冠状气团的形成，不出现冠状冲击波。

2. 冠状冲击波形成机理

初始流场的存在是冠状冲击波形成的原因。

用数值计算模拟 7.62 mm 步枪的有初始流场影响的火药燃气流场发展过程(图 1-27)，分析冠状气团与冠状冲击波形成的过程与机理。图中，绘出了与枪膛平行的轴线上的气体压力分布，以便更清楚地辨别各压力间断的形成。在图 1-27 中，按时间顺序：

图 1-27 (a)，弹丸到达膛口，即将进入初始流场的高速流动区域。由于初始流场的口部压力较低，初始射流呈细长结构。在超声速核心区内，气体密度低于大气，气流速度为 750 m/s。初始射流的侧向膨胀能力不足，其射流边界气体参数与大气的接近。

此时，轴向压力间断自右向左，依次为：1—初始冲击波，3—初始射流马赫盘。

图 1-27 (b)，弹丸出口时，膛内的高压火药燃气突然释放，在弹、膛环形区立即形成火药燃气冲击波。由于弹丸的阻挡，部分燃气首先向侧向运动。

此时，轴向压力间断自右向左，依次为：1—初始冲击波，3—初始射流马赫盘，5—火药燃气冲击波。

图 1-27 (c)，火药燃气高速流出，弹底激波形成；火药燃气冲击波呈球形波阵面向侧方膨胀；火药燃气射流在低压、高速的初始射流内绕过弹丸加速向前膨胀，冲破了火药燃气冲击波后，经初始射流马赫盘后升压，形成一个高密度的压力突跃层，其前沿以 1 400 m/s 的高速在初始射流中运动，如同一个气体活塞推动初始射流向前。

此时，轴向压力间断自右向左，依次为：1—初始冲击波，2—火药燃气高密度压缩突跃层，3—初始射流马赫盘，4—弹底激波，5—火药燃气冲击波。

图 1-27 (d)，初始流场对火药燃气射流的侧方膨胀几乎没有影响，高度欠膨胀射流瓶状激波及双马赫相交出现，弹底激波限制了马赫盘的形成。于是，形成的高密度的压力突跃层继续受到火药燃气射流的推动和补充，并不断增厚。初始射流已被压缩进入高密度层中。此时，轴向压力间断自右向左，依次为：1—初始冲击波，2—火药燃气高密度压缩突跃层，3—初始射流马赫盘，4—弹底激波，5—火药燃气冲击波。

图 1-27 (e)，高密度的压力突跃层不断加速，其轴向速度远高于不断衰减的火药燃气冲击波波阵面速度的轴向分量，于是，火药燃气高密度压缩气团逐步演变为凸出在前方的高压气团——冠状气团，而且其前突跃面呈现压力强间断面的特点。

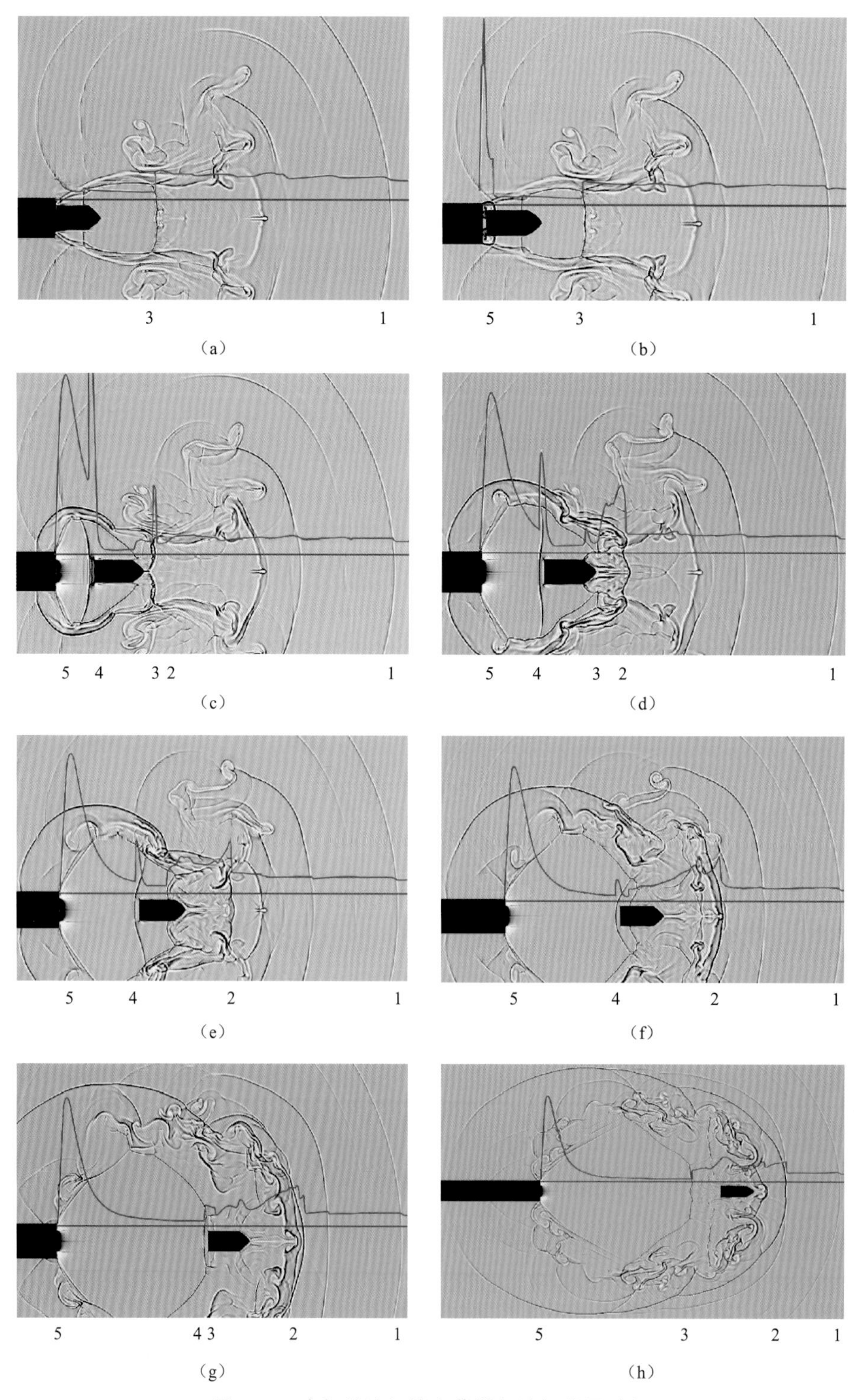

图 1-27 含初始流场的火药燃气流场发展过程

(红线—气体压力曲线)

此时，轴向压力间断自右向左，依次为：1—初始冲击波，2—火药燃气高密度压缩突跃层，4—弹底激波，5—火药燃气冲击波。

图 1-27（f），冠状气团向径向膨胀、扩大范围。在轴线方向，其前突跃面不断追赶下游的压缩波，压力间断面的强度不断增加，逐步叠加，形成冠状冲击波的雏形。

此时，轴向压力间断自右向左，依次为：1—初始冲击波，2—火药燃气冠状气团的前压缩突跃层，4—弹底激波，5—火药燃气冲击波。

图 1-27（g），冠状冲击波的侧方结构由于冠状气团的侧向膨胀、追赶下游的压缩波等过程而逐步完成，其形成机理类似于轴线方向冠状气团。火药燃气马赫盘开始封闭，弹丸即将脱离火药燃气射流。

此时，轴向压力间断自右向左，依次为：1—初始冲击波，2—火药燃气冠状冲击波，3—火药燃气马赫盘，4—弹底激波，5—火药燃气冲击波。

图 1-27（h），冠状冲击波已完全形成，与火药燃气冲击波的相交结构及切向间断清晰可见。由于弹丸的飞离，火药燃气射流的瓶状激波结构已完全形成。

此时，轴向压力间断自右向左，依次为：1—初始冲击波，2—火药燃气冠状冲击波，3—火药燃气马赫盘，5—火药燃气冲击波。

从有、无初始流场的轴向压力曲线和冲击波位置（图 1-28）可以看出，含初始流场影响的火药燃气冲击波的位置超前。

冠状冲击波的形成机理可以概括为：初始流场的轴向低压、高速射流区的存在，导致高压、高速火药燃气高密度的压力突跃层在下游出现，在连续进行质量聚集、吞噬、压缩后，形成冠状气团和冠状冲击波。

3. 初始流场对膛口装置受力的影响

初始冲击波的存在对近场的火药燃气动力参数，特别是膛口装置内的气流参数和作用于膛口装置上的负载峰值有一定影响。

4. 结论

初始流场的存在对火药燃气流场的影响十分明显，其物理机理是多层嵌套的冲击波之间以及冲击波与射流之间的相互作用。

① 初始流场中，高速度、低密度区的存在是产生冠状冲击波的主要原因。

② 弹丸对气流的扰动主要发生在早期。运动弹丸阻滞了膛口气体的轴向运动，促进了侧向冲击波和内激波的迅速形成；在超声速核心区内出现弹底激波，并与马赫盘相互干扰。

③ 初始流场/火药燃气流场以及初始流场/初始流场之间的相互作用问题与弹丸初速密切相关。

当初速较低时，常出现两个初始冲击波，使火药燃气流不能直接进入静止的空气，而是膨胀至两个初始冲击波中，因此，在轴线方向的下游膨胀速度比侧向的快。

当初速较高时，只有一个初始流场。在初速很高时，最大初始射流的出口压力可高

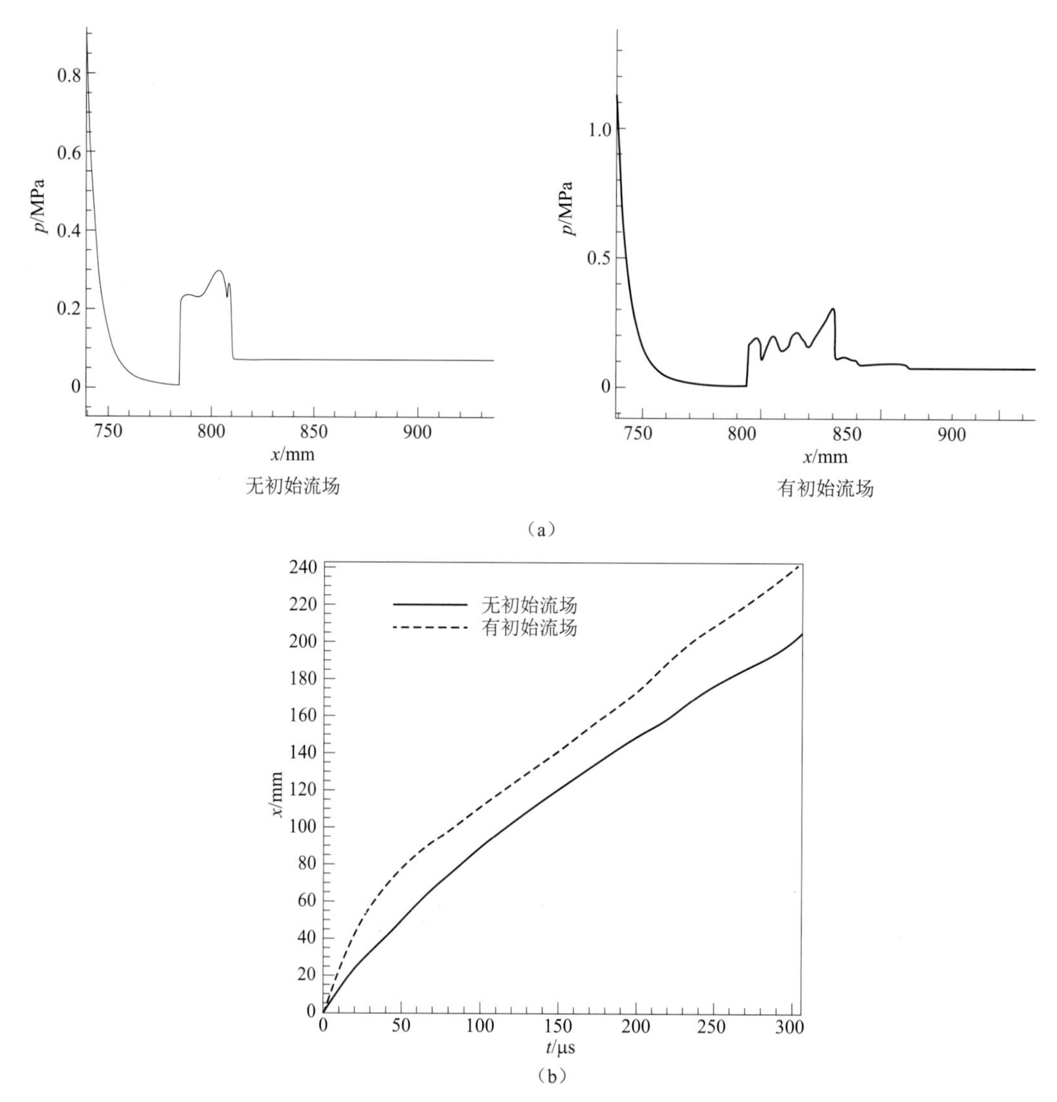

图 1-28 有、无初始流场的火药燃气轴向压力和冲击波发展对比图
(7.62 mm 步枪，数值计算)

(a) 轴线压力曲线 ($t=81$ μs)；(b) 冲击波轴向位置

达 4 MPa，远大于其他初始气流。强初始气流与火药燃气流场相互作用时间较短，冠状气团和冠状冲击波很难形成。

④ 在整个膛口流场作用时间内，各种间断在轴线上的运动轨迹如图 1-29 所示。

膛口流场的多冲击波、多射流相互作用的非定常问题不能用定常或准定常解析方法求解，只能用数值方法模拟。

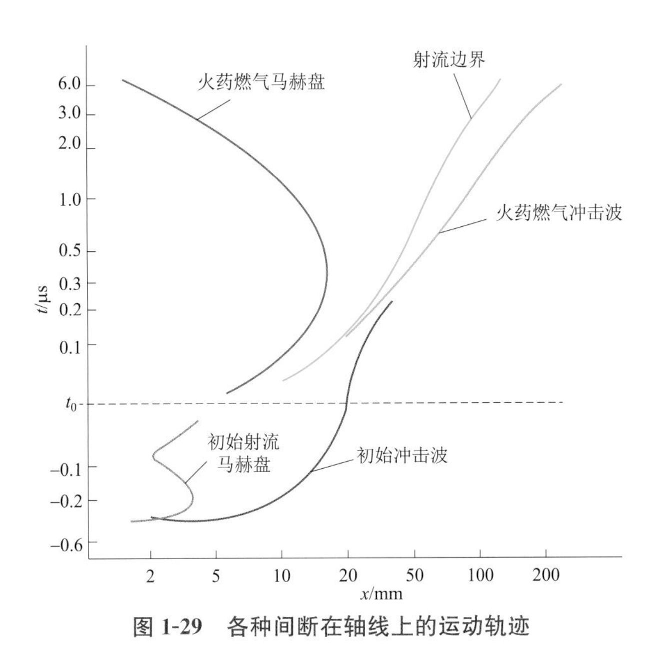

图 1-29　各种间断在轴线上的运动轨迹

第四节　膛口气流脉冲噪声场

一、膛口压力波源

火炮（枪）膛口流场中的冲击波与噪声波是交混在一起的复杂压力波。膛口流场区域内记录的压力波形包含：膛口冲击波（初始冲击波、火药燃气冲击波、地面反射冲击波）、脉冲噪声波（初始射流和火药燃气射流噪声、弹丸飞行和机械噪声）以及火药高温燃气流（图 1-30）。如何准确地区分压力波形，存在理论和技术两方面的困难。

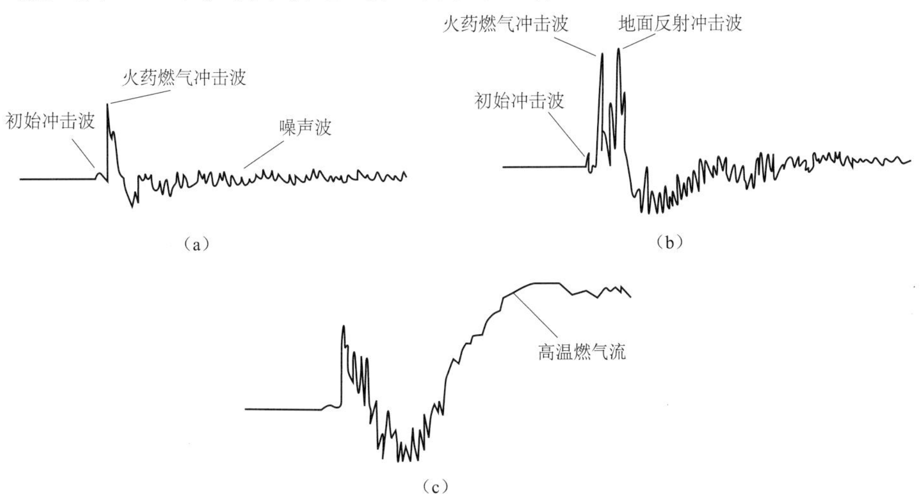

图 1-30　12.7 mm 重机枪的膛口冲击波压力波形记录

从膛口流场阴影图（图 1-31）也可看到流场中很多条强、弱间断线。其中，强间断线为膛口冲击波和射流瓶状激波，弱间断线为包括脉冲噪声在内的各种弱扰动波。

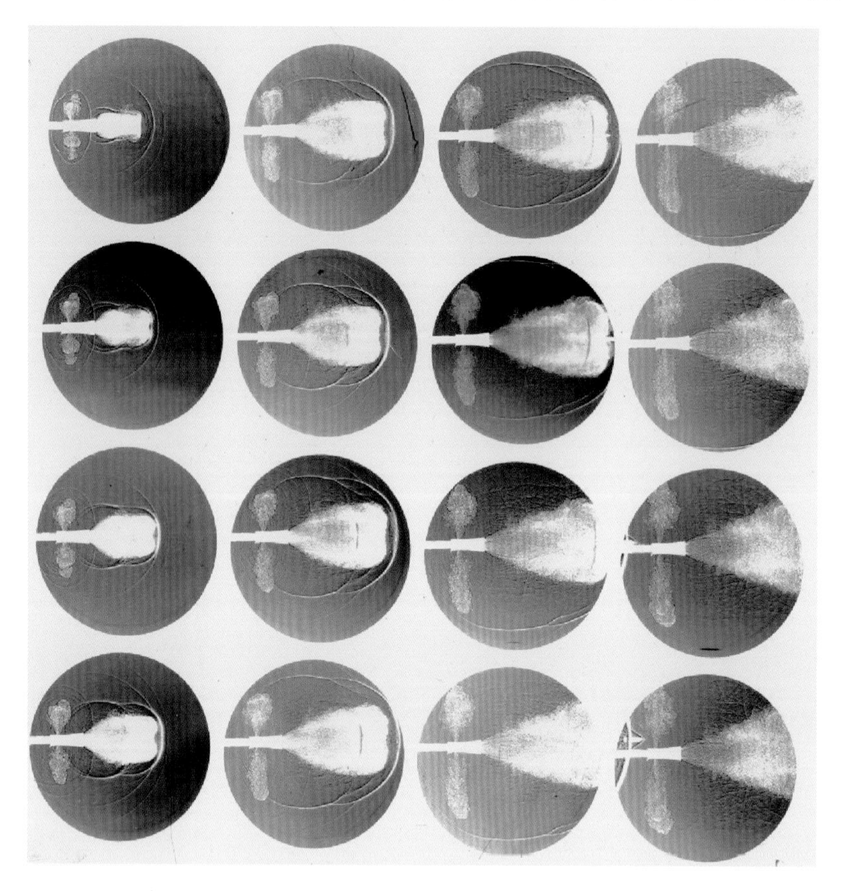

图 1-31　膛口流场阴影图（7.62 mm 弹道枪，YA-16 多闪光高速阴影摄影）

为了说明膛口流场测得的压力波信息，将炸药爆炸压力波、火箭出口压力波与膛口压力波的试验记录波形进行对比（图 1-32）。

分析这三种压力波源，可以看出：

① 炸药爆炸压力波，是一个 TNT 柱状炸药空中爆炸，在半自由场传播的爆炸冲击波（超压峰值约 40 kPa），具有典型的冲击波波形。

② 火箭出口压力波，是一门战术火箭在发射场的半自由空间传播的燃气射流脉冲噪声波（声压 7～10 kPa）和火箭口盖打开瞬时形成的冲击波（第一峰，其超压峰值约 30 kPa）。如果删除波形的第一峰段，则记录的主要是火箭燃气射流脉冲噪声波，其持续时间取决于火箭喷管工作时间。

③ 膛口压力波，是 152 mm 加榴炮在开阔地面半自由场传播的膛口冲击波（第一峰的超压峰值约 40 kPa）和膛口火药燃气射流脉冲噪声波（声压 7～10 kPa）。大口径火炮的膛口冲击波具有典型的带正、负相区和地面反射波的完整波形。火药燃气射流脉

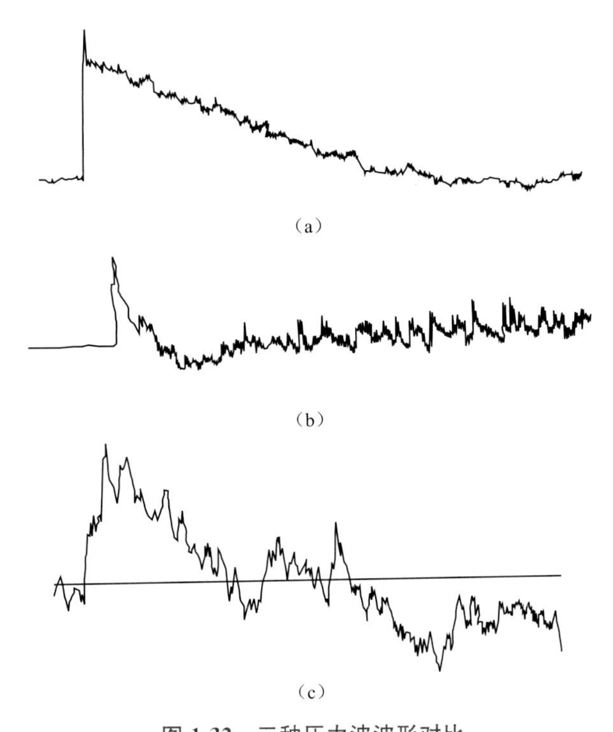

图 1-32　三种压力波波形对比

(a) 炸药爆炸压力波；(b) 火箭出口压力波；(c) 膛口压力波

冲噪声波紧随冲击波波阵面之后，叠加于冲击波之上，比冲击波延续更长的作用时间。

用波形分析方法可以把膛口压力波分解为两个独立传播的波形：膛口冲击波与气流脉冲噪声波，如图 1-33 所示。

将膛口压力波分解为膛口冲击波与脉冲噪声波，可为人体损伤机理分析提供参考。

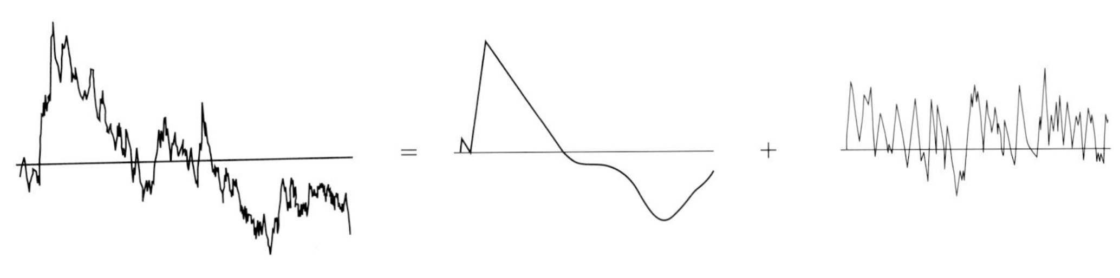

图 1-33　膛口压力波的分解

二、膛口气流脉冲噪声源

膛口气流脉冲噪声源与喷气发动机出口射流的噪声源有不少相似之处，都是射流中各种强、弱扰动引起的压力脉动。但区别在于膛口气流的强非定常性与边界条件（弹丸及膛口装置等）的复杂性。

膛口气流脉冲噪声源主要有以下三方面。

1. 高速欠膨胀射流混合区的湍流脉动

高速射流与外界静止气体的湍流混合是一个强烈的扰动过程。所谓湍流，实质上是各种随机变化的大、小尺度旋涡的混合。射流边界的混合过程包含大量的动量与能量交换，必然引起气体速度和压力的脉动或跳动。而旋涡本身就是一个强噪声源。

膛口射流边界包含了一个大的涡流环和无数小旋涡组成的湍流边界层，前方的冠状气团是湍流度很高的不稳定气流区，这些非定常、不稳定的湍流脉动是脉冲噪声的主要源头（图 1-34）。

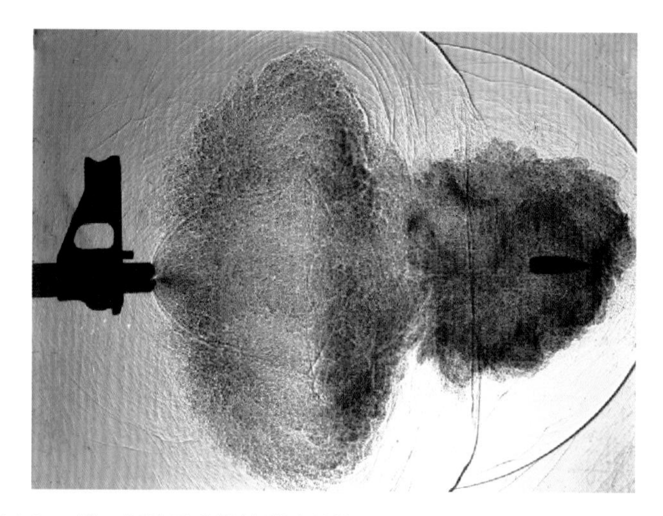

图 1-34　膛口射流形成期的湍流结构（7.62 mm 冲锋枪，YA-1 拍摄）

2. 膛口射流中的不稳定激波

射流瓶状激波系：不同工况下（欠膨胀与过膨胀）的出口射流会形成激波系。膛口射流是非定常高度欠膨胀射流，其相交激波与瓶状激波系在形成与发展过程中一直处于不稳定状态。从第三节介绍的射流内瓶状激波的发展图（图 1-22）可以清楚地看出，激波形状与参数随膛内流空过程和膛外冲击波约束作用的影响而快速变化，激波参数的这种脉动成为强噪声源。图 1-35 是带消焰器时，弹丸出膛口前火药燃气射流相交激波形成过程的阴影照片，此时，在射流周围有很多条强弱不同的压缩间断线，它包含了湍流脉动、射流激波脉动等信号，在声压测量系统中记录的是脉冲噪声波形。

火药高速燃气流推动的压缩波：其前锋速度可达 1 000 m/s，像一个三维运动的活塞推动前方气体形成一系列压缩波，在一定条件下可以叠加成一个接近激波的球形压力突跃（图 1-35 中的粗线段），这种情况在膛口流场早期经常出现。此类压缩波已向外传递出脉冲噪声。

因此，膛口流场内始终存在着不稳定的激波压力脉动，这是另一脉冲噪声源。

3. 膛口射流中的激波/湍流射流/固壁/冲击波等的复杂相互作用引起的各种压力脉动

射流激波在 2 区和 3 区（见图 1-19）与射流湍流边界以及涡流环的强相互作用，切

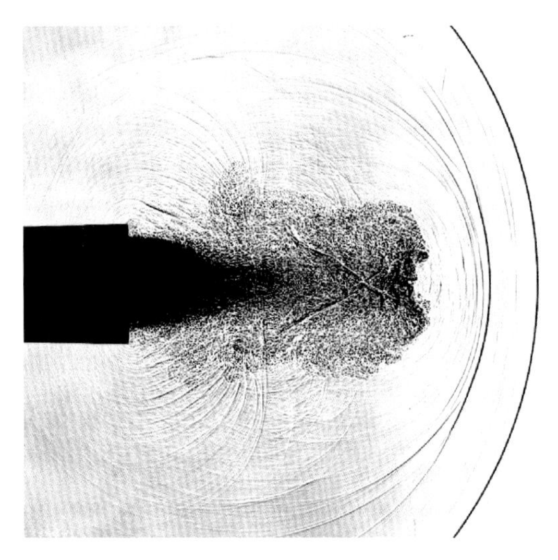

图 1-35　消焰器流场内，弹前泄出的火药燃气射流相交激波
（5.8 mm 弹道枪，YA-1 拍摄）

向间断被湍流冲垮等复杂非定常过程已被试验证明。

射流冲击膛口装置挡钣及侧孔出口形成的非定常脱体激波（图 1-36），其强度一直处于不稳定状态。

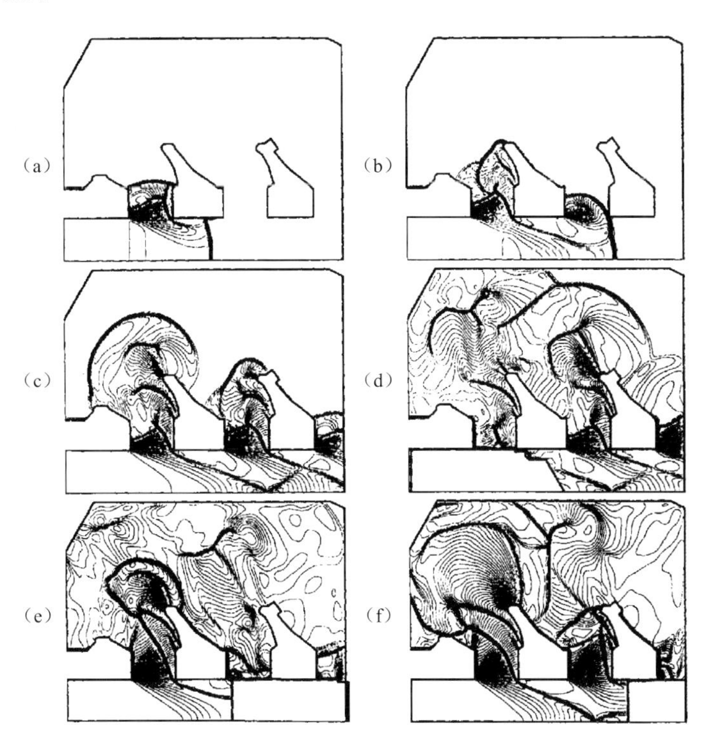

图 1-36　膛口装置挡钣及侧孔出口的激波[3]
（t=4.45，4.50，4.60，4.75，4.90，4.95 ms）

运动弹丸与湍流相互作用：当其穿过射流区，尤其是湍流混合区进入冠状气团时，高速弹丸的壁面与湍流相互作用是另一个脉冲噪声源。

这些噪声源发出的噪声波，有的在膛口流场形成早期即已消亡，其中，留存至最后可传播到远场且幅值最大的膛口气流脉冲噪声是火药燃气湍流射流脉冲噪声。

由于膛口冲击波与膛口气流脉冲噪声在形成机理、传播规律、危害特点以及测量原理等方面的区别，需要将膛口气流脉冲噪声单独加以研究。

有关膛口气流脉冲噪声的基本知识、计算方法、危害特点与安全控制等内容将在附录一及第五章和第十章中详细介绍。

第五节　膛口装置流场

为了提高对复杂膛口流场结构的可视化程度，现以消焰器，带侧喷管的三通式制退器，带侧孔的单、双膛室制退器等四种膛口装置的高速阴影摄影过程图片为例，显示流场的发展过程，如图 1-37 所示。

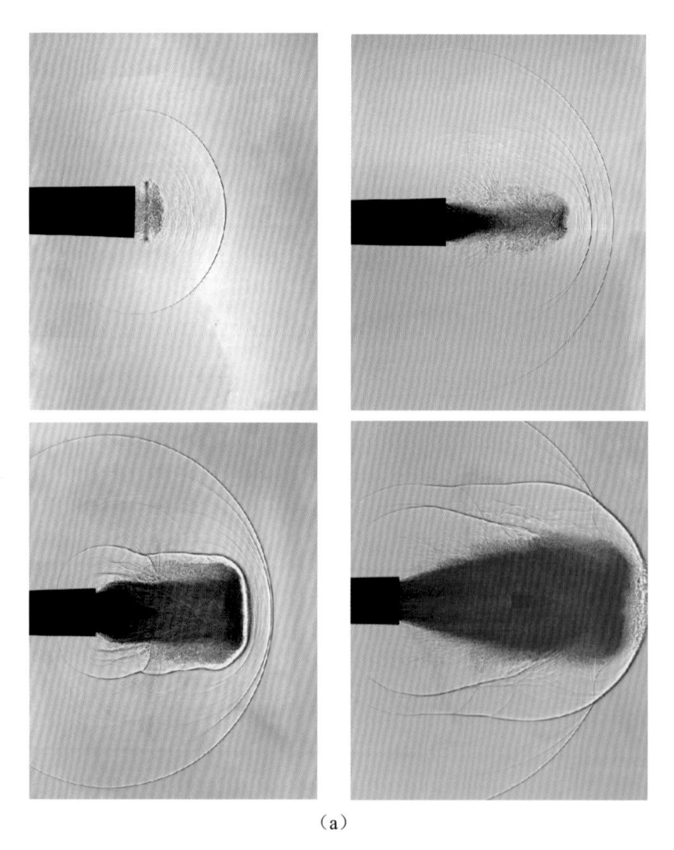

（a）

图 1-37　带膛口装置时膛口流场发展图

（a）锥形喷管（YA-1 拍摄）

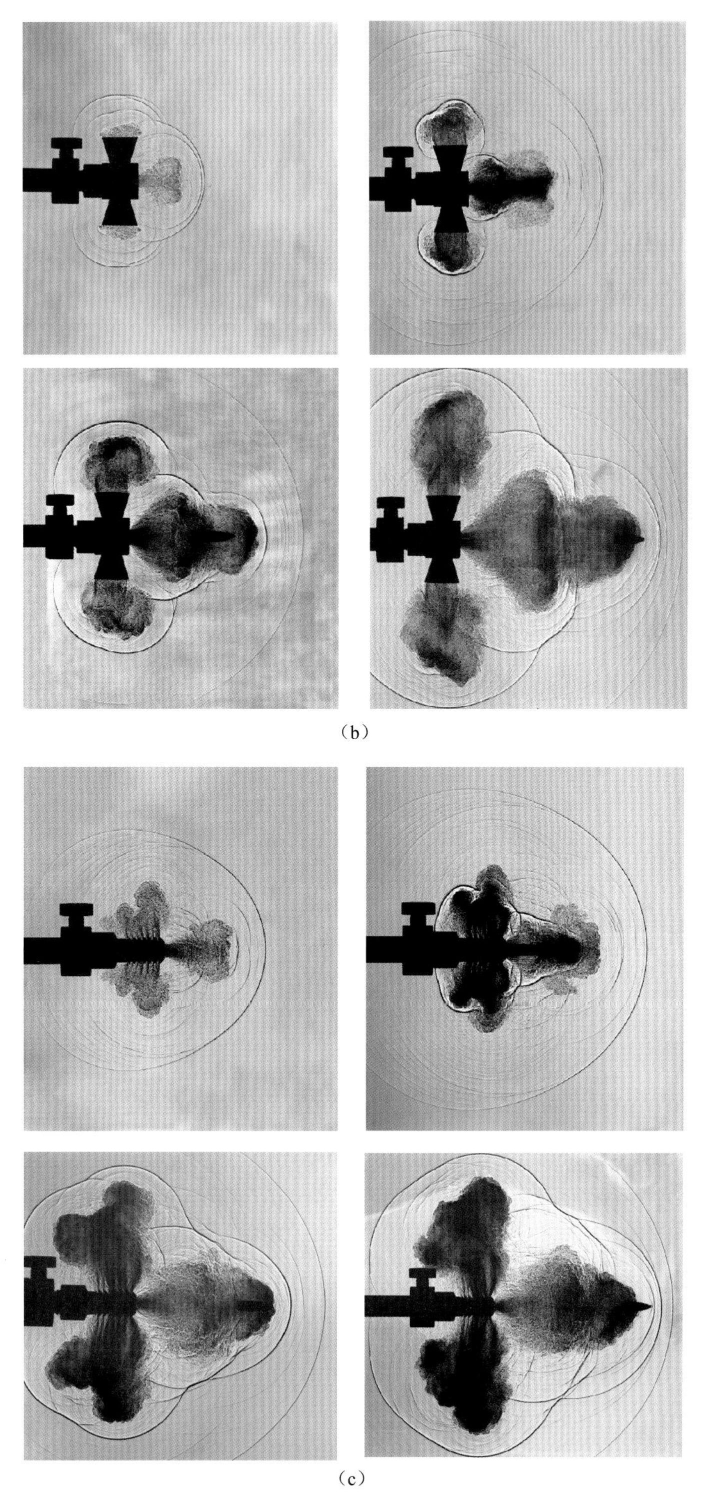

（b）

（c）

图 1-37　带膛口装置时膛口流场发展图（续）

（b）三通（扩）制退器（YA-1 拍摄）；（c）单腔室长孔制退器（YA-1 拍摄）

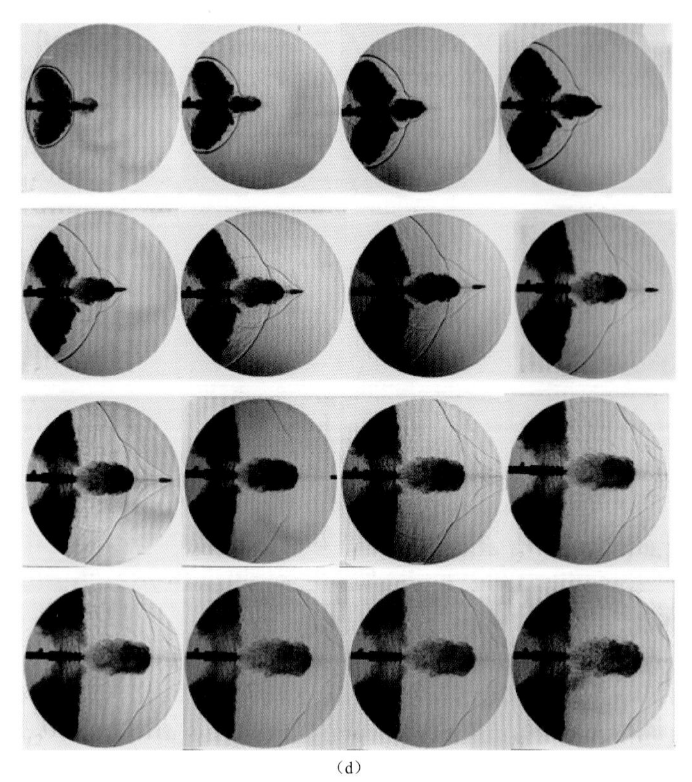

（d）

图 1-37 带膛口装置时膛口流场发展图（续）

（d）双腔室多（圆）孔制退器（YA-16 多闪光高速阴影摄影）

一、膛口装置流场的形成、发展过程

1. 膛口装置初始流场

带膛口装置的初始流场，其形成、发展机理与无膛口装置时的基本相同，但流场较之复杂。弹丸出膛口装置前，初始流场已经形成。膛口制退器有弹孔、两个侧孔的初始流场；锥形消焰器有一个由喷管膨胀后的初始流场。以上初始流场都出现两个或多个初始冲击波，射流瓶状激波拉长。

2. 膛口装置火药燃气流场

当弹丸刚进入膛口制退器腔体时，膛内火药燃气便从内腔与弹丸的环形间隙中进入侧孔，并在侧喷管内继续膨胀。在高速阴影照片上，首先观察到侧孔冲击波和侧孔射流。由于高压气体在不断增大的腔内截面迅速膨胀并超过弹丸，所以，在弹底离开弹孔前，已有弹孔冲击波出现。

之后，和无膛口装置的膛口火药燃气流场形成过程相似，侧孔冲击波和侧孔射流在侧孔初始流场的约束下独立发展；弹孔冲击波和弹孔射流在弹孔初始流场的约束下独立发展，形成前方镶嵌冠状冲击波的弹孔冲击波球面结构。弹孔与侧孔冲击波相交后，整个流场显示为三股冲击波相交与合成的复杂结构。随着膛内气体的逐渐流空，膛口气体参数不断下降，射流与冲击波经历了一个衰减过程，直到后效期终了。

二、膛口装置射流的特点

膛口装置均为扩张型（面积比大于 1）结构，弹孔与侧孔射流均为超声速射流，具有独立形成和发展的特征。实验和计算表明：膛口装置的各种出口气流马赫数 Ma_e 在后效期基本不变，因此，射流参数也由出口参数唯一决定；射流参数随时间变化的基本规律与无膛口装置时的相同。

以下介绍膛口装置的各射流及其相互作用特点。锥形消焰器、斜切喷管与几种典型膛口制退器的侧孔射流出口瓶状激波（YA-1 拍摄的高速阴影照片处理）示于图 1-38 及图 1-39 中。

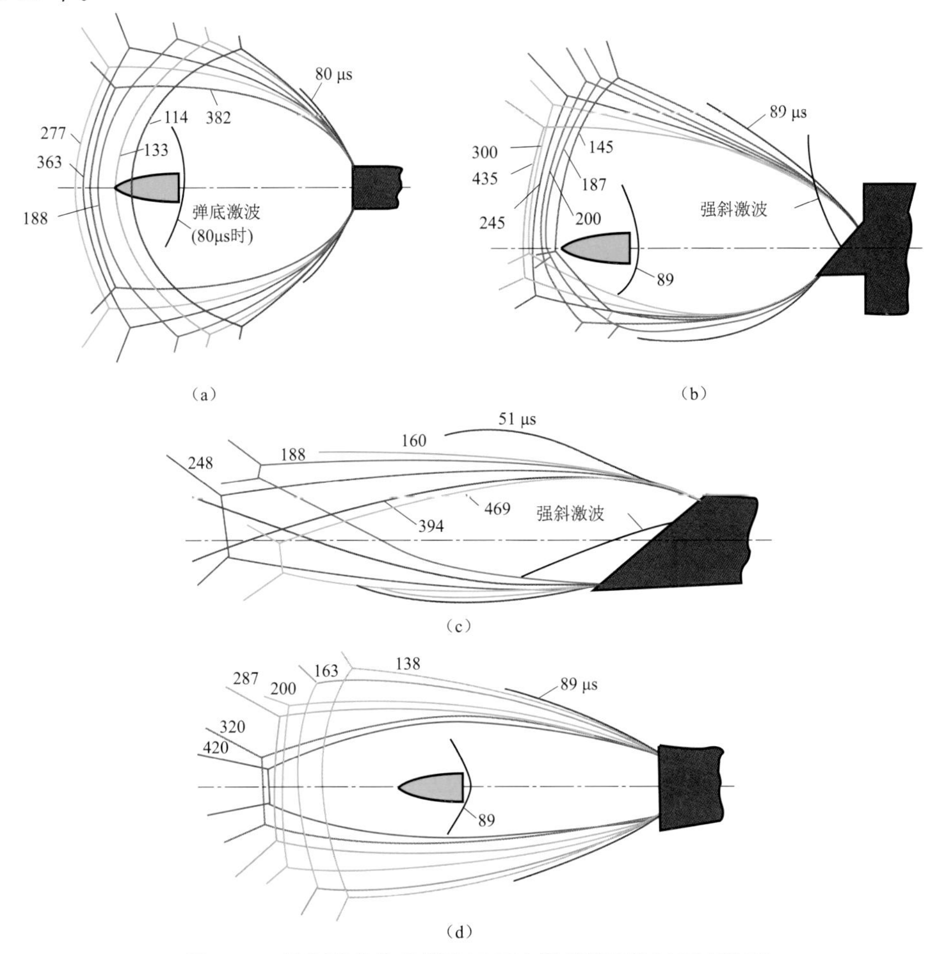

图 1-38 几种形式的喷管出口气流瓶状激波随时间变化图

(a) 无膛口装置膛口；(b) 三通（34°向前斜切）侧孔出口；

(c) 1 号斜切消焰器出口；(d) 4 号消焰器出口

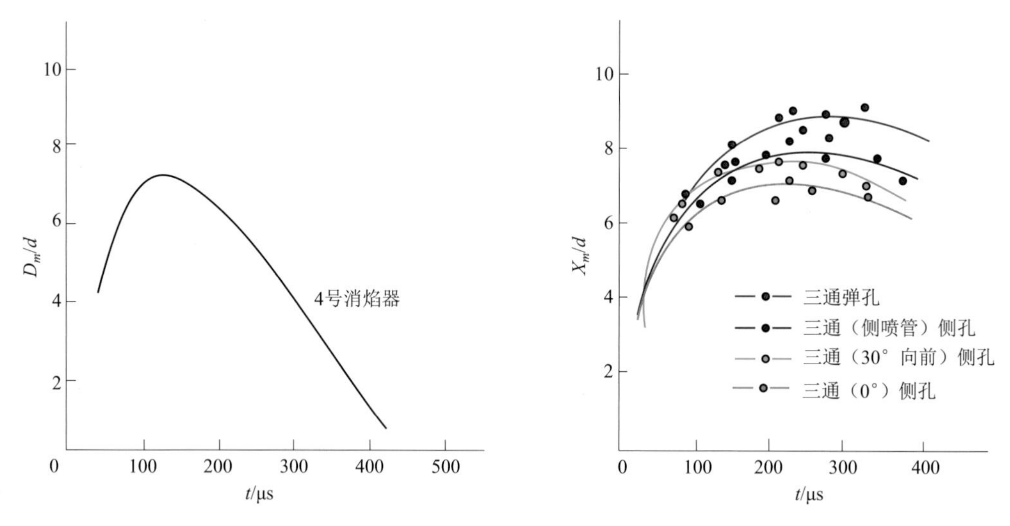

图 1-39 瓶状激波尺寸与时间关系曲线

1. 锥形喷管（消焰器）与斜切喷管的出口射流

锥形喷管与斜切喷管的出口射流是组成膛口装置的基本射流形式。锥形喷管的特点是 $Ma_e > 1$，出口压力比 n 较小，故 X_m 增大，D_m 变小，即射流方向性增强。1 号斜切消焰器出口在 $t=394$ μs 时，n 已降至 2 左右，马赫盘变成了相交的反射波（正规反射）。

斜切喷管的特点是喷管出口平面与轴线不垂直，其夹角称为斜切角 $\Delta\psi$。几种膛口制退器的射流激波系由图 1-38 可看出，当斜切喷管结构尺寸确定后，$\Delta\psi$ 与膛口气流状态无关，并且在整个后效期为常值。当 $k=1.25$ 时，喷管 $\Delta\psi$ 计算值及照片中瓶状激波轴线偏角 $\Delta\psi'$ 为：

圆柱 34°斜切喷管出口（图 1-38（b）），$\Delta\psi=8.4°$，$\Delta\psi'=6.5°$；

圆柱 45°斜切喷管出口，$\Delta\psi=12.5°$，$\Delta\psi'=11.5°$；

1 号消焰器斜切（图 1-38（c）），$\Delta\psi=6.58°$，$\Delta\psi'=2.5°$。

斜切喷管的出口激波系结构特点是：口部出现一道固定的强斜激波，而且相交激波不对称。这显然是不对称的喷管边壁造成的。由于未被斜切掉的一半喷管壁将来自反向的一部分膨胀波仍以膨胀波的形式反射回去，引起两组不同族的膨胀波在偏离轴线位置相交，导致出口斜激波的出现及轴线的偏离。同时，由自由边界反射的压缩波叠加为相交激波的性质也因出口压力比 n 足够大而得以保证，只是相交激波与马赫盘的轴线也随着射流轴线一起偏斜罢了。照片上的瓶状激波轴线偏角与计算的射流偏角接近。由于射流轴线的偏斜，也导致冲击波球心方向的偏斜。

2. 多股合成射流与经挡钣反射的射流

自多孔膛口制退器侧孔排出的射流，其结构特点是：具有若干个小射流，按各自的出口参数及角度独立形成自己的激波系。如果射流之间有足够的轴间距，射流边界不相交时，这种独立性将保持。而当轴间距较小，射流边界互相交叉时，则几个小射流的瓶状激波合成为一个更大的瓶状激波，合成后的马赫盘直径与强度更大，是侧孔二次焰的重要点火源。

图 1-40（a）是三通（0°、34°向前斜切、侧喷管）三种制退器侧孔瓶状激波；图 1-40（b）是一个双气室（每气室有 2×2 个 90°侧孔）制退器。由于每个气室内两侧孔相距很近，只能形成一个独立的射流，即形成大瓶 1 与小瓶 2，最后又合成一个更大的瓶。射流的合成决定了侧孔冲击波的方向性。从我们采用的与之效率相同，但侧孔方向不同的“对吹 60°”制退器的射流与冲击波照片中看出，合理地控制合成射流的方向是减小冲击波的一个有效方法。图 1-40（c）是一个自由边界式制退器的射流，可明显看到前挡钣形成的一道正激波，其强度较高，是膛口二次焰的又一重要点火源。由于图中的结构无侧方的导向，气流偏向前方，因此，相交激波与前略有不同，并且正激波的存在阻止了侧孔马赫盘的形成。

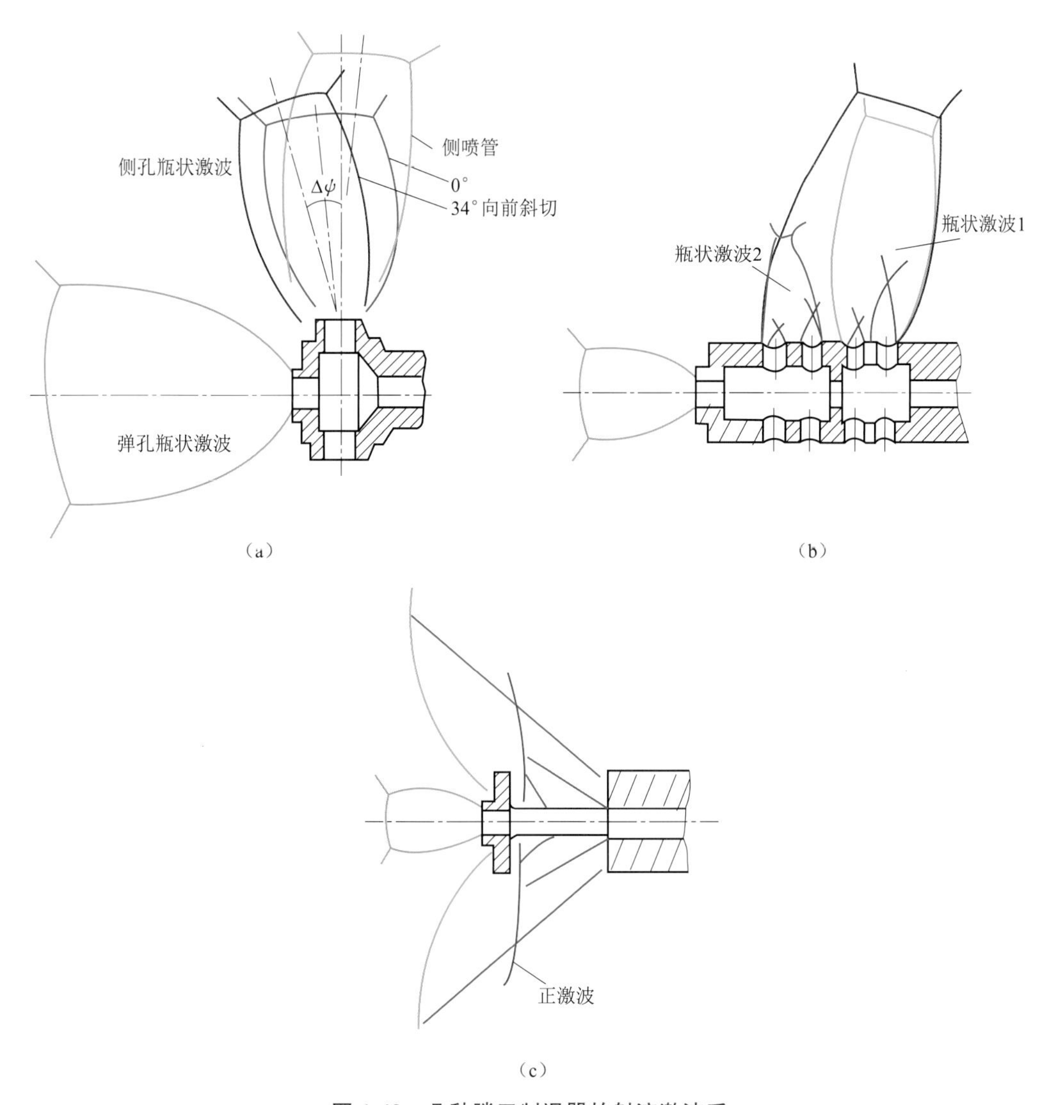

图 1-40　几种膛口制退器的射流激波系

3. 弹孔冲击波对侧孔射流的影响

由于弹孔冲击波形成于侧孔之后，因此，在向侧后方发展的过程中必然要扫过侧孔的射流边界，使一侧承受不均匀的波阵面侧向压力作用，将引起侧孔射流形状与方向的变化。图 1-41 所示为一个三通式制退器，其圆柱形侧孔带向前的 34°斜切角。从侧孔瓶状激波与冲击波随时间的发展可见，瓶的形状与方向的变化是十分剧烈的。

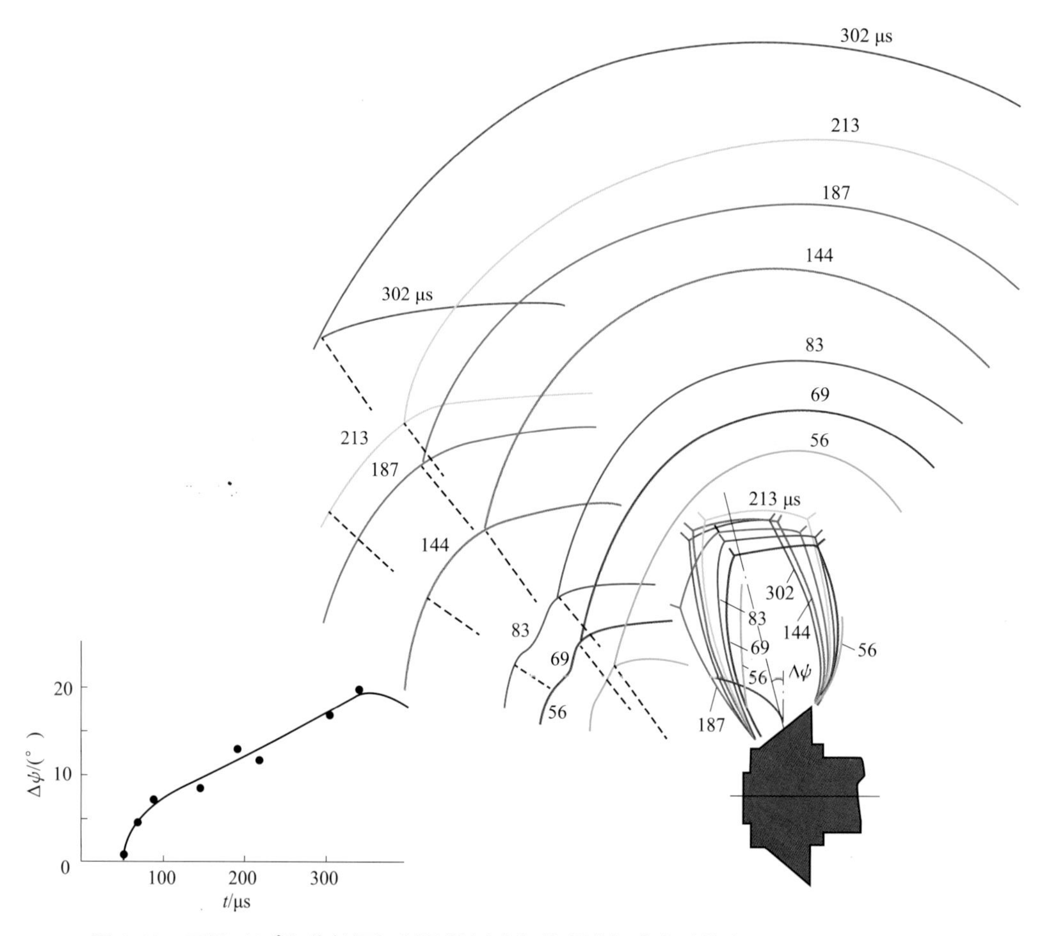

图 1-41　三通（34°向前斜切）制退器侧孔瓶状激波与冲击波的发展（YA-1 照片处理）

弹孔冲击波对侧孔射流的影响与冲击波对射流约束作用的机理相似。图 1-42 示意了冲击波后压力区域 p_c 变化时，侧孔射流边界及相交激波的变形。当 $p_c > p_\infty$ 时，一侧边界处于高压区，边界向里推，偏角 $\Delta\psi$ 减小；当 $p_c < p_\infty$ 时，一侧边界处于负压区，边界向外拉，偏角 $\Delta\psi$ 增大，直到弹孔冲击波脱离后，射流及偏角才恢复正常位置。

弹孔冲击波对侧孔射流方向性的影响，实质上将最后反映为弹孔冲击波与侧孔冲击波合成后侧孔冲击波方向性的改变，因此，二者是完全一致的。

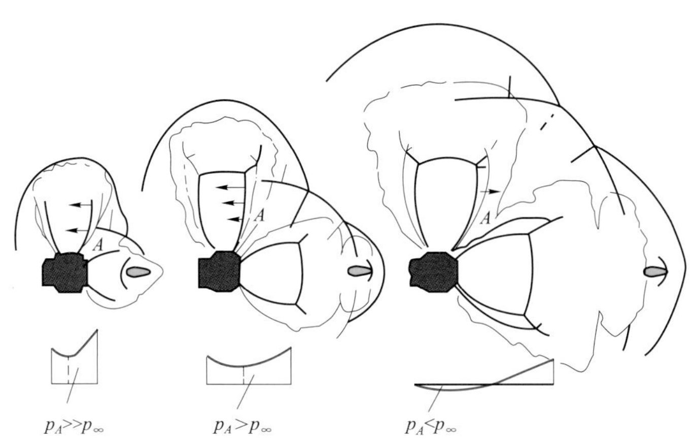

图 1-42　弹孔冲击波对侧孔射流的影响

三、膛口装置冲击波的特点

① 弹孔冲击波、带锥形消焰器的冲击波与无膛口装置时火药燃气冲击波的形成与发展过程类似，有冠状冲击波产生；侧孔冲击波的形成与发展受到的干扰较少，未见冠状冲击波出现。

② 形成两层多初始冲击波（弹孔初始冲击波、侧孔初始冲击波）约束下的多火药燃气冲击波（弹孔冲击波、冠状冲击波、侧孔冲击波）相交结构。

第六节　远场膛口冲击波

远场膛口冲击波是在晚期膛口流场中，已脱离火药燃气和弹丸相互作用并将初始冲击波吞没的，带与不带膛口装置的火药燃气冲击波。与早、中期的火药燃气冲击波相比，晚期的膛口冲击波依靠自身的能量与动量在外界环境（对于地面射击，为静止的大气环境）中做惯性膨胀、衰减运动。远场膛口冲击波有以下特点：

① 冲击波属于无能量补充的空气弱冲击波，考虑反压的球形冲击波相似理论成立。

② 在衰减运动中，经常遇到与地面及各种障碍物发生反射、绕射、相交与合成等复杂的激波动力学过程。

③ 大口径加农炮的二次膛口焰可能出现爆燃转爆轰过程，形成二次冲击波，进一步增加了远场膛口冲击波的复杂性。

第七节　膛口流场物理模型

一、膛口射流物理模型

基于以上的机理分析，可将膛口射流的物理模型描述如下。

1. 后效期的膛口射流为高度欠膨胀的声速或超声速射流

弹孔与侧孔射流具有独立的瓶状激波结构，其尺寸、方向与参数分布由各自的出口状态 p_e，Ma_e，T_e 与管口斜切角唯一决定。其工质可看作一定比热比的理想气体。

2. 射流的非定常性取决于炮（枪）膛的流空过程的出口参数与膛口冲击波对射流的约束作用

根据射流边界区域的压力比 p_c/p_∞，可将膛口射流的发展分为三个时期，也界定了膛口流场的早、中、晚期。

——射流生长期：膛口流场的早期，为 0～（1/20）τ；

——射流稳定期：膛口流场的中期，为（1/20）τ～（1/10）τ；

——射流衰减期：膛口流场的晚期，为（1/10）τ～τ。

3. 用 p_c 作为介质压力，为变外压射流

以出口压力比 $n=p_e/p_c$ 代替 p_e/p_∞，即将膛口射流作为变外压下的射流时，可以用定常膨胀射流的公式定性估算和分析该瞬时的膛口射流出口参数。

二、膛口冲击波物理模型

膛口冲击波（包括初始冲击波、火药燃气冲击波、带膛口装置的弹孔冲击波与侧孔冲击波）是膛口压力界面（弹前激波、弹丸）突然释放、高压气体连续补充波后能量，压缩周围空气形成的动球心球形冲击波。膛口装置的弹孔冲击波与侧孔冲击波独立形成和向外扩展，直至相交。射流的方向性决定了冲击波的方向性。射流瓶状激波生长、稳定与衰减，反映了射流与冲击波之间能量传递与脱离的独特性质——能量连续补充，在不同方向上停止传递与脱离的时间不同。脱离后，膛口冲击波依靠自身的压力与速度继续向外膨胀，至衰减为脉冲噪声波为止。

1. 动球心的球形冲击波模型

膛口冲击波不同于点爆炸冲击波，后者是球心不动的球形冲击波，而前者则是球心移动的球形冲击波。

弹孔和侧孔冲击波形成后，均趋于稳定的球形，图 1-43 是 YA-1 拍摄的高速阴影照片处理后的球半径随时间变化的试验结果，很接近指数关系，可用公式写为

$$\frac{R_c}{d}=At^B$$

冲击波波阵面相对速度

$$D=\frac{\mathrm{d}R_c}{\mathrm{d}t}$$

式中　R_c——球半径；

A，B——试验常数。

不同装药及膛口装置的试验常数 A 及 B 列于表 1-1。

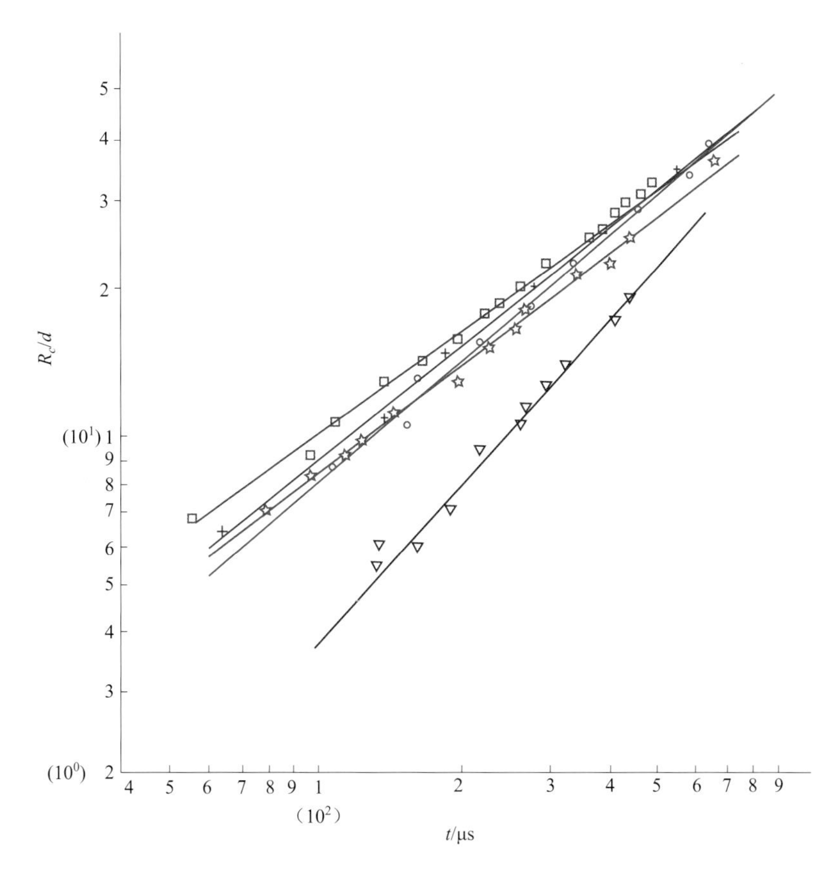

图 1-43 $\lg(R_c/d)$-$\lg t$ 曲线

很明显，球半径 R_c 的大小取决于传递给冲击波的总能量（对单一气流）及能量分配比（对膛口制退器）。

2. **球心减速移动模型**

膛口冲击波的球心以速度 $\boldsymbol{U}_0$ 移动，$\boldsymbol{U}_0$ 的方向就是射流的方向，$\boldsymbol{U}_0$ 的数值取决于出口气流的动量，$\boldsymbol{U}_0$ 代表了气流的方向性。

图 1-44 是几种膛口冲击波经 YA-1 拍摄的高速阴影照片处理后的球心位移 L_0 与球心速度 U_0 随时间变化的试验结果，很接近指数关系。

用公式写为

$$\frac{L_0}{d}=Ct^D$$

$$U_0=\frac{\mathrm{d}L_0}{\mathrm{d}t}$$

式中 C，D——试验常数，列于表 1-1。

表 1-1 冲击波球半径与球心位移的试验常数（7.62 mm 枪）

序号	名　称	A	B	C	D
1	无膛口装置 ω=1.625 g	0.347	0.720	0.353	0.490
2	无膛口装置 ω=1.465 g	0.340	0.728	0.460	0.433
3	无膛口装置 ω=1.305 g	0.316	0.741	0.353	0.460
4	无膛口装置 ω=1.140 g	0.241	0.777	0.782	0.293
5	无膛口装置 ω=0.980 g	0.282	0.749	0.437	0.374
6	无膛口装置 ω=0.815 g	0.166	0.833	0.238	0.456
7	1 号消焰器	1.100	0.543	0.890	0.497
8	3 号消焰器	0.489	0.665	1.780	0.361
9	4 号消焰器	0.351	0.710	0.583	0.500
10	三通弹孔冠状冲击波	0.025	1.080	4.350	0.238

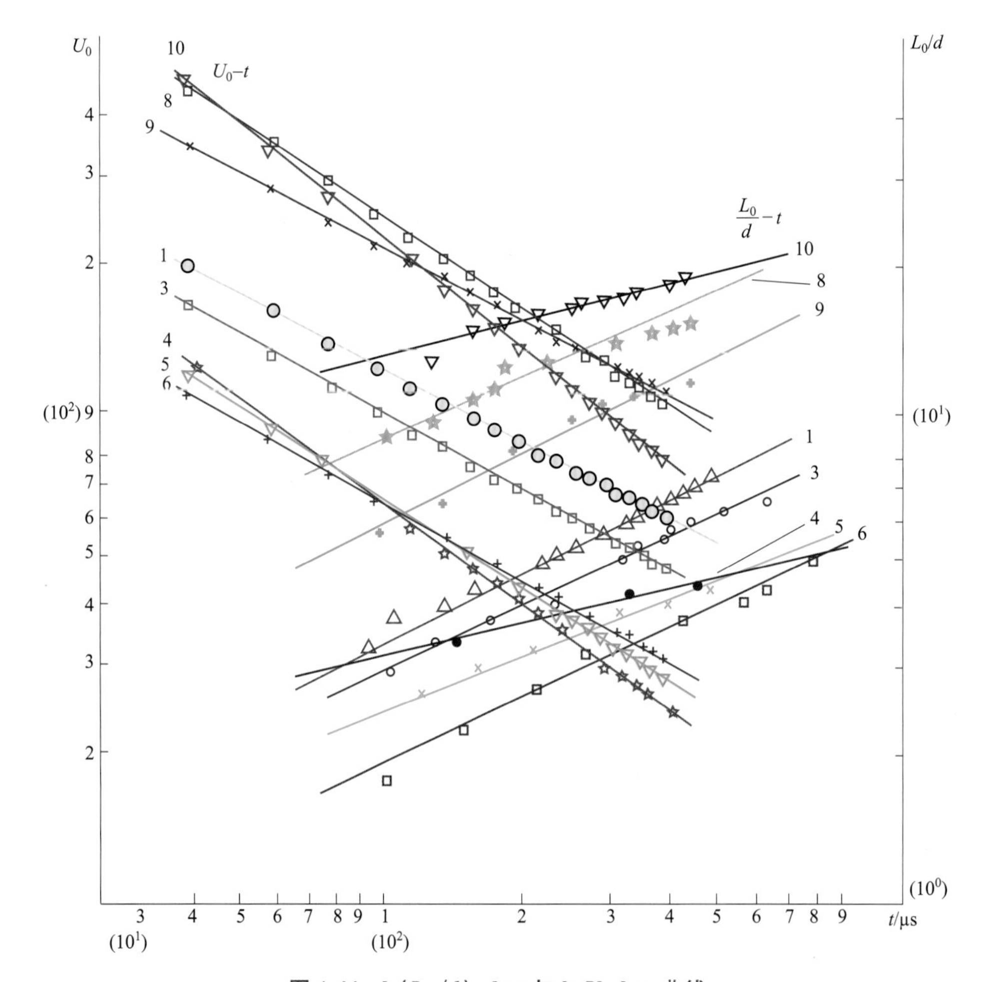

图 1-44 lg(L_0/d) -lg t 与 lg U_0-lg t 曲线

由图可见，射流速度越大，$\boldsymbol{U}_0$ 也越大。

冲击波的方向性：膛口冲击波既然是球心以一定速度移动的球形冲击波，那么，冲击波球上各点的绝对速度$\boldsymbol{U}_a$ 就是球心速度 $\boldsymbol{U}_0$ 与波阵面相对速度 $\boldsymbol{D}$ 的矢量和，即

$$\boldsymbol{U}_a=\boldsymbol{U}_0+\boldsymbol{D}$$

3. 能量连续、有限补充模型

对能量传递方式的主要假设有：

① 能量瞬时释放模型：将全部能量瞬时传递给膛口冲击波。

② 变能量冲击波模型：将传递给膛口冲击波的能量作为与时间成正比的函数。

③ 连续、有限能量补充模型：将能量补充分为两个阶段。

第一阶段：在火药燃气与冲击波“脱离”前，将火药燃气剩余能量按膛内流空规律连续补充。

第二阶段：在火药燃气与冲击波脱离后，能量不再补充。所谓冲击波“脱离”，是指火药燃气与冲击波间的接触面压力第一次降至 p_∞时，此后，认为冲击波已形成，并依靠自身能量向外膨胀。

三、带膛口装置的膛口冲击波物理模型

1. 弹孔与侧孔冲击波的独立性

膛口制退器的冲击波场是弹孔与侧孔冲击波合成的结果（图 1-45）。假设相交之前的两个冲击波彼此独立发展。

2. 弹孔与侧孔冲击波的合成

假设合成冲击波的传播规律等价于两个冲击波独立传播至该点的合成规律。此假设可将两个动球心的变强度球面波相交问题简化为对于任意瞬时的准定常冲击波相交问题。由于我们主要关心的问题是冲击波波阵面参数随距离的衰减规律，其近似性可以保证。

关于本章内容的详细研究资料，可参阅附录八的 1，2(1)，2(2)，2(4) 以及 4，6 的有关报告及论文。

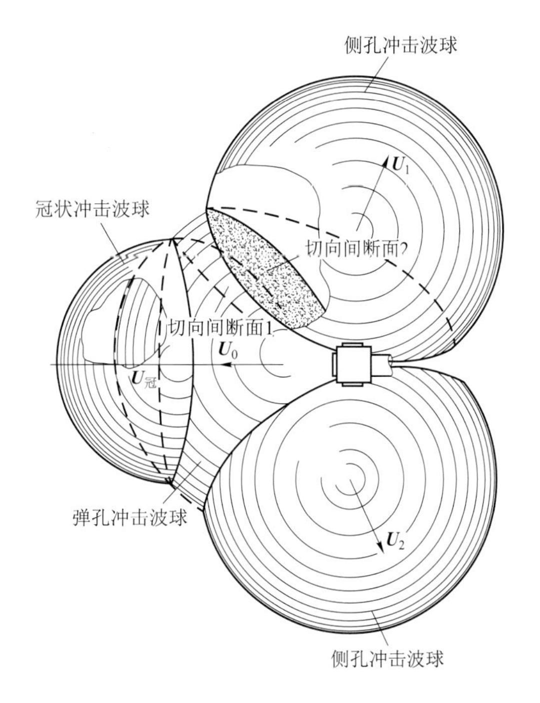

图 1-45　带膛口制退器的膛口冲击波物理模型

第二章　火药燃气后效期理论

概　述

从弹丸飞离火炮（枪）膛口到火药燃气流空为止的阶段，称为火药燃气后效期。后效期自膛内平均压力为 p_g 时开始，至膛内平均压力降至外界压力时结束，此时间段称为后效期总时间，用符号 τ 表示。

火药燃气后效期理论主要研究膛内火药燃气参数沿火炮（枪）膛轴线分布与随时间变化的规律（简称炮膛流空规律），以及火药燃气对炮（枪）膛的作用力（炮膛合力）$P_{pt}(t)$、作用力冲量及火药燃气作用系数 β 的理论计算方法。

多年来，火炮、自动武器及弹道学领域十分重视火药燃气后效期规律的研究，其主要原因是：

① 后效期火药燃气作用力是火炮（枪）受力的主要组成部分。发射时，火药燃气作用在炮身上的力和冲量包括膛内运动时期和后效期两部分，而后效期火药燃气的冲量占火炮总冲量的20%以上。因此，后效期炮身受力的准确计算与火药燃气流空规律的正确分析直接相关。

② 后效期火药燃气参数变化规律是膛口装置设计的初始条件。膛口制退器、助退器、偏流器、消焰器、消声器、抽气装置以及自动武器的导气装置等膛口装置，其作用原理都是利用后效期火药燃气，通过分流、转向、膨胀、耗散等动力学与热力学过程达到能量与动量转换的目的。后效期膛内气体参数变化规律是膛口装置计算的初始条件。

③ 后效期火药燃气参数变化规律是弹丸后效作用与膛口流场（膛口冲击波、气流脉冲噪声及膛口焰）计算的初始条件。

因此，火药燃气后效期理论历来是火炮与自动武器研究的重要内容。

由于气体动力学与计算流体力学在这个领域的应用相对滞后，至今，有关此类专业的教材、手册以及工程设计方法等仍然沿袭20世纪50—70年代的一些基于定常流假设的简化理论与方法。其主要问题是：由于近似性与经验性，其使用面较窄，而公式的使用条件不明确，使用者的盲目性很大，加之实验数据很少，误差无法估计，一般在10%～30%。对枪、炮受力计算及反后坐装置与膛口装置设计的影响是相当严重的，更与现代的武器设计精确化要求不相适应。

本章主要介绍以真实炮（枪）膛流空过程物理模型为基础的后效期数值模拟方法，并与经典理论方法进行比较，为以后各章提供分析计算的初始条件。

第一节　后效期炮膛流空过程理论

一、后效期炮（枪）膛流空现象

弹丸飞出膛口后，膛内高温、高压火药燃气被突然释放出来，在口外形成由膛口冲击波与高度欠膨胀射流组成的膛口流场。此后，膛内燃气不断流出，膛压不断下降，直至流空为止。

1. 炮（枪）膛流空特点

炮（枪）膛流空过程不同于现有的各种容器、发动机、管道的流出过程，其主要区别如下。

① 炮膛内高温、高压：后效期平均膛压高达 50～100 MPa，膛内外压力比 $n=p_0/p_\infty=500\sim1\ 000$，为高超临界出流。

② 炮膛内初始状态参数不均匀：压力、温度、气流速度沿轴线非均匀分布。

③ 炮膛是半封闭等截面管道：出口无收缩，断面尺寸与总容积可比拟，流空快速。

④ 炮膛内火药燃气突然释放：与高压激波管破膜及口部爆炸等物理过程类似，其物理机理为压力间断的瞬时分解，形成气流推进的运动激波，即冲击波。

2. 炮（枪）膛流空物理模型

后效期膛内流空过程是高温、高压火药燃气自半封闭等截面圆管道（或经膛口装置的膨胀气室）瞬时释放（弹丸出口）后，向初始流场的外环境流空的过程，膛内压力与外环境压力相等时结束。

此流空过程的膛内流动是带摩擦、热传导的准一元普遍流；膛外流动是推动外层空气冲击波发展的轴对称（无膛口装置和带锥形喷管时）或三维（带复杂结构膛口装置时）、非定常高度欠膨胀射流。

因此，炮（枪）膛流空过程是一个典型的气体非定常出流问题，物理模型可用图 2-1 表示。

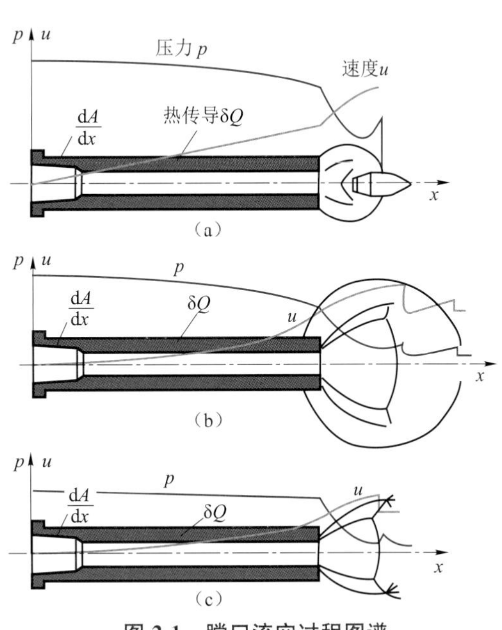

图 2-1　膛口流空过程图谱

(a) 早期；(b) 中期；(c) 晚期

二、后效期炮（枪）膛流空规律

图 2-2 是利用特征线法计算 152 mm 加榴炮（亚声速出口，$Ma<1$）沿炮膛轴线气体参数分布规律。从图中可见，$t=0$ μs 时为弹丸出口瞬时，随着燃气不断流出，压力、

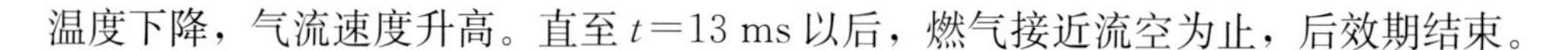

温度下降，气流速度升高。直至 $t=13$ ms 以后，燃气接近流空为止，后效期结束。

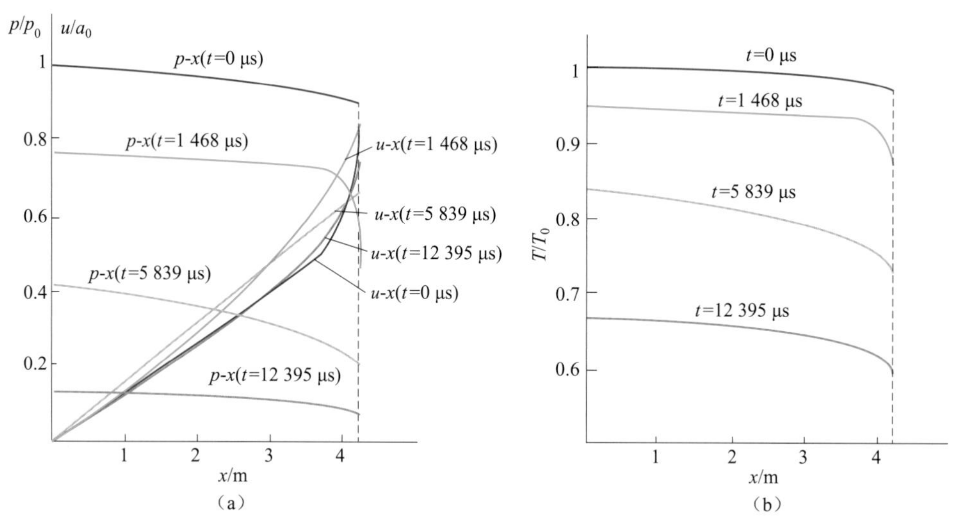

图 2-2　66 式 152 mm 加榴炮膛内气流参数沿 x 轴分布（亚声速出口，$Ma<1$）

图 2-3 是 37 mm 弹道炮带膛口装置时，沿炮膛与膛口射流轴线方向的气流马赫数 Ma 的变化规律（数值计算）。

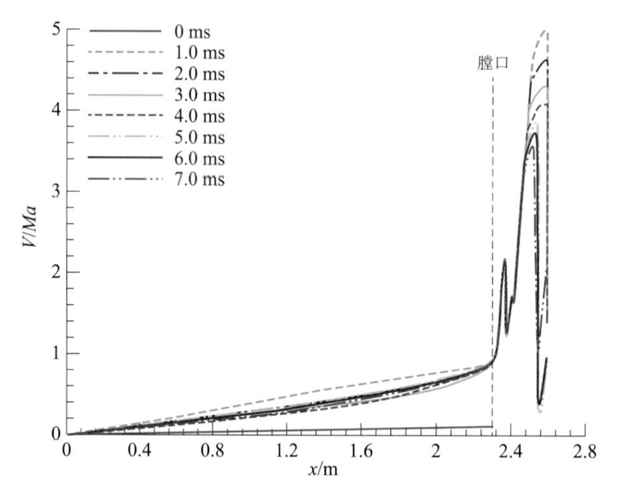

图 2-3　流空过程中 37 mm 弹道炮气流马赫数沿轴线的变化规律

（膛口位置 $x=2.3$ m）

结果反映了炮（枪）膛燃气流空过程的两个基本规律：

1. 膛口气流状态向当地声速过渡

从图 2-3 可见，不同时刻的膛内气流马赫数在膛口处趋近于 1，出口后，膛口射流膨胀为超声速。声速过渡是膛口气流状态的基本特征。用特征线法计算的炮膛流空规律，能够比较形象地描述膨胀波的传播、反射和相交过程以及膛内参数随时间变化的机理（图 2-4）。

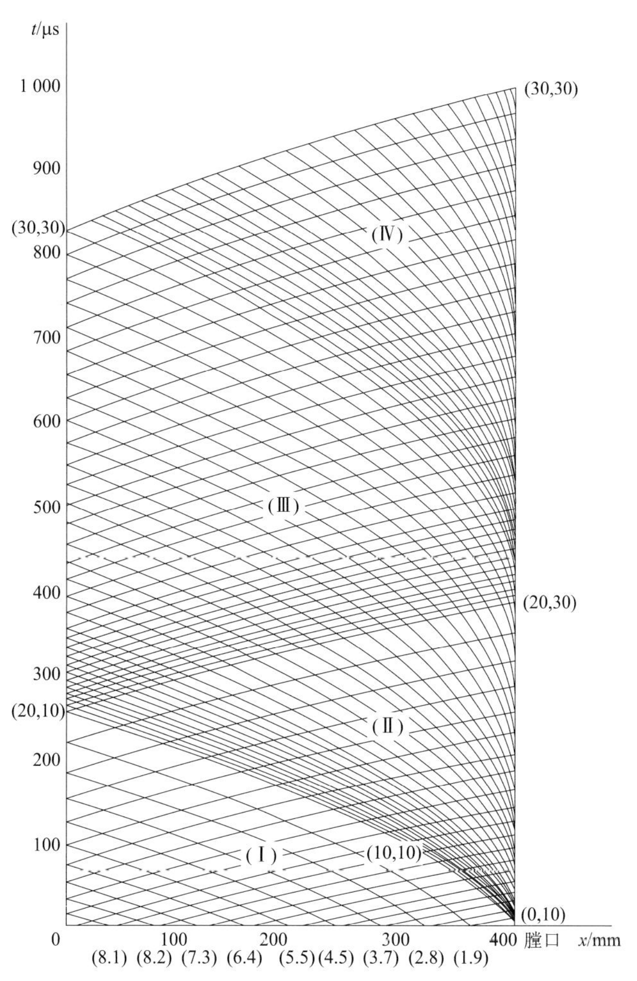

图 2-4　7.62 mm 冲锋枪流空过程物理面特征线网（亚声速出口，$Ma<1$）

对于初速不同的火炮（枪），此过程分为以下三种情况：

① 弹丸出膛口速度小于气体当地声速 a。因为膛口燃气速度 u＝紧贴弹底的燃气速度＝弹丸出膛口速度，即 $u<a$（$Ma<1$），称为亚声速出口。此时，膨胀波可向膛内传播（图 2-4 中的Ⅰ区），直至膛底并反射为膨胀波，形成的压力差使气流逐层加速、相交，逐步过渡（Ⅱ，Ⅲ，Ⅳ区）到口部，达声速状态为止。在亚声速出口条件下，膛口外部的边界条件（射流及膛口装置）的气体状态参数对过渡有影响。

② 弹丸出膛口速度大于气体当地声速 a。即 $u>a$（$Ma>1$），称为超声速出口。此时，膨胀波不能向膛内传播，气体依靠自身惯性直接外流。随着质量流出，膛口压力、温度（声速）、速度下降，而且，速度的下降比温度（声速）的快，于是超声速不能保持，必逐渐降至声速。在超声速出口条件下，膛口外部的边界条件（射流及膛口装置）对过渡没有影响。

③ 弹丸出膛口速度等于气体当地声速 a。即 $u=a$（$Ma=1$），称为声速出口。这是流空过程中的一个理想状态，用膨胀波传播的观点分析，也是唯一能够稳定保持的状态。不同初速火炮（枪）的火药燃气后效期流空开始时都要经历上述两个过渡阶段之一，最后达到声速出口的稳定状态。图 2-4 所示是一个亚声速出口状态的物理面特征线网图。可以清楚地看出气体排出及膨胀波内传、膛底反射、相交的过程。口部特征线经过一个过渡阶段后，均达到并继续保持声速，此时特征线与膛口垂直。当反射膨胀波到达膛口后，按 $u=a$ 条件仍以膨胀波方式返回膛内。这样，由于膨胀波的反复传播及流量不断减少，膛内参数随时间很快下降，直到接近外压为止。

有关特征线法的基本假设、单元过程计算公式及通用程序请参阅附录四“炮膛流空的特征线数值计算方法”。

2. 膛内气体参数随时间呈指数规律下降

气体从固定容器中流出的问题是气体动力学的一个典型问题。在一定假设条件下，可以求出各种形式的分析解，作为火炮（枪）的后坐力计算公式加以应用。其公式形式一般为

$$p=p_g(1+Bt)^{-2k/(k-1)}$$

经验公式为

$$p=p_g\mathrm{e}^{-t/\mathrm{b}}$$

等等。

用本书的数值计算方法得到的数值解（图 2-5）与分析解的衰减规律相似。

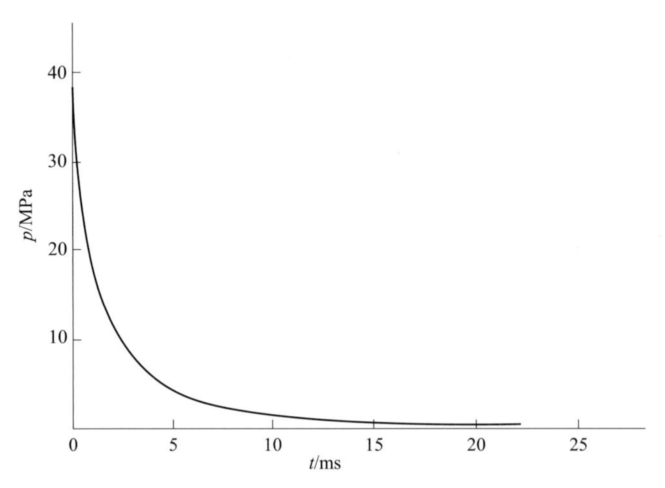

图 2-5 37 mm 弹道炮膛内平均压力随时间衰减曲线（数值计算）

第二节 后效期炮（枪）膛受力

本节介绍火药燃气在后效期流空过程中对火炮（枪）后坐运动的影响。为了便于相关专业的科技人员理解，采用火炮（枪）设计理论的分析方法，即，以自由后坐运动为基础

平台，引入火药燃气作用系数β作为表征后效期火药燃气冲量的一个气流速度特征量。

一、自由后坐运动计算

在火炮（枪）设计理论中，自由后坐运动是后坐部分在水平、无摩擦轨道上（后坐阻力等于0）仅在膛底合力作用下的一种理想的后坐运动。自由后坐是通过测量和计算后坐运动的规律，研究火药燃气对炮膛作用的一种过渡方法。在经典理论中，用解析表达式无法准确描述火药燃气规律，借助自由后坐数据计算火炮驻退后坐时的受力与运动规律十分方便。

1. 弹丸膛内运动时期的自由后坐计算（$0\sim t_g$）

弹丸膛内运动时期，即内弹道时期，自弹丸启动开始到弹丸出膛口止，时间为$t=0\sim t_g$。

计算时，取包括弹丸、火药燃气在内的自由后坐系统为受力对象（图2-6），只分析水平方向（x轴）的力和运动，不考虑重力及支撑反力，摩擦力为零。

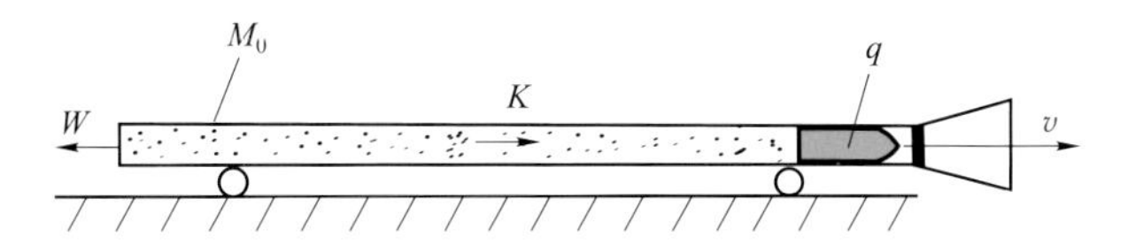

图2-6　自由后坐系统受力图

该系统的水平外力等于0，依动量守恒定律：

$$M_0W=qv+K$$

式中　M_0——后坐部分质量；

W——后坐部分自由后坐速度；

q——弹丸质量；

v——弹丸速度；

K——火药燃气总动量。

弹丸出膛口时，$t=t_g$，则

$$M_0W_g=qv_g+K_g$$

在内弹道与火炮设计理论中，假设膛内火药燃气质量均匀分布，速度直线分布，得到火药燃气动量K_g的计算公式

$$K_g=0.5\omega(v_g-W_g)$$

在总体设计时，常用初速v_0近似替代弹丸出膛口速度v_g，因为v_0有靶场射表值，选取方便。同时，近似取

$$K_g=0.5\omega v_0$$

则上式表示为

$$M_0W_g=(q+0.5\omega)v_0 \tag{2-1}$$

2. 火药燃气后效期的自由后坐计算（$t_g \sim t_k$）

火药燃气后效期是指自弹丸出膛口起至火药燃气流空为止的一段时期，时间为 $t = t_g \sim t_k$。这一时期，后坐部分动量的增量 $M_0 \Delta W$ 仅由膛内火药燃气流空过程提供。

计算时，首先取不含火药燃气的后坐部分为受力对象（图 2-7）。

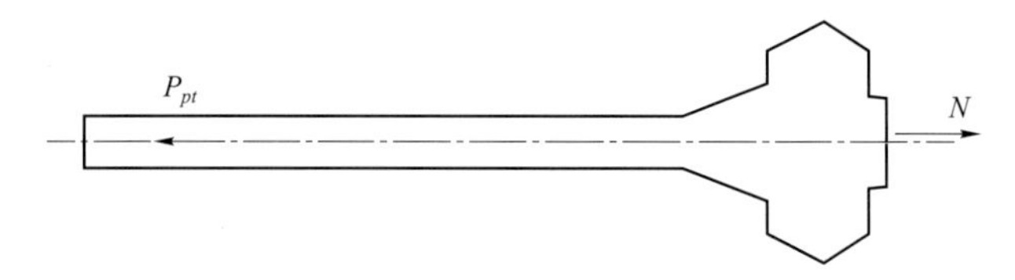

图 2-7　后坐部分受力分析

不带膛口装置时，自由后坐部分只承受唯一的膛底合力 P_{pt} 作用，此时，炮膛合力等于膛底合力。

带膛口装置时，自由后坐部分受到膛底合力 P_{pt} 与膛口装置反力 N 的共同作用，炮膛合力 P_T 为

$$P_T = P_{pt} + N$$

之后，取火药燃气为受力对象，由动量定理：

不带膛口装置时

$$M_0 \Delta W = M_0 (W - W_g) = \int_0^t P_{pt} \mathrm{d}t$$

带膛口装置时

$$M_0 \Delta W = M_0 (W_T - W_g) = \int_0^t P_T \mathrm{d}t$$

后效期结束时，$t_k = t_g + \tau$

$$M_0 (W_{\max} - W_g) = \int_0^\tau P_{pt} \mathrm{d}t \tag{2-2}$$

$$M_0 (W_T - W_g) = \int_0^\tau P_T \mathrm{d}t \tag{2-3}$$

式中　$\int_0^\tau P_{pt} \mathrm{d}t$ ——不带膛口装置时，火药燃气后效期总冲量；

$\int_0^\tau P_T \mathrm{d}t$ ——带膛口装置时，火药燃气后效期总冲量。

令 $K_m = M_0 (W_{\max} - W_g)$，为不带膛口装置的后效期火药燃气动量的增量；

$K_T = M_0 (W_T - W_g)$，为带膛口装置的后效期火药燃气动量的增量。

于是

$$K_m = \int_0^\tau P_{pt} \mathrm{d}t \tag{2-4}$$

$$K_T = \int_0^\tau P_T \mathrm{d}t \tag{2-5}$$

合并以上各式，有

$$W_{\max}=\frac{qv_0+K_g+K_m}{M_0}$$

$$W_T=\frac{qv_0+K_g+K_T}{M_0}$$

将 K_m，K_T 写为与 K_g 类似的形式，令

$$K_m=\gamma\omega v_0$$

$$K_T=\gamma_T\omega v_0$$

则

$$W_{\max}=\frac{qv_0+(0.5+\gamma)\omega v_0}{M_0}$$

$$W_T=\frac{qv_0+(0.5+\gamma_T)\omega v_0}{M_0}$$

令 $\beta=0.5+\gamma$，为火药燃气作用系数；

$\beta_T=0.5+\gamma_T$，为带膛口装置的火药燃气作用系数。

于是

$$W_{\max}=\frac{qv_0+\beta\omega v_0}{M_0} \tag{2-6}$$

$$W_T=\frac{qv_0+\beta_T\omega v_0}{M_0} \tag{2-7}$$

图 2-8 是自由后坐速度与炮（枪）膛合力曲线。

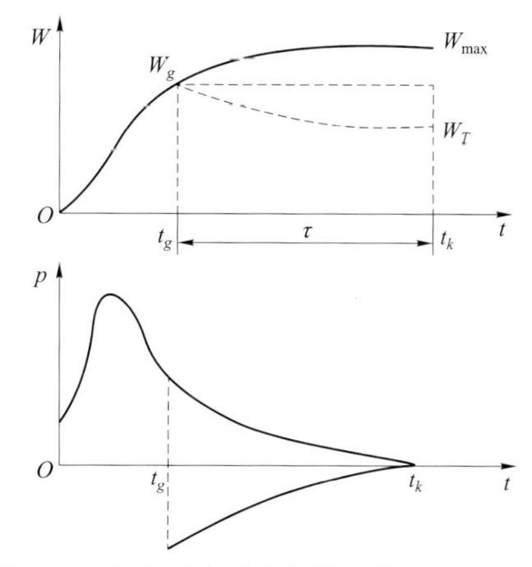

图 2-8　自由后坐速度与炮（枪）合力曲线

定义：膛口装置能量效率

$$\eta_T=\frac{\frac{1}{2}M_0W_{\max}^2-\frac{1}{2}M_0W_T^2}{\frac{1}{2}M_0W_{\max}^2} \tag{2-8}$$

膛口装置冲量效率

$$\chi=\frac{M_0(W_T-W_g)}{M_0(W_{\max}-W_g)}=\frac{W_T-W_g}{W_{\max}-W_g} \tag{2-9}$$

膛口装置火药燃气作用系数

$$\beta_T=0.5+\frac{\int_0^\tau P_T \mathrm{d}t}{\omega v_0}$$

关于膛口装置能量效率 η_T、冲量效率 χ、带膛口装置的火药燃气作用系数 β_T 的物理意义和理论计算方法将在第三章详细介绍。

二、火药燃气作用系数 β

由式（2-6）可以看出，后坐部分总动量等于弹丸动量与火药燃气作用时期动量之和。可将 βv_0 看作火药燃气作用时期结束时气体的平均速度 u_{cp}，则

$$\beta=u_{cp}/v_0 \tag{2-10}$$

β 的物理意义：在火药燃气作用时期结束时，气体平均速度与弹丸初速之比。β 表示火药燃气对后坐部分作用的大小。

$$\beta=0.5+\gamma=0.5+\frac{\int_0^\tau P_{pt} \mathrm{d}t}{\omega v_0} \tag{2-11}$$

其中，0.5 是膛内运动时期终了时火药燃气的平均速度与弹丸初速之比；γ 是后效期火药燃气的平均速度与弹丸初速之比。

可以看出，火药燃气作用系数 β 在枪炮设计理论中是一个修正系数，取决于弹道条件。准确地计算这个系数是正确决定后坐运动参数——最大自由后坐速度 $W_{\max}$ 的关键。

第三节　炮（枪）膛流空过程数值模拟

一、有限体积法数值计算

1. 基本假设

① 不考虑摩擦和热传导，忽略黏性和化学反应，满足理想气体条件；

② 为修正气流摩擦及热传导损失，以多变指数代替比热比，仍用符号 k 表示。

2. 数值方法

基于上述的基本假设，采用二维轴对称欧拉方程，对流项采用 Roe 或 AUSM 类计算格式；时间项采用多步龙格—库塔法。详见第八章。

3. **初始、边界条件**

火药燃气后效期初始气流参数是指弹底到达膛口时的膛内火药燃气压力 p、密度 ρ、速度 u 的分布。

内弹道两相流计算程序可以给出相对准确的初始条件；当采用简化假设时，可采用下述的参数分布模型：

① 膛内压力自膛底到膛口呈二次曲线分布；

② 火药燃气速度自膛底到膛口呈线性分布；

③ 火药燃气密度均匀分布。

计算时，忽略初始流场的影响。身管和膛口装置壁面为固壁边界条件，并假定膛外为大气条件。

本书中涉及的非反应流计算，未特别说明的，均采用上述的基本假设、数值方法及初始、边界条件。

4. **计算实例**

计算 37 mm 弹道炮无膛口装置时，流空过程膛内压力和速度分布以及火药燃气作用系数 β。

（1）初始条件

由内弹道程序给出弹道数据：$t=0$ 时刻的 p-x，u-x，ρ-x 曲线，弹丸质量 $q=0.765$ kg，装药质量 $\omega=0.221$ kg，弹丸初速 $v_0=867$ m/s。

（2）膛内参数计算结果

流空过程膛内参数计算结果如图 2-9 所示。

（3）计算火药燃气作用系数 β

由式（2-11）

$$\beta=0.5+\frac{\int_0^{\tau}P_{pt}\,\mathrm{d}t}{\omega v_0}$$

得 $\beta=1.484$。

实验结果为 $\beta=1.420$。

二、特征线法数值计算

将一维非定常流的特征线理论与数值计算方法应用于后效期炮（枪）膛内流空比有限体积法简单。对于不计算膛口流场，仅做后坐部分与自动机设计的工程计算比较方便、快捷。

1. **基本假设**

弹丸出口时，若口部气流为超声速，则惯性外排，特征线外倾；若为亚声速，则有膨胀波内传，但至口部达到当地声速时，则保持此状态直到流空为止。

图 2-10 为特征线法计算的 72 式 85 mm 高炮膛内流空过程不同时刻的气流参数分布规律。

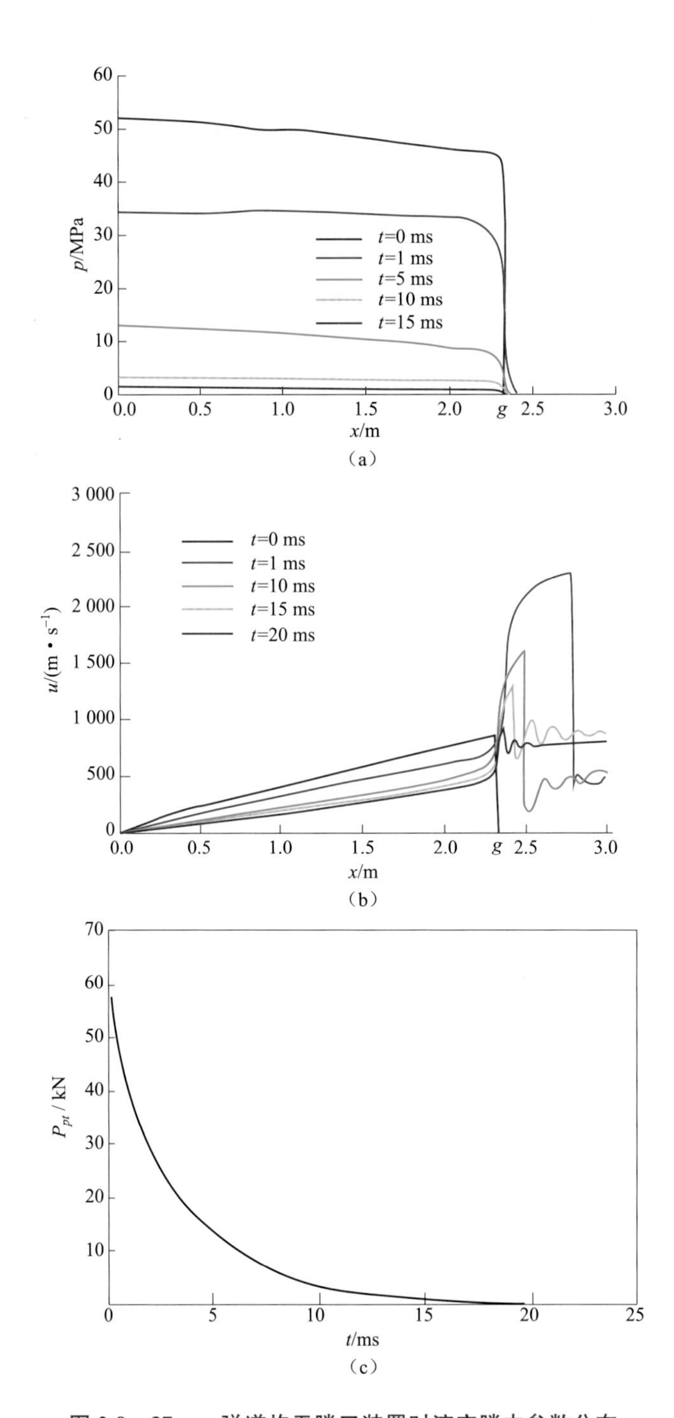

图 2-9　37 mm 弹道炮无膛口装置时流空膛内参数分布

（a）压力 p-x 曲线（g 为膛口）；（b）燃气速度 u-x 曲线；（c）膛底合力 P_{pt}-t 曲线

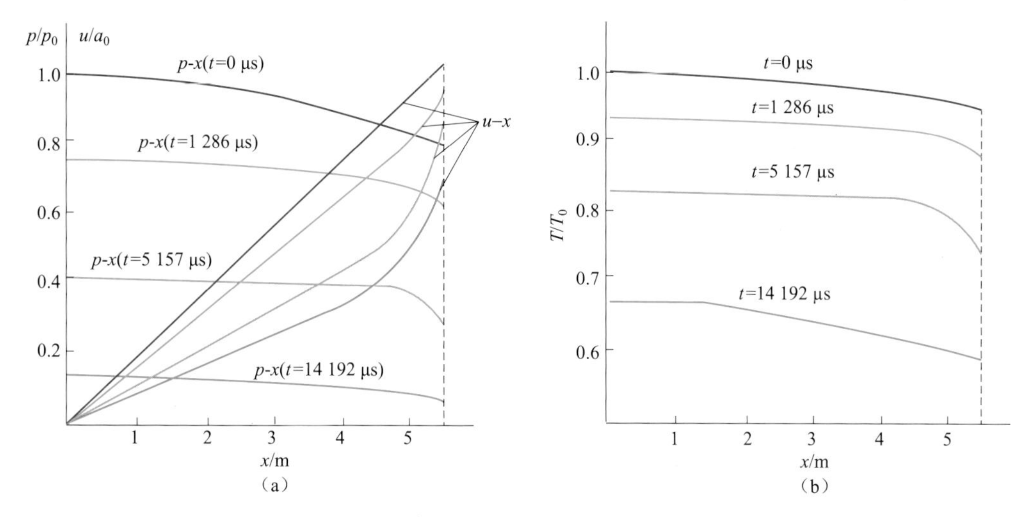

图 2-10　72 式 85 mm 高炮膛内气流参数沿轴线分布曲线（$Ma>1$）

2. 特征线数值计算方法与经典方法计算 β 的对比

用特征线数值计算方法和 14 种经典方法计算 21 种有试验数据的枪、炮的 β 值，结果列于附录三的附录表 1 中。图 2-11 是将附录表 1 部分结果绘成的 β-v_0 曲线。可以看出，经典计算方法得到的数值普遍高于试验值，用比热比 k 修正为 1.33 后的特征线数值计算结果与试验值比较接近。

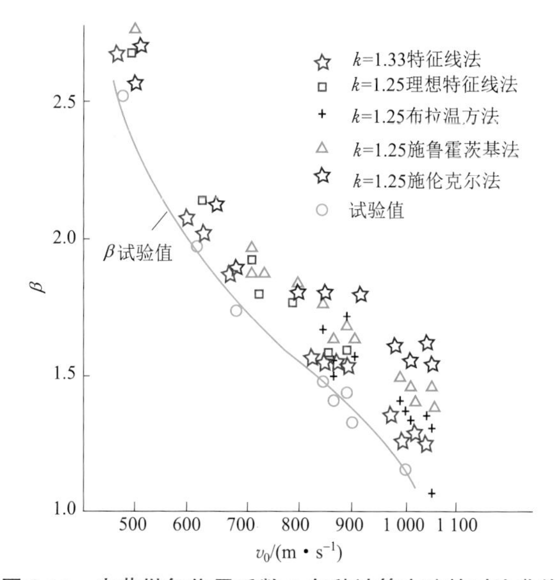

图 2-11　火药燃气作用系数 β 各种计算方法的对比曲线

三、摩擦与热传导的处理方法

理论与实验研究表明，忽略摩擦、热传导项将给流空计算及 β 值带来较大误差。过去，有些理论曾认为这一影响很小，因而以等熵过程计算，实际上，按等熵模型计算的各种方法所得值均明显偏大。对从 5.56 mm 枪到 105 mm 榴弹炮的实验结果及本文对 β 的计算（图 2-11 中的理想流体特征线法计算结果高于试验值）都证明了这一点。

从理论上讲，当摩擦与热传导系数已知时，精确地计算带摩擦、热传导的非定常流是不困难的。但是，由于缺乏准确的实验系数，进行这种计算的误差仍然不确定。于是，通常采用如下方法考虑损失。

1. 相当摩擦系数 f 的拟合方法

H. Gay 提出，以雨贡纽公式为基础，加入摩擦与热传导项，通过雷诺比拟，将二者合并为一个相当摩擦系数 f。通过与测量的各种武器后效期 p-t 曲线拟合得到了 f 值，但由于其火炮的初速范围较小，f 拟合公式过简，因此误差较大。本书利用 H. Gay 的 f 数据，推导出分析解和计算公式，给出了新的 f 拟合公式，准确性有较大提高（详见附录三的“一、火药燃气作用系数 β 的经典计算方法”中的 14）。

2. 用多变指数 n 修正摩擦、热传导

特洛契科夫与马蒙托夫曾用提高比热比 k 或同时引入多变指数 n 来修正气流损失。因为，取 $n>k$ 时，此多变过程可代表包括摩擦与热传导的热力学过程。

由

$$n=k-(k-1)\frac{Q(\text{热})}{W(\text{功})}$$

当向外散热时，$n>k$。马蒙托夫将 n 取常数作平均修正，而特洛契科夫则在斯鲁霍茨基方法基础上根据不同 v_0 对 k 进行修正，其 k-v_0 曲线如图 2-12 所示。这种修正意味着威力越大的火炮，其热散失越严重，与实际有一定差别。

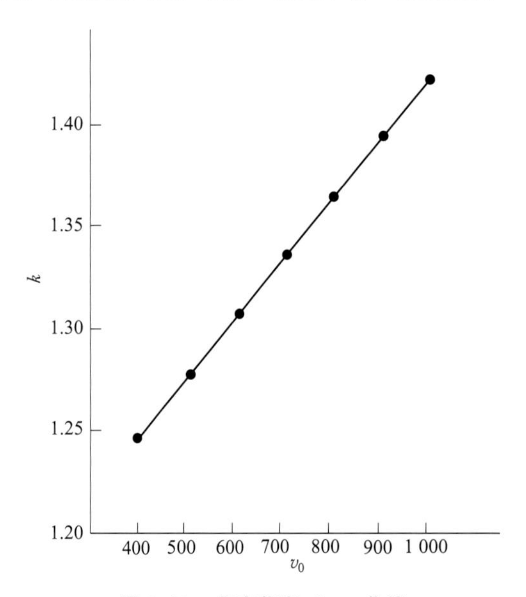

图 2-12　多变指数 k-v_0 曲线

3. 本书对摩擦、热传导的修正

用提高比热比 k 值作为多变指数的修正方法，在数值计算中取 $k=1.32\sim1.40$。

根据不同类型的武器，因其摩擦、热散失情况不同，k 的取值如下。

① 对于各种火炮（榴弹、加农、高炮）及大初速枪，取 $k=1.32\sim1.35$（一般取 1.33）。

② 对于热散失严重的低初速枪（手枪、半自动、冲锋枪），取 $k=1.35\sim1.40$。

后效期火药燃气比热比 k 的取值分析：比热比（绝热指数）k 是分子结构与热力学状态（温度、压力）的函数。对内弹道阶段，k 的取值有过仔细论证，k 在 1.20 左右的一个范围变化，实际上，在计算时已成了考虑热散失的多变指数。在火药燃气后效期，气体温度与压力将在更低、更大范围内变化，k 值必然要提高，实际上，k 也是一个考虑损失的多变指数。

四、影响流空过程的主要因素

1. 内弹道特性

主要取决于膛内参数的初始分布和摩擦与热散失情况。

① β 值随 v_0 减小而增大。

② β 值随装药量、燃烧结束点、充满系数、装药利用系数、膛口压力的减小而增大。

这是因为以上条件下的火药燃气对后坐部分做功的百分比增大。

2. 武器类型

① 对于小口径武器，β 值按手枪、步枪、轻机枪、重机枪、小口径自动炮的顺序逐次减小。

② 对于中大口径火炮，β 值按中、大口径榴弹炮，加农榴弹炮，加农炮的顺序逐次减小。

这说明 β 值主要取决于弹丸动能占火药总能量的比例。

第四节　后效期经典理论分析

从 1886 年雨贡纽提出后效期气流理论到 20 世纪 70 年代，有多种计算流空规律与 β 的方法，我们称之为后效期经典理论。

后效期经典理论是指以一维定常流或准定常流气体动力学方程为基础，以分析方法为主建立起来的理论方法。它是 20 世纪 60 年代以前，计算机与计算流体力学尚未普及时，为解决枪、炮工程设计提出的一些近似方法。在配合一定的实验结果和修正系数后，能够较好地解决工程设计问题。到 20 世纪 70 年代，各种准定常方法已成熟，有的沿用至今。

一、后效期经典理论

1. 简化假设

① 火药燃气流为一维、准定常、等熵流。

② 忽略摩擦与热传导，或用多变指数考虑，或用相当摩擦系数修正。

③ 后效期膛口出口参数为临界状态，或将膛内平均气体参数视为推力室均匀参数，或按声速出口过渡，用拉格朗日假设。

2. 准定常假设引起的偏差

准定常假设：用体系方法描述流体微团非定常流动时，其流动特性对时间的导数（称为物质导数）是沿微团轨迹的微分$\frac{\mathrm{d}()}{\mathrm{d}t}$。以膛内一维非定常流为例：$\frac{\mathrm{d}u}{\mathrm{d}t}=\frac{\partial u}{\partial t}+u\frac{\partial u}{\partial x}$，右式中第一项是当地导数，第二项是随流导数，对膛内流动，二者比值约为 0.2，且各截面相等。故对每一时刻，可近似作为定常流处理，然后计算气流平均参数随时间的变化规律。

几种流空理论公式如下。

（1）斯鲁霍茨基公式

$$p=p_g(1+Bt)^{-\frac{2k}{k-1}}$$

式中 $B=S\frac{k-1}{2}\left(\frac{2}{k+1}\right)^{\frac{k+1}{2(k-1)}}\cdot a_g\frac{\rho_g}{\omega}$。

（2）马蒙托夫公式

$$p=p_g(1+B't)^{-\frac{2n}{n-1}}$$

式中 $B'=\frac{n-1}{2}\frac{S}{W_{kh}}\frac{1}{1+\frac{3-n}{6}k}a_g$。

这些理论所做的准定常假设，如大容器自小孔流出（平均参数）和分布参数假设，忽略膛口气流初始状态向声速状态过渡，忽略口外射流，直接取膛口为临界断面或声速出口就忽略了一段不稳定过程。又如忽略膛内参数初始分布或采用动量 $0.5\omega v_0$ 修正，也不能反映膛内参数分布的不均匀过程。

关于气流轴向（x 方向）分布：准定常假设的基本出发点是参数 A（包括 p，ρ，u，T）的当地导数与随流导数相比可以略而不计，于是，对每一瞬时而言，可将气流做定常流处理。而气流参数 A 随时间的变化规律，则是通过平均参数对时间的导数得到的。准定常假设对于长度很短（l/d 很小）的管道比较接近。但是，身管为典型的深孔，准定常假设的误差就较明显了。准定常假设不考虑波的传播与相交，不能反映 A-x 分布随时间 t 的变化规律，得出的只是某一固定分布的“整体”变化。

实际上，由于参数初始分布以及膨胀波内传与相交，造成不同瞬时气流参数沿轴线的分布是不同的。以不同初速火炮的计算结果进行分析（图 2-2 和图 2-10）。图 2-2 是 66 式 152 mm 加榴炮气流参数沿 x 轴分布（Ma<1 情况）。图 2-10 是 72 式 85 mm 高射炮气流参数沿 x 轴分布（Ma>1 情况）。

从图中可以看出，无论哪一种情况，不同瞬时 t 的 A-x 分布均不相似。参数变化最激烈的位置是膛口附近。亚声速情况的前期最甚，口部速度很快增速，压力与温度陡降；超声速情况则较缓，口部速度为先减后增，压力与温度的下降也稍迟，这是膨胀波内传造成的。整个 A-x 曲线的较大变化出现在中期，并且又逐渐均匀，直到终了为止。

准定常方法反映的流空规律（A-t）是一平均概念。而实际的流空过程，对于 x 轴上各点，A-t 规律是不同的。例如膛底与膛口，其 p-t 曲线相差很大（图 2-13 和图 2-14）。速度曲线的差别就更加明显，尤其是在炮膛中部，出现极不规则的变化，这是膨胀波传播造成的。这些区别正是非定常过程与准定常假设之间质的不同。

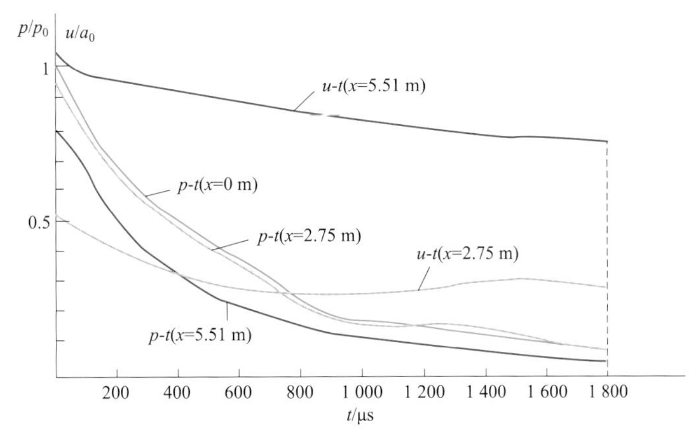

图 2-13　72 式 85 mm 高炮膛内气流参数随时间 t 变化曲线（特征线法数值计算）

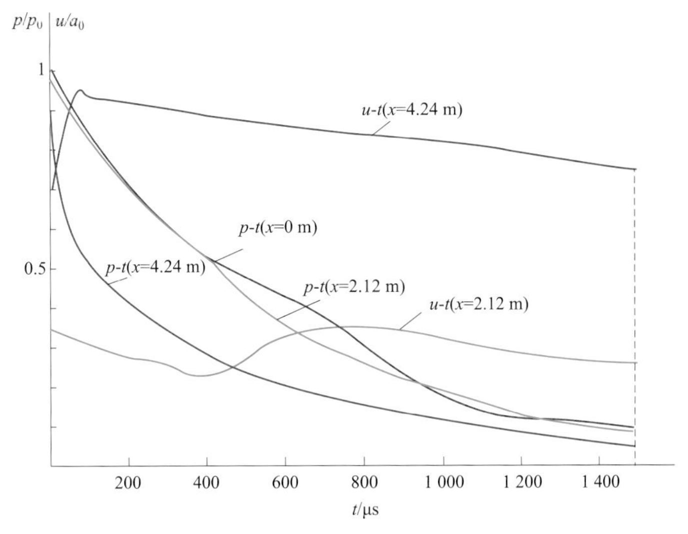

图 2-14　66 式 152 mm 加榴炮膛内气流参数随时间变化曲线（特征线法数值计算）

非定常与准定常间的差别随着过渡阶段的增长而加大，也就是说，膛口气流 Ma 偏离 1 越远，则二者间的偏差越大。这就是低初速与高初速火炮用准定常计算误差增大的原因。

3. **膛口临界断面假设的偏差**

准定常假设通常取出口为临界断面，按喷管推力公式 $F=S\xi p$ 计算火药燃气的反作用力。这就忽略了膛内气流动量变化率 $\frac{\partial L}{\partial t}$。考虑这一项的影响，在计算总冲量 $\int_0^{\tau} P_{pt}\,\mathrm{d}t$ 时，用 $\frac{1}{2}\omega v_0$ 加以修正。显然，它无法修正任一瞬时的变化，因而不能准确描述非定常过程，尤其在高初速时，F 计算偏低。

合理地计算 P_{pt} 应取不包括气体的炮管为示力对象，则 $P_{pt}=\int_s p\,\mathrm{d}s$，忽略了管壁摩擦，$p$ 应采用无膛口装置时计算后效期膛底合力的准确理论公式。一些方法（如马蒙托夫、施伦克尔）虽做了准定常假设，但亦用上式计算 P_{pt}，显然进了一步。但由于 P_{pt} 是按固定分布得到的，同样不能排除准定常假设带来的误差。

二、计算方法建议

后效期经典理论曾为兵器工程设计起到重要作用，但是，随着数值计算方法和应用软件的普及，精确方法应逐步推广。本书推荐以下两种方法。

1. **数值计算**

用多变指数修正 k 的有限体积法或特征线法。本书所用的计算程序可计算火药燃气后效期膛口（及膛口装置）内、外流场的气流参数变化规律，同时计算 β 值。

2. **经验公式**

作为工程总体设计估算，建议采用公式

$$\beta=A/v_0 \tag{2-12}$$

式中　系数 A 的取值：

——榴弹炮、加榴炮，$A=1\,300$；

——大、中口径加农炮、小口径高初速炮（$Ma>1$），$A=1\,250\sim1\,275$；

——小口径低初速炮（$Ma<1$），$A=1\,200$；

——枪（初速由低到高），$A=1\,100\sim1\,150$。

第三章　膛口装置气体动力学

概　　述

膛口装置是连接在身管前端，利用后效期火药燃气对武器产生一定力学作用的气体导引装置和能量转换装置。膛口装置广泛用于各种枪、地面炮、高炮及航炮上。采用膛口装置的目的是提高武器总体技术性能，抑制火药燃气的危害作用，改善勤务条件。

膛口装置的基本原理是：后效期火药燃气自膛内流入膛口装置的腔室内，膨胀、经孔道或冲击板转折后，自前方或侧方流出，产生反作用力；或者，在腔室内形成涡流，耗损、减速以降低火药燃气出口能量；或者，膨胀加速，降低燃气压力和温度。通常，一种膛口装置在完成其主要功能时，还具有其他装置的部分功能，同时也可能带来一些负效应。

膛口装置依其用途的不同，可分为膛口制退器、膛口偏流器（定向器、稳定器）、膛口助退器、膛口消焰器、膛口消声器、膛口抽气装置等（表 3-1）。

表 3-1　膛口装置及其功能

名称	结构简图	工作原理	主要功能	次要功能	缺点
制退器		1. 将火药燃气侧排，减小向后的轴向反作用力 2. 增大向前的侧向反作用力	1. 减小火炮及大口径枪的后坐力，减轻武器质量 2. 便于采用统一炮架		1. 炮手区冲击波超压增大 2. 炮口装置质量使平衡机负荷加大
助退器		使火药燃气轴向膨胀，增大向后的反作用力	提高自动武器的后坐能量及发射速度（频率）	减小炮口焰及炮手区冲击波	后坐力增大
稳定器		使火药燃气单侧排出，提供稳定力矩	减小手提式自动武器的射击跳动，提高精度	后坐力相应减小	冲击波、噪声加大
偏流器		使大部分燃气单侧排出	减小航炮发射对发动机的干扰	保护飞机蒙皮	产生侧向力矩

续表

名称	结构简图	工作原理	主要功能	次要功能	缺点
消焰器		使火药燃气充分膨胀，削弱射流激波，防止中间焰及二次焰点火	1. 减小自动武器膛口焰对瞄准的影响 2. 提高射击隐蔽性	冲击波相应减小	后坐力增大
消声器		1. 降低火药燃气出口压力 2. 增加气流耗损 3. 声隔离	用于特种小口径枪，以大幅度减小膛口噪声	减小膛口焰	膛口装置尺寸很大
抽气装置		贮气筒高速气流将膛内残留燃气引射出膛口	降低坦克、自行火炮操作室内有害气体含量	可减小炮尾焰发生率	

研究膛口装置理论的目的：了解气体动力学作用机理，为研究新原理、新技术准备条件；建立理论模型和计算方法，为工程设计提供设计方法和数值计算软件。

到目前为止，国内、外火炮（枪）在工程设计中使用的膛口装置理论主要沿用 20 世纪 50—70 年代的方法。虽然这些年来也曾陆续提出了不少新的方法，但都未能在我国的武器设计中得到推广应用，设计方法还是以“画—加—打”为主的传统方法。因此，膛口装置理论的实际状况远不能适应武器现代化的发展需要。

为了提高膛口装置的性能，消除或减弱火药燃气负效应，需要深入了解膛口装置内部和外部的气体动力学及冲击波动力学规律，研究膛口装置参数与优化设计方法，完善膛口装置理论。这是中间弹道学的主要研究内容之一。

本书介绍的膛口装置理论共有四个部分，分别安排在以下各章：

① 膛口装置气体动力学（第三章）；

② 膛口装置冲击波动力学（第四章）；

③ 膛口装置的膛口焰燃烧动力学（第六章）；

④ 膛口装置优化设计理论（第九章）。

第一节　膛口装置工作原理

一、膛口制退器

膛口制退器是控制后效期火药燃气的流量分配比、气流方向与气流速度，以减小后坐力的膛口装置。

早在 20 世纪 60 年代，欧洲的火炮设计者在刚性炮架火炮的身管口部钻几排向后倾斜的气孔，第一次实现了通过控制火药燃气排放方向以减小后坐力的目的，这是膛口制退器的雏形。在反后坐装置发明以后，膛口制退器便很少采用了。第一次世界大战以后，随着火炮威力的逐步提高，膛口制退器又开始出现在火炮上，并在第二次世界大战前后得到广泛应用。由于远程化、高初速、高膛压的野战火炮、高射炮、坦克炮以及大威力枪的发展，武器后坐力与机动性的矛盾不断加剧，仅靠反后坐装置与炮架技术的潜力还不足以满足战术一技术指标的要求，膛口制退器就成了减小后坐力的有效途径。即使过去不倾向安装膛口制退器的国家，如美国，在 1960 年以后研制的火炮上也不得不采用。这是因为，新的低后坐力原理还存在着技术上和使用上的问题，而膛口制退器仍然是目前解决火炮威力和机动性矛盾的最有效手段，对于中、大口径火炮和单兵便携式轻武器尤其如此。例如，采用中等效率的膛口制退器，不需要增加任何附加的机械装置，后坐力及武器全重即可减小 1/4 以上。

1. 工作原理

弹丸出口后，火药燃气自膛内进入膛口制退器腔室内，由于面积增大，膨胀加速，射流中心通过弹孔沿轴线排出，产生向前的反作用力；外围燃气向四周膨胀进入侧孔，改变了气流方向，提供了向后的反作用力（图 3-1）。实质上，膛口制退器是一个以火药为能源的单冲程热机。膛内高温、高压火药燃气在制退器腔内膨胀，将内能转化为动能，经壁面反射和导向变为作用于身管的机械功。气体膨胀越充分，动能越大，可转化的机械功越高。通过侧孔排出的气体流量越多，向后倾角越大，提供的制退力越大。

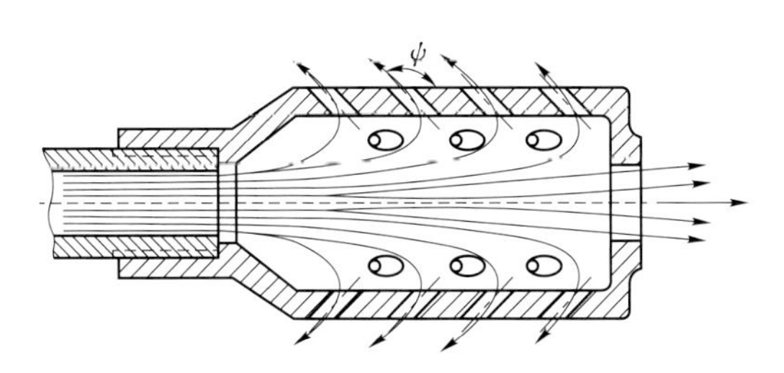

图 3-1　膛口制退器原理图

膛口制退器极限效率：理想条件下膛口制退器能获得的最大效率。所谓理想条件，是指膛口制退器将全部火药燃气偏转 180°，导向炮身后方并无限膨胀。实现此理想膨胀的膛口制退器的极限结构特征量为

$$\alpha_{\infty}=-\frac{k}{\sqrt{k^{2}-1}}$$

式中　k——火药燃气的比热比。

若取 $k=1.25$，则 $\alpha_{\infty}=-1.67$；若 k 取 1.33，则 $\alpha_{\infty}=-1.516$。对应于极限结构特征量 α_{∞} 的极限效率 η_{∞} 为

$$\eta_{\infty}=1-\left(\frac{1+\alpha_{\infty}\beta\dfrac{\omega}{q}}{1+\beta\dfrac{\omega}{q}}\right)^{2}$$

极限效率 η_{∞} 表示后效期火药燃气利用的最大限度。表 3-2 列出了几种火炮的 η_{∞} 值（取 $k=1.33$）。

表 3-2　几种火炮的极限效率表

火炮	65 式 37 mm 高射炮	56 式 85 mm 加农炮	59 式 100 mm 高射炮
$\eta_{\infty}/\%$	92.8	94.2	97.0
火炮	54 式 122 mm 榴弹炮	59 式 130 mm 加农炮	66 式 152 mm 加农榴弹炮
$\eta_{\infty}/\%$	73.7	98.0	90.4

可见，尽管极限结构特征量 α_{∞} 是一定的，由于内弹道条件的不同，极限效率 η_{∞} 有较大的差别。当然，α_{∞} 及 η_{∞} 在实际结构中是不可能实现的，但这两个参数仍具有重要的理论意义。

2. **结构类型**

膛口制退器有两种分类方法：

第一种是按结构形式（腔室数量、侧孔形状和数量）分类，如单室－双排－圆孔、双室－大侧孔等。这种分类比较形象、直观。

第二种是按燃气的膨胀程度分类，如冲击式、冲击－反作用式和反作用式（斯鲁霍茨基分类法）；或者，开腔式和半开腔式（马蒙托夫分类法），如双室－冲击式制退器等（图 3-2）。

第一种分类方法便于部队勤务使用和学习，第二种分类方法是为简化计算进行的一种区分。

从膛口制退器机理出发，建立精确制退器设计理论只涉及弹孔和侧孔的出口气流参数组合，与结构形式关系不大。因此，本书在建立膛口装置气体动力学理论时，不专门讨论结构的分类。当然，从优化设计考虑，结构参数是实现优化的基本保证。

3. **优点与负效应**

膛口制退器的主要优点是：用简单的机械结构便可实现大幅度减小发射对炮架的作用力，从而达到提高射击稳定性，减轻战斗全重的目的。因此，它是火炮轻型化与高机动地面平台的主要技术途径之一。膛口制退器的效率越高，上述收效就越大。因此，几乎所有的中、大口径地面牵引炮，大部分自行火炮和车载炮，大威力枪和部分坦克炮均采用了膛口制退器，并在总体设计时尽量争取较高的效率指标。此外，设计良好的膛口制退器也能部分抑制膛口焰。

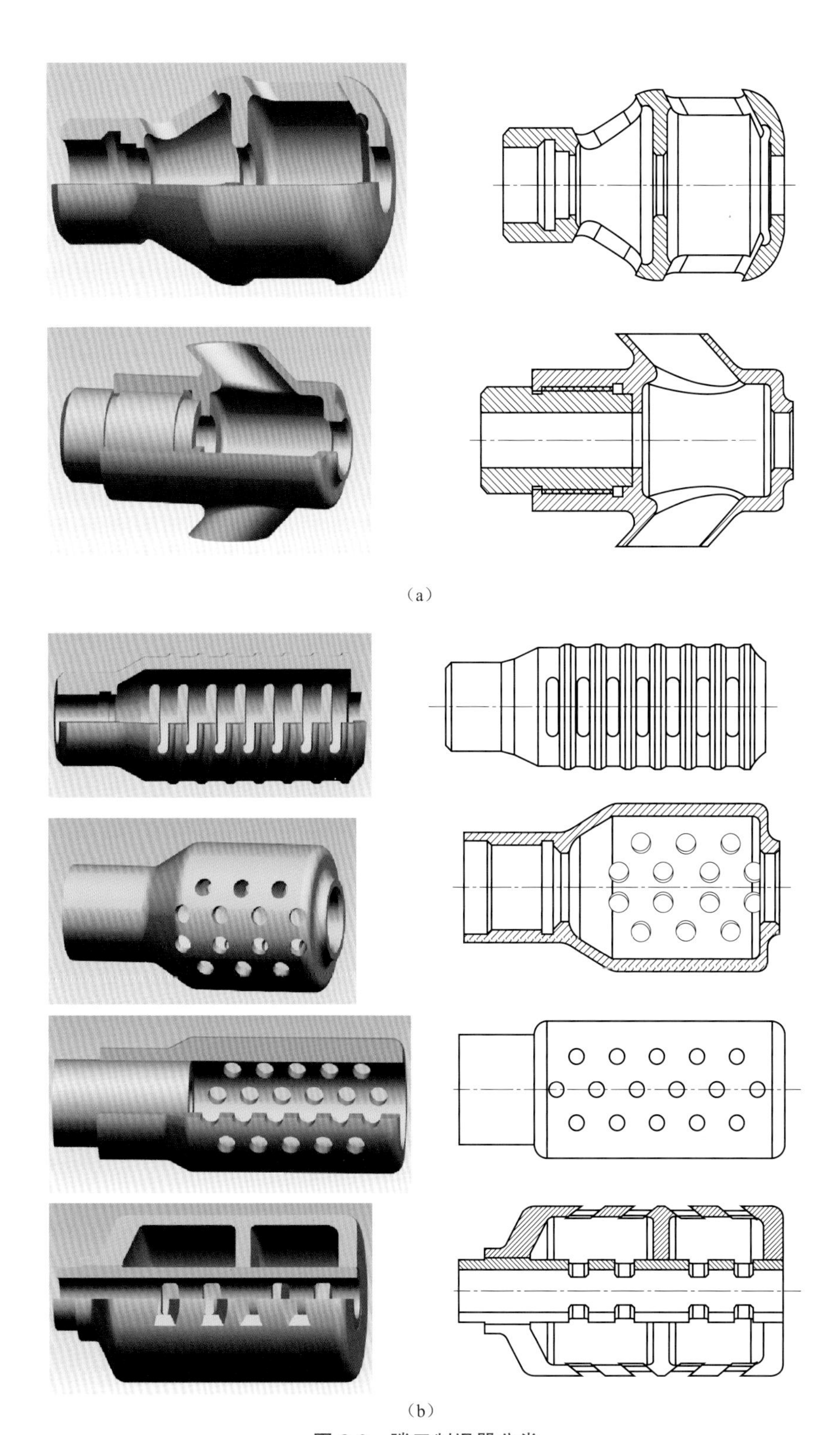

（a）

（b）

图 3-2　膛口制退器分类

（a）冲击式（开腔式）；（b）冲击—反作用（半开腔）式

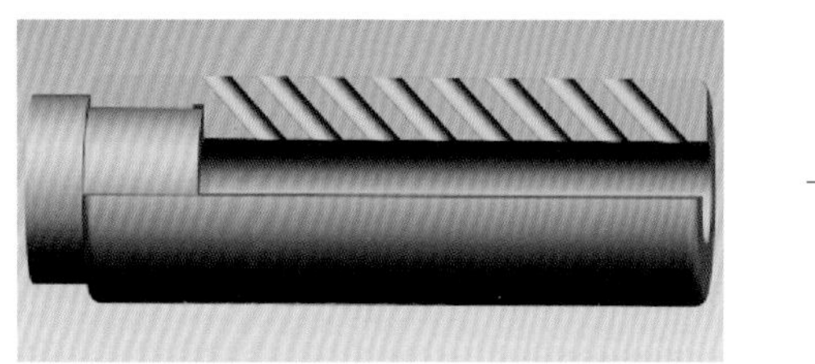
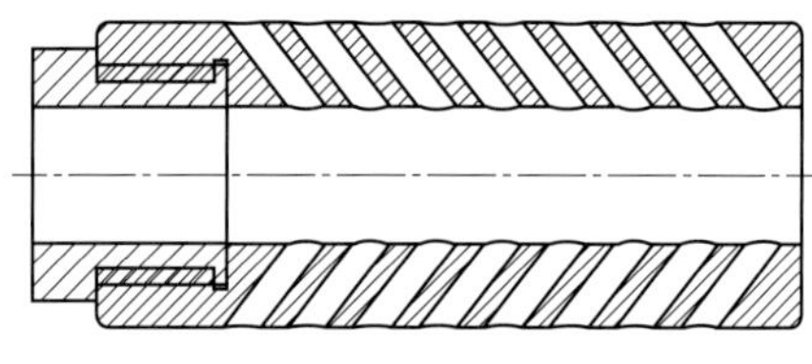

（c）

图 3-2 膛口制退器分类（续）

（c）反作用式

但是，膛口制退器的缺点也十分突出，主要是：在膛口侧方及侧后方增强了膛口冲击波和脉冲噪声的强度，对射手造成生理及心理危害，给装备和器材防护增加困难。膛口制退器的效率越高，负效应越大。因此，除采取个人及装备的防护措施外，必须建立膛口制退器的优化设计方法，以保证在较高制退器效率时，膛口冲击波的危害符合安全标准。

二、膛口偏流器（膛口定向器、膛口稳定器）

膛口偏流器（图 3-3）是将火药燃气从膛口轴线方向导向侧方，以减小气流干扰或提供侧向力的膛口装置。

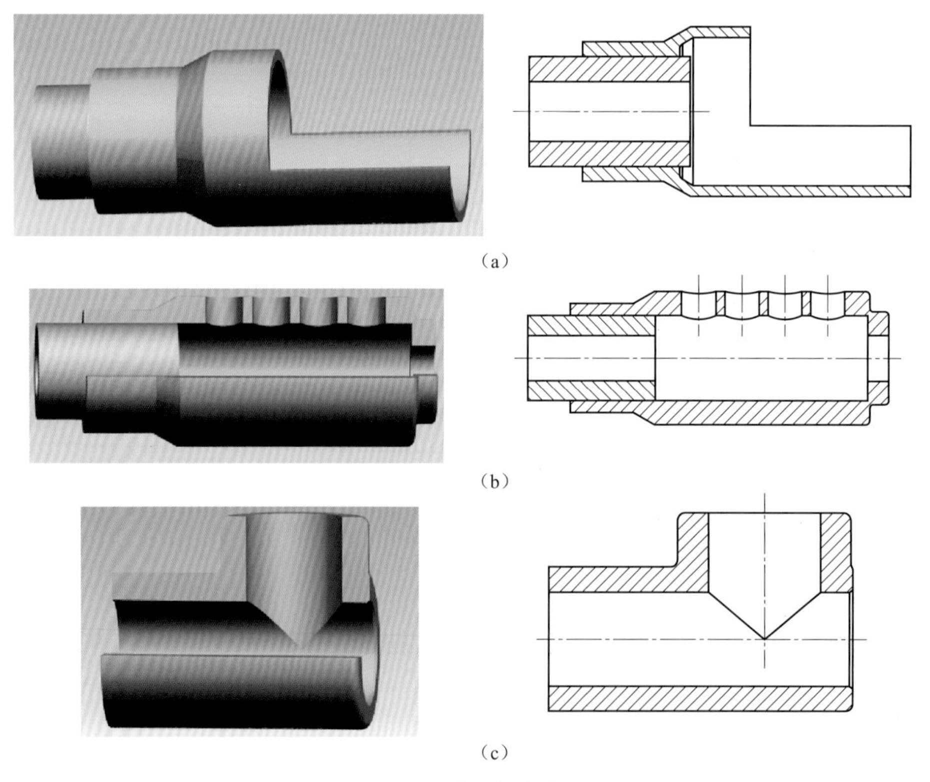

图 3-3 膛口偏流器

20 世纪 50 年代，喷气式飞机发明以后，航炮发射产生的干扰与损害问题就开始出现，并一直延续至 20 世纪 80 年代以后。主要是：

① 航炮发射时，膛口冲击波与燃气流干扰发动机来流，引起进气道工作失调、压气机喘振、失速，甚至出现发动机熄火。

② 膛口气流对机身表面、翼面、机头罩、外挂物结构及涂层产生热冲击效应。

③ 膛口焰和膛口烟影响观察与瞄准。

这些危害在美国早期的 F-86，F-94c，FT，20 世纪 60 年代的 F-104，F-105D，F-4E，70 年代后的 F-15 和 F-16，以及苏联的米格-21 和米格-23，我国的强-5 原型机等的设计和使用初期，都不同程度地发生，逐渐引起各国空军的重视。除了调整航炮安装位置、制定相关的验收及飞行大纲以外，一种简便易行且有效消除这些危害的措施就是在膛口加装膛口偏流器，将火药燃气向侧方导引。多年来，膛口偏流器已经成为喷气式战斗机的重要部件。航炮的膛口偏流器一般不和炮身直接相连，而是固定于机头一侧（单炮）或两侧（双炮），进气道的前或后。各国第一、二代战机安装膛口装置的概况见表 3-3。图 3-4 和图 3-5 是歼-七及苏 27、苏 30 安装膛口偏流器的照片。

表 3-3　20 世纪 70 年代各国第一、二代战机安装膛口装置的航炮概况[4]

国别	机型	装备航炮类型	航炮安装位置	炮口装置类型
美国	F101A	M39 四门	机头两侧各两门，在进气道前方	集气一导气装置
	F104	M61 一门	前机身左侧，在进气道前方 3.38 m	由发动机引气吹除火药气体，经专用排气管排出
	F105	M61 一门	前机身左侧，在进气道前方 4.8 m	
	F4E	M61A1 一门	前机身雷达仓下方，在进气道前 4.45 m	燃气偏流器
	F5A	M39 两门	机头两侧各一门，炮口在进气道前 3.88 m	燃气偏转装置
	F14A	M61A1 一门	前机身左侧，炮口在进气道前方 4.8 m	集气一导气装置
	F15	M61A1 一门	右机背进气道上方，炮口在边条后 1.1 m	燃气分流扩散
	F16	M61A1 一门	左机背进气道上方，炮口在边条后 1.1 m	燃气分流扩散
	F18	M61A1 一门	机头上方正中，炮口在进气道前	燃气偏流器
	A10	GAU8 一门	机头下方正中，炮口在进气道前 6 m	燃气偏流器
	A37	“卡特林”六管机枪	机头右侧上方，炮口在进气道前	燃气扩散器
苏联	МИГ-15 和 МИГ-17	H37 一门 HP23 两门	H37 在机头右侧，炮口在进气道后 0.5 m。两门 HP23 在机头左侧，炮口在进气道后 0.5 m	两侧排气型炮口帽
	МИГ-19C	HP30 三门	机头右侧一门，炮口在进气道后 0.5 m；翼根各一门，炮口在进气道后 2 m	多气室两侧排气型炮口帽
	МИГ-21Ф13	HP30 一门	前机身右侧下方，炮口在进气道后 3.9 m	气体补偿器
	МИГ-21МФ	ГШ23 一门	中机身正下方，炮口在进气道后 3.9 m	气体补偿器
	МИГ-21МС	ГШ23Л 一门	中机身正下方，炮口在进气道后	多气室两侧排气型炮口帽

续表

国别	机型	装备航炮类型	航炮安装位置	炮口装置类型
英国	鹞式	Aden 两门	机身两个外挂炮舱各一个，炮口在进气道前	集气一定向排气
	闪电	Aden 两门	前机身两侧各一门，炮口在进气道后	燃气分流扩散
法国	幻影Ⅲ	“德发”552 两门	中机身两侧各一门，炮口在进气道后 0.9 m	燃气偏转装置
	幻影 F1	“德发”553 两门	中机身两侧各一门，炮口在进气道后 1 m	两侧排气炮口帽
中国	零批强五	23-2 两门	机头两侧各一门，炮口在进气道前 2.5 m	导气一定向排气装置
	批生产强五	23-2 两门	左右翼根各一门，炮口在进气道后 1.3 m	双气室炮口帽
	歼六Ⅲ	30-1 三门	机头右侧一门，炮口在进气道后 0.5 m；翼根各一门，炮口在进气道后 2 m	多气室两侧排气型炮口帽
	歼七Ⅰ	30-1 两门	前机身两侧各一门，炮口在进气道后 3 m	气体补偿器

（a）

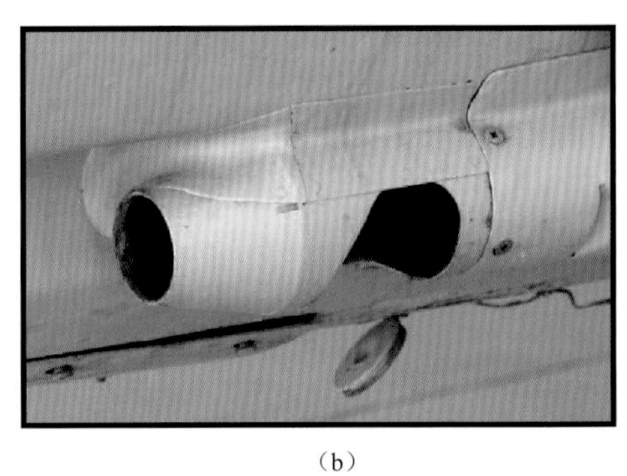

（b）

图 3-4 歼一七航炮偏流器

（a）

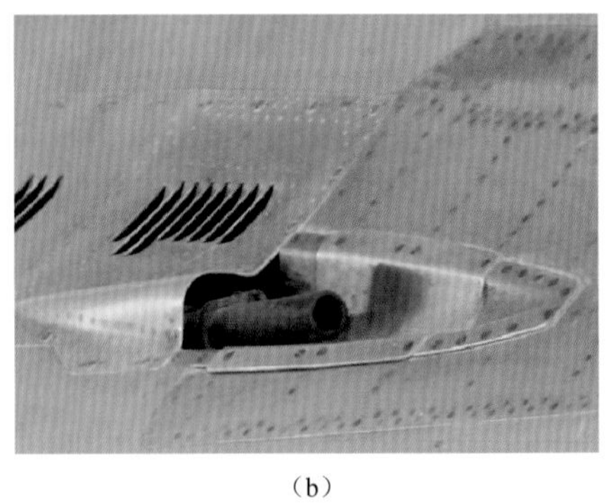

（b）

图 3-5 苏 27、苏 30 航炮偏流器

膛口偏流器具有膛口制退器的特征，其设计方法亦相同。

1. 膛口偏流器工作原理

膛口偏流器和膛口制退器的工作原理相似，也是控制膛口火药燃气的流动方向。由于改变了气体动量方向，偏流器在炮膛轴线方向必然得到一个动量的轴向分量，与膛口制退器一样，可以减小后坐动量及后坐力；同时，其动量的法向分量，增加了垂直于膛轴的法向力和力矩，为膛口稳定器提供一个射击时的稳定力矩。

手提式自动武器的稳定器，也是膛口偏流器的一种。其主要作用是减小射击时的跳动。由于手提式自动武器的质心一般在枪膛轴线的下方，射击时，膛底合力通过枪托与射手的肩部支撑点，以此为支点向上跳动，影响连发射击密集度。稳定器多装在冲锋枪的口部，图 3-6 是两种冲锋枪的稳定器。

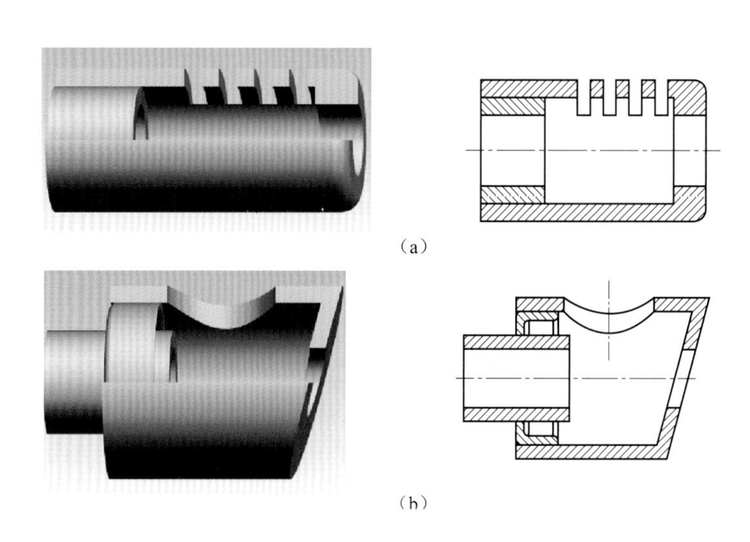

图 3-6　冲锋枪的稳定器

2. 膛口偏流器的功能

① 消除对进气道与发动机的干扰。

米格-19c 原不装膛口装置，火炮齐射时发动机熄火，安装膛口偏流器后，这种现象基本消除。F101A 和 F4A 安装膛口装置后，可在任意高度、速度及攻角下射击，均不失速和熄火。

② 改变射流方向，减轻燃气流对飞机结构的热冲击作用。

③ 减小后坐力：米格-23 的 23 mm 航炮膛口装置将后坐力减小 17%。

④ 提供补偿力矩，减小发射时飞机姿态的变化。

现代航炮后坐力最高可达 10 t，随着射速（发射频率）的不断增加，负荷不断加大。采用偏流器改变膛口气流方向，提供绕飞机质心的平衡力矩，有利于保持飞机的正常姿态。

⑤ 部分地抑制膛口焰。

三、膛口助退器

膛口助退器是用于提高小口径自动武器后坐部分运动速度和射速（发射频率）的膛口装置。这类自动武器的原理是，利用后坐动能，在规定时间内完成自动机循环，当后坐部分动能不足以完成上述动作时，膛口助退器的膨胀喷管可提供一定的反作用力，使后坐动量增大。膛口助退器多具有消焰器功能，如图 3-7 所示。

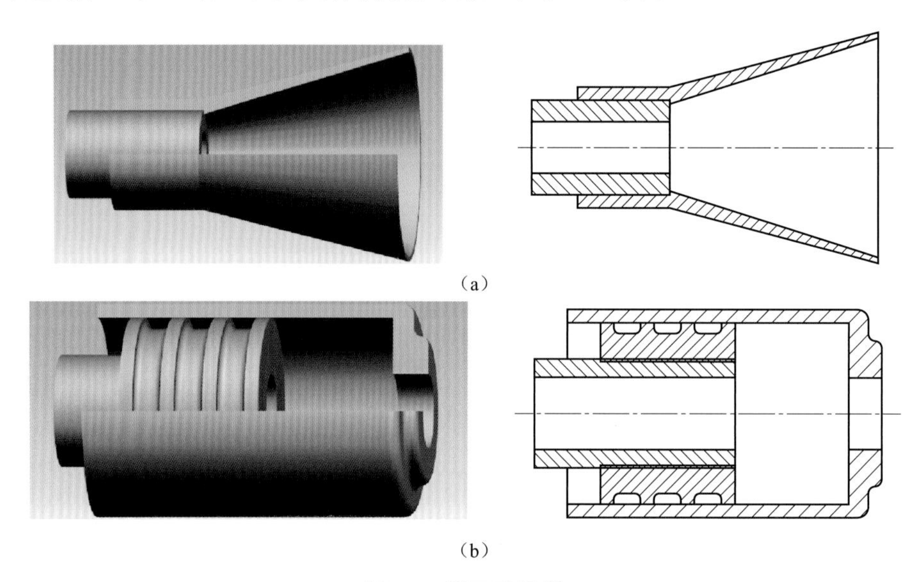

图 3-7 膛口助退器

四、膛口消焰器

膛口消焰器是抑制膛口焰的膛口装置。

膛口消焰器的主要抑制对象是膛口焰中的中间焰和二次焰，其消焰原理是：将膛口气流限制在消焰器腔内膨胀，使流出消焰器口部的气体压力、温度下降，火药燃气射流马赫盘的强度减弱，从而抑制中间焰，减弱二次焰。使用较多的膛口消焰器（图 3-8）有叉形（a）、圆柱形、圆锥形（b）和筒形等。在消焰器侧壁上开小孔或长槽（c）、（d），可提高消焰效果。前三种消焰器有助退作用，使后坐力增大，对轻武器的轻量化不利。筒形消焰器（e）可弥补上述缺陷。由于外管是空腔，助退作用很小，又增加了对后方冷气流的引射作用，消焰效果较好。

有关膛口消焰器机理和计算问题，将在第六章详述。

五、膛口消声器

膛口消声器是抑制或降低枪械的膛口冲击波与脉冲噪声的膛口装置，多为狙击枪和特种小口径枪的附加装置。

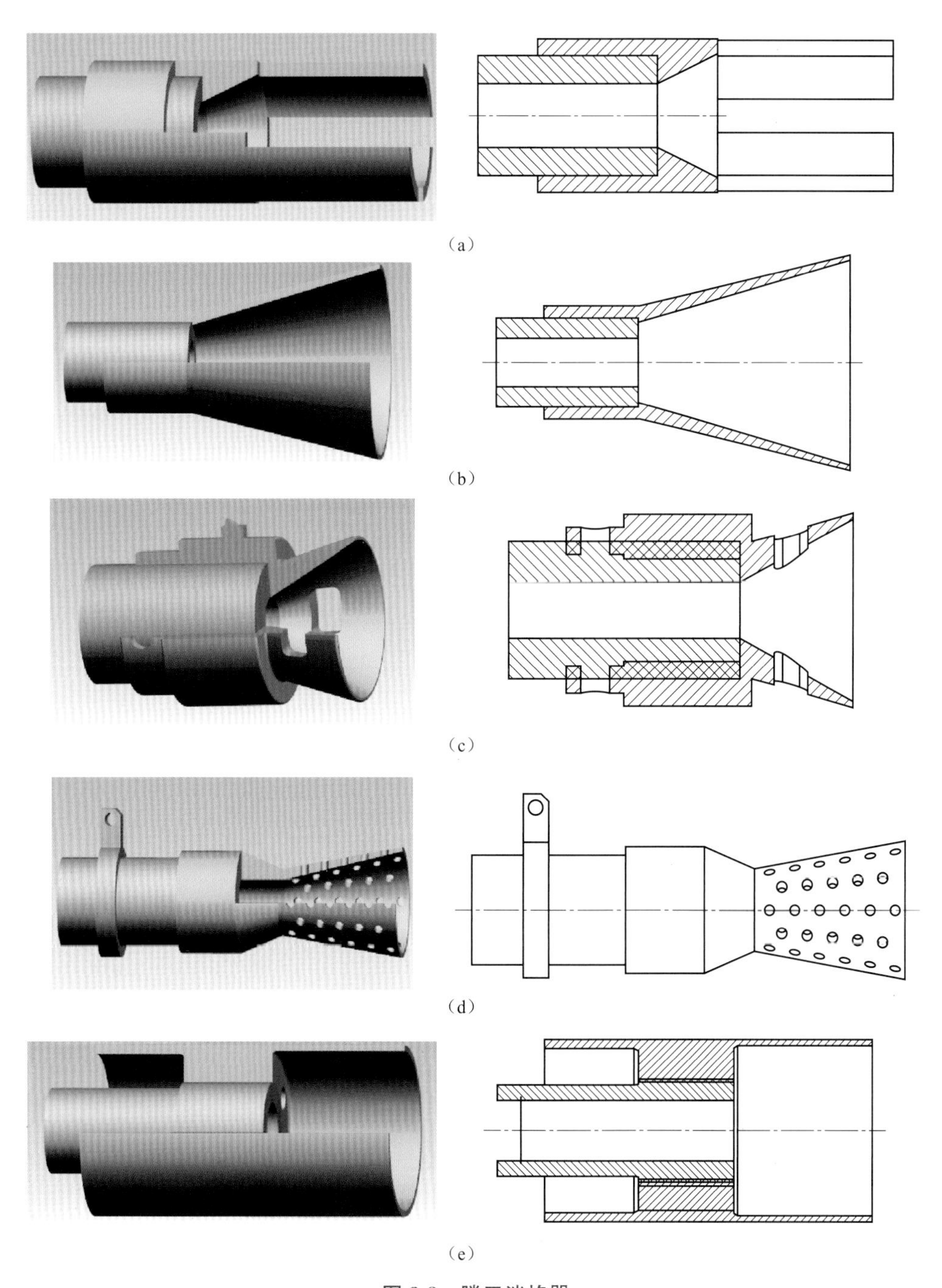

图 3-8　膛口消焰器

消声器的作用是：在足够大容积的消声器腔内，高温、高压火药燃气通过减压、降温、耗损、隔离等方式将火药燃气射流激波系和膛口冲击波基本消除，使出口气流压力与速度大幅度减小，声压级明显降低。

消声器的种类很多，如图 3-9 所示。

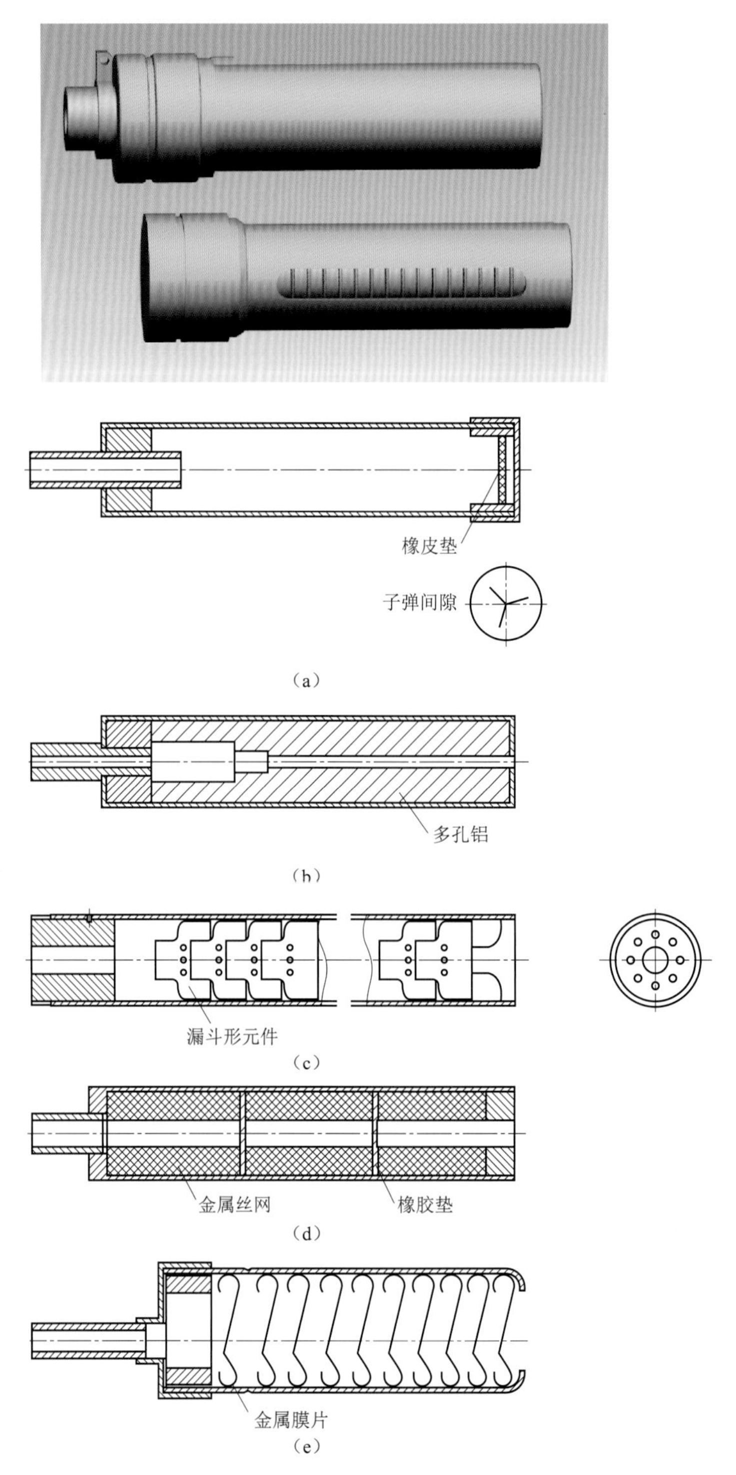

图 3-9 膛口消声器原理图[5]

六、膛口抽气装置

膛口抽气装置是利用气流引射原理清除膛内残留燃气的膛口装置。

气流引射原理是用一股高压气流引导另一股低压气体加速流动。

坦克或封闭座舱的固定火炮，在快速射击过程中，当炮尾打开准备再装填时，火药燃气有流入座舱的趋势。这股残余的有害燃气回流，不仅危害射手安全，妨碍观察，而且，当炮尾焰产生时，还可能引发事故。

抽气装置是一个固定在身管上的贮气容器（图 3-10），其中，膛壁开有数个喷口或阀门。当弹丸经过喷孔后，膛内高压火药燃气压开喷口（图 3-10（a））或单向阀流入抽气装置储存气体。到后效期，膛内压力低于容器压力时，贮存的高压燃气由喷口（固定喷口）以很高的速度流向膛口，并形成低压、高速区。在压力差的作用下，将炮尾方向的空气引入，向膛口方向流动，从而驱散残余的火药燃气。

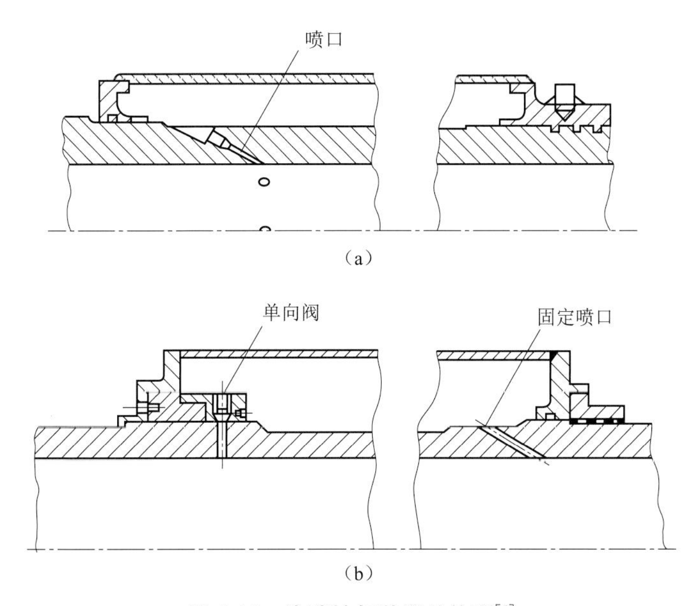

图 3-10　炮膛抽气装置结构图[6]

（a）固定式喷口；（b）单向阀门式喷口

第二节　膛口装置的受力分析

膛口装置气体动力学主要研究膛口装置内的流体力学与热力学特性、受力与效率计算方法，为膛口装置设计提供理论基础。

在第二章，我们从自由后坐动量方程出发推导了火药燃气作用系数 β 公式，引出了带膛口装置的火药燃气作用系数 β_T 与膛口制退器效率 η_T 公式。为了同膛口装置的结构与气流参数相衔接，需要从流体控制方程出发再进行一次推导。

假设膛口装置内气流为一元非定常流，取膛口装置中气体微元 δx 为受力对象（图 3-11）。

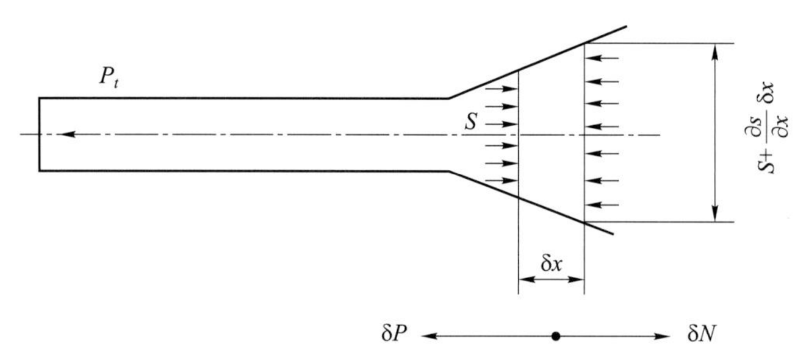

图 3-11　膛口装置中气体微元受力分析

由牛顿第二定律

$$\frac{\mathrm{d}(V\delta m)}{\mathrm{d}t}=\delta N-\delta P$$

式中　$\delta N=p\left(\frac{\partial S}{\partial x}\right)\delta x$，管壁作用于气体微元的外力；

$\delta P=\left[Sp+\frac{\partial}{\partial x}(Sp)\delta x\right]-Sp=\frac{\partial(Sp)}{\partial x}\delta x$，气体弹性力；

$\delta m=\rho S\delta x$，气体微元质量。

于是

$$\frac{\partial}{\partial t}(S\rho V)+\frac{\partial}{\partial x}(S\rho V^2+Sp)=p\ \frac{\partial S}{\partial x} \tag{3-1}$$

由火药燃气秒流量　　$G=S\rho V$

S 截面气流总反力　　$F=S\rho V^2+Sp=GV+Sp$

得

$$\frac{\partial G}{\partial t}+\frac{\partial F}{\partial x}=\frac{\partial N}{\partial x} \tag{3-2}$$

式（3-2）为膛口装置内气体微元动量方程。

1. 无膛口装置

当 $N=0$，即为无膛口装置时，可以根据式（3-2）导出炮膛合力 P_{pt} 公式。

对式（3-2）积分得

$$\frac{\partial\int_0^L G\mathrm{d}x}{\partial t}+\int_{P_{pt}}^{F_e}\mathrm{d}F=0$$

令 $\int_0^L G\mathrm{d}x=K$，为 t 瞬时膛内气体总动量，于是

$$\frac{\partial K}{\partial t}+F_e-P_{pt}=0$$

从而

$$P_{pt}=F_e+\frac{\partial K}{\partial t} \tag{3-3}$$

式（3-3）表明，无膛口装置的炮膛合力等于膛口截面的气流总反力加上膛内气体总动量的变化率。

对式（3-3）在时间 $t=0\sim\tau$ 内积分

$$\int_0^\tau P_{pt}\,\mathrm{d}t=\int_0^\tau F_e\,\mathrm{d}t+K_g$$

若近似取 $K_g=-0.5\omega v_g$，则

$$\int_0^\tau F_e\,\mathrm{d}t=\beta\omega v_g$$

$$\beta=\frac{1}{\omega v_g}\int_0^\tau F_e\,\mathrm{d}t$$

2. 有膛口装置

在带有膛口装置时（图 3-12），其炮膛合力 P_T 的推导方法相似。首先，取膛口装置的入口与出口间的一段为受力对象：

$$N=F_T-F_e$$

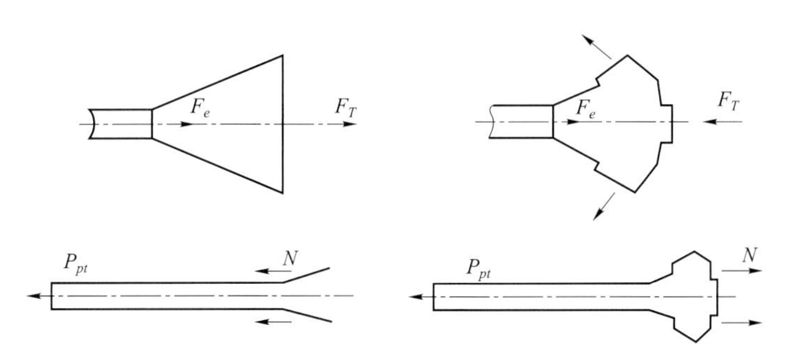

图 3-12　膛口装置受力分析

令 $\alpha - F_T/F_e$，称为膛口装置的结构特征量，则

$$N=(\alpha-1)F_e \tag{3-4}$$

其次，取带膛口装置的炮身为受力对象，则

$$P_T=P_{pt}+N$$

将式（3-3）代入得

$$P_T=\alpha F_e+\frac{\partial K}{\partial t} \tag{3-5}$$

分析表明，参数 α 只取决于膛口装置的几何尺寸，与弹道参数无关。于是有：

$\alpha=1$ 时，为无膛口装置；

$\alpha>1$ 时，为膛口助退器；

$\alpha<1$ 时，为膛口制退器或偏流器（稳定器、定向器）。

可以看出，式（3-5）与式（3-3）形式相似。由带膛口装置的火药燃气作用系数：

$$\beta_T=\frac{1}{\omega v_g}\int_0^\tau \alpha F_e\,\mathrm{d}t$$

用于数值计算：

$$\beta_T = 0.5 + \frac{1}{\omega v_g}\int_0^\tau (P_{pt} + N)\mathrm{d}t$$

或近似为

$$\beta_T = 0.5 + \frac{1}{\omega v_0}\int_0^\tau (P_{pt} + N)\mathrm{d}t \tag{3-6}$$

对于一种膛口装置，α＝常数，于是

$$\beta_T = \alpha\beta$$

由此，计算膛口装置效率 η_T：

$$\eta_T = 1 - \left(\frac{q + \alpha\beta\omega}{q + \beta\omega}\right)^2$$

第三节　膛口装置内气体流动

一、膛口装置气流的形成、发展过程

与直接流向大气环境相比，膛内燃气流入膛口装置的过程要复杂得多。以结构最简单的圆板冲击式制退器为例，说明形成与发展过程（图 3-13）。

① 初始冲击波与初始气流的膨胀（图（a），（b））：初始冲击波与射流从膛内流出，首先是初始冲击波冲击圆板，形成反射冲击波和绕射冲击波。接着，初始射流到达圆板，形成第二个激波。

② 膛口射流与圆板相互作用（图（c），（d））：弹丸出膛口后，火药燃气冲击波与反射冲击波形成多层相交的结构，火药燃气射流高速冲击圆板，形成脱体平面激波。

③ 火药燃气射流非定常膨胀至后效期流空（图（e），（f））：弹丸飞出弹孔后，弹孔的出口射流形成，而火药燃气射流冲击圆板形成的脱体平面激波经历了继续扩大到逐步缩小的过程，直至流空为止。

其他结构的膛口制退器内部，也会出现类似的流谱结构。

二、膛口装置内的气体参数分布

以 37 mm 高炮三通式膛口制退器内的流动过程为例，分析气流参数的分布与变化规律。三通式膛口制退器是一种有代表性的、三维流动的膛口装置。由于结构参数比较简单，建立物理一数学模型、数值计算和流场参数分析比较方便。在以后的几章中，涉及膛口装置的内容常以此为例。

三通式膛口制退器的结构模型如图 3-14 所示。

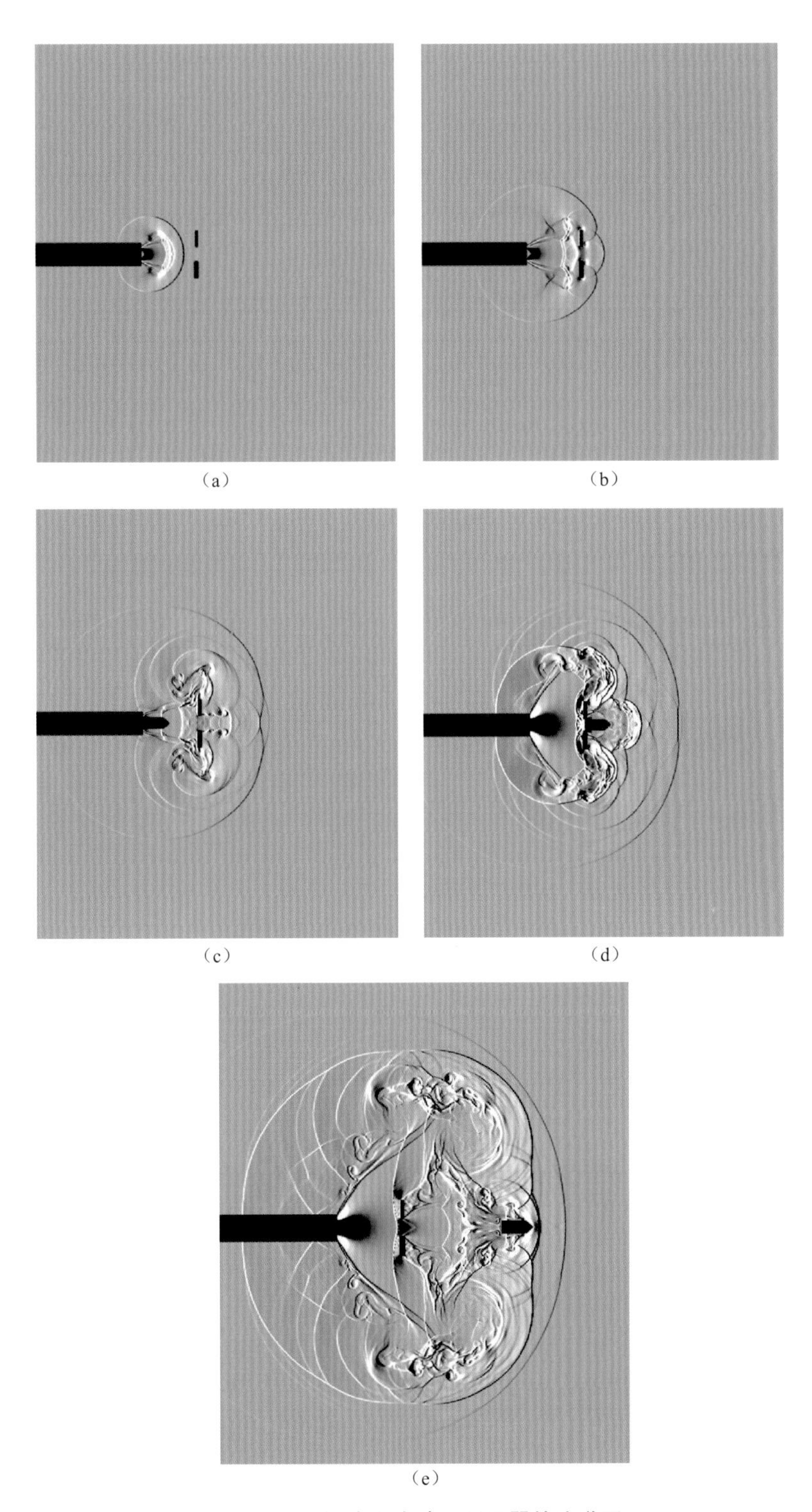

图 3-13　圆板冲击式膛口制退器的流谱图

(a) ～ (e) 7.62 mm 弹道枪数值计算结果（t＝－112.5，－67.5，0，45，112.5 μs）

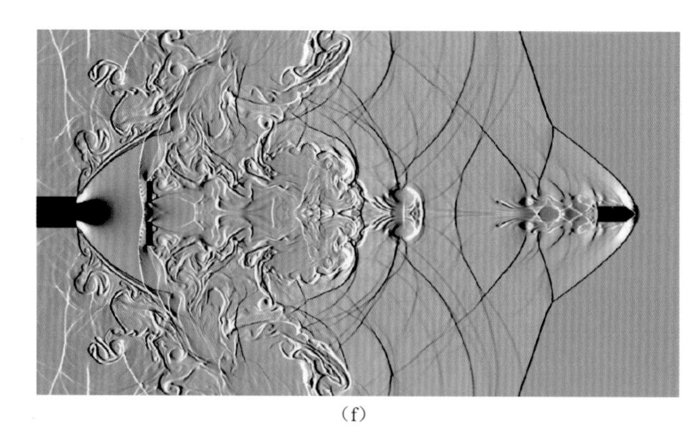

(f)

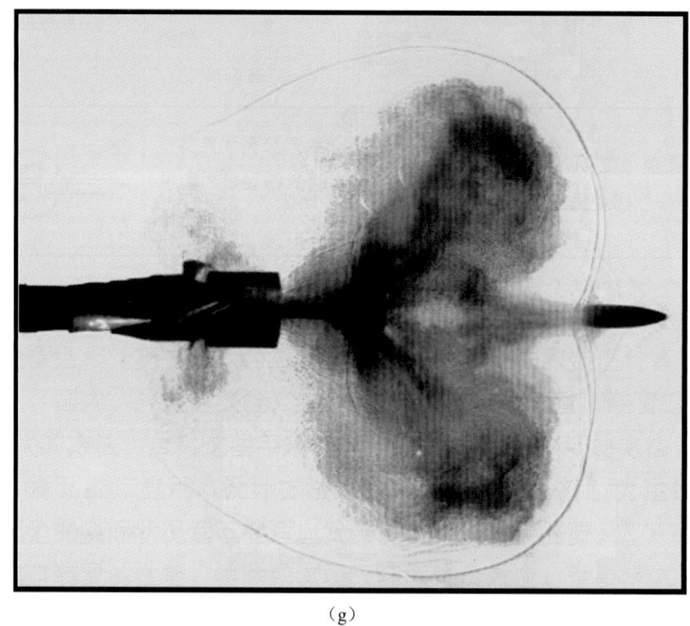

(g)

图 3-13　圆板冲击式膛口制退器的流谱图（续）

(f) 7.62 mm 弹道枪数值计算结果（$t=315$ μs）；(g) 高速阴影照片（YA-1 拍摄）

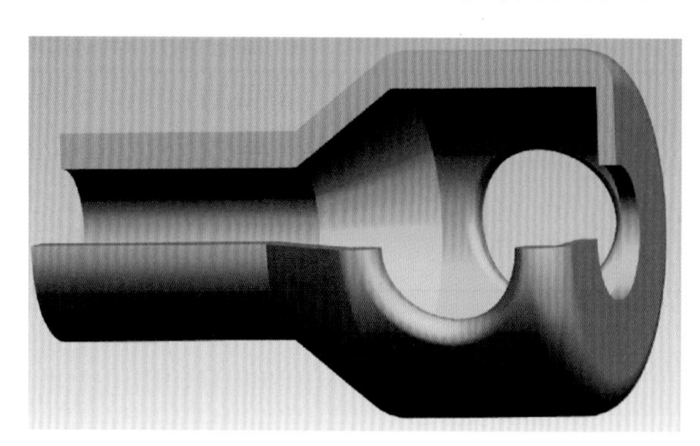

图 3-14　三通式膛口制退器的结构模型

首先，需要指出的是，所有膛口装置的结构都是一个面积突然或连续增大的有限容器，因此，火药燃气从膛口流入膛口装置的过程都是气体动力学的膨胀过程。据此，分析膛口装置内的气体流动特点。

1. **自膛内流入膛口装置的流空过程**

与第二章后效期无膛口装置时火药燃气自膛内流空过程类似，但前者是流向自由大气环境，后者是流入有限容积的开口容器中。数值计算结果如图 3-15 所示。

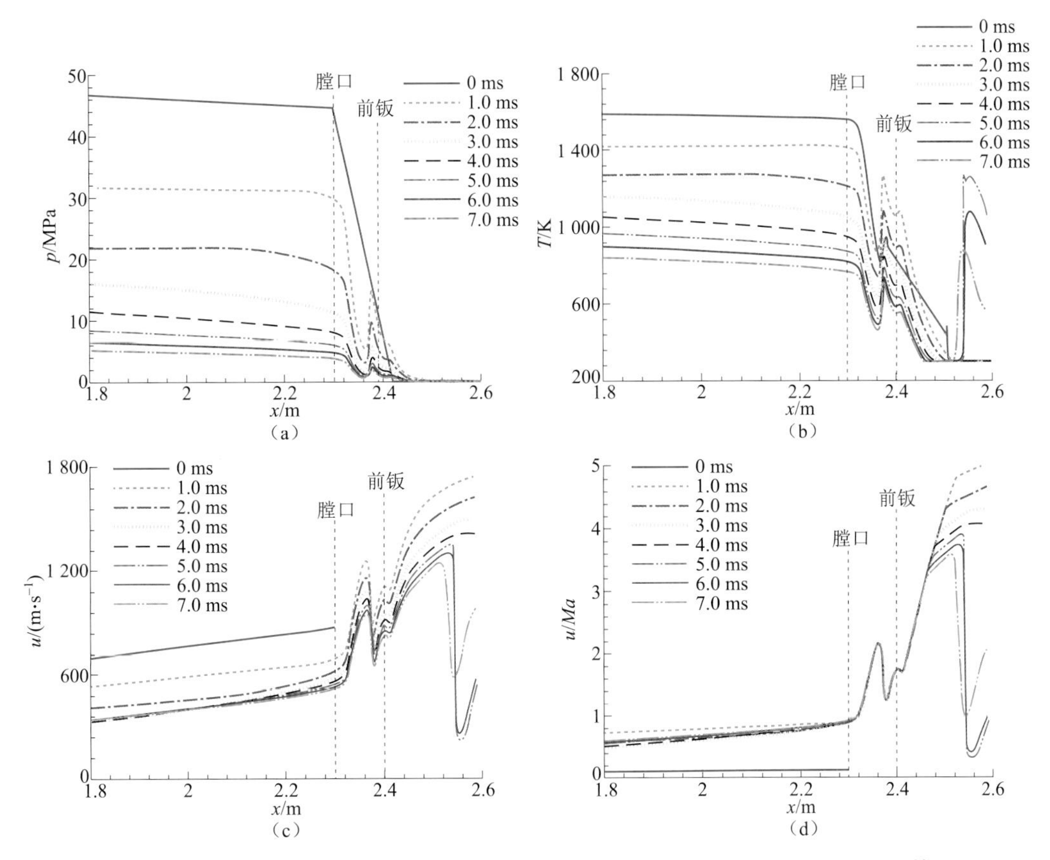

图 3-15　膛内流入膛口装置的气流沿轴线方向 x 的气体参数分布曲线（数值计算）

可以看出：

① 膛内参数随时间变化规律与无膛口装置时的一致。这是因为膛口装置的横截面积均大于炮膛截面积，出口气流均为超声速流，膛口装置内的气流变化不会上传至膛内。

② 膛口截面的声速过渡现象仍然成立，膛口马赫数为 1。

③ 出口气流状态的变化规律，因膛口装置的不同，与无膛口装置时有很大区别。

2. **膛口装置内的火药燃气流动规律**

（1）火药燃气射流激波系的形成及相互作用（图 3-16）

弹底飞离膛口后，火药燃气冲击波开始形成，首先，沿膛口装置两侧孔向外传播。同时，火药燃气超声速射流在膛口装置内向外膨胀，在弹底形成脱体激波。当弹底飞出弹孔后，此激波与前壁形成反射与绕射（$t=0.1$ ms）。之后，又与上、下壁面的反射激波相互作用，合成一道形状复杂的强激波，并向口部移动，压力及密度随之升高，弹孔出现壅塞现象（$t=0.2$ ms）。在高速膨胀火药燃气流影响下，此激波在出口壁面与强激波间形成一道二次激波（$t=0.3$ ms）。之后，在出口燃气射流与反射气流的相互作用下，激波开始向弹孔方向移动，并逐步弱化，弹孔壅塞现象缓解（$t=0.5$ ms）。之后，内激波系结构相对稳定，压力连续下降，直至排空（$t=5$ ms）。

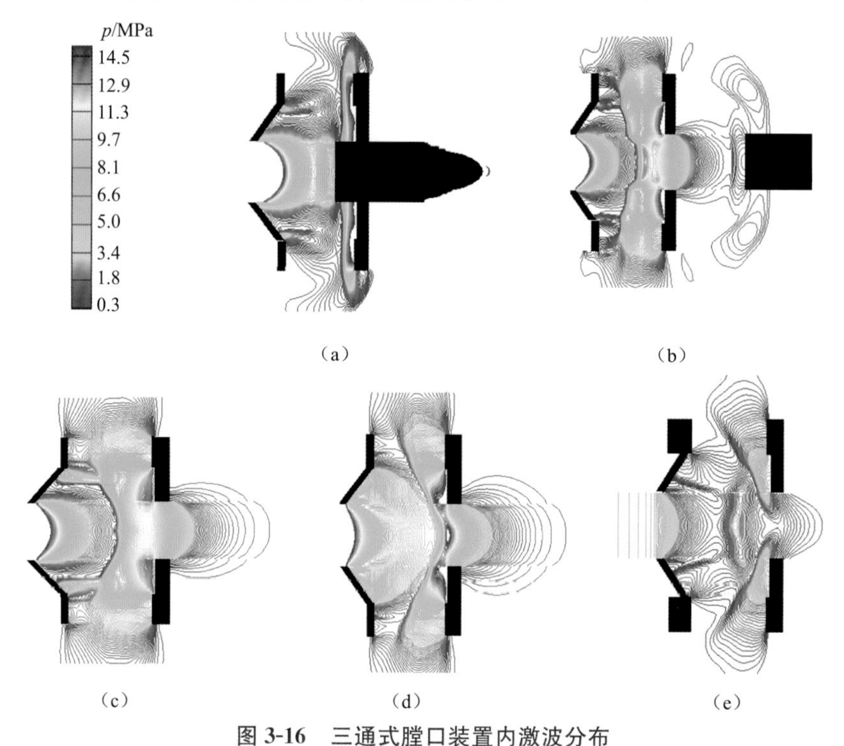

图 3-16　三通式膛口装置内激波分布

(a) $t=0.1$ ms；(b) $t=0.2$ ms；(c) $t=0.3$ ms；(d) $t=0.5$ ms；(e) $t=5$ ms

（2）膛口装置内的气流参数分布

弹丸飞出膛口装置后，内部流动是典型的三维非定常流。随着火药燃气射流内部激波系的形成与发展，气体参数的空间分布极不均匀，局部区域呈剧烈变化状态。图 3-15 和图 3-17 是不同时刻膛口装置内的气体参数沿炮膛轴向 x 和侧孔方向 y 的分布曲线。图 3-18 为气体流线和速度矢量分布图。可见，在弹丸飞离弹孔前后（0.1～0.5 ms）的很短时间内气体参数的变化最大，此后则趋于平缓。

轴线方向，在 $t=0.5$ ms 前，靠近前挡钣区域，正激波前后的参数变化最为激烈。气流速度自膛口的当地声速起，在射流核心区迅速膨胀升至 $Ma=2.0$，穿过激波后，降至 $Ma=1.2$ 左右，从弹孔流出后，又快速膨胀至 $Ma=4.0$～5.0。压力和温度经历了从膛口的 40～45 MPa 和 1 500～1 600 K，经射流核心区快速减至 3～4 MPa 和 700～800 K，穿过激波后又陡增的过程。t＝0.5 ms 以后，参数变化规律基本一致，且与无膛口装置时的相似。

法线方向，在 t＝0.2～0.3 ms 时，靠近膛口锥形喷管膛壁激波前后的参数变化最为激烈。气流速度从 Ma＝2.5～3.0，穿过激波陡降至 Ma＝0.1～0.5，然后在侧孔中继续膨胀至 Ma＝1.5 左右。压力和温度从 2～3 MPa 和 700 K 陡增至 14～18 MPa 和 1 700～2 100 K，然后逐步降至 2 MPa 和 1 500 K。t＝0.5 ms 以后，激波结构改变，强度减弱，气体参数在侧孔内连续膨胀，规律基本一致。

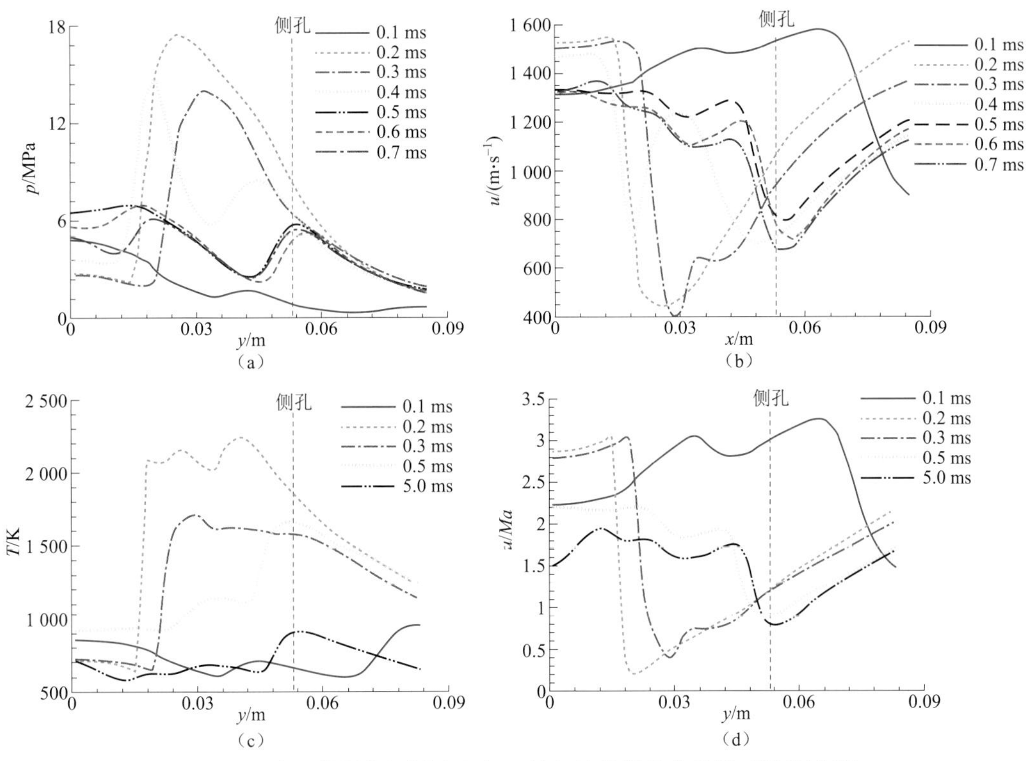

图 3-17　膛口装置内沿侧孔方向 y 的气流参数分布曲线（数值计算）

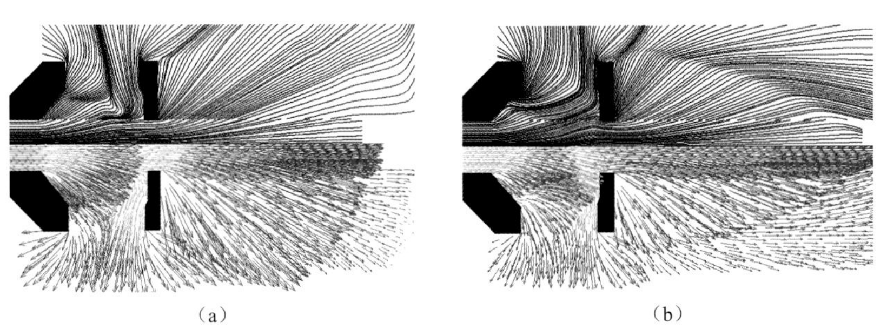

图 3-18　气体流线（上半部）和速度矢量（下半部）分布图

（a）t＝0.3 ms；（b）t＝5 ms

从图 3-18 的流线与速度矢量图可清晰地看出膛口装置侧孔的分流作用，即，弹孔气流与侧孔气流的流线间存在界面（间断面）以及腔室与侧孔的膨胀加速作用，使大部分火药燃气自侧孔排出，减小了向前的气体动量，提供了一定的制退效率。

三、膛口装置的火药燃气特征参数

研究膛口装置内的火药燃气流动，需要找出对膛口装置效率、膛口冲击波和膛口焰有影响的、统一的气流参数组合，以便建立共同的理论模型和计算方法。

首先，采用多变指数修正摩擦功与热损失的假设，以简化膛口装置内的热力学计算。

按照气体动力学控制体分析方法，在膛口装置的各种气流参数中，经量纲分析，选择一组气体特征参数：

（1）膛口装置的进口参数

总流量 G、总能量 E、出口压力 p_e、温度 T_e、声速 a_e、气体出口速度 V_e（马赫数 Ma_e）。

（2）膛口装置的出口参数

弹孔气流参数：弹孔流量 G_0、出口压力 p_0、出口温度 T_0（声速 a_0）、气体出口速度 V_0（马赫数 Ma_0）。

侧孔气流参数：侧孔流量 G_1、流量分配比 σ、出口压力 p_1、出口温度 T_1（声速 a_1）、气体出口速度 V_1（马赫数 Ma_1）、出口气流方向角 ψ。

表 3-4 是数值计算的三通式膛口制退器的气体特征参数随时间变化规律。表内所列分别为进口、弹孔、侧孔的 7 个时刻 t（ms）的出口气流秒流量 G、压力 p、密度 ρ、温度 T、速度 V 及其分量（u，v，w）、速度方向角 ψ、马赫数 Ma 和声速 a。各气流参数均为面积平均值。

表 3-4 三通式膛口制退器进出口气流参数

t/ms	位置	G /(kg·s^{-1})	p /MPa	ρ /(kg·m^{-3})	V /(m·s^{-1})	u /(m·s^{-1})	v /(m·s^{-1})	w /(m·s^{-1})	Ma	ψ /(°)	a /(m·s^{-1})
0.1	进口	43.53	36.72	87.34	928.75	928.70	6.05	−0.01	1.20	63.96	771.87
	弹孔	0	0	0	0	0	0	0	0	0	0
	侧孔	−11.05	1.88	5.06	1 389.8	773.95	1 094.1	−0.20	2.45	90.02	598.94
0.2	进口	41.02	34.85	83.48	916.17	916.11	4.42	−0.01	1.19	−10.77	769.02
	弹孔	9.48	8.89	18.79	939.76	934.12	27.81	−0.92	1.16	59.23	815.59
	侧孔	−24.05	4.97	10.87	1 026.6	−100.2	912.08	5.00	1.32	89.55	793.96
0.3	进口	38.13	30.17	75.57	941.74	941.35	14.62	−0.00	1.25	90.03	751.85
	弹孔	11.21	10.39	23.54	891.98	890.01	36.33	2.56	1.13	84.07	791.86
	侧孔	−25.15	5.36	12.34	888.49	−42.53	821.27	−4.83	1.14	90.24	784.61

续表

t/ms	位置	G /(kg·s^{-1})	p /MPa	ρ /(kg·m^{-3})	V /(m·s^{-1})	u /(m·s^{-1})	v /(m·s^{-1})	w /(m·s^{-1})	Ma	ψ /(°)	a /(m·s^{-1})
0.4	进口	37.13	32.40	79.23	872.91	872.88	4.27	−0.05	1.15	62.62	761.38
	弹孔	11.24	10.05	24.17	868.48	865.03	33.78	−0.56	1.14	42.22	767.45
	侧孔	−23.82	5.15	12.46	923.50	−48.33	783.49	−0.31	1.22	89.94	761.37
0.5	进口	35.44	31.73	77.98	846.51	846.48	4.95	−0.05	1.11	89.94	759.35
	弹孔	18.66	14.79	38.22	899.95	897.80	2.54	4.34	1.22	27.75	743.61
	侧孔	−20.78	4.56	11.04	893.12	26.84	783.39	−6.77	1.18	90.30	759.62
1.0	进口	27.95	24.48	64.94	801.62	801.58	5.37	0.00	1.10	89.95	730.93
	弹孔	7.60	5.26	15.45	916.25	890.24	−106.5	−5.18	1.35	−92.93	698.88
	侧孔	−21.91	4.30	11.71	904.97	6.41	812.26	−1.34	1.29	90.08	708.67
2.0	进口	17.94	14.51	45.22	739.01	738.97	4.97	−0.01	1.10	90.14	674.45
	弹孔	5.08	3.23	11.17	844.49	821.79	−97.06	−1.09	1.35	−90.70	643.24
	侧孔	−14.15	2.58	8.27	824.47	−1.44	737.27	−2.18	1.27	90.11	656.01

由对三孔流出的质量流量 m 的计算可知，满足质量守恒定律。可以看出，三孔的出口气流方向，$t=1$ ms 前，与出口平面不垂直，$t=1$ ms 以后，气流逐渐趋于以 90°角超声速流出。

四、膛口装置气流参数与效率的关系

膛口装置效率的理论研究，是中间弹道学经典理论的重要内容。研究膛口装置内的火药燃气流动，目的是建立理论模型和计算方法。

上节引入的膛口装置结构特征量 α，是一个与弹道参数无关的量纲为 1 的量，仅取决于膛口装置的几何尺寸。因此，利用气体动力学量纲分析方法，可以导出一组影响结构特征量 α 的气体特征参数（膛口装置出口气流参数），即流量分配比 σ、侧孔气流角度 ψ、弹孔出口截面的反作用系数 K_0 和侧孔出口截面的反作用系数 K_1。

以上参数与膛口装置结构特征量 α 的函数关系为

$$\alpha=G[\sigma,\ \psi,\ K_0,\ K_1]$$

在本书附录五“膛口装置效率的理论计算方法”一节中，将详细介绍推导函数关系的假设、理论方法、计算步骤以及 30 种膛口装置的计算实例。该方法是目前火炮设计中仍在使用的计算膛口装置受力与效率的理论方法之一。

1. 膛口装置效率的理论计算方法简介

为阐明概念方便，本节仅以典型的单腔室、三通式膛口制退器为例，分析其受力状态（图 3-19）。工程应用的多孔及多腔室结构膛口装置的推导详见附录五。

该方法假设身管出口截面为临界状态，即

$$F_e=F^*$$

则由式（3-4）定义的膛口装置结构特征量

$$\alpha=F_T/F_e$$

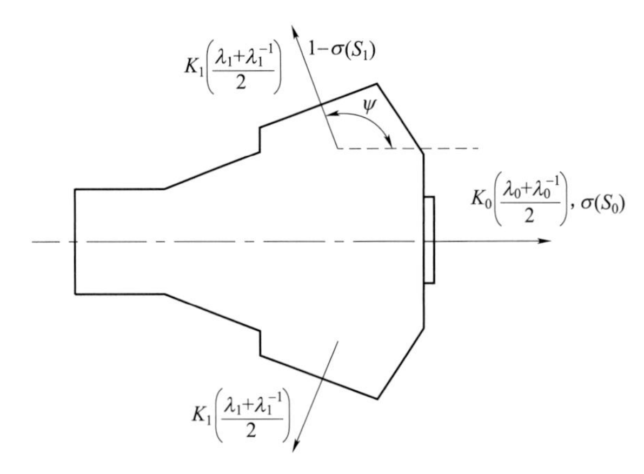

图 3-19　三通式膛口制退器效率计算简图

推导得到，三通式膛口制退器结构特征量 α 公式：

$$\alpha=K_0\sigma+K_1(1-\sigma)\cos\psi \tag{3-7}$$

下面分析式（3-7）中四个气流参数。

（1）弹孔出口截面 S_0 的反作用系数 K_0

K_0 表示 S_0 截面气流总反力 F_0 与临界截面气流总反力 F^* 之比。

$$K_0=F_0/F^*$$

式中　F^*——临界断面（身管出口截面）气流总反力；

F_0——弹孔出口断面气流总反力。

经推导

$$K_0=\frac{\lambda_0+\lambda_0^{-1}}{2} \tag{3-8}$$

式中　λ_0——弹孔出口截面气流速度系数。

（2）侧孔出口截面 S_1 的反作用系数 K_1

K_1 表示 S_1 截面气流总反力 F_1 与临界截面气流总反力 F^* 之比。

$$K_1=F_1/F^*$$

式中　F_1——侧孔出口断面气流总反力。

经推导

$$K_1=\frac{\lambda_1+\lambda_1^{-1}}{2}$$

式中　λ_1——侧孔出口截面气流速度系数。

（3）流量分配比 σ

σ 是进入膛口装置内的火药燃气从弹孔与侧孔出口流出的流量之比。σ 与入口面积、侧孔轴线角度及腔室结构有关。

令
$$\sigma=\frac{G_0}{G}=\frac{1}{1+\dfrac{G_1}{G_0}}$$

式中　G，G_0，G_1——总流量及弹孔、侧孔秒流量。

由
$$G_0=S_0(\rho V)_0,\ G_1=S_1(\rho V)_1$$

令
$$\delta=\frac{(\rho V)_1}{(\rho V)_0}$$

$\delta=0.6\sim0.8$，取决于侧孔出口气流角度 ψ。

则
$$\sigma=\frac{1}{1+\delta\dfrac{S_1}{S_0}}$$

（4）侧孔出口气流角 ψ

ψ 是侧孔出口气流轴线与炮（枪）膛轴线间的夹角。一般，侧孔出口气流轴线与几何轴线不重合（图 3-20）。

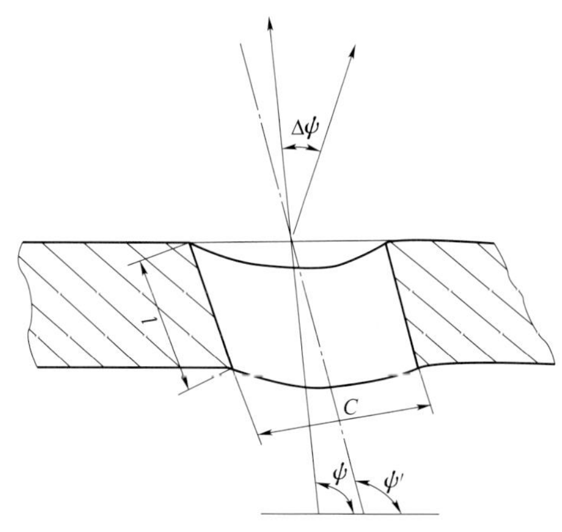

图 3-20　侧孔出口气流角

这是因为侧孔导向性不佳，随着侧孔导向部长度 l 与侧孔宽度 C 之比 l/C 的减小，导向变差。为此，引入侧孔导向系数 φ_2：

$$\psi=\varphi_2\cdot\psi'$$

式中　ψ'——侧孔几何轴线与炮（枪）膛轴线夹角；

ψ——侧孔出口气流轴线与炮（枪）膛轴线夹角；

φ_2——侧孔导向系数，$\varphi_2=0.7\sim1.0$。

另一个不重合的原因是出口气流斜切。所谓斜切，是出口气流轴线与出口平面不垂直时，气流轴线向一侧偏折 $\Delta\psi$（图 3-20）。$\Delta\psi(K,\psi)$ 可以通过解一联立方程组得到（详见附录五）。

2. 膛口装置特征参数对效率的影响

（1）流量分配比 σ 对效率的影响

若装药量为 ω，流量比为 σ，则弹孔流量为 $\sigma\omega$，二侧孔流量分别为 $\frac{1-\sigma}{2}\omega$。当 σ 减小时，弹孔秒流量减少，侧孔秒流量加大，结构特征量 α 减小，膛口装置效率 η_T 增大（图 3-21）。因此，提高膛口装置效率的主要途径是采用增加气室数量和增大侧孔面积等措施以减小 σ。

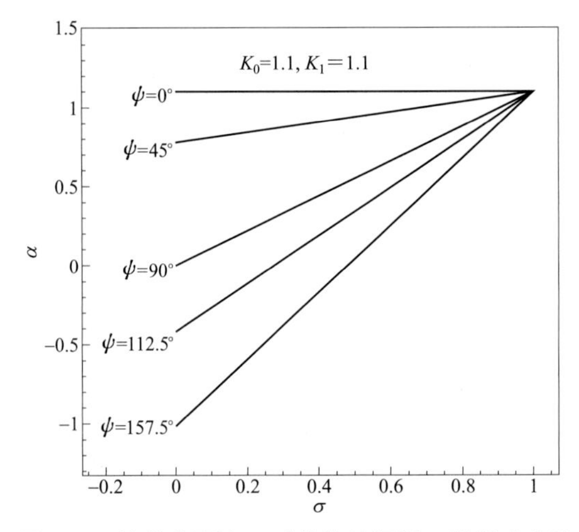

图 3-21　流量分配比 σ 对结构特征量 α 的影响曲线

（2）侧孔气流角度 ψ 对效率的影响

侧孔气流角度 ψ 增大，即膛口气流向后偏转角增大，在流量分配比 σ 一定时，侧向气流向前的动量加大，结构特征量 α 减小，膛口装置效率 η_T 增大（图 3-22）。因此，提高膛口装置效率的有效途径是增大侧孔气流角度ψ 。

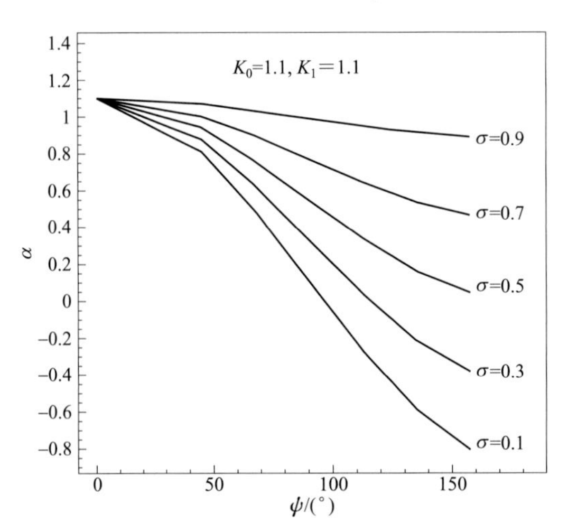

图 3-22　侧孔气流角度 ψ 对结构特征量 α 的影响曲线

(3) 弹孔出口截面反作用系数 K_0 对效率的影响

K_0 的改变相当于弹孔气流速度 λ_0 的改变。由于一般膛口装置的弹孔出口后无二次膨胀，故 $K_0(\lambda_0)$ 只取决于腔室的几何尺寸（如直径）及膨胀度。现有膛口装置结构的 K_0 变化范围为 1.05～1.15。

(4) 侧孔出口截面反作用系数 K_1 对效率的影响

K_1 的改变相当于侧孔气流速度 λ_1 的改变。$K_1(\lambda_1)$ 主要取决于腔室与侧孔的几何尺寸（如直径）、腔室膨胀度与侧孔二次膨胀度。多数膛口装置侧孔出口的二次膨胀不大，故 K_0 与 K_1 值比较接近。现有膛口装置结构 K_1 的变化范围在 1.05～1.20 之间。

K_0 与 K_1 变化对结构特征量 α 的影响如图 3-23 所示。

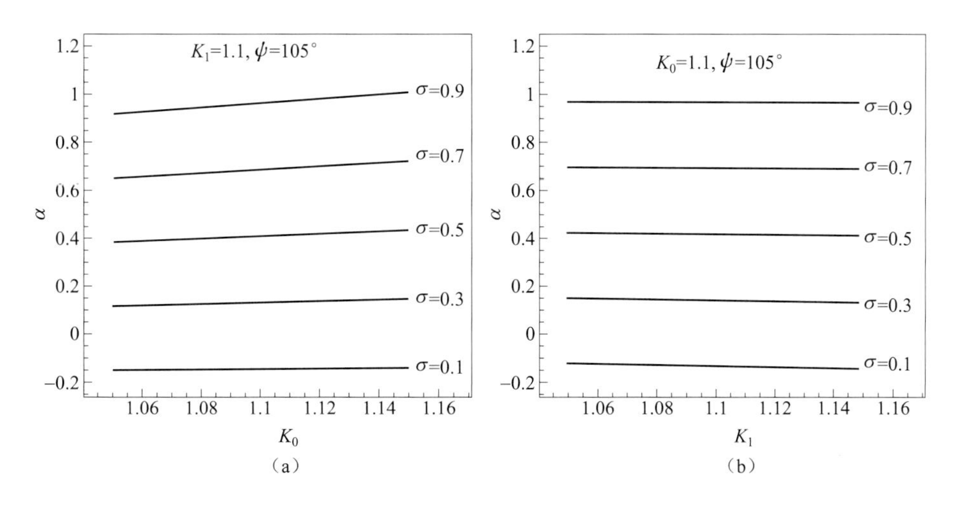

图 3-23　K_0 与 K_1 变化对结构特征量 α 的影响曲线

第四节　膛口装置数值模拟

一、数学模型与数值计算方法

1. 基本假设

① 不考虑摩擦和热传导，忽略黏性和化学反应，满足理想气体条件。

② 为修正气流摩擦及热传导损失，以多变指数代替比热比，用符号 k 表示。

2. 数值方法

基于上述假设，考虑网格变形，基本方程采用 ALE 方程，方程离散采用有限体积法，时间和空间计算格式分别为多步龙格库塔法、Roe 或 AUSM 类格式（详见第八章）。为能处理膛口装置引起的复杂计算域，采用多块分区结构化网格，网格为任意形状四边形或六面体。

3. 初始与边界条件

（1）初始条件

弹丸膛内运动的 v-x 曲线；弹丸出口时膛内气流参数（内弹道两相流程序计算结果）。

（2）边界条件

膛内结构及膛口装置几何尺寸；身管和膛口装置壁面为固壁边界条件；弹丸表面为无穿透运动边界。

二、制退器与偏流器计算实例

1. 膛口制退器效率计算

两种 37 mm 弹道炮膛口制退器：三通式及三通（扩）式。

（1）初始及边界条件

由内弹道程序给出弹道数据：$t=0$ 时刻的 p-x，T-x，u-x，ρ-x 曲线（同于第二章第三节的算例）。炮膛及膛口装置结构参数如图 3-24 所示。

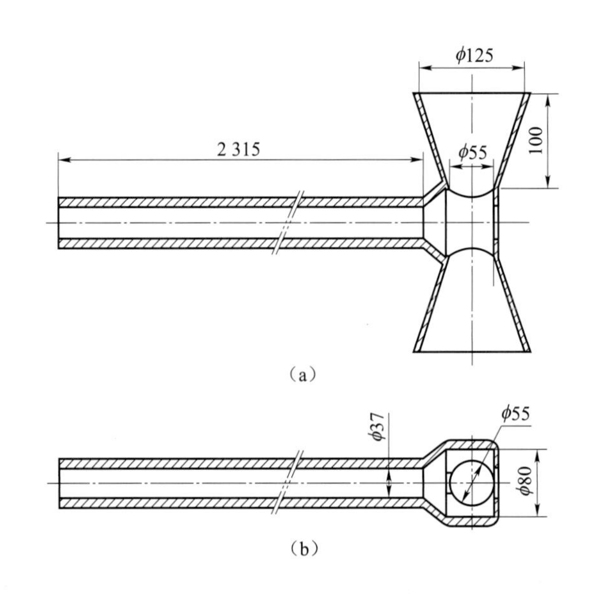

图 3-24　带膛口制退器装置的炮膛结构图

（a）三通（扩）式；（b）三通式

（2）计算结果

由程序计算得到无膛口装置的炮膛合力曲线和两种膛口制退器的轴向合力曲线，如图 3-25～图 3-27 所示。

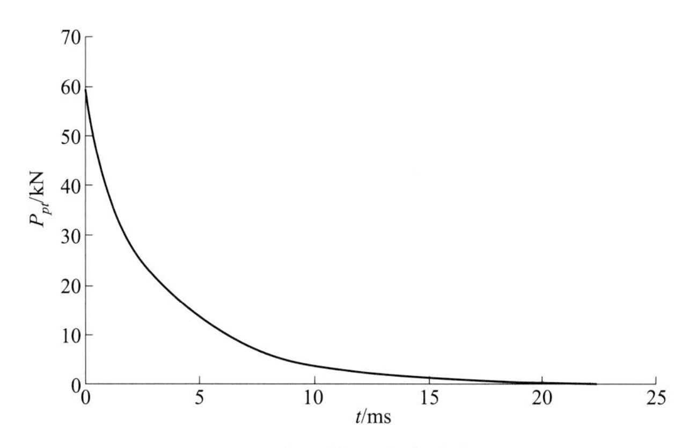

图 3-25　无膛口装置的炮膛合力曲线

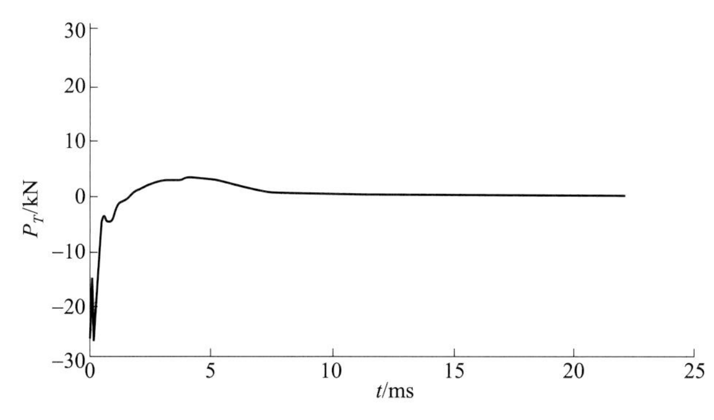

图 3-26　三通式膛口制退器的轴向合力

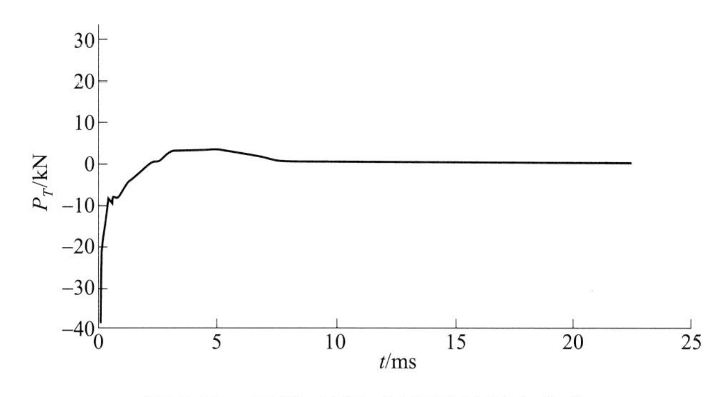

图 3-27　三通（扩）制退器的轴向合力

火药燃气作用系数

$$\beta_T = 0.5 + \frac{1}{\omega v_0}\int_0^{\tau} P_T \mathrm{d}t$$

$$\beta = 0.5 + \frac{1}{\omega v_0}\int_0^{\tau} P_{pt} \mathrm{d}t$$

制退器效率

$$\eta_T = 1 - \left(\frac{1+\beta_T \dfrac{\omega}{q}}{1+\beta \dfrac{\omega}{q}} \right)^2$$

计算得：三通式膛口制退器的效率为 $\eta_T = 34.56\%$，三通（扩）式膛口制退器的效率为 $\eta_T = 35.60\%$。

2. 膛口偏流器受力计算

7.62 mm 口径枪带大侧孔式膛口偏流器和多孔式膛口偏流器的几何尺寸如图 3-28 所示，计算轴向合力、侧向合力与结构特征量。

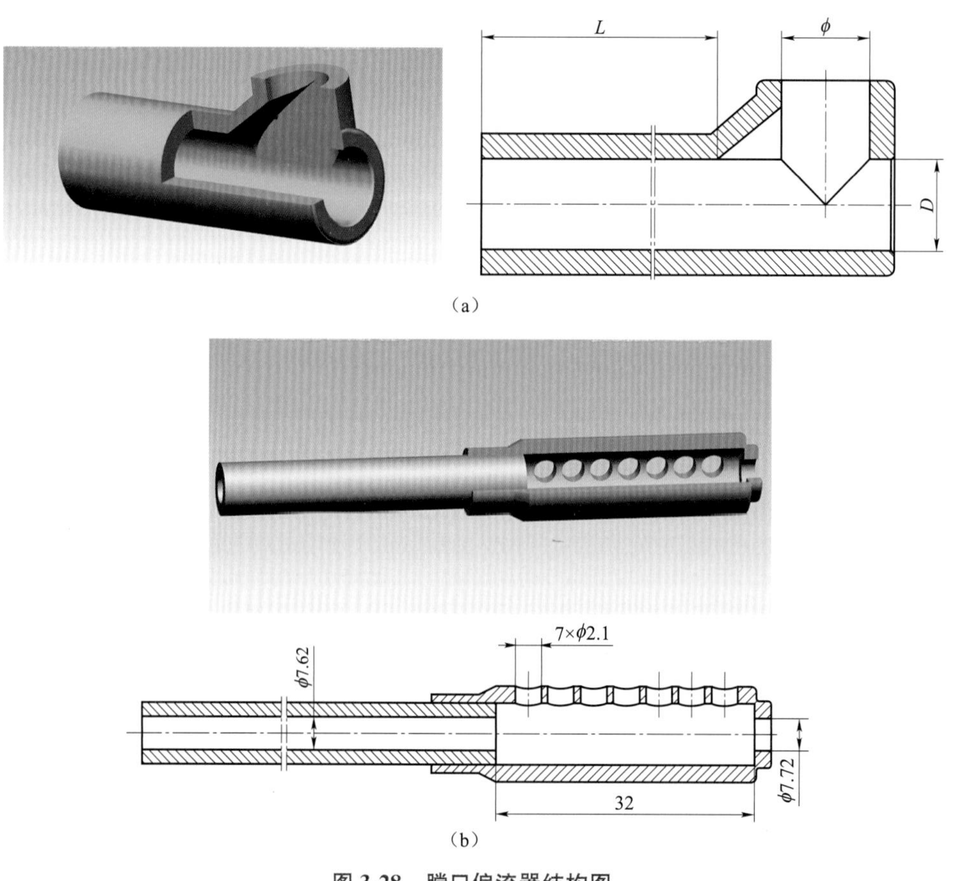

图 3-28　膛口偏流器结构图

(a) 大侧孔式膛口偏流器；(b) 多孔式膛口偏流器

图 3-29 和图 3-30 分别为大侧孔式偏流器和多孔式偏流器的数值计算结果。

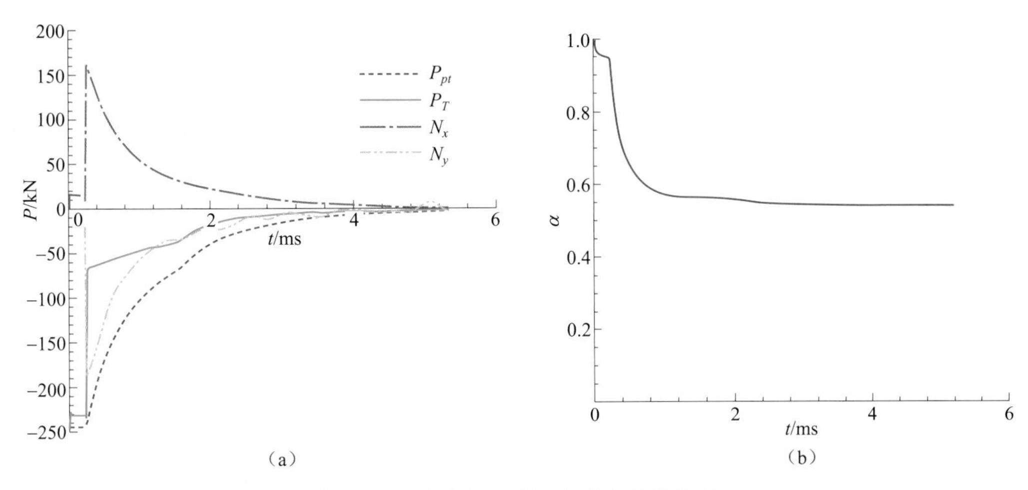

图 3-29　大侧孔式偏流器数值计算结果

(a) 膛底合力 P_{pt}、轴向合力 P_T、膛口装置轴向力 N_x 及法向力 N_y；(b) 膛口装置结构特征量 α

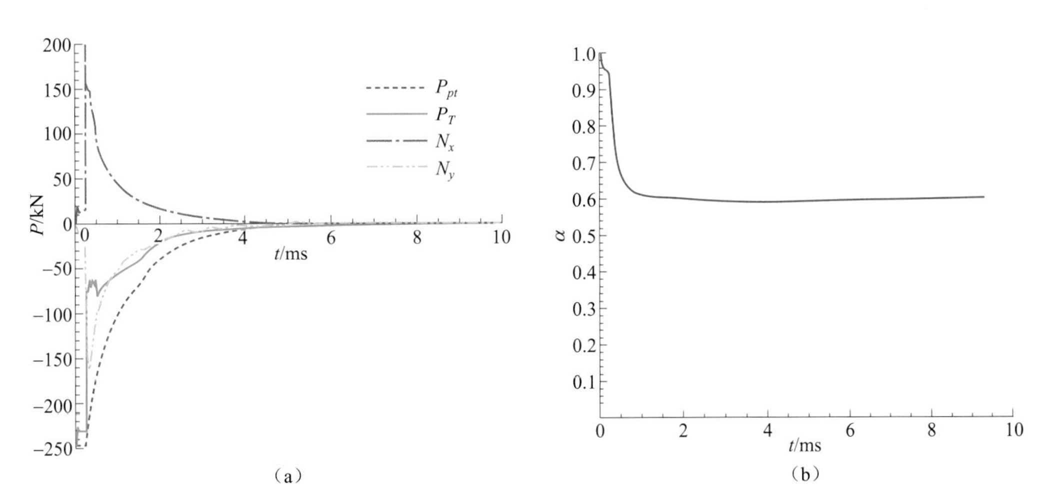

图 3-30　多孔式偏流器数值计算结果

(a) 膛底合力 P_{pt}、轴向合力 P_T、膛口装置轴向力 N_x 及法向力 N_y；(b) 膛口装置结构特征量 α

关于本章内容的详细研究资料，可参阅附录八的 1，2(1)，2(8)，5(3)，6(9)等有关报告及论文。

第四章　膛口冲击波动力学

概　　述

膛口冲击波是火炮（枪）发射时，在膛口区域形成的各种冲击波的总称。其中，火药燃气冲击波强度最大，它不断追赶并吞没前方的初始冲击波，最终合成一个冲击波，是造成危害的重要原因和研究的重点。因此，在谈到火炮（枪）的膛口冲击波而不加说明时，均指火药燃气冲击波。

一、国内外研究状况

膛口冲击波的研究，起步于第二次世界大战后。为解决大、中口径火炮的威力与机动性矛盾，大多采用中等效率的膛口制退器。由此，膛口冲击波及脉冲噪声对人员与环境的危害问题逐渐严重起来。

自 20 世纪 60 年代开始，各国先后开展了有关膛口冲击波场分布规律、减小措施、对人员生理损伤、发射安全标准以及防护方法等方面的研究，取得了一些研究结果。

在此期间，一些新的实验技术被采用，解决了膛口流场的流谱结构、压力场、温度场、气流速度等瞬态参数的测量问题，对膛口流场的形成与发展机理有了比较清晰的了解，为膛口冲击波场物理－数学模型的建立创造了条件。膛口冲击波场的理论方法和数值计算方法研究取得一定进展。

但是，与爆炸冲击波的理论与工程应用相比，膛口冲击波的研究状况还有一定差距。例如，对膛口冲击波和膛口冲击波场性质、形成机理与传播规律的认识有待深化，为解决各种武器冲击波危害与安全防护问题，还缺乏有效的理论指导和实用的计算方法。

二、膛口冲击波场的计算

膛口冲击波的形成、发展与膛口流场的一样，经历了早期—中期—晚期三个时期。不同时期的膛口冲击波的传播与衰减规律有区别，其物理模型与计算方法也应不同。

20 世纪 70 年代以来，对膛口冲击波的计算，曾利用经典爆炸冲击波理论即能量瞬时释放假设加以简化。这种假设对于强爆炸冲击波初始参数的解析计算是准确的。但是，正如第一章膛口流场形成机理分析的，膛口冲击波是定容、高压管道出流形成的弱冲击波，与瞬时爆炸冲击波有一定区别。对经典冲击波理论应用于膛口冲击波计算的可能性做如下分析。

1. 近场膛口冲击波

近场膛口冲击波是在膛口流场生长期（时间约 $\tau/20$ 前）形成的，在弹丸飞出膛口约为 20 倍口径的近场区域运动的火药燃气冲击波。此时，膛口冲击波形成机理与爆炸冲击波的有很大区别，经典爆炸理论不能直接应用。

2. 中场膛口冲击波

中场膛口冲击波是在膛口流场的稳定期（时间约 $\tau/10$ 前）形成的，在弹丸飞出膛口约为 40 倍口径区域运动的火药燃气冲击波。此时，火药燃气冲击波已追赶上初始冲击波，但与膛口气流尚未完全脱离。经典的瞬时释放能量假设用于膛口冲击波将产生较大误差，理论与实验研究证明，用冲击波能量连续、有限补充的假设更接近实际。

3. 远场膛口冲击波

远场膛口冲击波是在膛口流场的衰减期（时间约 $\tau/10$ 后）传播的，在弹丸飞出膛口约为 40 倍口径区域外运动的火药燃气冲击波。膛口冲击波依靠自身的能量和惯性做自由膨胀与衰减运动，与同能级爆炸冲击波特性相似，可以利用其分析方法和理论。

从以上分析可以看出，经典爆炸理论不适用于近场与中场冲击波，但可以应用于远场冲击波的计算。

本章重点介绍对炮手和装备有危害作用的中、远场区域的膛口冲击波参数分布和衰减规律的计算，包括以下几个部分：

① 各种口径枪、炮的膛口冲击波；

② 高空运动平台——航炮的膛口冲击波；

③ 无后坐炮、迫击炮——膛口冲击波及无后坐炮的炮尾冲击波。

第一节　膛口冲击波物理模型

一、膛口冲击波场的方向性

在本章研究膛口冲击波分布与衰减特性时，最常用到的两种图谱是：冲击波波阵面或冲击波场等时线和冲击波场超压等压线。图 4-1 是无膛口装置时的膛口冲击波场图。

图 4-1 中，曲线 b 是冲击波波阵面，即不同瞬时膛口流场高速阴影摄影照片上的冲击波间断线。显然，冲击波波阵面也是冲击波场等时线，即冲击波波阵面到达时间相等的各点的连线。

曲线 a 是冲击波场超压等压线。所谓超压等压线，是指在任意平面内冲击波超压 Δp 相等的各点的连线。利用冲击波超压多点测量系统记录并经数据处理后，可以得到冲击波场超压等压线。

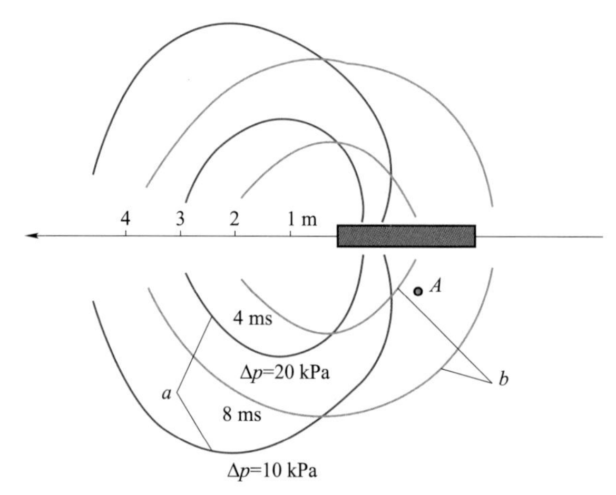

图 4-1　无膛口装置时的膛口冲击波场图

a—冲击波场超压等压线；*b*—波阵面或等时线

超压等压线和等时线对于研究膛口冲击波场分布与传播规律有很大价值，二者的不一致，反映了膛口冲击波的各向异性（方向性）。冲击波超压等压线，直观地表示出膛口冲击波在膛口周围不同位置分布的强、弱情况，是评价膛口装置冲击波场分布好坏的一种有效方法，因此经常被采用。如果取图中的区域 A 作为比较现有野炮炮手操作区域中冲击波超压的模拟位置，那么，从冲击波场超压等压线在 A 区附近的分布情况及 A 点的冲击波超压 Δp_A，就可以分析对炮手危害的严重程度。

曾经测量了某中口径火炮在零度射角下射击时，距地面不同高度的水平面上的冲击波超压分布。试验结果证明：各平面上的冲击波波阵面的形状相似，且以过炮膛轴线平面的超压最大。所以，只要搞清了过炮膛轴线水平面内的冲击波分布，就可代表该炮的冲击波空间分布。本书所说的膛口冲击波场，均指过火炮（枪）膛轴线水平面的平面冲击波场。

从第一章关于膛口冲击波机理分析可知，膛口冲击波场的方向性是由膛口冲击波呈动球心减速运动的球形波物理特性决定的。

膛口冲击波既然是球心以一定速度移动的球形冲击波，那么，冲击波球上各点的绝对速度 $\boldsymbol{U}_A$ 就是球心速度 $\boldsymbol{U}_0$ 与波阵面相对速度 $\boldsymbol{U}$ 矢量和（图 4-2），即

$$\boldsymbol{U}_A=\boldsymbol{U}_0+\boldsymbol{D}$$

图中的黄色圆形曲线是波阵面，即等时线，蓝色桃形曲线是等速线，即超压等压线。显然，等速（等压）线与波阵面（等时线）仅在 $U_0=0$ 时才相同，对球心移动的膛口冲击波，两者完全不同。因此，将膛口冲击波看作是中心在膛口附近的球，并按固定球心的模型计算冲击波场，无疑是不正确的。

等速（等压）线也反映了冲击波的方向性。这一特点要求在进行冲击波超压测量时，应当注意波阵面的方向性对测量的影响。

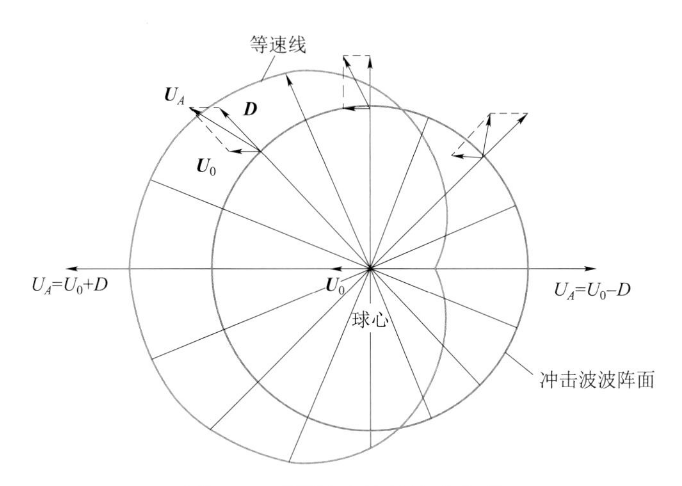

图 4-2　球形冲击波的速度合成

在进行理论计算时，球心速度 U_0 可用如下关系式表示：

$$U_0=\frac{P(t)}{M_c(t)+M_j(t)} \tag{4-1}$$

式中　$P(t)$——t 瞬时膛口气流的轴向总动量，显然，$P(t)$取决于膛口气流速度；

$M_c(t)$——t 瞬时与冲击波球一起运动的压缩空气层质量；

$M_j(t)$——t 瞬时冲击波球内的火药燃气质量。

计算表明，随着 t 的增加，$M_c(t)+M_j(t)$的增大速度比 $P(t)$的快，故 U_0 单调下降。

二、膛口冲击波能量的连续、有限补充特性

由于瞬时爆炸假设的误差，变能量冲击波理论开始被引入膛口冲击波计算中。

该理论假设能量的输入为时间的幂指数函数形式

$$E=Wt^{\beta}$$

式中　E——传递给冲击波的能量；

W——火药燃气自膛口流出的总能量，它是膛口压力、面积、出口气流速度与时间的乘积；

β——常数。

M. Director 等人[7]从理论和实验两方面做了大量工作，他们根据激光产生的变能量冲击波，得出结论：变能量冲击波的能量补充机理可视作一个内边界“活塞”的推动。E. Dabora[8]假设能量瞬时释放于波阵面后的全流场，但能量补充的时间界限不明确。

我们基于高压放电冲击波试验和数值计算，提出了“连续、有限补充能量的变能量冲击波理论”，比较合理地描述了膛口冲击波的变能量补充过程（有关分析和应用可参阅附录八中《膛口变能量冲击波的研究》一文）。

分析表明，对于膛口冲击波瞬时释放能量的假设明显不合适，而在整个后效期连续地将能量传递给冲击波，也将产生补充的过度，引起冲击波尾部参数的后翘。因此，将能量释放分为以下两个阶段。

第一阶段：在火药燃气与冲击波脱离前，能量按下式连续补充，该式由膛内流空特性推得

$$E=E_S\left[1-(1+Bt)^{\frac{-2k}{k-1}}\right] \tag{4-2}$$

式中　E_S——膛内火药燃气总剩余能量；

B——后效期流空过程的时间常数。

第二阶段：在火药燃气与冲击波脱离后，能量不再补充，即 E 为常数。

火药燃气与冲击波“脱离”，是指火药燃气与冲击波间的接触面压力第一次降至 p_∞（环境大气压）时。此后，认为冲击波已形成并依靠自身能量向外膨胀。

装药量对冲击波场的影响可以从以下试验看出，图 4-3 是 37 mm 弹道炮不带膛口装置时，三种装药量（ω，0.67ω，0.5ω）的冲击波超压等压线（试验）。它反映了火药燃气出口能量对 Δp 场的影响。经分析，Δp 与 ω 的关系可近似表示为

$$\Delta p \propto \omega^{\xi}\ (\xi=0.85\sim1.0) \tag{4-3}$$

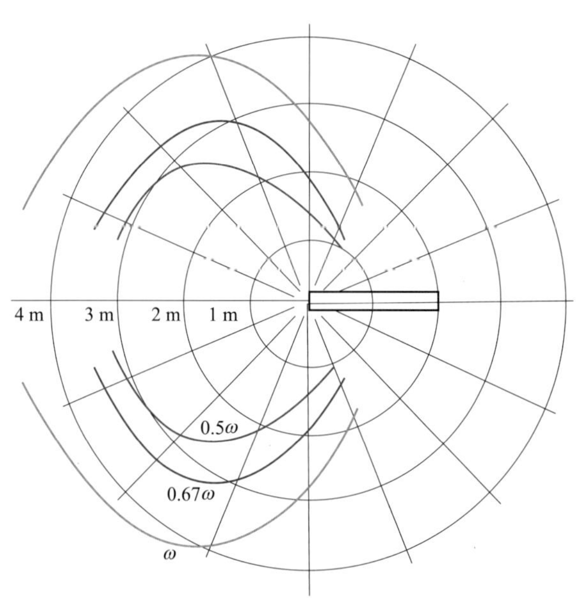

图 4-3　不同装药条件下的冲击波场超压等压线（Δp＝10 kPa）

三、膛口冲击波场多层、相交结构

1. 膛口冲击波在初始冲击波内发展

这是膛口冲击波场与其他爆炸冲击波场的另一区别。第一章详细介绍了膛口冲击波，即火药燃气冲击波的发展机理。在膛口冲击波形成过程中，其一直在一个或多个初

始冲击波的包围之中，换句话说，膛口冲击波波阵面前方将要扫过的介质不是静止的大气，而是已被初始冲击波加速、加热了的空气。因此，计算膛口冲击波时，忽略初始冲击波的存在是有条件的。

2. **冠状冲击波的存在**

关于冠状冲击波的形成机理已在第一章详细介绍，即由初始流场所致。自冠状冲击波在膛口近场内产生起，就像一个帽子加在膛口冲击波球的前方，一起向外扩展而不分离。这就给膛口冲击波场的数学描述带来很大的困难，将其简化略去带来的误差，特别是对前方流场的影响将不容忽视。

3. **冲击波相交结构**

带膛口装置的膛口冲击波场是典型的多冲击波相交结构，自近场形成后，相交结构的冲击波网同时向外膨胀。这是三维非定常冲击波传播问题，数学解析计算的困难很大。

第二节　带膛口装置的膛口冲击波场

本节从大量的、不同类型膛口装置的膛口冲击波实验规律的罗列中，分析其形成与发展机理，建立带膛口装置的膛口冲击波物理模型。

一、带锥形喷管（消焰器）的膛口冲击波场

这类问题属于单方向气流出口的冲击波问题，可简化为二维轴对称问题。图 4-4～

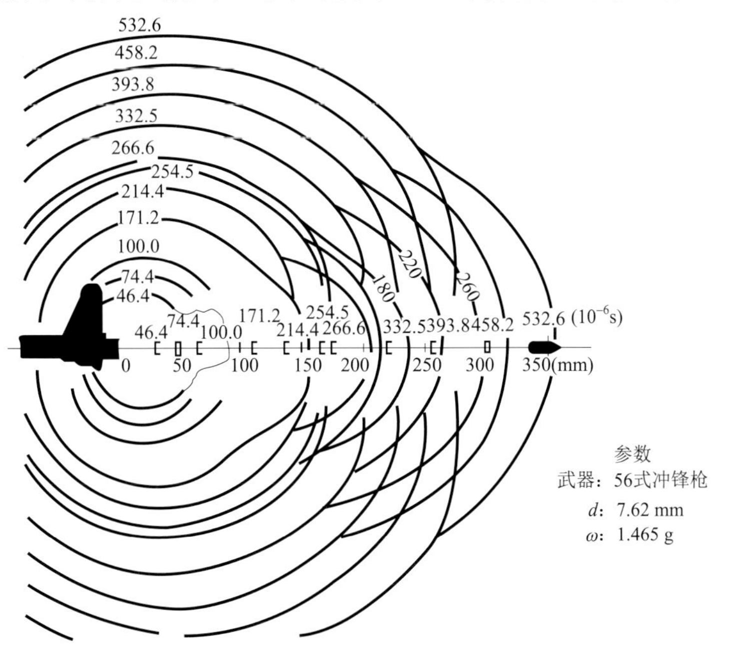

图 4-4　无膛口装置的膛口冲击波波阵面发展图

图 4-7 分别是无膛口装置、带锥形喷管、带斜切喷管及带锥形斜切喷管的膛口冲击波波阵面发展图，是根据 YA-1 高速阴影摄影照片描出的。它们代表了此类膛口冲击波场的典型流谱。图中每一波阵面上的数字是自弹丸出膛口算起的到达时间。从几种喷管出口的膛口冲击波波阵面形状的区别可以分析出口气流速度和方向的影响。

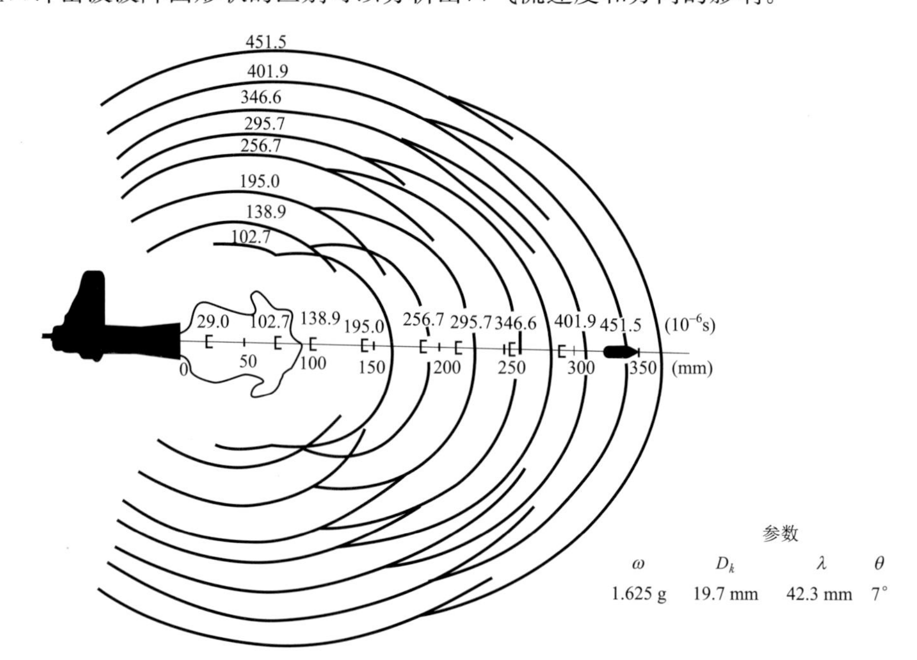

图 4-5 带锥形喷管的膛口冲击波波阵面发展图

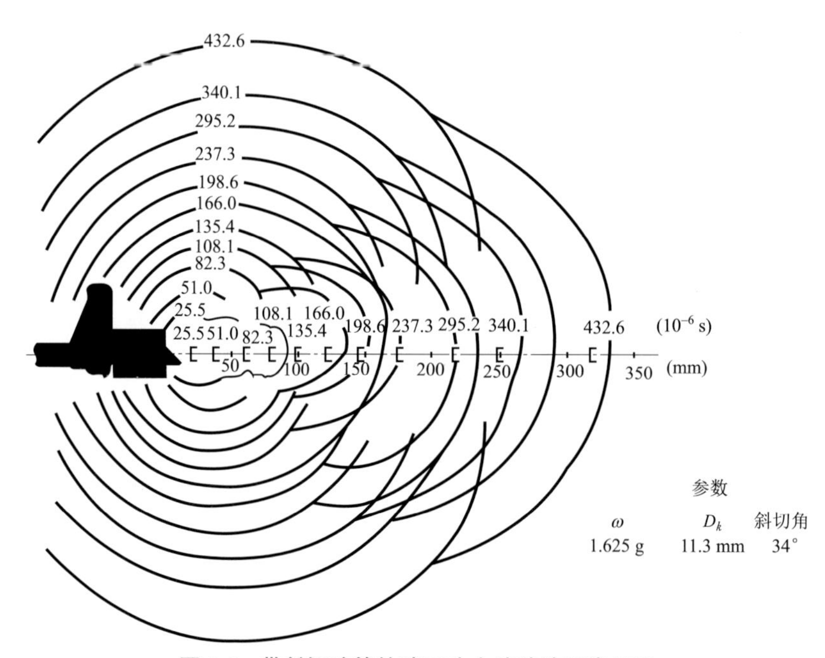

图 4-6 带斜切喷管的膛口冲击波波阵面发展图

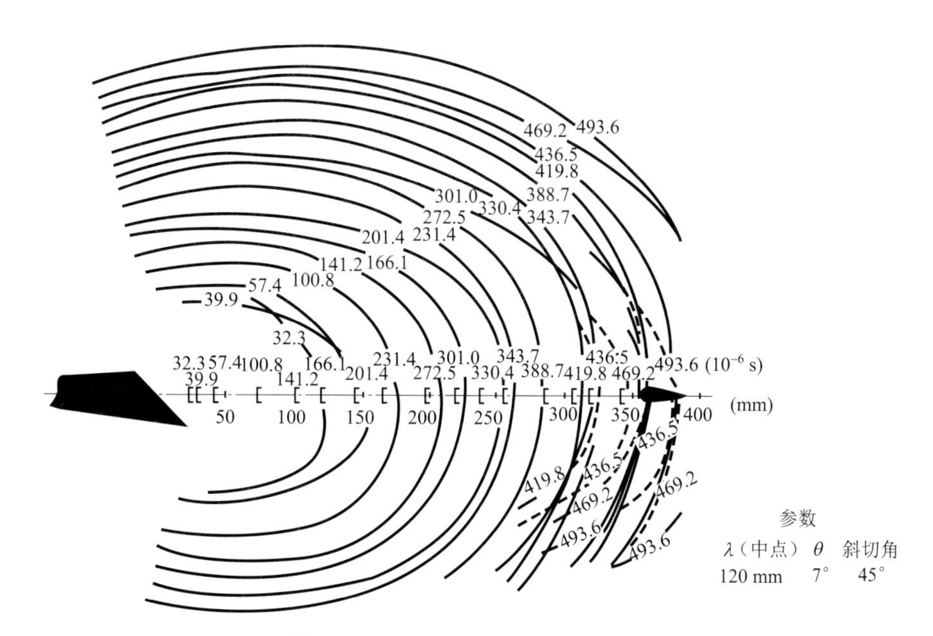

图 4-7　带锥形斜切喷管的膛口冲击波波阵面发展图

二、带复杂结构膛口装置的膛口冲击波场

这类问题属于三个方向气流出口的冲击波三维合成问题。图 4-8～图 4-10 分别为带

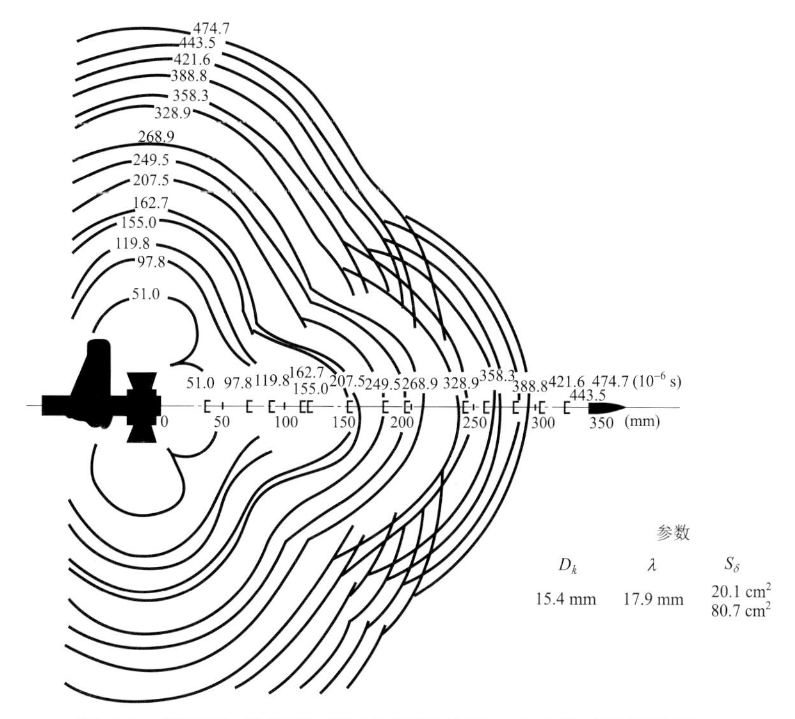

图 4-8　带三通（扩张）膛口制退器的膛口冲击波波阵面发展图

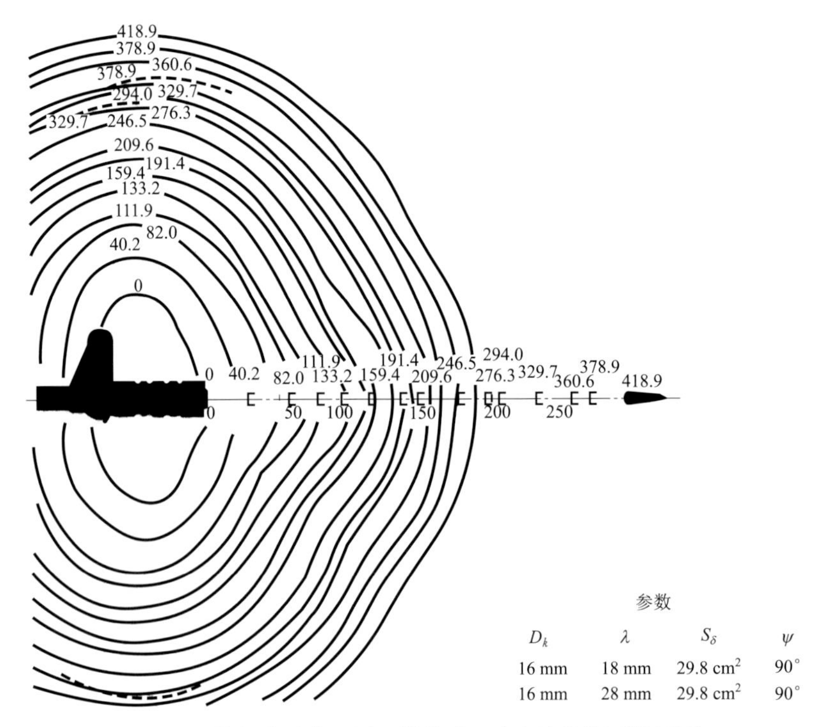

图 4-9 带多孔型膛口制退器的膛口冲击波波阵面发展图

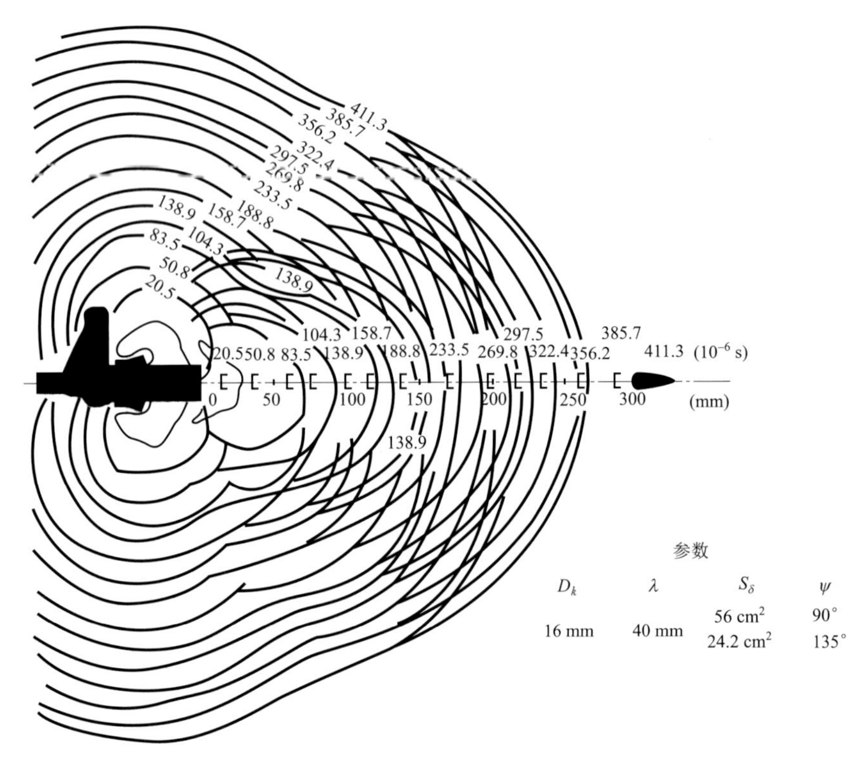

图 4-10 带对吹型膛口制退器的膛口冲击波波阵面发展图

不同种类膛口制退器的膛口冲击波波阵面发展图。从冲击波波阵面的区别可以分析膛口装置结构与侧孔出口气流的影响。

三、弹孔与侧孔冲击波的合成

1. 弹孔与侧孔冲击波的独立性

膛口制退器的冲击波场是弹孔与侧孔冲击波合成的结果。前已说明，弹孔与侧孔冲击波在相交前是彼此独立的。对于弹孔与侧孔轴线相互垂直的制退器，可以从流场照片上直接看出；但对于侧孔角度很小以至侧孔与弹孔冲击波在早期合成的情况（如自由边界式制退器），就无法从照片上看出。为了说明弹孔与侧孔冲击波的独立性及其合成，采用一个大的挡钣将弹孔与侧孔气流隔开，并做对比。

图 4-11 是三通式制退器加与不加挡钣时的冲击波波阵面发展图。图 4-12 是自由边界式制退器加与不加挡钣时的冲击波波阵面发展图。对比分析可以看出弹孔与侧孔冲击波独立发展的波阵面形状（应当注意，由于挡钣的阻碍，每一侧的冲击波相当于缺少了挡钣外的一部分，而挡钣的反射又使靠近挡钣的冲击波波阵面发生向外的变形）。这些图形可以定性分析单股冲击波与合成后的波阵面之间的关系。自由边界式制退器的弹孔流量很少，冲击波很微弱，因此，膛口冲击波几乎全部是侧孔冲击波。只有搞清侧孔与弹孔冲击波在整个膛口冲击波场内的组成，才能正确地进行合成。

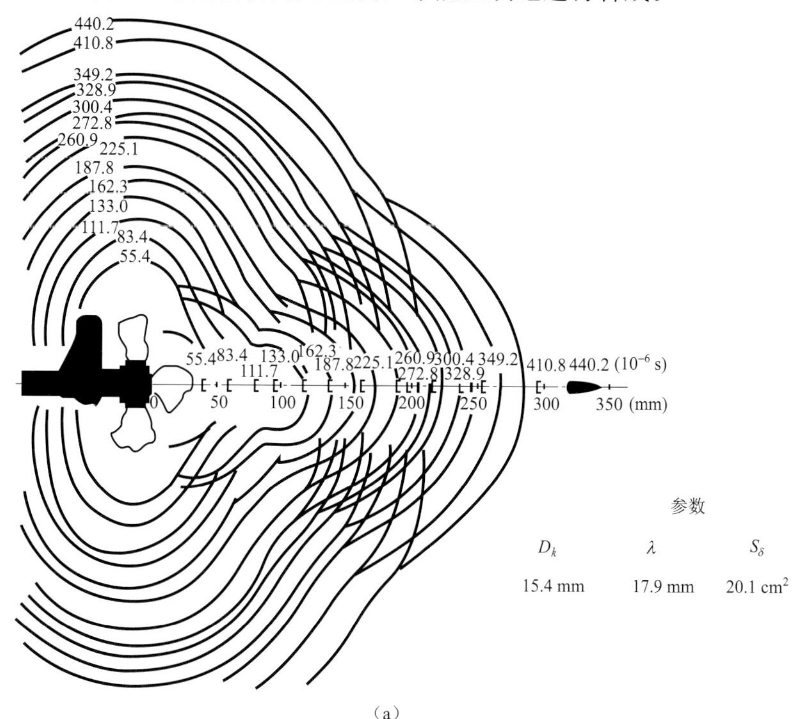

图 4-11　三通式（0°）制退器，加与不加挡钣时的冲击波波阵面发展图

（a）无挡钣

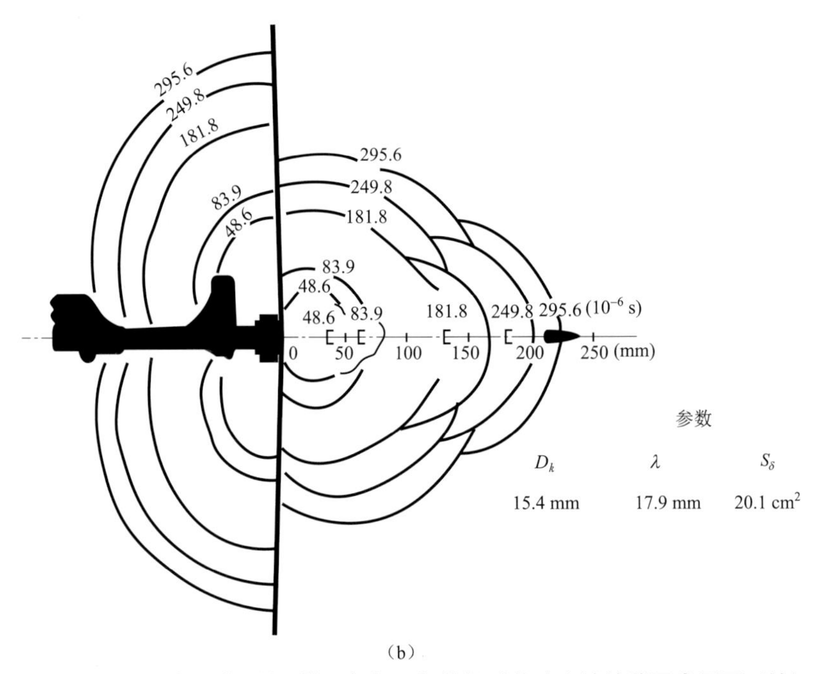

（b）

图 4-11　三通式（0°）制退器，加与不加挡钣时的冲击波波阵面发展图（续）

（b）带挡钣

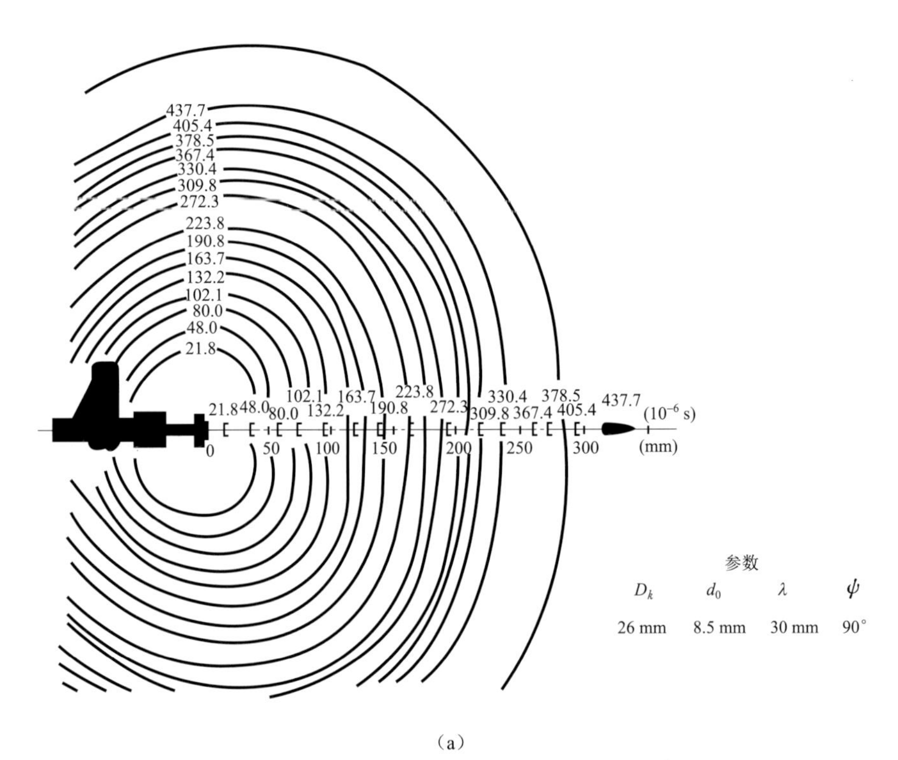

（a）

图 4-12　自由边界式制退器，加与不加挡钣时的冲击波波阵面发展图

（a）无挡钣

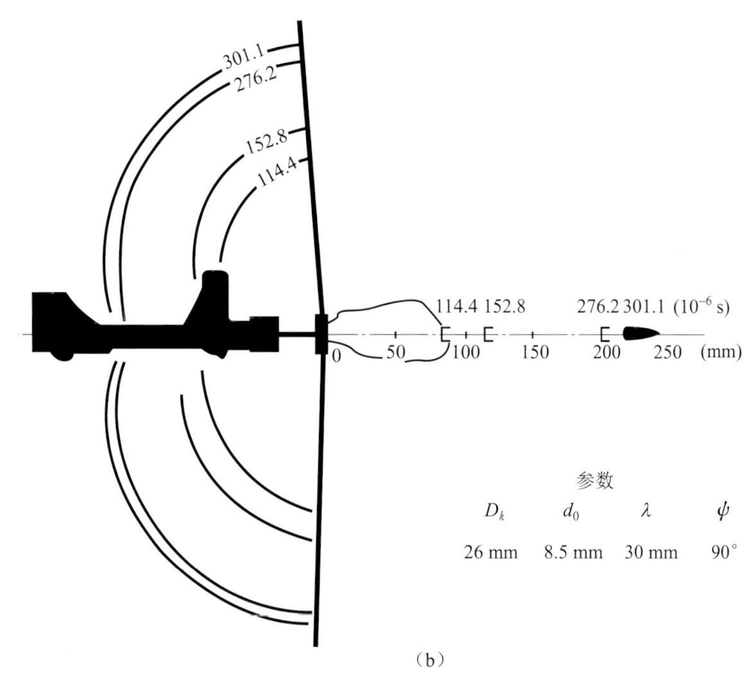

图 4-12　自由边界式制退器，加与不加挡钣时的冲击波波阵面发展图（续）

（b）带挡钣

2. 弹孔与侧孔冲击波的合成

由于侧孔冲击波形成于弹孔冲击波之前，因此，两者的相交与合成类同于冠状冲击波与弹孔冲击波。其原理图如图 4-13 所示。

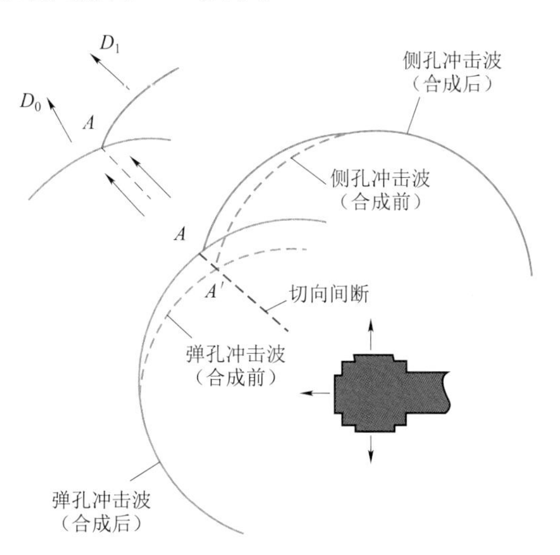

图 4-13　弹孔与侧孔冲击波的合成

图中，虚线是合成之前的冲击波波阵面，弹孔冲击波波阵面的绝对速度 D_0，侧孔冲击波波阵面的绝对速度 D_1，两波交于 A'点。实线是合成后的波波阵面形状。交线为一切向间断面。对于定常冲击波相交问题，一般可解。但此处是动球心的变强度球面波相交问题，显然要复杂得多。但是，对膛口冲击波的分析表明，当采用以冲击波波阵面为动参考系时，准定常处理——将经过冲击波波阵面的气流在每个瞬时看作定常流，是可能的。

带膛口装置的膛口冲击波物理模型如图 4-14 所示。

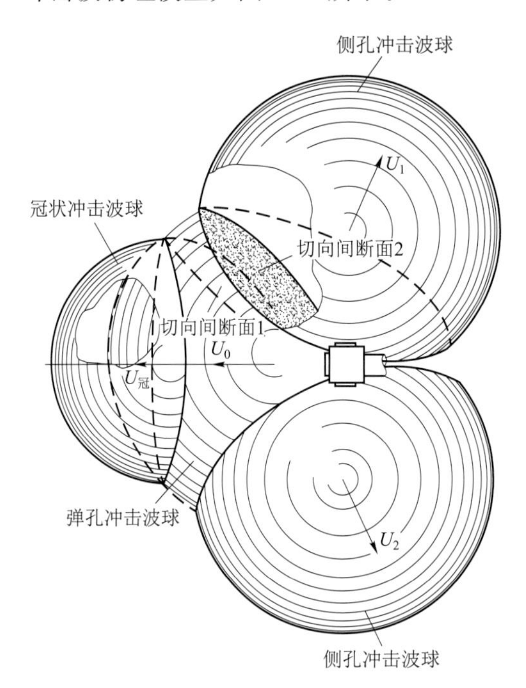

图 4-14　带膛口装置的膛口冲击波的物理模型

四、膛口装置气流参数与冲击波场分布的关系

在能量补充速率 E 和环境参数一定时，利用冲击波动力学量纲分析方法，也可以导出一组与影响膛口装置结构特征量类似的气体特征参数（膛口装置出口气流参数）组合。

在本书附录六“膛口装置冲击波场的理论计算方法”一节中，将详细介绍一种膛口冲击波线性叠加方法。该方法认为，在给定弹道条件（能量补充速率 E）时，影响膛口装置冲击波场分布的结构参数仍然是 4 个出口气流参数：流量分配比 σ、侧孔气流角度 ψ、弹孔出口截面气流速度系数 λ_0、侧孔出口截面气流速度系数 λ_1，即

$$\Delta p = f\ [\sigma,\ \psi,\ \lambda_0,\ \lambda_1] \tag{4-4}$$

为阐明概念方便，本节仅以典型的单腔室、三通式膛口制退器为例（图 4-15），简要介绍膛口冲击波线性叠加方法，该方法基于以下基本假设，即中、远场的膛口冲击波

属于弱冲击波范畴，可近似采用线性叠加简化计算。

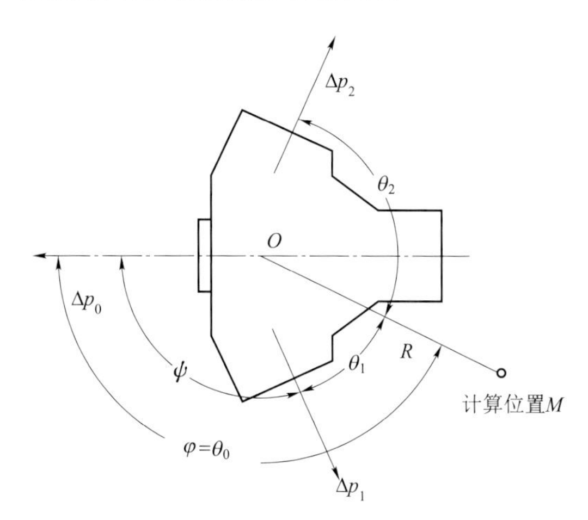

图 4-15　三通式膛口制退器的膛口冲击波场计算模型

R—测点距膛口矢径；φ—测点矢径与射线夹角

在图 4-15 的坐标系中，带膛口制退器的冲击波场计算点 M 位置的超压 Δp 由弹孔超压 Δp_0、两侧孔超压 Δp_1 和 Δp_2 叠加得到。根据 37 mm 弹道炮的实验结果（图 4-16）拟合的半经验公式如下：

$$\Delta p=\Delta p_0+\Delta p_1+\Delta p_2 \tag{4-5}$$

式中　Δp——膛口中、远场区域某点 M 的冲击波超压；

Δp_0——弹孔出口气流形成的冲击波在 M 点的超压；

Δp_1——同方位侧孔出口气流形成的冲击波在 M 点的超压；

Δp_2——反方位侧孔出口气流形成的冲击波在 M 点的超压。

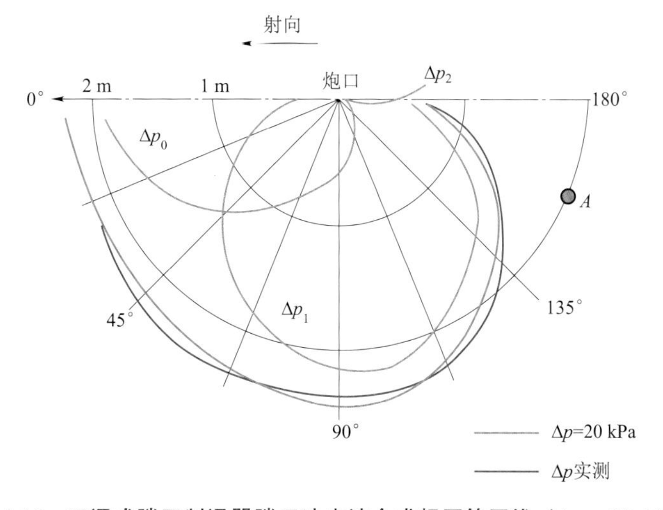

图 4-16　三通式膛口制退器膛口冲击波合成超压等压线（$\Delta p=20$ kPa）

绿线—计算值（$\Delta p=20$ kPa）；红线—试验值

Δp，Δp_0，Δp_1，Δp_2公式的具体形式详见附录六。

根据式（4-5），可以分析 4 个出口气流参数变化对膛口冲击波场分布规律与炮手位置（以 37 mm 弹道炮模拟炮手位置 A 点——坐标 $\varphi=157.5°$，$R=2$ m 为代表）超压 Δp_A 的影响。

当固定 3 个参数，只改变其中 1 个参数时，超压等压线图变化的规律如下。

（1）改变流量分配比 σ

相当于改变从弹孔与侧孔流出的三股气流的能量比，因而直接影响三个单一冲击波场超压等压线与合成冲击波场超压等压线的形状。若装药量为 ω，流量比为 σ，则弹孔流量为 $\sigma\omega$，二侧孔流量分别为 $\frac{1-\sigma}{2}\omega$。当 σ 增大时，弹孔流量加大，Δp_0 增大，即前方的冲击波超压增大，后方的冲击波超压减小，超压等压线向前方移动。当 $\lambda_0>1.3$ 时（对一般的膛口制退器是符合的），$\frac{\partial(\Delta p_A)}{\partial\sigma}<0$，即 σ 增大时，Δp 减小。

（2）改变侧孔气流角度 ψ

增大 ψ，相当于把侧向冲击波超压等压线的轴线向后转 ψ 角，因而后方冲击波超压增大。分析表明：$\frac{\partial(\Delta p_A)}{\partial\psi}>0$ 恒成立，即对于后方区域，随着 ψ 的增大，Δp_A 单调地增大。显然，ψ 的增大对减小炮手位置的冲击波超压是非常不利的。

（3）改变弹孔出口截面气流速度系数 λ_0

当弹孔出口气流速度 λ_0 增大时，冲击波场超压等压线向前方推移，但它对后方区域影响一般较小。分析表明，当 $\lambda_0>1.3$ 后，弹孔冲击波超压 $(\Delta p_0)_A=0$，即 λ_0 的变化对炮手区域无超压叠加效果。因此，在我们重点研究后方位置的膛口冲击波作用规律时，一般可不考虑弹孔气流的影响。

（4）改变侧孔出口截面气流速度系数 λ_1

侧孔出口气流形成的冲击波场有两个：同侧的 Δp_1 与异侧的 Δp_2。一般情况下，同侧气流的影响是主要的。当 λ_1 变化时，对冲击波超压等压线图形的影响呈现比较复杂的情况：λ_1 增大时，后方冲击波不是单调地增加或减小，它既与位置（R，φ）有关，又与侧孔气流角 ψ 有关。

图 4-17 是三通及三通（扩）的实测膛口冲击波场超压等压线，膛口制退器的出口气流参数 σ，ψ，λ_0 相同，仅三通的 $\lambda_1=1.725$，三通（扩）的 $\lambda'_1=1.981$。从图中可见，三通的炮手区域 Δp_A 较大（$\Delta p_A=13.6$ kPa），而 λ_1 增大至 λ'_1后，三通（扩）制退器的超压等压线显著向侧方推移，但 Δp_A 减小（$\Delta p_A=11.8$ kPa）。这时，增大 λ_1 对减小 Δp_A 有利。

但是，如果将制退器侧孔角 ψ 增大很多（如 135°），则增大 λ_1 对减小 Δp_A 不利。因为 λ 的增大使超压等压线向气流方向推移，使靠近气流方向的位置超压增大，远离气流方向的位置超压减小。对于 A 点，在 ψ 较大时，便处于冲击波增强的方向了。

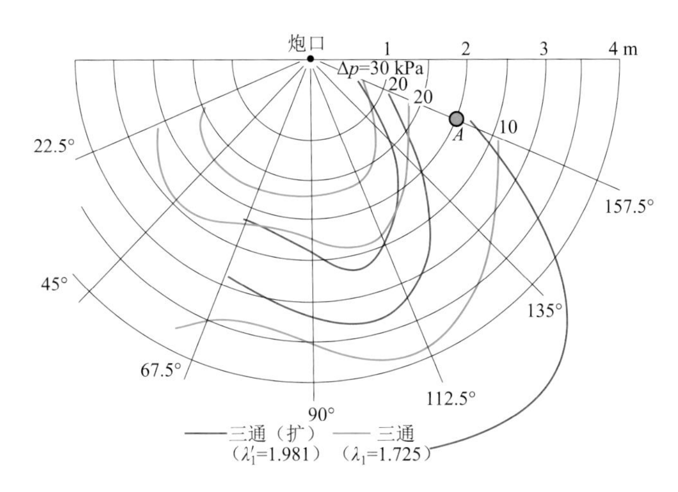

图 4-17　三通与三通（扩）冲击波超压等压线

以上分析表明，膛口制退器出口气流参数 λ，ψ，σ 单独变化对冲击波场等压线的影响，仍然具有单一气流的三个基本特点：σ 影响等压线的形状和几何尺寸；λ 决定了等压线方向性；ψ 决定了侧孔冲击波轴线的位置。

图 4-18 列出了六种膛口制退器实测的膛口冲击波等压线，同时附上了其气流参数与实测效率。

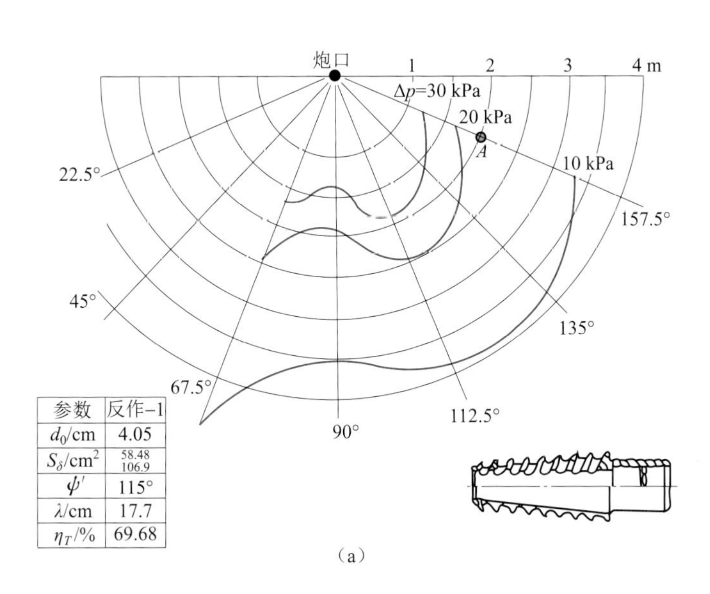

参数	反作–1
d_0/cm	4.05
S_δ/cm^2	58.48 / 106.9
ψ'	115°
λ/cm	17.7
η_T/%	69.68

图 4-18　六种典型膛口制退器的冲击波超压等压线（37 mm 弹道炮）

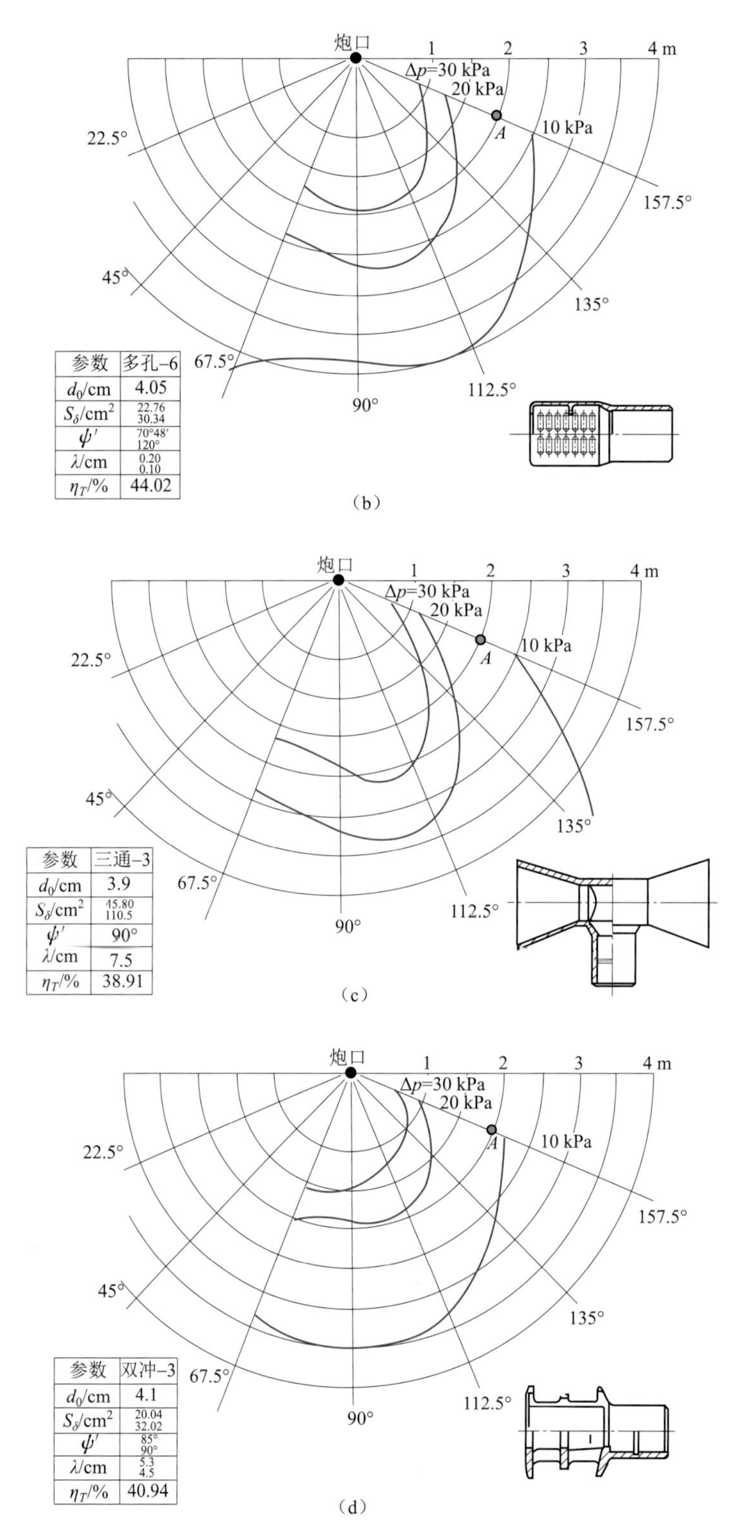

图 4-18 六种典型膛口制退器的冲击波超压等压线（37 mm 弹道炮）（续）

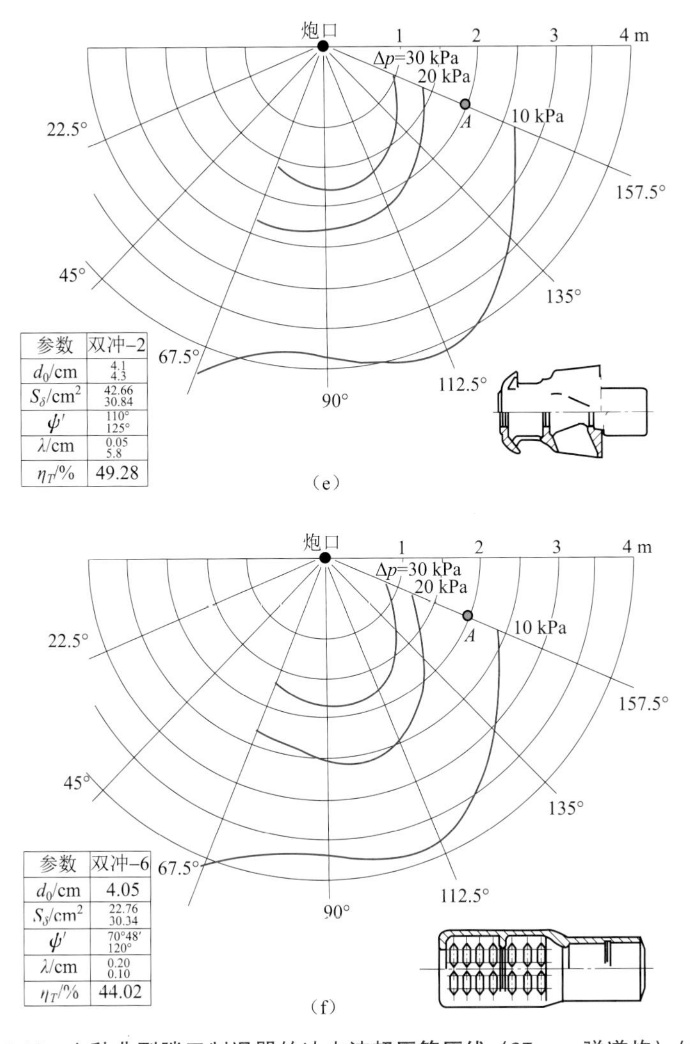

图 4-18 六种典型膛口制退器的冲击波超压等压线（37 mm 弹道炮）（续）

五、效率 η_T 一定，出口气流参数对冲击波场分布的影响

膛口制退器设计是在给定效率 η_T 的前提下进行的。这时，出口气流参数［σ，ψ，$\lambda_0(K_0)$，$\lambda_1(K_1)$］是在满足约束条件 $\alpha=K_0\sigma+K_1(1-\sigma)\cos\psi$ 下变化的。因此，这个问题的提法与上节的区别是：α 为给定值时，4 个气流参数对冲击波场分布规律与炮手位置 A 超压 Δp_A 的影响。

图 4-19 和图 4-20 是根据数值计算结果绘制的。

1. α 一定时，ψ 增大，则后方区域超压 Δp_A 也增大

Δp_A 变化速度随 K_1 及 ψ 的增大而增大。图 4-19 所示曲线说明，在保持 α 一定、各气流参数综合变化的情况下，Δp_A 随 ψ 递增，反映了在 4 个气流参数中，ψ 的影响是主要的。因此，在确定膛口制退器参数时，为使 Δp_A 最小，应在 α 一定的前提下，选取与之相应的尽可能小的 ψ 值。

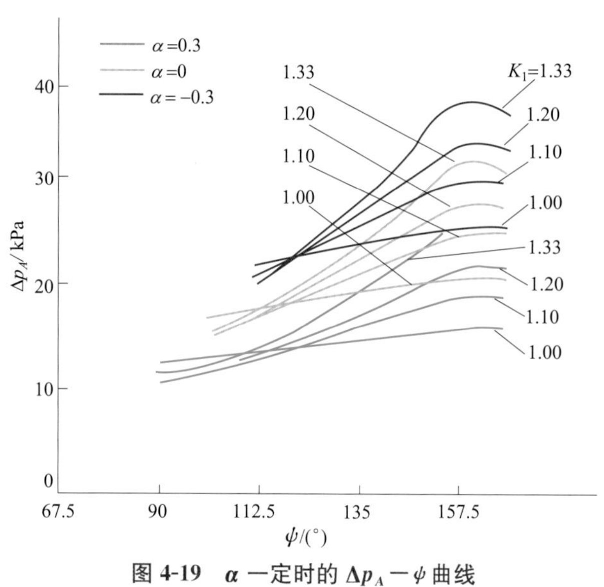

图 4-19　α 一定时的 $\Delta p_A-\psi$ 曲线

2. α 一定时，σ 增大，则后方区域超压 Δp_A 也增大

与 σ 单独变化的规律相反（图 4-20）。σ 增大时，侧孔流量减小，Δp_A 减小，但是，为保证 α 一定，ψ 也同时增大，由于 ψ 对 Δp_A 的影响大于 σ，故 Δp_A-σ 不反映 σ 单独变化的规律，而反映了相似于 Δp_A-ψ 的规律。因此，在决定膛口制退器参数时，为使 Δp_A 最小，σ 不应取较大的值；相反，应在结构尺寸与质量允许的条件下取较小的值，以保证 ψ 尽量小。

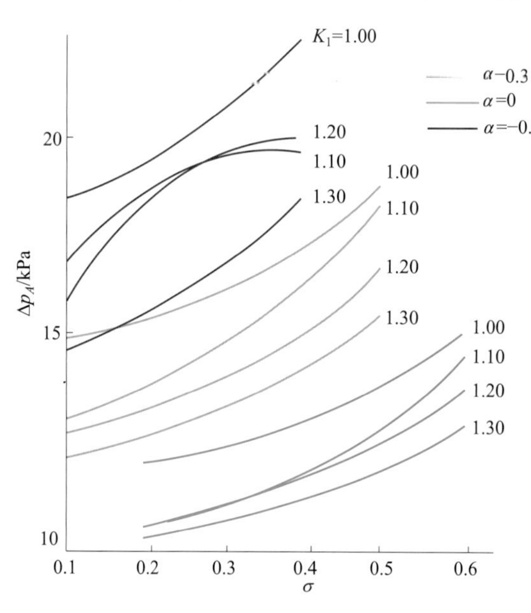

图 4-20　α 一定时的 Δp_A-σ 曲线

3. α 一定时，K_1 增大，后方区域超压 Δp_A 呈非单调变化的规律

K_1 增大时，Δp_A 有时减小，有时增大，有时变化平缓（图 4-21）。$\psi<112.5°$时，K_1 增大对 Δp_A 减小有利。$\psi>112.5°$时，则相反。但是，$\psi>112.5°$的膛口制退器，α 将在 -0.1 以下，这样高效率的膛口制退器，在制式装备中很少见，可不考虑。

α 一定时，Δp_A（σ，ψ，K_1）的上述变化规律说明了一个十分重要的结果，即，在膛口制退器效率 η_T（结构特征量 α）给定的前提下，出口气流参数有无穷多组合 $\{\sigma, \psi, \lambda_0, \lambda_1\}_i$，$\Delta p_A$ 与等压线图形是不同的。其中，必然存在一组“最优”参数组合，使 Δp_A 最小。我们的目的，就是研究优化设计方法，使在给定 $\eta_T(\alpha)$时，确定膛口制退器“最优”的出口气流参数，得出保证 Δp_A 最小的优化结构。

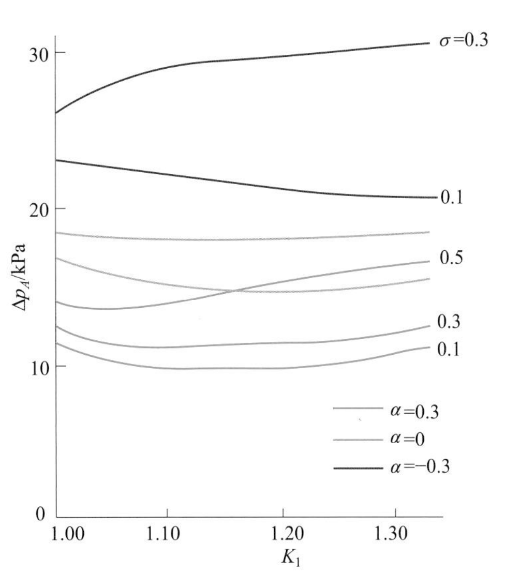

图 4-21　α 一定时的 Δp_A-K_1 曲线

上面的分析与实验规律符合较好。图 4-22 中大角-2 与大侧-2 两个膛口制退器等压线的比较是一个明显的例子。两个膛口制退器实测 η_T 相等（45%）。但结构形式与尺寸相差很大。大侧-2 腔体直径及侧孔面积大（λ_0，λ_1 大，σ 小），而侧孔角度 $\psi \approx 90°$；大角-2 腔体直径及侧孔面积小（λ_0，λ_1 小，σ 大），为使效率相同，其侧孔角度 $\psi \approx 180°$。从图中可见，二者 Δp 等压线形状截然不同：大侧-2 等压线伸向侧方，后方区域超压较小（Δp_A＝12.6 kPa）；而大角-2 的等压线伸向正后方，后方区域超压较大（Δp_A＝20.6 kPa）。这个例子说明，在给定效率 $\eta_T(\alpha)$的前提下，通过选择合理的出口气流参数组合，并以实际的结构尺寸保证这些参数的实现，就可以减小后方区域的冲击波超压。如果仅以满足效率 $\eta_T(\alpha)$指标为目的，则后方区域的冲击波超压能很大。这说明，同时考虑效率 $\eta_T(\alpha)$及冲击波超压分布的膛口制退器最优设计是十分必要的。

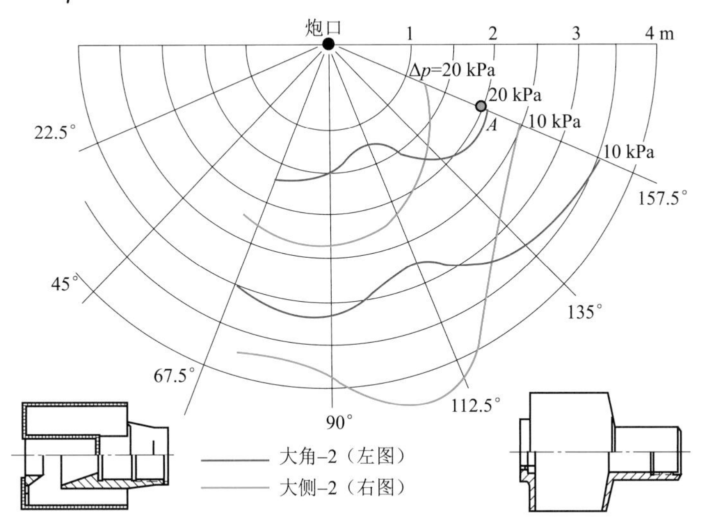

图 4-22　大角-2 与大侧-2 的冲击波超压等压线

所谓最优设计，实质是在 $\alpha=K_0\sigma+K_1(1-\sigma)\cos\psi$ 的约束条件下求解 $\Delta p=f[\sigma, \psi, \lambda_0(K_0), \lambda_1(K_1)]$式的极小值问题。本书第九章“膛口制退器优化设计方法”将进行专题讨论。

六、影响膛口冲击波场分布规律的因素

1. 弹道初始参数的影响

① 装药量 ω 决定气流出口总能量 E_g，是影响膛口冲击波的主要参数；

② p_g，ρ_g和$\left(\frac{\mathrm{d}E}{\mathrm{d}t}\right)_g$ 对膛口冲击波分布的影响较 E_g 更敏感；

③ p_g，ρ_g的变化对近、中场影响较大，随着距离增大，差别逐渐变小，而 E_g 的变化影响全场。

因此，在弹道设计时，从降低膛口冲击波出发，应尽量减小装药量 ω（即减小出口总能量 E_g）、p_g 和 ρ_g，为降低射手区（尤其是肩射武器和短身管武器）的膛口冲击波，首先应减小膛口压力 p_g。

2. 能量补充对膛口冲击波的影响

切断能量的计算结果表明：膛口气流对膛口冲击波的能量补充是连续（非瞬时）、有限（非全部）的。

① 能量补充集中在早期（生长期），早期切断能量直接影响波阵面参数；

② 中期（稳定期）切断能量只影响波阵面后的参数分布，进而影响波阵面参数随距离的衰减规律；

③ 晚期（衰减期）切断能量对冲击波无影响，即膛内气流已停止向冲击波补充能量。

3. 膛口制退器的结构参数对膛口冲击波的影响

影响因素比较复杂，从减小膛口后方的射手区域而言，结构参数的影响顺序是：气流方向、流量分配比、侧孔速度系数。解决途径是，保证制退器效率一定时，进行优化设计。

第三节 膛口冲击波场的计算方法

膛口冲击波场理论计算方法是中间弹道学经典理论的重要内容。和爆炸冲击波理论及计算方法的发展历史一样，仅在解决原子弹强爆炸冲击波问题时，建立了点爆炸线性问题模型，得出自模拟精确解析解，此外，对于大量考虑反压的中、弱强度冲击波及其传播的非线性问题，都需要寻找各种简化与近似的理论计算方法。膛口冲击波理论也是如此，20 世纪 60 年代以来已发表的数十种理论计算方法，都是基于简化模型和近似计算，给出针对不同发射对象的近似解析解或半经验解。由于计算精度和适应性的不足，

难于满足不同武器的设计需求，均未成为工程设计普遍采用的理论方法。但是，在武器总体设计阶段，作为一种简单、便捷的估算方法，即使在数值方法开始引入的今天，仍有一定的使用价值。为此，本书在附录六中仍重点介绍膛口装置冲击波场的两种理论计算方法，以供参考。

本节主要介绍膛口冲击波场的数值计算方法。

一、数学模型与数值计算方法

1. 基本假设

① 忽略黏性和化学反应，假定气体满足理想气体条件。

② 不考虑摩擦和热传导，为修正气流摩擦及热传导损失，以多变指数代替比热比。

2. 计算方法

基于上述假设，考虑网格变形，基本方程同样为 ALE 方程，计算格式采用二阶 Roe 或 AUSM＋格式。时间项采用多步龙格－库塔法。由于膛口远场的计算量大，采用分区并行计算。

3. 初始与边界条件

由内弹道程序可获得弹丸的 v-x 曲线。弹丸出口时，膛内气流参数亦由内弹道程序直接给出。

身管和膛口装置壁面为固壁边界条件，运动弹丸表面为运动边界条件。

4. 计算冲击波超压等压线

数值计算结果可以给出各时刻的火药燃气冲击波波阵面发展图谱与波后的气体参数分布图，其中，得到与图 4-3～图 4-12 相类似的冲击波波阵面发展轨迹以及经处理后的计算阴影或计算纹影图。这些冲击波波阵面轨迹线就是各个时刻的冲击波等时线。不同结构的膛口装置的冲击波等时线或波阵面形状不能直观地分析膛口冲击波对后方区域的危害程度，需要计算出与图 4-17 及图 4-18 相类似的冲击波超压等压线。

由于计算格式黏性，使冲击波波阵面的准确位置和压力峰值需要人为判断，如图 4-23 所示。理论的冲击波间断与离散的过渡波形取决于计算格式和网格的粗细。

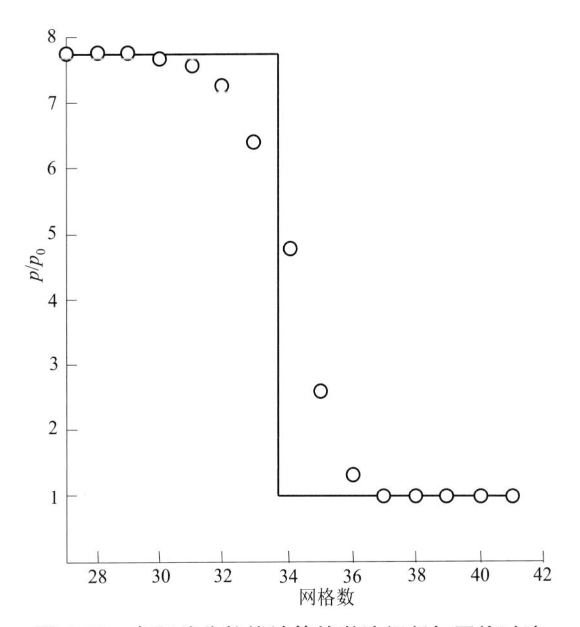

图 4-23 有限差分数值计算的激波间断与网格过渡

一般的数值计算程序无法自动生

成理论间断的位置和幅值，本书编制了激波间断的判别程序。

根据压力梯度最大判据确定波阵面位置，再由波阵面极小位移 Δr 和相应的时间间隔 Δt，得到冲击波波阵面的速度 D

$$D=\frac{\mathrm{d}r}{\mathrm{d}t}\approx\frac{\Delta r}{\Delta t} \tag{4-6}$$

利用激波关系式

$$\frac{\Delta p}{p_1}=\frac{2k}{k+1}\left[\left(\frac{D}{a_\infty}\right)^2-1\right] \tag{4-7}$$

便可计算冲击波超压峰值，再用插值算法即可得到冲击波超压等压线。

二、膛口冲击波计算实例

图 4-24 列出了圆板冲击式制退器、筒式消焰器、三通式制退器、多孔式制退器的膛口冲击波波阵面发展过程。

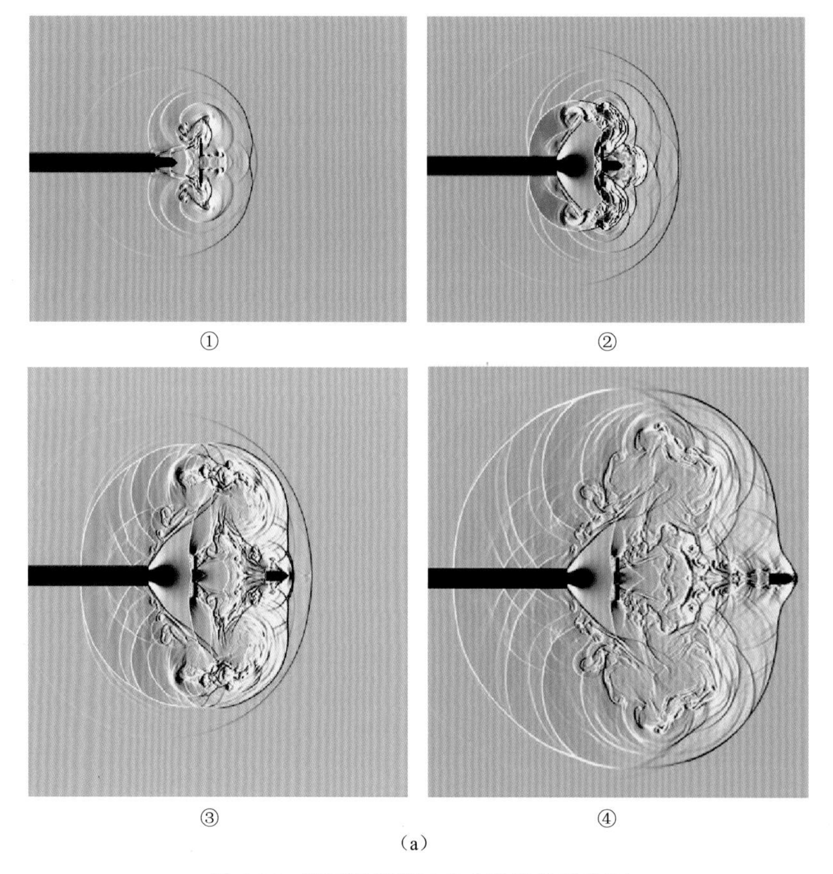

图 4-24　膛口装置膛口冲击波数值计算图

(a) 圆板冲击式制退器膛口冲击波波阵面（计算阴影）（t=0，45，112.5，225 μs）

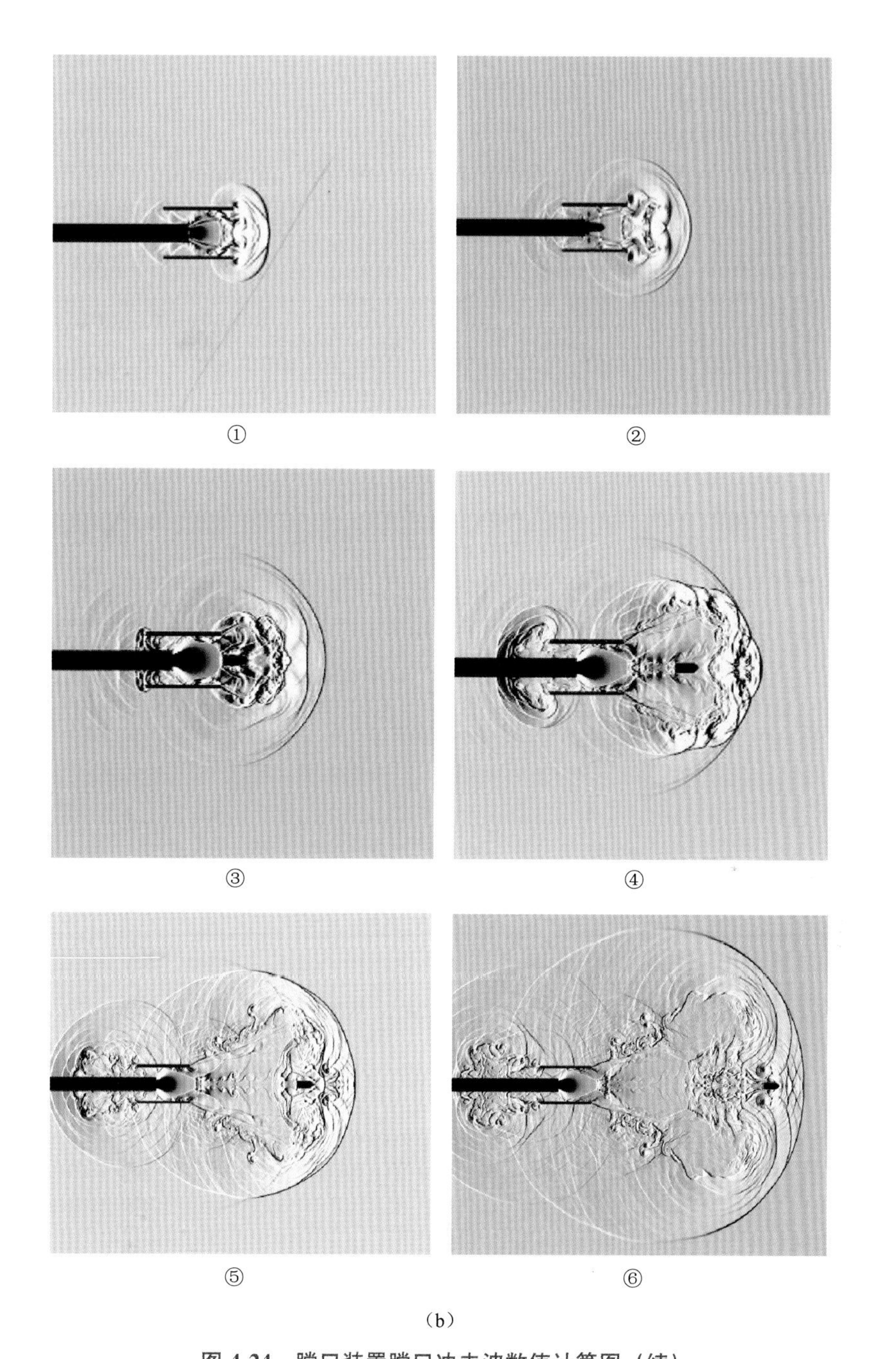

①　②　③　④　⑤　⑥

（b）

图 4-24　膛口装置膛口冲击波数值计算图（续）

（b）筒式消焰器膛口冲击波波阵面（计算阴影）（$t=-45$，0，45，90，180，270 μs）

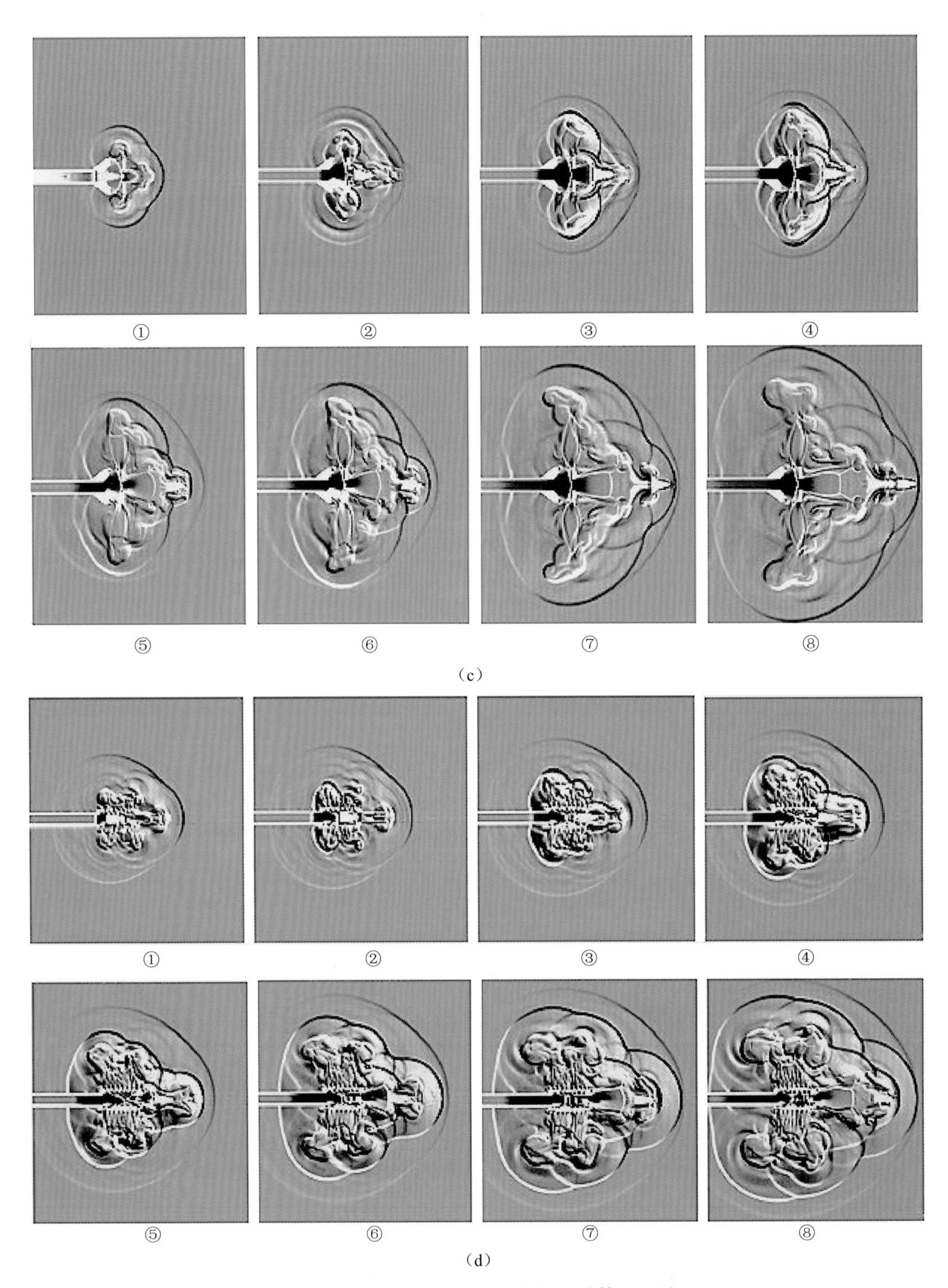

图 4-24　膛口装置膛口冲击波数值计算图（续）

(c) 三通式制退器膛口冲击波波阵面（计算纹影）(t=0.75，0.84，0.882，0.90，0.948，0.99，1.05，1.11 μs)；
(d) 多孔式制退器膛口冲击波波阵面（计算纹影）(t=0.984，1.02，1.056，1.098，1.122，1.17，1.218，1.26 μs)

第四节　远场膛口冲击波

膛口冲击波远场是火药燃气冲击波在追赶上并吞没了初始冲击波，终止了与火药燃气及弹丸相互作用后的晚期膛口冲击波流场。其中，主要关心的是膛口冲击波远离膛口后自由发展的气流区域。

膛口冲击波远场是由膛口冲击波（又称主冲击波）、二次冲击波和地面反射及障碍物的反射与绕射冲击波组成的冲击波场。

远场膛口冲击波的超压直接危及射手和设备，卷吸地面上的灰尘，妨碍射手的视线及增加目标暴露的概率。因此，膛口冲击波在远场的传播规律和波后超压场的分布规律，是人们十分关注的问题。

由于膛口冲击波远场的计算模拟涉及三维反射、绕射以及膛口二次焰燃烧转爆轰等复杂问题，理论计算已无能为力，必须用数值计算方法解决。

一、远场膛口冲击波的传播规律

1. 膛口主冲击波的衰减规律

经过膛口冲击波与射流的相互作用之后，冲击波传播至距膛口较远处。这时，膛口冲击波对射流的约束作用大大减弱，超声速射流获得充分发展，进入一个从相对稳定到持续衰减的阶段；弹丸已穿出马赫盘进入冠状气团区，对射流不起阻滞作用。膛口冲击波后的气流由于膛口压力不断下降，能量补充也已停止，膛口冲击波开始了依靠自身能量向外膨胀的自由衰减阶段。

2. 地面反射冲击波

主冲击波向外运动过程中，首先遇到地面反射。开始入射角小于临界角，呈正规反射，随着入射角不断增大，转化为非正规反射（图 4-25）。

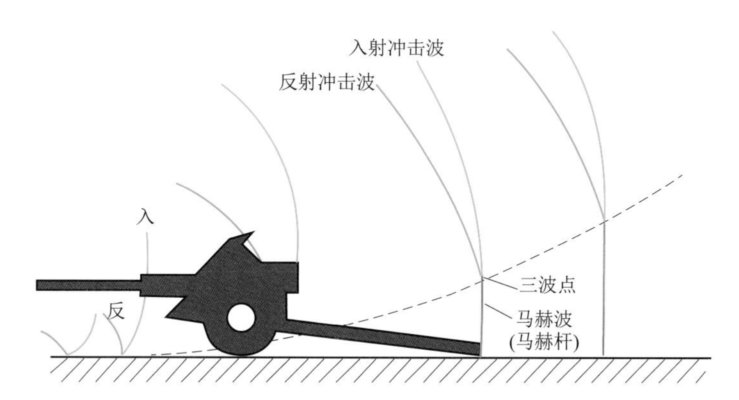

图 4-25　地面冲击波正规反射向非正规反射发展

3. 障碍物绕射冲击波

在冲击波行进方向上遇到有限尺寸的固体障碍物时，产生绕射冲击波。绕射后的流场十分复杂，主要取决于障碍物的几何形状和尺寸，多数情况只有依靠试验来测定，冲击波对圆柱形障碍物绕射发展过程图谱如图 4-26 所示。一个平面入射冲击波 I 与圆柱相撞产生一条弯曲的、向外扩展的反射冲击波 R（图 4-26（a）），接着，反射波与入射波相交形成两个马赫冲击波 Ma（图 4-26（b）），并出现马赫波正规相交（图 4-26（c））及非正规相交形成新的马赫波 Ma'（图 4-26（d））。同时，切向间断 S 及涡流 V 的形成与发展呈现复杂的物理图谱。

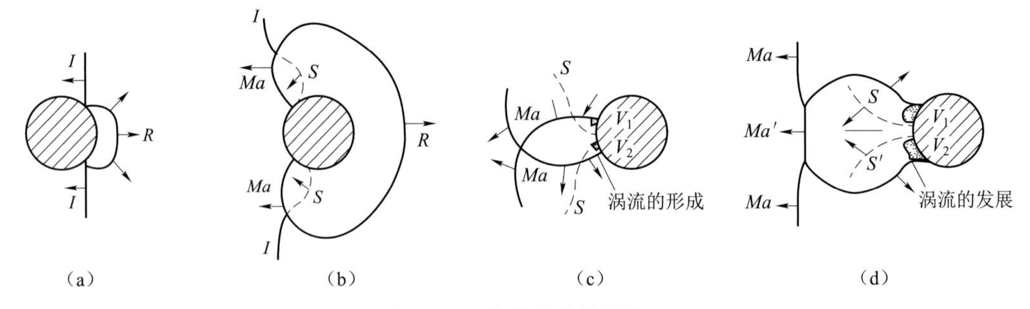

图 4-26　绕射冲击波图谱

图 4-27 和图 4-28 分别为 85 mm 加农炮和 152 mm 加榴炮射击时的膛口冲击波超压等压线。可以看出，在火炮后方的轴线附近，形成一个冲击波超压高于侧方的“危险区”（深蓝色区域）。这是由冲击波经防盾绕射后的马赫相交造成的。

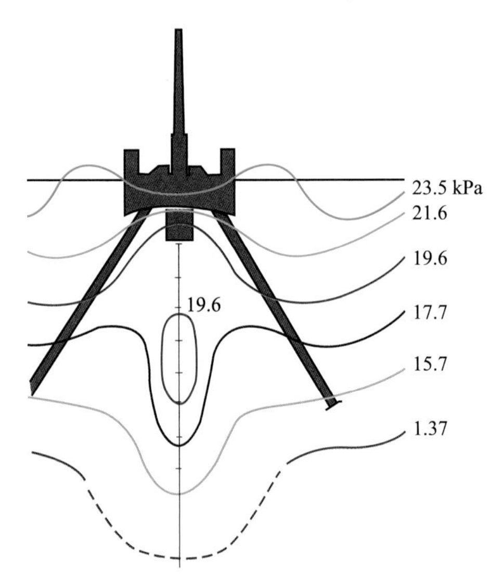

图 4-27　85 mm 加农炮 0°射角射击时，经防盾绕射及地面反射后的膛口冲击波超压等压线（试验结果）

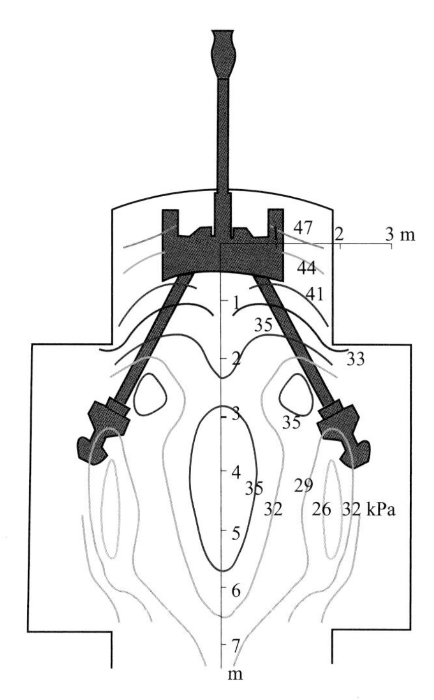

图 4-28　152 mm 加榴炮在坑道工事中射击时的
膛口冲击波超压等压线（试验结果）

4. 膛口焰二次冲击波

大口径火炮，当膛口压力较高，膛口二次焰十分强烈时，在某些情况下，其火焰爆燃波经湍流加速可能向爆轰转化，导致叠加形成速度更高的压力突跃，即二次冲击波，如图 4-29 所示。其超压往往高于主冲击波，对人员构成更大的危害。目前还不能准确模拟二次冲击波的物理—化学过程。

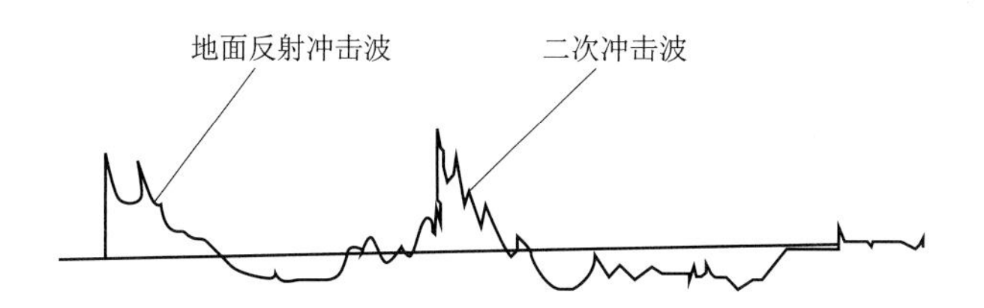

图 4-29　大口径火炮有二次冲击波出现的远场膛口冲击波曲线

二、远场膛口冲击波计算实例

图 4-30 是某坦克炮水平射击时膛口冲击波的地面反射与绕射的压力云图。此类计算要求很大的三维计算域（网格数量级 10^7 以上）和很高的计算速度。

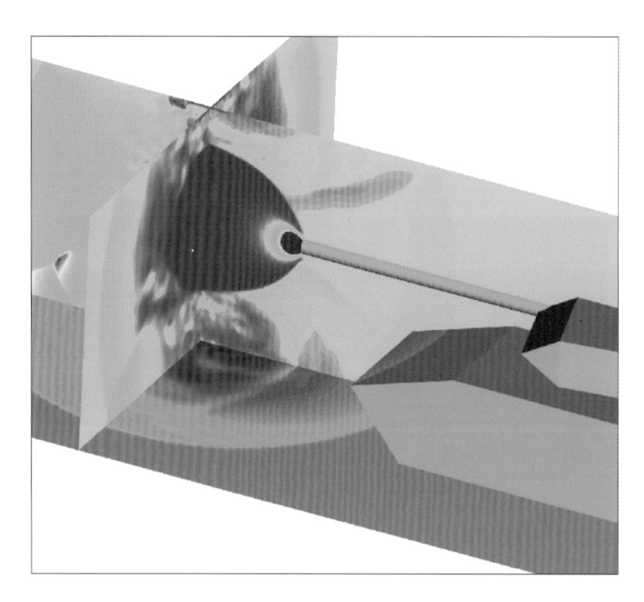

图 4-30 坦克炮无膛口装置时的冲击波压力云图

第五节 航炮膛口冲击波

一、航炮膛口冲击波场的特点

1. 发射平台高速运动

现有的安装航炮喷气战斗机飞行马赫数 Ma 为 1～3，这就是说，火炮发射时有一沿发射方向的速度，其膛口流场将发生很大变化。膛口冲击波绕射进入发动机进气道后，改变了进气道的气体状态。喷气发动机对进气道的来流参数畸变非常敏感，10%～15%的横向扰动就会导致压气机失速和熄火。

2. 发射的外部环境为高海拔空间

环境压力和温度随海拔高度增大而降低，气温、气压随高度的变化曲线如图 4-31 所示。

3. 发射频率高（1 000～7 000 发/min），发射药装填密度大（Δ=0.8～0.9 kg·dm^{-3}）

膛口周围因机身等结构障碍物的存在，空间狭窄且不对称，其单位时间与空间内的火药燃气质量均大于地面炮的。

4. 多装有膛口装置

如第三章所述，现代的喷气战斗机，为消除膛口气流危害，多加装了膛口偏流器。图 4-32 是膛口偏流器的冲击波高速摄影照片。

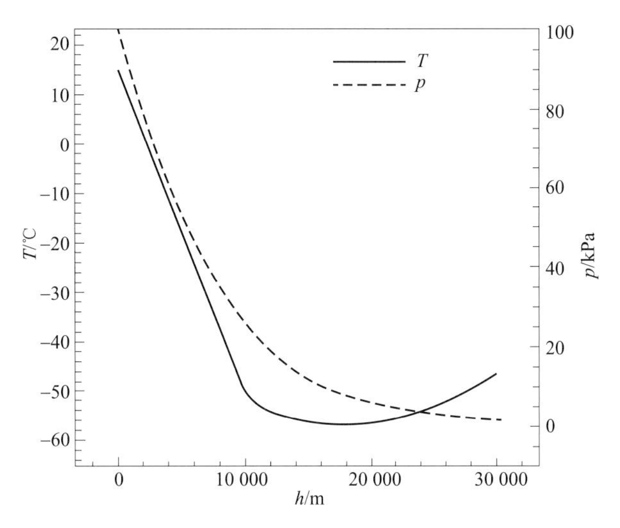

图 4-31　环境压力和温度随高度变化曲线

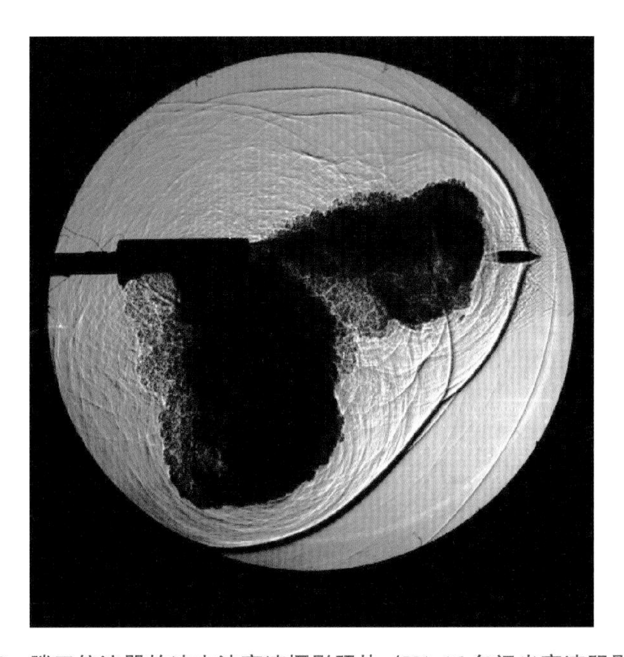

图 4-32　膛口偏流器的冲击波高速摄影照片（YA-16 多闪光高速阴影摄影）

二、航炮膛口冲击波理论

经典的航炮膛口冲击波理论主要是由英国 RARDE（皇家军械研究与发展中心）的 F. Smith 于 20 世纪 70 年代初建立[9]。其基本思想是：以地面静止火炮发射的膛口冲击波场为基础（有计算方法和公式），通过引入当量口径 d'，d''及分布函数 f，建立高空、运动火炮的膛口冲击波场，以简化相似解。

$$
\begin{cases}
\dfrac{d'}{d}=f\cos\ \varphi+\sqrt{1-f^2\sin^2\varphi} \\
\dfrac{d''}{d'}=\sqrt{\dfrac{p_\infty}{p}}\left(\dfrac{T_\infty}{T}\right)^{\frac{1}{4}} \\
\dfrac{\Delta p}{p}=B\left(\dfrac{R}{d''}\right)^{-m}
\end{cases}
$$

式中 d——火炮口径；

d'——考虑飞行马赫数和方位角 θ 影响的当量口径；

d''——考虑飞行高度（环境压力和环境温度）影响的当量口径；

R，φ——极坐标半径与方位角；

B，m——与飞行马赫数有关的经验常数。

这个近似方法用于估算高空、高速飞行状态下的膛口冲击波场曾起到一定作用。但是，无法计算对进气道干扰等复杂的气体动力学问题。目前，采用数值计算已成为计算航炮冲击波干扰问题的可行方法。

三、高空环境膛口流场的模拟实验

为研究运动航炮在高空发射时的膛口冲击波场分布特性，分析其与地面静止发射时的膛口冲击波场分布的区别。由于空中试验几乎无法进行，通常采用高空环境的模拟实验，并结合数值计算来完成。

图 4-33 是弹道重点实验室的常温、变压模拟实验系统示意图。该系统由低压舱、真空泵、环境压力控制以及膛口冲击波场压力与流场显示设备组成。低压舱可以模拟 0~16 km 不同高度的常温、低压环境。

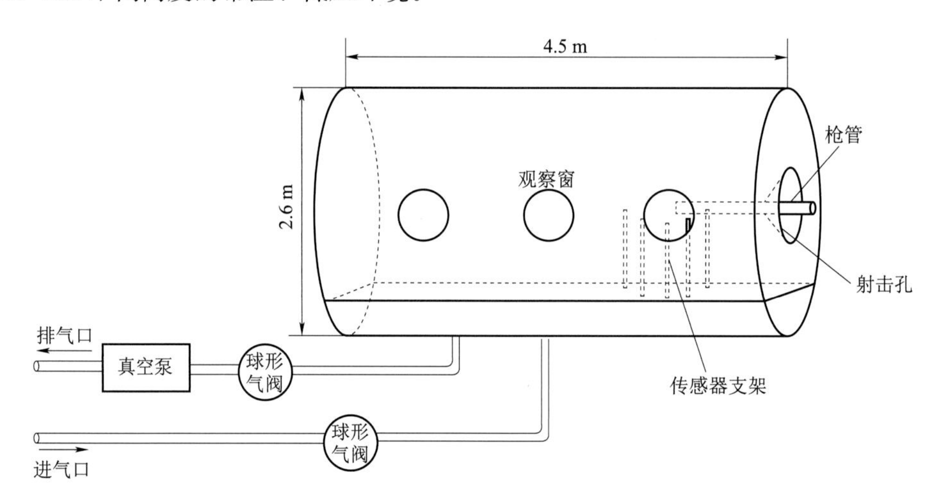

图 4-33 高空环境模拟实验系统原理图

低压舱为一个长 4.5 m、直径 2.6 m 的圆柱形舱体，分别有进气管道和排气管道与其相连，其外形如图 4-34 所示。低压舱前后两端分别为舱门和射击孔，实验枪支固定在射击孔位置，身管通过射击孔进入舱内。舱的侧面开有 3 个直径为 540 mm 的观察窗并使用高强度光学玻璃密封。在低压舱的侧面设有可拆卸集线器，用于舱内测压传感器与舱外数据采集系统互联，实时获取试验数据。

图 4-34　高空环境模拟实验系统照片

1. 膛口冲击波场测量

膛口冲击波场测试时，发射装置与传感器均置于低压舱内，测试系统的组成与测试方法参见第十一章。

图 4-35 为测压系统示意图。测压系统包含压阻式压力传感器、电压放大器、数据记录仪等。压力传感器的量程为 0～0.1 MPa；电压放大器的放大倍数为 100～1 000；数据记录仪具有 4 路信号输入通道，采样频率为 10^9 Hz。

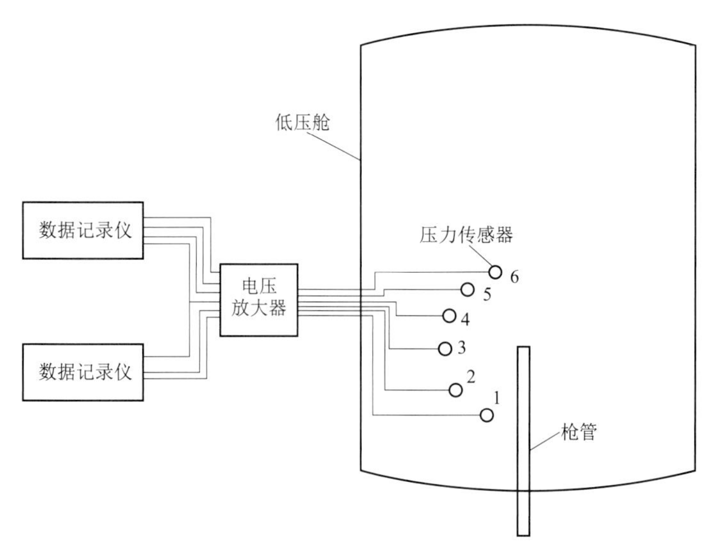

图 4-35　膛口冲击波场测压系统示意图

测点布置于枪管轴线所在的水平面上，分别位于 22.5°～167.5°之间等间隔的 7 条以膛口为中心的径线上，径线上相邻测点间相距 0.25 m。

冲击波超压测试结果绘于图 4-36，图中为 90°方向上 4 个位置的超压峰值随环境压力变化的曲线。可见，距膛口不同距离点的超压峰值具有相同的变化趋势，随着海拔高度增加（对应环境压力 p 的降低），航炮膛口冲击波的超压峰值呈近线性下降。

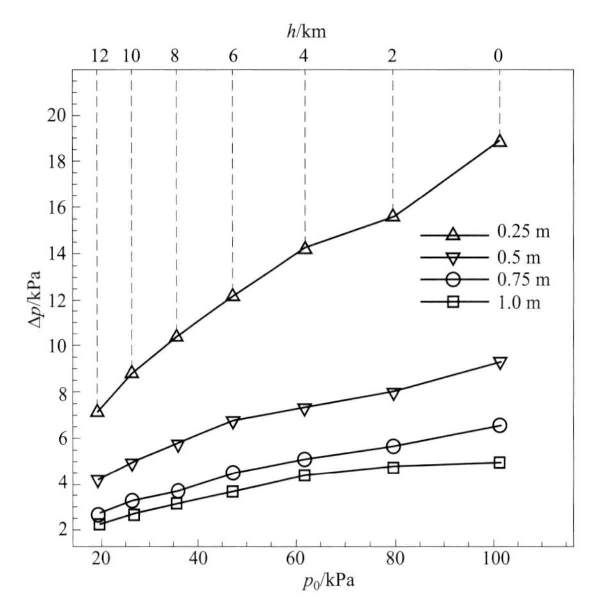

图 4-36 90°方向，不同位置超压峰值随环境压力 p_0 变化曲线

2. 膛口流场显示

采用闪光阴影摄影系统分析海拔高度（对应的环境压力 p）变化对膛口流场结构的影响特征。图 4-37 为低压舱闪光阴影摄影系统示意图。

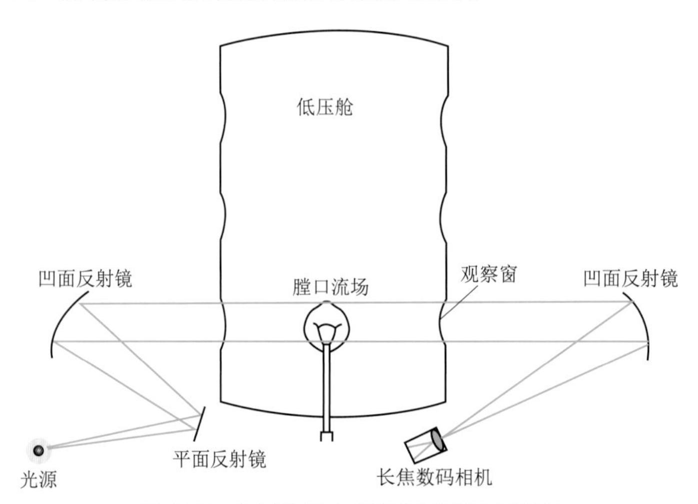

图 4-37 低压舱闪光阴影摄影系统示意图

图 4-38 为 0～12 km 不同高度的环境压力下，膛口流场时序阴影照片。可以看出：

① 弹丸运动速度在膛口区域的变化很小，对流场的影响可以忽略。

② 初始冲击波结构变化很大。用 $t=100$ μs 时的 4 幅照片中的初始冲击波（最外层的球形冲击波）对比，随着海拔高度的上升（即环境压力 p 的降低），初始冲击波强度逐渐减弱，至 12 km 时，初始冲击波已基本消失。

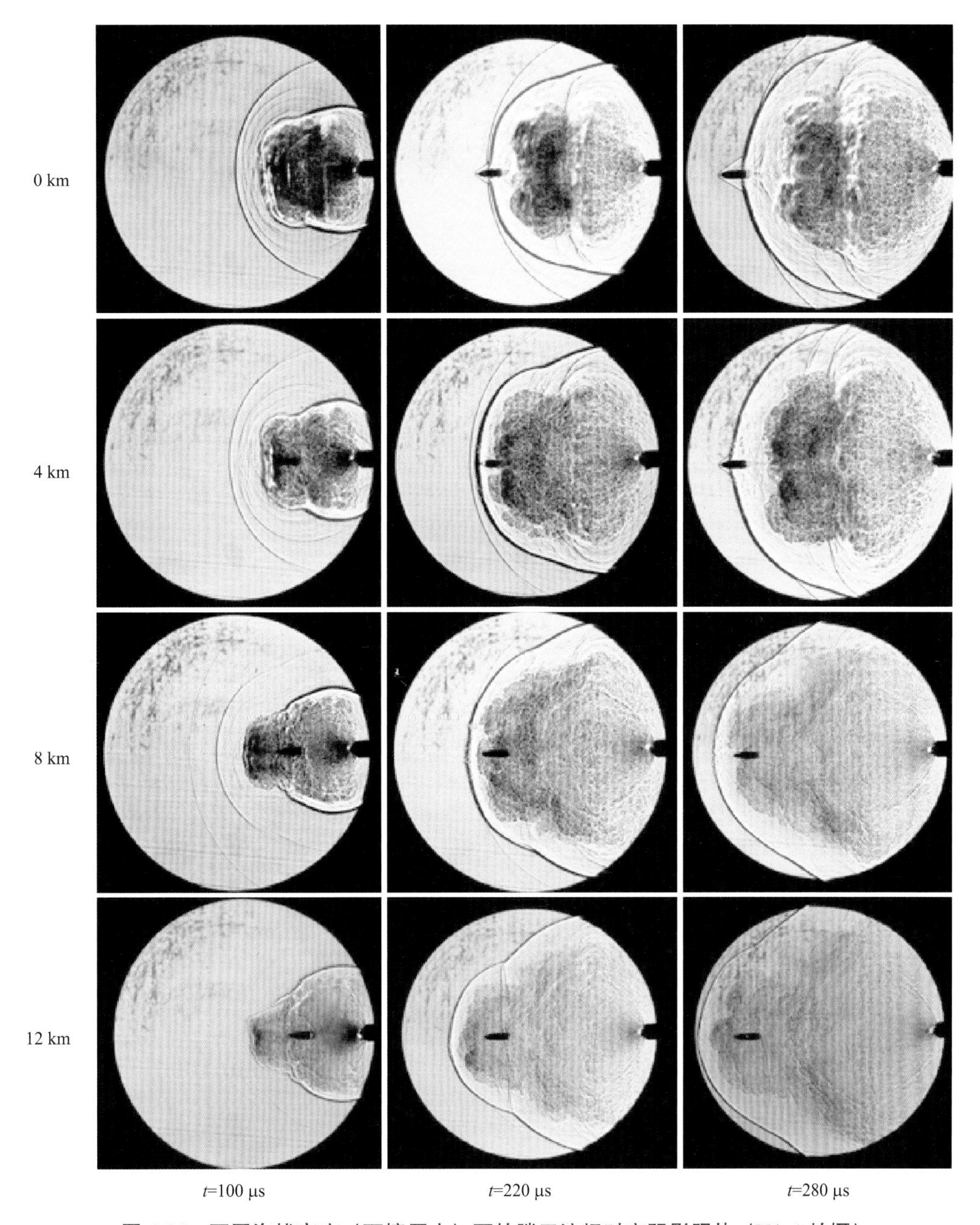

图 4-38　不同海拔高度（环境压力）下的膛口流场时序阴影照片（**YA-1** 拍摄）

初始冲击波在同一时刻的传播距离也随着海拔高度的上升而增加。这是因为，随着海拔高度的上升、环境压力和密度的降低，冲击波波阵面的传播速度逐渐增加，其强度逐渐减小。

③ 在其他条件不变时，膛口冲击波（包括初始冲击波和火药燃气冲击波）的强度随海拔高度的上升而逐步下降，其传播速度随海拔高度的上升而增加。

四、高空环境膛口流场的数值计算

下面介绍飞机在高空飞行环境（不同运动状态和不同海拔高度）下，膛口流场的数值计算方法。根据数值计算与试验结果对膛口冲击波压力场特性进行分析，计算包括：

① 飞机静止条件下，常温、低压环境中的膛口流场特性计算。

② 飞机静止条件下，低温、低压环境中的膛口流场特性计算。

③ 飞机超声速运动条件下，低温、低压环境中的膛口流场特性计算。

由于这里所要研究的冲击波场属于中、远场范围，其受初始流场和弹丸的影响较小，因此，计算不考虑这些因素。

1. 常温、低压环境中的膛口流场计算

为了便于和试验结果进行对比，这里计算所采用的初始条件与试验条件一致，即环境压力分别取 4 种海拔高度下相应的压力值（表 4-1），环境温度为 25 ℃。

表 4-1 海拔高度一环境压力值

环境压力/kPa	对应海拔高度/km
101.33	0
61.660	4
35.652	8
19.399	12

图 4-39 为不同海拔高度下的膛口流场轴线上的压力曲线。

图 4-40 为海拔 0 km 和 4 km 环境压力下，火药燃气冲击波超压值的计算结果和试验结果的对比曲线。

图 4-41 为冲击波超压随环境压力的变化曲线。

从曲线可以看出：

① 不同海拔高度（环境压力）下的冲击波超压峰值随角度和距离的变化趋势与地面常压环境基本一致；

② 随着海拔高度的增大，环境压力的减小，超压峰值近似呈线性降低。

2. 低温、低压环境中的膛口流场计算

环境压力和温度随高度的变化曲线如图 4-31 所示，图 4-42 和图 4-43 分别为高空低

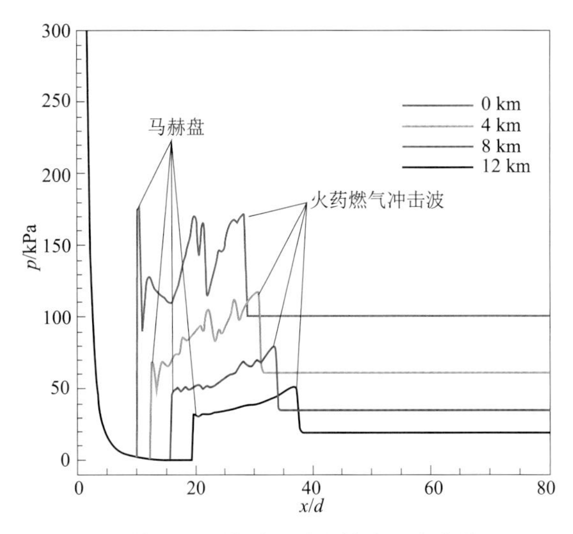

图 4-39　不同环境压力下的膛口流场轴线压力曲线（$t=350\ \mu s$）

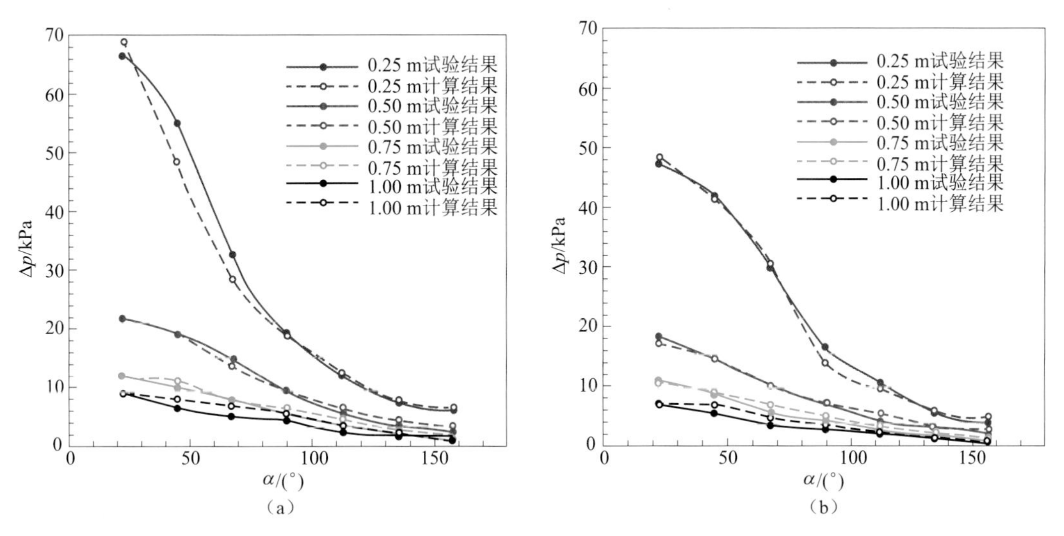

图 4-40　计算结果与试验结果比较

(a) 0 km；(b) 4 km

温、低压环境得到的计算结果与常温、低压环境得到的计算结果的比较。在环境压力相同条件下，低温下的超压峰值普遍低于常温下的超压峰值。由于计算及超压峰值取值误差的存在，各点与常温下超压峰值差距的百分比并不一致。4 km 时的平均差距为 4.96%，8 km 时的平均差距为 7.93%。

可见，真实大气环境下的超压峰值与常温低压环境下的超压峰值相比更大，并且温度越低，差距越大。

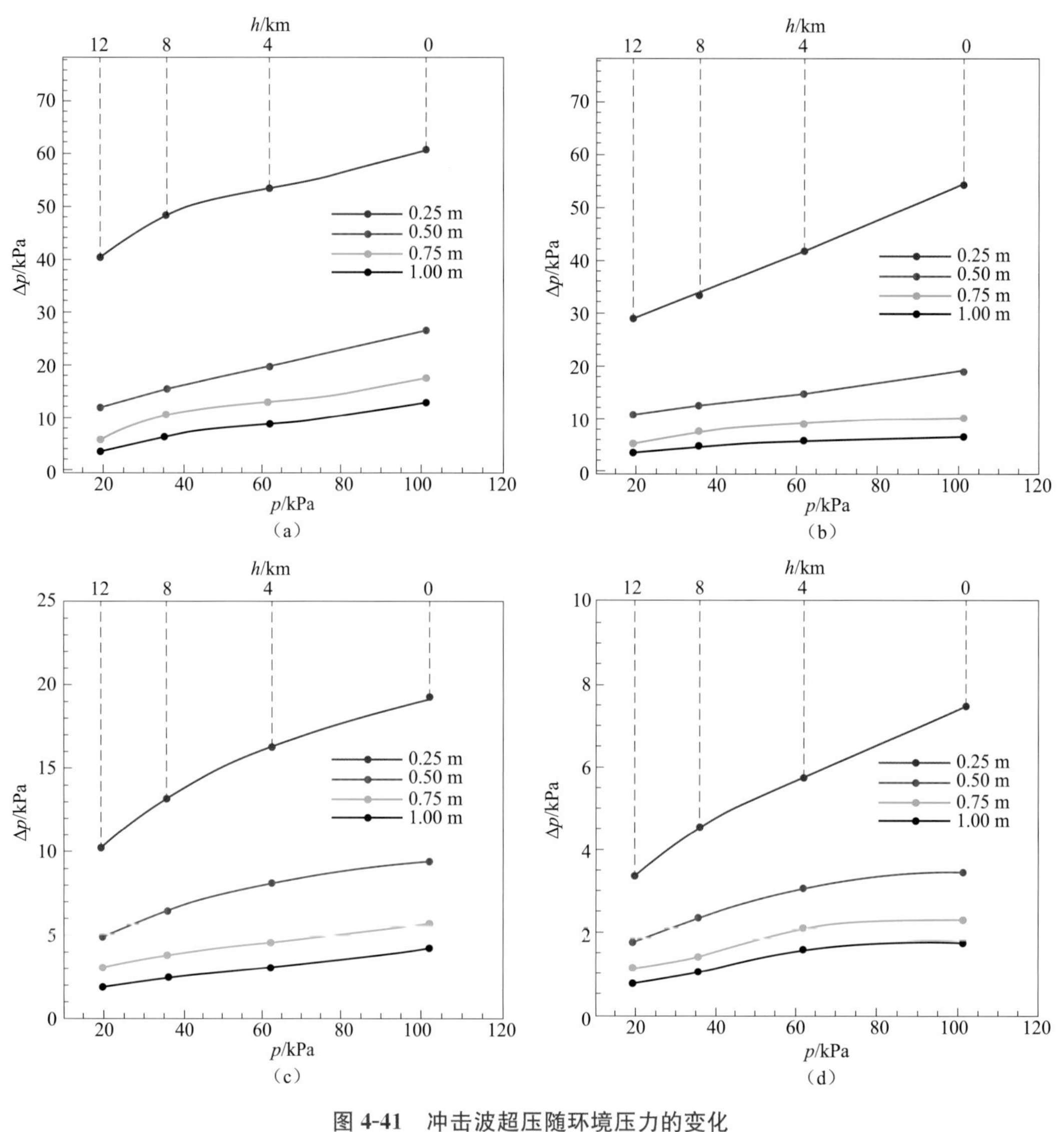

图 4-41　冲击波超压随环境压力的变化

(a) 0°；(b) 45°；(c) 90°；(d) 135°

3. 飞机在低温、低压环境中超声速运动时的膛口流场特性

飞机以马赫数 Ma 在空中飞行时，相当于以马赫数 Ma 的超声速来流作用于静止飞机。

算例：某战机在高度 $H=6$ km（环境温度 $T=249$ K，环境压力 $p=47.2$ kPa），以马赫数 $Ma=1.2$ 速度飞行，航炮口径 23 mm，带双侧孔式膛口偏流器，航炮与飞机进气道的几何外形及计算域如图 4-44 所示。数值模拟航炮发射时膛口冲击波场对飞机进气道、蒙皮的影响。图 4-45 为发射后各瞬时航炮和飞机进气道周围的膛口流场压力分布；图 4-46（a）～（c）分别为冲击波在飞机进气道周围压力、温度和速度分布；图 4-47 和图

4-48 为航炮膛口冲击波及火药燃气流对飞机头部表面的温度和压力分布变化图。

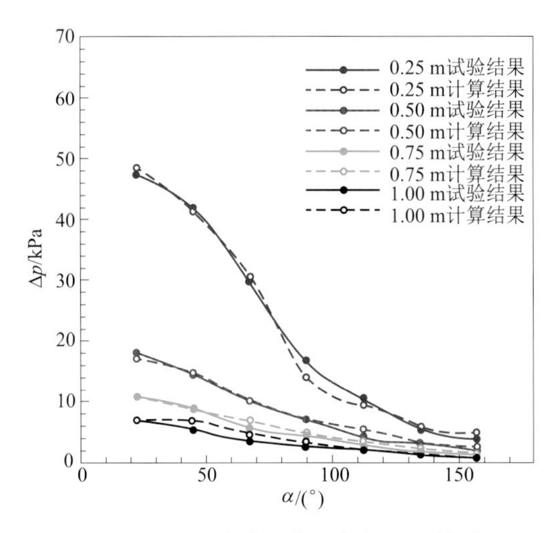

图 4-42 4 km 高空下常温与低温环境膛口冲击波超压值比较曲线

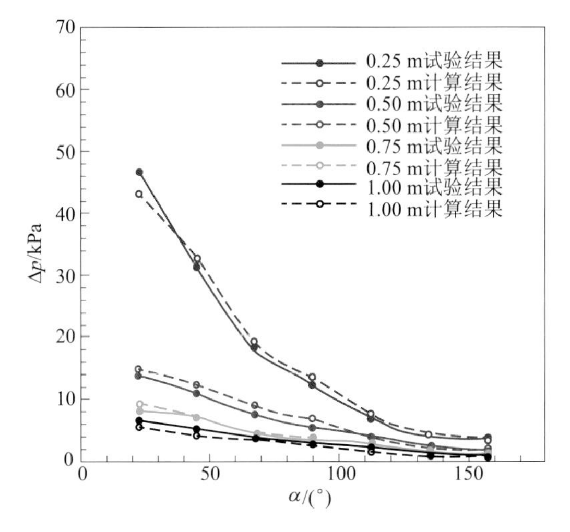

图 4-43 8 km 高空下常温与低温环境膛口冲击波超压值比较曲线

可以看出，高空、高速飞行条件下航炮发射时，膛口冲击波场的方向性和冲击波超压均比地面、静止发射时的强，对航炮前方位的飞机进气道形成干扰的危险性很大。本算例采用双侧孔偏流器，进气道已出现较强冲击波和火药燃气绕射。同时，火药燃气冲击波对飞机蒙皮将可能产生压力冲击和高温燃气流烧蚀等危害。本算例中，飞机蒙皮的最大冲击波超压已达到 200 kPa 以上，蒙皮表面温度达 600 K 以上。采用数值计算方法可以比较准确地预测在不同飞行参数下航炮发射对进气道干扰的危险概率。

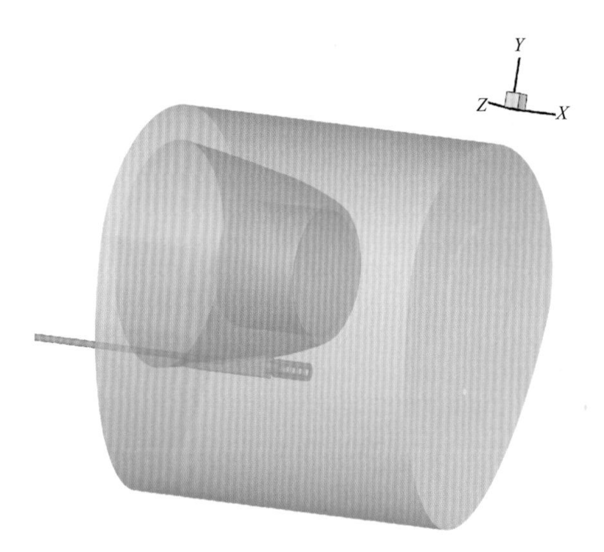

图 4-44 航炮模型与计算域

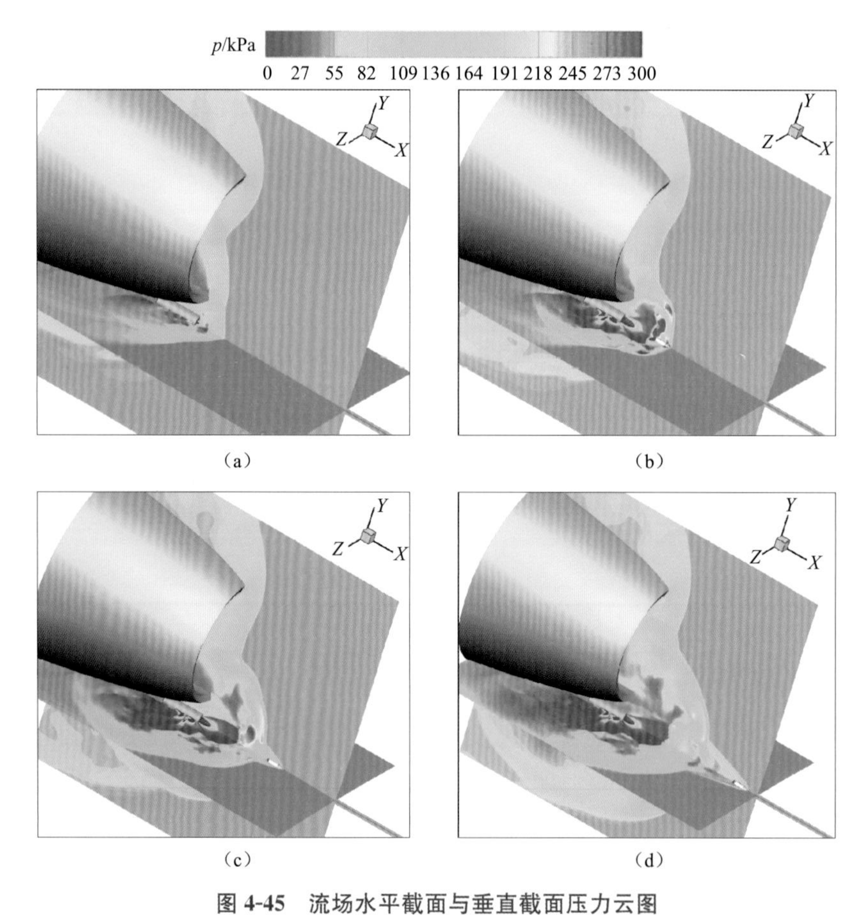

图 4-45 流场水平截面与垂直截面压力云图

(a) $t=0$ ms; (b) $t=0.8$ ms; (c) $t=1.6$ ms; (d) $t=2.4$ ms

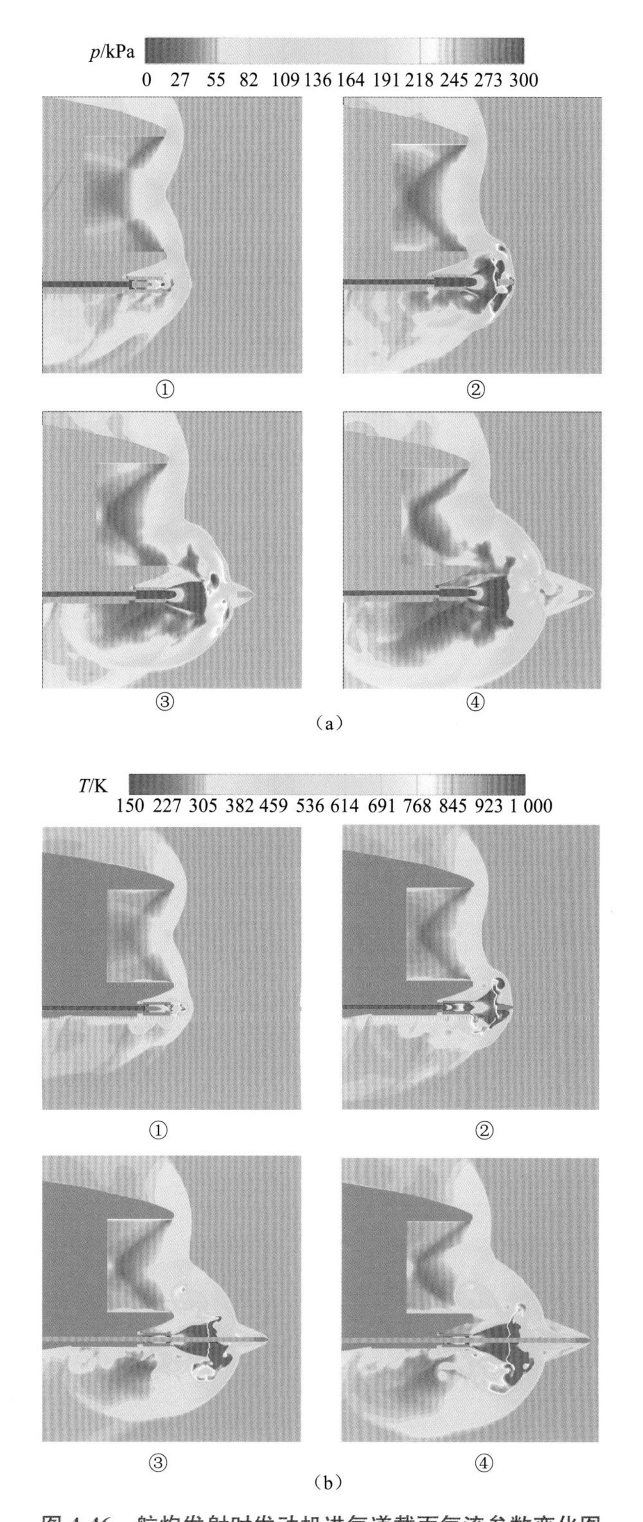

图 4-46　航炮发射时发动机进气道截面气流参数变化图

(a) 压力云图（t=0，0.8，1.6，2.4 ms)；(b) 温度云图（t=0，0.8，1.6，2.4 ms)

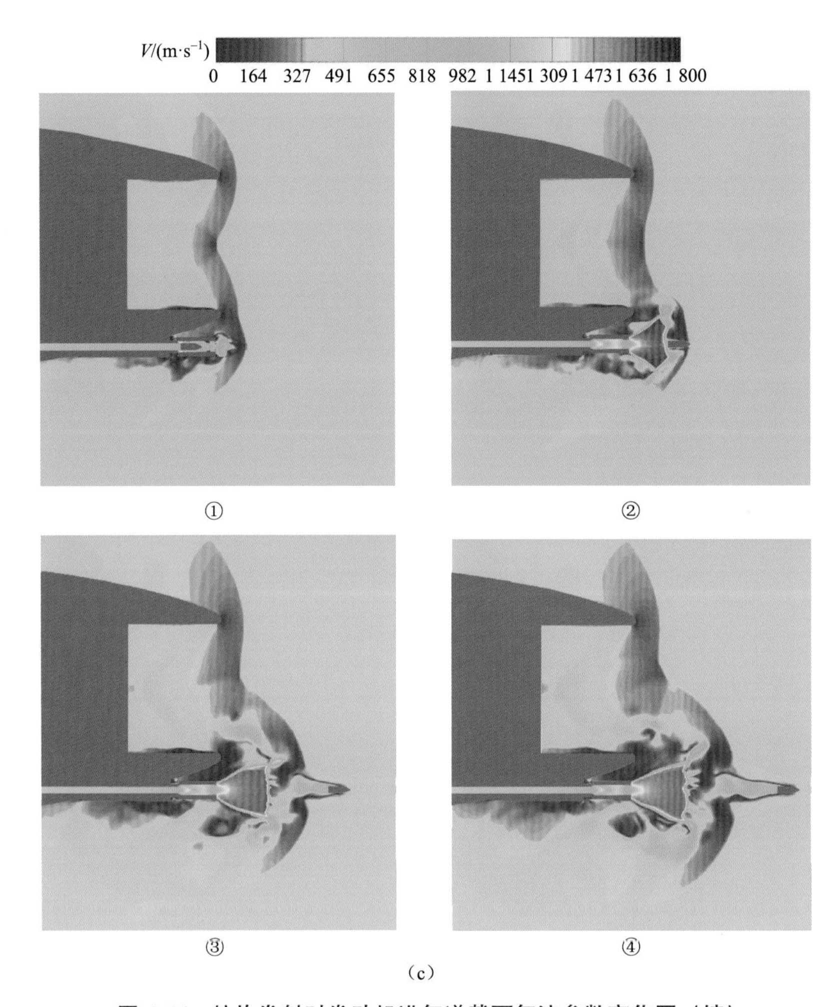

(c)

图 4-46 航炮发射时发动机进气道截面气流参数变化图（续）

(c) 速度云图（t=0，0.8，1.6，2.4 ms）

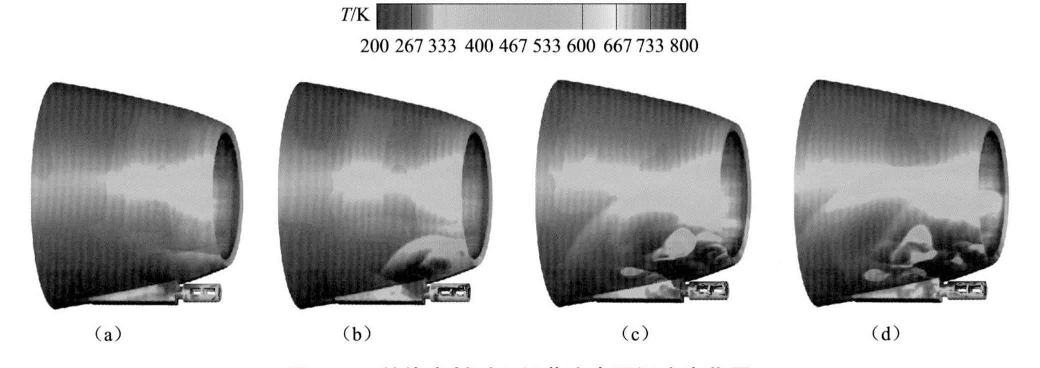

(a) (b) (c) (d)

图 4-47 航炮发射时飞机蒙皮表面温度变化图

(a) t=0 ms；(b) t=0.8 ms；(c) t= 1.6 ms；(d) t=2.4 ms

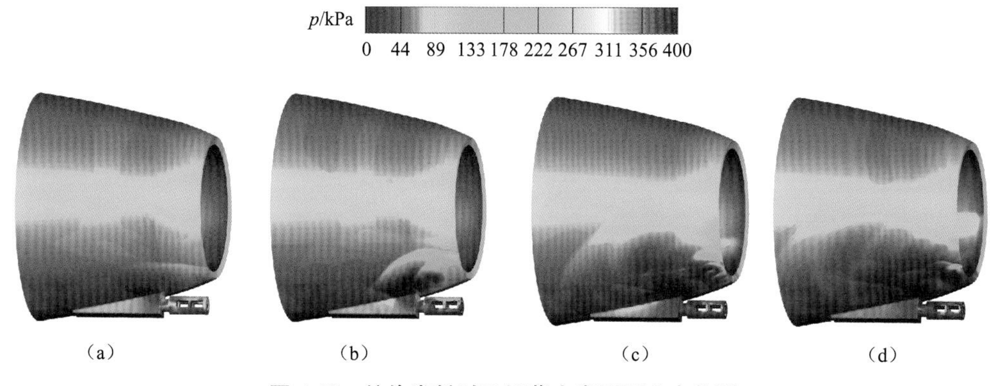

图 4-48　航炮发射时飞机蒙皮表面压力变化图

(a) $t=0$ ms；(b) $t=0.8$ ms；(c) $t=1.6$ ms；(d) $t=2.4$ ms

第六节　无后坐炮、迫击炮膛口冲击波

无后坐炮利用尾喷管的火药燃气冲量抵消后坐动量，极大地减轻了火炮质量，但其负效应十分严重。20 世纪 70 年代后，英、美等国集中开展了有关无后坐炮及单兵火箭冲击波和脉冲噪声危害的研究，主要采取以实验为主、理论计算结合的方法。90 年代后，开始采用数值方法计算无后坐炮冲击波场分布规律。

迫击炮是各国陆军伴随步兵的轻型压制武器，由于装药量、膛压很低，其膛口冲击波的危害常常被军方忽视。实际上，由于身管短、弹药前装、炮手暴露于炮口前方或侧方等特点，使得膛口冲击波的危害程度并不比后膛炮的弱。因此，本书附以算例，以引起重视。

一、无后坐炮膛口冲击波作用特点

① 与后膛炮相比，无后坐炮气流的危害现象更为复杂。

其区别是，无后坐炮同时存在膛口与炮尾两个流场，形成两股冲击波共同作用，尾喷管的超声速射流除在火炮正后方形成一个锥形高温、高速燃气流危险区外，其高速射流形成的炮尾冲击波与脉冲噪声也高于其他火炮。

② 火线高很低，射手位置的地面反射冲击波超压往往高于入射波。

③ 以肩射为主，人员防护困难。

因此，对膛口与炮尾流场的近场冲击波机理研究一直是无后坐炮气流危害研究的重点。

二、无后坐炮冲击波形成机理及影响因素

1. 无后坐炮冲击波形成过程

当火药装药点火，弹丸开始运动，药室压力升至某个预定值时，尾喷管打开，形成

了向下游运动的初始冲击波。紧随其后的高温、高压火药燃气连续喷出，形成火药燃气推动的炮尾冲击波。实际上，喷管打开并非瞬时，从喷管盖撕裂开始发出一系列压缩波，叠加成冲击波。对于无膜或盖的情况，火药燃气就是一个气体活塞，叠加过程相似。

由于无后坐炮和火箭筒火线高很低，随着炮尾冲击波向外传播，在地面产生反射冲击波，并与入射波合成炮尾冲击波；继之，高温、高速燃气射流向后方喷射，形成大面积扇形火焰区；最后，射流脉冲噪声向外传播，其影响范围更大。与此同时，弹丸推动的初始冲击波出膛口，接着弹丸出口，膛口（火药燃气）冲击波形成（表 4-2）。炮尾冲击波和膛口冲击波先后传播至位于身管后端的炮手部位（图 4-49）。就冲击波超压和脉冲噪声的强度而言，尾部的危害一般大于口部的[10]。

表 4-2 无后坐炮发射时的冲击波类型

尾部	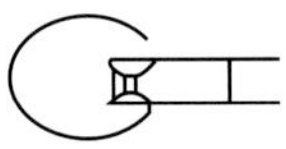 尾喷管打开（或膜破裂）产生的冲击波
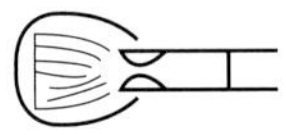	火药燃气冲击波
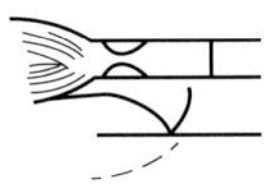	地面反射冲击波
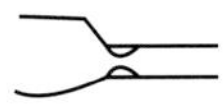	尾喷管射流脉冲噪声
口部	 初始冲击波
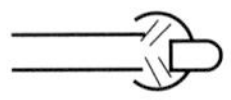	火药燃气冲击波
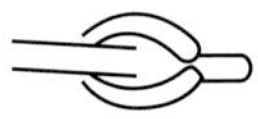	火箭弹出炮口时排气射流引起的冲击波

2. 影响炮尾冲击波的因素

① 膜片或防护盖的打开压力与药室火药燃速无关。打开压力越高，冲击波超压越大。

② 无膜时，取决于药室压力上升梯度，越陡则冲击波超压越大。

三、无后坐炮冲击波场计算实例

以 82 mm 无后坐力炮为计算对象，身管长度为 $l_1=11.55d$，弹丸行程长 $l_3=11.16d$，弹丸质量 $q=6.67$ kg，装药量 $\omega=0.6069$ kg，药室半径 $r_1=0.56d$，尾喷管膨胀度为 4.0，尾喷管出口直径为 $1.70d$。

已知：由试验得到的弹丸行程—时间（l-t）曲线、火药燃烧质量分数—时间（η-t）曲线、药室平均压力—时间（p-t）曲线。

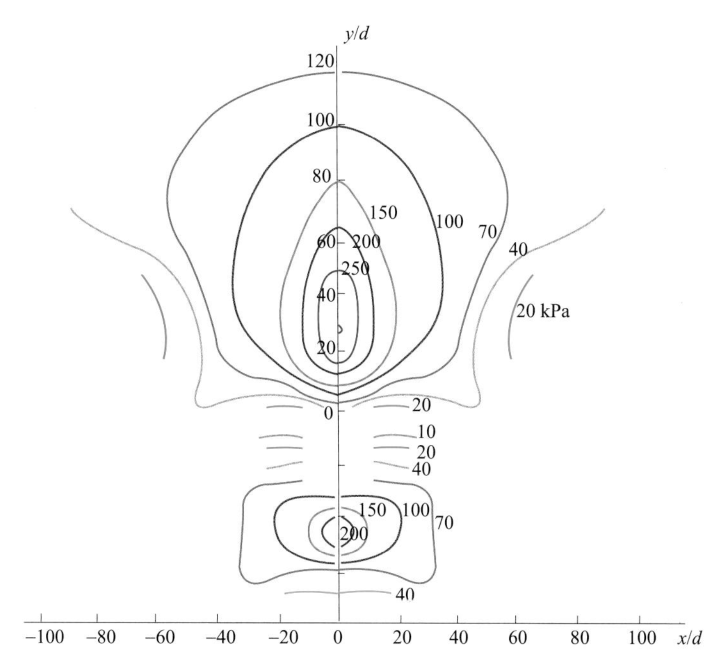

图 4-49　无后坐炮冲击波形成过程及冲击波超压等压线图（实测）

算例包含不考虑地面反射与考虑地面反射两种情况。

不考虑地面反射的炮尾和膛口冲击波压力、温度、气流速度等值线和冲击波超压等压线如图 4-50～图 4-52 所示。

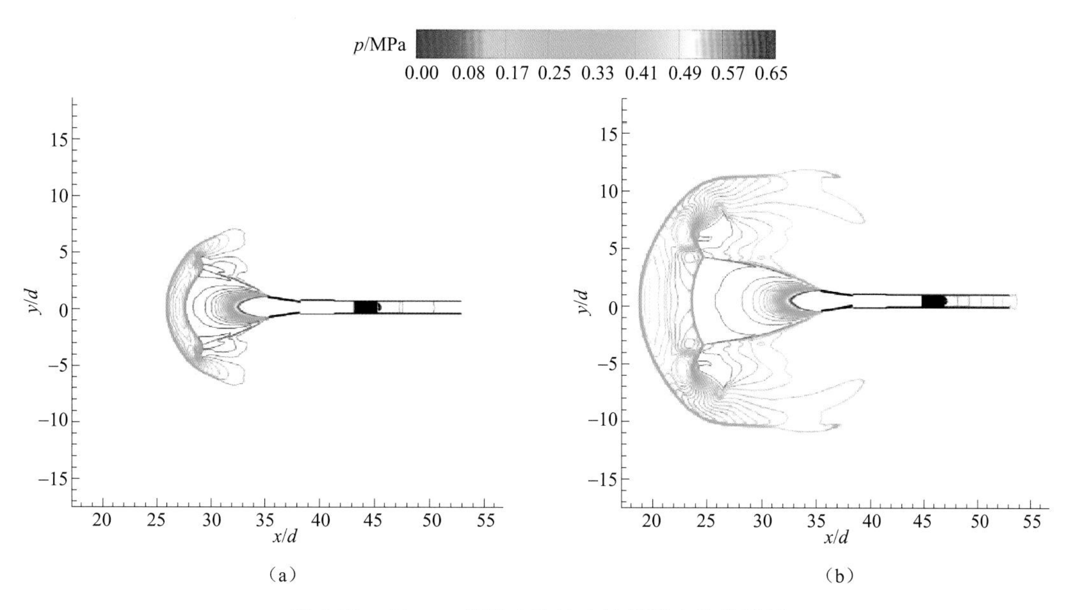

图 4-50　82 mm 无后坐炮冲击波场压力等值线图

（a）$t=1.928$ ms；（b）$t=2.892$ ms

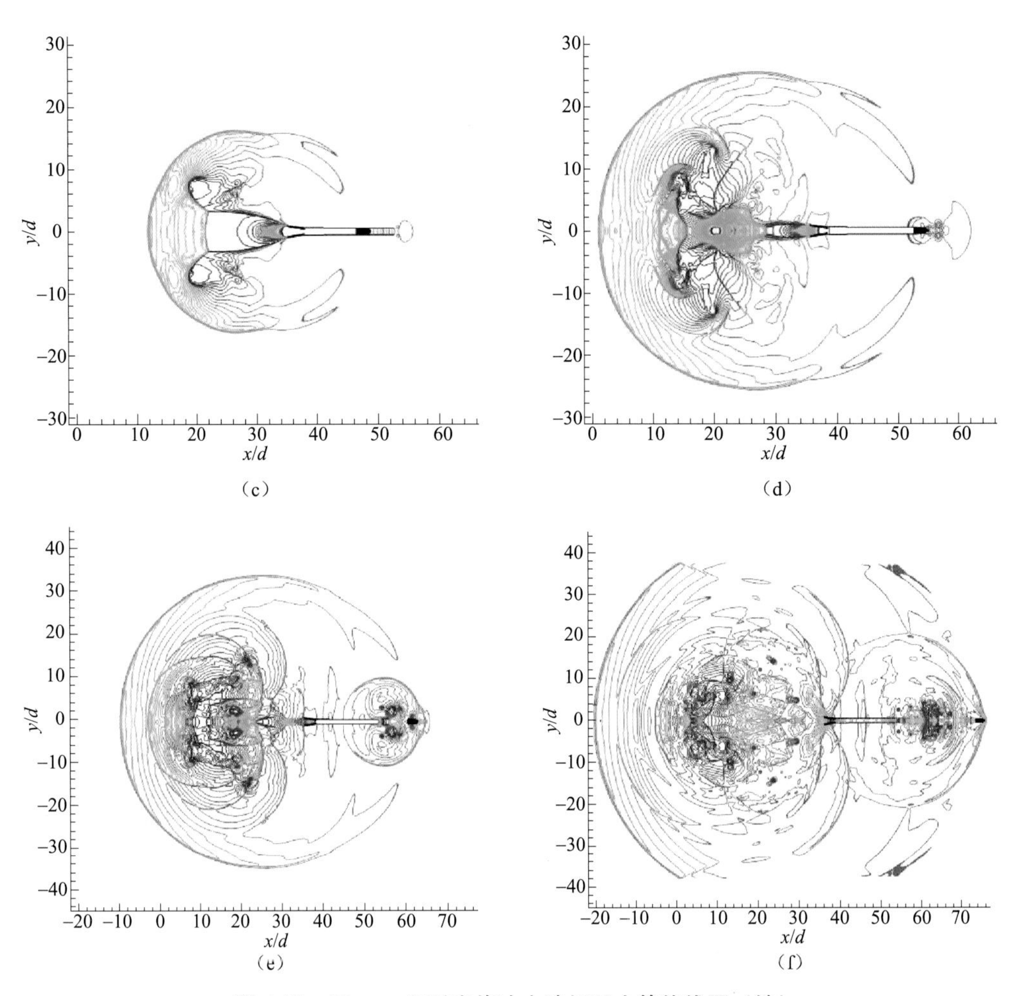

图 4-50 82 mm 无后坐炮冲击波场压力等值线图（续）

（c）t=3.856 ms；（d）t=5.784 ms；（e）t=7.712 ms；（f）t=10.122 ms

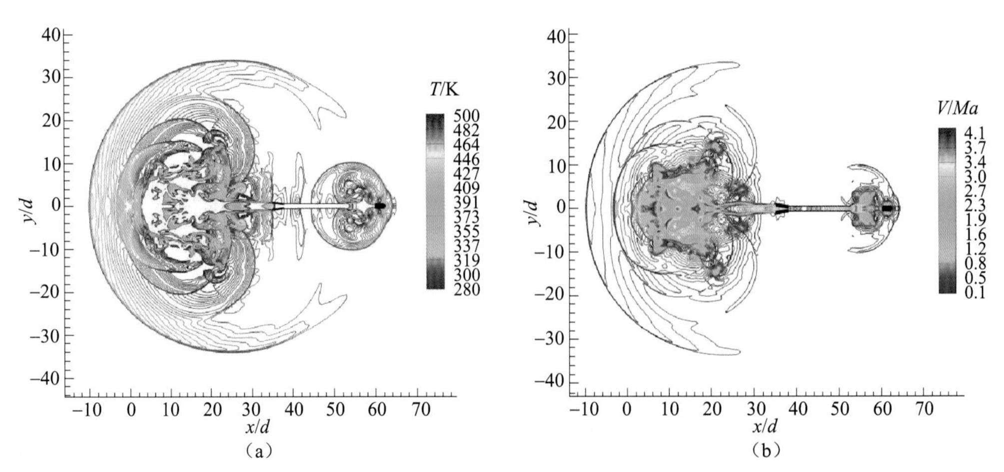

图 4-51 82 mm 无后坐炮温度与速度场分布图（t=7.712 ms）

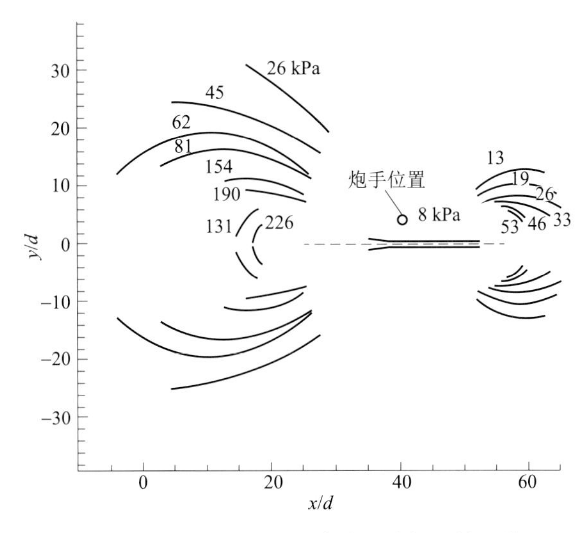

图 4-52 82 mm 无后坐炮冲击波超压等压线

按照第三节关于计算冲击波超压等压线的处理方法，依式（4-6）和式（4-7）逐次计算冲击波超压等压线（图 4-52）。计算结果表明，无后坐炮炮尾冲击波超压危险区在尾喷口后方约 60 倍口径、侧方约 35 倍口径（对本例为 5 m 和 3 m），膛口危险区在侧方 12 倍口径（对本例为 1 m）的半自由场区域，其边界的冲击波超压峰值已达 20 kPa（180 dB）。炮尾的高温（温度 500 K 以上）、高速（速度 1.5*Ma* 以上）燃气流危险区为长约 40 倍口径、直径 10 倍口径的锥形区域。需要指出的是，本计算未考虑地面反射和火炮绕射的影响，因此，炮手位置的计算超压要明显小于实测值。

考虑地面反射的三维流场计算结果如图 4-53 所示。

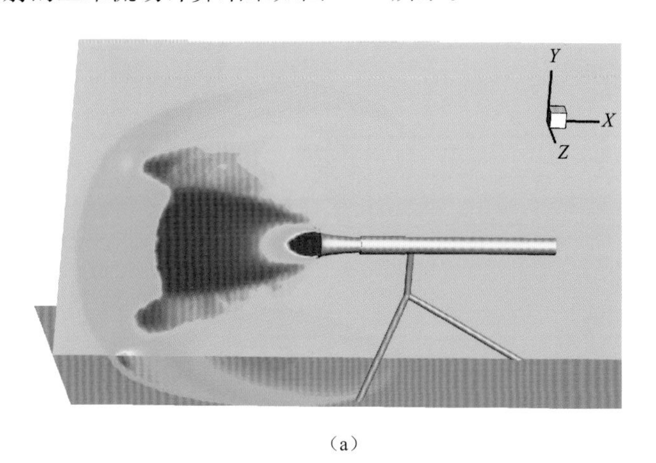

（a）

图 4-53 考虑地面反射的无后坐炮流场发展图

（a）纵截面与地面压力云图（$t=2.3$ ms）

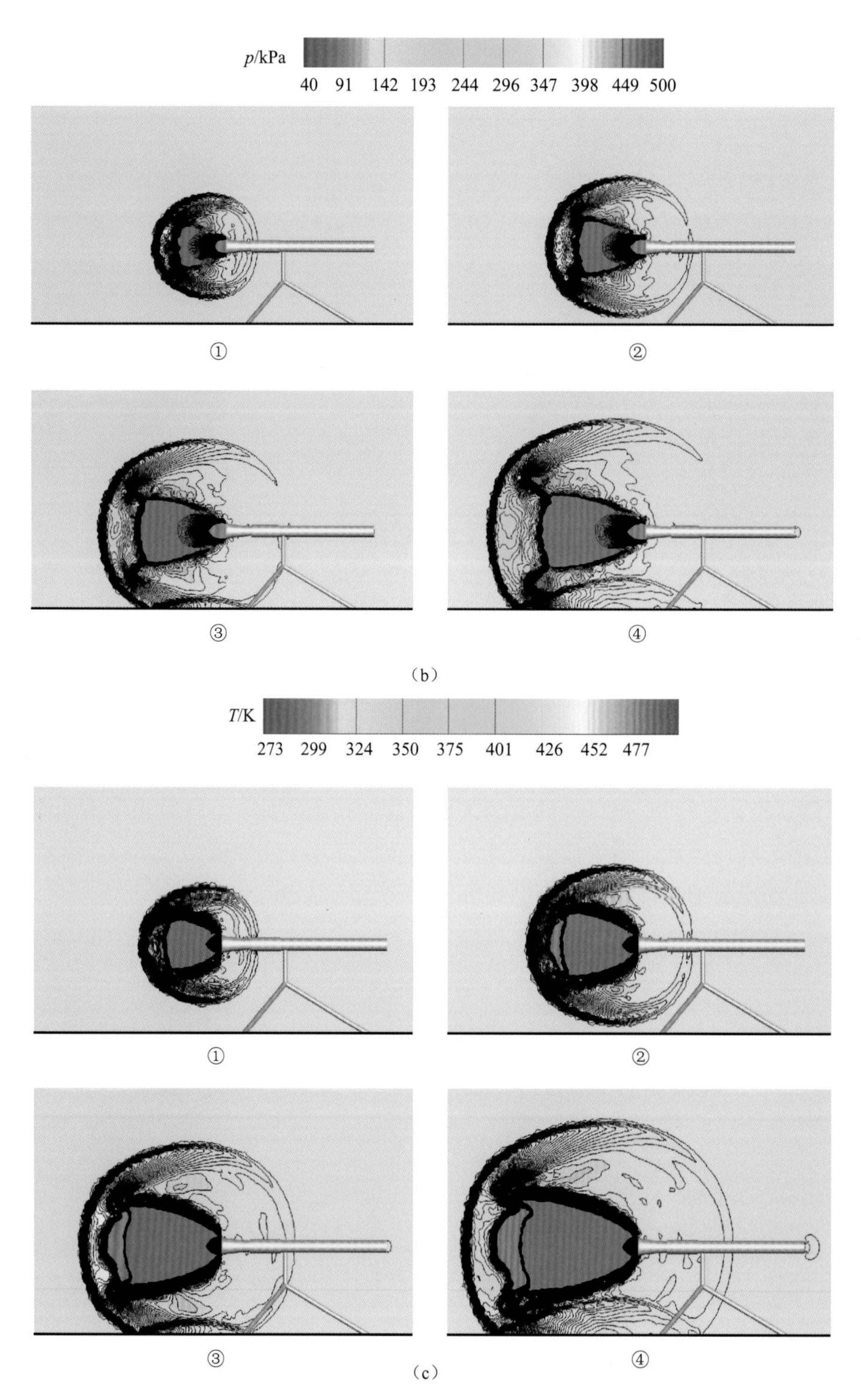

图 4-53　考虑地面反射的无后坐炮流场发展图（续）

(b) 纵截面压力等值线（t=1.0，1.4，1.8，2.3 ms）；(c) 纵截面温度等值线（t=1.0，1.4，1.8，2.3 ms）

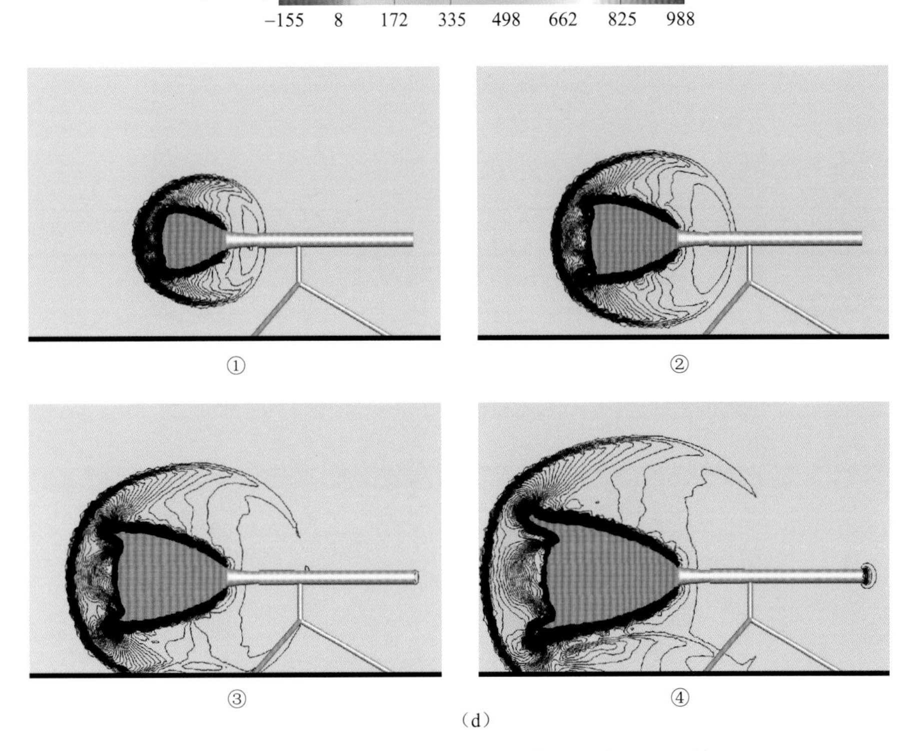

图 4-53　考虑地面反射的无后坐炮流场发展图（续）

（d）纵截面速度等值线（t=1.0，1.4，1.8，2.3 ms）

四、迫击炮膛口冲击波场计算实例

本算例以 100 mm 迫击炮为计算对象，其身管长 l_s = 1 575 mm，装药量 ω = 0.189 kg，弹丸质量 q = 8 kg，弹丸初速 v_0 = 250.1 m/s，出口压力 p_g = 8.2 MPa。

图 4-54 为垂直截面的压力、温度和速度等值线。

图 4-55 是根据二维计算结果，按照第三节关于计算冲击波超压等压线的处理方法，得到的冲击波超压等压线。

计算结果表明，迫击炮的膛口冲击波危险区为距炮口 15 倍口径内的环形区域。对于 100 mm 迫击炮，距炮口侧方 5 倍口径处的冲击波超压峰值高达 34 kPa（184 dB），8 倍口径处为 20 kPa（180 dB）。此区间正是炮手连续发射时的操作区，已明显超出人员生理安全标准。

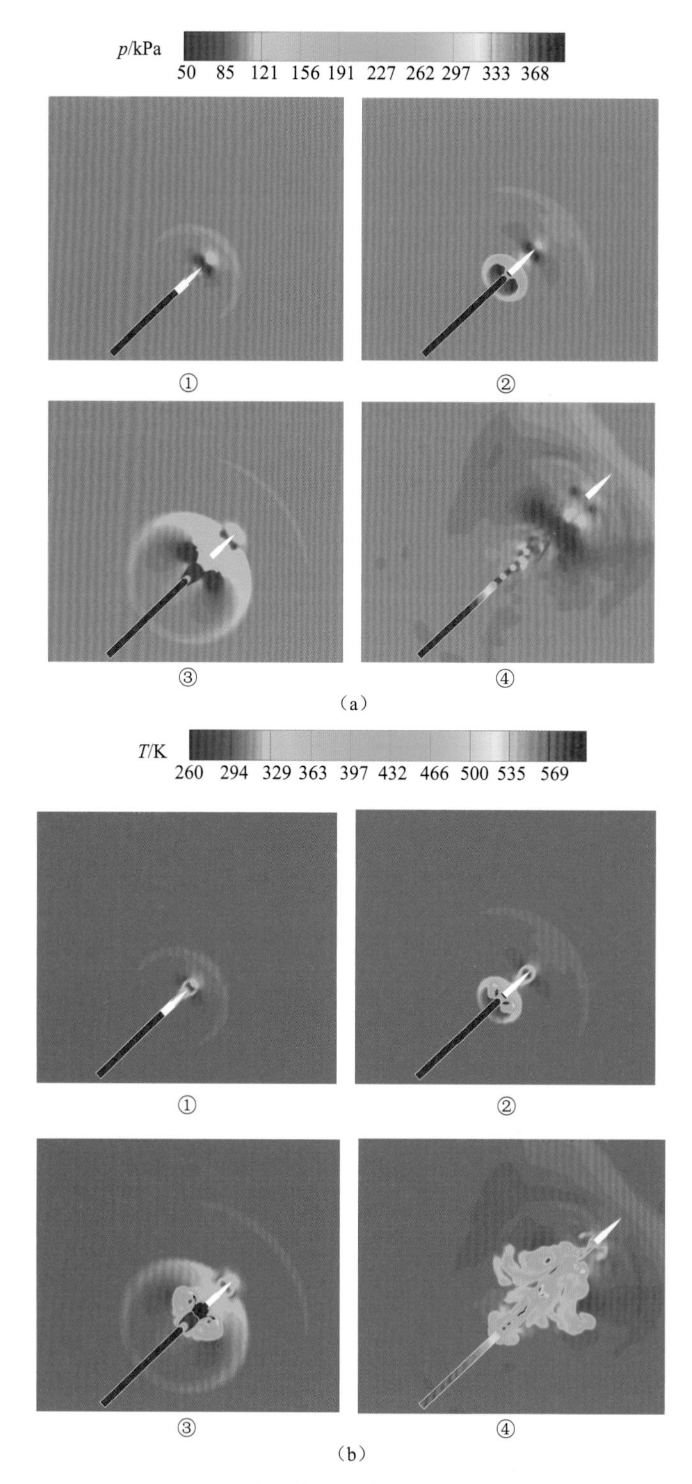

图 4-54 追击炮垂直截面气流参数云图

(a) 压力云图（$t=-0.6$, 0.6, 1.8, 2.6 ms）；(b) 温度云图（$t=-0.6$, 0.6, 1.8, 2.6 ms）

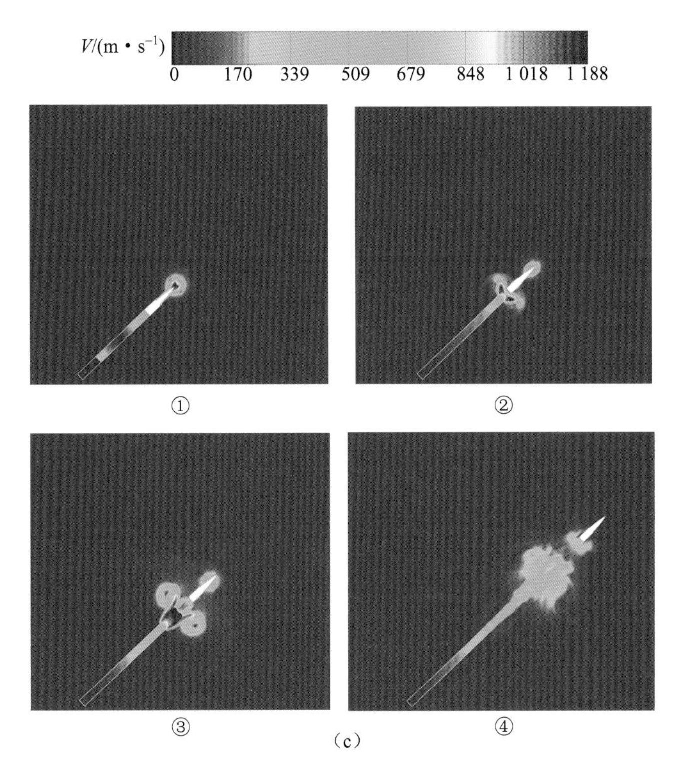

图 4-54　迫击炮垂直截面气流参数云图（续）

（c）速度云图（t＝－0.6，0.6，1.8，2.6 ms）

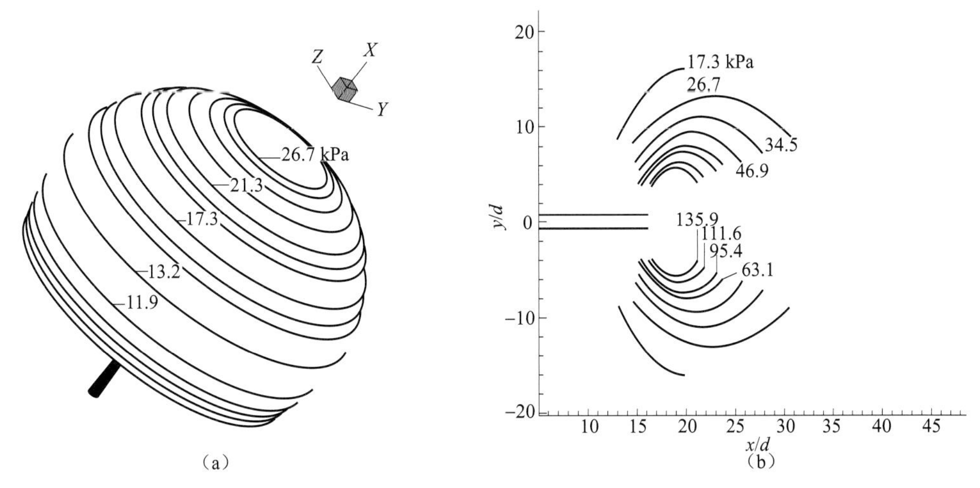

图 4-55　100 mm 迫击炮膛口冲击波波阵面及超压等压线

关于本章内容的详细研究资料，可参阅附录八的 2(2)，2(4)，2(19)，4(5)，4(6)，4(16)，5(2)，6(2)，6(3) 等的有关报告及论文。

第五章　膛口气流脉冲噪声

概　　述

膛口气流脉冲噪声定义为：火药燃气湍流射流及与冲击波、激波、固壁相互作用形成的，在膛口冲击波后独立向外传播的气流脉冲噪声。其在膛口周围传播的区域称为膛口气流脉冲噪声场，是武器远场的危害源之一。

研究膛口气流脉冲噪声的目的在于预防与控制危害。在第十章膛口气流危害控制原理中，首先遇到了中、远场区域膛口压力波中的弱冲击波与强脉冲噪声在参数测量、波形分析时难于区分的实际问题。于是，从标准制定的统一出发，在冲击波超压很低（小于6.9 kPa/170.7 dB）时，就把压力波（包含冲击波和脉冲噪声）定义为膛口噪声，作为制定人员听觉器官损伤标准的唯一危害源。实际上，这种区分不能正确反映两种波的物理本质，只是为建立安全标准采取的操作方法。

寻找区分冲击波与脉冲噪声更科学、实用的检测、分析、计算和控制方法是一个需要深入探讨的课题。其中，准确计算膛口气流脉冲噪声场是解决这个问题的第一步。

与流体力学一样，理论分析、实验研究和数值模拟是研究气动声学原理的基本手段。膛口气流脉冲噪声研究需要借鉴近半个世纪新发展起来的气动声学的理论与计算方法。

本章利用气动声学理论和计算气动声学（CAA）方法，尝试计算几种简单出口气流（火箭发动机喷口、无后坐炮尾喷管、枪膛口）的脉冲噪声发生与分布特性，为分析膛口气流脉冲噪声与膛口冲击波的物理特性和危害防治的区别提供参考。

第一节　气动声学理论简述

20世纪50年代以来，为了减小喷气发动机气流噪声的危害，对气体流动产生噪声的理论和实验研究成为热点。以Lighthill声学模拟理论的建立为标志，形成了气动声学新学科，它是气体动力学和声学的交叉学科。

一、Lighthill声学模拟理论

建立声学理论的基本思路是分析声源及声波相互作用规律。研究气动声学，首先要找到声源。Lighthill[11]采用声模拟理论方法，分析了气流中的噪声源并提出了求解噪

声场的理论方法。研究证明，在高速气流内部形成的湍流是一个重要的噪声源，而超声速、高压喷口射流是这类气流噪声源中最强的一种。Lighthill 首先推导了湍流波动方程，即 Lighthill 方程

$$\frac{\partial^2 \rho}{\partial t^2}-a_0^2\frac{\partial^2 \rho}{\partial {x_i}^2}=\frac{\partial^2 T_{ij}}{\partial x_i \partial x_j} \tag{5-1}$$

式中，$T_{ij}=p\delta_{ij}+\rho v_i v_j-\tau_{ij}-a_0^2\rho\delta_{ij}$，称为 Lighthill 应力张量。

Lighthill 方程是未做任何近似的精确方程。其右方项可以看作等效声源，当 $T_{ij}=0$ 时，左方是一个湍流噪声场之外的自由声场波动方程，即描述在未被扰动介质中以声速 a_0 传播的声波。如观察点到声源区的距离 r 远大于声源区尺寸，利用 $\mathrm{d}p/\mathrm{d}\rho=a_0^2$，式（5-1）的解可写作

$$p(x,t)=\frac{1}{4\pi a_0^2 r}\int_V \frac{\partial^2}{\partial t^2}T_{rr}(y,t-r/a_0)\mathrm{d}V(y) \tag{5-2}$$

式中 T_{rr}——T_{ij} 在取 x_i 和 x_j 为 r 方向时的值；

y——声源区内的坐标；

V——积分湍流区；

$t-r/a_0$——延迟时间。

Lighthill 对式（5-2）采用量纲分析方法，得到了湍流噪声的总声功率与声强的关系，即著名的 Lighthill 速度八方定律

$$W=KD^2\frac{\rho^2 V^8}{\rho_0 a_0^5} \tag{5-3}$$

式中 K——Lighthill 常数，其实验值为 3×10^{-5}。

必须强调的是，此公式成立的条件是低速、冷射流。对于火箭和喷气发动机等高速、热射流而言，实验表明，它更符合速度三方定律。由于声源随气流运动，声波穿过气流折射等原因引起辐射的方向效应，即气流下游方向的声强增强，上游方向声强减弱。因此，仅在 90°方向与这些因素无关。可以认为，量纲分析得出的声压或声强公式在 90°方向是准确的。

Lighthill 声学模拟理论较好地分析了射流噪声辐射的主要特征，并成功应用于其他形式的流动噪声预测。此后，又经过对运动气流、非均匀气流、固壁影响以及高温、高速射流等复杂流动的一系列研究和修正，建立了复杂流动的噪声方程，形成了较完整的气动声学理论体系。

二、射流湍流噪声压力定律及噪声频率特性

1. 压力定律

马大猷院士[12]采用实验研究和量纲分析相结合的方法，在 Lighthill 声学模拟理论基础上，导出了便于运用的噪声声压级与气室压力关系式，并将其推广到其他情况，形成了系列的射流噪声压力经验公式。研究表明，在喷口的前方位，射流湍流噪声是主要

声源，导出了垂直于射流方向 1 m 处射流的湍流噪声压力公式。假设压缩空气射流自压力为 p_1 的气室通过收缩喷口（直径为 d）向压力为 p_0 的空气排放，在对式（5-2）进行量纲分析时，得到压力定律。

$$p \propto \frac{1}{a_0^2 r}\left(\frac{V}{d}\right)^2 (p_1 - p_0) d^3 \propto \frac{d}{r}\left(\frac{V}{a_0}\right)^2 (p_1 - p_0) \tag{5-4}$$

对于低速冷空气射流，V^2/a_0^2 与（$p_1 - p_0$）/p_1 成比例，因而推得在 90°方向的声压平方为

$$p^2 = 8 \times 10^{-6} \frac{d^2}{r^2} \frac{(p_1 - p_0)^4}{p_1^2}$$

式中，比例常数由试验测得。由上式可推得在 90°方向距喷口 1 m 处的声压级公式

$$L_p = 83 + 20\lg \frac{(R-1)^2}{R} + 20\lg d \tag{5-5}$$

对于高压、欠膨胀射流，类似可得到在 90°方向 1 m 处的声压级经验公式为

$$L_p = 80 + 10\lg \frac{(R-1)^4}{R^2 - R + 0.5} + 20\lg d \tag{5-6}$$

式中，$R = p_1/p_0$；d 为喷口直径（单位：mm）。若在式（5-6）中的压力项分母中略去 0.25，可适用于很高压力时

$$L_p = 80 + 20\lg \frac{(R-1)^2}{R - 0.5} + 20\lg d \tag{5-7}$$

利用式（5-7）估算了几种武器（火箭发动机喷口、82 mm 无后坐炮尾喷口、7.62 mm 弹道枪膛口）的火药燃气射流噪声。在 90°方向 1 m 处的声压级计算结果列在表 5-1 中。

表 5-1　压力公式（5-7）计算的射流噪声声压级

参数	类　型		
	火箭发动机	无后坐炮	弹道枪
出口直径/mm	36	82	7.62
出口总压/MPa	3.15	4.62	14
声压级/dB	140.9	151.3	140.5

以上算例的射流噪声数值计算结果见本章第三节。

2. 湍流噪声的频率特性

湍流噪声的频谱是影响噪声传播、衰减特性和人体危害与控制的重要参量。在安全标准制定中，由专业噪声频谱分析仪进行检测和标定。湍流噪声具有很宽的谱带，它取决于声源的物理结构。

图 5-1 是出口压力比为 30 的喷管射流分区的噪声频率与声压级分布和噪声场等声压线图。在射流核心（初始段 A），声压级最高，出口处可超过 145 dB，频率也最高，

可达 3～10 kHz，随混合区（过渡段 $B+C$ 与主体段 C）直径的增大，声压级和频率不断降低。

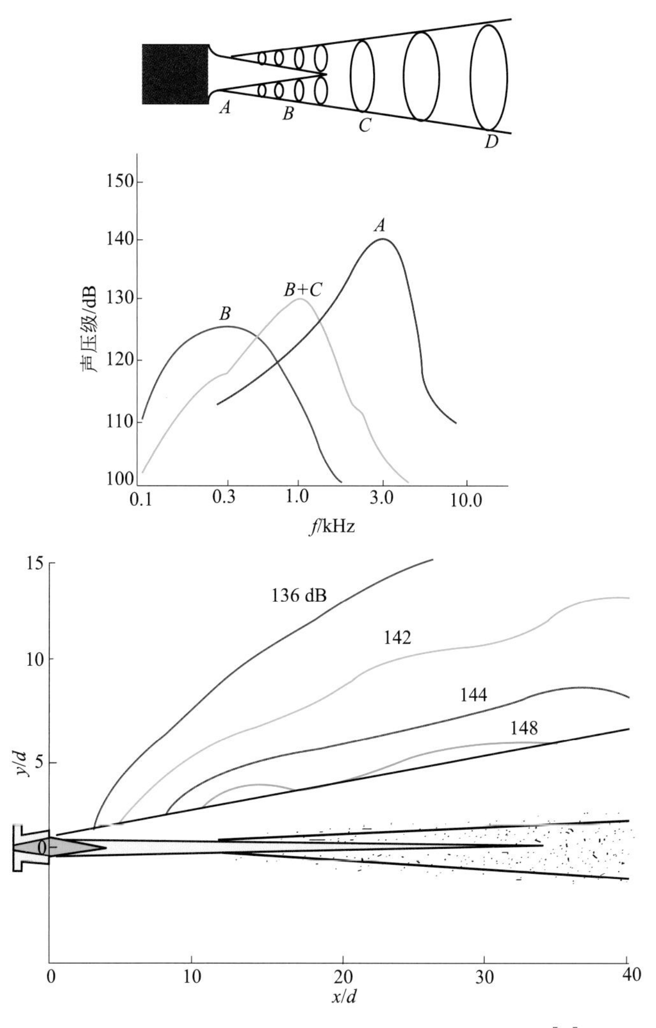

图 5-1　射流的湍流噪声频率—声压级分布曲线[13]

图 5-2 是几种不同口径喷口射流的湍流噪声频谱曲线。从图中可以看出，喷口直径对不同气流噪声频谱的影响具有共性，随喷口直径的减小，频率增大。

马大猷利用湍流噪声的频谱特性研究了小孔消声器原理，由图 5-2 可见，$S=fD/V=0.2$，用小直径喷口的作用是把频谱峰值和大部分频谱提高到可听声之外的超声频区域。一方面，可以避开听觉器官的敏感阈；另一方面，声波在空气中的衰减与声音频率的平方成反比，这部分高频噪声在远方位很快被吸收。

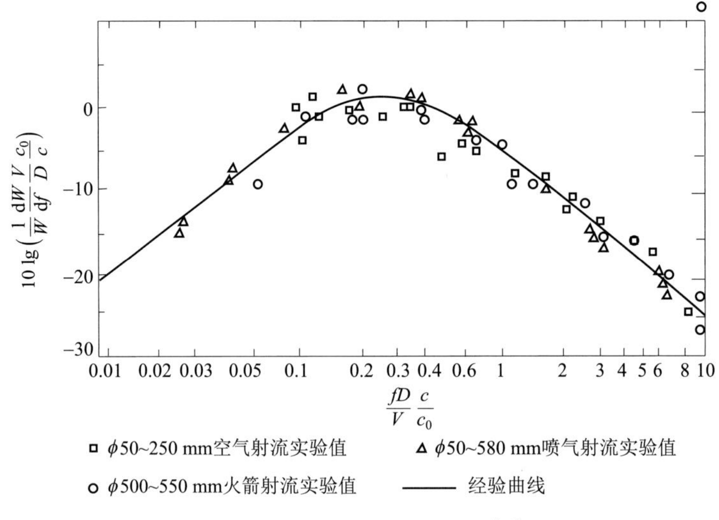

图 5-2 湍流噪声的频谱曲线[12]

第二节 计算气动声学简介

20 世纪 90 年代以来，计算气动声学逐步发展，这是因为气动声学理论提出的不少课题仅靠声学模拟理论已无法解决，精确描述各类波的运动及其相互作用规律需要数值方法，而计算流体力学和现代计算机技术的快速发展为计算气动声学的诞生和发展奠定了基础。

计算气动声学（CAA）是用数值方法研究气动声学问题的学科，是气动声学的一个新分支。由于气动声学的复杂性，声学中原有的数值方法，如有限元法、边界元法和声源叠加法等已不适用，差分方法已成为计算气动声学的主要方法之一。使用的方程包括 N-S，Euler 方程或扰动形式的方程。

计算气动声学主要研究噪声形成的非定常流机理、声源的确定以及声与流动相互作用等问题[14]。CAA 学科的目标是发展系列气动声学的数值计算方法，预测气流噪声，以便采取控制或降低噪声的措施。

计算气动声学采用的数值方法与计算流体力学（CFD）有密切相关性，例如，近场计算常基于 CFD。但是，CAA 面临问题的特点和结果远比 CFD 的复杂和困难。首先，同时求解近场的声源区域流动特性和远场的声波传播问题，需要同时计算两种相差几个数量级的声学参数与气流参数；此外，准确模拟波动频率、波幅和波阵面，要求格式保持无耗散、无色散和各向同性；需要控制计算边界反射的非物理波等。因此，适用于 CAA 的时间和空间差分格式通常具有四阶以上精度，而计算网格数量和计算时间必将呈数量级地增加。根据以上特点，计算气动声学可分为两类：直接模拟方法和混合方法。有关计算气动声学的计算方法介绍，详见第八章。

一、直接法

直接法[15]是指同时对非定常流和噪声进行数值模拟，即在全场（近场与远场）均采用数值模拟，故又称全场模拟。如果近、远场两个区域采用同一种数值计算方法，称为统一数值模拟，否则，称为分区域匹配数值模拟。目前，能够满足这个要求的只有直接数值模拟（DNS）和大涡模拟（LES）等少数方法。

对于模拟包括声源在内的近场气流和噪声传播的远场大计算域，必须考虑流场与声场在尺度、能级和气动扰动与声扰动数量级的差距，并保持声波无耗散、无色散、可精确模拟高波数运动的特点，只能通过直接求解 N-S 方程来实现。采用传统的计算流体力学（CFD）方法，无法达到上述要求，即获得收敛的解并保证足够的精度。只有采用 CAA 的直接数值模拟（DNS）方法才能胜任，并且可以准确地预测流场和声场。

分区匹配数值模拟是为了降低计算时间和网格数量，可以按近场和远场分别采取不同的近似假设与计算格式。例如，近场计算采用的大涡模拟（LES）是根据射流噪声研究的一个结论，即流动产生的大尺度旋涡是影响声强的主要因素，它产生低频噪声，由喷口流动的边界条件直接计算；远场计算可采用线性欧拉方程数值解。分区匹配需要解决两区采用不同差分方法时的分区界面匹配问题。

直接数值模拟要求计算网格非常精细、计算速度与容量非常高，计算成本也随之大幅提升。但是，随着计算机技术的快速发展，直接模拟无疑是未来的方向。

目前，研究者多从求解一些简单的问题入手，以减小计算区域，节约成本，便于工程应用，探讨简化和替代方法。大涡模拟、波外推法和线性方程求解等就是这样的例子。近期的计算实例表明，大涡模拟（LES）方法对于高雷诺数超声速射流噪声的计算有较好的应用前景。

二、混合方法

混合方法是指按声场不同区域分别采用数值计算和模拟理论进行的非定常流与噪声模拟方法。Lighthill 在 1952 年就提出，在流动的近场采用非定常数值模拟，远场用声波方程模拟传播，目的是发挥数值计算和理论分析的各自优势，简化流场与声场计算。

通常，在近场，利用 CFD 处理复杂边界条件和气流参数的优势，来计算声源参数；远场则基于气动声学模拟理论进行积分，计算声场参数。

在近场数值计算方法中，经常沿用直接模拟中分区匹配的数值计算方法，如大涡模拟（LES）。在远场，多采用 Kirchhoff 面积分方法或 FW-H 积分方法[16]。其中，FW-H 方法是通过气动声学模拟分析，对射流区域给定的控制曲面进行积分，借助微分算子将流场计算的参数辐射到远声场。

将近场与远场的方法结合在一起形成了混合方法。例如，CFD（LES）/FW-H 方法[14]是比较常用的一种。它是将 LES 算法计算近场气流参数作为控制面上的声源参数，再利用 FW-H 的噪声模拟方法计算远场气动噪声。混合方法具有计算量适中、计算效率高的特点，是一种很有应用前景的气动噪声预测方法。

第三节　膛口气流脉冲噪声的计算实例

本节采用 LES/FW-H 混合方法计算几种武器（火箭发动机喷口、82 mm 无后坐炮尾喷口、7.62 mm 弹道枪膛口）的膛口气流脉冲噪声——火药燃气射流噪声。

一、火箭发动机气流脉冲噪声场数值计算

火箭发动机气流脉冲噪声主要由燃气射流产生。

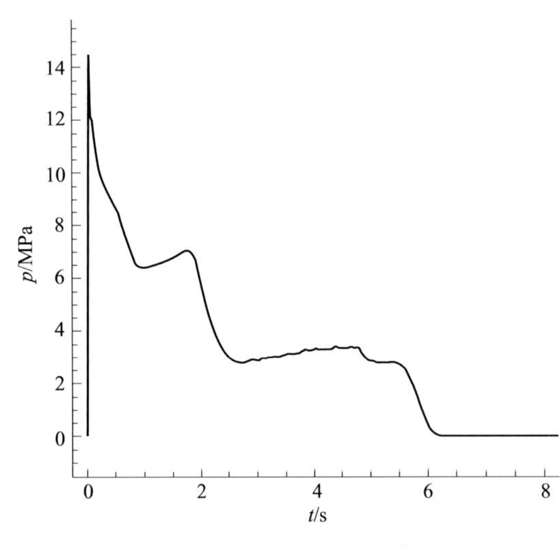

图 5-3　燃烧室压力一时间曲线图

某火箭发动机燃烧室压力一时间曲线如图 5-3 所示，将过程划分为三段：点火启动段、稳态工作段和拖尾段。点火启动段的持续时间很短，压力变化很大，是一个非定常燃烧过程，压力峰是火箭口盖打开形成的，出口后为一冲击波波形（图 1-32（b））；稳态工作段压力变化很小，持续的时间最长，是定常或准定常燃烧过程；拖尾段是装药燃烧结束（或有少量残药燃烧）后的泄压过程，压力较低，持续时间也最短。火箭发动机射流脉冲噪声计算采用准定常假设，即以稳定工作段的气流参数作为初始条件。

我们的目的是采用数值方法研究膛口射流噪声的辐射特性，此处使用 LES/FW-H 两阶段混合方法（参见第八章）计算远场射流噪声。第一阶段采用大涡模拟方法计算膛口流场，模拟噪声源的产生。在计算过程中，获取近场 Kirchhoff 源面上的非定常流参数。第二阶段使用 FW-H 积分数值求解远场接收点处的声信号。

火箭喷管喉径 20.5 mm，出口直径 $d=36$ mm，扩张半角 14°。计算所用的参数为某火箭武器的真实参数，燃气比热比 1.18，入口处总温 900 K，入口处总压为 3.15 MPa，出口处马赫数为 2.41。

计算区域如图 5-4 所示，其中 $l_1=1\,800$ mm，$l_2=1\,080$ mm，$l_3=270$ mm，$l_4=558$ mm。Kirchhoff 源面建立在 CFD 计算域中，起始于喷口处，半径为 l_3，直线段长度为 l_2。当第一阶段的非定常流计算达到相对稳定状态时，提取所选源面上的相关非定常流参

数，作为噪声计算的边界条件，利用 FW-H 方程计算远场计算点（图 5-5）处的声压。

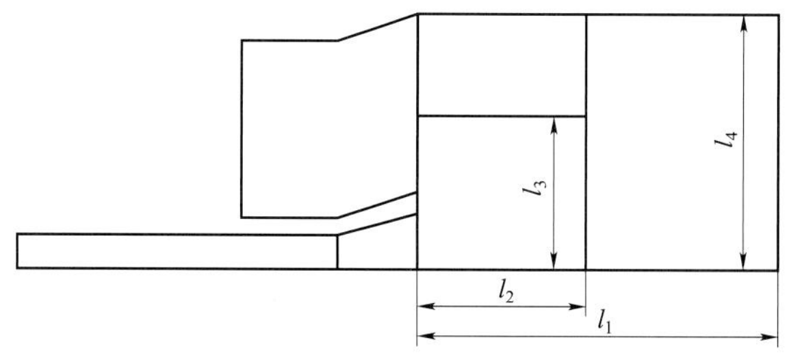

图 5-4　计算域示意图

取以喷口中心为圆心，半径 $R=1$ m 的圆，射流下游方向为起始方向，每隔一定的角度取一个计算点（图 5-5）。

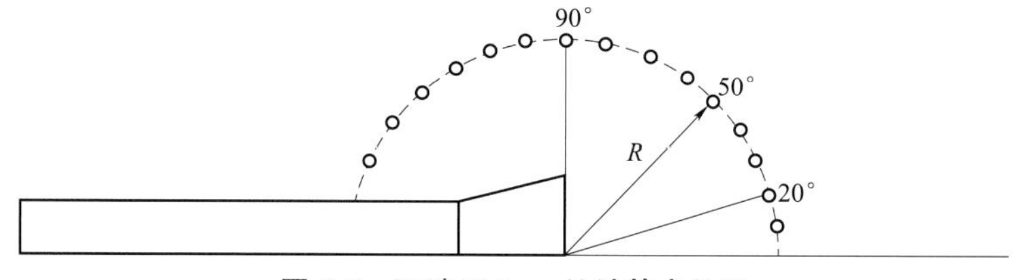

图 5-5　距喷口 1 m 处计算点位置

图 5-6 为经 LES 计算得到的不同时刻流场密度等值线图，当密度场计算达到相对稳定状态时（图 5-6（b）），进行第二阶段的声场计算。

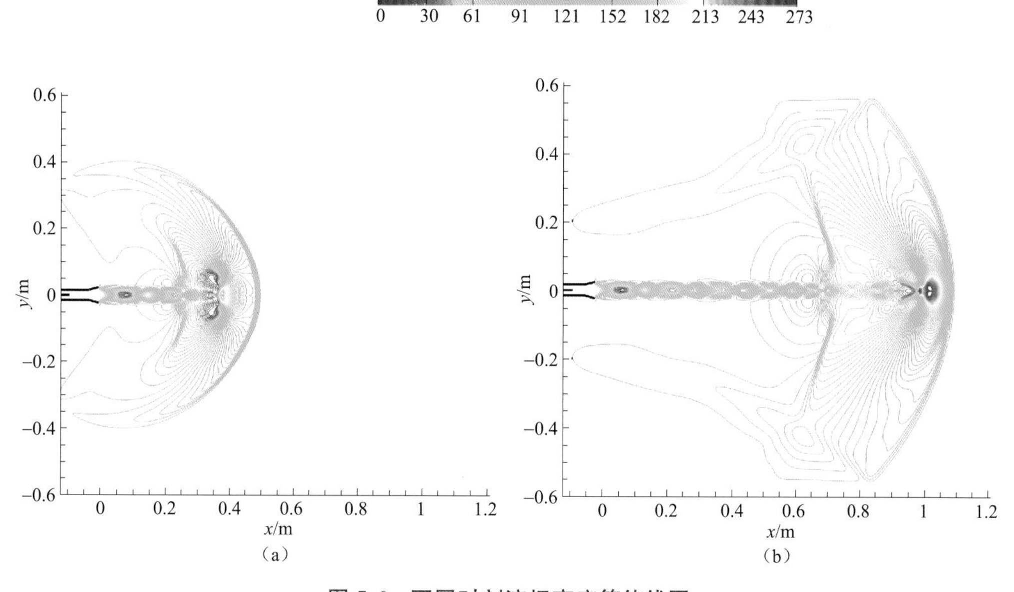

图 5-6　不同时刻流场密度等值线图

(a) $t=1$ ms；(b) $t=2.5$ ms

图 5-7 是距喷口 1 m 处的噪声场指向图，可见火箭射流脉冲噪声场具有明显的方向性。采用混合方法，90°方向、距喷口 1 m 处的声压级计算值为 147 dB。利用湍流噪声压力定律公式（5-7），计算同一点的声压级为 141 dB。

依次计算沿不同方向和距离的各计算点的总声压级，可绘制声压级云图（图 5-8）。从图中可以看出：随着与管口距离增大，总声压级逐渐减小。

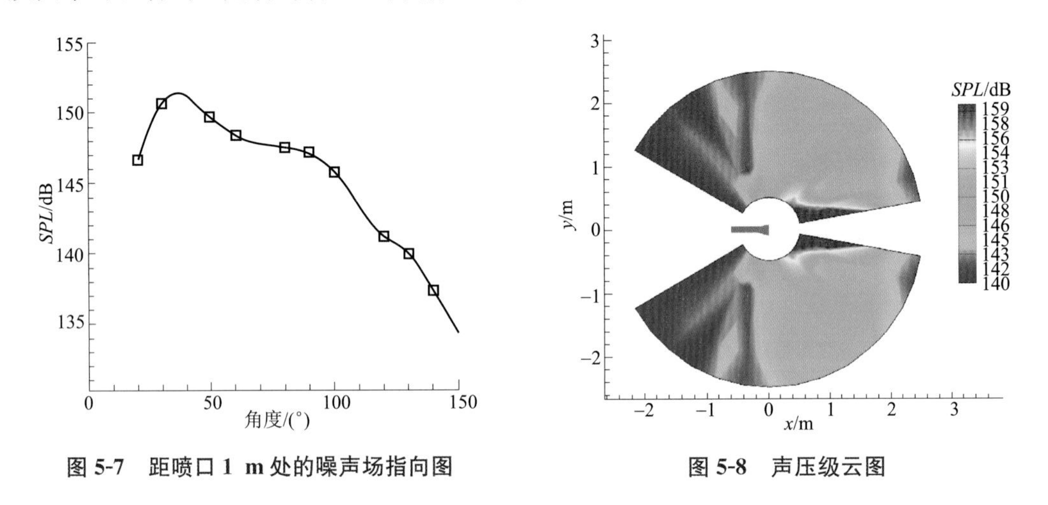

图 5-7 距喷口 1 m 处的噪声场指向图

图 5-8 声压级云图

二、无后坐炮尾喷管气流脉冲噪声场数值计算

无后坐炮尾喷管气流脉冲噪声是由紧随炮尾冲击波之后排出的火药燃气射流形成的。第四章介绍了无后坐炮的炮尾冲击波，高温、高速燃气射流及脉冲噪声的形成过程，用 CFD 程序计算了炮尾冲击波和尾喷管射流流场，绘制了压力等值线随时间发展图。由于精确的流场结构与气动噪声紧密相关，前面关于膛口流场的研究为下面的尾喷管气流脉冲噪声计算奠定了良好的基础。

类似于火箭发动机气流脉冲噪声的计算，无后坐炮尾喷管射流噪声的计算也采用 LES/FW-H 两阶段混合方法。

尾喷管出口处的气流速度为 1 326 m/s，药室气体总压力为 4.62 MPa，总温度为 1 255 K，气体比热比取为 1.4。计算区域如图 5-9 所示，口径 $d=82$ mm，$l_1=2\ 870$ mm，$l_2=1\ 230$ mm，半径 $l_3=492$ mm，半径 $l_4=984$ mm。Kirchhoff 源面建立在 CFD 计算域中，起于喷口处，半径为 l_3，直线段长度为 l_2。当第一阶段的非定常流计算达到相对稳定状态时，提取所选源面上的相关非定常流参数，以此作为噪声计算的边界条件，利用 FW-H 方程计算远场计算点（图 5-10）处的声压。

取以尾喷口中心点为圆心，半径 $R=1$ m，射流下游方向为起始方向，每隔一定的角度取一个计算点（图 5-10）。

图 5-11 为经 LES 计算得到的不同时刻的流场压力等值线图。当流场计算达到相对稳定状态时，进行第二阶段的声场计算。

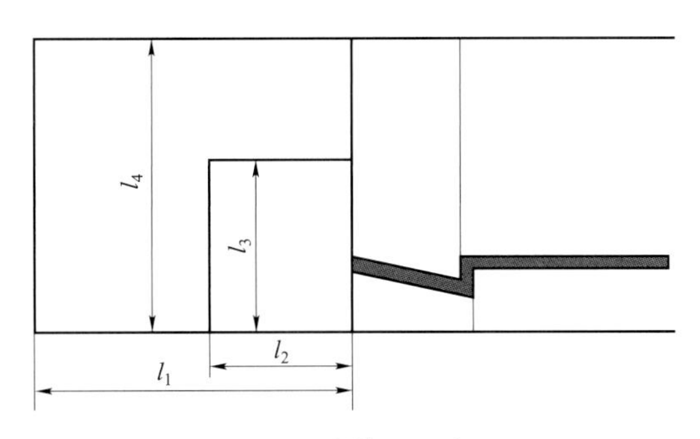

图 5-9　计算域示意图

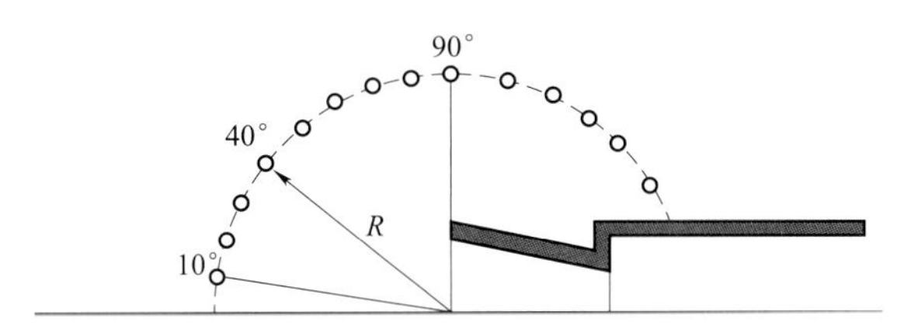

图 5-10　距喷口 1 m 处计算点位置

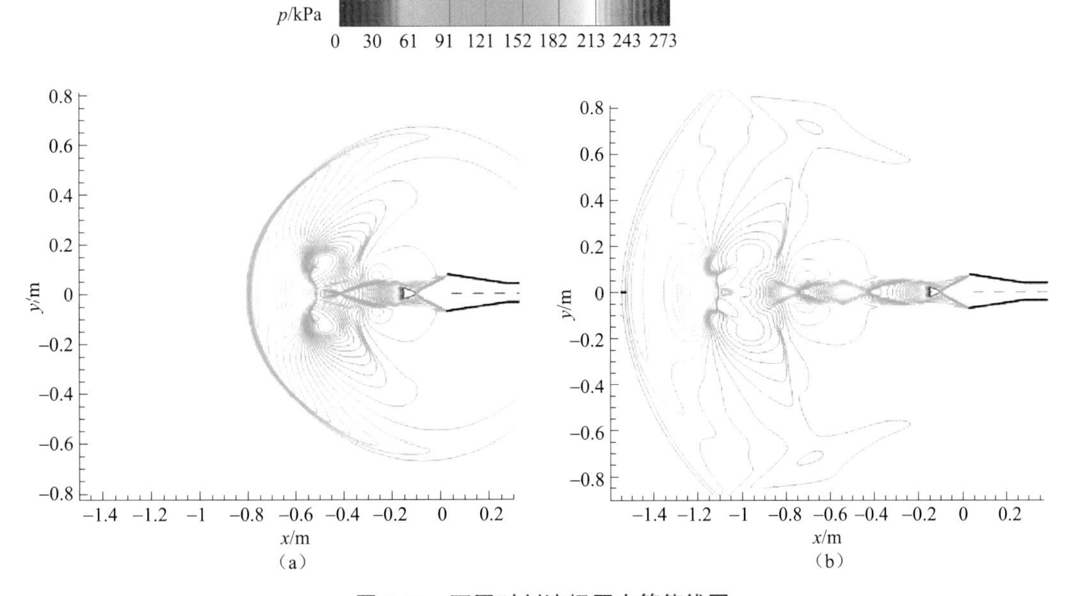

图 5-11　不同时刻流场压力等值线图

(a) $t=1.4$ ms；(b) $t=3.2$ ms

图 5-12 是距喷口 1 m 处的噪声场指向图，可见无后坐炮尾喷管射流脉冲噪声场具有明显方向性。采用 LES/FW-H 混合方法算出的在 90°方向距喷口 1 m 处的声压级为 157 dB，而利用湍流噪声压力定律公式（5-7），计算同一点的声压级为 151 dB。

依次计算沿不同方向和距离的各计算点的总声压级，可绘制声压级云图（图 5-13）。从图中可看到：随着距管口距离的增大，总声压级在逐渐减小；噪声指向性随距离的变化呈现不同的规律。

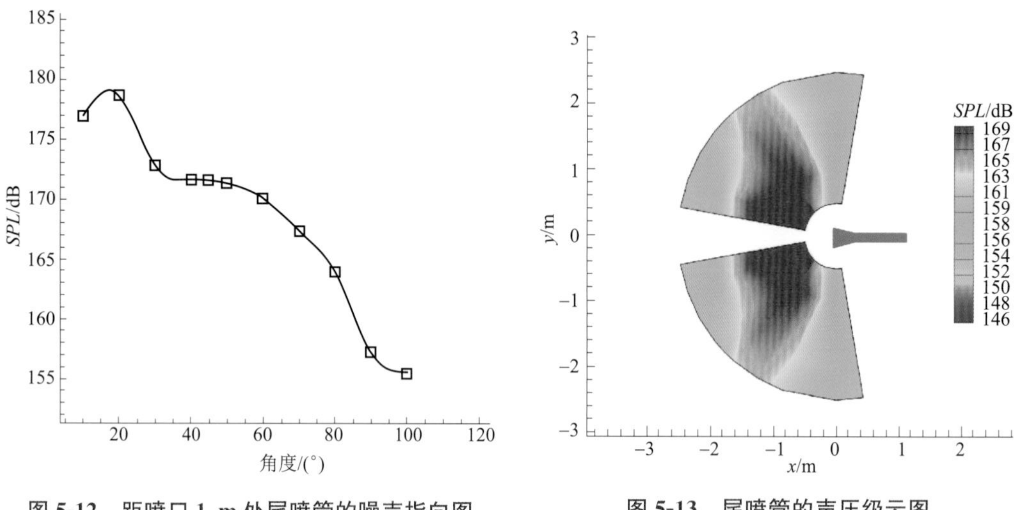

图 5-12 距喷口 1 m 处尾喷管的噪声指向图

图 5-13 尾喷管的声压级云图

三、7.62 mm 弹道枪膛口气流脉冲噪声场数值计算

枪的膛口气流脉冲噪声是由火药燃气射流形成并紧随火药燃气冲击波之后传播。由于膛口气流形成与发展过程的高度非定常性，确定噪声源比火箭和无后坐炮尾喷管更加困难。此处仍是采用 LES/FW-H 两阶段混合方法计算膛口射流噪声，即先采用 LES 计算膛口流场，当非定常流的计算达到相对稳定状态时，再利用 FW-H 方程计算远场指定点处的声压。

膛口气流速度为 843 m/s，总压为 14 MPa，总温为 1 950 K，燃气比热比取为 1.35。计算区域如图 5-14 所示，身管直径 $d=7.62$ mm，$l_1=640$ mm，$l_2=320$ mm，$l_3=156.21$ mm，$l_4=320$ mm。Kirchhoff 源面建立在 CFD 计算域中，起于喷口处，半径 l_3，直线段长度 l_2。当第一阶段的非定常流计算达到相对稳定状态时，提取所选源面上的相关非定常流参数，以此作为噪声计算的边界条件，利用 FW-H 方程计算远场指定点（图 5-15）处的声压。

以尾喷口中心点为圆心，半径 $R=1$ m，射流下游方向为起始方向，每隔一定的角度取一个计算点（图 5-15）。

图 5-16 为经 LES 计算得到的不同时刻的流场压力等值线图。当流场计算达到相对稳定状态时，进行第二阶段的声场计算。

图 5-17 是距喷口 1 m 处的噪声场指向图，可见膛口射流噪声场具有明显方向性。采用 LES/FW-H 混合方法算出的在 90°方向距喷口 1 m 处的声压级为 145 dB，而利用

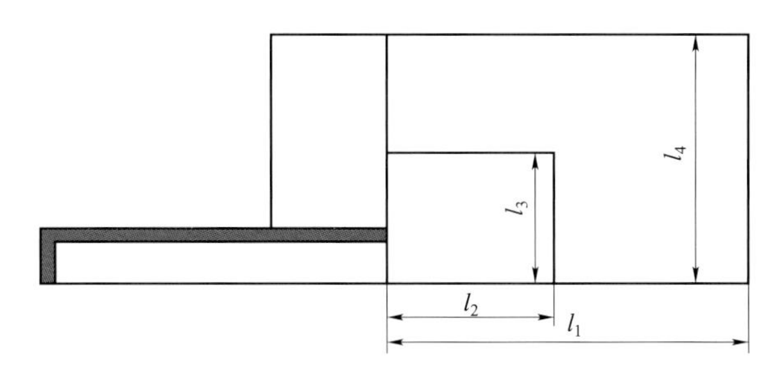

图 5-14　计算域示意图

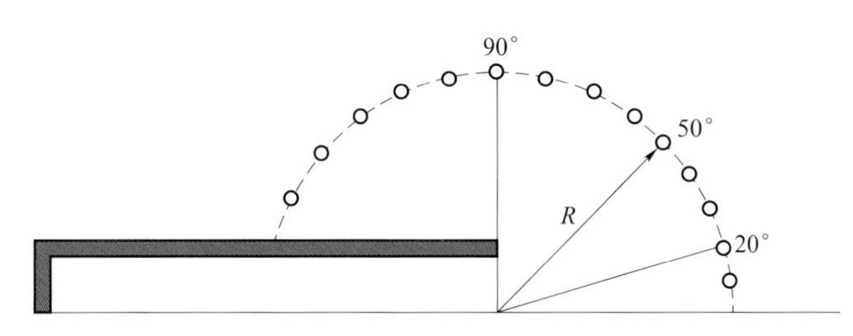

图 5-15　距喷口 1 m 处计算点位置

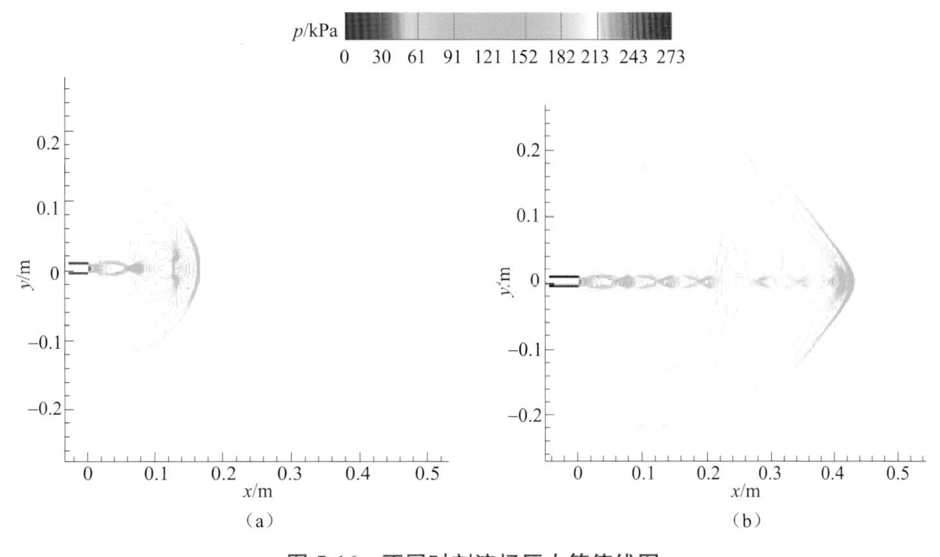

图 5-16　不同时刻流场压力等值线图

(a) $t=0.3$ ms；(b) $t=0.8$ ms

湍流噪声压力定律公式（5-7），计算同一点的声压级为 141 dB。

依次计算沿不同方向和距离的各计算点的声压级，可绘制声压级云图（图 5-18）。从图中可以看出：图形呈蝴蝶形，噪声指向性较强；距膛口 0.5～1 m，30°～60°方向的总声压级较高；总声压级随膛口距离的增大而减小。

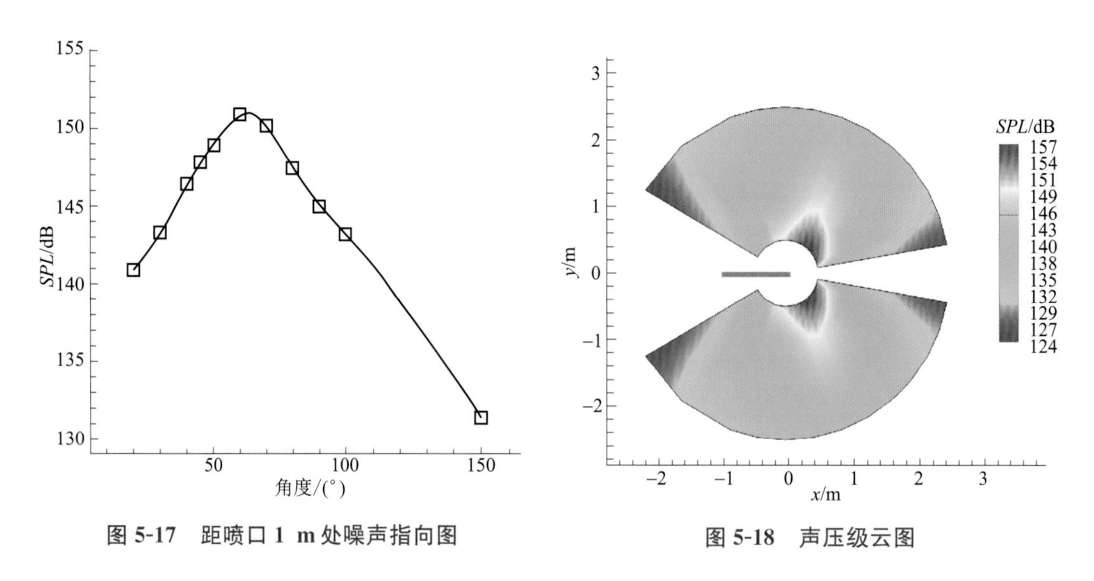

图 5-17　距喷口 1 m 处噪声指向图

图 5-18　声压级云图

关于本章内容的详细研究资料可参阅附录八的 4(20)的有关论文。

第六章　膛口焰燃烧动力学

概　述

一、膛口焰现象

膛口焰（广义）是指自膛口流出的高温火药燃气因热辐射和燃烧而产生的一系列辐射波，包括紫外光（UV）、可见光和红外光（IR）。

膛口焰（狭义）是指肉眼可以观察到的可见光与近红外光。膛口焰实质上是膛内负氧燃烧的火药燃气在口外的复燃。从物理属性看，膛口焰是因火药燃气有足够高的内能而产生的辐射；从化学属性看，是一燃烧过程。

目前，火炮（枪）用的固体火药为硝化棉、硝化甘油等 H—C—N—O 基发射药，其氧化剂（如氯酸钾等）不足以保证火药在膛内完全燃烧，内弹道过程产生的燃气中含有大量的 H_2，CO 等可燃气体（质量分数可达 50%以上），出口后，与周围空气混合后可以发生二次燃烧。图 6-1 和图 6-2 分别为 203 mm 加农炮和 7.62 mm 步枪的膛口焰照片。

膛口焰是随时间变化的宽谱带发光区，它的来源包括以下几个部分：火药燃气及未燃完的火药颗粒在出膛口时的高温辐射；在膛口射流马赫盘后的激波加热点火、燃烧；负氧燃气与外部空气中的氧气混合点火二次燃烧；射流在障碍物（如膛口装置的反射面）上的高速冲击点火燃烧；湍流加速时爆燃转爆轰的更高温度火焰（图 6-1）。

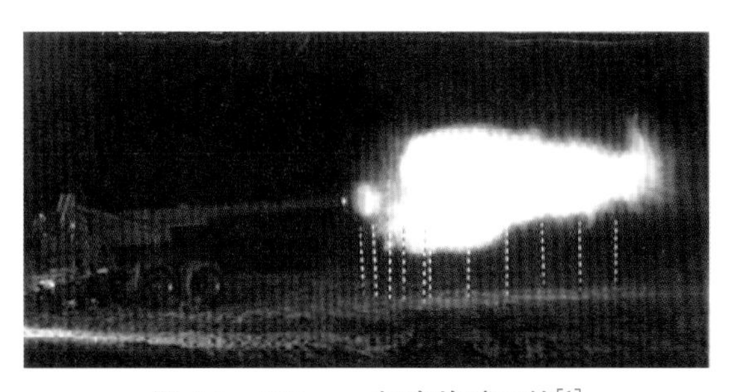

图 6-1　203 mm 加农炮膛口焰[1]

按时间顺序，膛口焰由五个部分组成：

① 前期焰：由于身管漏气，弹丸出口前在膛口形成的火焰区。持续时间较长，有可能点燃二次焰。

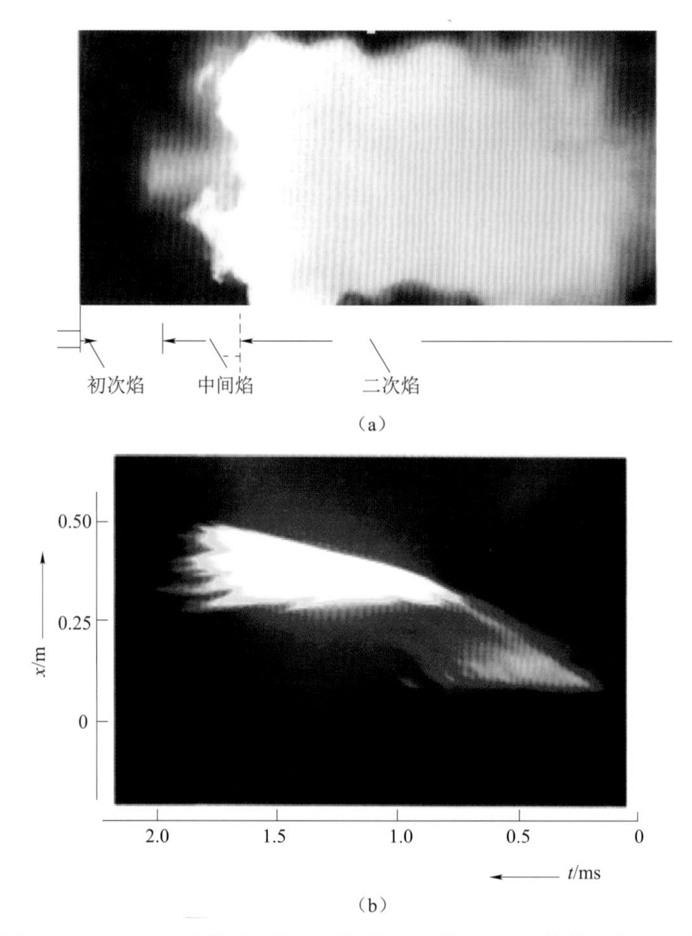

图 6-2 7.62 mm 步枪膛口焰的时间累积照片(a)和转鼓照片(b)[1]

② 初次焰：弹丸出口后，火药燃气在膛口外继续燃烧形成的低亮度辐射光，如图 6-3 所示。初次焰是独立的，与中间焰和二次焰无关，持续时间与分布范围都很小，在以后的机理研究中可不予考虑。

③ 膛口辉光：膛口射流瓶状激波内发光气体的辐射光。

④ 中间焰：膛口射流马赫盘后的低速、高压、高温区点火或局部燃烧产生的红色或橘黄色的锥形火焰区，其锥底在马赫盘。

⑤ 二次焰：火药燃气与外界空气混合后，由前期焰或中间焰点火形成的大范围的高温湍流燃烧区域。中间焰的部分或全部在二次焰区域。

膛口焰的负效应十分严重，如暴露阵地和目标、影响射手夜间瞄准、引发二次冲击波等。自火炮问世以来，减小乃至消除膛口焰一直是火炮（枪）设计者努力的目标，也是现代武器研究的重要内容。膛口焰产生机理十分复杂，它除了受燃料自身特性的影响，还受膛口流场动力学特征的影响。这些特征包括膛口射流中湍流与涡的形成、膛口激波结构及其强度、欠膨胀射流不稳定性等。这些特性一方面影响可燃气体和外界空气

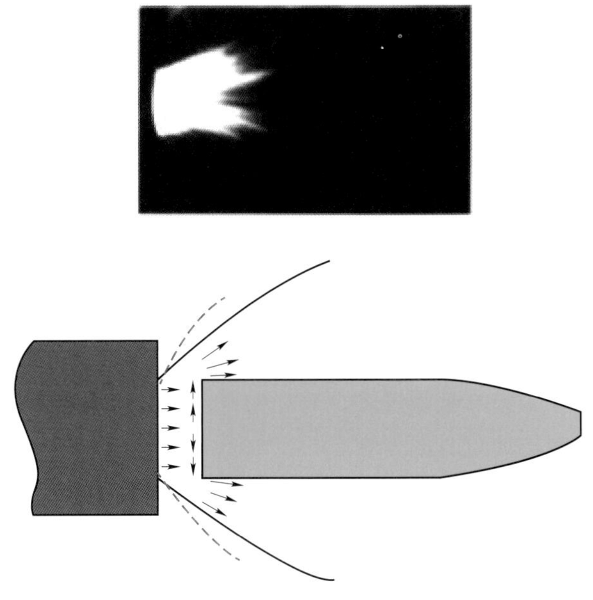

图 6-3 发生在弹底出口时的初次焰[1]

的混合过程，另一方面决定了流场中的气流温度，从而影响化学反应速率以至燃烧现象的产生。

二、膛口焰研究现状

对膛口焰现象的观察可追溯至第一次世界大战期间，火炮发射产生的膛口焰暴露阵地开始引起军队的重视，对消焰剂和消焰器的试验摸索一直持续到第二次世界大战以后，取得了一定的效果，但是多为经验性的，还缺乏比较系统的理论。直至 20 世纪 80 年代后，由于测试手段的创新和计算机技术的迅速发展，开始了膛口焰机理与数值模拟研究工作。

膛口焰机理研究工作多以小口径武器模拟实验为主，已取得有价值的成果，对膛口焰的点燃时间、中间焰点燃二次焰的过程有了比较清晰的认识，其中，G. Klingenberg 和 M. Heimerl[1]做了大量开创性工作。我们在带膛口装置的膛口焰形成机理方面，主要研究了冲击挡钣后的二次燃烧、弹孔和侧孔二次焰点燃的特征以及消焰器灭焰机理等。在化学消焰剂机理研究方面，利用化学动力学原理，深化了对灭焰机理的认识。但是，对中、大口径火炮膛口焰形成与发展的特殊问题尚缺乏深入研究，例如，强烈膛口焰爆燃转爆轰的条件及二次冲击波的形成等。

关于预测膛口二次焰形成的数学模型，代表性的曾有 S. Carfagno[17]，I. May 和 S. Einstein[18]，V. Yousefian[19]等人提出的预测模型。

S. Carfagno 首先建立了膛口焰产生概率的预测模型，该模型建立在一维等熵流动模型基础上，混合气体的温度是否超过实验测定的火药燃气点火温度是判定二次焰形成的依据，该模型相当于一维激波管流动，忽略化学反应，预测效果不理想。I. May 和 S. Einstein 随后对该模型进行了改进，他们认为膛口焰的生成区域应该为马赫盘后的火药燃气与空气的混合区，并以该区域温度是否高于混合气体的点火温度为点燃判据。该模型的优点是考虑了流场的激波结构，但仍是基于经验公式及实验数据的半经验模型。V. Yousefian 将数值计算方法引入了膛口焰预测模型，他将膛口气流分为膛内区域、激波瓶内膨胀区域和马赫盘上方的混合区域，并分别采用三种代码计算，前两个区域采用一维模型计算，有马赫盘下游的射流边界层采用含化学反应和湍流的数值模型进行计算。然而由于以上模型过于简化，预测结果不理想。近 20 年，随着燃烧动力学的数值模拟方法的快速进步，带膛口焰的流场计算正朝着考虑各种湍流燃烧模型和化学动力学反应体系的真实流场数值模拟方向发展。

三、膛口焰的研究内容与研究方法

1. 研究内容

燃烧理论认为，任何气体火焰都是物理与化学过程复杂相互作用的结果。气体燃烧需要的五个条件是气体含有可燃成分和浓度、燃烧的流场环境、具有氧化剂或氧气、点火源和燃烧波传播的条件。

本章将从物理、化学两个方面分析上述条件是怎样建立或满足的，研究内容包括：

① 从膛口流场的分布规律中分析膛口焰产生的物理条件——流场环境（马赫盘结构及点火条件）及氧气混合条件（膛口冲击波约束的湍流射流边界与冲击波截获外界空气）；

② 从化学组分、反应网络及反应速率分析湍流燃烧的化学动力学条件；

③ 膛口装置引发二次焰的物理机理：从膛口装置对流场分布的影响来分析点火机理；

④ 从湍流加速燃烧过程分析燃烧波传播：燃烧波的湍流加速，爆燃转爆轰和二次冲击波的形成条件；

⑤ 抑制膛口焰物理与化学机理；

⑥ 数值模拟方法。

目前，这些问题尚未完全研究清楚，本书仅对其中的部分问题提出一些思路，供工程技术应用参考。

2. 研究方法

膛口焰属于多维、两相流的非定常湍流燃烧以及湍流加速爆燃转爆轰问题。到目前为止，还没有成熟的理论和方法。一般采取从实验分析入手，结合简化的数值模拟，为工程设计提供简单的计算方法。

在实验方面，与膛口流场类似，均采用小口径枪的模拟实验，观察、测量流场的流谱和各种参数。不同的是，为了更接近膛口焰现象比较严重的中、大口径火炮，我们选用膛口焰比较严重的53式7.62 mm轻、重两用机枪，54式12.7 mm重机枪（穿甲燃烧弹）以及23 mm航炮等。12.7 mm重机枪的内弹道参数为：$p_g=89$ MPa，$v_0=810$ m/s，$T_g=1\,660$ K。此枪膛口压力高，燃烧结束点位于膛口外，有大量未燃尽的火药残粒喷出，膛口焰十分强烈，很适合作为膛口焰机理研究的模拟武器。采用的试验方法有：多闪光高速阴影摄影、单幅阴影照相、转镜高速摄影、转鼓高速摄影、单幅累积照相、激光等离子体示踪测速、光谱测温等。这些试验方法将在第十一章详细介绍，本章不赘述。

数值计算方面，考虑到膛口焰的复杂性，目前多采用简化的数值模型进行计算，提出以下几点假设：

① 火药颗粒完全气化，即不考虑两相流动；

② 满足热理想气体假设；

③ 混合气体流动为热力学平衡，而反应为化学非平衡。

在膛口焰的形成过程中，湍流对火药气体与氧气的混合起主导作用，在计算中需要引入湍流模型。考虑到计算量，一般采用RANS模型（如k-ε，k-ω两方程模型）、基元化学反应模型及相应的湍流燃烧模型。

膛口焰的数值计算难度大，距实际应用还有一定差距。

第一节　膛口焰气体动力学与膛口流场

本节讨论膛口焰的物理机理。从膛口流场的气体动力学特性出发，分析二者的关系，找到膛口焰发生的物理原因。

一、膛口焰分布规律

1. 膛口焰的形成与发展

弹丸出口前瞬间，膛口初始流场已完全形成，当弹丸与炮膛间隙较大（滑膛炮和已磨损火炮）时，灼热的火药燃气在口部泄漏，其温度可达2 000 K，辐射为可见光，即前期焰（图6-4（a））。在磨损不大的线膛枪炮，前期焰很弱，不易分辨，因此，常将其忽略。弹丸出膛口后，火药燃气从弹丸与口部平面的环形间隙中喷出，此时的温度仍高达2 000 K以上，辐射为可见光，即初次焰（图6-4（b））。此后，火药燃气流场、瓶状激波系和马赫盘开始形成。图6-4所示的流谱中，瓶状激波区是超声速膨胀区，不存在气体辐射形成的可见光。但是，超声速火药燃气穿过弹底激波减速时，可观察到在弹丸周围的膨胀扇形区有中等强度的辐射，在弹丸刚飞出超声速区时，弹底仍有高强度辐射，此即膛口辉光（图6-4（c））。马赫盘是一个正激波，火药燃气通过马赫盘时波后参数出现突跃，压力和温度陡升，点燃火药燃气，形成中间焰（图6-4（d））。与此同时，在火药燃气冲击波约束下，包围射流区的燃气湍流烟环及冠状气团已经形成，被冲击波截获的空气经湍流扰动进入冠状气团中，与之混合，成为中间焰的点、传火区。以后，二次焰正式形成，迅速扩展至整个区域（图 6-4（e））。

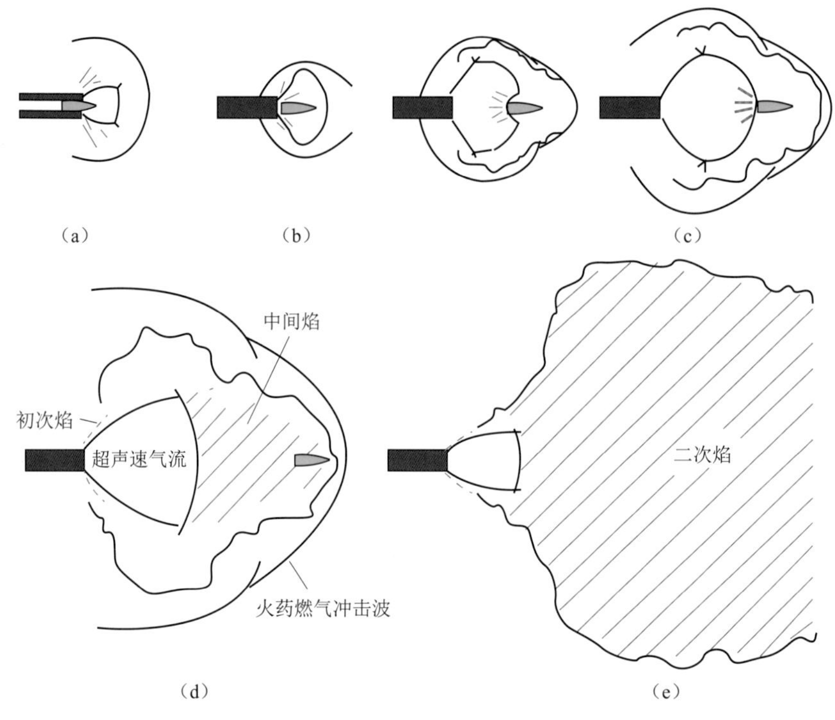

图 6-4　膛口焰形成与发展图[1]

（a）前期焰；（b）初次焰；（c）膛口辉光；（d）中间焰；（e）二次焰

2. 膛口焰光谱特性

膛口焰的光谱包括单色和连续谱带叠加的强连续辐射光谱（图 6-5）。其中，单色光谱是火药中的钾、钠等原子激发引起的，连续光谱辐射是燃烧生成物分子激发引起的，波长为 0.4～0.7 μm（可见光）和 0.7～5 μm（近红外）。发射强度取决于局部浓度和激发能量。

膛口初次焰的空间范围小、强度低，为膛内气体分子热激发产生的。中间焰辐射强度较大，范围更广，可能诱发火药燃气和气化粒子的热分解反应或燃烧反应，为大于 0.6 μm 的橘红及红外光谱。二次焰是大范围、辐射强度最高的经充分燃烧的高亮度火焰，接近宽谱带的白光。

二、膛口焰形成机理（物理）

在膛口焰的五个组成部分中，范围最大、亮度最高、持续时间最长的是二次焰，它是膛口外火药燃气湍流射流的燃烧过程。这种带极少量未燃完的火药微粒的气体射流是非定常、高度欠膨胀湍流射流，射流介质是膛内负氧燃烧结束后，基本成分为 C—H—

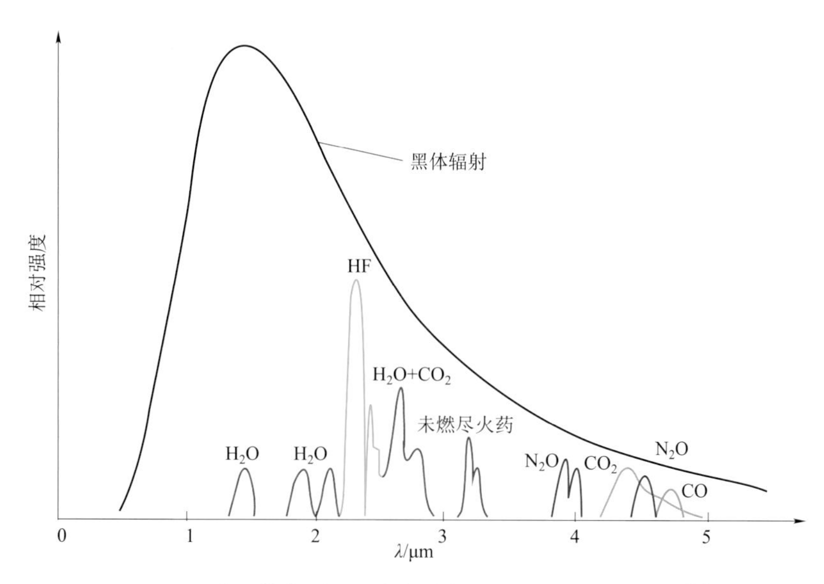

图 6-5　膛口焰典型近红外光谱曲线（与黑体辐射对照）[1]

O—N 的炽热火药燃气。这个燃烧火焰属于非预混（湍流扩散）火焰，即火药燃气和空气在点火、燃烧前还未完全混合好，混合随着湍流燃烧过程同时进行。

1. 马赫盘加热是中间焰发生的主要原因之一

火药燃气在膛口形成的高度欠膨胀射流的理论结构如图 6-6 所示。其中，③区是马赫盘后的亚声速、高压、高温区，中间焰出现在此区域；④区是反射激波后的超声速区，该区的温度高于外界，在射流边界处，燃气与外界空气发生湍流混合，外界氧气由此进入射流内部。③，④区之间由切向间断面分开，理论流谱应没有质量交换。然而，切向间断导致湍流脉动在该区域快速增长，如图 6-7 所示，加速了外界空气和火药燃气的质量、能量和热量的交换，此外，在切向间断上的斜压效应导致了流场结构中多个涡结构的生成，这些气流特征加速了空气与火药燃气的混合，为化学反应的产生提供了条件。但实验证明，这个切向间断会被湍流冲破，④区的氧气可混合进入③区，为中间焰点燃二次焰提供氧气。⑤区是射流湍流混合段，在马赫盘与冲击波之间有一个燃气与空

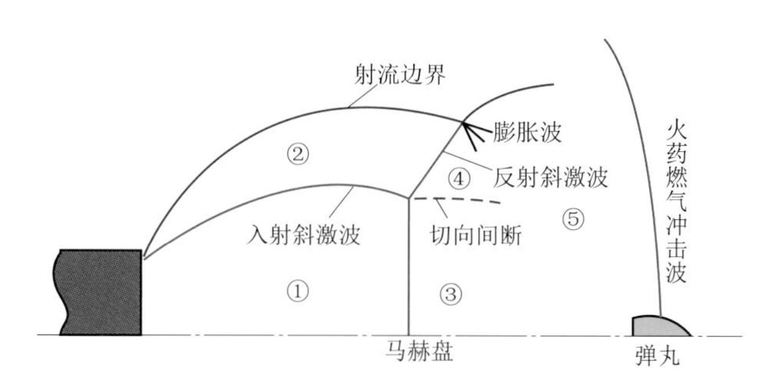

图 6-6　火药燃气射流结构

气接触面，由火药燃气冲击波截获的外界空气在冲击波的约束作用下与燃气混合，其湍流强度明显高于定常欠膨胀射流和初始射流，形成很大的湍流烟环（图 6-7）与湍流冠状气团，促使流场内很强的横向及轴向质量输运得以进行，也给外界空气进入③区提供了条件。

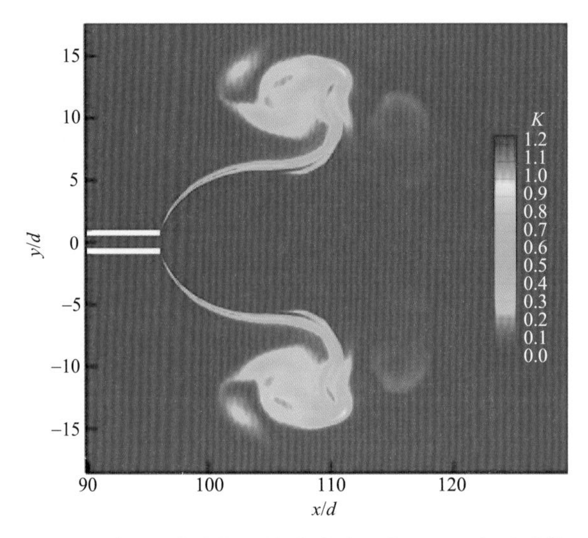

图 6-7　膛口欠膨胀射流的湍动能分布云图（数值计算）

中间焰—马赫盘位置的对应关系被很多试验证实，图 6-8 是用高速阴影照相（图 6-8（a））和时间累积照相（图 6-8（b））同时拍摄并对比的结果。可以看出，中间焰位于马赫盘后，点燃于马赫盘长大的过程中，并随着马赫盘的衰减而逐步减弱直至熄灭。

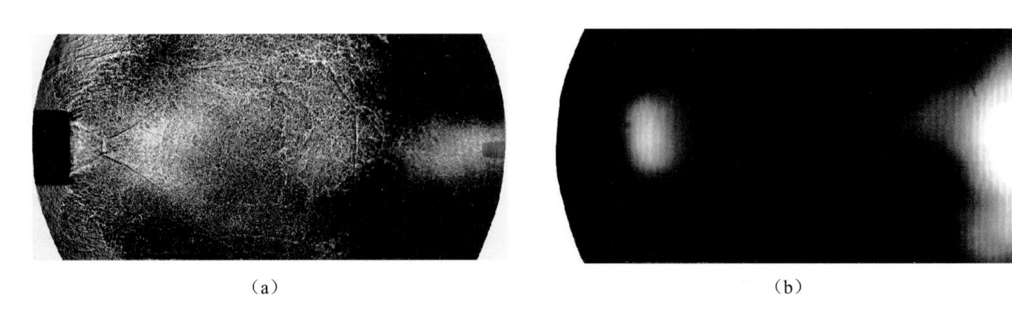

（a）　　　　　　　　　　　　（b）

图 6-8　马赫盘与中间焰的位置关系

（a）高速阴影照片（YA-1 拍摄）；（b）时间累积照片

图 6-9 是 12.7 mm 重机枪在弹丸出口 370 μs 瞬时拍摄的流场阴影照片。可以看出，射流马赫盘较强，二次焰感光区位于马赫盘后，位置比较稳定，从 10 张阴影照片统计来看，该距离在 10 倍口径左右。

2. 膛口湍流流场的形成与发展为外层空气进入射流核心区创造物理条件

正如图 6-6 所显示的，膛口冲击波（包括初始冲击波和火药燃气冲击波）与燃气射

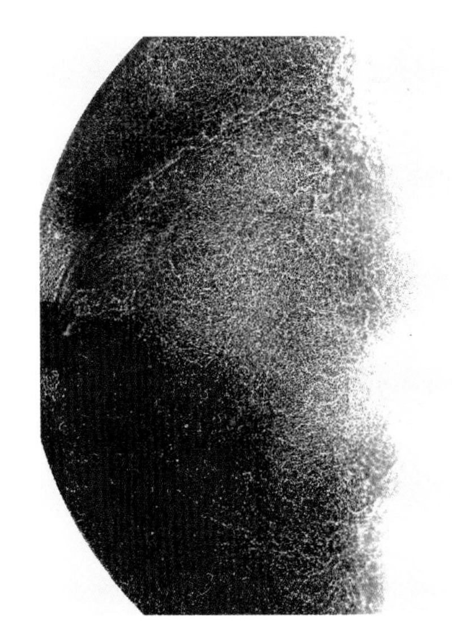

图 6-9　12.7 mm 重机枪的马赫盘与中间焰阴影照片（YA-1 拍摄）

流的相互作用和约束作用使得湍流烟环和湍流冠状气团形成。在外层冲击波与内层瓶状激波、马赫盘之间形成湍流度很高的湍流区。

前已说明，燃气欠膨胀射流是负氧平衡的，氧气唯一来源于外界空气，而马赫盘后三波点处如果像定常欠膨胀射流流谱那样存在切向间断面，则将阻碍射流湍流边界外的空气进入③区。但是，高速阴影摄影试验表明：在火药燃气射流生长期（7.62 mm 枪，弹丸出口约 200 μs），马赫盘下游的近距离内（7.62 mm 枪为 3 mm 左右），切向间断面被破坏。于是，在切向间断面破坏的情况下，空气中的氧气可以从射流边界外被输运到中间焰区，构成混合燃气，从而具备了燃烧的物理条件。激光测速结果（图 6-10）也证明，经马赫盘后的燃气流速度急剧降低，也观察到逆向流动。这是因为，此处的气流温度已接近膛口部，大大增加了化学反应速率。气流局部加热诱发的化学反应，放出热量干扰了③区气流，引起逆向流动，增长了中间焰的作用时间。此急剧变化的实测时间为 0.5 ms，足以发生燃烧化学反应。这个复杂的热力学过程尚难用现有的数值方法准确

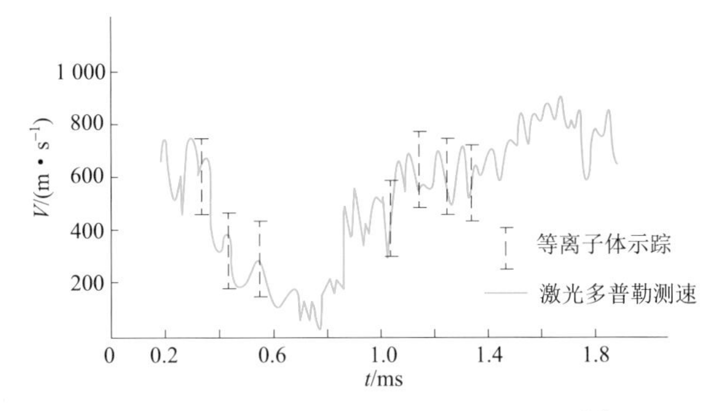

图 6-10　马赫盘后气流速度—时间曲线[1]

地模拟出来。

3. **马赫盘后的气流状态为燃气点火与火药粒子气化后中间焰点火提供了有利物理环境**

火药燃气通过马赫盘后，气体温度升高，大量未燃完的火药粒子通过马赫盘后气化，在弹底周围和激波后减速升温，燃气高温辐射诱发的放热化学反应，加速了反应速率，引起气流膨胀、速度梯度的逆变，延迟了滞留时间，其作用时间长达 1 ms。数值计算结果表明（图 6-11），膛内燃烧的火药燃气在膛口经过一系列波系作用后降为亚声速，气体动能被转换为内能，马赫盘下游气体温度甚至超过膛内气体，从而增加了发生化学反应的可能性。应当指出，中间焰的发生仍然是化学过程，马赫盘仅提供了物理条件。

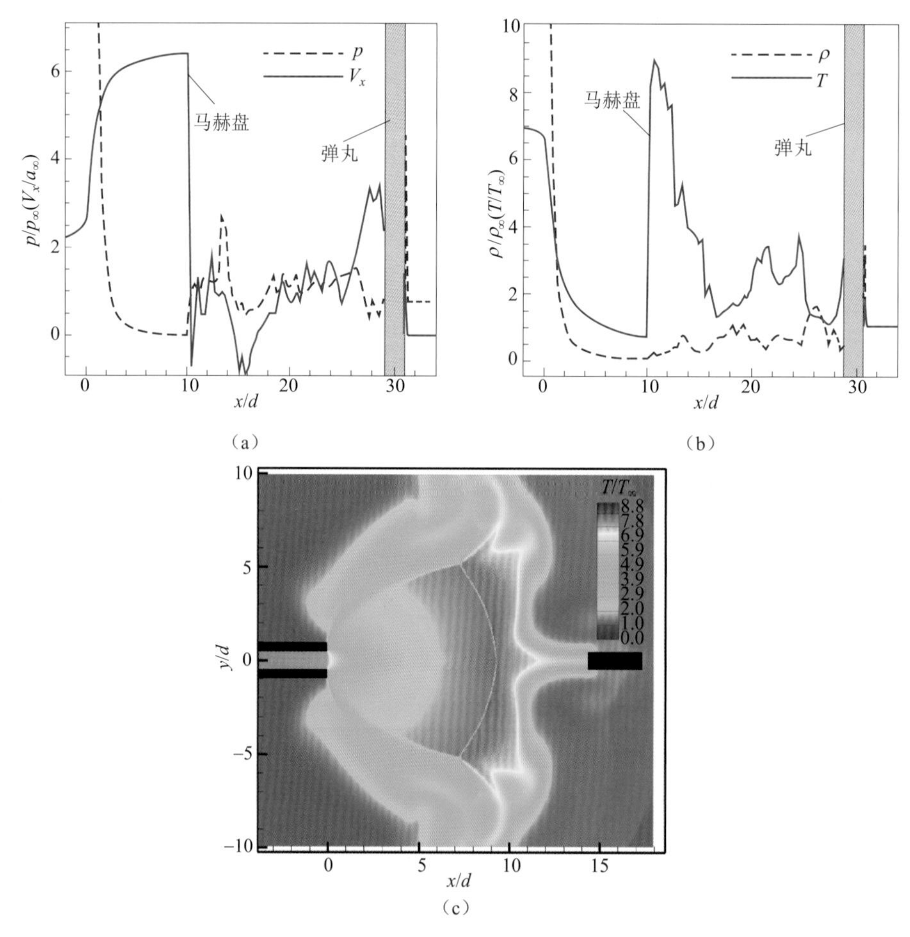

图 6-11 马赫盘后的流场参数分布（数值计算）

(a) 压力（速度）沿轴线分布；(b) 密度（温度）沿轴线分布；(c) 温度分布云图

4. 马赫盘的强度对二次焰形成的影响

通过变化喷管的出口直径和长度来改变射流的出口参数和马赫盘的强度，选用十多种锥形喷管（消焰器）在 12.7 mm 重机枪上试验，结果表明：

① 随着喷管出口压力比的降低，马赫盘直径和强度减小，中间焰和二次焰的持续时间和传播范围都有不同程度的减弱，有些出口直径较大的消焰器基本上消除了二次焰，而在膛口流场阴影照片上也只能看到微弱的马赫盘。

② 随着喷管出口马赫数的增大，马赫盘与出口断面的距离增大，二次焰起始断面距枪口的距离也相应增大，即二次焰总是出现在马赫盘后，这说明，中间焰既是二次焰的点火源，也成为二次焰的一部分。

以上分析可以从膛口气体动力学和热力学的角度概括二次焰形成的物理条件：膛口流场中存在作用时间较长的高温、低速区——马赫盘下游的中间焰区。高温使化学反应的自动加速成为可能，低速又使散热速度大大低于放热速度，造成热量的局部区域大量积累。因此，马赫盘的形成及其强度大小是决定二次焰点燃和发展的必要条件之一。

第二节　膛口焰化学动力学与湍流燃烧

膛口燃烧现象的本质是化学反应。热力学可以分析平衡状态下膛口流场各区域发生燃烧的可能性，但不能预测能否发生与怎样进行。尤其对于膛口焰这种复杂的非定常、非平衡的化学反应过程而言，必须用化学动力学理论才能分析清楚。

为了使分析简单起见，我们假设膛口焰为纯气相燃烧过程。

一、化学动力学的基本概念

1. 反应机理与链分支反应

化学动力学是研究化学过程进行的速率和反应机理的物理化学学科。像膛口焰这样的复杂化学反应，需要经过若干个中间的基元反应才能完成。在中间反应过程中，会产生一些自由原子、基团或自由基组成的活化中心，它们极不稳定，很容易与原始反应物再进行化学反应，且所需的活化能很低。同时，又不断形成新的活化中心，这就大大加速了反应速率，维持过程的进行。这种不断循环和扩展的化学反应过程称为链锁反应或链分支反应。高能燃料的燃烧和爆炸过程都是这种复杂的链分支反应。

链分支反应有三个基本步骤：

① 链的引发（形成）：是反应物分子生成最初活化中心的过程。一般，用加热、光化、高能辐射或引入微量活化物质可以引发。

② 链的增长（发展）：活性中间产物与原物质产生新的活性中间产物的过程。多以链分支形式快速传递和发展。

③ 链的中断（终止）：活性中间物消失或失去活性，导致链分支反应过程终止。例

如，自由原子与分子或与固壁碰撞而失去能量，以及两个自由原子组成一个正常分子的过程都导致反应的终止。

化学动力学的任务之一是预测化学反应的各种可能的基元反应途径。对于含 H—C—N—O 基的富燃料的燃烧过程，最重要的反应是链分支反应

$$H+O_2 \rightarrow OH+O$$

一旦通过氧的加入而生成足够的 OH 和 O 自由基，其反应就能继续进行并产生火焰。我们首先分析这种基元反应。

2. H_2—O_2燃烧反应

为了分析膛口焰的化学动力学机理，以 H_2+O_2燃烧过程的链分支反应为例：

$$2H_2+O_2 \rightarrow 2H_2O$$

实际上，在生成 H_2O 的过程中，发生一系列基元反应，其中，反应 R2～R5 是几个最重要的基元反应，M 是碰撞粒子。

链形成 $$H_2+O_2 \rightarrow HO_2+H \quad (R1)$$

链发展 $$\begin{cases} H+O_2 \rightarrow OH+O & (R2) \\ OH+H_2 \rightarrow H_2O+H & (R3) \\ H+O_2+M \rightarrow HO_2+M & (R4) \end{cases}$$

链终止 $$H+OH+M \rightarrow H_2O+M \quad (R5)$$

从链形成反应 R1 可以看到，氧分子和氢分子碰撞反应时，分子化学键被打断，生成中间产物 HO_2和 H，而不是 H_2O；这种中间产物是活性很强的基团或自由基。

反应 R1 产生的 H 原子立即参与下一反应（R2），又生成两个自由基 OH 和 O，使链分支反应加速发展下去。

链形成反应 R1 和链发展反应 R2（消耗一个自由基，生成两个以上的自由基，它们又参加链传递，引起自由基、分支链的急剧增加，使反应速率呈指数快速增长，最终导致爆炸），是整个链分支反应最困难和关键的步骤。

这种描述一个反应过程所需要的一组基元反应称为反应机理。需要指出的是，燃烧过程的基元反应步骤可以多达几百个。化学动力学的任务是找到影响最大的少量基元反应。

表 6-1 列出的是对 H_2—O_2反应过程提出的一种反应机理方案，它由 8 个组分（H_2，O_2，H_2O，OH，O，H，HO_2，H_2O_2）和 19 步基元反应组成。可以看出，在这个方案中，链起始反应还包括表 6-1 中的 A5 反应，在温度很高时，H_2裂解生成 2 个 H 自由基；反应组分中还增加了 H_2O_2，当反应 A5 或 A9 变得活跃时，则会发生 A10～A19 基元反应。

表 6-1　H_2—O_2反应机理及速率常数的参数表

序号	基　元　反　应	A	b	E_a
A1	$H+O_2=O+OH$	3.55E+15	−0.40	69.45
A2	$O+H_2=H+OH$	5.08E+4	2.7	26.32
A3	$OH+H_2=H+H_2O$	2.16E+8	1.5	14.35
A4	$O+H_2O=OH+OH$	2.97E+16	2.00	56.07
A5	$H_2+M=H+H+M$	4.58E+19	−1.40	436.75
A6	$O+O+M=O_2+M$	6.16E+15	−0.50	0.00
A7	$O+H+M=OH+M$	4.71E+18	−1.00	0.00
A8	$H+OH+M=H_2O+M$	3.80E+22	−2.00	0.00
A9	$H+O_2+M=HO_2+M$	9.04E+19	−1.50	2.05
A10	$HO_2+H=H_2+O_2$	1.66E+13	0.00	3.43
A11	$HO_2+H=OH+OH$	7.08E+13	0.00	1.26
A12	$HO_2+O=OH+O_2$	3.25E+13	0.00	0.00
A13	$HO_2+OH=H_2O+O_2$	2.89E+13	0.00	−2.09
A14	$HO_2+HO_2=H_2O_2+O_2$	4.20E+14	0.00	50.12
A15	$H_2O_2+M=OH+OH+M$	1.2E+17	0.00	190.37
A16	$H_2O_2+H=H_2O+OH$	2.41E+13	0.00	16.61
A17	$H_2O_2+H=H_2+HO_2$	4.82E+13	0.00	33.26
A18	$H_2O_2+O=OH+HO_2$	9.55E+6	2.00	16.61
A19	$H_2O_2+OH=H_2O+HO_2$	1.00E+12	0.00	0.00
表中，E_a单位为 kJ/mol，温度单位为 K，反应速率单位制为（$cm^3 \cdot mol^{-1})^{M-1} \cdot s^{-1}$，$M$ 为反应级数。				

表中的常数 A、b、E_a 用于 Arrhenius 形式的反应速率系数 k 的计算，即

$$k(T)=AT^b e^{\frac{-E_a}{RT}}$$

式中　A——指前因子，其单位与 k 的一致；

b——温度指数常数；

E_a——活化能。

活化能 E_a 表示一定温度下引起分子反应的最小分子能量，即只有超过活化能的活化分子之间的碰撞才会发生反应。活化能由实验测定，其值为 42～420 kJ/mol。

3. 膛口焰计算实例

为了分析表 6-1 的 H_2—O_2反应机理，用 7.62 mm 弹道枪，充以 H_2+O_2燃料，模拟发射后的膛口流场。考虑空气的影响，反应机理中增加 N_2组分，采用第八章介绍的多组分 ALE 方程和 AUSM+格式。

（1）初始条件

7.62 mm 弹道枪，药室长度 $5d$，内充物质的量比为 4（富燃料）、压力 10 MPa 的

$H_2—O_2$混合气。弹丸前方及外界区域为空气。

计算时，不考虑黏性和湍流。这种简化的负氧平衡的内弹道模型，用以定性地模拟弹丸射出过程中，火药燃气的分布特征及其与外界空气的混合和燃烧过程。

（2）数值计算结果

内弹道时期：高温点火（1 500 K）后，$H_2—O_2$发生自持燃烧的链分支反应，很快发生爆轰，图 6-12 为内弹道时期膛内压力分布曲线。爆轰波向前传播（曲线 c），很快赶上弹丸而发生碰撞反射，形成更高的压力（曲线 e）；随后，因弹丸的移动，峰值逐渐下降（曲线 f～i）。在此过程中，O_2消耗殆尽，弹丸依靠产生的高压气体继续运动至膛口外。

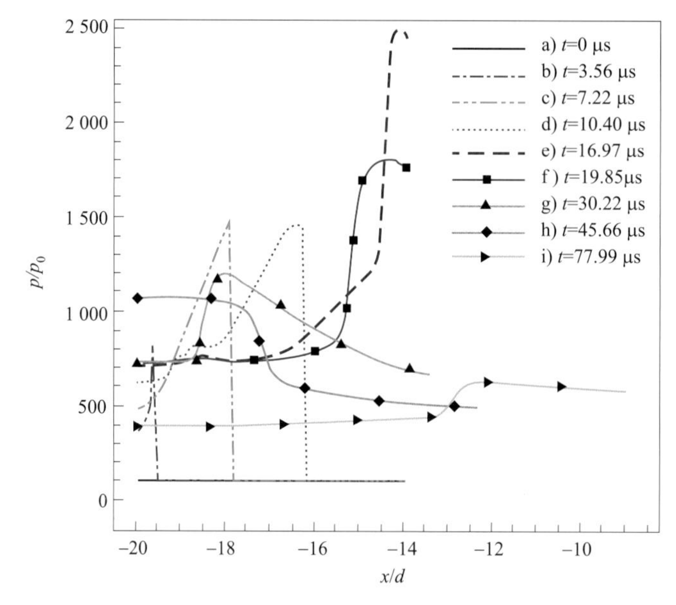

图 6-12 内弹道时期，不同时刻的膛内压力分布曲线

中间弹道时期：图 6-13 为弹丸出口后膛口流场参数分布图，其中（a）为 OH 质量分数和密度分布图，（b）为 OH 质量分数和温度分布图。图中的虚线表示燃气与外界空气的接触面。可以看出，自由基 OH 主要分布在接触面附近，根据链式反应原理，这里发生的反应最为剧烈，为火焰阵面；马赫盘后、火焰阵面附近温度普遍较高，接近膛口温度，这说明中间焰的产生与马赫盘激波加热效应密切相关。接触面的高温和高自由基浓度分布说明燃气与外界中的氧发生化学反应，因未考虑湍流作用，反应并不剧烈。

二、火药燃气流场膛口焰化学动力学机理

下面用化学动力学原理分析火药燃气流场。研究思路与 $H_2—O_2$反应的相同，只是由于火药燃气组分增多，基元反应的数量与链分支反应要复杂许多。

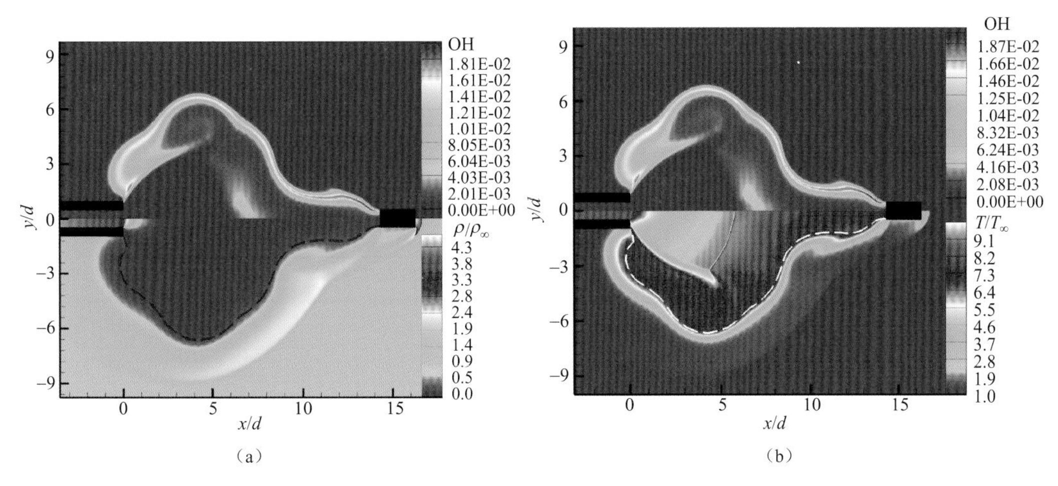

图 6-13　膛口流场参数分布图（数值计算）

(a) OH 质量分数和密度分布图；(b) OH 质量分数和温度分布图

1. 火药燃气组分

一般火药配方的氧平衡系数为 0.6～0.7，内弹道结束时，火药已基本燃尽，但生成的火药燃气中仍含有大量的燃料。如硝化棉一硝化甘油和硝化棉一三羟甲基乙烷二硝脂火药，在 10 MPa 条件下，考虑离解产物的火药燃气成分和热化学属性见表 6-2，从中可以看出燃烧产物中含有大量 CO 和 H_2。

表 6-2　火药燃烧产物表[20]

燃烧产物	摩尔分数/%	
	NC-NG	NC-TMETN
CO	39.7	39.8
CO_2	12.4	10.4
H_2	11.5	14.3
H_2O	23.8	23.6
N_2	12.4	11.8
H	0.2	0.1

2. 火药燃气反应机理

火药燃气中通常含有由 C，H，O，Na，K，Cl，Ca，Li 等元素组成的多种化合物及其离子，它们之间产生的基元反应多达几百种。为了简化火药燃气反应机理，一般仅考虑这些成分中对膛口焰发展占主导作用的成分，即 H_2 和 CO，它与外界空气中的氧发生复杂的链分支反应，除了 H_2—O_2 基元反应，还包括 CO—O_2 基元反应，前者上一节已详细分析，这里仅列出 CO 的几个重要基元反应：

链形成　$$CO+O_2 \rightarrow CO_2+O \tag{R6}$$

链发展 $$CO+OH \rightarrow CO_2+H \tag{R7}$$

$$CO+HO_2 \rightarrow CO_2+OH \tag{R8}$$

反应 R7 为链形成反应，由于反应较慢，对 CO_2 的形成贡献不大；OH 对 CO 的氧化要比含有 O_2 和 O 的反应快得多，CO 的氧化主要通过 R8 进行，因它是一个链分支发展反应，其生成 CO_2 的发热量并不是最多的。在低温条件下，CO 也发生剧烈的变化，与 H_2—O_2 系统中低温反应相对应，当存在 HO_2 时，CO 还通过反应 R9 氧化生成 CO_2。

从 H_2—O_2—CO 反应系统可以看出，生成 CO_2 和 H_2O 的重要基元反应中都需要用到 OH，在这些链分支反应中，对膛口焰的产生起着重要作用的是基元反应 R2（$H+O_2 \rightarrow OH+O$）。一旦空气中的氧气与火药燃气混合，在点火源的作用下激发链分支反应，当产生足够浓度的自由基 OH 和 O 时，会激发其他的基元反应，使链发展反应速度高于终止反应速度，从而引起快速燃烧，产生膛口焰。

研究表明，某些碱盐可以对重要的基元反应（如 R2）进行有效抑制，这是化学消焰的思路之一，将在本章第五节详细讨论。

表 6-3 列出了 H_2—O_2—CO 的简化机理及反应系数值，可用于多组分膛口反应流的计算。该反应机理为 12 步基元反应，组分包括 CO，CO_2，H_2，H，O_2，O，OH，H_2O，N_2，共 9 个，N_2 为惰性气体。这里 HO_2 和 H_2O_2 被忽略，主要是因为在高温条件下，它们的生成速率远小于其他涉及 OH 的基元反应速率。

表 6-3　12 步 H_2—O_2—CO 简化反应机理

序号	基 元 反 应	A	b	E_a
G1	$H+O_2=OH+O$	1.20E+17	−0.91	69.1
G2	$H_2+O=OH+H$	1.50E+07	2.0	31.6
G3	$O+H_2O=OH+OH$	1.50E+10	1.14	72.2
G4	$OH+H_2=H_2O+H$	1.00E+08	1.6	13.8
G5	$O+H+M=OH+M$	1.00E+16	0.0	0.0
G6	$O+O+M=O_2+M$	1.00E+17	−1.0	0.0
G7	$H+H+M=H_2+M$	9.70E+16	0.6	0.0
G8	$H_2O+M=OH+H+M$	1.60E+17	0.0	478.0
G9	$O_2+H_2=OH+OH$	7.94E+14	1.0	187.0
G10	$CO+OH=CO_2+H$	4.4E+6	1.5	−3.1
G11	$CO+O+M=CO_2+M$	5.3E+13	0.0	−19.0
G12	$CO+O_2=CO_2+O$	2.5E+12	0.0	200.0
表中，E_a 单位为 kJ/mol，温度单位为 K，反应速率单位为 $(cm^3 \cdot mol^{-1})^{M-1} \cdot s^{-1}$，$M$ 为反应级数。				

关于带湍流的膛口流场数值计算，考虑到湍流燃烧的计算量及模型的可靠性，采用工程广泛应用的旋涡耗散模型和单步反应模型。

从以上对 H_2—O_2 和 H_2—O_2—CO 反应机理的介绍可以看出，利用化学动力学原理分析膛口焰的化学反应过程，主要解决三个问题：

① 确定化学动力学反应过程的组分；

② 描述这些组分相互作用的链分支网络；

③ 确定相互作用的反应速率系数。

但是，到目前为止，对膛口焰化学反应机理的认识仍处于半经验阶段，例如，对反应过程的组分和链分支结构的确定还没有一种可行的方法。膛口焰机理研究任重而道远。

第三节　膛口反应流数值计算

一、数学模型与数值计算方法

1. 基本假设

① 考虑化学反应，气体满足热理想气体条件；

② 混合气体流动为热力学平衡，反应为化学非平衡。

2. 数值方法

基于上述的膛口流动基本假设，基本方程采用多组分 N-S 方程。本节以二维计算为例。离散方法、计算格式均与前面章节介绍的方法相同，当考虑湍流时，本节采用 k-ε 湍流模型和旋涡耗散湍流燃烧模型模拟膛口反应流。具体详见第八章。

3. 初始、边界条件

与非反应流相同，弹丸在膛内运动及出膛口时，弹丸运动速度、膛内气流参数由内弹道程序给出。计算时，炮管内外壁面为固壁条件，弹丸表面为运动边界条件。

本书中涉及的反应流计算算例，未特别说明的，均为上述的基本假设、数值方法及初始、边界条件。

二、膛口反应流计算实例

1. 多组分基元反应计算实例

（1）初始条件

7.62 mm 步枪，不考虑弹丸和初始流场。假设：膛内充满 H_2—CO—N_2（O_2耗尽，CO，CO_2，H_2和 H_2O 的质量分数分别为 32.04%，32.28%，2.41%，16.27%，其余气体为 N_2），温度和压力按内弹道计算结果进行初始化。采用表 6-3 反应机理进行计算。

（2）计算结果

图 6-14 列出了不同时刻膛口流场温度分布，以及 OH，CO 和 H 的质量分数分布。

可以看出，在火药燃气喷出过程中，与空气混合而燃烧，出现 OH 和 H 质量分数分布由 0 逐渐增大的过程（图 6-14（a）～（c））。随着火药燃气的进一步膨胀，在欠膨胀射流大涡环的卷吸作用下，OH 和 H 的分布出现扭曲、褶皱直至碎裂（图 6-14（c）～（e）），这与前文简化模型相比更明显，燃烧也更剧烈。

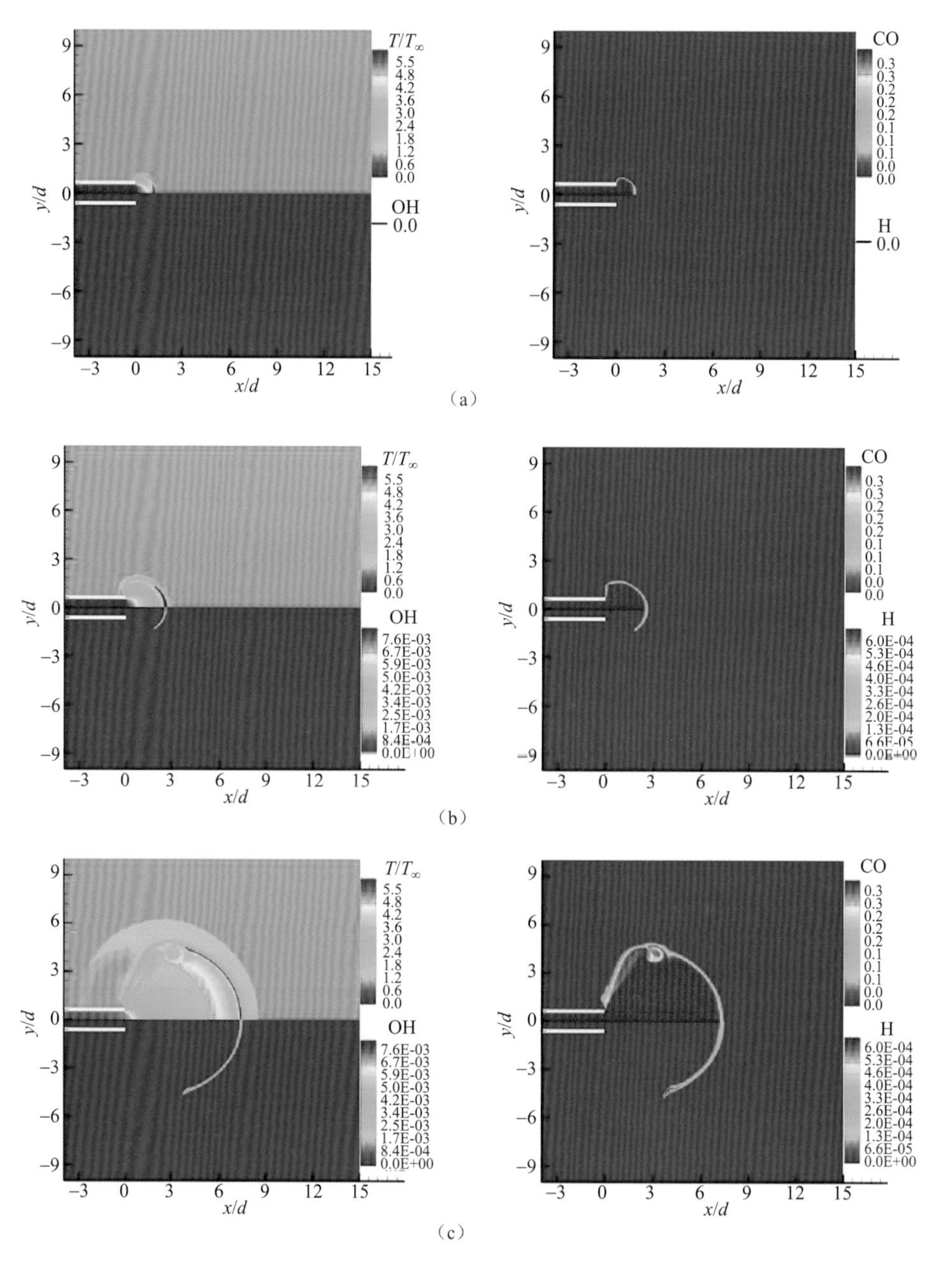

图 6-14　膛口流场温度，以及 OH、CO 和 H 的质量分数分布云图（数值计算）

（a）$t=4.6\ \mu s$；（b）$t=11.5\ \mu s$；（c）$t=60\ \mu s$

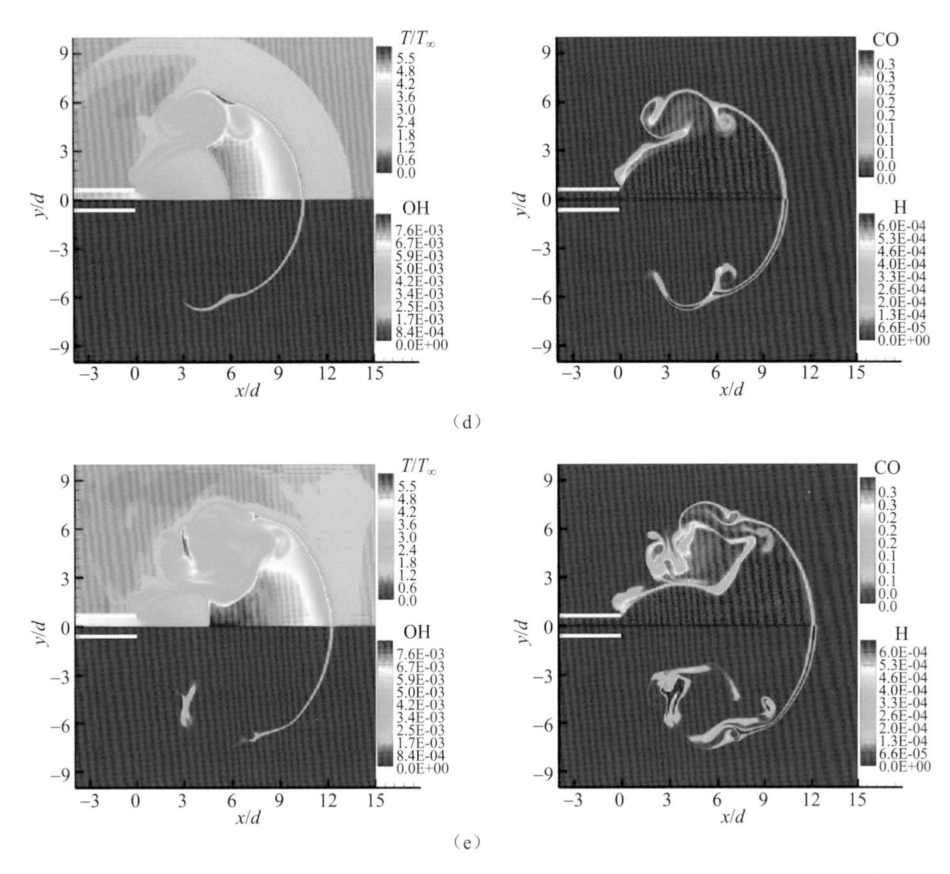

图 6-14　膛口流场温度，以及 OH、CO 和 H 的质量分数分布云图（数值计算）（续）

（d）t—128 μs；（e）t=200 μs

2. 湍流燃烧计算实例

采用多组分 N-S 方程、高阶 AUSM+格式、k-ε 湍流模型和旋涡耗散燃烧模型，对 7.62 mm 步枪进行了数值模拟。

初始条件：考虑弹丸及初始流场，假设膛内充满气体为 H_2，H_2O 和 N_2，前两个的质量分数分别为 2.8%和 24.2%，其余为 N_2，温度和压力按内弹道计算结果进行初始化。

计算结果：如图 6-15 所示，列出了不同时刻流场温度、密度、H_2O 及湍流强度的分布。可以看到弹丸射出过程中，火药燃气吞没初始流场，逐渐形成典型欠膨胀射流结构的过程（图 6-15（a），（b））。与上一算例相比，燃烧区的褶皱、扭曲更明显，且作用范围也更大，主要分布在马赫盘后、大涡环卷吸区及瓶状激波以外的较大区域（图 6-15（b），（c））。可见，湍流的存在加剧了火药燃气与空气的混合，也加速了膛外混合气体的燃烧速率，增加了二次焰产生的可能性。

根据数值模拟和实验观测结果，可对膛口焰的点火、传火与二次焰形成过程描述如下：当火药燃气穿过马赫盘受到强激波的再压缩后，温度突跃升高，辐射可见光，即形

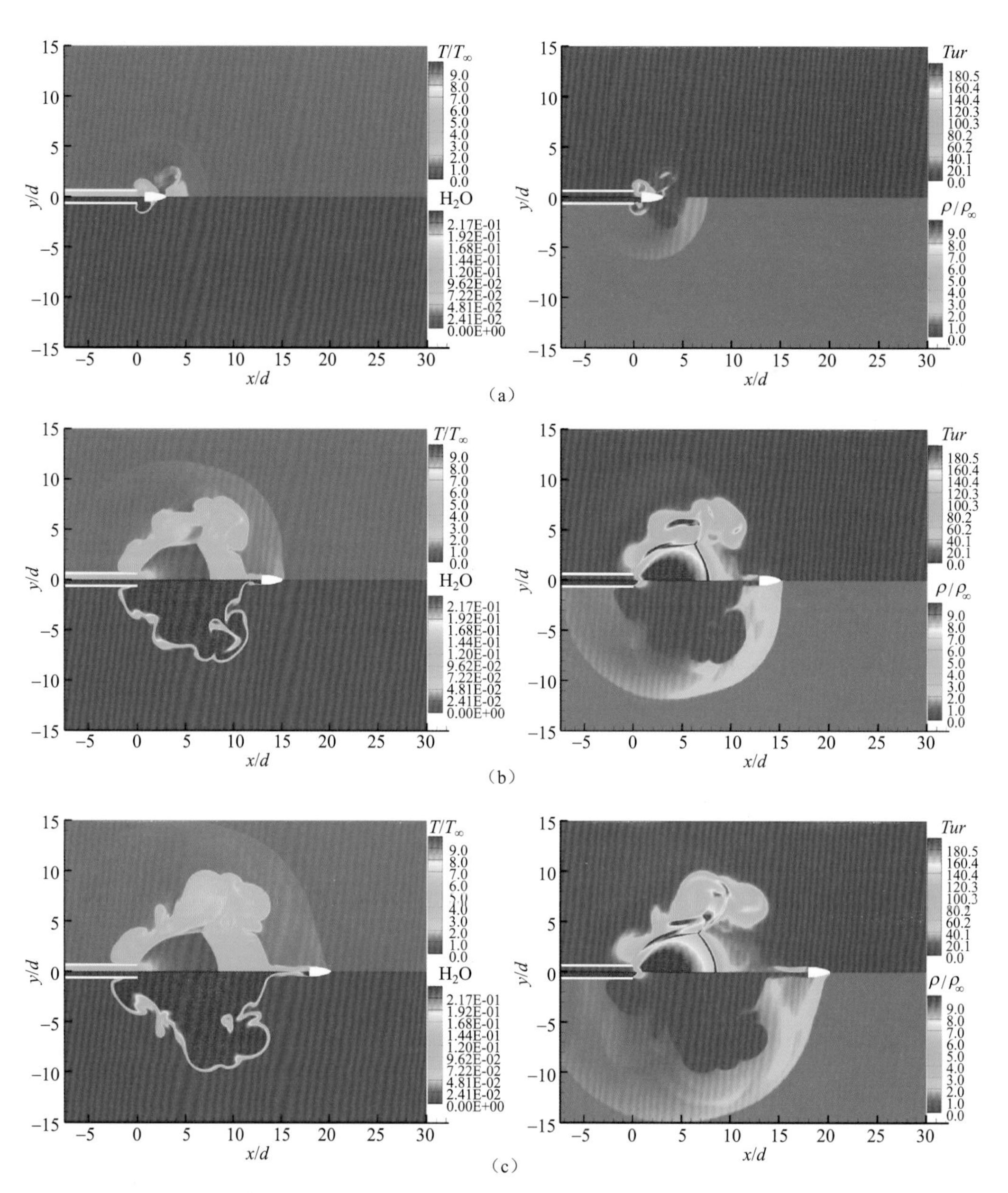

图 6-15 膛口流场温度、H_2O、湍流强度 *Tur*、密度分布云图（数值计算）

(a) $t=30\ \mu s$；(b) $t=330\ \mu s$；(c) $t=470\ \mu s$

成了中间焰。随着马赫盘的生长，中间焰不断增强。与此同时，马赫盘后冠状气团的湍流混合以及大涡环的卷吸作用，空气中的氧气被卷入，经过进一步混合与加热以后，中间焰区的热气流和被其加热而达到着火条件的燃气形成了一个明亮的火球。该火球逐步长大并向下游移动，加热包围它的火药燃气一空气混合物。在湍流作用下，火焰传播加速，引起了大范围的二次燃烧，形成二次焰，并继续向下游传播，直至熄灭。

第四节　带膛口装置的膛口焰形成机理

不同类型的膛口装置对膛口焰的作用可能完全不同——有些膛口装置（如膛口制退器、膛口偏流器）会增大膛口焰发生概率，增强二次焰的强度。尤其是带膛口制退器的大口径火炮，经常出现二次爆燃向爆轰转化的极端情况，产生更强的二次冲击波，加重了膛口冲击波的危害；有些膛口装置（如锥形助退器、消声器和消焰器）会抑制膛口焰的发生，减弱二次焰的强度。即使是同一种类型的膛口装置，也会因结构参数的差异产生不同的效果。因此，膛口制退器、膛口偏流器、膛口助退器、膛口消焰器的设计理论，必须综合考虑膛口装置效率、膛口冲击波分布和膛口焰的影响问题。

膛口装置的结构参数与二次焰的点火及传火条件关系密切，给膛口装置设计理论提出了新的问题。

为清晰起见，本节仍以膛口焰产生的五个条件（即可燃气体成分与浓度、流场物理环境、外界氧气的湍流交换、点火源和燃烧波传播的条件）为线索，分析膛口装置影响膛口焰的机理。

一、锥形消焰器的膛口焰特征

1. 锥形喷管膛口流场

锥形喷管膛口流场的主要特点是，气流在喷管内得到充分的平稳膨胀，气流在出口处的压力很低、流速很高，瓶状激波细长，马赫盘较弱。瓶状激波及马赫盘参数取决于喷管的膨胀度，即出口面积比。

可以看出，随着喷管出口压力比的减小及出口马赫数的增大，马赫盘直径不断减小，长度不断加长。图 6-16 就是典型的锥形喷管细长形瓶状激波的结构。其马赫盘已很

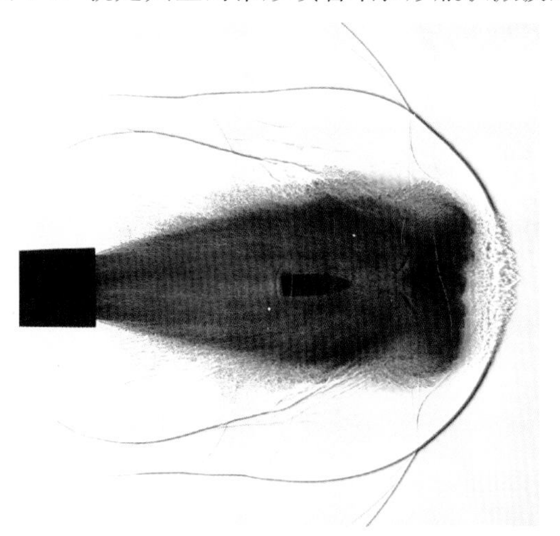

图 6-16　7.62 mm 步枪带锥形喷管的高速阴影照片（YA-1 拍摄）

小，激波强度也很弱。

2. 锥形消焰器膛口焰形成及抑制机理

① 中等膨胀度的锥形消焰器，射流中的瓶状激波系较弱，马赫盘强度低，作用时间较短，有利于削弱中间焰，减小二次焰点燃的概率。图 6-16 所示的消焰器，出口膨胀比 3，该消焰器可以有效地抑制中间焰与二次焰。

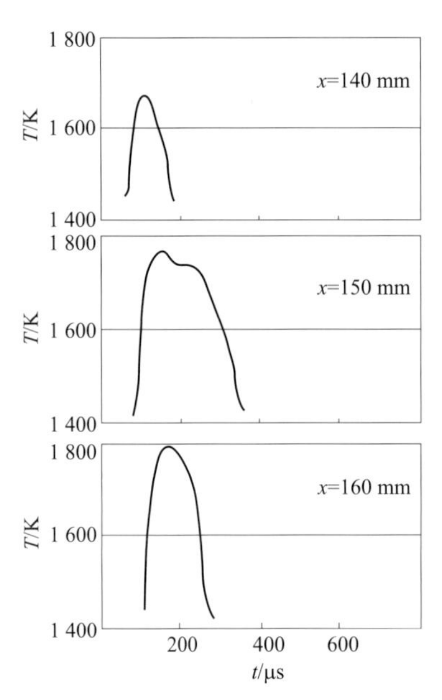

图 6-17　7.62 mm 步枪带锥形喷管的膛口温度测量结果

从阴影照片上看，马赫盘很小，无明显的中间焰。图 6-17 是该消焰器流场温度测量结果，在距出口 x =50～130 mm 处均测不到光辐射，仅在 t=70 μs 开始，于 x =140～160 mm 处测到了微弱的辐射光，最高温度达 1 800 K。

图 6-18 为有无消焰器的 7.62 mm 弹道枪在同一时刻膛口温度场对比。安装锥形消焰器后，膛口气流的轴向速度提高，马赫盘直径和强度大大减小，马赫盘下游气体温度得到降低。

可以看出，具有一定膨胀比的锥形消焰器不仅降低了马赫盘后的气体温度，而且也缩短了马赫盘的作用时间。使之等不到下游区域的火药燃气与外界的氧气的混合比达到一定值时点火，由于马赫盘衰减很快，混合气体得不到点火的足够时间和热量，于是，该区域的中间焰和二次焰均被抑制。

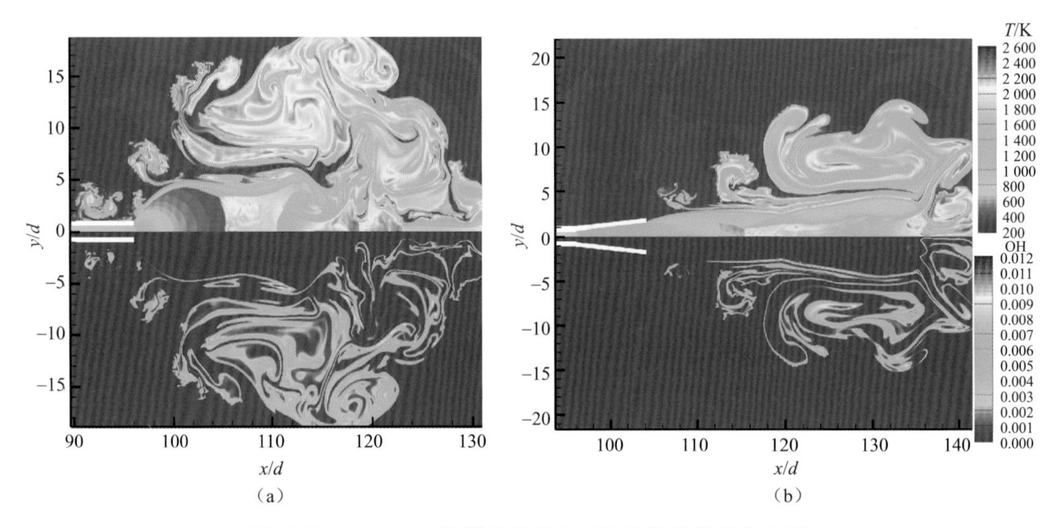

图 6-18　7.62 mm 弹道枪温度与 OH 质量分数分布云图

（a）无消焰器；（b）有消焰器

② 膨胀比很大的锥形喷管，在远离出口区域可能点燃二次焰。当某些内弹道性能极端的武器（如 12.7 mm 重机枪，膛口压力高，燃烧结束点在膛口外。无膛口装置时，膛口焰极强，如图 6-19 所示），膛内燃气出口剩余能量很大，常发生这种现象。图 6-20 是 12.7 mm 重机枪带出口直径 52 mm，长 80 mm，膨胀比为 4.1 的锥形喷管，在距出口 110 倍口径处开始点燃，形成强烈的二次焰。

图 6-19　12.7 mm 重机枪无膛口装置时的膛口焰时间累积照片

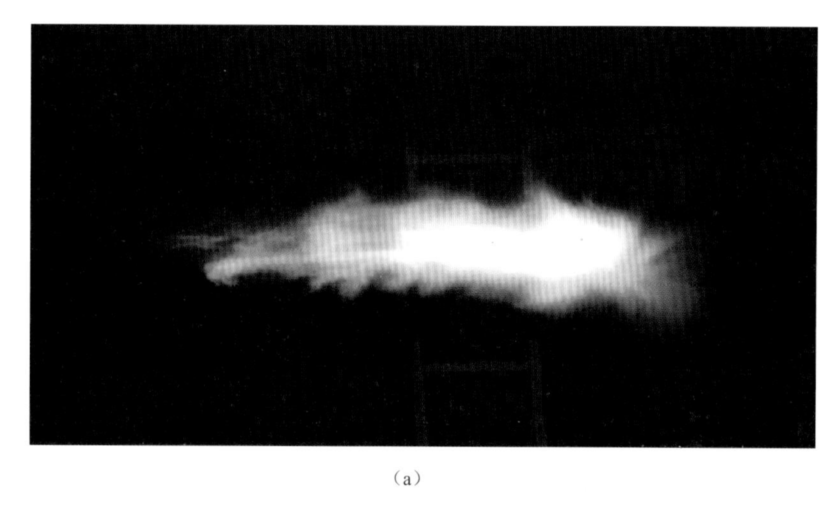

（a）

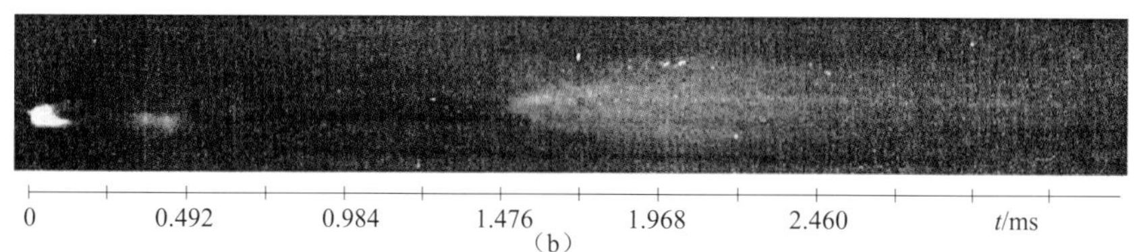

（b）

图 6-20　12.7 mm 重机枪带出口膨胀比为 4.1 的锥形喷管的膛口焰照片

（a）时间累积摄影照片；（b）转鼓高速摄影照片

从图 6-20 时间累积照片（a）和转鼓高速摄影照片（b）可以看出，在距离管口约

180 mm 处，有中间焰出现，但未能点燃二次焰，从管口到二次焰之间有一个无焰区。二次焰出现于 1.4 ms 以后的 $110d \sim 150d$ 处，其点燃机理分析如下：

首先，利用菲涅尔透镜的间接阴影摄影得到强膛口焰环境下的流场阴影照片，为分析点火机理提供了清晰的图谱。可以看出，这是一个如图 6-21 所示的双周期的双瓶状激波射流结构。在第一个瓶状激波内还有一相交激波，图 6-20（a）和（b）所示的中间焰就位于此，而二次焰是由第二个瓶状激波的马赫盘点燃。

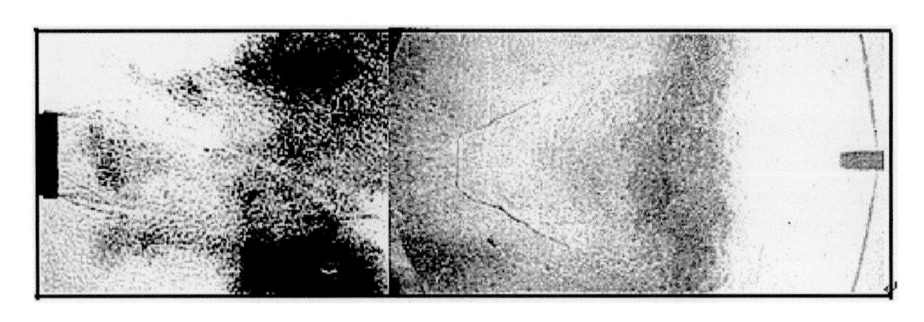

图 6-21 膛口流场间接阴影照片（YA-1、菲涅尔透镜）

为了证明这一点，进行了数值模拟，图 6-22 是用压力云图表示的流谱结构，双周期、双瓶状激波结构十分明显，且第二马赫盘后的高压区及图（b）显示的高温区，温度超过 2 000 K，是高温火焰区。这与上述试验结果一致。

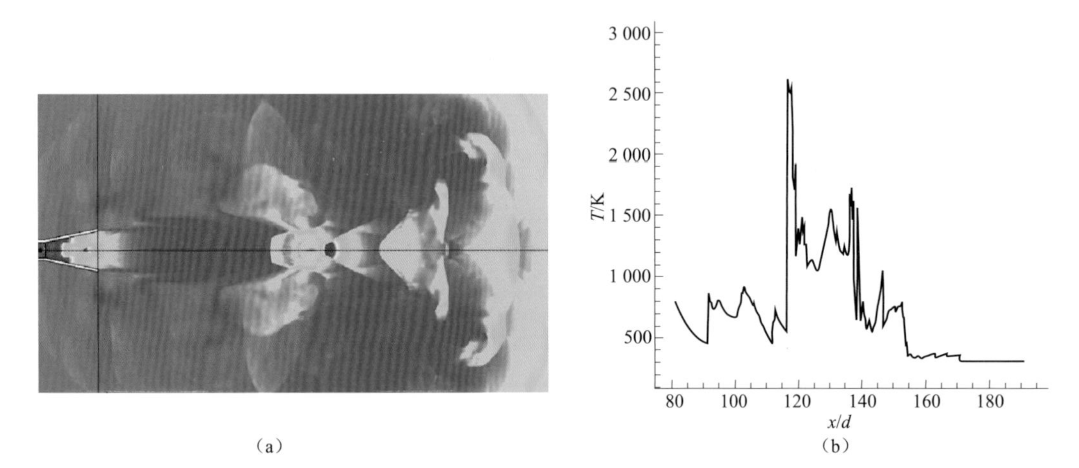

图 6-22 12.7 mm 重机枪带出口膨胀比为 4.1 的锥形喷管的数值计算结果

（a）压力分布云图（数值结果）；（b）轴线温度分布曲线（数值结果）

其次，膨胀比很大的锥形喷管，轴向的气流速度很高，冠状气团推动前方冲击波形成的湍流混合与质量交换十分充分，外界的空气被冲击波截入后为二次燃烧提供了充足的氧气，所以，这种二次焰的特征是火焰长度很长。

二、膛口制退器二次焰形成机理

膛口制退器的流场由弹孔和两个侧孔流场组成（图 6-23）。

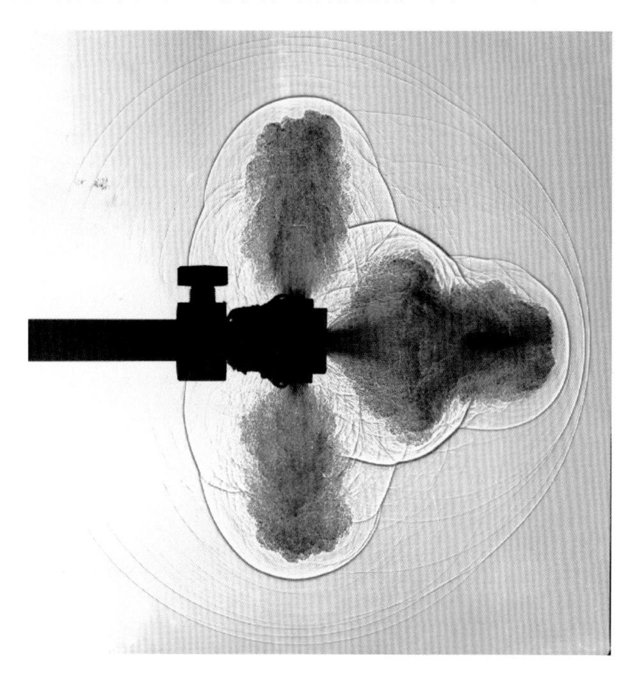

图 6-23　三通式制退器的高速阴影照片（YA-1 拍摄）

在火药燃气流场早期，两个流场独立形成后，才发生射流、冲击波的相交过程。实际上，膛口焰的形成也多发生在每个流场的早期，即马赫盘的生长期。因此，为了简化机理分析的思路，可以将两个流场的膛口焰的形成与发展作为相互独立的欠膨胀射流或射流系加以研究。其中，弹孔流场的膛口焰机理与锥形喷管的基本相同，以后不再单独介绍。而相邻的弹孔与侧孔流场的相互作用对二次焰点燃的影响问题，可以作为特殊问题单独研究。膛口偏流器的膛口焰机理是膛口制退器的特例，图 6-24 是 23 mm 航炮带有几种偏流器的膛口焰照片，其中间焰和二次焰的形成与抑制已包含在膛口制退器的分析之中了。

为了研究膛口制退器结构对膛口焰形成的影响规律，在 12.7 mm 重机枪上，采用不同结构尺寸的 12 种制退器进行试验。

1. 开腔式（冲击式）膛口制退器侧孔二次焰形成机理

开腔式（冲击式）膛口制退器的结构特点是腔室直径及侧孔面积较大，或者腔室前面为一挡钣，侧壁开放，无导引孔道。因此，开腔式（冲击式）制退器的燃气膨胀充分，气流速度高，侧排气流方向不确定。这类制退器的侧孔射流形成的膛口二次焰的点火源有两个：侧孔射流马赫盘与气流冲击前面挡钣产生的挡钣激波。现分析如下：

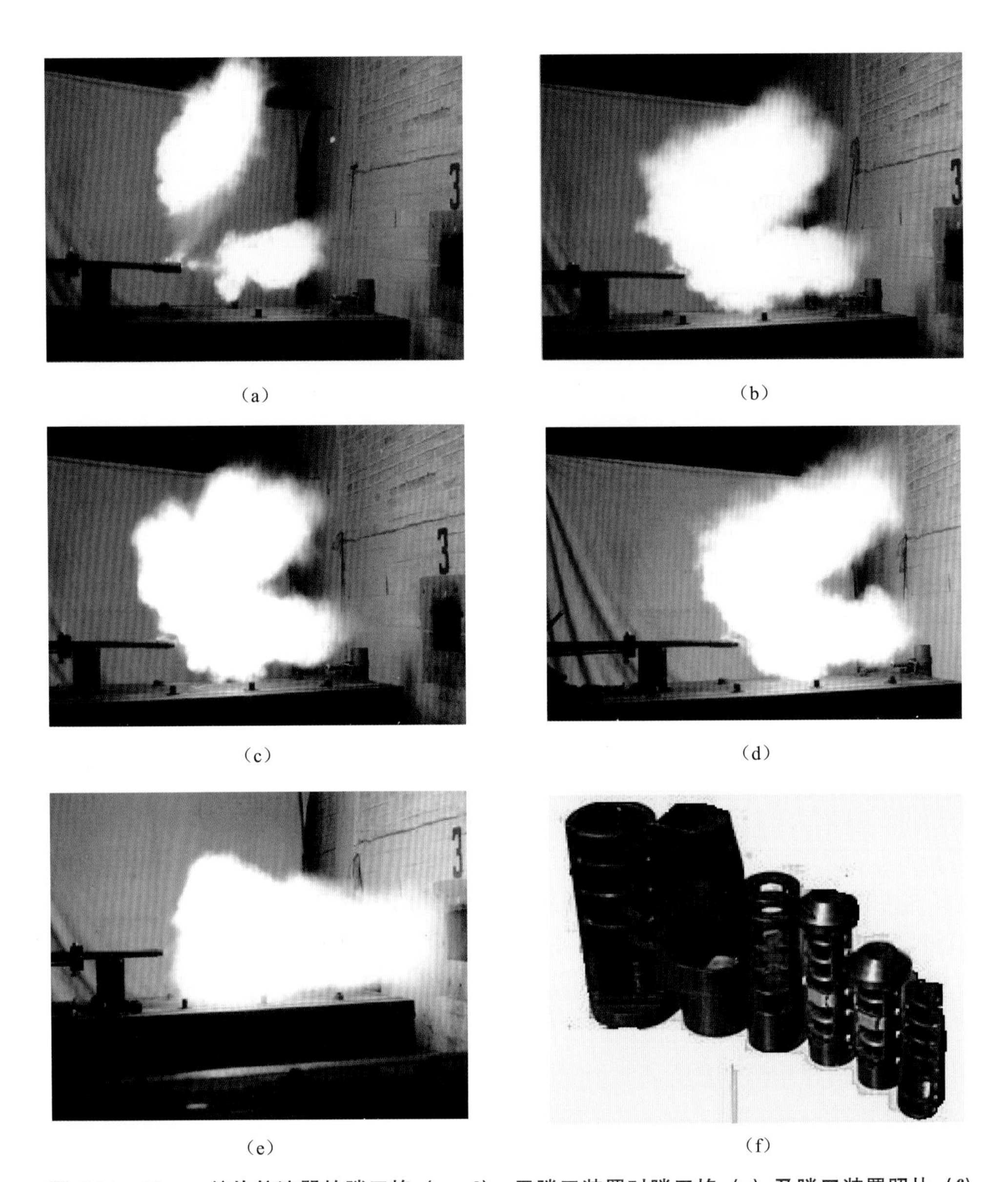

图 6-24　23 mm 航炮偏流器的膛口焰（a～d）、无膛口装置时膛口焰（e）及膛口装置照片（f）

（1）侧孔射流马赫盘点燃二次焰

与前节的分析相同，侧孔射流瓶状激波的马赫盘后是高压、高温中间焰区。当马赫盘的强度足够高，致使温度达到当地混合气体的点火温度时，可能出现二次焰。其典型图例如图 6-25 所示。

为单独研究两个点火源作用机理，先设置一个无挡钣制退器实验，以排除冲击挡钣产生激波的可能。此制退器结构如图 6-26 所示。

制退器的腔室内径与制退器弹孔的相同，冲击挡钣面积很小，无挡钣激波出现。但

图 6-25　膛口制退器二侧孔射流马赫盘后的中间焰

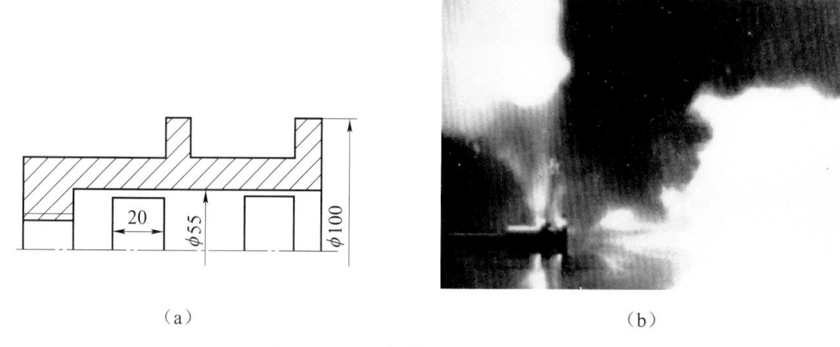

图 6-26　无挡钣制退器的膛口焰

在侧孔下游仍出现了较强的二次焰，从流场阴影照片上可见直径很大的马赫盘，这与图6-20 锥形喷管形成的远方区域膛口焰类似。

图 6-27 为一双气室冲击式制退器，弹孔面积小，而冲击挡钣和侧孔出口的面积均较大，因而保证了一定的侧孔流量和较高的出口压力，在阴影照片上可以看到，两侧孔射流的瓶状激波合并为一个较大的瓶状激波，在马赫盘后出现了二次燃烧。因此，马赫盘仍是典型的点火源。

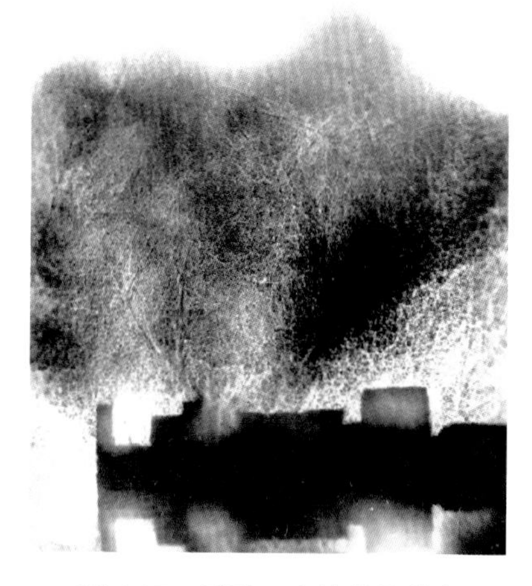

图 6-27　侧孔二次焰的马赫盘点燃（YA-1 拍摄）

（2）前挡钣激波点火

对于图 6-28 所示的冲击式制退器结构，当火药燃气自膛口喷入截面积增大的制退器腔室冲击挡钣时，必然出现激波（有关高速燃气射流对制退器前挡钣冲击效应的实验与数值模拟可参阅第三章），使已在腔室膨胀降温的火药燃气重新加温甚至点燃。

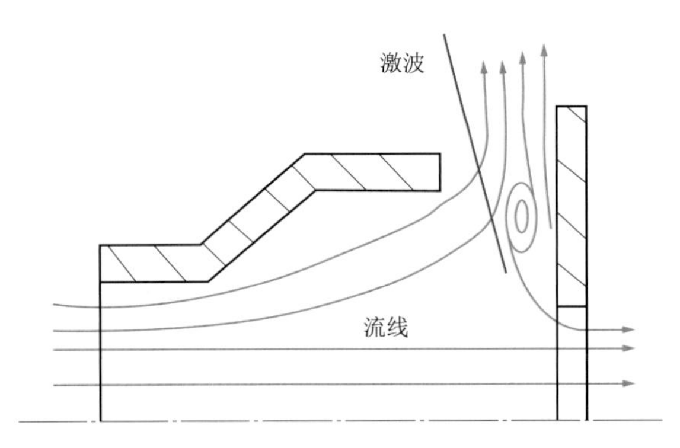

图 6-28　冲击式制退器腔室内流动

为了更清晰地了解挡钣对流动的作用，对制退器腔室内的压力进行了测量。测压孔位置如图 6-29（a）所示，压力—时间曲线如图 6-29（b）和（c）所示。

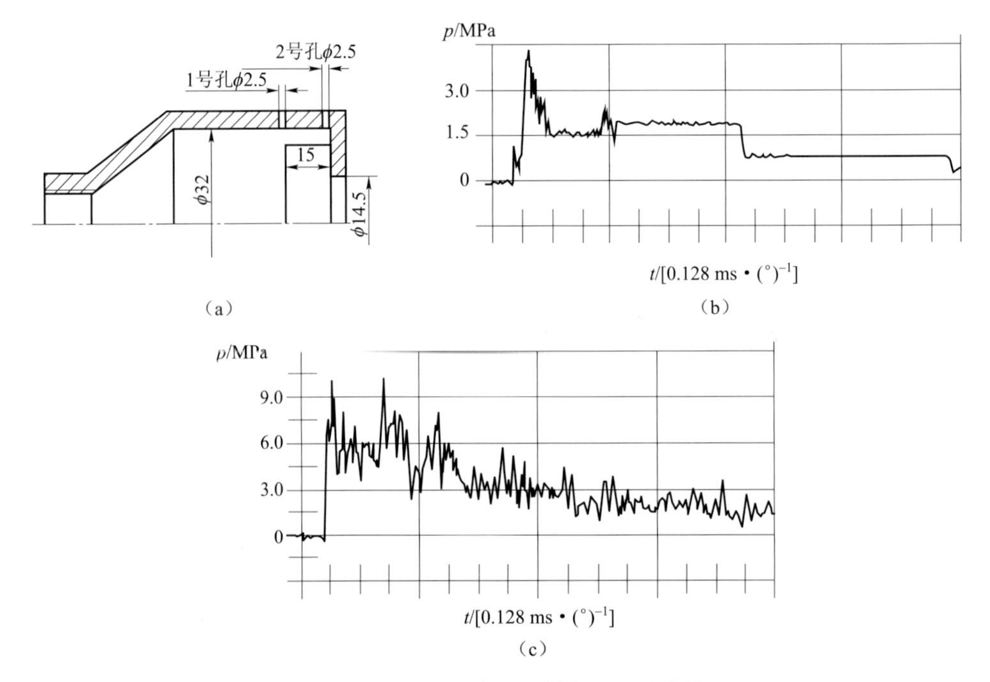

图 6-29　制退器腔内的前挡钣区压力曲线

（a），（b）1 号孔；（c）2 号孔

其中，1 号测压孔位于侧孔上游，2 号测压孔位于侧孔下游，紧贴挡钣。由于挡钣的作用，2 号孔的压力是 1 号孔处压力的两倍以上，两孔之间出现了激波，其作用时间约为 1 ms。因此，在挡钣前的激波消失前，激波和挡钣之间必然存在一个高温滞止区，足以引燃腔内燃气。

火药燃气首先在挡钣区域着火，形成制退器腔室内的二次燃烧。几乎所有的冲击式膛口制退器的冲击挡钣前，都可以观察到这样的二次燃烧（图 6-30）。

当挡钣前激波点火后，腔室内的火焰阵面可以传播至侧孔外的湍流混合区，但是，能否形成侧孔二次焰还要取决于腔室结构。由图 6-30 可见，若挡钣面积大且侧孔出口面积靠近挡钣，则不仅挡钣前的激波很强，而且从侧孔流出的火药燃气的大部分都要首先经过激波的滞止区后再膨胀流出，致使侧孔出口射流的速度低、温度高。这时，挡钣前的火焰阵面可以在出口处稳定在低速湍流边界传遍整个流场，引起大范围的侧孔二次焰。反之，如果侧孔的出口面积较大，而挡钣面积很小，则自侧孔流出的气体，较大部分未经过激波而直接流出，侧孔出口射流的速度高、温度低，腔室内的火焰阵面在出口处就不能稳定传播。因此，侧孔出口处火焰能否稳定传播，是侧孔二次焰形成的条件。

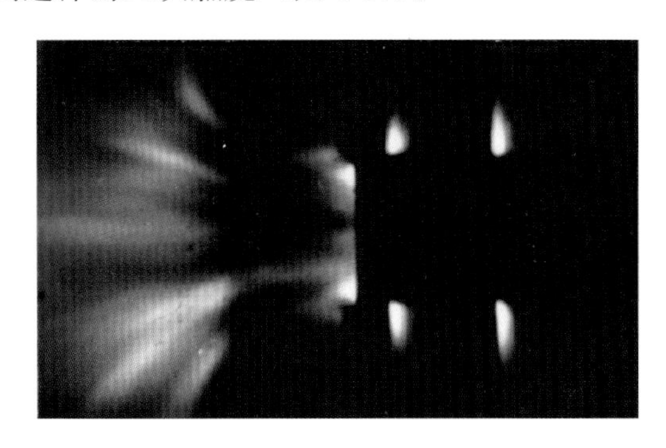

图 6-30　挡钣前的点火、燃烧照片

由此可见，侧孔二次焰的腔室内燃烧点火与马赫盘点火机理完全不同。

2. 半开腔（反作用式）膛口制退器侧孔二次焰形成机理

半开腔（反作用式）膛口制退器的结构特征是腔室直径有限，侧孔面积小于腔室截面，具有多个侧孔，一般为单腔室。这类制退器侧孔二次焰的点燃机理是：侧孔多个射流瓶状激波系合成一个直径与强度更大的马赫盘，其后的中间焰是侧孔二次焰的点火源。

典型多孔、单室制退器的膛口流场阴影照片如图 6-31 所示。

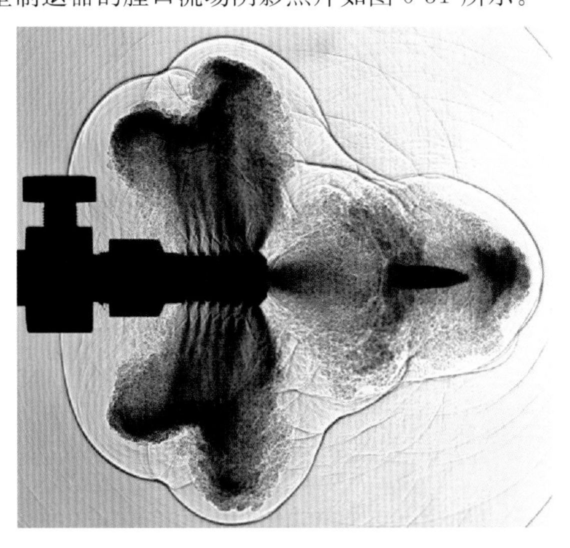

图 6-31　多孔式制退器侧孔射流与瓶状激波结构（YA-1 拍摄）

可以看出，反作用式膛口制退器的多个侧孔，形成了由多个小射流组合的大射流。每个小射流按各自的出口参数形成独立的激波系，图中的侧孔的间距较小，相邻的射流将发生相互作用，若干个小的激波系将合成一个更大的瓶状激波及更强的马赫盘。这种情况就极有可能在马赫盘后点燃二次焰。

反之，如果侧孔间距足够大，射流不发生相互作用时，每个小射流的激波相对较弱，出口流量较小，发生二次燃烧的可能性很小。12.7 mm 重机枪反作用式膛口制退器的试验结果证实了上述点燃机理。

图 6-32（a）是为 12.7 mm 重机枪设计的双腔室制退器结构，上、下两侧分别开孔，上侧开两个紧邻的小孔，下侧只开一个与其直径相同的孔。从膛口焰时间累积照片（b）可以清楚地看到，在双孔紧邻的一侧出现了剧烈的二次燃烧，而在单孔侧无火焰。流场阴影照片（c）给出了其中的机理解释：上侧形成的双孔射流合成一个尺寸更大的瓶状激波和马赫盘，强烈的二次焰点燃于马赫盘之后。

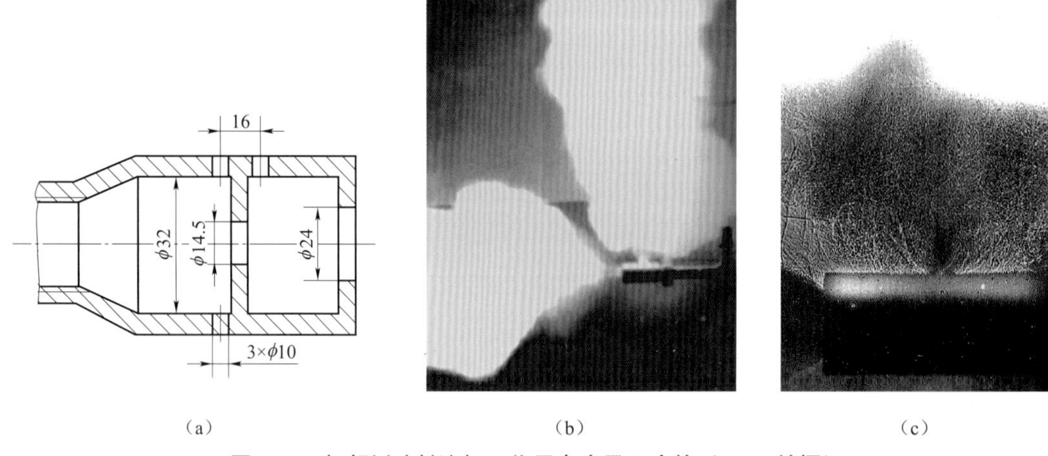

图 6-32　相邻侧孔射流相互作用点火及二次焰（YA-1 拍摄）

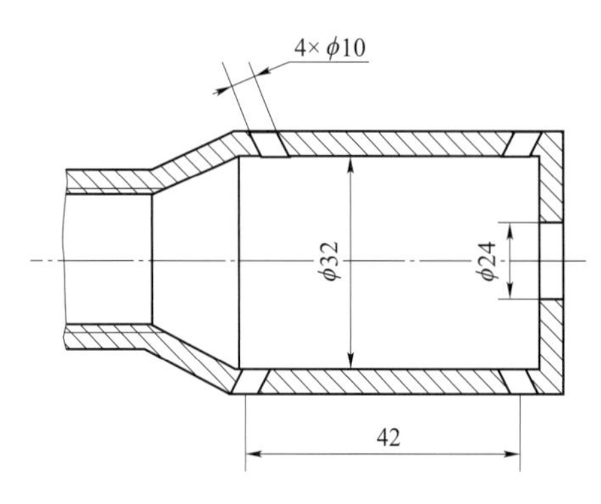

图 6-33　双侧孔反作用式制退器

为了进一步证明上面的结论，又设计了结构如图 6-33 所示的制退器，其腔室内径、弹孔直径与图 6-32（a）的相同，只是把双腔室改为单腔室，侧孔的轴间距加大，使两孔的射流保持独立性，没有观察到侧孔二次焰。

相邻侧孔射流相互作用的结果是形成了更强的激波系，也加大了湍流混合，为射流边界外的氧气进入内部提供了动量和质量交换的良好环境。

反作用式膛口制退器侧孔射流间的相互作用是形成侧孔二次焰的主要原因。

第五节　膛口焰抑制方法

膛口焰是带燃烧、化学反应的气体动力学现象，其形成机理既有物理原因，即膛口燃气流场参数的分布原因；又有化学原因，即引起点火和湍流燃烧的原因。因此，膛口焰的抑制方法相应地有物理方法（加膛口装置）和化学方法（加消焰剂）。

在五种膛口焰（前期焰、初次焰、膛口辉光、中间焰和二次焰）结构中，前三种是由武器的身管、装药及内弹道参数决定的，现有的膛口装置和化学消焰剂都不能抑制它的产生。但其发光强度和持续时间都很低，与中间焰和二次焰相比，可以忽略不计。因此，在研究膛口焰的抑制方法时，主要探讨中间焰和二次焰的抑制方法。

本节主要讨论抑制膛口焰物理方法和化学方法的机理及设计理论。

一、抑制膛口焰的物理方法

抑制膛口焰的物理方法，就是采用膛口消焰器，控制火药燃气的膨胀，以减弱由于突然膨胀而产生的马赫盘，降低马赫盘后火药燃气的温度和混合气体的温度，以达到抑制中间焰和二次焰的目的。早在第二次世界大战期间，人们就已经开始应用膛口装置来减小膛口焰。消焰效果较好的锥形、叉形和筒形消焰器至今仍在使用（图 3-8）。

现有的制式膛口装置中，消焰器和制退器都在独立地起作用。例如，锥形和筒形消焰器都能较好地满足消除膛口二次燃烧的要求。

图 6-34 是 5.8 mm 弹道枪采用筒形消焰器前、后的膛口焰累积照片。可以看出，消焰效果比较明显。与锥形消焰器相比，筒形消焰器利用引射原理，不增加后坐力。

现有的膛口消焰器没有制退作用，而各种膛口制退器又会产生二次焰，这就限制了物理消焰原理在中、大口径火炮上的应用。因此，如何将消焰器与制退器的优点集合于同一个膛口装置上，设计一种“制退消焰器”，就成了多年来武器设计者探索的目标。基本的技术途径是设法消除膛口制退器的侧孔和弹孔二次焰。

弹孔二次焰形成的主要影响因素是射流中的马赫盘。采用既降低出口压力比又不至于使气流速度过高的锥形喷管，可以有效抑制弹孔二次焰。

侧孔二次焰有两个点火源：室内燃烧及射流马赫盘。采用以下方法可以破坏这些点火源的稳定存在：

① 提高侧孔气流的出口速度，使制退器腔室内的燃烧在出口的高速气流中不能稳定；

② 适当减小每一侧孔的流量，尽量使各个侧孔射流保持独立性，避免马赫盘的二次合成。

（a）

（b）

图 6-34　5.8 mm 弹道枪有、无筒形消焰器时的中间焰时间累积照片

（a）有筒形消焰器；（b）无消焰器

二、抑制膛口焰的化学方法

1. 采用当量平衡的火药装药

将火药装药组成中的燃烧剂和氧化剂达到当量平衡，完全氧化，从源头阻断膛口焰的形成。这种设想很早就有人研究。首先在固体火药装药上做过尝试，确实可以抑制膛口焰，但带来的副效应是膛温增大，炮膛烧蚀严重，炮身寿命大幅降低，因而限制了使用。

有些液体发射药可以避免上述缺点。液体发射药是未来火炮新概念能源之一，尽管研制中仍存在很多技术问题制约使用，但研究尚未放弃。这种发射药的热力学效率高于固体药，是解决大口径火炮膛口焰的可能途径之一。

2. 装药内添加消焰化合物

这是近一个世纪以来最有效的消焰途径。据文献记载，经试验验证，有和没有消焰效果的化合物各有近百种之多。可见，各国在抑制膛口焰研究方面所付出的巨大努力和积累的丰富经验。

早在第一次世界大战期间，人们就已经在发射药中加入添加剂来减小膛口焰。由于对基本的火焰抑制机理缺乏了解，主要是一种经验方法。在列出的近百种不产生抑制效果的化合物，如铝、镁、钙、硼、钴、铅、铜、锰等金属及其化合物，以及酒精、丙酮、糠醛、二甲苯等；在几十种有一定抑制效果的化合物和几十种有较明显效果的化合物中，以碱金属盐最为有效。

我们对 KNO_3，K_2SO_4，K_2CO_3，$(NH_4)_2CO_3$，NH_4HCO_3 和 KOH 六种化合物的消焰效果在 12.7 mm 重机枪上进行对比试验，发现 2%含量的各种消焰剂都不同程度地减小了二次焰，但以钾盐（如 KOH）的消焰效果最佳，可以完全抑制膛口焰。从综合性能出发，各国的制式火炮和枪最常用的消焰剂是硫酸钾（K_2SO_4）和硝酸钾（KNO_3）。

消焰剂的添加量，一般经验值为火药装药量的 1%～2%，太多将影响弹道性能，增大膛口烟，其危害可能比膛口焰的更大。因此，简单地增加消焰剂的量不是抑制高性能大口径膛口焰的有效方法。

消焰剂抑制机理研究的目的是优选消焰化合物，以最合适的剂量达到最佳效果——抑制膛口焰，同时，降低对弹道性能的不利影响。

3. 化学消焰剂的抑制机理

无论是物理方法还是化学方法，抑制膛口焰的关键主要是抑制中间焰的点火和传火。

前已介绍，在 H—C—N—O 的富燃料燃烧过程中，对膛口焰起重要作用的链分支反应是

$$H+O_2 \rightarrow OH+O \tag{R2}$$

$$OH+H_2 \rightarrow H_2O+H \tag{R3}$$

该反应趋于保持［H］/［OH］比值为常数。当产生足够量的 OH 和 O（来自外界环境的氧气）时，其他链分支反应加速进行，导致膛口焰的发生。因此，只有阻止链的发展，加速链的终止，才能达到抑制二次燃烧的目的。

大量的试验证明，在发射药中加入化学消焰剂，特别是许多碱金属盐，可有效抑制膛口焰，这说明这些碱盐的链式反应在发射过程中可以被激活；另外，同种发射药有多种消焰剂起到同样的作用，也说明存在某些相似的化学抑制机理。下面以 KNO_3 为例说明。在高温下，KNO_3 发生如下反应：

$$KNO_3 \rightarrow K+NO_3 \tag{K1}$$

由于 K 的存在，可与活性中心发生如下的链终止反应：

$$K+OH \rightarrow KOH \tag{K2}$$

$$KOH+H \rightarrow H_2O+K \tag{K3}$$

钾盐的存在提供足够量的钾原子 K，形成重要的灭焰组分 KOH，它与上述 R2 反应中 O_2 争夺 H 原子，起到了防止 H_2，CO 与氧的化合作用，是反应的负氧化剂。随着钾盐剂量的增加，H 原子的浓度不断降低，R2 的反应速度明显减少。于是，链终止速度超过链发展速度，从而加速了链的终止。点火条件不能满足，二次焰不能形成。

最后还需指出，消焰剂的抑制作用发生在膛外流场而不是膛内，也就是说，消焰剂

不一定非加入到火药装药中，只要能在膛外与火药燃气相混，同样能起到相同的抑制作用。我们在 12.7 mm 重机枪的冲击式制退器挡钣上涂以 KNO_3，试验结果表明：原来非常严重的二次焰几乎完全消除，消焰效果令人称奇。

4. 消焰剂对弹道性能的影响

化学消焰剂对弹道性能的影响，一直是人们关注的问题。下述试验结果具有重要的参考意义。

选用KNO_3，K_2SO_4，K_2CO_3 三种消焰剂在 12.7 mm 重机枪上进行内弹道测量，消焰剂添加量为 1%，2%和 3%。表 6-4 列出了KNO_3 的试验结果，其他两种相近。

可以看出，由于化学消焰剂的加入，膛压和初速相应增大。这是因为KNO_3 本身就是一种强氧化剂，使膛内火药燃烧更充分，膛压和初速必然增加。一般弹药的消焰剂含量均控制在 2%以下，这种影响很小。

表 6-4 消焰剂含量对火炮性能的影响

消焰剂含量	膛压增大/%	初速增大/%
1% KNO_3	0.2	0.3
2% KNO_3	1.8	0.4
3% KNO_3	4.4	1.8

关于本章内容的详细研究资料可参阅附录八的 2(10)，2(15)，2(18)，4(15)，4(21)，6(36)的有关报告及论文以及参考文献 [1]。

第七章　弹丸的后效作用

概　　述

从弹丸飞出膛口到脱离火药燃气和各种干扰开始自由飞行为止的一段时期，称为中间弹道的弹丸后效期。在弹丸后效期，气流继续对弹丸加速并施加新的干扰，形成自由飞行的起始扰动，增大弹丸的散布。

后效期弹丸的增速问题一直是枪、炮、弹道、弹药和引信设计关注的内容。例如，弹丸最大速度与初速 v_0 的量级和计算方法、最大速度的位置、影响最大速度的因素等。本章第一节讨论膛口气流对弹丸的增速计算方法。

后效期扰动是影响弹丸散布的重要因素，多年来，外弹道学一直把它作为研究内容之一，并引入起始扰动的概念。

所谓起始扰动，是指在发射起始点——自由飞行起点，弹轴偏离理想发射方向的偏角 φ_0、攻角（章动角）δ_0 及角速度 $\dot{\varphi}_0$ 和 $\dot{\delta}_0$。对弹轴的横向扰动是弹丸膛内运动和后效期内多种因素形成的。理论和实验证明，它是造成射弹散布的主要原因之一。因此，研究起始扰动的形成机理与影响因素也是弹道学的重要内容。

在外弹道学和发射动力学中，常把弹丸扰动分为三个时期，即约束期（膛内运动时期）、半约束期和后效期。起始扰动是三个时期弹丸扰动的最后结果。前一时期的扰动影响后一时期的扰动，并作为其计算的初始条件。

弹丸约束期的扰动，是由于弹丸质量偏心、弹一膛相互作用、身管振动等复合作用使弹丸的空间姿态、运动参数连续、随机地偏离瞄准线。特别是尾翼稳定脱壳穿甲弹，其弹芯是大长径比的细杆，弹体在膛内运动时，各种扰动因素更为复杂，包括弹一膛间隙引起的横向振动与弹体纵向加速度引起的挠曲、弹芯一卡瓣相对于膛壁的侧向运动、弹芯相对于卡瓣的偏航等。由于受力状况复杂，一旦设计不当，将会发生弹体变形甚至断裂，严重影响正常飞行。

在弹丸半约束期（从弹丸前定心部出膛口起到弹带出口为止），弹轴的扰动使出口攻角及横向运动速度增大。半约束期弹丸的受力及扰动状态对后效作用有直接影响，它是后效期扰动的初始条件。

弹丸约束期和半约束期扰动问题，已有不少研究，提出了一些简化力学模型和近似解，近年来，也有数值模拟方法引入。上述内容在外弹道学和发射动力学的书籍中已有介绍，本书不再讨论。

后效期扰动的一般问题已有明确的结论。当弹丸以一定攻角进入膛口气流区时，将受到来自弹尾方向气流的冲击力和力矩，这个干扰随初速的减小而增大。实验结果表明：膛口气流对旋转弹的后效期扰动很小，性能正常的膛线火炮（枪）发射的旋转稳定弹丸，在出膛口时的偏角一般不大，而且，后效期时间又很短，形成的横向动量不明显。因此，可以认为，旋转弹的后效期扰动不是散布的主要因素。尾翼弹的后效期扰动较旋转弹的明显。研究表明，与低速尾翼弹相比，高速尾翼弹受到膛口气流的干扰相对较小。

与普通的旋转稳定或尾翼稳定弹不同，脱壳穿甲弹是在飞行过程有附加物脱落的一类弹药。在发射与飞行过程中因分离引起的机械与气动力干扰远大于后效期的其他干扰因素，严重影响弹丸的散布。本章第二节和第三节主要讨论尾翼稳定超速脱壳穿甲弹（APFSDS）的后效期扰动问题，包括脱壳过程扰动及膛口装置扰动两部分。

第一节　弹丸在后效期的加速运动

一、弹丸穿越膛口流场的受力

第一章关于膛口流场机理的分析已十分清楚地说明了，当弹丸自膛口飞出后，立即被火药燃气射流包围，形成超过弹体的，相对马赫数大于 1 的超声速绕流（图 7-1（a））。此时，火药燃气作用于弹体的合力向前，弹丸加速，此过程在瓶状激波区内一直存在（图 7-1（b））。当弹底穿过马赫盘时，受力状态发生变化（图 7-1（c）），合力及气流相对速度由正转为负，至某一点，弹丸的纵向加速度为零，此点就是弹丸的最大速度点位置。此后，弹丸进入冠状气团（图 7-1（d）），开始受到气流阻力作用，相对于外界气流，弹丸由亚声速过渡到超声速，出现弹头激波。然后，穿过膛口冲击波进入空气，开始外弹道自由飞行。

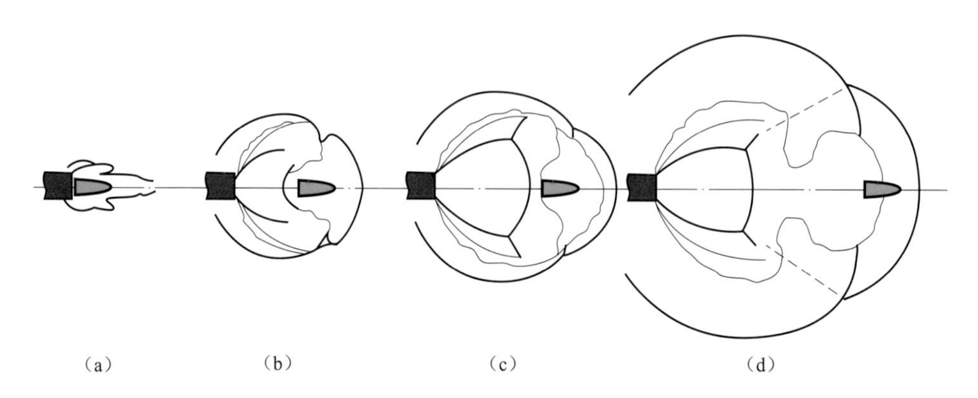

图 7-1　弹丸穿过膛口流场的受力状态

二、弹丸最大出口速度的计算

为了准确确定弹丸最大出口速度 $v_{\max}$、最大出口速度点位置 X_m，以及与初速 v_0 的关系，以 7.62 mm 弹道枪为例，对膛口流场的弹丸受力与速度变化进行数值计算。

弹丸穿越膛口流场不同时刻的流场压力等值线见表 7-1，仔细分析可以得出以下结论：

① 弹底穿越射流马赫盘，至马赫盘完全形成的时刻是判断弹丸受力与加速过程结束的主要标志。从表 7-1 可以看出，弹底激波自产生起，就与射流激波系发生相互作用并阻止马赫盘的形成；在 $t=$ 22.4 μs 时，弹底激波直径最大，呈平面形状，然后逐渐弯曲；$t=38.1$ μs，射流瓶状激波出现双马赫相交结构；$t=42.5$ μs，马赫盘局部结构在侧方出现，与弹底激波相交；$t=49.3$ μs 以后，随着弹底激波的减弱，马赫盘直径增大；至 $t=53.8$ μs，圆弧面的马赫盘完整地形成，弹底激波消失。此时，认为弹底已完全穿过马赫盘，射流对弹丸的冲击与加速过程结束。应当指出，本节作为定性分析的例子，计算中未考虑初始流场的存在。在准确计算弹丸后效作用时，不应简化。

② 弹丸最大速度点的确定。弹底在承受燃气射流的冲击作用时，弹底压力 p_d 及弹丸质心的轴向合力为正，弹丸加速。穿过马赫盘后，当弹底压力与弹体表面压力相等时，轴向合力为零，质心加速度为零，弹丸质心速度最大（图 7-2、图 7-3）。

③ 弹丸最大速度点的位置 $X_M=5.5d$，到达最大速度点的时间 $t_m=54$ μs，弹丸最大速度 $v_{\max}=1.013v_g$，即增速值 $\Delta v=1.3\%$。

表 7-1　弹丸穿越膛口流场时的流谱与弹丸参数（7.62 mm 弹道枪）

t /μs	流场图（压力等值线）	p_d /MPa	a /（m·s^{-2}）	v /（m·s^{-1}）	X_d /mm
22.4	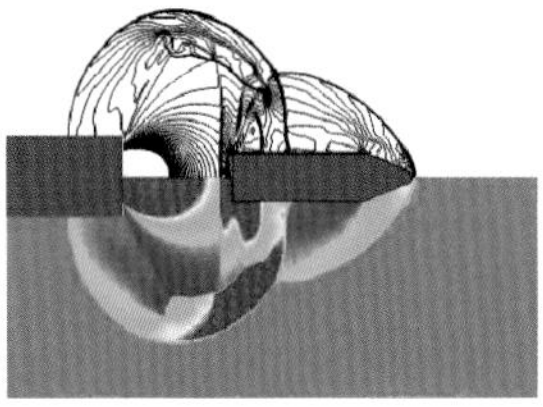	4.25	116 000	807.8	16.3
31.3	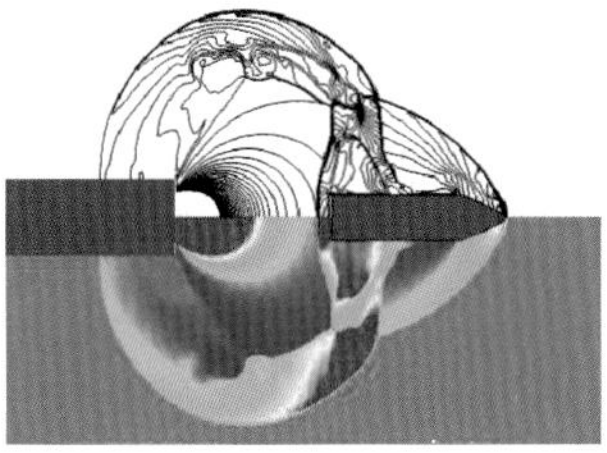	2.88	50 089	808.45	23.7

续表

t /μs	流场图（压力等值线）	p_d /MPa	a /（m·s^{-2}）	v /（m·s^{-1}）	X_d /mm
38.1	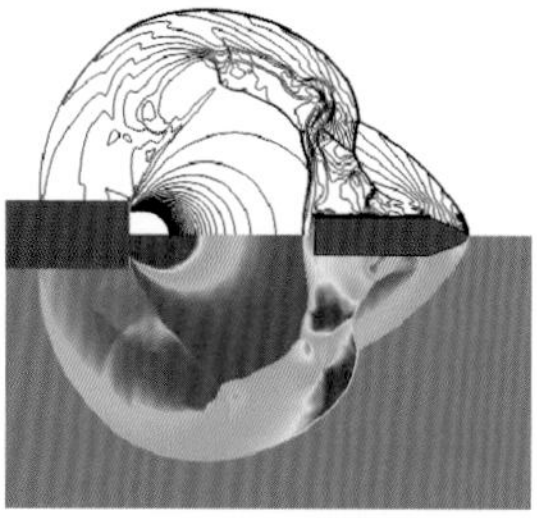	1.51	26 410	808.65	29.2
42.5	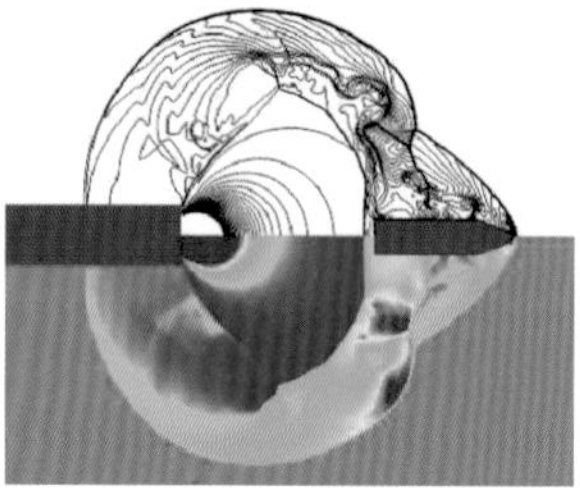	1.15	18 669	808.75	32.8
49.3	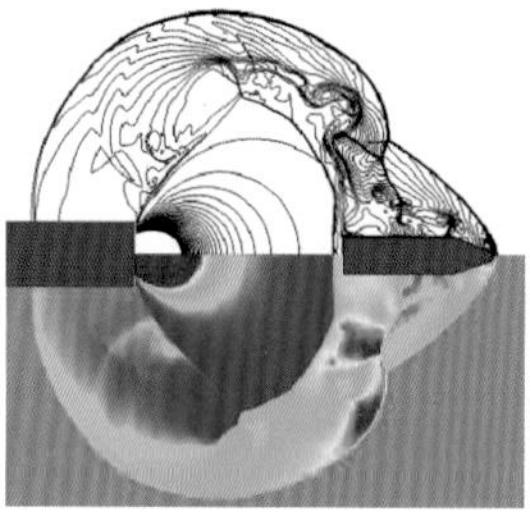	0.88	4 705	808.82	38.1
53.8（最大速度点 M）	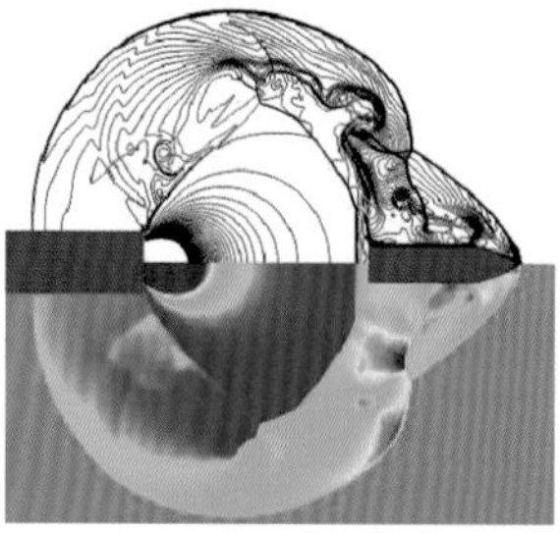	0.75	0.58	808.83	41.7
58.3	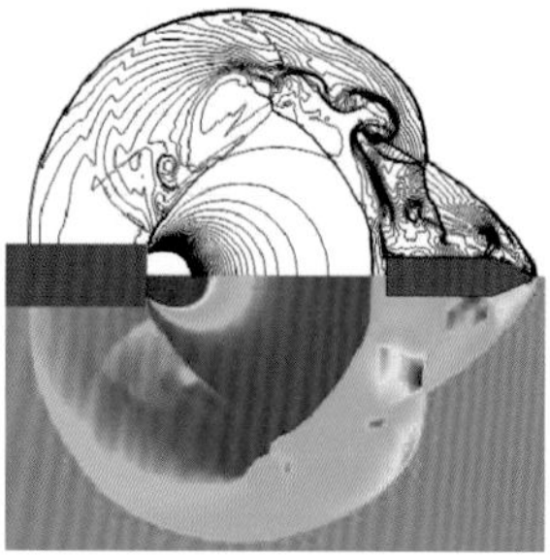	0.75	−4 089	808.81	45.1

续表

t /μs	流场图（压力等值线）	p_d /MPa	a /（m·s^{-2}）	v /（m·s^{-1}）	X_d /mm
67.2		0.74	−7 589	808.72	52.9

图 7-2 是弹底压力 p_d 曲线。在弹底离开膛口不久，弹底压力 p_d=4.25 MPa，进入火药燃气后，弹底压力迅速减小，至 M 点，合力 F=0，此后，弹丸开始减速运动（图 7-2、图 7-3）。

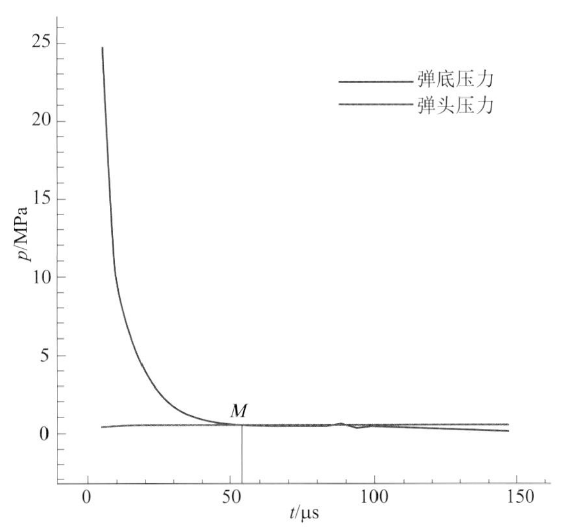

图 7-2　在膛口流场中弹底压力 p_d 的变化曲线

（7.62 mm 弹道枪数值计算）

膛口气流对弹丸的后效加速作用是所有火炮（枪）发射过程的共性问题。由于弹道特点的不同，中间弹道弹丸后效期长度不同，加速过程与受力状况有很大区别，因此，最大速度 v_{max}、最大速度点的位置 X_M、到达最大速度点的时间 t_m 及其量级也将各异。

从物理原理分析，膛口气流对弹丸质心运动的增速特性与火药燃气作用系数 β 直接相关，一般，随着 β 的增大，增速值 Δv（%）将增大至 2%～3%，带锥形消焰器时，也是如此。但是，目前尚给不出简单的解析表达式，必须通过精细的数值计算和准确的

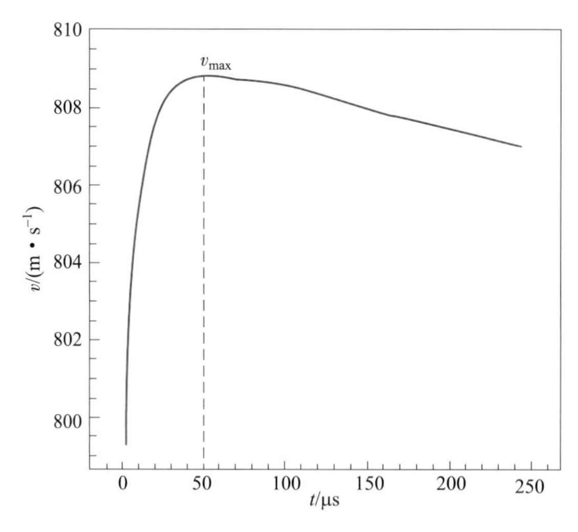

图 7-3 弹丸出膛口后速度变化曲线

膛口外弹丸速度曲线的连续测量（多普勒雷达或弹丸高速摄影）才能得到。

三、非对称膛口气流对弹丸质心运动的偏离效应

当膛口安装非对称膛口装置（斜切喷管或稳定器）时，形成非对称膛口射流。在非对称膛口射流作用下，弹丸散布中心偏离轴线，向非对称气流方向偏斜。

图 7-4 是 7.62 mm 步枪带斜切膛口装置（稳定器）的高速阴影照片，图 7-5 是射弹散布中心偏斜的实验结果原理图。

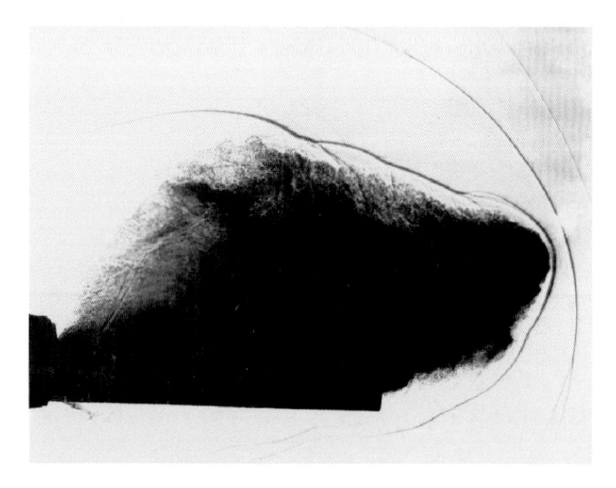

图 7-4 带斜切膛口装置的高速阴影照片（7.62 mm 步枪，YA-16 拍摄）

产生这种现象的原因是弹丸穿越非对称气流时弹体受到侧向力作用，导致质心向侧向偏移。在枪口安装稳定器且非对称长度大于 3 倍口径以上时，散布中心偏离比较明显。因此，膛口装置设计应予以注意。

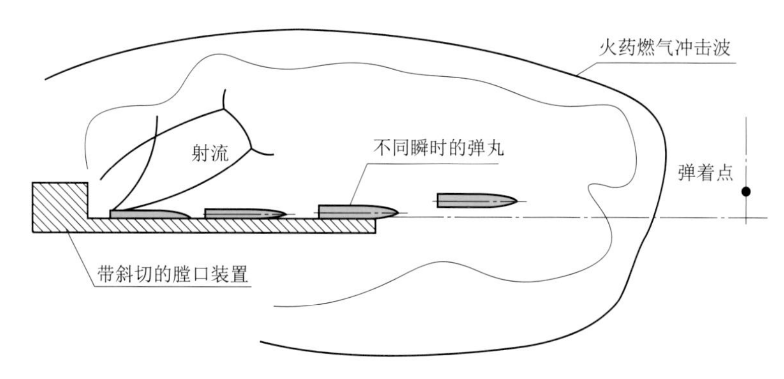

图 7-5　带斜切膛口装置的射弹散布（7.62 mm 步枪）

第二节　尾翼稳定脱壳穿甲弹后效作用的气动力原理

现代坦克和反坦克炮配备的尾翼稳定超速脱壳穿甲弹（APFSDS）是 20 世纪 60 年代研制成功的高比动能、反装甲弹药（图 7-6）。

图 7-6　尾翼稳定超速脱壳穿甲弹飞行状态图

尾翼稳定超速脱壳穿甲弹是一种动能穿甲弹，它以 1 600～1 800 m/s 的高初速，600～700 mm 的大穿深和 0.20 mil（密位）/3 km 的小散布、高首发命中率，成为目前坦克炮的主要弹种。近几十年，提高脱壳穿甲弹的威力和精度一直是弹道学与弹药学研究热点之一。

本节主要从膛口流场与尾翼稳定脱壳穿甲弹的相互作用出发，分析后效期脱壳过程中弹体—弹托的受力和运动规律，提出脱壳弹的气动力优化原理。

一、尾翼稳定脱壳穿甲弹的结构与弹道特点

尾翼稳定脱壳穿甲弹是一种次口径弹，弹芯直径小于口径，同口径的弹托承受膛内

火药燃气压力，飞出膛口后，弹托向外飞散，弹芯独自飞行（此过程称为脱壳）。弹芯按其稳定方式分为旋转稳定弹和尾翼稳定弹两种，在中、大口径火炮上使用的均为尾翼稳定弹。早期的尾翼脱壳穿甲弹，采用花瓣式卡瓣和同口径尾翼（图 7-7）。后来，多改用马鞍形结构（图 7-8、图 7-9）。

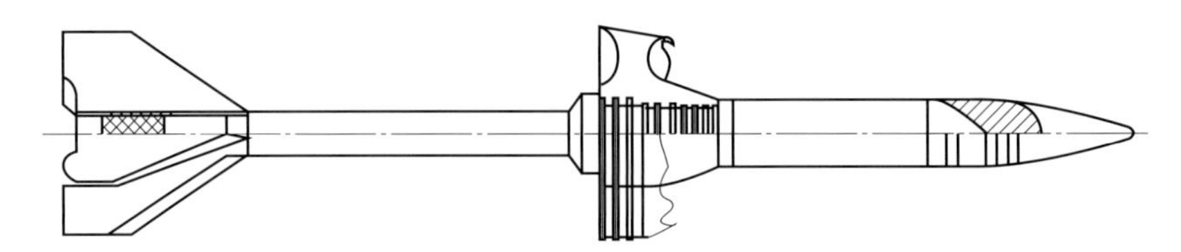

图 7-7 115 mm 火炮带花瓣式弹托的尾翼稳定脱壳穿甲弹结构图

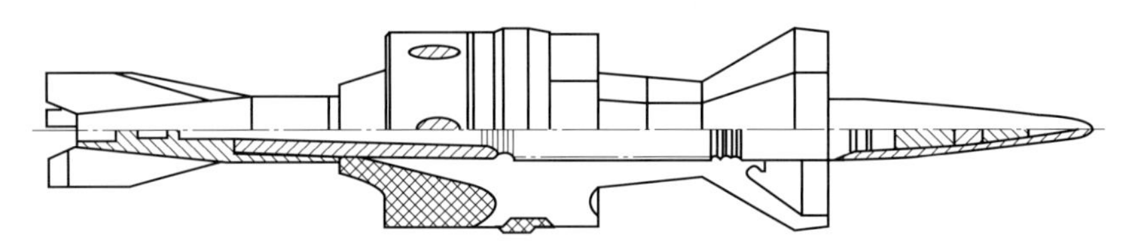

图 7-8 120 mm 坦克炮马鞍式弹托（阻力型）的尾翼稳定脱壳穿甲弹结构图

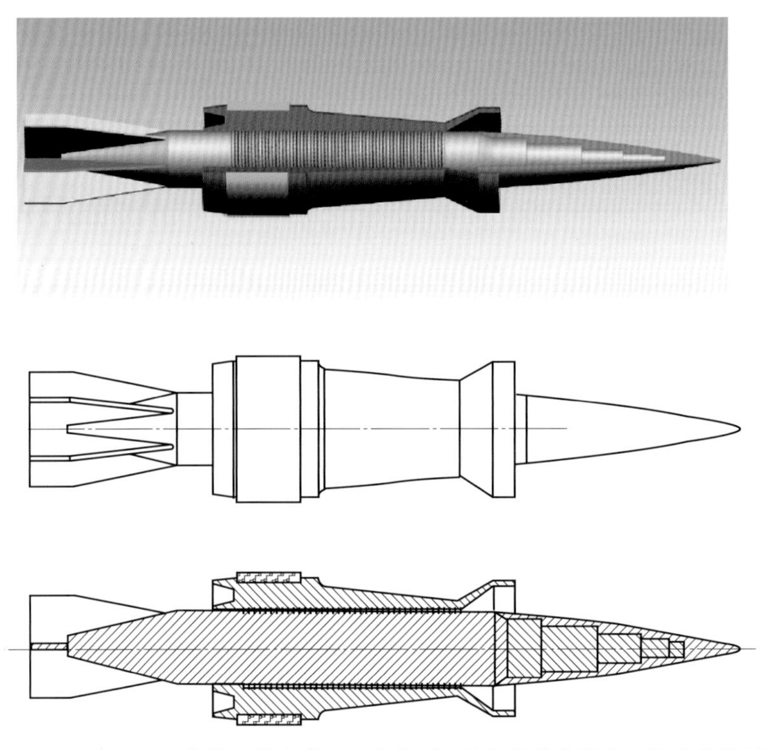

图 7-9 105 mm 坦克炮马鞍式弹托（升力型）的尾翼稳定脱壳穿甲弹结构图

尾翼稳定脱壳穿甲弹主要由弹体（包括弹芯、尾翼及带风帽的穿甲头部）和3个（或4个）弹托（包括马鞍形卡瓣、弹带、前后导向部及密封紧固件）组成。其特点如下。

1. 高膛压、超高速火炮发射

发射脱壳穿甲弹的坦克炮，其最大膛压达到500～600 MPa；采用次口径弹（口径的1/3.5左右），与同口径普通弹丸相比，弹丸质量小，可获得大于1 700 m/s以上的超高初速和很高的膛口动能。因此，弹体在膛内的加速度过载高达数万倍重力加速度g，对弹体和弹托的强度、刚度及密封性提出了非常高的要求。

2. 弹芯采用高密度、高硬度和高强度的钨合金、贫铀合金材料制造

目前，新型120 mm坦克炮的尾翼稳定脱壳穿甲弹，弹芯直径小至17 mm左右，长径比可达40以上，弹丸断面密度很高，以保证最小的飞行速度降和最大的穿甲深度。

3. 弹托采用高强度、低密度材料制造

弹托的作用是膛内传递轴向载荷，支撑弹体，膛外确保可靠分离。弹托的卡瓣由高强度、低密度的铝合金或轻质非金属材料制造，既能承受膛内高膛压与弹体加速度过载，可靠密闭火药燃气，又具有最小的附加质量。新型弹托的长度有增大的趋势。

4. 卡瓣结构特点

卡瓣的合理结构是减小干扰、快速脱壳的基本条件。卡瓣结构的确定是尾翼稳定脱壳穿甲弹总体设计的重点之一。目前，已采用的尾翼稳定脱壳穿甲弹主要为马鞍形结构卡瓣。表征卡瓣结构的主要参数是前、后迎风面的结构形状和几何尺寸，以及卡瓣质心位置和前后端点AB的距离（图7-10）。

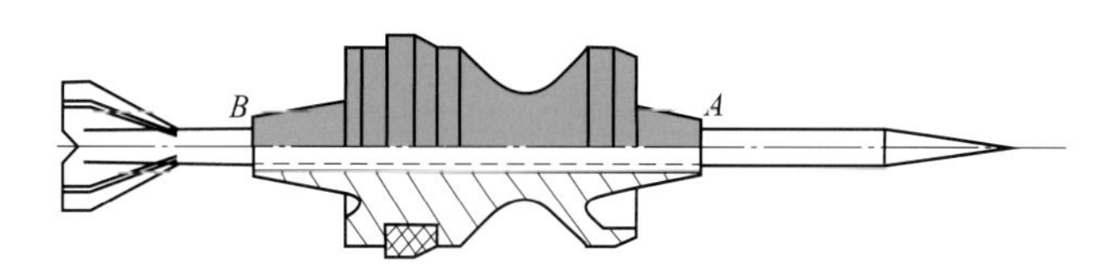

图7-10　尾翼稳定脱壳穿甲弹的马鞍形卡瓣结构

下面具体分析马鞍形卡瓣结构对脱壳过程、脱壳方式、脱壳干扰与脱壳气动力的影响。

二、尾翼稳定脱壳穿甲弹的脱壳方式、脱壳过程和脱壳干扰

脱壳弹在膛内运动时，弹带、导引部及密封件约束着卡瓣与弹芯，使之紧密接触并有少量弹性变形，可以认为整个弹体为一体。当脱壳弹飞离膛口，约束逐步解脱时，脱壳过程开始。

1. 脱壳方式

从气动力作用原理出发，可将马鞍形卡瓣的脱壳方式分为三种（图7-11）。

① 后端脱壳，即火药燃气动力脱壳。当卡瓣仅尾端有后迎风面或储气室结构时形成的气动力脱壳。

这种脱壳方式的脱壳时间较短，出膛口前，卡瓣已开始分离。卡瓣与膛壁易产生冲击，影响脱壳一致性，故很少单独使用。

② 阻力脱壳，即弹前空气动力脱壳。当卡瓣的前端有迎风面，尾端有包锥结构时形成的气动力脱壳。120 mm 坦克炮脱壳穿甲弹属于此类。

此种卡瓣绕弹体接触点翻转的脱壳方式也称作翻转型脱壳。这种脱壳方式的缺点是脱壳早期易发生与弹芯的机械干扰。

③ 升力脱壳，即火药燃气与弹前空气协同脱壳。当卡瓣前端和后端均有迎风面结构时的气动力脱壳。105 mm 坦克炮脱壳穿甲弹属于此类。

脱壳弹出膛口后，首先由火药燃气启动，继之受前方空气的气动阻力作用形成气动升力，使卡瓣沿弹体的侧方运动并稳定地飞离。这一脱壳方式可减小脱壳干扰对弹体的影响。

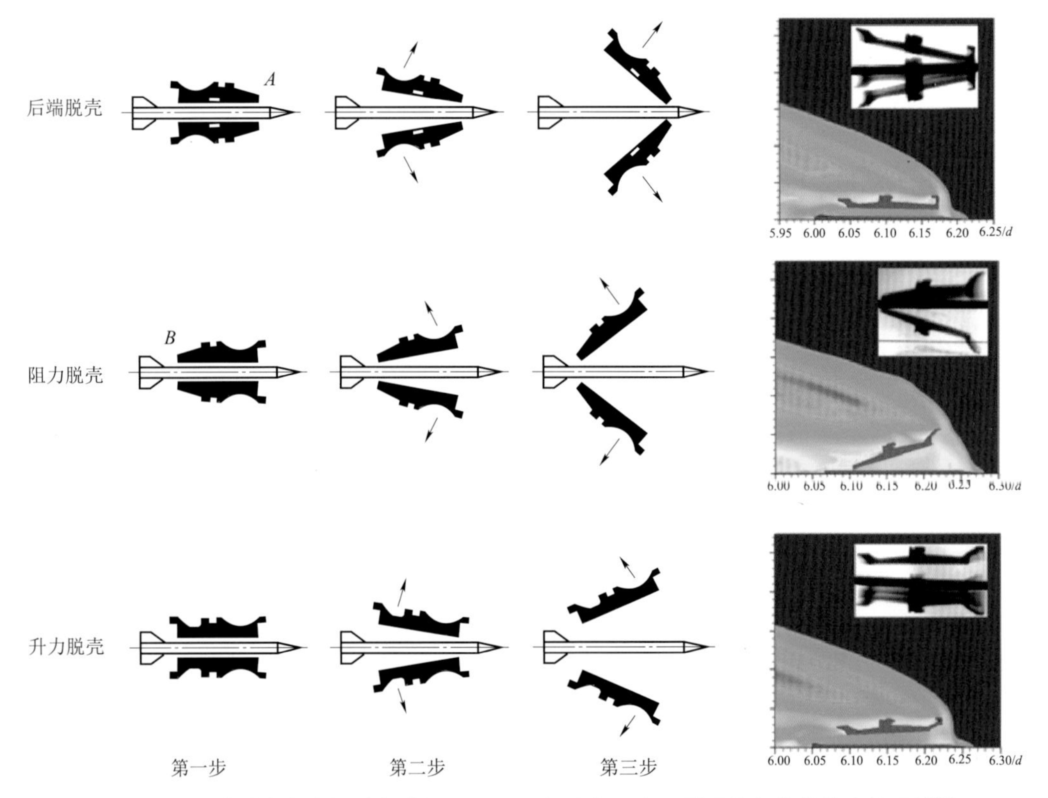

图 7-11　三种脱壳方式与脱壳过程原理图（右列为 X 光阴影照片与数值仿真结果）[21]

2. 脱壳过程

三种脱壳方式的脱壳过程均可分为三个步骤。

第一步：解除（弹带、导引部及密封件）约束，启动卡瓣。因卡瓣结构的不同，有三种解除约束的方式。

① 依靠旋转惯性力：对于膛线火炮发射的旋转稳定脱壳弹或带斜孔的弹托，将弹

带、导引部或密封件拉断，卡瓣开始启动。

② 依靠火药燃气动力：对于后端脱壳及升力脱壳的卡瓣结构，弹丸穿过膛口射流区时，火药燃气冲击后迎风面，形成向前的翻转力矩；或者，对于带储气室的卡瓣结构，在膛内高压燃气进入气室，弹丸出膛口后，形成外张力，将弹带、导引部或密封件拉断，卡瓣开始启动。

③ 依靠空气动力：对于阻力脱壳的卡瓣结构，火药燃气不能形成后端解除约束的启动力矩，至穿出膛口气流区后，前方超声速空气流冲击前迎风面，形成向后的翻转力矩，将弹带、导引部或密封件拉断，卡瓣开始启动。

第二步：端部（后端 B 或前端 A）分离。

因卡瓣结构的不同，有三种分离方式。

① 后端 B 分离：对于带后迎风面或带储气室的卡瓣，受弹后火药燃气的冲击作用时，卡瓣后端首先开启。这个动作是以卡瓣前端 A 为支点的转动。后端脱壳属于此类。

② 前端 A 分离：对于带前迎风面的卡瓣，受前方超声速空气流冲击时，卡瓣前端首先开启。这个动作是以卡瓣后端 B 为支点的转动。阻力脱壳属于此类。

③ 同时分离：对于带前、后迎风面或只有前迎风面的卡瓣，在结构设计合理时，后端开启后，前端立即开启，或前、后同时开启。支点受力较前两种为小。升力脱壳属于此类。

第三步：卡瓣飞散。不论哪一种开启方式，卡瓣随后的动作都是相对弹芯完成自身的飞散运动。只是因卡瓣结构不同，其脱壳运动的方式与轨迹不同而已。至卡瓣的激波系已离开弹芯，对其影响完全消失时，脱壳过程结束，卡瓣依惯性飞落在规定的危险区域内。

理想的脱壳方式与脱壳过程应保证对称、无干扰、快速地按预定安全角飞散。在卡瓣参数优化后，升力和阻力脱壳方式可以满足要求（图 7-12）。

3. 脱壳弹的脱壳干扰

脱壳过程干扰主要有机械干扰和气动力干扰两种。这两种干扰都影响弹芯的受力，使之出现横向的不平衡负荷，造成穿甲弹散布加大。脱壳不对称是造成脱壳干扰的主要原因。

（1）机械干扰（图 7-13（a））

由于卡瓣结构设计和加工等因素的影响，卡瓣启动与飞散有几种情况：启动后立即分离；启动后卡瓣绕弹芯某接触点转动，缓慢分离；分离后撞击再接触。三个卡瓣的接触点和角度不对称时，卡瓣与弹芯之间就会发生横向的动量传递，弹芯的起始章动角和章动角速度增大。

（2）气动力干扰（图 7-13（b））

在脱壳过程中，卡瓣超声速脱体激波与弹芯之间形成复杂的相互作用，弹芯表面承受比较大的气动力负荷。当卡瓣飞散不对称时，弹芯的压力分布不均匀，产生横向力，使章动角和章动角速度明显增大。因此，卡瓣和弹芯之间的流场计算是脱壳弹优化设计

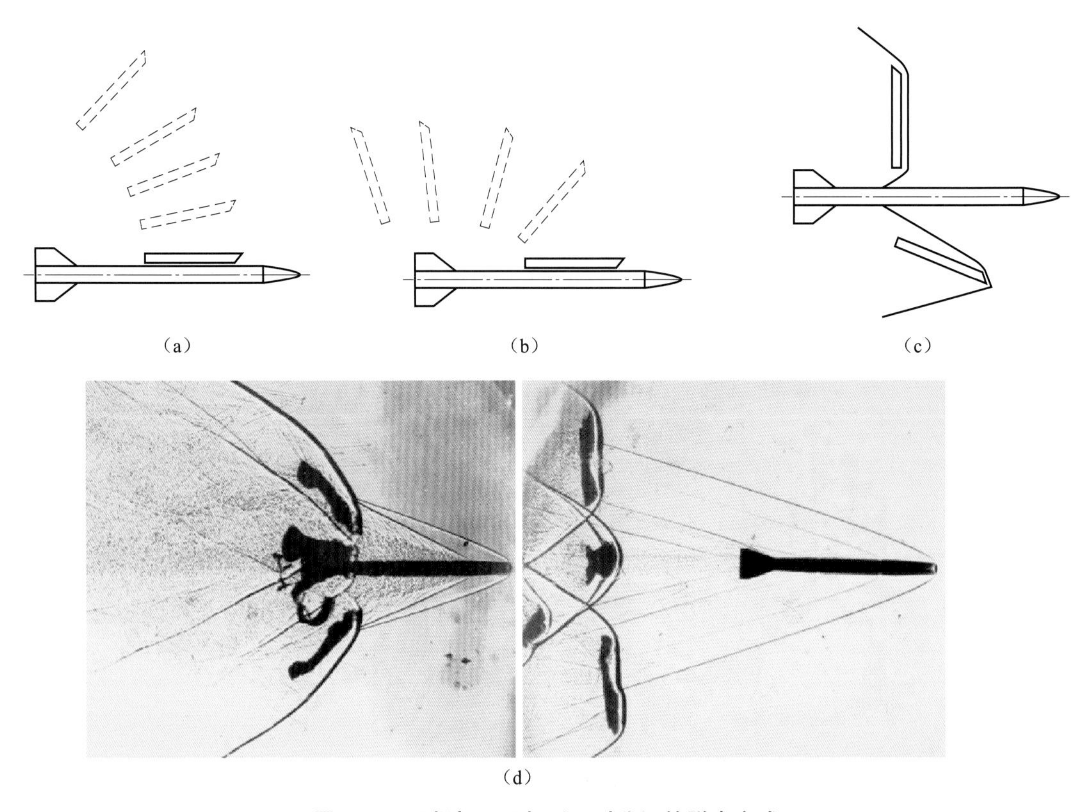

图 7-12 理想与不理想（不对称）的脱壳方式

（a）比较理想脱壳（升力脱壳）；（b）不太理想脱壳（阻力脱壳）；（c）不理想脱壳（不对称脱壳）；（d）阻力脱壳高速阴影照片（弹道实验室中间弹道靶道拍摄）

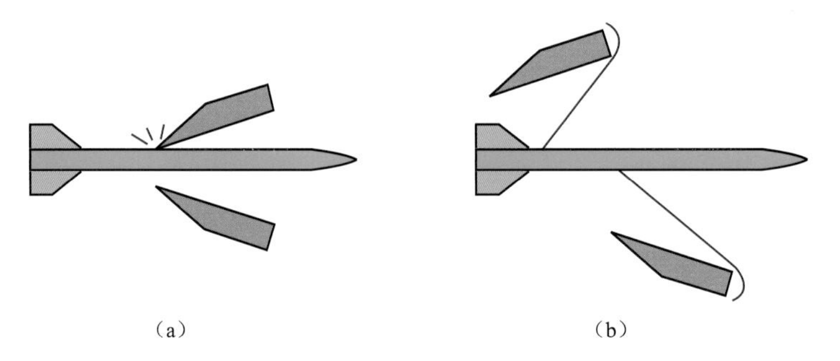

图 7-13 脱壳干扰图

（a）机械干扰；（b）气动力干扰

的基础之一。

三、脱壳过程气动力干扰的实验研究

由于脱壳弹在后效期的气动力过程十分复杂，理论分析与数值模拟都难于细致描述脱壳过程的全部机理。20 世纪 70 年代以来，实验研究一直是主要的分析手段。实验研究有以下两种。

1. 靶道实验

采用沿膛口轴线布置的分布式正交脉冲 X 光摄影系统或分布式正交闪光间接阴影摄影系统，直接记录脱壳穿甲弹在发射全过程的弹体、卡瓣飞散姿态的高速图像，经图像处理得到弹体和卡瓣六自由度的空中姿态与运动参数（位移、速度和加速度分量、卡瓣旋转角和角速度等）随时间的变化规律，用来计算弹体与卡瓣相互作用的气动力参数。

美、法等国的靶场均采用分布式正交脉冲 X 光摄影系统（参见第十一章图 11-52），得到的是脱壳过程中脱壳弹飞经 6～8 个摄影站时卡瓣、弹芯飞散的物体阴影像。因此，这种摄影方法得到的是不同时刻卡瓣、弹芯的几何位置与空间姿态。试验火炮可采用滑膛炮发射原型（1∶1）或缩比弹药。

我们研制的 IB-12 中间弹道靶道的分布式正交闪光间接阴影摄影系统（图 11-53、图 11-54），得到的是脱壳过程中脱壳弹飞经 6 个摄影站时卡瓣、弹芯飞散的物体在流场中的阴影像，因此，这种摄影方法得到的不仅是不同时刻卡瓣、弹芯的几何位置与空间姿态，还有卡瓣、弹芯流场的激波与气流干扰图像。

试验火炮采用 25 mm 滑膛炮，发射的模拟脱壳弹如图 7-14 所示，主要研究弹托结构形式与卡瓣几何形状对脱壳过程干扰的影响。图 7-15 为采用 IB-12 中间弹道靶道测量到的脱壳弹的脱壳过程。

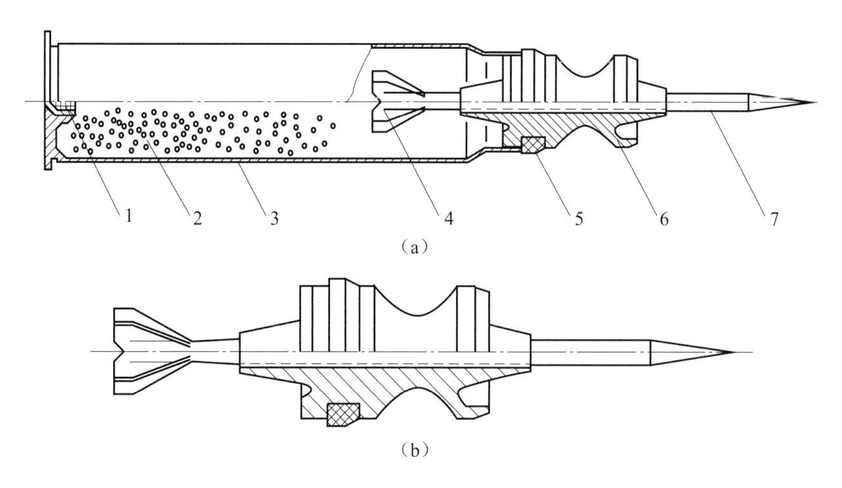

图 7-14　模拟试验用 25 mm 脱壳穿甲弹

1—底火；2—火药；3—药筒；4—尾翼；5—弹带；6—卡瓣；7—弹芯

靶道实验结果一方面可为风洞实验确定初始条件——不同时刻卡瓣与弹芯的相对位置与攻角；另一方面，为近年实现的在全流场、非定常条件下脱壳过程的数值模拟提供检验依据。本章第三节将介绍这种数值模拟方法和计算结果。

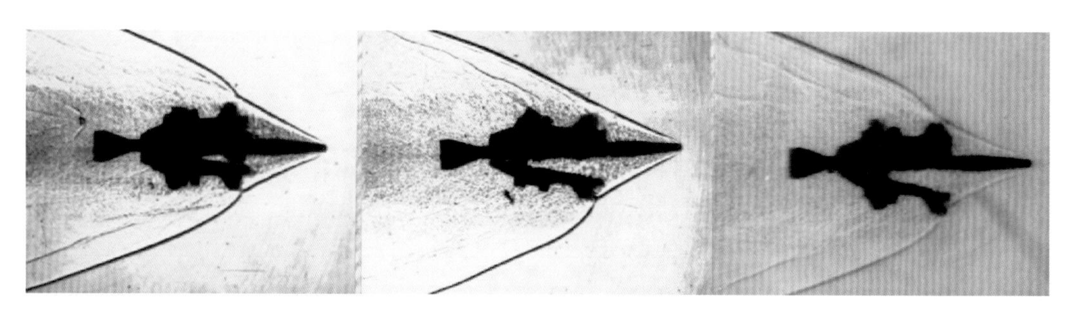

图 7-15　25 mm 滑膛炮阻力型脱壳高速阴影照片（中间弹道靶道拍摄）

2. 风洞试验

采用尾翼脱壳穿甲弹的原型（1∶1）或缩比模型，模拟定常超声速来流（给定 Ma）在给定卡瓣飞散状态（即给定弹芯—卡瓣相对位置及攻角），卡瓣与弹芯气动力相互作用的压力分布、干扰力测量与流场纹影照相。改变来流或状态，得到变化规律，以此分析流谱结构与气动力负荷，计算出升力系数、阻力系数、升阻比和俯仰力矩系数，为定量分析和计算提供力学参数，建立简化物理—数学模型及理论计算方法。

超声速风洞的缩比模型吹风试验数据是利用南京理工大学风洞实验室的 4 号超声速风洞（图 7-16）的结果。

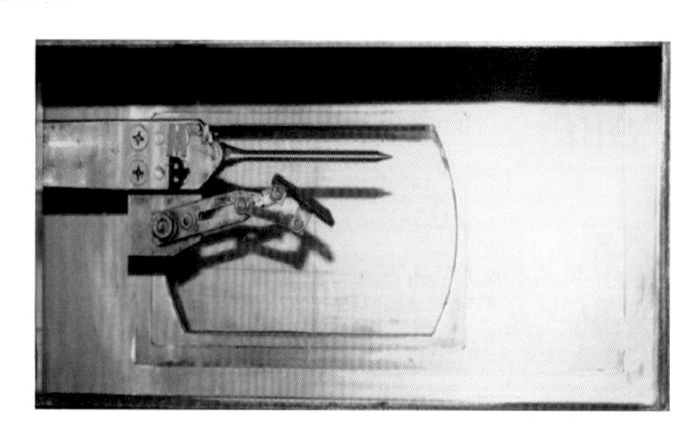

图 7-16　超声速风洞缩比模型实验装置

原型（1∶1）模型（图 7-17）的吹风试验数据是利用绵阳中国空气动力研究与发展中心 FL-23 风洞的结果。

四、脱壳过程气动力干扰的理论研究与数值计算实例

1. 理论研究

20 世纪 70 年代，计算流体力学与计算机技术还不能支持脱壳动力学的三维、运动边界的数值计算时，基于风洞实验模型建立的简化理论则是 20 世纪一直沿用的设计、计算方法，其实质是：将膛口燃气流及前方超声速空气流连续、非定常的脱壳过程（即，自卡瓣启动、卡瓣与弹芯不断分离至完全脱离为止）的气动力问题简化为：在已知来流马赫数 Ma，以及给定卡瓣、弹芯相对位置、姿态与攻角条件下，采用理论或数

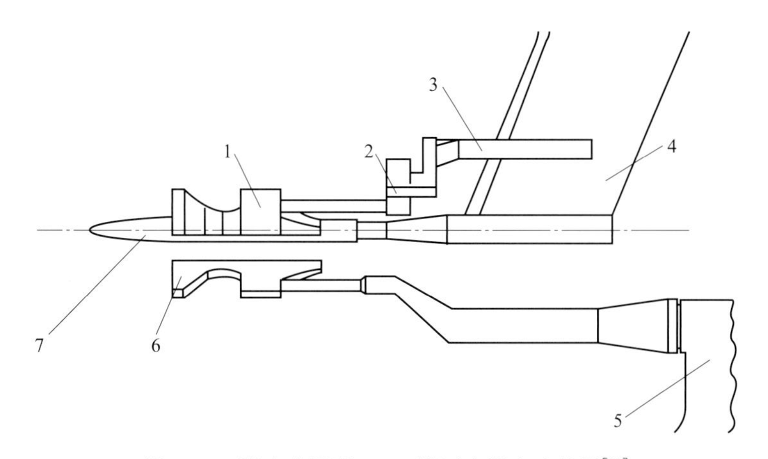

图 7-17　脱壳穿甲弹 1∶1 模型吹风实验装置[22]

1—二块干扰弹托；2—弹托环形支撑体；3—支臂夹杆；4—上单臂刚性支架；
5—下单臂刚性支架；6—测力弹托；7—穿甲弹

值方法计算卡瓣与弹芯流场相互作用的定常问题，得到给定条件下的卡瓣升力系数、阻力系数、升阻比、俯仰力矩系数以及作用于弹芯的压力等气动力参数，为计算脱壳干扰提供计算依据。本节的脱壳过程气动力分析就采用这种方法。

2. 数值研究

20 世纪末，随着计算机运算速度、内存及并行计算技术的发展，为三维、动边界大尺度空间运算创造了条件，一种基于靶道实验模型建立的连续、非定常脱壳全过程的数值模拟方法已经出现，可以完整地计算气动力脱壳的全部气动力参数，为精确地解决脱壳过程的气动力干扰计算，进而为脱壳穿甲弹的优化设计打下了基础。第三节的脱壳过程数值计算就介绍这种方法。

五、脱壳过程的受力分析模型

1. 卡瓣启动时的受力分析

卡瓣启动是指脱壳弹的三个卡瓣自抱紧状态解脱约束的过程。卡瓣启动的时机与启动的位置对脱壳过程有重要影响。启动的位置取决于卡瓣的结构形式及其前、后端迎风面的几何形状。

（1）后端启动

当卡瓣后端有迎风面结构时，受火药燃气射流的作用，以前端的 A 点为支点，卡瓣有向前翻转的趋势。

后端启动（弹芯轴线与卡瓣轴线夹角 $\theta=0$）时，卡瓣的受力如图 7-18 所示。

主要气动力参数：火药燃气压力 p_1、后迎风面作用面积 S_1、作用于卡瓣的合力（也是卡瓣的后端启动力）R_1、R_1 与弹轴夹角 β_1 以及启动力矩 M_1。其中

$$R_1=\int_{S_1} p_1 \mathrm{d}S$$

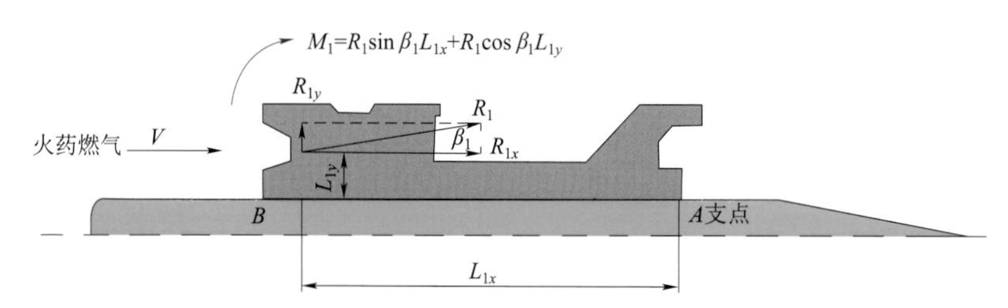

图 7-18　卡瓣后端启动时的受力分析

$$M_1 = R_1 \sin \beta_1 L_{1x} + R_1 \cos \beta_1 L_{1y}$$

后端启动的条件是：β_1大于 0 及 M_1大于导引部和密封件的约束力矩。在火药燃气射流作用下，产生足以克服约束力的启动力矩 M_1时，后端启动。启动的时机约在弹底飞出膛口 1～4 倍口径距离内。卡瓣后端结构是影响后端启动条件（β_1，M_1值）的主要因素，弹脱设计时需要仔细考虑。图 7-19 是升力型卡瓣后端启动力的数值计算结果。

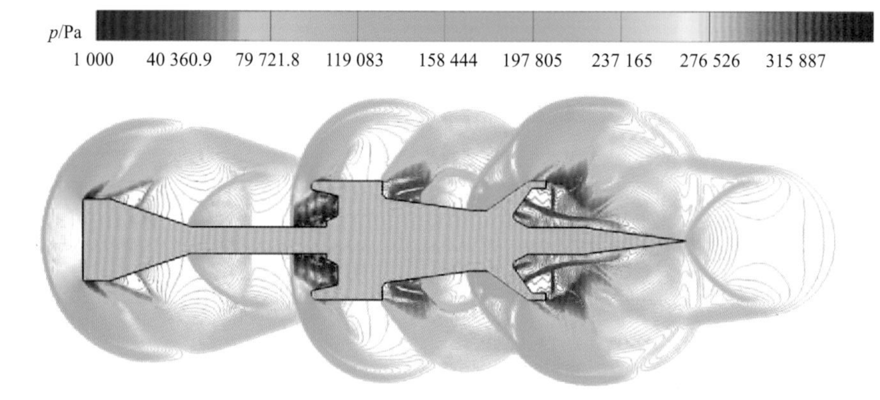

图 7-19　升力型卡瓣后方燃气流场压力等值线（$\theta=0°$，$Ma=1.2$）

计算表明，作用于后迎风面 S_1的合力 R_1与弹轴的夹角 $\beta_1=19°$，具备后端启动的条件。图 7-20 是阻力型卡瓣后端启动力的数值计算结果。

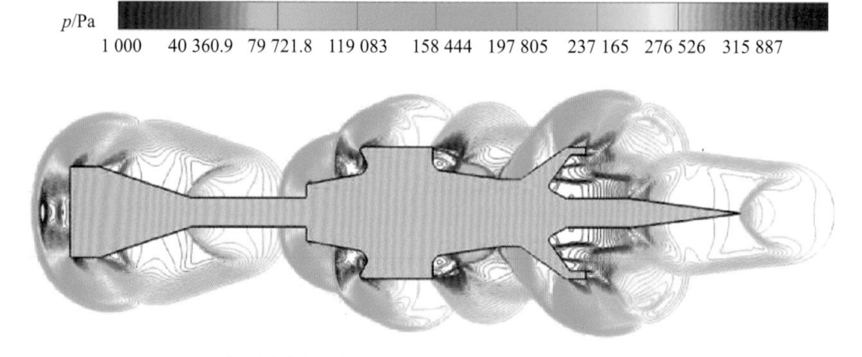

图 7-20　阻力型卡瓣后方燃气流场压力等值线（$\theta=0°$，$Ma=1.2$）

计算表明，作用于后迎风面 S_1的合力 R_1与弹轴的夹角 $\beta_1=-39.5°$，不具备后端启动的条件。这说明，对于阻力脱壳结构，$\beta_1<0$，后端不启动。

（2）前端启动

受前方气流作用，以后端的 B 点为支点，卡瓣有向后翻转的趋势。

前端启动时卡瓣的受力如图 7-21 所示。

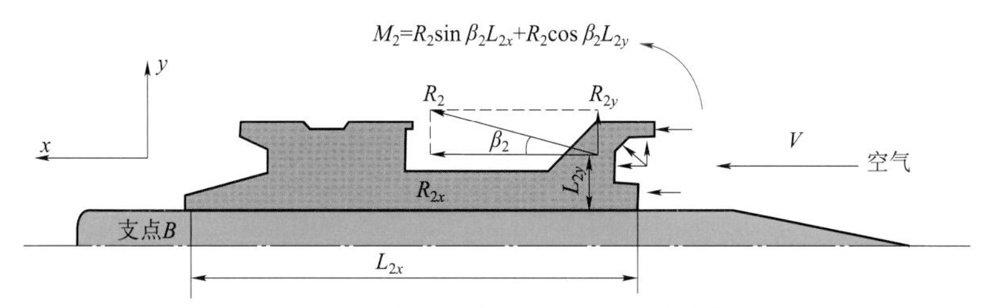

图 7-21　卡瓣前端启动时的受力分析

主要气动力参数有：空气压力 p_2的合力（也是卡瓣的前端启动力）R_2、前迎风面作用面积 S_2、R_2与弹轴夹角 β_2以及启动力矩 M_2。其中

$$R_2=\int_{S_2}p_2\mathrm{d}S$$

$$M_2=R_2\sin\beta_2L_{2x}+R_2\cos\beta_2L_{2y}$$

前端启动的条件是：$\beta_2>0$，$M_2>$导引部及密封件的约束力矩。

当卡瓣后端未启动，前迎风面在空气流作用下产生足以克服约束力的启动力矩 M_2时，前端启动。启动的时机约在弹底穿过马赫盘后，距离膛口 2～5 倍口径处。卡瓣前端结构是影响前端启动条件（β_2，M_2值）的主要因素，弹托设计时需要仔细考虑。

图 7-22 是阻力型卡瓣前端启动时的数值计算结果。

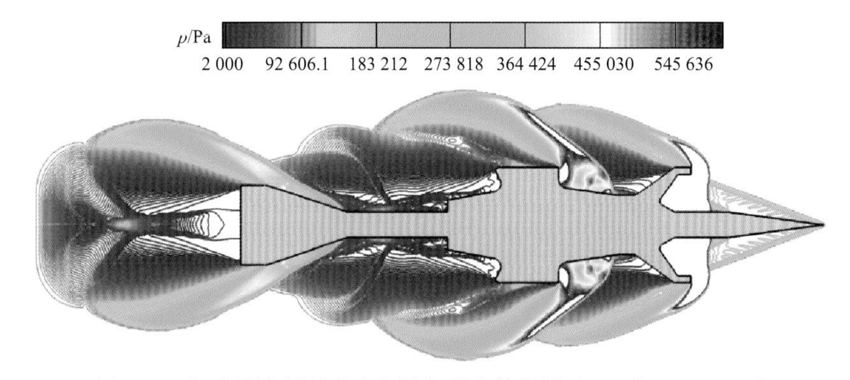

图 7-22　阻力型卡瓣前方空气流场压力等值线（$\theta=0°$，$Ma=4.0$）

计算表明，作用于前迎风面 S_2的合力 R_2与弹轴的夹角 $\beta_2=6°$，具备前端启动的条件。

实验表明，各种卡瓣的启动时机与一致性还受到若干随机因素的影响，如弹带、导引部、密封件的破裂时机，啮合与连接部位的加工与配合精度等。

2. 卡瓣飞散时的受力分析

卡瓣飞散的气动力模型如图 7-23 所示。这是根据风洞吹风彩色纹影绘制的卡瓣与弹体流场波系图谱。

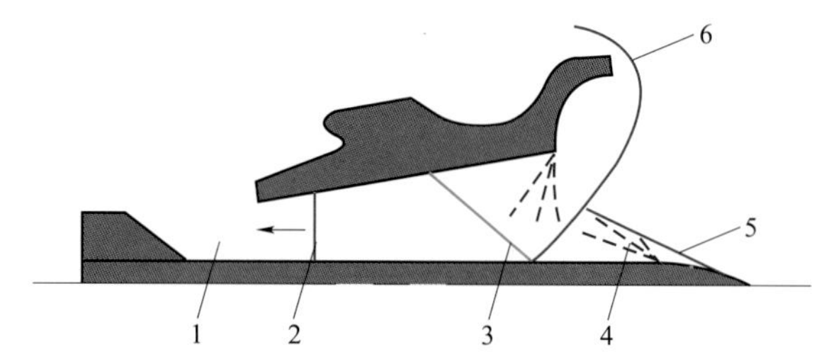

图 7-23 脱壳弹体与卡瓣相互作用气动力模型

1—高压气流；2—壅塞激波；3—反射激波；4—膨胀波；5—弹头激波；6—卡瓣脱体激波

设卡瓣速度为V，当坐标系设在弹轴上时，相当于卡瓣受到气流速度V的作用；卡瓣偏转角θ，当坐标系设在弹轴上时，卡瓣偏转角与弹轴和卡瓣轴的夹角一致。

在迎面气流作用下，卡瓣的受力状态如图 7-24 所示。

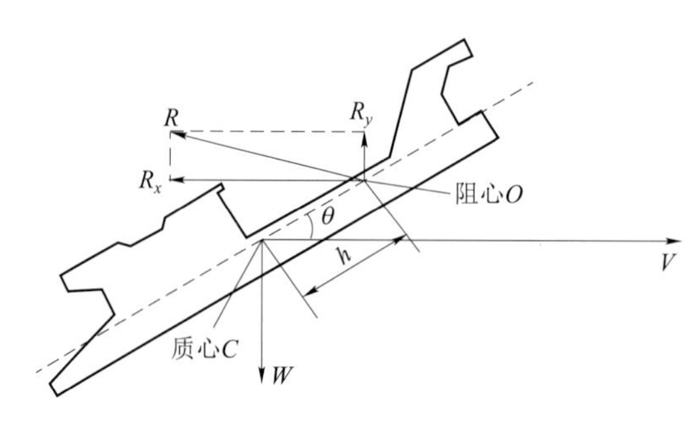

图 7-24 迎面气流作用下的卡瓣受力状态模型

从图中可见，重力过质心C，总阻力R过阻心O，R可以分解为卡瓣升力R_y和卡瓣阻力R_x。

升力是对卡瓣提供侧向运动的力 $R_y=\frac{1}{2}\rho SV^2C_y$

阻力是对卡瓣提供向后运动的力 $R_x=\frac{1}{2}\rho SV^2C_x$

翻转力矩 $M_z=R_xh\sin\theta+R_yh\cos\theta$

升阻比k $k=R_y/R_x$

式中 θ——卡瓣翻转角；

S——截面积；

C_y——升力系数；

C_x——阻力系数；

h——阻心距（阻力中心与质心的距离）。

卡瓣气动力计算的困难是升力系数和阻力系数的选取，传统的理论方法用简化模型直接计算，然后通过实验修正。对于复杂外形的卡瓣结构，准确模拟的工作量很大，精度不高。数值计算虽然可以解决复杂形状卡瓣的直接计算问题，同样需要实验修正与检验，但模拟的精度和效率将提高很多。

总之，按此模型和上面的公式利用数值计算程序可以得出对应不同的卡瓣翻转角 θ、气流马赫数 Ma 的升力、阻力、翻转力矩及升阻比等参数。

图 7-25、图 7-26 是阻力型卡瓣飞散时，不同攻角的数值计算结果（$Ma=4.0$）。

（1）卡瓣翻转角 $\theta=2°$

计算结果：x 正方向的力与合力的夹角为 13.5°。

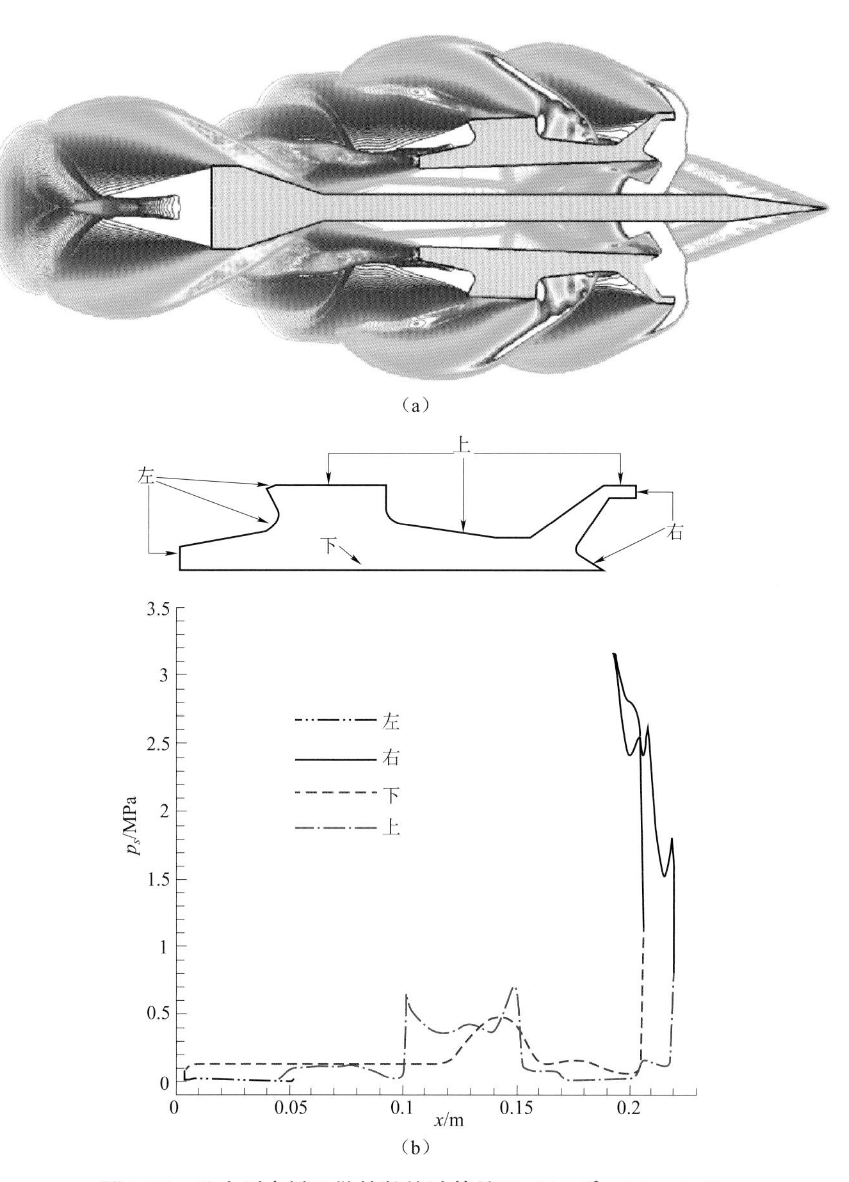

图 7-25　阻力型卡瓣飞散的数值计算结果（$\theta=2°$，$Ma=4.0$）

（a）流场压力等值线；（b）卡瓣表面压力分布曲线

阻力系数　$C_x=0.173\ 58$

升力系数　$C_y=0.042\ 654$

升阻比　　$k=0.245\ 7$

(2) 卡瓣翻转角 $\theta=8°$

计算结果：x 正方向的力与合力的夹角为 18.3°。

阻力系数　$C_x=0.164\ 08$

升力系数　$C_y=\ 0.054\ 389$

升阻比　　$k=\ 0.331\ 5$

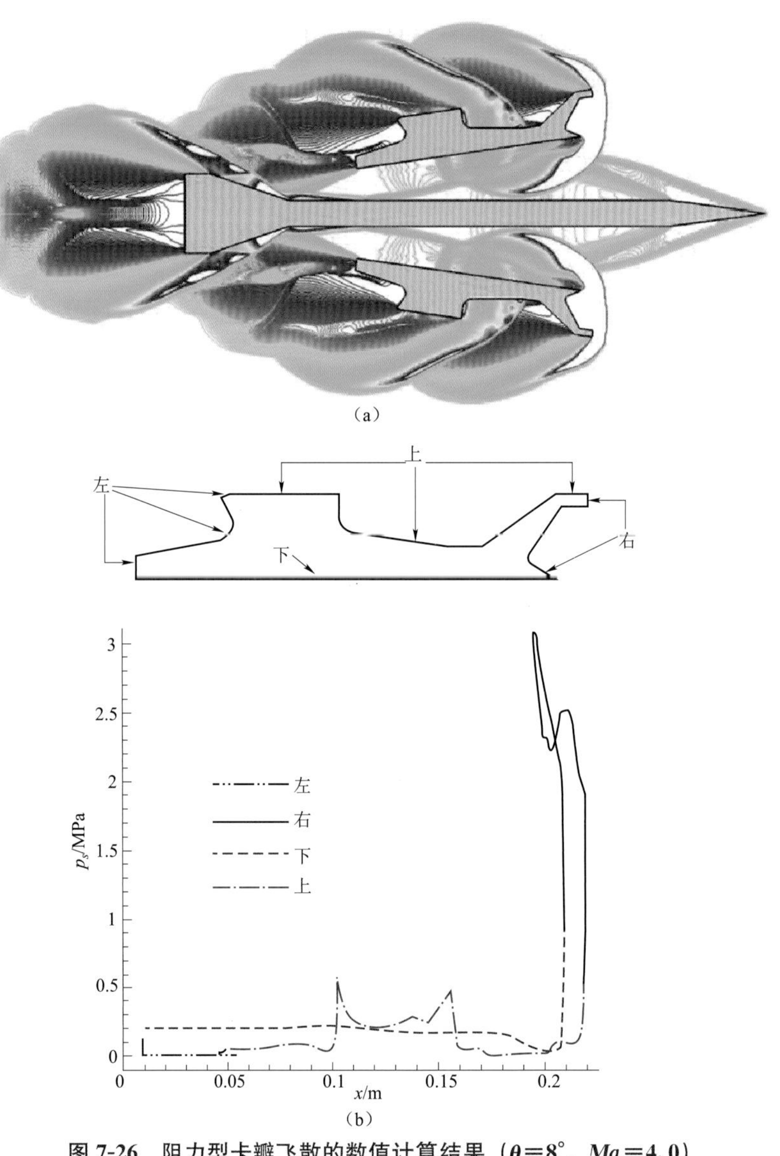

图 7-26　阻力型卡瓣飞散的数值计算结果（$\theta=8°$，$Ma=4.0$）

(a) 流场压力等值线；(b) 卡瓣表面压力分布曲线

六、卡瓣飞散过程的气动力分析

1. 几种典型脱壳情况的气动力分析

（1）脱壳完全对称的情况（阻力 2 型卡瓣方案，如图 7-27 所示）

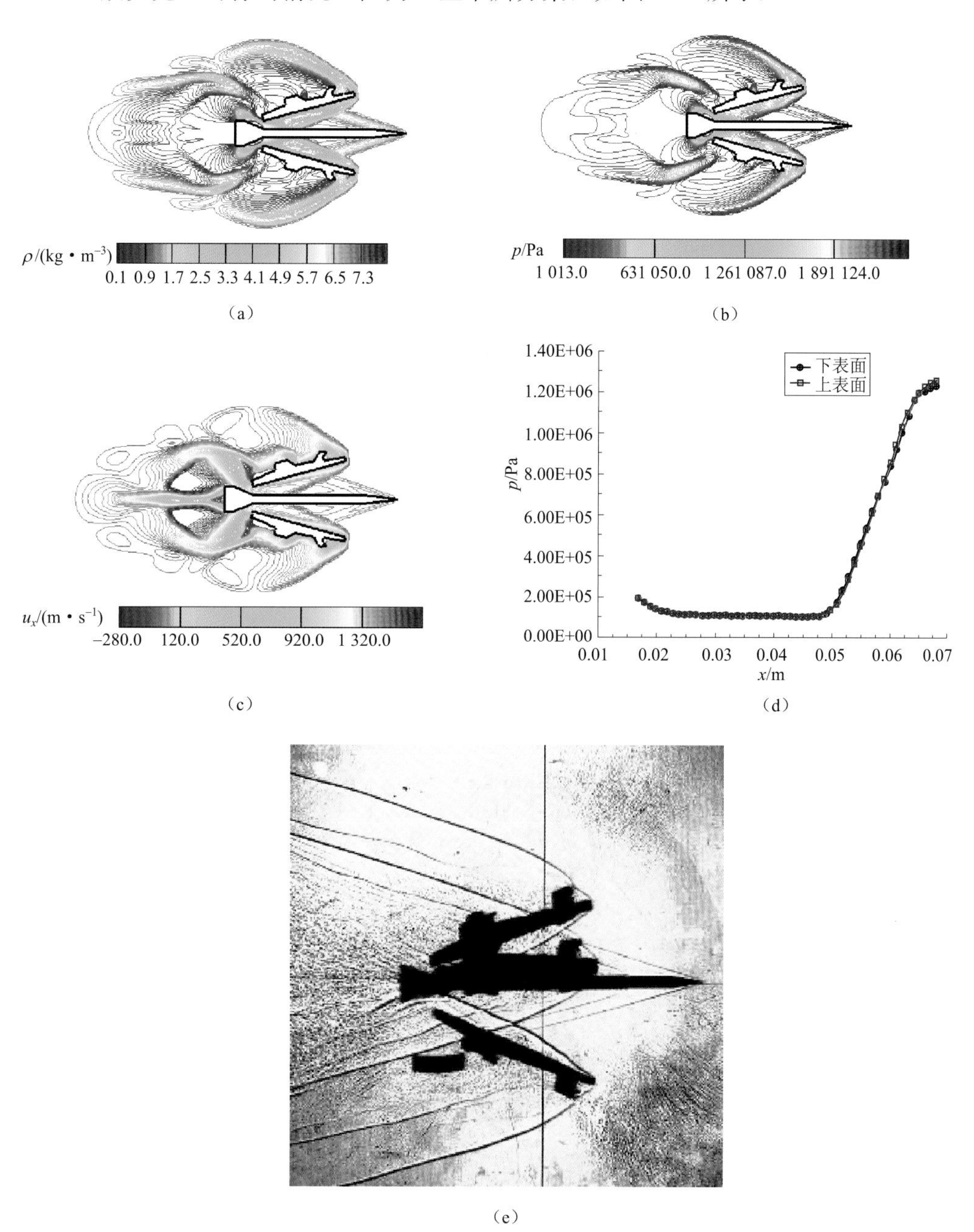

图 7-27　脱壳对称弹芯、卡瓣流谱结构

（a）密度等值线；（b）压力等值线；（c）速度等值线；（d）弹芯压力分布；（e）高速阴影照片

上卡瓣升阻比计算值 k=0.74；下卡瓣升阻比计算值 k=0.83。

(2) 脱壳基本对称情况（阻力 1 型卡瓣方案）

小攻角时（图 7-28）：

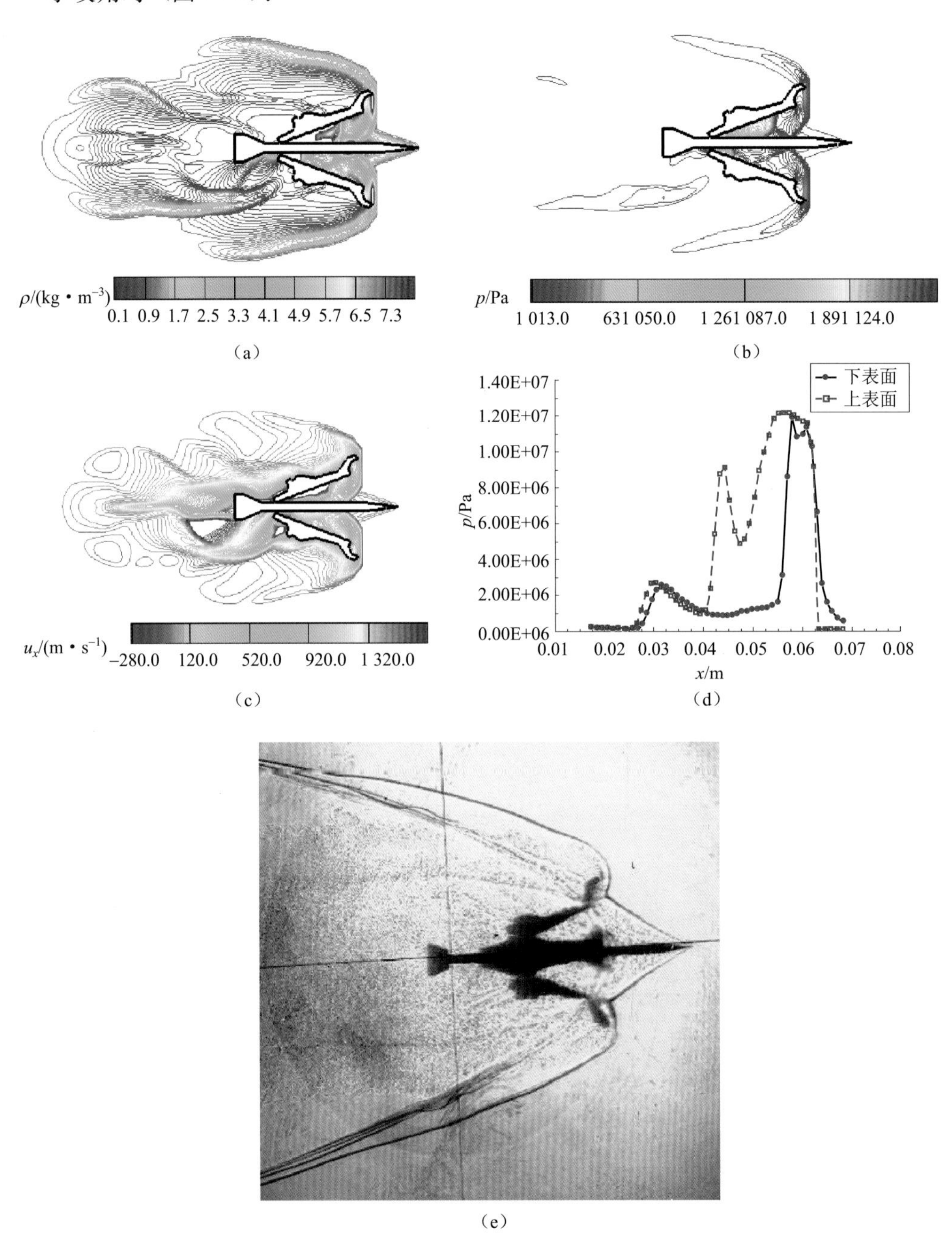

图 7-28　脱壳基本对称弹芯、卡瓣流谱结构

(a) 密度等值线；(b) 压力等值线；(c) 速度等值线；(d) 弹芯压力分布；(e) 高速阴影照片

上卡瓣升阻比计算值 k＝2.07；下卡瓣升阻比计算值 k＝1.74。

大攻角时（图 7-29）：

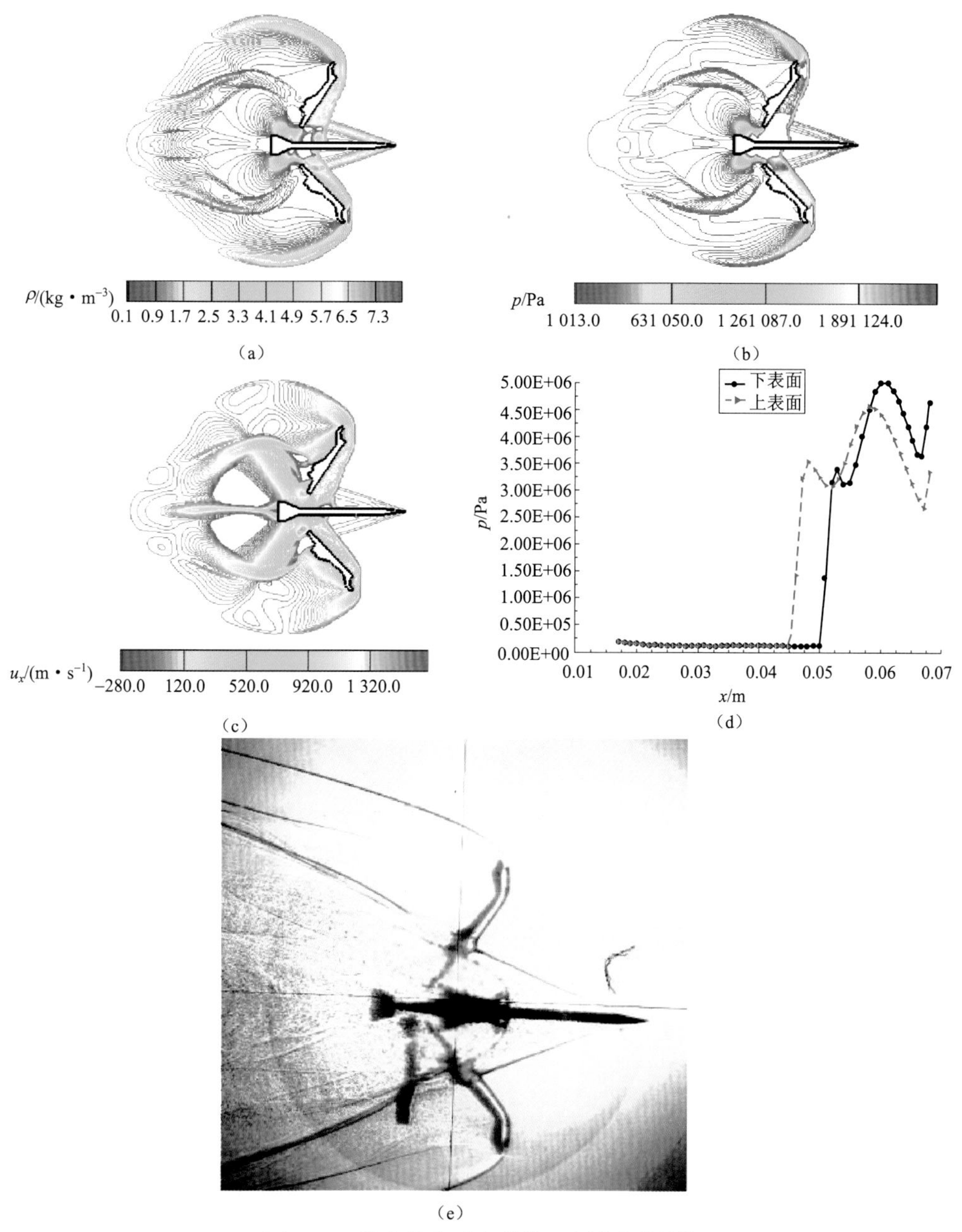

图 7-29　脱壳基本对称弹芯、卡瓣流谱结构

（a）密度等值线；（b）压力等值线；（c）速度等值线；（d）弹芯压力分布；（e）高速阴影照片

上卡瓣升阻比计算值 k＝0.537；下卡瓣升阻比计算值 k＝0.68。

（3）脱壳不对称情况（前、后两端均无迎风面的卡瓣方案，如图 7-30 所示）

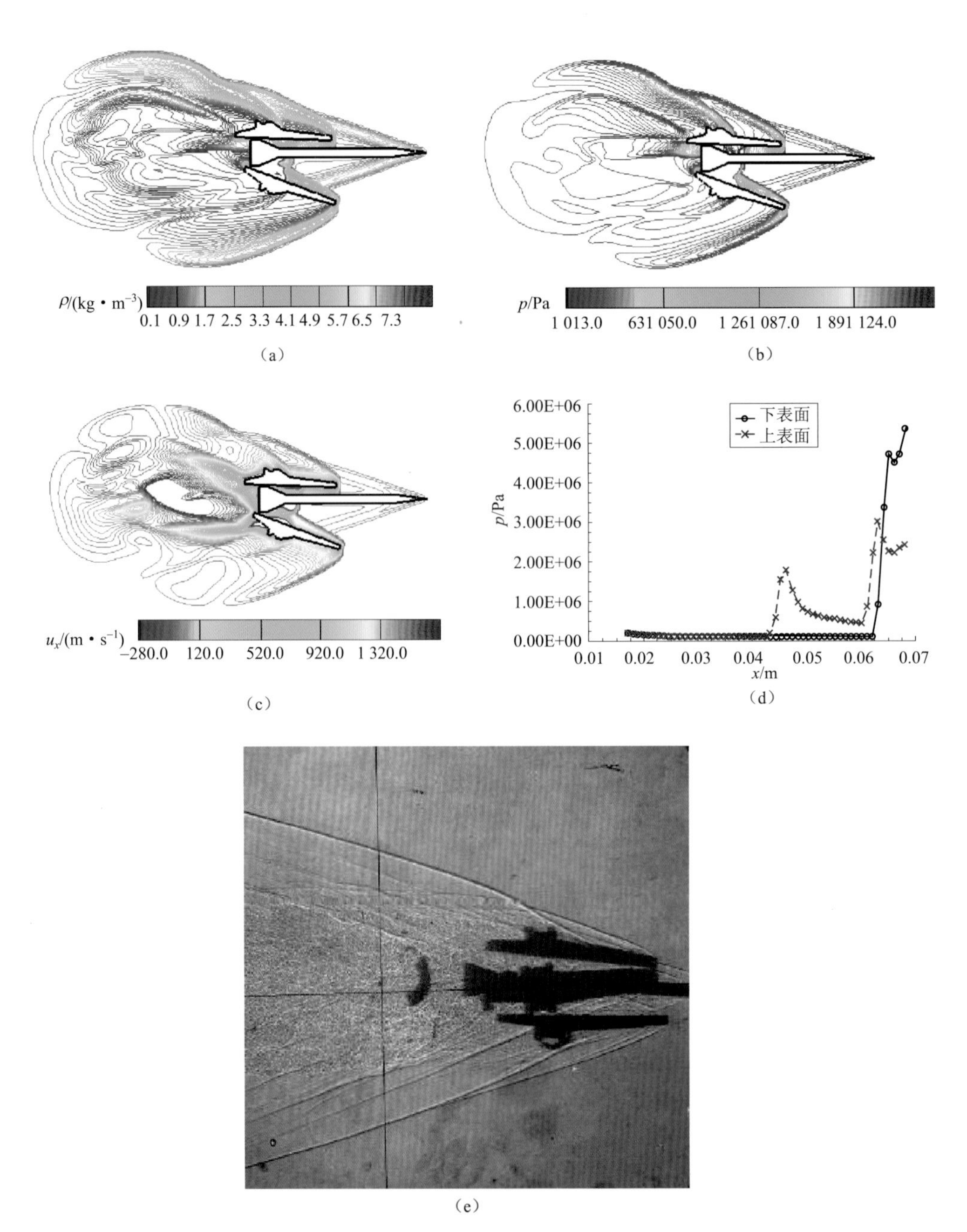

图 7-30　脱壳不对称情况弹芯、卡瓣流谱结构

(a) 密度等值线；(b) 压力等值线；(c) 速度等值线；(d) 弹芯压力分布；(e) 高速阴影照片

上卡瓣升阻比计算值 $k=5.81$；下卡瓣升阻比计算值 $k=2.35$。

2. 卡瓣结构对飞散过程气动力规律的影响

(1) 卡瓣后迎风面形状对启动与脱壳方式的影响

弹丸自飞离膛口开始到穿出膛口射流区为止（对于 25 mm 滑膛炮，此时间间隔为

0.5～1 ms)，卡瓣的后端一直受到火药燃气流的包围与气流冲击，从图 7-18 的卡瓣受力分析可见，其后迎风面形状、受力面积 S_1、气体合力 R_1 及其与 x 轴的夹角 β_1、翻转力矩 M_1 是决定后端启动的主要因素。阻力 1 型、阻力 2 型属于后端没有迎风面，且有阻止卡瓣启动的包紧锥面结构，$\beta_1 = -20° \sim -40°$，没有后端启动的可能，都属于阻力脱壳。

当采用后迎风面结构的升力型方案时，$\beta_1 = 19°$，符合升力脱壳的基本条件，卡瓣后端首先启动。之后，随着前端的陆续启动，卡瓣开始飞散，呈现出升力与阻力混合、快速脱壳的特点。

(2) 卡瓣前迎风面形状对卡瓣飞散的影响

当卡瓣后端未首先启动时，弹丸穿过火药燃气射流后，卡瓣前端受到前方气流的冲击作用。从图 7-21 的卡瓣受力分析可见，前迎风面的形状，包括前端的受力面积 S_2、气体合力 R_2 及其与 x 轴的夹角 β_2，是决定翻转力矩 M_2 和转动角加速度的主要因素。

3. 弹体（弹芯）的受力及气动力干扰

按图 7-24 的气动力模型，改变攻角和卡瓣与弹体的距离，得到风洞吹风的流场纹影照片和测量的弹体压力分布，以此作为计算的依据。用数值方法计算各个卡瓣在弹体（弹芯）的压力分布及合力，得到不同攻角时的弹体受力规律（图 7-31）。

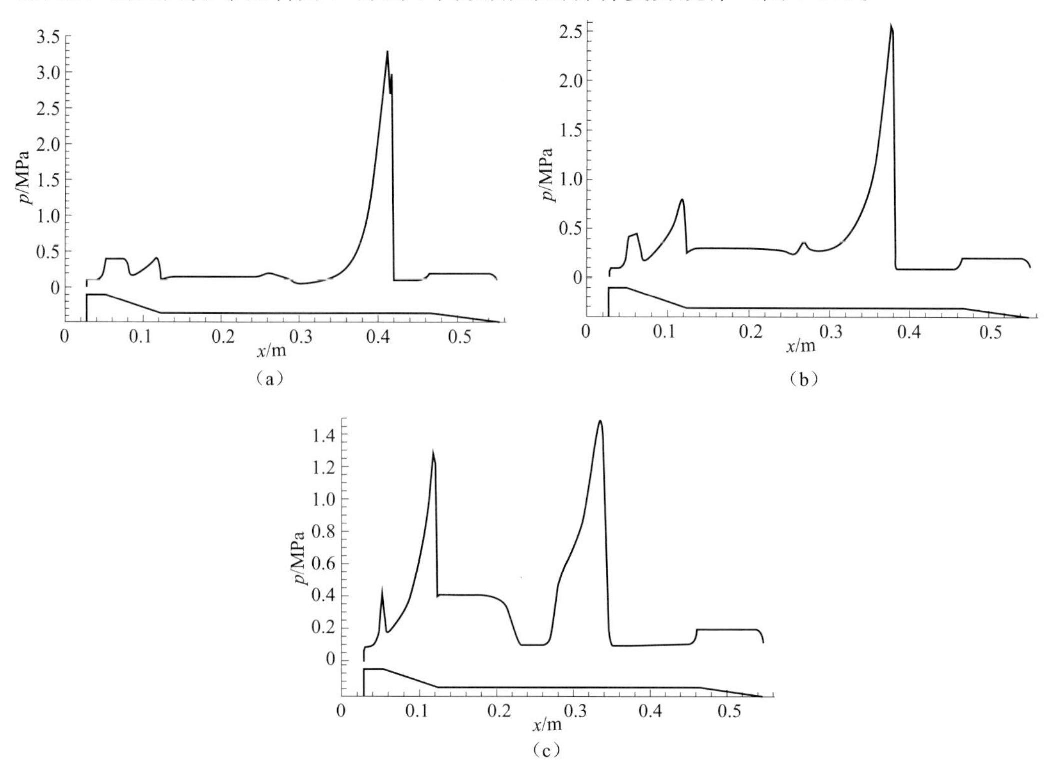

图 7-31　阻力型卡瓣在不同翻转角时的弹体压力曲线

(a) 卡瓣翻转角 $\theta=2°$；(b) 卡瓣翻转角 $\theta=6°$；(c) 卡瓣翻转角 $\theta=8°$

弹体章动角 δ 与飞行距离变化规律：整体弹托的第一个最大章动角 $\delta_m \approx 4°$，主要是膛内效应引起的；卡瓣脱壳引起的 δ_m 可达 6°～8°，脱壳扰动约占总效应的 40%。

七、脱壳弹结构气动力设计

在了解脱壳规律的基础上，通过合理的气动力设计，优选脱壳方式和卡瓣结构，使卡瓣对称启动、对称分离，不对称脱壳概率降至最低，保证射弹散布指标满足总体设计要求。

1. 在满足总体设计指标的前提下，减小弹托质量、提高弹托的强度与刚度、提高膛内闭锁性

2. 合理选定弹托结构与脱壳方式

尾翼稳定脱壳穿甲弹多采用马鞍形弹托结构。三种脱壳方式按性能的优劣顺序，依次为：升力脱壳、阻力脱壳、后端脱壳。设计原则是优化卡瓣结构参数，以保证快速、侧向或侧后、无机械干扰地脱壳为原则。

3. 解除约束的因素

弹带和弹带槽碎裂的均匀、一致性是平稳、快速解除约束的前提。采用弹带内表面或外表面加工成均匀分布的沟槽等措施可使弹带迅速断裂，减小启动对弹托的约束力，缩短启动时间。

4. 卡瓣结构参数设计

（1）合理设计卡瓣前端迎风面的形状与尺寸

在保证弹托总体结构要求的前提下：

① 合理设计气动力升阻比 k。卡瓣启动后，较大的升阻比可保证获得较大的翻转力矩，气流提供足够的升力和阻力，使卡瓣加速侧后向移动，迅速脱离弹体。反之，若升阻比过小，则卡瓣启动后，没有足够的翻转角和侧向移动量时，向后移动速度过快会增加卡瓣与弹体啮合齿间的机械作用，并有可能发生卡瓣与尾翼的机械碰撞。

② 调整前端迎风面的形状与尺寸。主要是改变包锥的长度，以此调整升力及阻力分量的合理匹配。使升力作用点尽可能远离质心，可有大的升阻比。

（2）合理调整翻转、后移及侧移运动的时机与速度

在卡瓣向后翻转的同时，应使卡瓣迅速侧向移动，不仅可缩短卡瓣尾端与弹体机械作用时间，而且使卡瓣前端的脱体激波迅速离开弹体，缩短气动力对弹体作用时间。为此，应使卡瓣翻转后，作用在卡瓣底面上气动力的合力作用点尽量靠近卡瓣质心，保证升力与翻转力矩有合理的匹配。使卡瓣迅速飞离弹体，以缩短脱壳扰动作用时间。

（3）降低发生机械扰动的可能性

由于弹体与弹托啮合长度长，弹托尾端离尾翼很近，卡瓣后移速度越快，啮合齿上的接触力越大，卡瓣后端与尾翼碰撞的可能性也越大。翻转速度越高，机械作用力越大，作用时间越长，机械扰动发生的概率也越大。为此，应使前、后端尽量同时启动，

增大平移运动，以减小机械扰动。

5. **卡瓣数量的影响**

已经采用的弹托结构中，有 3 个卡瓣和 4 个卡瓣两种形式。一般分析，增加弹托的分瓣数，可减小卡瓣质量，改善弹托脱壳性能，减小脱壳扰动。但为避免结构复杂化，在满足散布指标的前提下，现有装备多采用三瓣结构。

6. **采用弹体微旋，是降低弹扰动、减小散布的有效措施**

7. **提高加工及配合精度，是确保动作一致性的关键**

第三节 脱壳过程数值计算

脱壳动力学是中间弹道学和弹箭空气动力学中最复杂的问题之一。它的复杂性在于超声速运动的弹体与弹托分离过程中存在着火药燃气/空气动力以及弹体/弹托结构弹塑性变形的相互作用，因此，它是典型的气—固耦合问题。就气动力问题而言，包括：任意方向运动的多运动体边界，变攻角、高马赫数钝体绕流，脱体激波和激波与弹体表面相互作用，以及复杂激波相交等。就弹体/弹托结构弹塑性变形问题而言，自膛内、膛口至脱壳过程，其受力与变形除机械扰动外，气流作用是主要的受力源。目前，分别进行分析与计算，前者是弹道学的范围，后者是弹丸设计的范围。从气—固耦合出发是精确解决脱壳动力学问题的途径。目前已有了良好的研究开端。

近 20 年来，不少作者一直围绕脱壳过程复杂边界的二、三维非定常问题进行探索。一般，从比较简化的二维模型入手。图 7-32 是法国 R. Cayzac[21] 的计算结果。

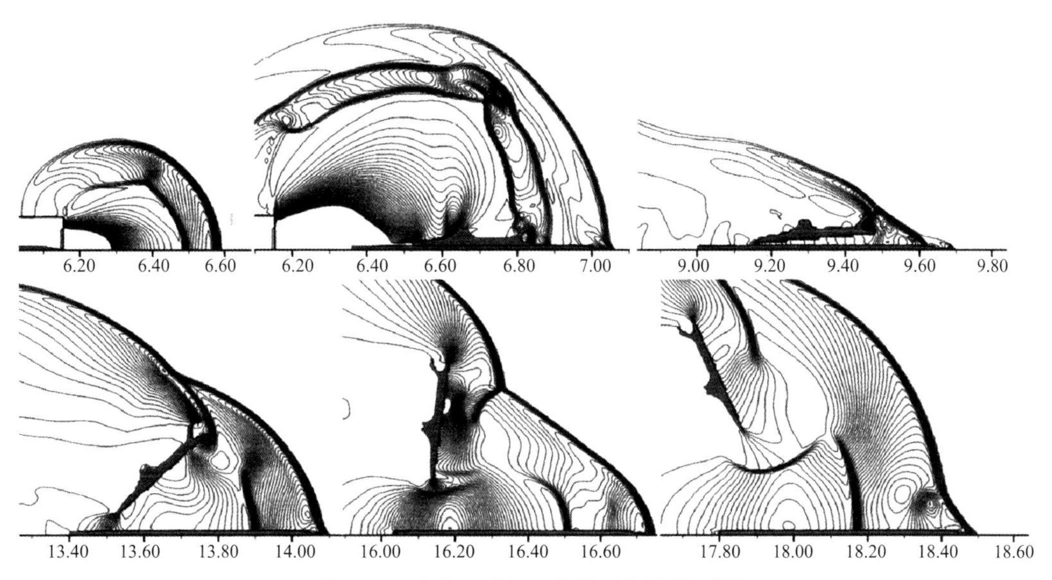

图 7-32 脱壳全过程二维模型计算结果[21]

我们采用 Fluent 软件对 120 mm 脱壳穿甲弹的三维脱壳过程进行了数值计算[23]。

图 7-33 与图 7-34 为三维模型的网格划分。图 7-35 与图 7-36 为卡瓣飞散过程的压力与气流速度分布。

图 7-33　弹体及卡瓣表面网格

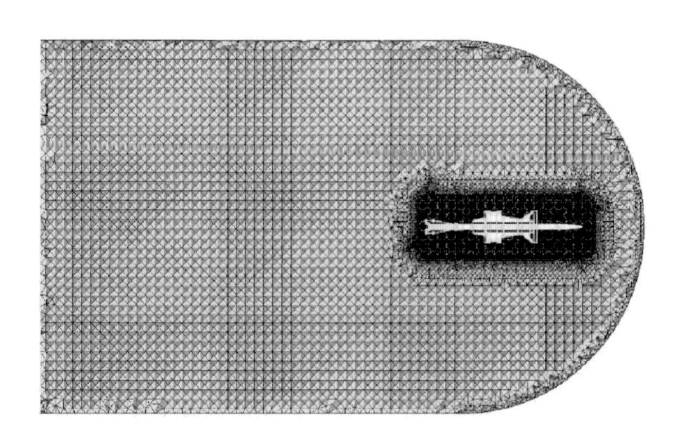

图 7-34　三维网格截面图

图 7-35 为用 X-Y 剖面压力分布表示的卡瓣从弹体表面脱离过程。

图 7-37 分别为三个卡瓣的分离过程，这些姿态变化充分体现了弹托分离过程中所受空气动力作用的非对称性。

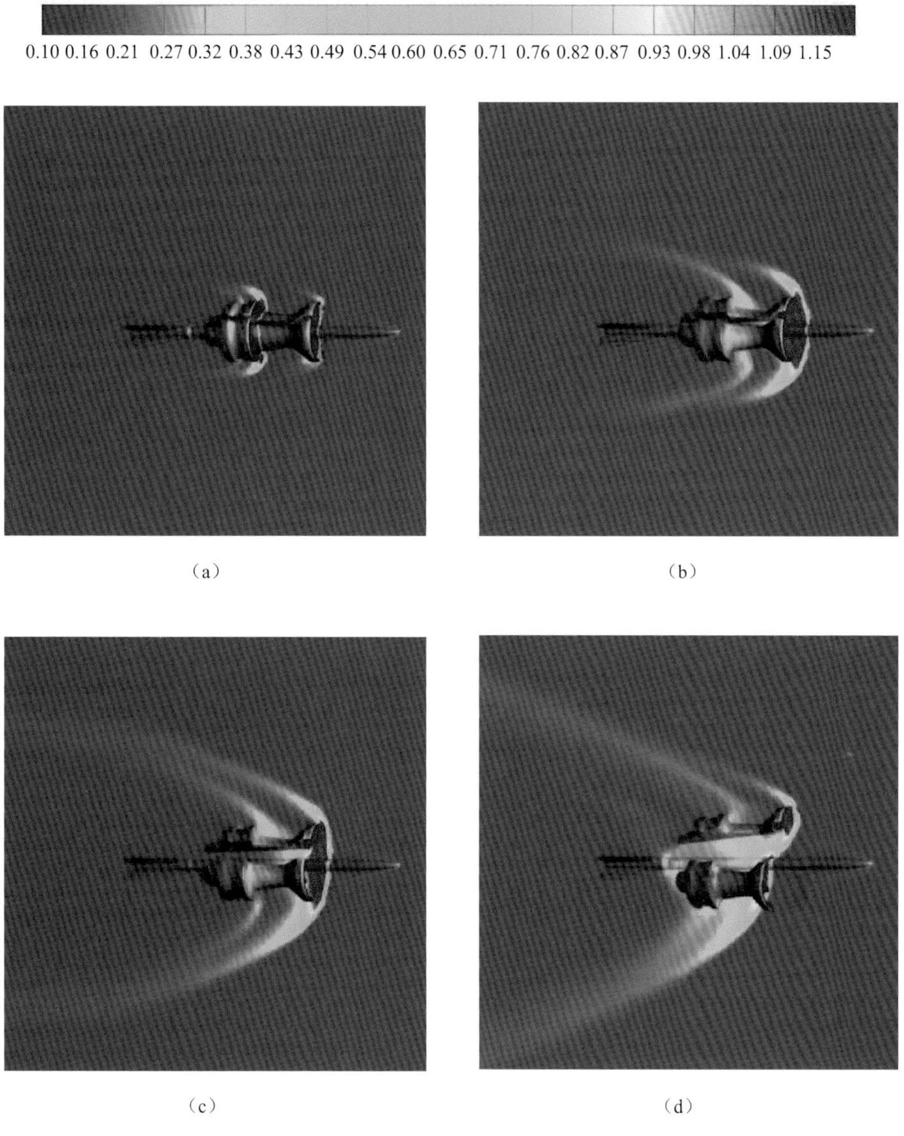

0.10 0.16 0.21 0.27 0.32 0.38 0.43 0.49 0.54 0.60 0.65 0.71 0.76 0.82 0.87 0.93 0.98 1.04 1.09 1.15

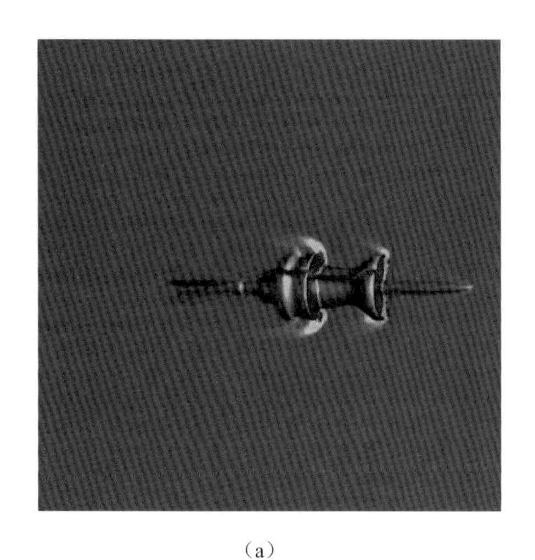

（a）

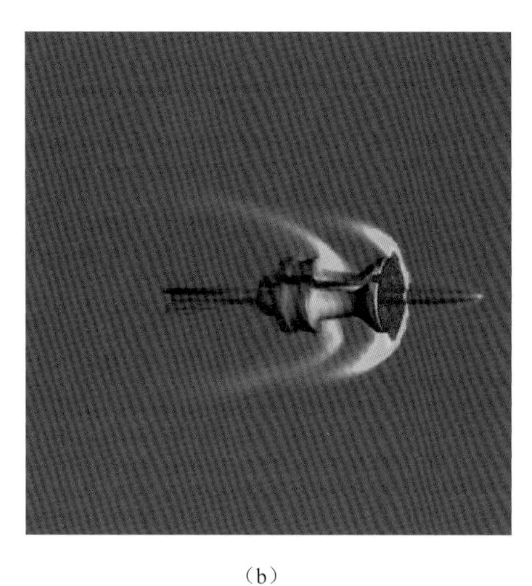

（b）

（c）

（d）

图 7-35　120 mm 脱壳穿甲弹 *X-Y* 剖面的压力分布图

（a）t=0.05 ms；（b）t=0.20 ms；

（c）t=0.50 ms；（d）t=1.00 ms

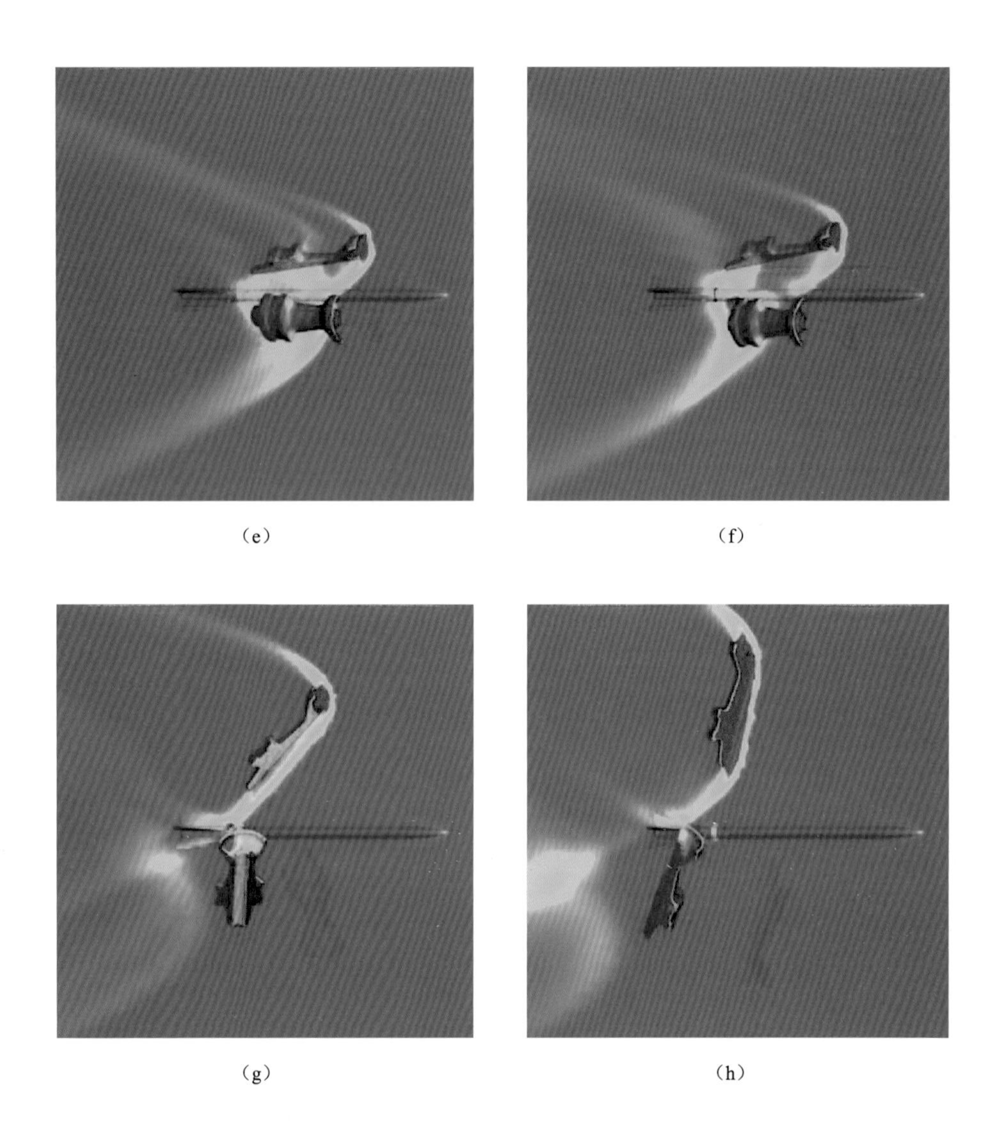

图 7-35 120 mm 脱壳穿甲弹 *X-Y* 剖面的压力分布图（续）

(e) t=1.10 ms；(f) t=1.40 ms；

(g) t=3.00 ms；(h) t=4.00 ms

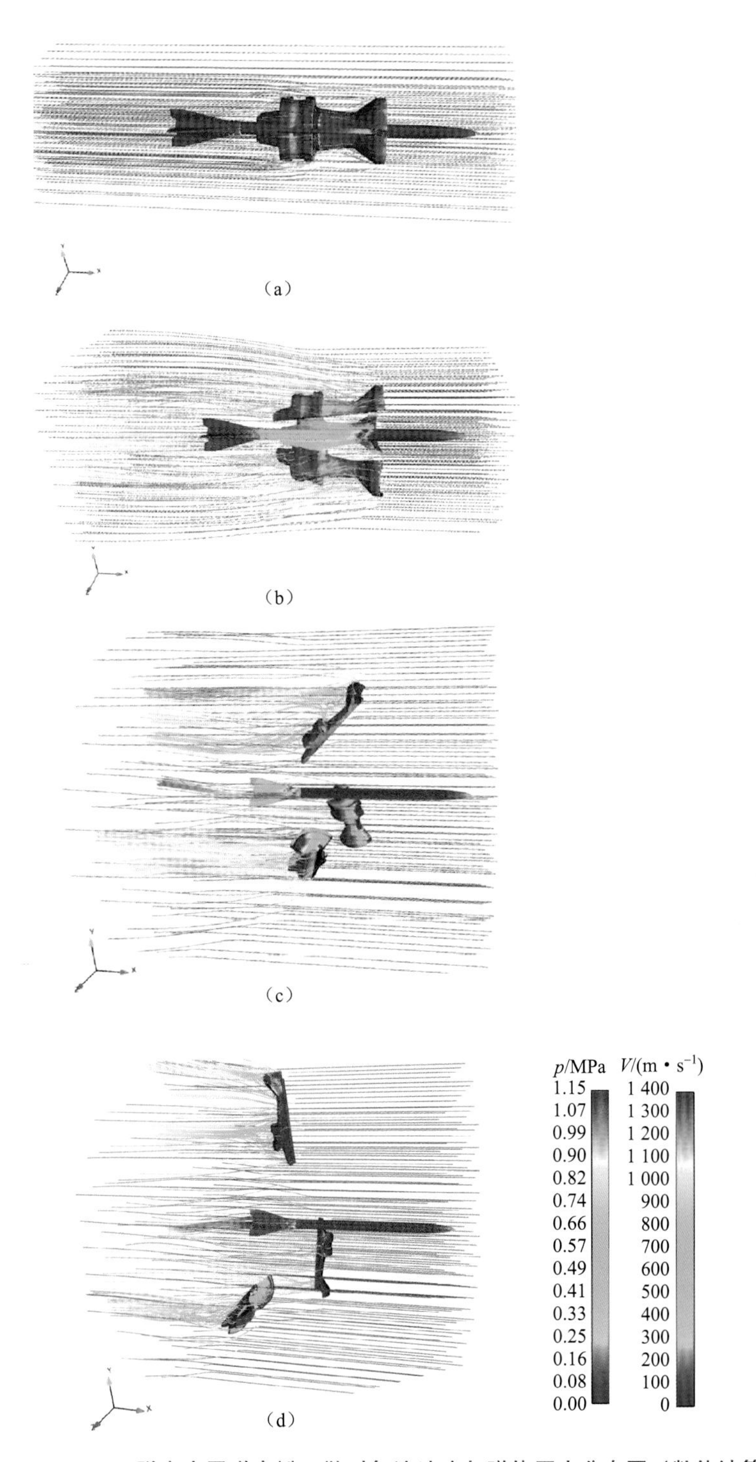

图 7-36　120 mm 脱壳穿甲弹卡瓣飞散时气流速度与弹体压力分布图（数值计算）

(a) t=0.05 ms；(b) t=1.00 ms；(c) t=3.00 ms；(d) t=4.50 ms

（注：弹体与卡瓣表面颜色表示压力值，流线颜色表示速度值）

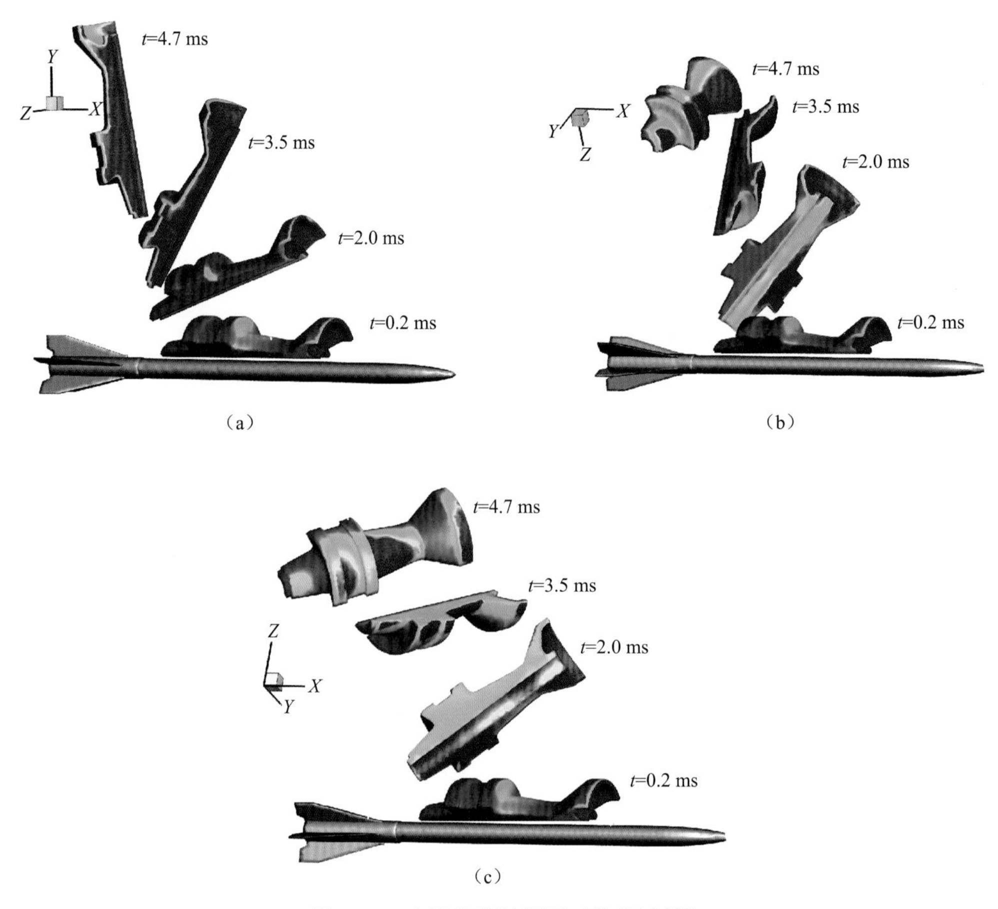

图 7-37　卡瓣分离过程图（数值计算）

（a）卡瓣 1；（b）卡瓣 2；（c）卡瓣 3

第四节　膛口装置对脱壳穿甲弹散布的影响

发射脱壳穿甲弹的中、大口径火炮，为减小后坐阻力，有的安装膛口制退器。一些装有消焰器的小口径自动炮，为提高对装甲目标的毁伤能力，也配备了脱壳穿甲弹。于是，膛口装置对脱壳弹散布的影响问题突显出来。

从目前可查阅到的文献资料看，膛口装置对脱壳过程的影响研究多以实验为主，机理分析和理论计算方法的内容很少。这是因为脱壳弹在膛口装置内的受力与扰动的随机过程远比膛内的复杂。因此，得出的规律多为试验或经验的总结。

本节对几种典型结构膛口装置影响脱壳弹散布的试验结果进行分析，对工程设计中技术方案的选择提出建议。

一、膛口装置对脱壳弹散布影响的实验分析

试验采用 25 mm 滑膛炮，膛口装置按几何相似原则缩比到 25 mm 口径，用阻力 2 型卡瓣的脱壳穿甲弹作为标准试验弹。为分析几种典型结构的膛口装置对脱壳过程的影响，以 200 m 立靶散布试验作为效果检查，以中间弹道靶道高速摄影照片和数值模拟作为分析的参考。有关试验装置、试验方法及测量原理详见第十一章。

几种膛口装置的 200 m 立靶散布中间偏差实验结果见表 7-2。

表 7-2　200 m 立靶散布中间偏差实验结果

编号	简图	膛口装置	E_x/mil	E_y/mil
1		无	0.167	0.164
2	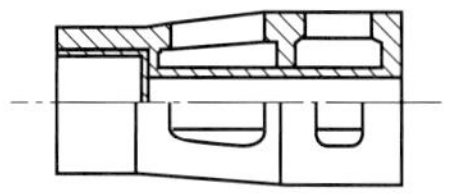	同口径 双室冲击	0.175	0.176
3	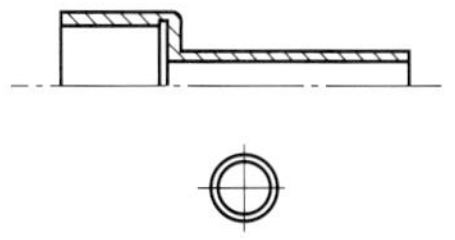	同口径	0.296	0.151
4	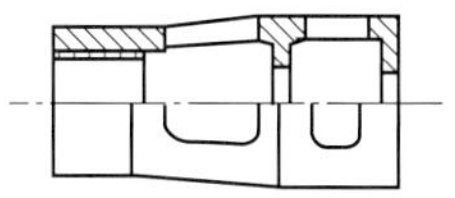	双室冲击 (d_0=38 mm)	0.161	0.123
5	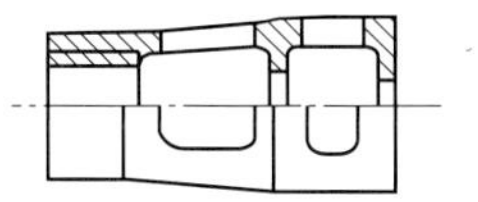	双室冲击 (d_0=28 mm)	0.293	0.299
6	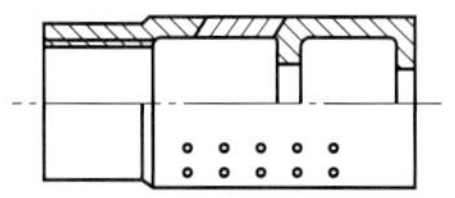	双室对吹 (d_0=28 mm)	0.243	0.198
7	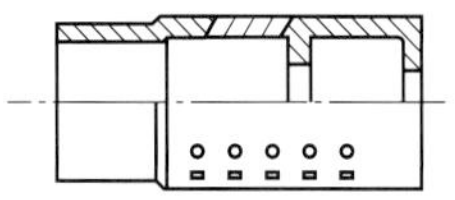	双室对吹 (d_0=28 mm)	0.269	0.194
8	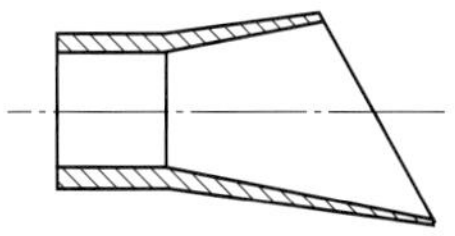	喷管	0.062	0.131

试验结果可以说明典型结构膛口装置对尾翼稳定脱壳穿甲弹散布影响的一般规律：

① 无膛口装置时的散布可以代表这种脱壳弹密集度的水平，这是因为，任何膛口装置对脱壳过程的扰动一般均大于无膛口装置时的。

② 同口径膛口制退器（2 号、3 号）时的密集度与无膛口装置时的接近。实际上，由于制退器孔径略大于身管外径（一般取 1.1 倍口径），以及膛口装置与炮膛不同轴等原因，其散布将有所增大。

③ 几种双腔室制退器（4 号、5 号、6 号、7 号）对脱壳弹的影响规律一致。当弹孔 $d_0=28$ mm 时，散布增大约 1.5 倍。当弹孔增大 $d_0=38$ mm 时，散布有明显改善，甚至接近无制退器时。

④ 采用喷管（8 号）时，对弹的密集度无不利影响。

二、膛口装置内部流场对脱壳启动过程的影响

从第三章介绍的膛口装置内火药燃气流动特点可知，膛口制退器腔室内的流场是含有激波和湍流的三维超声速流场。气流参数沿径向的不对称性——压力、速度等参数在 Y 和 Z 轴方向的巨大差距是膛口制退器内流的主要特点（图 3-17）。图 7-38 是法国 R. Cayzac 对脱壳穿甲弹穿出大侧孔单腔室制退器时的三维流场计算结果。

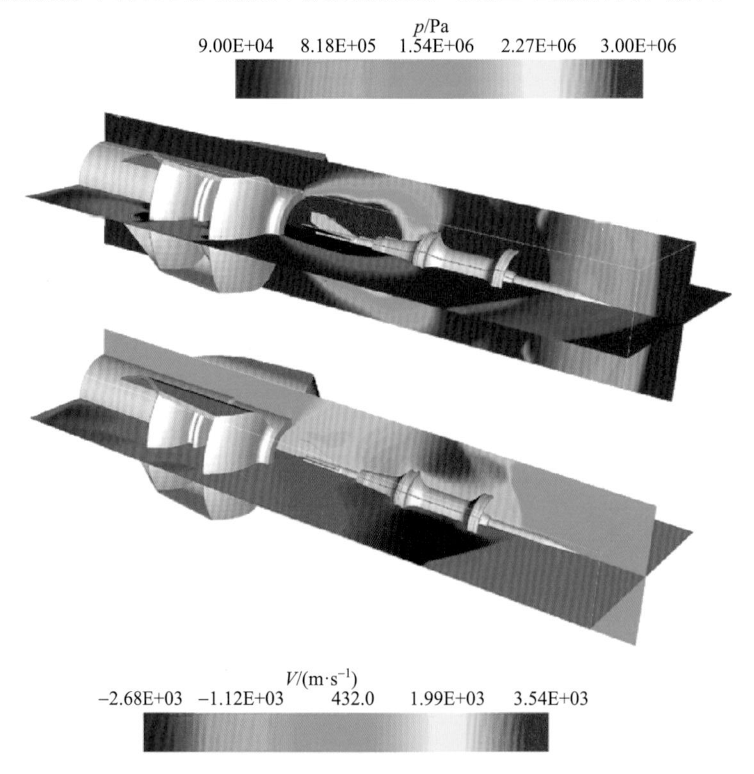

图 7-38　脱壳穿甲弹穿出大侧孔单腔室制退器时的三维流场计算结果[21]

当脱壳弹自膛口进入腔室时，已有一个方向随机的初始攻角，卡瓣的弹带及密封件开始断裂，约束基本解除。此时，火药燃气超越并包围弹体，全弹的气动力环境比无膛口装置时的更为复杂。

弹托解除约束的不均匀性：弹丸出膛口进入膛口装置时，弹带等约束物开始断裂，处于自由或半约束状态的卡瓣结构在腔室的不对称气流中，其相对位置是随机的，这就造成每发弹的卡瓣解脱约束和启动的受力状态的不均匀、不对称，从而增加了机械干扰与气动力干扰的概率。

制退器腔室的不对称气流对不同结构脱壳弹的启动有影响：对于后端脱壳和升力脱壳穿甲弹（如图 7-19 所示的升力型方案），由于卡瓣后端首先启动，腔室的不对称气流可能加大卡瓣启动的不对称性；对于阻力脱壳穿甲弹（如图 7-20 所示的阻力型方案），卡瓣后端不开启，影响较小。

三、膛口装置结构对脱壳弹散布的影响

膛口制退器主要结构参数对脱壳过程与射弹散布的影响如下。

1. 制退器长度及腔室数量

腔室具有一定膨胀度的制退器，其总长度及腔室数量（一般为 1～3 个）是影响脱壳弹干扰、增大散布的主要因素。弹体在腔室内完成解脱约束及卡瓣开启的动作后，随着腔室长度的增大和腔室数量的增多，卡瓣与腔室、弹孔壁机械接触与干扰的概率明显增大，非对称气流使卡瓣开启动作不对称。随着腔室长度的增大，卡瓣不对称脱壳的比例增加。试验表明，中口径火炮采用三腔室与单腔室膛口制退器对比，射弹散布增大一倍以上。

2. 制退器弹孔直径

单腔室或多腔室制退器的弹孔直径是影响散布的另一主要因素。如前述的理由，弹孔是在腔室长度和腔室数量增大时，卡瓣飞散经过的最小障碍。弹孔对脱壳过程的影响主要是机械干扰造成的，过小的弹孔直径甚至擦伤或折断卡瓣。随着弹孔直径增大，脱壳干扰及射弹散布明显减小。

3. 出口膨胀比

对于消焰器的锥形或柱形喷管出口，其均匀的超声速气流对脱壳过程没有不利影响，其散布与无膛口装置时的相近。

四、减小脱壳弹散布的膛口制退器优化设计方案

膛口制退器优化设计，是在规定的制退效率指标下，通过制退器的结构设计，保证炮手区域的冲击波超压值最小。此问题将在第九章膛口制退器优化设计中介绍。对于发射脱壳弹的火炮，还应在满足效率与冲击波指标前提下，使密集度控制在规定范围内。这是另一类优化问题。但是，由于目前还无法建立制退器结构对脱壳过程影响的

物理一数学模型与定量关系，更谈不上纳入膛口制退器优化设计程序。为此，我们只能依据试验结果和定性分析的结论，给出优化设计的一般原则和一个可以公开的发明专利结构方案，供读者设计之参考。

为保证制退器结构不干扰脱壳过程，即卡瓣解除约束一开启一脱壳过程，理想结构方案是使用同口径制退器。为了减小制退器与身管不必要的连接误差和直径裕量（一般取 1.1 倍口径），用延长的身管作为膛口制退器的导向管。这是保证彻底排除制退器干扰的最优方案。

为优化制退器效率和膛口冲击波指标，将外腔室结构按膛口制退器优化设计方法进行改进，采用双腔室“对吹”式结构。其气流状态不会影响脱壳弹在导向管内的运动，因而，也不会影响脱壳及射弹散布。

优化方案原理结构如图 7-39 所示，该方案已得到试验验证，并获得我国发明专利。

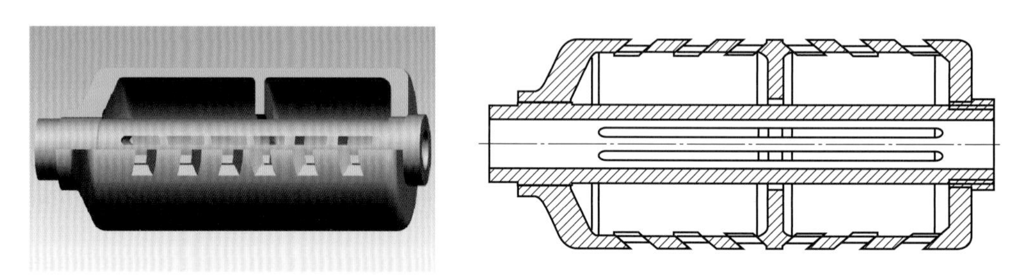

图 7-39 发射尾翼稳定脱壳穿甲弹的膛口制退器优化方案原理图

关于本章内容的详细研究资料，可参阅附录八的 2(11)，2(16)，6(15)，6(16) 的有关报告及论文。

第八章　膛口流场数值计算

概　　述

前述章节主要介绍了膛口流场的研究内容与范畴，从应用和安全出发，最重要的膛口现象是膛口冲击波、膛口焰及膛口气流脉冲噪声。本章将分别介绍这些现象的数值模拟所涉及的常用方法。

膛口流场的数值研究，是利用气体动力学、化学动力学和热力学的基本理论与计算流体力学、计算气动声学方法，分析中间弹道的物理现象与作用机理。一般需要解决以下几个问题：

① 弹丸一炮身相对运动引起的动网格、动边界问题；

② 膛口装置、弹丸形状及周围环境的复杂流场结构问题；

③ 膛口流场中的强、弱间断运动，相交，反射和衰减过程所要求的高分辨率自适应计算格式；

④ 大计算域、大计算量与高精度计算之间的矛盾；

⑤ 用于膛口气流脉冲噪声的低色散、低耗散、高精度时空计算格式、湍流模型以及无反射边界条件等。

为了便于读者理解，本章具体安排如下：第一节和第二节分别介绍膛口非反应流和反应流以及考虑湍流影响的数值方法；第三节主要介绍膛口气流脉冲噪声的数值计算方法。对于所涉及的计算流体力学基本概念、理论和方法，读者可参见附录一和附录七。

第一节　膛口非反应流计算

膛口非反应流的计算包含膛口早、中期流场数值模拟，火药燃气和弹丸后效期及远场冲击波场的数值模拟等。本节介绍膛口非反应流所用到的主要计算方法。

一、基本方程

忽略化学反应、外部体积力和热源，对于动网格[24]，控制方程可写为

$$\frac{\partial}{\partial t}\iiint\limits_{\Omega(t)} \boldsymbol{Q}\,\mathrm{d}\Omega + \oint\limits_{\Gamma(t)} (\boldsymbol{F}_c^M - \boldsymbol{F}_v)\,\mathrm{d}\Gamma = 0 \tag{8-1}$$

式中

$$
\boldsymbol{Q}=\begin{pmatrix}\rho\\ \rho u\\ \rho v\\ \rho w\\ \rho e_t\end{pmatrix},\boldsymbol{F}_c^M=\begin{pmatrix}\rho V_r\\ \rho u V_r+n_x p\\ \rho v V_r+n_y p\\ \rho w V_r+n_z p\\ (\rho e_t+p)V_r+v_{bm}p\end{pmatrix},\boldsymbol{F}_v=\begin{bmatrix}0\\ \tau_{xx}n_x+\tau_{xy}n_y+\tau_{xz}n_z\\ \tau_{yx}n_x+\tau_{yy}n_y+\tau_{yz}n_z\\ \tau_{zx}n_x+\tau_{zy}n_y+\tau_{zz}n_z\\ \Theta_x n_x+\Theta_y n_y+\Theta_z n_z\end{bmatrix};
$$

$\Omega(t)$——体积可变控制体；

$\Gamma(t)$——控制体外表面；

M——运动网格，否则为静止网格；

v_{bm}——单元面 $\mathrm{d}\Gamma$ 运动速度 $\boldsymbol{V}_b$ 的法向分量，即 $v_{bm}=V_b\cdot\boldsymbol{n}$；

V_r——流体相对网格界面的法向运动速度，即 $V_r=un_x+vn_y+wn_z-v_{bm}$；

其他未说明变量参见附录七。

当界面速度 $\boldsymbol{V}_b=\boldsymbol{V}$，即 $\boldsymbol{V}_r=0$ 时，方程（8-1）为拉格朗日法表示的基本方程；当 $\boldsymbol{V}_b=0$ 时，为欧拉法，故称方程（8-1）为 ALE（Arbitrary Lagrangian Eulerian）方程。

对于动网格，还需满足体积守恒律（VCL）和面积守恒律（SCL），对应的守恒方程分别为

$$
\frac{\partial}{\partial t}\iiint_{\Omega(t)}\mathrm{d}\Omega-\oiint_{\Gamma(t)}\boldsymbol{V}_b\,\mathrm{d}\Gamma=0 \tag{8-2}
$$

$$
\oiint_{\Gamma(t)}\boldsymbol{a}\cdot\boldsymbol{n}\,\mathrm{d}\Gamma=0 \tag{8-3}
$$

由式（8-2）可以看出，在计算过程中，控制体表面速度须满足一定要求，才能使 $\oiint_{\Gamma(t)}\boldsymbol{V}_b\,\mathrm{d}\Gamma$ 确切地等于控制体体积变化 $\frac{\partial}{\partial t}\iiint_{\Omega(t)}\mathrm{d}\Omega$ 。同样，由式（8-3）可知，控制体边界须闭合才能保证面积守恒，数值计算时，只需准确计算控制体界面的方向矢量就能满足面积守恒。因而，对于几何守恒律而言，主要是确保体积守恒。

二、空间离散格式

对方程（8-1）的空间项采用有限体积法，若时间项采用一阶显式格式，离散方程为

$$
\boldsymbol{Q}^{n+1}=\frac{\Omega^n}{\Omega^{n+1}}\left[\boldsymbol{Q}^n-\frac{1}{\Omega^n}\sum_{i=1}^{N_b}(\boldsymbol{F}_{c,i}^M-\boldsymbol{F}_{v,i})\,\Delta\Gamma_i\right] \tag{8-4}
$$

式中　N_b——待求控制体所包含的外表面总数；

$\Delta\Gamma_i$——第 i 个面的面积；

$\boldsymbol{F}_{c,i}^M$，$\boldsymbol{F}_{v,i}$——第 i 面上的对流和黏性界面通量；

上标 n 表示前一时刻，$n+1$ 表示待求时刻。

通常，方程的黏性项采用中心差分格式；对流项采用迎风格式。迎风格式包括通量

矢分裂（FVS）、通量差分裂（FDS）、TVD 格式等。通量矢分裂格式包括 Van Leer，AUSM，CUSP，HLLE 等；通量差分裂格式包括 Roe，Osher 等。下面将详细介绍本书算例所采用的几种迎风格式。

对于几何守恒律，采用与控制方程相同的离散方法。以二维空间为例，在 n 到 $n+1$ 时段内，方程（8-2）离散得

$$\Omega^{n+1}-\Omega^{n}=\sum_{i=1}^{N_b}\int_{t_n}^{t_{n+1}}\int_{\Gamma_i}\boldsymbol{V}_b\,\mathrm{d}\Gamma=\sum_{i=1}^{N_b}\Delta\Omega_i$$

式中　$\Delta\Omega_i$——沿面 Γ_i 的体积增量。

在这个时段内，离散控制体的体积增量总和往往不等于沿各个面的体积增量 $\Delta\Omega_i$ 之和。因此，不能仅仅由界面速度求体积增量，这会引起很大的误差。为满足体积守恒，界面的法向速度可按下式给出

$$V_{bni}=\frac{\Delta\Omega_i}{\Delta t\Gamma_i}\tag{8-5}$$

1. Roe 格式

Roe 格式属于通量差分裂格式，将控制体界面视为一维黎曼问题，界面 $i+1/2$ 通量与其两侧（i，$i+1$）格点值相关，下标 1/2 表示界面，L 和 R 表示对应的界面两侧格点。

引入平均矩阵 $\overline{\boldsymbol{A}}$ 来近似雅可比（Jacobian）矩阵 $\boldsymbol{A}=\dfrac{\partial \boldsymbol{F}}{\partial \boldsymbol{Q}}$，该平均矩阵由给定界面两侧的状态值（$\boldsymbol{Q}_L$，$\boldsymbol{Q}_R$）确定，即将原始黎曼问题进行线性化近似，并可获得较好的求解效率。近似矩阵 $\overline{\boldsymbol{A}}$ 满足下列属性：

① 当 $\boldsymbol{Q}_L$ 和 $\boldsymbol{Q}_R\to\boldsymbol{Q}$，$\overline{\boldsymbol{A}}(\boldsymbol{Q}_L,\boldsymbol{Q}_R)\to\boldsymbol{A}(\boldsymbol{Q})$；

② $\overline{\boldsymbol{A}}(\boldsymbol{Q}_L,\boldsymbol{Q}_R)$ 具有实的特征值，其特征向量完全线性独立；

③ 左右两侧通量差满足 $\boldsymbol{F}(\boldsymbol{Q}_R)-\boldsymbol{F}(\boldsymbol{Q}_L)=\overline{\boldsymbol{A}}(\boldsymbol{Q}_R-\boldsymbol{Q}_L)$。

在应用这些属性时，平均矩阵的计算必须采用 Roe 平均，即

$$\bar{\rho}=\sqrt{\rho_R\rho_L}$$

$$\overline{\Phi}=\frac{\sqrt{\rho_R}\Phi_R+\sqrt{\rho_L}\Phi_L}{\sqrt{\rho_R}+\sqrt{\rho_L}},\quad \Phi=u,v,w,H$$

为便于叙述，除特别说明外，下面 Roe 平均值均去掉上标。

若网格静止（控制体形状和体积不变），则

$$\boldsymbol{F}_{1/2}=\boldsymbol{F}_{1/2}(\boldsymbol{Q}_R,\boldsymbol{Q}_L)\to\boldsymbol{A}=\frac{\partial\boldsymbol{F}}{\partial\boldsymbol{Q}};$$

$$\boldsymbol{F}_{1/2}=\frac{1}{2}\left[\boldsymbol{F}(\boldsymbol{Q}_R)+\boldsymbol{F}(\boldsymbol{Q}_L)-\sum\alpha_j|\boldsymbol{\Lambda}_j|\boldsymbol{e}_j\right]$$

式中　$\boldsymbol{A}$——雅可比近似矩阵；

α，$\boldsymbol{\Lambda}$，$\boldsymbol{e}$——分别表示近似矩阵 $\boldsymbol{A}$ 的波强度、特征向量和右特征矩阵。

当网格运动时，根据数学分析，仅改变雅可比矩阵的特征值，即 $\boldsymbol{\Lambda}^M=\boldsymbol{\Lambda}-\boldsymbol{V}_{bn}$。这里必须注意，为满足几何守恒，对于二维情形，界面速度按式（8-5）给定。而波强度（或黎曼不变量）和左右特征矩阵与静止网格完全相同。因此，对于运动网格，界面通量为

$$\boldsymbol{F}_{1/2}^M=\frac{1}{2}\left[\boldsymbol{F}^M(\boldsymbol{Q}_R)+\boldsymbol{F}^M(\boldsymbol{Q}_L)-\sum\alpha_i\,|\boldsymbol{\Lambda}_i^M|\,\boldsymbol{e}_i\right]$$

2. AUSM 系列格式

AUSM（Advection Upstream Splitting Method）格式由 Liou 和 Steffen 于 20 世纪 90 年代提出[25]，随后进行了改进，提出了 AUSMD/AUSMDV 格式和 AUSM+格式。AUSM 系列格式因其简单（避免烦琐的矩阵推导）、计算量小、分辨率高、可有效消除 Carbuncle 现象和易于推广至真实气体等优点，而被广泛采用。目前，AUSM 格式仍在不断发展，如近年提出的 AUSMPW 和 AUSM+-up，进一步提升了 AUSM 格式的精度和适用范围。

对于控制体界面无黏通量（对流通量），AUSM 系列格式将其分为对流项 $\boldsymbol{F}^c$ 与压力项 $\boldsymbol{P}$ 两部分，即

$$\boldsymbol{F}_n=\boldsymbol{F}\cdot\boldsymbol{n}=\boldsymbol{F}^c+\boldsymbol{P}=\dot{m}\boldsymbol{\Psi}+\boldsymbol{P}$$

式中 $\boldsymbol{\Psi}=[1,\ u,\ v,\ w,\ H]^{\mathrm{T}}$，$H$ 为比总焓，$H=e_t+p/\rho$；

$\boldsymbol{P}=[0,\ pn_x,\ pn_y,\ pn_z,\ pv_{bn}]^{\mathrm{T}}$，其中 v_{bn} 为控制体界面运动速度的法向分量，若 $v_{bn}\neq0$，则为动网格；

$\dot{m}=\rho\boldsymbol{V}\cdot\boldsymbol{n}=n_x\rho V_{nx}+n_y\rho V_{ny}+n_z\rho V_{nz}$，$(n_x,\ n_y,\ n_z)$ 为控制体界面法矢量 $\boldsymbol{n}$ 的分量。

基本方程离散后，界面无黏通量与界面两边的格点（用 L，R 表示）值相关，即

$$\boldsymbol{F}_i=\boldsymbol{f}_{1/2}=\dot{m}_{1/2}^{+}\boldsymbol{\Psi}_L+\dot{m}_{1/2}^{-}\boldsymbol{\Psi}_R+\begin{bmatrix}0\\ p_{1/2}n_x\\ p_{1/2}n_y\\ p_{1/2}n_z\\ \delta\end{bmatrix}$$

式中 $\dot{m}_{1/2}=\dot{m}_{1/2}^{+}+\dot{m}_{1/2}^{-}$。

令 $D_m=\dot{m}_{1/2}^{+}-\dot{m}_{1/2}^{-}$，上式进一步可整理为

$$\boldsymbol{f}_{1/2}=\frac{1}{2}\dot{m}_{1/2}(\boldsymbol{\Psi}_R+\boldsymbol{\Psi}_L)-\frac{1}{2}D_m(\boldsymbol{\Psi}_R-\boldsymbol{\Psi}_L)\begin{bmatrix}0\\ p_{1/2}n_x\\ p_{1/2}n_y\\ p_{1/2}n_z\\ \delta\end{bmatrix}\tag{8-6}$$

对于 AUSM 系列格式，当界面速度不为 0 时（网格变形），$\delta = p_{1/2} v_{bn}$，否则，$\delta = 0$；对于其他计算格式，δ 亦不为零，如下面介绍的 HLLE 格式。

定义分裂函数

$$\mathcal{M}^{\pm}_{(4,\beta)}(M) = \begin{cases} \mathcal{M}^{\pm}_{(1)}(M), & |M| \geqslant 1 \\ \pm\frac{1}{4}(M \pm 1)^2 \pm \beta(M^2 - 1)^2; -1/16 \leqslant \beta \leqslant 1/2, & \text{其他} \end{cases}$$

$$\mathcal{P}^{\pm}_{(5,\alpha)}(M) = \begin{cases} \frac{1}{M}\mathcal{M}^{\pm}_{(1)}(M), & |M| \geqslant 1 \\ \pm\frac{1}{4}(M \pm 1)^2(2 \mp M) \pm \alpha M(M^2 - 1)^2; -3/4 \leqslant \alpha \leqslant 3/16, & \text{其他} \end{cases}$$

式中　$\mathcal{M}^{\pm}_{(1)} = \frac{1}{2}(M \pm |M|)$；

计算时，参数（α，β）一般取 $\alpha = 3/16$，$\beta = 1/8$。

因此，只要给定 $\dot{m}_{1/2}$，D_m 和 $p_{1/2}$，就可以计算通量 $\boldsymbol{f}_{1/2}$。

（1）AUSM+格式

令 $M_L = u^r_{nL}/a_{1/2}$，$M_R = u^r_{nR}/a_{1/2}$

定义

$$M_{1/2} = \mathcal{M}^{+}_{(4,\beta)}(M_L) + \mathcal{M}^{-}_{(4,\beta)}(M_R), \mathcal{M}^{\pm}_{1/2} = \frac{1}{2}(M_{1/2} \pm |M_{1/2}|)$$

$$\dot{m}^{+}_{1/2}(\boldsymbol{Q}_L, \boldsymbol{Q}_R) = \rho_L a_{1/2} \mathcal{M}^{+}_{1/2} = \rho_L a_{1/2} \max(0, M_{1/2})$$

$$\dot{m}^{-}_{1/2}(\boldsymbol{Q}_L, \boldsymbol{Q}_R) = \rho_R a_{1/2} \mathcal{M}^{-}_{1/2} = \rho_R a_{1/2} \min(0, M_{1/2})$$

可求得

$$\dot{m}_{1/2} = \dot{m}^{+}_{1/2} + \dot{m}^{-}_{1/2}$$

$$p_{1/2} = p^{+}_{(5,\alpha)}(M_L)\rho_L + p^{-}_{(5,\alpha)}(M_R)\rho_R$$

$$D_m = |\dot{m}_{1/2}| = a_{1/2}|M_{1/2}| \begin{cases} \rho_L, & M_{1/2} \geqslant 0 \\ \rho_R, & \text{其他} \end{cases}$$

对于声速 $a_{1/2} = a(\boldsymbol{Q}_L, \boldsymbol{Q}_R)$，一般取界面两边格点声速的平均值；对于动网格，（$u^r_{nL}$，$u^r_{nR}$）为相对界面运动速度的法向速度分量。

（2）AUSMDV 格式

令

$$M^{+}_{1/2}(\boldsymbol{Q}_L, \boldsymbol{Q}_R) = [\omega^{+}_{1/2}\mathcal{M}^{+}_{(4,\beta)}(M_L) + (1 - \omega^{+}_{1/2})\mathcal{M}^{+}_{(1)}(M_L)]$$

$$M^{-}_{1/2}(\boldsymbol{Q}_L, \boldsymbol{Q}_R) = [\omega^{-}_{1/2}\mathcal{M}^{-}_{(4,\beta)}(M_R) + (1 - \omega^{-}_{1/2})\mathcal{M}^{-}_{(1)}(M_R)]$$

$$\omega^{+}_{1/2}(\boldsymbol{Q}_L, \boldsymbol{Q}_R) = \frac{2f_L}{f_L + f_R}, \omega^{-}_{1/2}(\boldsymbol{Q}_L, \boldsymbol{Q}_R) = \frac{2f_R}{f_L + f_R}$$

$$f = 1/\rho$$

定义

$$\dot{m}_{1/2}=a_{1/2}(\rho_L M_{1/2}^{+}+\rho_R M_{1/2}^{-}),$$

$$\dot{m}_{1/2}^{+}=\frac{1}{2}(\dot{m}_{1/2}+|\dot{m}_{1/2}|),\dot{m}_{1/2}^{-}=\frac{1}{2}(\dot{m}_{1/2}-|\dot{m}_{1/2}|)$$

压力通量 $p_{1/2}$ 与 AUSM+相同，而 D_m 为

$$D_m=|\dot{m}_{1/2}|=a_{1/2}|\rho_L M_{1/2}^{+}+\rho_R M_{1/2}^{-}|$$

(3) HLLE 格式

HLLE 格式也可参照式（8-6）给出，即

$$\dot{m}_{1/2}^{+}(\boldsymbol{Q}_L,\boldsymbol{Q}_R)=\rho_L(u_{nL}-b^{-})\frac{b^{+}}{b^{+}-b^{-}}$$

$$\dot{m}_{1/2}^{-}(\boldsymbol{Q}_L,\boldsymbol{Q}_R)=\rho_R(u_{nR}-b^{+})\frac{-b^{-}}{b^{+}-b^{-}}$$

$$p_{1/2}=\frac{b^{+}}{b^{+}-b^{-}}p_L+\frac{-b^{-}}{b^{+}-b^{-}}p_R,\delta=-\frac{b^{+}b^{-}}{b^{+}-b^{-}}(p_R-p_L)$$

式中 $b^{+}=\max(0,b_R),b_R=\max(\hat{u}_n+\hat{a},\hat{u}_{nR}+a_R)$；

$b^{-}=\min(0,b_L),b_L=\min(\hat{u}_n-\hat{a},\hat{u}_{nL}-a_L)$；

上标“^”表示 Roe 平均值；

（a_L，a_R）为界面两侧的当地声速。

3. MUSCL 高阶插值及限制器

在界面通量的计算格式中，参量为界面两侧的格点值，若假定控制体内的流动参量分布为常数，这种格式则为一阶精度。为获取更多的流场信息，更高阶精度的计算格式是必需的，常用的提高精度的方法是假定控制体内流动参量按某种曲线分布，如采用线性分布，可获得二阶精度。但是高阶精度格式在某些情况下会产生非物理解，譬如密度梯度比较大的地方（如激波），出现振荡解。

如何构造无振荡的高阶计算格式对于求解激波和接触间断是很重要的。当前应用最广泛的方法是采用 MUSCL 近似插值法及其限制器（Limiters）。限制器可保证解的单调性，避免非物理解的产生。限制器的参量可以是守恒变量，也可以是原始变量或通量，一般情况下，使用原始变量要比用守恒变量好，即

$$\begin{cases}\Phi_L=\Phi_i+\dfrac{1}{4}\varepsilon\left[(1-\kappa)\phi(r_L)+(1+\kappa)r_L\phi\left(\dfrac{1}{r_L}\right)\right](\Phi_i-\Phi_{i-1})\\ \Phi_R=\Phi_{i+1}-\dfrac{1}{4}\varepsilon\left[(1-\kappa)\phi(r_R)+(1+\kappa)r_R\phi\left(\dfrac{1}{r_R}\right)\right](\Phi_{i+2}-\Phi_{i+1})\\ r_L=\dfrac{\Phi_{i+1}-\Phi_i}{\Phi_i-\Phi_{i-1}}\\ r_R=\dfrac{\Phi_{i+2}-\Phi_{i+1}}{\Phi_{i+1}-\Phi_i}\end{cases}$$

式中 Φ ——原始变量；

κ 和 ε 的取值及其对应格式精度见表 8-1。

表 8-1 κ 和 ε 的取值及其对应格式精度

ε	κ	格式及精度
0	—	原始格式精度
1	−1	二阶迎风格式
	0	Fromm 格式，二阶精度
	1/3	三阶偏迎风格式
	1	二阶三点中心差分格式

ϕ 为限制器，常用的有：

（1）Minmod 限制器

$$\phi(r)-\max\{0,\min(r,1)\}$$

（2）Superbee 限制器

$$\phi(r)=\max\{0,\min(2r,1),\min(r,2)\}$$

（3）Van Albada 限制器

$$\phi(r)=\frac{r+r^2}{1+r^2}$$

4. Roe/HLL 混合格式

Roe 格式在激波和接触间断的计算中，相对其他格式（如 AUSM 系列、HLL 等格式）具有较高的捕捉分辨率；但对于激波不稳定现象，并不能很好地求解，尤其是包含强间断的高速流动问题。这种不稳定，虽然可以通过熵修正得以改善，但仍然不能很好地消除，这也是 Godunov 类格式固有的病态特点。图 8-1 所示为采用二维轴对称 Euler 方程和 Roe 格式计算的膛口流场，可以明显看到轴线附近的激波阵面出现紊乱，即所谓的 Carbuncle 现象。AUSM 格式可以很好地消除这种激波不稳定现象，图 8-2 是采用 AUSM+格式的计算结果，可以看出 Carbuncle 现象基本消除。

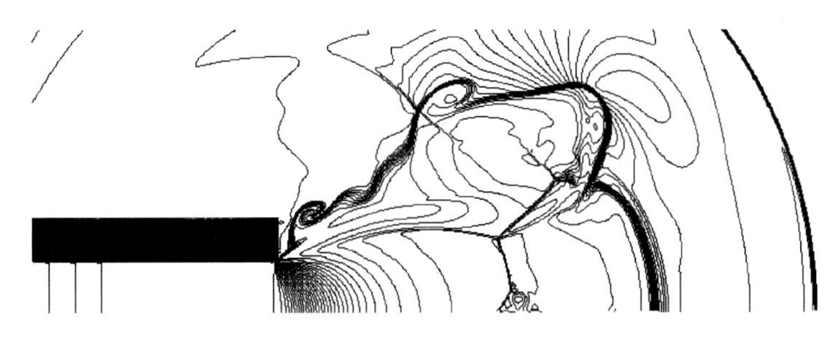

图 8-1 采用 Roe 格式计算的膛口流场密度分布图

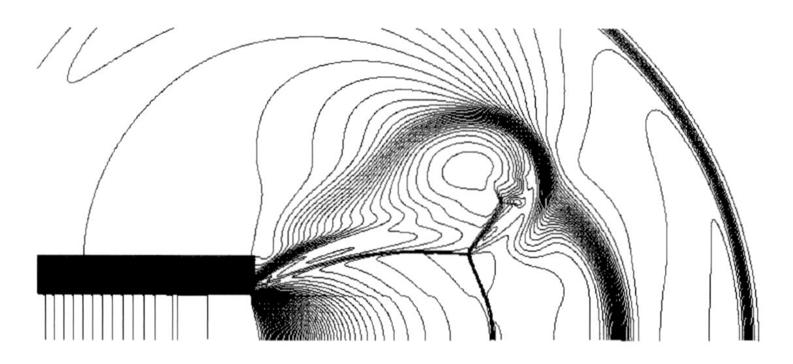

图 8-2　采用 AUSM＋格式计算的膛口流场密度分布图

AUSM＋格式虽然不会出现激波不稳定现象，且激波捕捉能力与 Roe 格式的相当，但是对于弱间断的捕捉稍差，激波波后参数的预测相对偏高。而 HLL 格式，其捕捉激波以及波后参数的预测与 Roe 格式的相当，但接触间断捕捉较差。采用混合格式也许是比较好的解决办法，如在激波区域（根据激波阵面附近压力梯度最大来判断）采用耗散性强的 HLL 格式，而其他区域采用二阶精度的 Roe 格式。图 8-3 为采用 Roe/HLL 混合格式的计算结果，相较于单纯采用 AUSM＋和 Roe 格式，既能消除 Carbuncle 现象，又能很好地捕捉流场的弱间断。

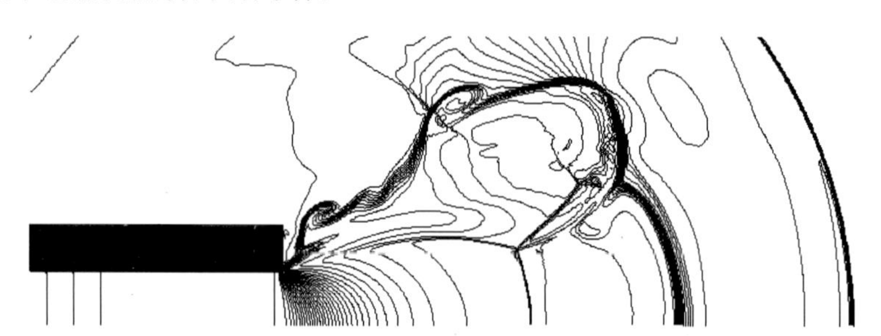

图 8-3　采用 Roe/HLL 混合格式计算的膛口流场密度分布图

三、时间离散格式

若控制方程为微分形式（参见附录七），并将通量项移至方程右边，用余量 $\boldsymbol{R}$ 表示，离散方程（静止网格）可写成一般通式[24]

$$\begin{cases}\dfrac{\Omega \boldsymbol{M}}{\Delta t}\Delta \boldsymbol{Q}^n=-\dfrac{\beta}{1+\omega}\boldsymbol{R}^{n+1}-\dfrac{1-\beta}{1+\omega}\boldsymbol{R}^n+\dfrac{\omega\Omega \boldsymbol{M}}{(1+\omega)\Delta t}\Delta \boldsymbol{Q}^{n-1}\\ \Delta \boldsymbol{Q}^n=\boldsymbol{Q}^{n+1}-\boldsymbol{Q}^n\end{cases} \tag{8-7}$$

式中　$\boldsymbol{M}$——单位矩阵；

n——当前时间步，$n+1$ 表示所求时间步；

Δt——时间步长；

β，ω——常数。

当 $\beta=\omega+\frac{1}{2}$ 时，时间离散方程为二阶精度。当 $\beta=0$ 时，离散方程为显式格式，即通过 $\Delta\boldsymbol{Q}^n$ 求解 $\boldsymbol{Q}^{n+1}$时，只依赖于已知时刻（n，$n-1$，…）的值；当 $\beta\neq0$ 时，为隐式格式，即求解项包含了未知时刻（$n+1$，$n+2$，…）的值。可见，β、ω 既决定离散类型（显式或隐式），也决定时间离散格式的精度。

隐式格式优点是稳定性好，可采用大时间步长，计算效率较高；但是隐式格式需要处理大型矩阵或迭代运算，程序编写较复杂，不易并行或矢量化。而显式格式方法简单、计算量小（不需要求解大型矩阵）、精度高，但是其缺点是时间步受限于控制方程的特征值及网格的几何特征，如为使求解稳定，采用很小的时间步长，这导致总的计算时间增大。尽管如此，在计算膛口流场时，多数仍采用显式格式，如下述的单步或多步龙格—库塔法。

当 $\beta=0$，$\omega=0$ 时，式（8-7）简化为

$$\Delta\boldsymbol{Q}^n=\boldsymbol{Q}^{n+1}-\boldsymbol{Q}^n=-\frac{\Delta t}{\Omega}\boldsymbol{R}^n \tag{8-8}$$

这是最基本的单步显式格式。关于动网格单步显式离散式，见式（8-4）。对于多步显式格式，即龙格—库塔法，可以看作是对单步格式（8-8）的多步更新，适合于空间项采用迎风类空间离散格式的情形。具体求解步骤如下：

$$\begin{cases}\boldsymbol{Q}^{(0)}=\boldsymbol{Q}^n\\ \boldsymbol{Q}^{(1)}=\boldsymbol{Q}^{(0)}-\alpha_1\dfrac{\Delta t}{\Omega}\boldsymbol{R}^{(0)}\\ \boldsymbol{Q}^{(2)}=\boldsymbol{Q}^{(0)}-\alpha_2\dfrac{\Delta t}{\Omega}\boldsymbol{R}^{(1)}\\ \vdots\\ \boldsymbol{Q}^{n+1}=\boldsymbol{Q}^{(N)}=\boldsymbol{Q}^{(0)}-\alpha_N\dfrac{\Delta t}{\Omega}\boldsymbol{R}^{(N-1)}\end{cases}$$

上式由 N 个求解步骤组成，α_j 为相应第 j 步求解系数，这些步骤和系数，实际上是在时间步内通过分步计算以提高计算稳定性。系数 $\alpha_N=1$，其他系数根据求解问题适当选取，并且仅当 $\alpha_{N-1}=1/2$ 时，为二阶精度，否则为一阶精度。在本文的相关算例中，我们采用两步或四步龙格—库塔法。

四、网格及边界处理

由于发射平台、膛口装置及周围环境的不同，如何合理划分计算网格，是膛口流场计算的难点。对于复杂几何结构，常用的网格有结构化网格、非结构化网格及复合网格等。非结构化网格理论上能处理任意复杂结构，但其网格耗散性较大。结构化网格耗散性小，但并不能很好地处理复杂结构，网格生成耗时，甚至比求解问题本身所用的时间还要多。而复合网格结合了二者的优点，如基于流场特点进行分区，其中结构复杂的采

用非结构化网格，其他采用结构化网格。对于膛口流场，建议根据具体问题的需要，尽量采用结构化网格进行计算；若复杂结构并不能简化，可进行合理分区，采用复合网格法进行网格划分。网格划分可采用成熟的前处理软件，如 Gridgen，Gambit，ICEM 等。

网格处理的另外一个问题是网格变形，这主要是由弹丸的运动引起的，流场计算域随时间发生变化，如果网格数保持不变，弹丸周围的网格就会被压缩或拉伸，在跨度较大时，引发较大的误差。因此，计算域网格需要特殊处理，以保证计算所需的精度要求。常用的方法有叠加网格法、弹簧拉伸法、滑移网格法以及嵌套网格法等。下面简要介绍自编计算程序所用的处理方法，它采用两套网格，即背景网格和附着网格，前者是静止、固定的网格；后者是附着于弹丸的网格，用以调节网格的疏密程度。为便于说明，采用正交网格进行描述，如图 8-4 所示，弹丸前后较密的网格为附着网格，较粗的网格（包括附着网格和弹丸遮住的部分）为背景网格，粗线表示它们之间的交接面，如图 8-4（a）所示。计算时，被弹丸和附着网格遮住的部分背景网格，不参与运算。为避免背景网格和附着网格之间的插值所带来的误差，始终使背景网格和附着网格的交接面处于某列控制体的界面上，如图 8-4（b）所示，而附着网格的界面速度按某种分布给定。随着弹丸的运动，弹丸后方的附着网格变粗，而前方的附着网格变密；当附着网格的变化超过给定的设定值时，将对其进行重整，使附着网格疏密程度恢复到设定的范围内，以保证计算所要求的精度，如图 8-4（c）所示。重整时采用双线性插值（二维），此时，露出的背景网格（弹丸后方），其值将由附着网格的值插值而得，覆盖的部分（弹丸前方），将被重整于新的附着网格中。

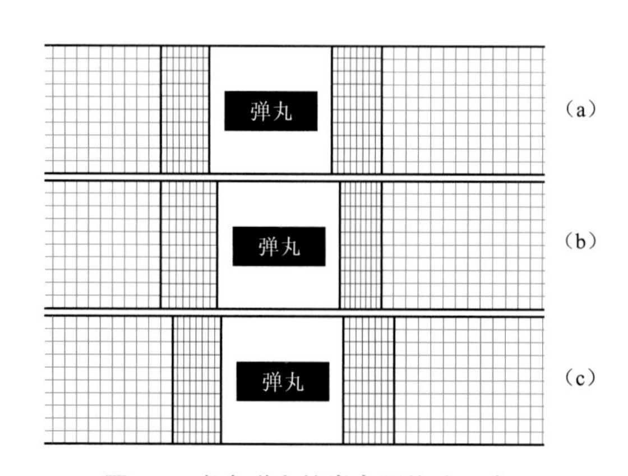

图 8-4　考虑弹丸的嵌套网格法示意图

（a）t_0；（b）t_1；（c）t_2

膛口流场计算域的边界条件主要包括固壁边界和出流边界。前者包含静止固壁条件（如炮管内外表面）和运动固壁（弹丸表面），假定它们均满足无穿透条件。后者（出流边界）的界面流量始终等于包含该界面的胞格流量，即只受内点值的影响。当静止固壁满足滑移条件时，其处理方法与轴对称条件的相同。对于静止固壁条件，当考虑黏性时，其边界法向和切向速度为0；当忽略黏性时，即为滑移边界，切向速度与包含该界面的胞格速度相同。对于运动固壁条件，当考虑黏性时，固壁速度与运动体速度一致；当忽略黏性时，切向速度与包含该界面的胞格速度相同。

第二节　膛口反应流计算

膛口反应流数值计算主要是模拟膛口焰的形成与传播机理，为膛口焰的抑制、武器改进与设计提供参考。基元反应和湍流是膛口焰（如二次焰、二次冲击波等）产生与发展的两个重要因素。本节主要介绍书中算例所涉及的多组分基元反应和湍流反应流的计算方法。由于反应流所用的离散方法、计算格式等与附录七和前一节介绍的非反应流相同，下面相应部分不再赘述。

一、多组分基元反应流计算

1. 基本方程

考虑化学反应，忽略外部体积力和热源，对于动网格，多组分反应流方程可写为

$$\frac{\partial}{\partial t}\iiint_{\Omega(t)} \boldsymbol{Q}\mathrm{d}\Omega + \oint_{\Gamma(t)} (\boldsymbol{F}_c^M - \boldsymbol{F}_v)\mathrm{d}\Gamma = \iiint_{\Omega(t)} \boldsymbol{W}\mathrm{d}\Omega \tag{8-9}$$

与附录七中的静止网格控制方程相比，除了对流项外，其他项均相同，这里只列出对流通量 $\boldsymbol{F}_c^M$，即

$$\boldsymbol{F}_c^M = \begin{bmatrix} \rho V_r \\ \rho u V_r + n_x p \\ \rho v V_r + n_y p \\ \rho w V_r + n_z p \\ (\rho e_t + p)V_r + v_{bn} p \\ \rho Y_1 V_r \\ \vdots \\ \rho Y_i V_r \\ \vdots \\ \rho Y_{N_s - 1} V_r \end{bmatrix}$$

方程（8-9）为ALE形式，其几何守恒律及其相关参量参见上一节非反应流基本方程及附录七。第六章已提到，对于一般基元反应，可表示为

$$\sum_{i=1}^{N_s} \nu_i A_i \underset{k_b}{\overset{k_f}{\rightleftharpoons}} \sum_{i=1}^{N_s} \nu'_i A_i$$

式中 ν_i，ν_i'——反应和生成 A_i 的反应计量系数。

由质量作用定律，组分 i 的反应速率 $\dot{\omega}_i$ 表示为

$$\dot{\omega}_i = \sum_{k=1}^{N_r} (\nu'_{ik} - \nu_{ik}) \left[k_{fk} \prod_{j=1}^{N_s} [X_j]^{\nu_{jk}} - k_{bk} \prod_{j=1}^{N_s} [X_j]^{\nu'_{jk}} \right]$$

式中 $[X_j]$——组分 j 的摩尔浓度；

N_s，N_r——分别表示组分总数和反应总数；

k_{fk}，k_{bk}——正、逆反应速率常数。

正、逆反应速率常数，由 Arrhenius 形式给出

$$k_{fk} = A_{fk} T^{b_k} \exp\left(-\frac{E_{ak}}{RT}\right), k_{bk} = \frac{k_{fk}}{K_c}$$

式中 A_{fk}——指前因子，其量纲与 k_{fk} 的一致；

E_{ak}——活化能；

b_k——温度指数常数；

R——普适气体常数；

K_c——平衡常数，对于气相反应，可由范特霍夫定律求得。

2. 数值方法

控制方程（8-9）描述了两个物理过程，即流体流动和化学反应。在大多数情况下，源项中的化学反应时间尺度相对于其相关联的流动来说要小得多，而且各基元反应的时间尺度亦不同，这将导致所谓的刚性问题。为处理这种刚性问题，这里采用时间算符分裂法（或称分步算法），这种方法广泛用于非定常反应流的计算，即将控制方程的求解分两步[26]：

第一步，不考虑化学反应对流动的影响，求解方程

$$\frac{\partial}{\partial t} \iiint_{\Omega(t)} \boldsymbol{Q} \mathrm{d}\Omega + \oiint_{\Gamma(t)} (\boldsymbol{F}_c^M - \boldsymbol{F}_v) \mathrm{d}\Gamma = 0 \tag{8-10}$$

第二步，不考虑流动对反应的影响，即在第一步解的基础上，求解方程

$$\frac{\partial}{\partial t} \iiint_{\Omega(t)} \boldsymbol{Q} \mathrm{d}\Omega = \iiint_{\Omega(t)} \boldsymbol{W} \mathrm{d}\Omega$$

上式进一步整理为

$$\frac{\partial Y_i}{\partial t} = \dot{\omega}_i, i = 1, \cdots, (N_s - 1); Y_{N_s} = 1 - \sum_{j=1}^{N_s-1} Y_j \tag{8-11}$$

即反应部分为常微分方程。

这样，对于流动方程（8-10），离散后根据前述的数值方法进行求解；对于反应方程（8-11），可通过常微分方程标准求解库进行计算。

二、多组分湍流反应流计算

对于包含湍流的膛口反应流计算，我们采用 k-ε 湍流模型，并假定气体为热理想气

体（Thermally Perfect Gas），即混合气体为热力学平衡，而反应为化学非平衡；对于二维情形，多组分 N-S 积分形式方程与式（8-9）的相同。对于守恒量 $\boldsymbol{Q}$、通量 $\boldsymbol{F}_v$、源项 $\boldsymbol{W}$，表示为

$$
\boldsymbol{Q}=\begin{bmatrix}\rho\\ \rho u\\ \rho v\\ \rho e_t\\ k\\ \varepsilon\\ \rho Y_1\\ \vdots\\ \rho Y_i\\ \vdots\\ \rho Y_{N_s-1}\end{bmatrix},\ \boldsymbol{F}_v=\begin{bmatrix}0\\ n_x\tau_{xx}+n_y\tau_{xy}\\ n_x\tau_{yx}+n_y\tau_{yy}\\ n_x\Theta_x+n_y\Theta_y\\ n_x\tau^k_{xx}+n_y\tau^k_{yy}\\ n_x\tau^\varepsilon_{xx}+n_y\tau^\varepsilon_{yy}\\ n_x\Phi_{x,1}+n_y\Phi_{y,1}\\ \vdots\\ n_x\Phi_{x,i}+n_y\Phi_{y,i}\\ \vdots\\ n_x\Phi_{x,N_s-1}+n_y\Phi_{y,N_s-1}\end{bmatrix},\ \boldsymbol{W}=\begin{bmatrix}0\\ 0\\ 0\\ 0\\ P-\rho\varepsilon\\ C_{\varepsilon1}P\dfrac{\varepsilon}{k}-C_{\varepsilon2}\rho\dfrac{\varepsilon^2}{k}\\ \dot{\omega}_1\\ \vdots\\ \dot{\omega}_i\\ \vdots\\ \dot{\omega}_{N_s-1}\end{bmatrix}
$$

式中　$\Phi_{x,i}=\rho D_{i,m}\dfrac{\partial Y_i}{\partial x}$，$\Phi_{y,i}=\rho D_{i,m}\dfrac{\partial Y_i}{\partial y}$；

$\rho D_{i,m}=\rho D^L_{i,m}+\dfrac{\mu_T}{Sc_T}$。

其中　$\mu=\mu_L+\mu_T$，$\kappa=\kappa_L+\kappa_T=\dfrac{\mu_L c_p}{Pr_L}+\dfrac{\mu_T c_p}{Pr_T}$；

$D^L_{i,m}$——组分 i 的扩散系数，若为单步反应，则各组分 $D_{i,m}$ 相同；

Sc_T——湍流施密特数；

P 和 μ_T 参见附录七。

对于湍流燃烧模型，采用旋涡耗散模型（Eddy Dissipation Model）[27]，并假定为单步反应，反应速率

$$\dot{\omega}_i=-A\rho\frac{\varepsilon}{k}Y_{\lim}=-A\rho\frac{\varepsilon}{k}\lim(Y^{\mathrm{fu}}_i,Y^{\mathrm{o}}_i,Y^{\mathrm{fu,b}}_i) \tag{8-12}$$

式中　fu 和 o——分别表示燃料和氧化剂；

Y_i——组分 i 的质量分数；

$Y^{\mathrm{fu,b}}_i$——已燃燃料的质量分数；

A——常数。

由于式（8-12）不能反映点火、熄火条件，引入以平均参数表示的 Arrehnius 燃烧速率公式，假定点火或熄灭的产生由 D_{ie} 所决定，总的燃烧速率方程为

$$\dot{\omega}_i=\begin{cases}0, & D_{ie}\geqslant D\\ -A\rho\dfrac{\varepsilon}{k}Y_{\lim}, & D_{ie}<D\end{cases}$$

式中　$D_{ie}=\dfrac{\tau_{ch}}{\tau_e}$；

$\tau_{ch}=A_{ch}\exp\left(\dfrac{E}{RT}\right)[\rho Y_i^{\mathrm{fu}}]^a[\rho Y_i^{\mathrm{o}}]^b$；

$\tau_e=\dfrac{k}{\varepsilon}$；

τ_{ch}和τ_e——分别表示基于化学动力学时间尺度和湍流旋涡混合时间尺度；

A_{ch}——频率因子；

E——活化能；

a，b——反应级数；

D——常数。

对于多组分湍流反应流的数值方法，与多组分基元反应的相同，即采用 AUSM+格式和显式时间格式，这里不再重复叙述。

第三节　气动脉冲噪声计算

关于膛口气流脉冲噪声的特点，在第五章做了系统的介绍，噪声的计算方法一般有直接法、混合法及工程相关的计算方法。因包含膛口流动与气流脉冲噪声的全流场（包括近、远场），计算量巨大，当前的计算能力还不足以进行直接模拟，因此，膛口气流脉冲噪声的计算以混合方法为主，这也是当前一段时间内最有潜力的实际解决方法之一。本节先介绍噪声场近场 CFD 计算所要求的高精度计算格式与边界条件，然后介绍噪声场远场的常用计算方法。而近场相关的 CFD 计算如大涡模拟（LES）、统计湍流模型（RANS）等，在附录七中已做了介绍，这里不再重复。

一、直接法

流动和声现象，都可以用 N-S 方程进行描述。此时，N-S 方程所描述的多尺度问题，除了包括湍流的最大、最小尺度外，还包括声波特征尺度。由于声波量级小，与数值计算产生误差量级相当，这对方程的求解提出苛刻要求。大量研究表明，声波的能量多数与大尺度流动相关联，因而可以与湍流计算相类似，采用大涡模拟，即大尺度直接模拟，小尺度过滤或模型化。目前，普遍采用的混合方法为大涡模拟与声方程联合求解：近场区域采用大涡模拟，远场声场采用声波方程求解。由于声波的脉动量小，具有无耗散、无色散传播特性，这要求具有高分辨率、高精度、低色散、低耗散特点。另外，计算边界的任何非物理反射波会对流场声波造成干扰而失真，如何保证边界的无反射条件也是极其重要的。

1. DRP 格式

描述流动与声现象的偏微分方程组（如 N-S 方程、Euler 方程等）通过离散（如差分法）获得的近似代数方程组，即离散方程，无论其原始偏微分方程有无色散，它在数学上总存在色散性。因此，CFD 中的计算格式不能直接用于声计算。如何使格式的耗散和色散误差最小化，是构建计算格式的关键。通常，高精度格式具有很好的低耗散性，但并不能保证低色散。DRP 格式的目的是使高精度格式的色散最小化。为便于理解及叙述方便，以一维波动方程为例：

$$\frac{\partial u}{\partial t}+c\frac{\partial u}{\partial x}=0$$

该方程包含了典型的时间和空间偏导数，下面为其构建空间项的 DRP 格式和时间项的低耗散低色散龙格—库塔法（LDDRK）[28]。

对于任意精度及其所需网格点数，一阶偏导数（空间项）的离散方程可写为

$$\frac{\partial u}{\partial x}\cong\frac{1}{\Delta x}\sum_{j=-N}^{N}a_j u(x+j\Delta x)$$

式中　Δx——网格间距；

a_j——常系数。

由傅里叶变换和移位定理（Shift Theorems），可得到该差分格式的波数

$$\bar{\alpha}=-\frac{-\mathrm{i}}{\Delta x}\sum_{j=-N}^{N}a_j\,\mathrm{e}^{\mathrm{i}j\alpha\Delta x} \tag{8-13}$$

式中　右边 α 为傅里叶变换变量或称波数。

对于 DRP 格式，其目的是使差分方程的波数 $\bar{\alpha}$ 无限接近变换波数 α，即在某个范围内$[-\eta,\ \eta]$，数值色散误差表示为

$$E=\int_{-\eta}^{\eta}\left|\lambda-2\sum_{j=1}^{N}a_j\sin(\lambda\cdot j)\right|^2\mathrm{d}\lambda;\quad \lambda=\alpha\Delta x \tag{8-14}$$

这样，给定格式构建的精度及其所需的网格点数，通过最小化色散误差 E 来确定格式中的常系数，从而构建高精度（空间项）DRP 计算格式。

对于时间项，假定其微分方程为

$$\frac{\partial u}{\partial t}=F(u) \tag{8-15}$$

式中　$F(u)$——u 的函数。

采用显式 p 阶步进算法[29]可得

$$u^{n+1}=u^n+\sum_{j=1}^{p}\underbrace{\prod\nolimits_{l=p-j+1}^{p}b_l}_{=\gamma_j}\Delta t^j\frac{\partial^j u^n}{\partial t^j}$$

式中　$b_p=1$；

　　p——步进算法的步数；

　　n——迭代次数。

假定 $F(u)$ 为线性函数，对式 u^{n+1} 进行傅里叶变换，可得放大系数

$$r=\frac{\widetilde{u}^{n+1}}{\widetilde{u}^{n}}=1+\sum_{j=1}^{p}\gamma_j(-\mathrm{i}\omega^*\Delta t)^j \tag{8-16}$$

$$r_e=\mathrm{e}^{-\mathrm{i}\omega^*\Delta t}=\mathrm{e}^{-\mathrm{i}\sigma}$$

式中　r——数值放大系数；

　　r_e——放大系数的精确值。

式（8-16）中的系数可与 r_e 的泰勒级数展开项相匹配而得到，这些系数决定了算法的精度。对于低耗散、低色散龙格—库塔法（LDDRK），其系数的确定通过以下假设实现，即，给定格式的精度；格式放大系数的误差最小化，也即格式的耗散和色散误差最小化；在给定的稳定性条件下，格式的放大系数小于 1。

2. 无反射边界条件

在气动噪声计算中，无反射边界条件法主要有特征线法、缓冲区法、辐射边界条件法（Radiation Boundary Condition）以及 PML 法（Perfectly Matched Layer）等。下面将介绍常用的特征线法和缓冲区法。

（1）特征线法

特征线通常为曲线（二维）或曲面（三维），特征线上的某些物理参数保持常数或者其导数为间断解，如 Euler 方程中雅可比矩阵的特征值表示波传播的速度与方向。所谓特征线法，就是利用特征线的这种特点来设置边界条件，使之仅有向外传播波而无反射或入射波。

以线性 Euler 方程（LEE）[30] 为例

$$\frac{\partial \boldsymbol{Q}}{\partial t}+\boldsymbol{A}\frac{\partial \boldsymbol{Q}}{\partial x}+\boldsymbol{B}\frac{\partial \boldsymbol{Q}}{\partial y}+\boldsymbol{C}\frac{\partial \boldsymbol{Q}}{\partial z}+\boldsymbol{D}\boldsymbol{Q}=0$$

式中

$$\boldsymbol{Q}=\begin{bmatrix}\rho'\\u'\\v'\\w'\\p'\end{bmatrix},\boldsymbol{A}=\begin{bmatrix}\overline{U}&\bar{\rho}&0&0&0\\0&\overline{U}&0&0&\frac{1}{\bar{\rho}}\\0&0&\overline{U}&0&0\\0&0&0&\overline{U}&0\\0&\gamma\overline{P}_0&0&0&\overline{U}\end{bmatrix},\boldsymbol{B}=\begin{bmatrix}0&0&\bar{\rho}&0&0\\0&0&0&0&0\\0&0&0&0&\frac{1}{\bar{\rho}}\\0&0&0&0&0\\0&0&k\overline{P}_0&0&0\end{bmatrix},$$

$$\boldsymbol{C}=\begin{bmatrix}0&0&\bar{\rho}&0&0\\0&0&0&0&0\\0&0&0&0&\dfrac{1}{\bar{\rho}}\\0&0&0&0&0\\0&0&0&k\overline{P}_0&0\end{bmatrix},\boldsymbol{D}=\begin{bmatrix}0&0&\dfrac{\mathrm{d}\bar{\rho}}{\mathrm{d}y}&0&0\\0&0&\dfrac{\mathrm{d}\overline{U}}{\mathrm{d}y}&0&0\\0&0&0&0&\dfrac{1}{\bar{\rho}}\\0&0&0&0&0\\0&0&0&k\overline{P}_0&0\end{bmatrix};$$

$\overline{U}$，$\bar{\rho}$，$\overline{P}_0$——分别表示声脉动对应的平均速度、密度和压力；

k——比热比。

若 $x=x_0$处为无反射出流条件，雅可比矩阵 $\boldsymbol{A}$ 按特征值的正负分裂为

$$\boldsymbol{A}=\boldsymbol{E\Lambda E}^{-1}=\boldsymbol{E\Lambda}^{+}\boldsymbol{E}^{-1}+\boldsymbol{E\Lambda}^{-}\boldsymbol{E}^{-1}$$

式中　$\boldsymbol{\Lambda}$——特征值矩阵；

$\boldsymbol{\Lambda}^{\pm}$——正、负特征值矩阵；

$\boldsymbol{E}$，$\boldsymbol{E}^{-1}$——分别表示左、右特征向量矩阵。

因无反射边界只有外传波，边界处需满足修正后的基本方程

$$\frac{\partial \boldsymbol{Q}}{\partial t}+\boldsymbol{A}^{+}\frac{\partial \boldsymbol{Q}}{\partial x}+\boldsymbol{B}\frac{\partial \boldsymbol{Q}}{\partial y}+\boldsymbol{C}\frac{\partial \boldsymbol{Q}}{\partial z}+\boldsymbol{DQ}=0$$

式中　$\boldsymbol{A}^{+}=\boldsymbol{E\Lambda}^{+}\boldsymbol{E}^{-1}$，即边界只有外传波，以保证边界无传入的波（$\boldsymbol{A}^{-}$表示存在传入波）。

特征线法适合于波的传播方向与边界垂直的情形，对于存在夹角的传播波，并不能很好地保持无反射性。

（2）缓冲区法

为消除计算边界的反射现象，在计算域或原边界外围增加所谓的缓冲区，外传弱扰动在缓冲区内逐渐衰减，在到达缓冲区边界后，其反射最小化。这种缓冲区亦称海绵区（Sponge Zone）、吸收区（Absorbing Zones）、开放区（Exit Zones）等。通常，在缓冲区内，计算方程中引入阻尼项，如

$$\frac{\partial \boldsymbol{Q}}{\partial t}+\frac{\partial \boldsymbol{E}_j}{\partial x_j}=\frac{\partial \boldsymbol{F}_j}{\partial x_j}-\sigma_0\xi^2(\boldsymbol{Q}-\boldsymbol{Q}^{*})$$

式中　σ_0——缓冲系数；

$\boldsymbol{Q}^{*}$——目标状态；

ξ——与缓冲区起始点之间的距离，为量纲为 1 的量（$0\leqslant\xi\leqslant1$）。

缓冲区法中 σ_0的取值恰当与否是关键，如取值太大，可能在缓冲区的起始部分就发生反射；取值太小，又不利于弱扰动的快速衰减。另外，为使扰动在缓冲区内的反射最小化和计算稳定，缓冲区的数值解甚至可以是非物理解。

二、混合方法

声远场的计算是基于一些简化假设，本节重点介绍 Kirchhoff 方程、FW-H 方程。

1. Kirchhoff 方程

在气动声学中，压力可表示为平均压力与脉动声压之和，即 $p'=p-p_0$。在静止介质中，声压方程可由动量方程和连续性方程，通过线性化得到

$$4\pi p'(\boldsymbol{x},t)=\int_S\left(\frac{p'}{r^2}\frac{\partial r}{\partial \boldsymbol{n}}-\frac{1}{r}\frac{\partial p'}{\partial \boldsymbol{n}}+\frac{1}{a_0 r}\frac{\partial r}{\partial \boldsymbol{n}}\frac{\partial p'}{\partial \tau}\right)\mathrm{d}S \tag{8-17}$$

式中 $r=|\boldsymbol{x}-\boldsymbol{y}|$，表示声源与观测者之间的距离；

$\tau=t-\dfrac{r}{a_0}$，称为延迟时间（Retarded Time）；

a_0——声速；

S——Kirchhoff 面，为封闭曲面；

$\boldsymbol{n}$——Kirchhoff 面的外法线方向。

当采用 Kirchhoff 混合法计算声场时，封闭面内部为非线性流动区域，外部计算域为待求声场。内部流动区域可采用 CFD 进行计算，并记录该面上的压力随时间的分布信息。封闭面外部声场则采用方程（8-17）进行计算，并以该面上声变量分布数据（由 CFD 计算获得）作为边界条件。

如果封闭面以亚声速运动，则声压方程可写为[28]

$$4\pi p'(\boldsymbol{x},t)=\int_{S_1}\left[\frac{p'}{r_1^2}\frac{\partial r_1}{\partial \boldsymbol{n}_1}-\frac{1}{r_1}\frac{\partial p'}{\partial \boldsymbol{n}_1}+\frac{1}{a_0 r_1\beta^2}\frac{\partial p'}{\partial \tau}\left(\frac{\partial r_1}{\partial \boldsymbol{n}_1}-Ma_0\frac{\partial x_1}{\partial \boldsymbol{n}_1}\right)\right]\mathrm{d}S_1 \tag{8-18}$$

式中 $x_1=x$，$y_1=\beta y$，$z_1=\beta z$；

$r_1=\{(x-x')^2+\beta[(y-y')^2+(z-z')^2]\}^{1/2}$，其中 $\beta=(1-Ma_0^2)^{1/2}$，Ma_0 为来流马赫数，(x', y', z') 为声源所在位置；

$\tau=\dfrac{r_1-Ma_0(x-x')}{a_0\beta^2}$。

当 Ma_0 为 0 时，方程（8-17）与方程（8-18）相同。如果封闭面以超声速运动，方程可写为

$$4\pi p'(\boldsymbol{x},t)=\int_{S_1}\left[\frac{p'}{r_1^2}\frac{\partial r_1}{\partial \boldsymbol{n}_1}-\frac{1}{r_1}\frac{\partial p'}{\partial \boldsymbol{n}_1}+\frac{1}{a_0 r_1\beta^2}\frac{\partial p'}{\partial \tau}\left(\pm\frac{\partial r_1}{\partial \boldsymbol{n}_1}-Ma_0\frac{\partial x_1}{\partial \boldsymbol{n}_1}\right)\right]\tau^{\pm}\mathrm{d}S_1$$

式中 $\tau^{\pm}=[\pm r_1-Ma_0(x-x')]/a_0B^2$，$B=(Ma_0^2-1)^{0.5}$。

2. FW-H 方程

FW-H 方程由 J. Fowcs-Williams 和 D. Hawkings[16] 于 1969 年运用广义函数理论，结合 N-S 方程重新整理导出。FW-H 方程本质上为非齐次波动方程。

假定有一封闭的运动曲面 S，表示为 $f(\boldsymbol{x}, t)=0$。若 $f>0$，表示封闭面 S 外部区域；若 $f<0$，表示封闭面 S 内部区域。假定该面上的点以速度 $\boldsymbol{v}(\boldsymbol{x}, t)$ 运动，并引进

Heaviside 函数 $H(f)$：

$$H(f)=\begin{cases}1, & f>0 \\ 0, & f<0\end{cases}$$

与 Lighthill 方程的推导类似，连续性方程和动量方程两边同乘以 $H(f)$，可得

$$\frac{\partial}{\partial t}(H\rho')+\frac{\partial}{\partial x_i}(H\rho u_i)=[\rho(u_i-v_i)+\rho_0 v_i]\frac{\partial H}{\partial x_i}$$

$$\frac{\partial}{\partial t}(H\rho u_i)+\frac{\partial}{\partial x_j}(H\rho u_i u_j+p'\delta_{ij}-\tau_{ij})=[p'\delta_{ij}-\tau_{ij}+\rho u_i(u_j-v_j)]\frac{\partial H}{\partial x_j}$$

式中　$\rho'=\rho-\rho_0$，表示流体密度的脉动量；

下标 0 表示周围外界大气条件下的参量；

τ_{ij} 为黏性应力张量。

由上两式进一步整理，并消除 $H\rho u_i$，可得 FW-H 方程

$$\left(\frac{1}{a_0^2}\frac{\partial^2}{\partial t^2}-\nabla^2\right)(Ha_0^2\rho')=\frac{\partial^2(H\tau_{ij})}{\partial x_i\partial x_j}-\frac{\partial}{\partial x_i}\left\{[\rho u_i(u_j-v_j)+p'\delta_{ij}-\tau_{ij}]\frac{\partial H}{\partial x_j}(f)\right\}+$$

$$\frac{\partial}{\partial t}\left\{[\rho(u_j-v_j)+\rho_0 v_j]\frac{\partial H}{\partial x_j}(f)\right\}$$

该方程在整个计算空间均适用，结合格林函数，可进一步写成积分形式

$$4\pi Ha_0^2\rho'=\frac{\partial^2}{\partial x_i\partial x_j}\int_V[\tau_{ij}]\frac{\mathrm{d}^3 y}{r}-$$

$$\frac{\partial}{\partial x_i}\oint_S[\rho v_i(u_j-v_j)+p'_{ij}]\frac{\mathrm{dS}_j(y)}{r}-$$

$$\frac{\partial}{\partial t_i}\oint_S[\rho(u_j-v_j)+\rho_0 v_j]\frac{\mathrm{dS}_j(y)}{r}$$

方程中，面积分表示单极子和偶极子声源，而体积分为四极子声源。当运动曲面速度为 0 时，FW-H 方程与 Kirchhoff 方程相同。

相比于 Kirchhoff 法，FW-H 方法有较多优势，不再受限于线性、无黏的波动方程，且 FW-H 积分面可以放在流动区域中的任何地方，即使在非线性流动区域中，其结论也成立。而 Kirchhoff 法积分面外部空间必须为线性区域，也就是说，同一个非线性流动噪声问题，采用 Kirchhoff 法所需的计算域大于 FW-H 方程的。

除了上述两种方法外，声场计算还有 Lighthill 声学模拟、Curle 方程、线性 Euler 方程（LEE)、Phillips 方程等，感兴趣的读者可以进一步参阅相关文献。

混合方法中的流动部分的计算可采用 DNS 和 LES，某些复杂算例还可以采用 RANS 方程，甚至 Euler 方程，也即流动部分数值方法的选择与研究的问题及要求有关。关于气流脉冲噪声的计算、计算格式和声计算方法，目前还没有一种方法能完全解决所有的气流脉冲噪声问题。本节只是简要介绍本书算例所涉及的气流脉冲噪声计算方法，这些内容只是气动噪声领域里的一部分，更系统、详细的介绍可参阅相关专著。

本章对膛口流场的常用计算方法进行了系统介绍，包括计算格式、多组分反应流、湍流及气动噪声模拟等。采用这些方法，并结合膛口流场的主要研究内容及其性质与应用特点，我们开发了相应的程序代码，并用于一些典型的、计算要求较高的计算实例；同时，也采用成熟的商用软件 Ansys Fluent 用于几何结构尤为复杂、含湍流燃烧及气流脉冲噪声相关的应用实例。膛口流场的数值计算是随着 CFD/CAA 以及计算机技术与武器需要而不断发展的，本章所介绍的内容是我们对当前膛口流场数值方法的工作总结。

第九章　膛口制退器优化设计

概　　述

膛口制退器，作为一种有效的降低后坐力技术正被越来越多的武器所采用。然而，由于加剧了射手区域冲击波、噪声的危害，大大限制了膛口制退器效率的提高。于是，武器设计与使用提出了在满足制退效率的前提下保证炮手区域冲击波符合安全标准的问题，即膛口制退器优化设计问题。

一、膛口制退器优化设计概念

长期以来，一种观点限制了人们的思想。即，同一内弹道条件的火炮，无论膛口制退器的结构有何区别，只要制退效率相同，膛口冲击波场分布规律也相同。换句话说，在膛口制退器效率确定后，膛口冲击波场分布也就唯一地确定了。据此，优化设计理论不能成立。

在第四章，我们利用大量实验结果和理论分析已经证明：膛口制退器效率与超压场的分布不存在唯一对应关系，因此，对效率与冲击波分布进行优化设计是可行的。

膛口制退器优化设计问题是有约束的最优化问题。20 世纪 70 年代以来，随着 CAD 技术的发展，有约束最优化理论方法逐渐成熟。当我们在 20 世纪 80 年代初期进行膛口制退器优化设计研究时，还只是采用了直接方法中的“网格法”，它是一种穷举方法，简单而一目了然，但费机时。到 20 世纪 80 年代后期进行该项研究时，有了效率较高的方法，例如正交计算设计法和增广乘子法（PHR 方法）等，进行了程序设计与试验，取得了一定效果。

本章简单介绍优化设计的思路。近年来，优化设计技术更加普及，如与流场数值计算程序结合使用，必将使膛口制退器优化设计工作更加有效。

二、膛口制退器传统设计方法

1. 传统的膛口制退器设计方法

① 在火炮总体设计时，根据威力、全炮受力与战斗全重的要求，提出膛口制退器效率 η_T 指标。

② 根据膛口制退器效率指标，设计膛口制退器结构（一个或几个方案），并加工为原型制退器。

③ 在弹道炮试验中测量效率及几个炮手位置的冲击波超压 Δp，根据测量结果决定方案的修改、取舍或反复，直到满足总体要求及国军标（人员安全标准）为止。

这种设计方法可以概括为三个步骤，如图 9-1 所示。

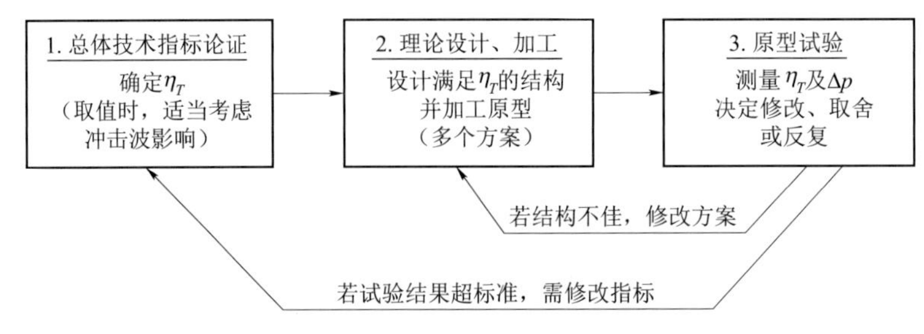

图 9-1　传统设计方法的步骤

2. 膛口制退器传统设计方法的缺点

① 未将炮手区超压值作为与制退效率并重的总体设计指标，实际上效率是硬指标，超压是软指标。技术设计中，也不考虑（因无法定量计算）冲击波分布的问题。弹道炮试验中，几个孤立点的冲击波超压值不能正确、完整地反映实际火炮膛口制退器冲击波的分布及对炮手、装备的真正影响。因此，给火炮设计的后期工作甚至设计定型遗留隐患，以致返工。

② 很难得到最优化的膛口制退器设计方案。所谓最优化方案，是指在炮手区冲击波超压不超过人员（或带一定防护器材）安全标准时，膛口制退器效率最大的方案；或者，在保证给定膛口制退器效率时，炮手区冲击波超压分布最合理的方案。利用传统的设计方法，即使采用多方案比较，也很难获得最优化结果。

③ 设计过程以原型试验为主，人力、财力及时间耗费比较大。尤其是大口径火炮自由后坐试验的反复实施，难度更大。

3. 优化设计的可能性

膛口制退器优化设计可能性问题的提法等同于：膛口制退器效率一定时，膛口冲击波超压减小的可能性问题。通过大量的实验发现：膛口制退器效率与超压场的分布不存在唯一对应关系，并且用实验与理论证明在保证一定效率的前提下，可以通过合理选择结构参数，获得冲击波超压的最优分布，使我们关心的区域的超压最小，从而为膛口制退器优化设计奠定了理论基础。20 世纪 80 年代，美国 BRL 通过实验研究冲击钣式制退器的效率与冲击波超压随间距的变化关系时，发现了两者规律的不一致，也提出了膛口制退器优化设计的问题。之后，多篇关于膛口制退器优化设计文章在国际弹道会议上发表[31]。这表明，通过膛口制退器结构的优化设计途径解决效率与冲击波的矛盾已引起广泛的重视。

4. 优化设计的难点

膛口制退器效率一定时，膛口冲击波超压减小的可能性与减小途径的研究紧密联系着。在理论上存在一个膛口冲击波减小的最大限度问题。

膛口制退器效率一定时，炮手区冲击波超压 Δp_A 的减小是有限度的，不是无限的。这是因为，膛口制退器是一定效率的能量转换器，一方面，将火药燃气内能转换为向侧后方膨胀的机械能并提供一个向前的反作用力；另一方面，流出的火药燃气又以冲击波、声、光、热能的形式向外传播。而且，效率越高，气流向后的角度越大，冲击波最大超压的方向也越向后，后方冲击波超压也越大。影响优化设计的因素如下：

（1）膛口制退器效率 η_T（或结构特征量 α）

显然，效率越低的火炮，其可能的最大冲击波超压 Δp_A 越小。图 9-2 绘出了各种不同效率 η_T（或 α）时膛口装置的 Δp_A 曲线。由上、下两条曲线围成：$(\Delta p_A)_{\min}$ 表示不同 α 时 Δp_A 减小的最小理论值（无限膨胀 $K=1.667$）。以 37 mm 弹道炮为例，用改变冲击波场分布的方法获得的 $(\Delta p_A)_{\min}$ 理论值为：$\alpha=-0.1$ 时，$(\Delta p_A)_{\min}=9.97$ kPa；$\alpha=0.3$ 时，$(\Delta p_A)_{\min}=7$ kPa；$\alpha=1$（无膛口制退器）时，实测的 $\Delta p_A=4$ kPa 等。显然，$(\Delta p_A)_{\min}$ 取决于对减小冲击波规律的认识和减小途径的实现程度，如果利用冲击波形成机理减小冲击波可以实现，则 $(\Delta p_A)_{\min}$ 可能更低。上面的一条曲线 $(\Delta p_A)_{\max}$，表示膛口制退器结构最差时 Δp_A 为最大，当 $\psi=180°$ 时，即属于这种情况。在一般的结构情况下，膛口制退器均处在两曲线之间。

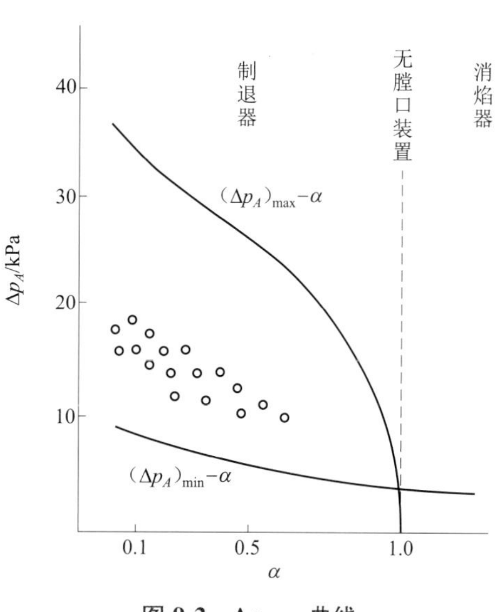

图 9-2　Δp_A-α 曲线

从图 9-2 可见，$(\Delta p_A)_{\min}$ 随 α 的减小（η_T 的增加）而增加。因此，为了保证 Δp_A 在规定的允许标准以下，效率越高的膛口制退器，选择合理的结构就越困难。

（2）火炮弹道条件的影响

结构特征量 α 相同的膛口制退器，用于不同弹道条件的火炮时，效率 η_T 不同。ω/q 越大时，η_T 越高。一般火炮的 ω/q 在 0.1～0.4 之间，α 相同时，η_T 因之变化的幅度在 1～1.8 倍之间。

弹道条件对超压 Δp_A 的影响主要是装药量 ω 及身管长度。前者对 Δp_A 的影响十分显著，一般，ω 越大的火炮，其剩余能量也越大，因此 Δp_A 越大。而身管长度则决定了膛口中心距炮手位置的距离 R_A 及夹角 φ_A，所以，大口径加榴炮及榴弹炮由于同时具备以上两个不利因素（ω/q 不大，而 ω 很大，身管很短），虽然膛口制退器效率不高，但冲击波危害也非常突出，部队反映强烈的 66 式 152 mm 加榴炮就是其中的一个。

（3）原膛口制退器结构的优劣程度

减小冲击波危害的内容之一是对已装备火炮的制退器进行改进。这个工作的成效大小往往与原膛口制退器结构的优劣程度密切相关。

由于目前装备火炮的设计年代前后相差很大，对膛口制退器减小冲击波问题的重视与解决程度也各不相同。一般地讲，后期定型的火炮优于早期，从模拟试验结果看，它们在图 9-2 曲线的下方。对于那些结构不佳的膛口制退器，在改进时，减小 Δp_A 的幅度相对就大些；而对于结构较好的膛口制退器，在改进时，减小 Δp_A 的幅度则相对小些，这是显而易见的。

总之，在估计减小冲击波超压的可能限度时，必须考虑膛口制退器效率、火炮弹道条件及原制退器优劣程度等因素。对于效率较高、装药量较大、身管较短及原制退器较好，但同时往往是冲击波危害又较严重的火炮，尤其需要做特殊的努力才能奏效。只有这样，在提出设计与改进的膛口制退器效率与冲击波超压指标时，才能建立在既有先进性又有现实可能性的科学基础之上。

第一节　膛口制退器优化设计内容

一、优化设计所需的理论与实验基础

用优化设计方法寻找最佳方案是建立在较为准确的设计计算理论、方法、程序和实验基础上的。前几章已介绍了相关内容。因此，上述条件已具备。

1. 建立了膛口制退器及膛口冲击波理论与计算方法

① 后效期炮膛流空过程的膛内参数（压力、温度、密度、气流速度）分布规律的数值方法；

② 火药燃气作用系数 β 的数值计算及理论计算方法；

③ 膛口制退器受力与效率 η_T 的理论与数值计算方法；

④ 带膛口制退器的膛口冲击波场的理论与数值计算方法。

2. 建立了膛口制退器效率及膛口冲击波相似律和模拟实验系统

这个相似律是用实验分析、理论公式与量纲分析相结合的方法导出的。它不以严格的弹道相似为必要条件，因此，不需要像现有的相似律和模拟实验那样，需用专门设计、加工及严格的弹、药相似条件保证的模拟火炮，极大地扩展了模拟火炮的适用范围。采用小口径模拟火炮对各类中、大口径火炮的膛口制退器进行效率与膛口冲击波场的模拟实验研究，可以较为方便、准确地将模拟实验结果放大、推广到原型火炮上去，从而大大缩减了膛口制退器设计、研制周期与经费。

为了提供膛口制退器模拟实验结果，建立了模拟火炮测量系统，包括：小口径火炮自由后坐台、膛口冲击波超压试验场以及膛口压力、自由后坐速度及多点冲击波测量系统。

二、正交计算与增广乘子优化设计方法

以膛口制退器效率和炮手区膛口冲击波超压作为极小目标函数的膛口制退器设计问题是有约束双参数最优化问题。分别采用正交计算设计法及增广乘子法完成膛口制退器优化设计。

正交设计法是用一个数学模型来模拟正交试验，也就是所谓正交计算设计。20 世纪 60 年代开始的正交试验法是在正交表的基础上建立起来的，因为正交表具有正交性，所以，正交试验可以用较少的试验次数，取得较好的优化结果。一般来说，它的效率要比其他的优化方法高得多。由于采用数学计算来模拟试验以及正交试验的快速性，正交设计既节资，又省时，仅需做少量试验来验证模型的准确性，所以，正交设计计算法是一种可取的实用优化方法，得到了日益广泛的应用。

增广乘子法又称为 PHR 方法，它是由 Powell 与 Hestenes 于 1969 年彼此独立地对等式约束问题提出的，Rockafellar 于 1973 年将其推广到不等式约束情形。后来经过很多数学家与实际工作者的努力，不仅从理论上加以总结提高，而且还积累了不少计算经验，使这种方法日趋完善。

用两种优化设计方法首先对空间某点 A（代表炮手位置），对膛口制退器出口气流参数 $[\sigma, \psi, \lambda_0(K_0), \lambda_1(K_1)]$ 进行优化计算。同时，引入了“区域优化”的概念，使冲击波超压在所关心的炮手区域上分布合理，并设计了权衡法进行区域优化。最后，试验了结构优化方法，即将优化计算的气流参数落实在给定的结构图上，从而完成了膛口制退器结构的优化设计问题。编制的系统 CAD 软件可以一次完成以上的设计步骤并绘出结构示意图。

三、膛口制退器优化设计的两类问题

第一类问题：在保证炮手区域的膛口冲击波超压符合安全标准的条件下，设计效率最高的膛口制退器，即

$$\begin{cases}\Delta p_0=\Delta p\left[\lambda_0,\lambda_1(i),\sigma(i),\psi(i),R,\varphi,\cdots\right]\\ \eta_T=(\eta_T)_{\max}\left[\lambda_0,\lambda_1(i),\sigma(i),\psi(i),\cdots\right]\end{cases}\tag{9-1}$$

式中 Δp_0——人员承受膛口冲击波的允许超压。

第二类问题：在保证效率指标的条件下，设计炮手位置膛口冲击波超压最小的膛口制退器，即

$$\begin{cases}(\eta_T)_0=\eta_T\left[\lambda_0,\lambda_1(i),\sigma(i),\psi(i),\cdots\right]\\ \Delta p_0=\Delta p_{\min}\left[\lambda_0,\lambda_1(i),\sigma(i),\psi(i),R,\psi,\cdots\right]\end{cases}\tag{9-2}$$

式中 $(\eta_T)_0$——总体设计效率指标。

第二节 膛口制退器相似律及模拟实验方法

一、膛口制退器相似律

从前面的分析可以看出，由于带膛口制退器膛口流场的复杂性，物理与数学模型难以准确列出，理论计算不能完全满足工程设计要求，实验就成了膛口制退器设计过程中一个不可缺少的步骤。

1. 相似律的一般概念

在流体力学研究中，广泛采用模型乃至原型实验，以补充或修正计算的偏差。这种实验方法的理论基础是基于量纲理论的相似律。目的是建立模型与原型实验间的物理量关系。相似律中的物理相似条件包括：几何相似，即模型与原型的几何形状相似，对应的长度成比例；同类物理量（运动参数及动力参数）各自成比例。由此得到一系列相似条件，如：

几何相似：$\dfrac{L_1}{L_1'}=\dfrac{L_2}{L_2'}=\cdots=C_L$

速度相似：$\dfrac{\overline{V_1}}{\overline{V_1'}}=\dfrac{\overline{V_2}}{\overline{V_2'}}=\cdots=C_V$

力相似：$\dfrac{F_1}{F_1'}=\dfrac{F_2}{F_2'}=\cdots=C_F$

…

这些量纲为 1 的相似常数 C_L，C_V，C_F，…之间可以根据量纲理论及 π 定理组成若干个新的组合参数，称为相似准则或相似判据。例如：黏性流体中，雷诺数 $Re=\dfrac{\text{惯性力}}{\text{黏性力}}=\dfrac{\rho l V}{\mu}$就是具有黏性作用的物理相似判据。在可压缩流体中，马赫数 $Ma=\dfrac{V}{a}$是具有弹性作用的物理相似判据等。应用相似律考察模型与原型两个系统，研究用什么样的实验方法，满足什么条件可以保证二者的物理相似。由于两个物理相似系统具有相同的方程

$$F(L_i,V_i,p_i,T_i,\cdots)=0$$

应用量纲分析的 π 定理，可将方程中的参数用少量相似判据或相似准则 π_i 替代而加以简化为

$$F(\pi_1,\pi_2,\cdots)=0$$

两个系统只要相应的 π_i 相等，则相似。

因此，用模型实验代替原型实验的主要工作就是求出数量尽量少，又便于实验的相似判据 π_i，然后，利用 π_i 关系式推广到原型实验结果中去。但是，正如下面将要看到

的，保证两个系统完全相似所需满足的 π_i 数量是极多的，实现它的困难往往很大，有的甚至不可能。于是，在模型实验中如何突出主要因素、删去次要因素，减小 π_i 数量就成了相似率建立的关键。

2. 几种膛口制退器相似律

（1）膛口制退器效率相似律

李伟如[32]以膛口制退器冲量 I 为相似目标，用 π 定理导出了相似条件

$$I=p_g^{0.5}\rho_g^{0.5}d^3 f(\pi_1,\pi_2,\cdots)$$

其中，π_1，π_2，…是膛口制退器几何尺寸相似参数。当两个制退器几何相似时

$$I_2=kI_1$$

而

$$k=\frac{p_{g2}^{0.5}\rho_{g2}^{0.5}d_2^3}{p_{g1}^{0.5}\rho_{g1}^{0.5}d_1^3}$$

（2）无膛口制退器的膛口冲击波场相似律

P. Westine[33]分析了影响膛口冲击波场的主要指标（超压 Δp、作用时间 T、到达时间 τ）的各种参数并将其组合为 8 个量纲为 1 的参数：

$$\pi_1\left(\frac{l}{d}\right),\pi_2\left(\frac{L}{d}\right),\pi_3\left(\frac{h}{d}\right),\pi_4\left(\frac{H}{d}\right),\pi_5(\theta),\pi_6(\alpha),\pi_7\left(\frac{p_0d^3}{W}\right),\pi_8(\gamma_0)$$

忽略次要因素，得到简化形式的膛口冲击波场相似关系式：

$$\frac{\Delta p d^2 l}{W}=F\left(\frac{L}{d},\ \theta,\ \alpha\right)$$

用该式对不同类型及各种口径的火炮的超压试验结果进行整理，证明相似关系较好。

（3）膛口制退器效率、冲击波场及应力（应变）相似律

L. Pater[34]分析了用 40 mm 的模型膛口制退器模拟原型膛口制退器的效率、冲击波场及应力、应变问题，共组成了 43 个相似参数 π_i 及其关系式：

$$\begin{bmatrix}\dfrac{I}{F_Bt}\\ \dfrac{M}{F_Bt}\\ \vdots\\ \dfrac{P_{\max}C^2}{F_B}\\ \vdots\\ \dfrac{T}{t}\\ \vdots\\ \varepsilon\end{bmatrix}=F(\pi_1,\pi_2,\cdots,\pi_{43})$$

L. Pater 用一门 40 mm 自由后坐火炮按照以上关系式模拟了 105 mm 榴弹炮。

二、推荐的膛口制退器相似律

对现有方法的分析可以看出：

第一，带膛口制退器时的相似参数十分复杂，给模型实验带来极大困难。作为一种工程方法，难以推广应用。因此，本书采用分别建立效率与冲击波场相似律的简化方法。

第二，建立膛口制退器相似律的主要困难是建立后效期膛口气流参数的相似准则，用综合参数 β 合理回避了大量气流参数的逐一相似难题。

采用理论方程、经验分析与量纲分析相结合的方法，得出下面的两个相似律。

1. 本书推荐的膛口制退器效率相似律

影响膛口制退器效率的因素为

$$\eta_T = f(q, \omega, d, v_0, k, p_g, \rho_g, g, Re, \lambda, l_i, \cdots, \psi_j, \cdots) \tag{9-3}$$

式中 λ——热传导系数；

$l_i (i=1, 2, \cdots)$，$\psi_j (j=1, 2, \cdots)$——膛口制退器长度与角度尺寸。

为了简化式（9-3），进行以下分析：

因

$$\eta_T = f\left(\frac{\omega}{q}, \beta, \alpha\right) \tag{9-4}$$

将式（9-3）与式（9-4）比较，可以分析出

$$\beta = \beta(d, v_0, k, p_g, \rho_g, g, R_e, \lambda)$$

又有

$$\alpha = \alpha(l_1, l_2, \cdots, \psi_1, \psi_2, \cdots, d)$$

利用量纲分析方法，很容易得出量纲为 1 的形式

$$\alpha = \alpha(\pi_1, \pi_2, \cdots) \tag{9-5}$$

式中 $\pi_1 = \dfrac{l_1}{d}$，$\pi_2 = \dfrac{l_2}{d}$，…，$\pi_j = \psi_j$，…

于是式（9-4）可简化为

$$\eta_T = f_1\left(\frac{\omega}{q}, \beta\right)\alpha(\pi_i) \quad (i=1,2,\cdots) \tag{9-6}$$

这就是膛口制退器相似律。

其中 β 及 η_T 可以通过自由后坐实验准确地测量。

$$\left.\begin{aligned} \beta &= \frac{M_0 W_m}{\omega v_0} - \frac{q}{\omega} \\ \eta_T &= 1 - \frac{W_T^2}{W_m^2} \end{aligned}\right\} \tag{9-7}$$

式中，弹丸质量 q、装药量 ω 及后坐部分质量 M_0 为已知；自由后坐速度 W_m，W_T 及初速 v_0 由测量得到。

这就避免了对于 β 的相似模拟的困难。

式（9-6）说明，结构几何相似，火药燃气作用系数 β，ω 及 q 已知的两种火炮及膛口制退器可以较为严格地进行相似模拟。

2. 本书推荐的膛口制退器冲击波场相似律

（1）无膛口制退器的膛口冲击波相似律

本书简化了 A. Merlen[35] 的相似条件。无膛口制退器的实验与理论研究表明，对于不考虑初始流场、反射、绕射及化学反应影响的中、远场，决定膛口冲击波场相似条件的物理参数为：

外界空气参数：k_∞，V_∞，ρ_∞，p_∞

膛口火药燃气射流参数：k_g，M_g，d

$$E = a_g p_g d^2 \text{（出口气流能量参数）}$$

$$m = (p_g / a_g) d^2 \text{（出口气流质量参数）}$$

于是　　$\Delta p = f(k_\infty, V_\infty, \rho_\infty, k_g, M_g, d, E, m, d^2, R, \theta, t, k)$

因此，两门火炮的冲击波场相似的条件是

$$\left.\begin{aligned} & k_\infty = k'_\infty, M_\infty = M'_\infty, k_g = k'_g, \\ & M_g = M'_g, \xi = \xi', \frac{a_\infty^2}{a_g^2} = \frac{a'^2_\infty}{a'^2_g} \end{aligned}\right\}$$

式中　$\xi = \left(\dfrac{p_\infty}{p_g}\right)^{\frac{1}{2}} \left(\dfrac{a_\infty}{a_g}\right)^{\frac{1}{2}}$。

分析试验规律可以看出，量纲为 1 的温度 T_∞ / T_g 的变化对冲击波的影响不敏感，可以忽略。于是，得到无膛口制退器的膛口冲击波在中、远场自由空间的相似律为

$$\xi \frac{R}{d} = H\left[k_\infty, k_g, \xi \frac{R}{d}, \xi \frac{a_\infty t}{d}, \theta\right] \tag{9-8}$$

（2）带膛口制退器的膛口冲击波相似律

具有几何相似的膛口制退器，在火炮冲击波场物理相似的其他条件成立时，其膛口冲击波场也相似。于是，得带膛口制退器的膛口冲击波相似律为

$$\xi \frac{R}{d} = F\left[k_\infty, k_g, \xi \frac{R}{d}, \xi \frac{a_\infty t}{d}, \theta, \frac{l_1}{d}, \frac{l_2}{d}, \cdots, \psi_1, \psi_2, \cdots\right] \tag{9-9}$$

式中　l_1，l_2，…——膛口制退器线性尺寸；

ψ_1，ψ_2，…——膛口制退器角度尺寸；

t——时间，以弹丸出膛口为零点。

这样，凡几何相似的膛口制退器，其弹道参数 p_g，a_g 已知，可由式（9-9）的相似律建立中、远场自由空间的膛口冲击波相似。当一个模拟膛口制退器的冲击波场实验规律已知时，可用式（9-9）推算出任意口径火炮、膛口制退器为几何相似的膛口冲击波场规律。

三、膛口制退器效率及冲击波场模拟实验方法

为了用小口径试验火炮对模型膛口制退器进行实验研究，并且方便地将研究结果推广到大、中口径火炮的原型膛口制退器上去，根据本研究建立的膛口制退器效率及膛口冲击波相似律所需保证的条件，建立了一套模拟实验设备和测量仪器，包括：

——小口径模拟试验火炮；

——膛口制退器效率及火药燃气作用系数 β 的测量设备；

——自由后坐试验台及仪器；

——膛口冲击波场测量系统。

1. 小口径模拟试验火炮

(1) 23-1 航空炮

弹道参数如下：$d=23$ mm，旋转稳定弹，$q=199$ g，$\omega=33$ g，$v_0=690$ m/s，$W_0=39.7$ cm^3，$\Delta=0.83$ g/cm^3，$p_m=280$ MPa，$p_g=31$ MPa，$T_g=1\ 640$ K。

该火炮的弹道特点属加榴炮类型，弹道参数居中间，便于模拟榴弹炮及加农炮。该炮口径适中，弹道稳定，经济性好，可在室内靶道进行全部模拟试验，有利于缩短试验周期，提高研制效率。

(2) 25 mm 滑膛弹道炮

弹道参数如下：$d=25$ mm，滑膛尾翼稳定弹，$q=92$ g，$\omega=85$ g，$v_0=1\ 450$ m/s，$p_m=500$ MPa。可根据原型火炮要求，调整装药量及弹丸结构，保证更为准确的相似条件，可用于现有各高膛压滑膛炮的模拟实验研究。

2. 自由后坐试验台及自由后坐参数测量仪器

自由后坐试验主要测量的自由后坐参数是自由后坐位移 L-t 曲线和自由后坐速度 W-t 曲线，得到后效期终点（τ 时刻）以后的匀速运动段的速度 W_m（无膛口制退器时）及 W_T（带膛口制退器时）。由于自由后坐台的动摩擦存在，匀速运动段不明显，给试验数据的处理带来一定困难。本试验采用以位移数据为主、定时间点采样的方法，通过计算机进行数据处理，保证了较高的测量精度。由式（9-7）计算 η_T 及 β。

3. 膛口冲击波场测量系统

该测量系统进行空间分布场的膛口冲击波压力波形测量，得到超压 Δp 随空间坐标（R，φ）的变化规律。测量系统结构图见第十一章图 11-19。

4. 膛口压力及膛口声速测量

为准确测定 p_g 及 a_g，研究了膛口声速测量方法。其原理是在膛口安装两个压力传感器，测量弹丸出口时膨胀波的传播速度（即膛口声速 a_g），同时测量膛口 p_g。

第三节　膛口制退器优化设计方法

本节重点讨论第二类问题，即已知膛口制退器效率（η_T），设计在所关心的炮手位置 A，膛口冲击波超压最小的制退器结构（对于第一类问题，只需将目标函数和约束条件转换一下即可）。

一、优化设计模型

1. A 点优化问题

① 由制退器效率 $\eta_T=1-\left(\frac{q+\alpha\beta\omega}{q+\beta\omega}\right)^2$ 可见，q，ω，β 取决于火炮内弹道参数，火炮确定后为一定值。而 α 则只取决于膛口制退器结构，因此，可以用 α 代替 η_T 作为约束条件，即

$$(\alpha)_0=K_{om}\sigma_1\sigma_2\cdots\sigma_m+\sum_{i=1}^{m}\sigma_1\sigma_2\cdots(1-\sigma_i)K_i\frac{\cos(\psi_i+\Delta\psi_i)}{\cos\Delta\psi_i} \tag{9-10}$$

其中，$(\alpha)_0$ 由下式计算

$$(\alpha)_0=\frac{\left(1+\beta\frac{\omega}{q}\right)\sqrt{1-(\eta_T)_0}-1}{\beta\frac{\omega}{q}} \tag{9-11}$$

② 以膛口制退器出口气流参数 K_0，$K_1(i)$，$\sigma(i)$，$\psi(i)$ 作为设计参数，得出这些参数的最优解，依此进行结构设计。

③ 简化为单气室膛口制退器问题：

为了减少参数数目，使问题便于求解，在优化设计时，凡多室制退器结构，均先用一等效的单气室制退器代替，然后，在结构设计时，再转化为多室制退器，并给出最终的准确计算参数。

根据这些简化，膛口制退器优化模型的数学表达式为

$$\begin{cases}\text{极小目标函数}:\Delta p=\Delta p(\lambda_0,\lambda_1,\sigma,\psi,R,\varphi)\\ \text{约束条件}:\alpha=\alpha(\lambda_0,\lambda_1,\sigma,\psi)\\ \text{参量变化范围}:1\leqslant\lambda_0\leqslant\lambda_\infty\\ \qquad\qquad\qquad 1\leqslant\lambda_1\leqslant\lambda_\infty\\ \qquad\qquad\qquad \sigma_0\leqslant\sigma\leqslant 1\\ \qquad\qquad\qquad 0^\circ\leqslant\psi\leqslant 180^\circ\end{cases}$$

按最优化问题的一般提法，可将上式表达为标准形式：

$$\left.\begin{aligned}&\min_{x}\Delta p(\boldsymbol{x},\boldsymbol{y})\\&h(\boldsymbol{x})=0\\&g_i(\boldsymbol{x})\leqslant 0\quad i=1,2,\cdots,8\end{aligned}\right\}\tag{9-12}$$

式中　$\boldsymbol{x}$——最优解；

　　$\boldsymbol{y}$——位置参数。

2. 区域优化问题

以上模型是针对某一个炮手位置点 A，而不是对整个炮手分布区域进行优化设计的。因此，为实现安全的整体保护，需要进行“区域优化”。

本节尝试采用权衡法解决区域优化问题。

所考察的若干个炮手位置的参数为 $\boldsymbol{y}^{\mathrm{T}}=[R,\ \varphi]$，这些位置称作目标点，设点数为 N_p，第 i 个点的坐标为$(R,\ \varphi)_i$，超压值为 Δp_i，优化解为 Δp_i^*，得到最优膛口制退器出口气流参数组合为$\{\lambda_0^*,\ \lambda_1^*,\ \sigma^*,\ \psi^*\}_i$，$(i=1,\ 2,\ \cdots,\ N_p)$。对于不同的位置，$\Delta p_i^*$ 及 $\{\lambda_0^*,\ \lambda_1^*,\ \sigma^*,\ \psi^*\}_i$ 各不相同，都是局部极小值。若以参数组 $\{\lambda_0^*,\ \lambda_1^*,\ \sigma^*,\ \psi^*\}_j$，$(j=1,\ 2,\ \cdots,\ N_p)$计算$(R,\ \varphi)_i$处的超压 Δp_i^*，一般会有 $\Delta p_i>\Delta p_i^*$ 或 $\Delta p_i<\Delta p_i^*$ 两种情况。

定义一个度量 Δp_i 上升趋势的量——平均百分比增量

$$\mathrm{perc}(i)=\frac{1}{N_p-1}\sum_{\substack{j=1\\j\neq i}}^{N_p}\frac{\Delta p_j-\Delta p_j^*}{\Delta p_j^*}\qquad\left(\begin{aligned}&N_p>1,\\&i=1,2,\cdots,N_p\end{aligned}\right)$$

式中　$\Delta p_j=\Delta p(\boldsymbol{x}_i^*,\ \boldsymbol{y}_j)$——以 i 点处获得的最优解 $\boldsymbol{x}_i^*$ 代入第 j 点求得的超压值，其中

$$(\boldsymbol{x}_i^*)^{\mathrm{T}}-[\lambda_0^*,\lambda_1^*,\sigma^*,\psi^*]$$

perc(i) 给出了以 $\boldsymbol{x}_i^*$ 作为设计的膛口制退器气流参数在全体目标点上的超压值上升百分数。有了 N_p 个平均百分比增量后，再解优化问题。

$\min\limits_{x_i^*}\mathrm{perc}(i)$ 所得的最优点 $\boldsymbol{x}_i^*$，就是区域最优或最佳设计点。

权衡法的计算步骤如下：

① 选定（或给定）目标点，$\boldsymbol{y}_i^{\mathrm{T}}=[R,\ \varphi]_i$，$(i=1,\ 2,\ \cdots,\ N_p)$；

② 对于 Δp_i 进行最优计算，求得 $(\boldsymbol{x}_i^*)^{\mathrm{T}}=[\lambda_0^*,\ \lambda_1^*,\ \sigma^*,\ \psi^*]_i$，$(i=1,\ 2,\ \cdots,\ N_p)$ 及 Δp_i；

③ 求解 min perc(i) 对应的参数 $\boldsymbol{x}^{\mathrm{T}}$，即获得最佳设计参数。

二、结构优化问题

膛口制退器的结构形式及具体的几何形状、几何尺寸是千差万别的，目前的优化设计方法还不能把包含几十个尺度的参数组考虑进去。只是将优化设计获得的气流参数 $(\boldsymbol{x}_i^*)^{\mathrm{T}}=[\lambda_0^*,\ \lambda_1^*,\ \sigma^*,\ \psi^*]$在特定的制退器结构上落实。作为实例，对圆柱形结构

的多孔单气室及双气室膛口制退器进行了结构优化设计，并编制了设计程序。在设计中，必须规定若干几何尺寸或其变化范围。

如：弹孔直径 $d_0(i)=(1.06\sim1.18)d$，侧孔直径 $d(i)=(1.2\sim1.5)B$（B 为壁厚），行距 $\Delta H=(0.7\sim0.8)d(i)$，侧孔为圆柱形，腔体直径 $D_k=(1.6\sim2.6)d$，最大容许长度 $4d$ 等。

当结构优化过程中有的条件不满足时，例如，因侧孔面积或制退器长度或直径超过允许范围时，则自动调整优化条件中的 λ_∞ 及 σ_0，重新计算 $\boldsymbol{x}_i^*$ 并重新设计结构参数，直到符合要求为止。

三、优化设计步骤

① 选择具有一定计算精度的理论和优化设计方法进行模拟结构设计；

② 进行模拟实验，用效率及冲击波场超压测量结果修正设计；

③ 将修正后的模拟结构按相似律放大为原型结构，以此作为最终确定的设计方案。如图 9-3 所示。

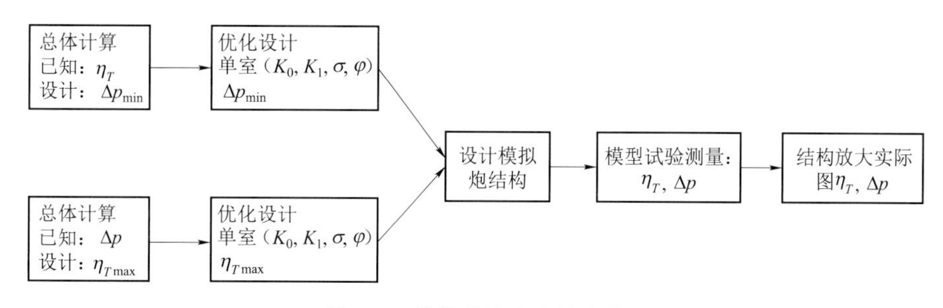

图 9-3　优化设计方法的步骤

膛口制退器优化设计方法是以理论计算、优化设计和模拟实验为基础，做到放大至原型膛口制退器设计后，试验一次成功。

四、优化设计实例

利用优化设计方法设计了两种膛口制退器（优-1、优-2），与 7 种制式火炮的膛口制退器进行模拟实验对比。表 9-1 为以上 9 种模拟制退器在 25 mm 弹道炮实验台进行的制退器效率和炮手位置冲击波超压测量结果。以膛口制退器综合性能参数 Z_T 作为优化设计效果的评价标准：

$$Z_T=\eta_T\frac{(\Delta p_A)_0}{(\Delta p_A)_T}$$

式中　$(\Delta p_A)_0$——无膛口制退器时的炮手位置 $A(157.5°，1\ \text{m})$ 处的冲击波峰值超压；

$(\Delta p_A)_T$——有膛口制退器时的炮手位置 $A(157.5°，1\ \text{m})$ 处的冲击波峰值超压。

从 Z_T 的定义可见，其数值越大，表示膛口制退器综合性能越好，优化设计水平越高。

表 9-1　9 种制退器的效率及炮手位置超压测量结果

炮口制退器（模拟）	η_T/%	Δp（157.5°，1 m）/kPa	Z_T
无	0	3.1	0.0
100 滑（模拟）	26.5	9.7	0.085
59-130 加（模拟）	26.7	9.9	0.084
59-57 高（模拟）	29.3	9.2	0.099
59-100 高（模拟）	29.5	8.9	0.093
43-152 榴（模拟）	34.1	10.5	0.095
苏 Д-48（模拟）	37.3	11.2	0.103
203 MK_2（模拟）	38.3	11.6	0.102
优-1（模拟）	31.8	6.7	0.147
优-2（模拟）	35.4	6.0	0.183

可见，优化设计的膛口制退器优-1 和优-2，其综合指标均明显优于其他制式膛口制退器。

关于本章内容的详细研究资料，可参阅附录八的 2(13)，4(11) 有关报告及论文。

第十章　膛口气流危害控制原理

概　　述

火炮、枪械及火箭武器发射时，膛口和尾喷口周围形成高温、高速的火药燃气流场，对人员、装备和运载平台产生不利影响。其负效应包括：膛口（炮尾）焰、膛口烟、膛口有害气体、膛口压力波（膛口冲击波、炮尾冲击波、气流脉冲噪声）以及高温火药燃气流等。

① 膛口（炮尾）焰是武器后效期火药燃气剩余能量以热能和光能的形式释放的一种物理一化学现象（图 0-4）。伴随这种现象的发生，也产生了许多危害作用。例如，中、大口径火炮的炮兵阵地更容易暴露；直接影响射手夜间瞄准；产生更强的二次冲击波和脉冲噪声损伤炮手等。因此，膛口（炮尾）焰的危害作用影响了武器威力和使用性能的进一步提高。采用物理方法可比较有效地消除小口径武器的膛口焰，但是，对于大口径火炮，除化学方法外，尚无有效的物理抑制方法。

② 膛口烟是悬浮于出口气流中的微粒所形成的烟雾（图 0-5）。微粒主要来自火药装药，有的是火药的固体微粒，有的是从气态冷凝成液态。火药燃气中的水汽冷凝，增加了膛口烟的浓度，空气温度和相对湿度也影响膛口烟浓度和持续时间。用化学消焰剂抑制膛口焰时，也会出现膛口烟。采用去除火药燃气中微粒的方法可抑制膛口烟。膛口烟对直接和间接瞄准有影响，但其危害远小于膛口焰。中、大口径火炮的膛口烟比较严重。

③ 膛口有害气体是膛内释放出的火药燃气有害成分。膛内火药燃烧结束时，仍然存留着 CO，SO_2，NH_3，H_2S 等对人员身体有毒害的气体成分。当从膛口和炮尾排出时，如果在地面野炮的开放环境，对人员的危害并不大。但在封闭式和半封闭式炮塔内，尽管安装了抽气装置，也会有少量有害气体泄入乘员工作室内。表 10-1 是某坦克炮塔内有害气体的积累情况。如果没有安装有效的换气设施，在连发射击时，会造成射手的生理危害。

表 10-1　坦克炮舱室有害气体浓度变化表

有害气体	发射前	发射时间	发射后时间/s											
			10	20	30	40	50	60	70	80	90	100	110	120
第一发														
NH_3	0.0	0.0	0.0	0.0	0.0	0.0	0.3	3.3	2.3	0.0	0.0	0.0	0.0	0.0

续表

有害气体	发射前	发射时间	发射后时间/s											
			10	20	30	40	50	60	70	80	90	100	110	120
SO_2	0.0	39.2	47.2	54.6	57.5	58.6	64.6	72.4	66.9	52.1	13.2	9.2	7.7	7.2
H_2S	0.1	1.2	1.5	2.6	2.4	0.8	0.5	0.5	0.8	1.2	0.3	0.0	0.0	0.0
CO	2.0	81.3	78.8	75.0	62.5	51.3	88.8	87.5	87.5	85.0	82.5	78.8	83.8	75.0
第二发														
NH_3	0.0	0.1	0.3	5.6	26.8	29.4	0.0	0.0	0.0	0.0	0.0	0.0	0.0	0.0
SO_2	6.5	76.1	75.8	77.2	1.1	141.0	45.2	44.3	43.5	41.8	43.5	52.6	12.3	11.2
H_2S	0.0	1.5	1.7	1.7	1.3	2.0	2.1	2.7	2.1	0.0	0.0	0.0	0.0	0.0
CO	70.5	201.3	228.8	238.8	232.5	236.3	258.8	281.3	256.2	118.8	111.3	102.5	102.5	100.0

④ 高温火药燃气流是发射过程中，自火炮的炮口、无后坐炮的炮尾和火箭喷口喷出的高温、高速燃气射流。以 82 mm 无后坐炮为例（图 10-1），其温度高达 500 K，速度高达 600 m/s，在火炮后方形成发射的危险区。

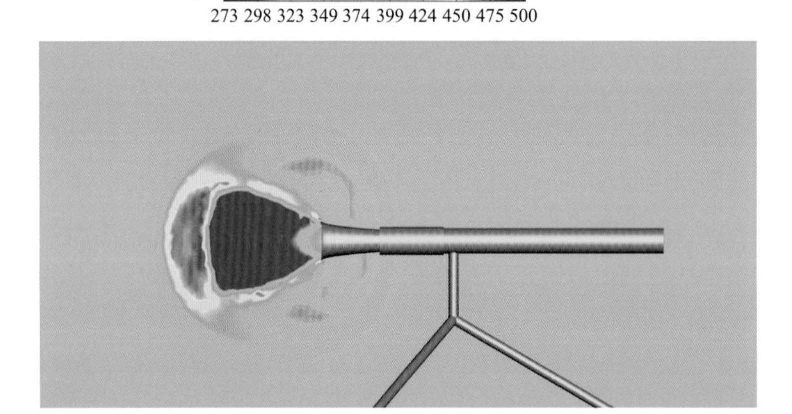

图 10-1　82 mm 无后坐炮尾喷管燃气射流温度分布云图（数值计算）

⑤ 膛口压力波是发射过程中，在膛口流场内形成并向外传播的各种压力扰动的总称，主要包括膛口冲击波和脉冲噪声。

在武器发射产生的各种负效应中，以膛口压力波对人员的危害最为严重，并逐渐引起各国军方的重视。发射安全控制，包括危害源分析、安全标准制定、防护原理与技术措施的研究一直在进行。

本章从膛口冲击波、脉冲噪声的物理特性和对人员损伤的生理分析出发，介绍安全标准的制定与防护的物理原理。主要研究：

① 膛口冲击波、脉冲噪声危害的物理特性；

② 膛口冲击波、脉冲噪声生理损伤机理；

③ 安全标准制定的原则；

④ 发射安全控制的原理。

有关膛口冲击波与脉冲噪声的基本概念、理论计算及测量方法等内容，已在第四章、第五章、第十一章和附录一中介绍。涉及武器防护技术与结构设计的内容可查阅相关专业书籍，这里不再赘述。

第一节　膛口压力波危害性质

一、压力波危害的研究背景

20 世纪 70 年代前后，美、英、德等国首先针对压力波损伤的薄弱环节——人耳，制定了噪声听觉安全标准。关于危害源的认定，引入了 20 世纪 60 年代开始研究的喷气噪声概念，将膛口冲击波统一纳入脉冲噪声范畴，认为它是听觉损伤的主要压力波源。因此，早期的防护标准都建立在脉冲噪声损伤阈值的控制上。70 年代以后，当火炮威力增大到危及人体内脏安全时，各国对膛口冲击波损伤机理和防护标准的研究才提到日程。归纳起来，前期形成的主要观点有以下两种：

① 将膛口压力波（包括膛口冲击波和脉冲噪声）统称为脉冲噪声，作为听觉器官的统一危害源，按照声学规律和声压级的量度单位确定损伤阈值和防护标准。美国陆军 1973 年以来先后发布的 MIL-STD1474B(C)(MI) 等军用标准，苏联国家标准 17187—1971，我国 20 世纪 80 年代的国军标 GJB 2—1982、国军标 GJB 12—1984 等，都是这样处理的。

② 定义脉冲噪声和冲击波，从量值上将膛口冲击波和脉冲噪声区分开。

在 20 世纪 90 年代，我国制定膛口冲击波对非听觉器官（内脏）损伤的标准 GJB 1158—1991 和新修订听觉器官安全标准 GJB 2A—1996 用以代替 GJB 2—1982 时，将膛口脉冲噪声定义为："最大超压峰值低于 6.9 kPa（170.7 dB），由一个或多个持续时间小于 1 s 的猝发声组成的噪声。"膛口冲击波定义为："超压峰值高于 6.9 kPa（170.7 dB）的压缩波。"试图以量值大小将冲击波与脉冲噪声加以区分。

注意到膛口冲击波与脉冲噪声对人体不同器官损伤机理的区别，在制定我国非听觉器官（内脏器官）的安全标准时，认定冲击波是造成内脏损伤的主要压力波源，而低于 6.9 kPa（170.7 dB）的脉冲噪声对人体内脏一般不构成生理威胁。由此，制定了膛口冲击波对非听觉器官（内脏器官）损伤的安全标准。

这一节，我们从人员听觉器官与内脏器官损伤机理的区别出发，把膛口压力波按膛口冲击波和脉冲噪声的损伤特点和主要参数分别叙述，并对膛口脉冲噪声源进行初步分析。

二、膛口冲击波对内脏器官损伤的特性参数

1. 膛口冲击波对内脏损伤的特点

在火炮附近操作的人员可能承受的膛口冲击波有初始冲击波、火药燃气冲击波（又称主冲击波）、地面反射及防盾等障碍物的绕射冲击波以及膛口焰爆燃转爆轰的二次冲击波。冲击波是以超声速运动的压力间断面带动的高压、高速气流，对迎面物体呈压力风形式的冲击作用，进入体内以应力波方式传播。超压较低时，可致肌肉组织、软骨等的挫伤与折断；超压很高时，可致内脏破碎致死而表皮可能无明显外伤。膛口冲击波在炮手区域的超压幅值在 5～60 kPa 范围。其中，大于 20 kPa 的冲击波足以造成人的内脏的轻、中度冲击损伤，其性质为压力波的机械冲击伤。

2. 膛口冲击波对内脏损伤的主要参数

膛口冲击波对内脏损伤的主要参数包括：冲击波超压 Δp、正相区时间 T_+ 及冲量 I_+、冲击波实际作用时间及作用次数（发数）。

典型的膛口冲击波波形如图 10-2 所示。

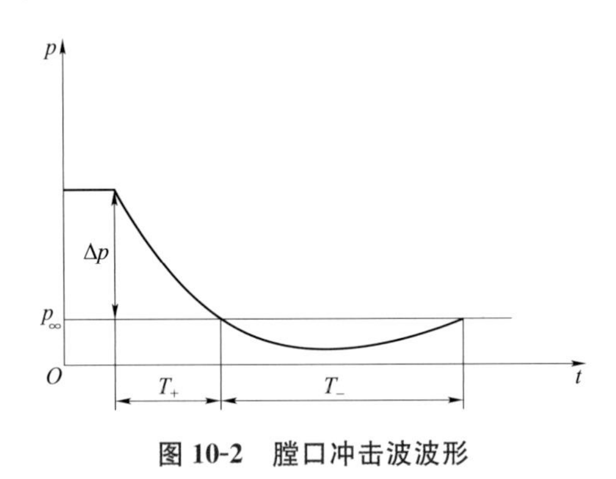

图 10-2　膛口冲击波波形

（1）冲击波超压（又称峰值超压）Δp

由于该参数便于准确测量，故将冲击波超压峰值作为对器官损伤的最重要参数。高超压是严重致伤乃至致死的最主要指标。Δp 的单位为 kPa。在人员损伤标准中定义的“在火炮（枪）附近的人员操作区域，可能导致生理损害的膛口冲击波”是指：单发射击的、无防护条件下的超压值，以此作为损伤标准。

（2）正相区时间 T_+ 及冲量 I_+

正相区时间和冲量是冲击波作用的重要参数。正相区冲击波压力波形可用如下函数近似表示：

$$p(t)=p_\infty+\Delta p\left(1-\frac{t}{T_+}\right)e^{\frac{-bt}{T_+}} \tag{10-1}$$

式中　b——时间常数。

于是，正相区压力冲量 I_+ 也可以按下式计算：

$$I_{+}=\int_{0}^{T_{+}}(p(t)-p_{\infty})\,\mathrm{d}t$$
$$=\int_{0}^{T_{+}}\Delta p\left(1-\frac{t}{T_{+}}\right)\mathrm{e}^{\frac{-bt}{T_{+}}}\,\mathrm{d}t \tag{10-2}$$

一般，冲击波对目标的作用主要取决于冲击波超压 Δp 和正相区冲量 I_{+}。当目标的固有周期 T 远大于 T_{+} 时，冲击波对目标的破坏主要取决于 Δp；反之，当 T 远小于 T_{+} 时，则主要决定于 I_{+}。后者主要在核爆炸与巨量炸药爆炸时出现。对于膛口冲击波对人员的作用，T_{+} 与 T 量级相近，应同时考虑 Δp 和 I_{+} 的影响。实际测量时，用 Δp 和 T_{+} 代替。

波阵面负相区，仅对于核爆炸与巨量炸药爆炸产生的冲击波才有意义，一般不作为膛口冲击波的主要参数。随着冲击波波阵面向前推进，负相区不断拉长。当波阵面压力接近环境压力时，冲击波衰减为脉冲噪声波。

正相区时间和冲量的大小对于严重致伤和致死标准也有重要影响。

表 10-2 是由大量动物试验推算的人员在自由场无防护条件下的死亡率与冲击波超压和正相区时间的关系。表中，LD_{1}，LD_{50}，LD_{99} 分别代表死亡率 1%，50%，99%。可见，随正压区时间增大，致死超压值降低。

表 10-2　死亡率与冲击波超压和正相区时间的关系（压力单位 kPa）

正相区时间/ms	LD_{1}	LD_{50}	LD_{99}
400	2.6	3.7	5.1
60	2.9	4.1	5.6
30	3.2	4.5	6.2
10	4.9	6.9	9.5
5	9.2	13	17.6
3	21.9	30.4	42.3

（3）膛口冲击波实际作用时间

由于地面反射、绕射等复杂情况，冲击波波形出现多个峰值，因此，制定内脏安全标准时定义：

有效 C—持续时间：冲击波压力波形中低于最大正超压峰值 10 dB 所对应的各时间间隔之和。

（4）冲击波作用次数（发数）

考虑冲击波超压对机体累积效应的参数，即一次连续或一天内射击的次数（发数）。

试验表明，弱冲击波的重复次数对损伤有累加效应，使损伤阈值降低。如：在超压均为 18 kPa 时，连续 100 次比连续 50 次的试验动物（羊）上呼吸道的损伤率增加了 2.7 倍。

冲击波对内脏器官的损伤程度与频谱的关系不太大，因此，冲击波的频谱特性未列为内脏损伤的主要参数。

三、膛口冲击波对听觉器官损伤的特性参数[36,37]

1. 听觉器官特点

① 依靠听觉器官各系统的振动响应特性接收、传送和感受声音信息。

② 具有极宽的听觉范围：其听阈与痛阈间的声压相差上亿倍，但其分布是按对数规律而非线性规律，故采用声压级的概念和分贝（dB）作为计量单位，而不用压力（kPa）作为计量单位。

③ 对声频的敏感性：人耳对 3～5 kHz 的高频最敏感，频率越低，越不敏感，用响度和噪度可以较好地表达人耳对声强与噪声主观感受的频率因素。

这说明，听觉器官与内脏器官对压力波的感受特点不同，决定了其损伤机理的区别。

2. 膛口冲击波对听觉器官损伤特点

冲击波作为超声速压力突跃，对听觉器官外部组织（外耳、中耳及耳膜）的创伤具有与内脏器官相同的机械冲击伤性质，用超压度量其危害比较合理。

冲击波作为脉冲压力波并最终衰减为噪声波，对于听觉系统，也被感受为脉冲声，其频谱特性较脉冲噪声宽，用声压级来度量冲击波对听觉的危害等级比较合理。

冲击波压力与声压级单位的换算关系见表 10-3。

表 10-3 冲击波压力与声压级单位的换算关系

kPa	dB	kgf①/cm²
10	174.1	0.102
15	177.6	0.153
20	180.2	0.204
25	182.0	0.255
30	183.4	0.306
35	185.0	0.357
40	186.2	0.408
45	187.2	0.459
50	188.1	0.510
55	188.9	0.561
60	189.7	0.612
65	190.3	0.663
70	190.9	0.714

① 1 kgf=9.806 65 N。

四、脉冲噪声对听觉器官损伤的特性参数

脉冲噪声对听觉器官损伤的特性参数主要有：声压级 L_p、脉冲噪声持续时间 T、频谱和暴露次数 N。

1. 声压级 L_p

声压 p 与基准声压 p_r（频率为 1 000 Hz 时，人耳刚能听到的声压为 20 μPa）之比的常用对数乘以 20，其单位为分贝（dB）。

$$L_p(\mathrm{dB})=20\lg\frac{p}{p_r} \tag{10-3}$$

2. 脉冲噪声持续时间 T

脉冲噪声对人耳有作用效果的持续时间。由于不同武器和包括弱冲击波在内的各种形状的压力波形十分复杂，准确判断脉冲噪声持续时间比较困难。因此，和膛口冲击波定义有效持续时间一样，脉冲噪声也需要定义持续时间。在各国噪声损伤标准中，对持续时间的规定有些差别。一般规定为 A，B，C 三种持续时间。

3. 频谱特性

噪声强度（声压级）随频率变化的分布，是表征噪声源对人的听觉器官损伤性质的重要参数。噪声频谱是用频谱分析仪对流场中记录的噪声波形进行傅里叶变换的结果。

虽然频谱特性对听觉损伤性质有很大影响，由于标准量化比较困难，各国的损伤标准并未列入。有的只是区分了枪和炮，这是因为枪的频谱以高频成分为主，火炮以低频成分为主。

4. 暴露次数（发数）

考虑脉冲噪声对机体的累积效应的参数，即一次连续或一天内射击的次数（发数）。一般，以一天暴露 100 次为基数，以脉冲时间乘以次数作为综合参数列入评价标准。

第二节　膛口冲击波、脉冲噪声生理损伤机理

如前节所述，大量的生物及人体试验表明，膛口冲击波及脉冲噪声对人员的生理危害，以听觉和内脏器官为最易受损伤的敏感器官。由于听觉和内脏器官的损伤机理有所不同，分别加以讨论将更方便。本节分析这两种器官在承受冲击波和脉冲噪声作用时的损伤机理。

一、内脏器官损伤机理[38]

内脏器官的损伤是膛口冲击波作用于机体造成的冲击伤。由于膛口噪声压力较低，作用于体表肌肉的声压振动尚不足以引起腹腔内的力学冲击。只是通过声传导，对耳蜗的干扰可以引起大脑神经系统和小脑的平衡系统的刺激和轻度损伤。

膛口冲击波是造成内脏损伤的主要危害源。冲击波进入人体内脏的途径主要有两条：一条是从口腔—呼吸道至肺脏；另一条是从体表肌肉—腹腔进入肺脏、心脏、胃肠道、肝脏等器官。

膛口冲击波对人员机体的力学作用可模拟为冲击波对一个弹性体表面的斜入射，进入肌肉内以应力波形式传播。腔内结构复杂，带有局部空腔、几种不同密度、固/液/气多相组织的内脏器官、血管和骨骼等，数字模拟非常困难，多以伤情的诊断为依据。

大量的生物试验表明，仅当冲击波超压大于 20 kPa（180 dB）时，才对内脏产生轻度以上危害。图 10-3 是 130 mm 加农炮在坑道射击时的膛口冲击波超压等压线，可见，每个射手位置的冲击波超压均超过 20 kPa，用红色区域表示。而瞄准手位置的冲击波超压高达 55 kPa 以上。这种射击状态也是地面炮炮手承受的最危险的冲击波峰值超压等级，远超过无防护时的安全标准。

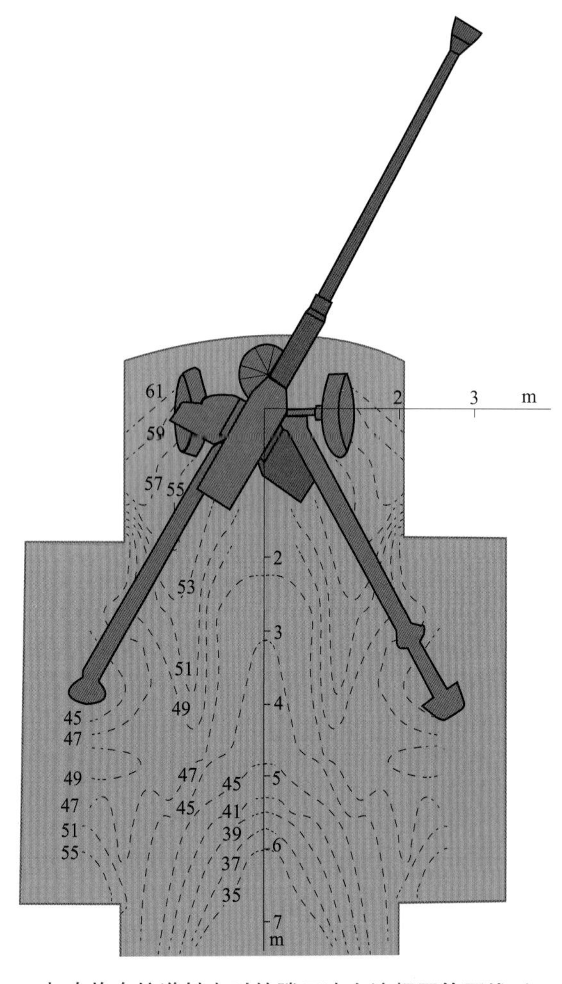

图 10-3　130 mm 加农炮在坑道射击时的膛口冲击波超压等压线（kPa）（试验曲线）

膛口冲击波属于弱冲击波范围，不存在像强爆炸时发生的严重致死、致残的冲击伤，但存在弱冲击波多次作用时具有的累加效应。从单次作用的内脏损伤阈值（表 10-4）与 60 次作用的内脏损伤阈值（表 10-5）对比可以看出，其阈值明显下降，也就是说，人体承受多次冲击波作用的能力下降。

表 10-4　单次作用内脏损伤阈值

超压峰值/kPa	损伤阈值
29.0	上呼吸道轻度损伤阈值
29.5	肺轻度损伤阈值
47.0	胃肠道轻度损伤阈值

表 10-5　60 次作用内脏损伤阈值

超压峰值/kPa	损伤阈值
21.0	上呼吸道损伤阈值
18.0	肺轻度损伤阈值
40.4	胃肠道轻度损伤阈值

二、听觉器官损伤机理[36,37]

听觉器官是膛口冲击波与脉冲噪声生理损伤的最薄弱环节。

1. 人耳结构与功能模型

人耳由外耳、中耳和内耳组成，如图 10-4 所示，其中：

外耳：耳郭是噪声的收集器，约 ϕ6 mm×27 mm 的外耳道为一个频率约 3 kHz 的共振腔，有效地匹配声波，并通过鼓膜将声音的振动信号传至中耳。高频的脉冲噪声容易引起外耳道激振。

中耳：由听骨（锤骨—砧骨—镫骨）和带弹性筋组成的杠杆机构，为一信号放大系统，作为阻抗适配器，将鼓膜的声振动高效率地传给内耳。可将 0.8～2.5 kHz 的声压放大 22～50 倍。

内耳：由椭圆窗接受中耳听骨的信号进入耳蜗。耳蜗为内充液体、展开长约 30 mm 螺旋结构，可匹配 0.5～1 kHz 的振动。由数万条末梢神经转换声信号传至大脑，因此，耳蜗是听觉器官感知声信号的枢纽及易损部位。图 10-5 为耳蜗的展开剖面（图 10-5（a））和各部位的频率响应（图 10-5（b））。可见，耳蜗的不同位置分辨各种频率的声音。

可以把听觉器官按功能分为传声系统和感声系统两部分。

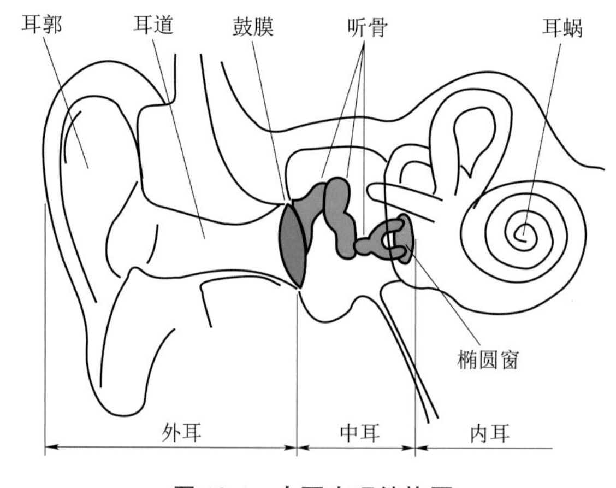

图 10-4 人耳生理结构图

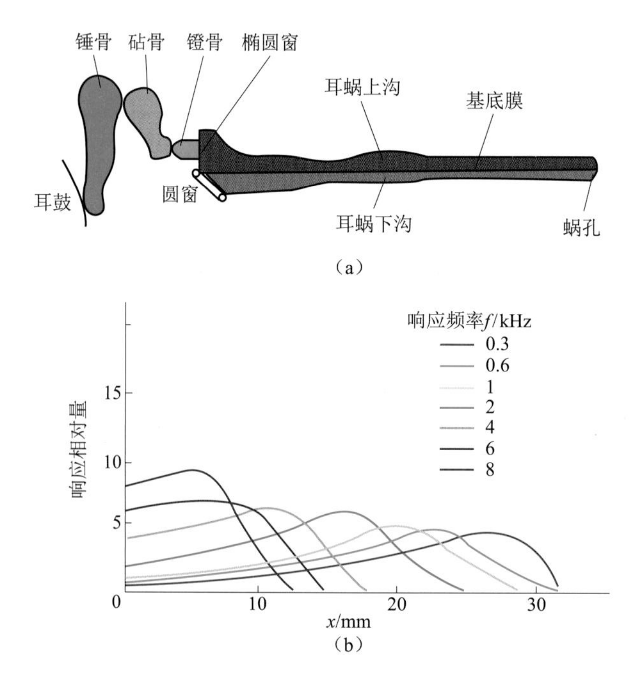

图 10-5 耳蜗展开剖面和不同部位的频率响应

(1) 传声系统

包括外耳和中耳。噪声通过耳郭收集声波、外耳道放大，鼓膜转换为振动信号，经听骨再放大给椭圆窗，最后传递给内耳。

(2) 感声系统

包括内耳（耳蜗换能器）。声振动信号由椭圆窗转换为耳蜗淋巴液的液压信号，再转换为生物电信号，后经声神经束传至大脑听觉神经皮层。

2. 损伤机理

从听觉器官损伤的现象和机理分析出发，可以将损伤机理分为以传声系统损伤为主和以感声系统损伤为主两种情况。

(1) 传声系统损伤

超压大于20 kPa (180 dB) 时，对人耳的危害以传声系统的气流冲击损伤为主要形式，属于机械冲击伤。伤情为外耳挫伤、鼓膜穿孔、听骨移位和骨折。35 kPa的超压值是鼓膜破裂阈值。中耳严重损伤时，出现传导性耳聋。传声系统损伤的特点为低频损失明显。

一般，压力峰值很高时，中耳立即损伤，破坏了传声系统，阻断了冲击波对内耳耳蜗及听觉神经损伤的传递通道，减轻了内耳的损伤。此时，伤情可能弱于低超压时，出现近膛口的射手的损伤轻于远膛口射手的案例。

(2) 感声系统损伤

超压小于20 kPa (180 dB) 时，对人耳的危害以感声系统振动损伤为主要形式，造成感声性耳聋或噪声性耳聋。火炮弱冲击波、火箭和无后坐炮气流脉冲噪声以及小口径武器连续发射时持续时间长的脉冲噪声，振动波在声通道将会引起频率谐振，严重时，造成暂时性和永久性失听，其损伤主要表现为严重的高频损失（对语音）。而长期暴露于脉冲噪声环境，会使损伤累积、加重。对于不同射击经历炮手的听力状况调查发现：听力减退的比例高达85%，其中高频听力下降占55%。

在高强度声压级作用下，耳蜗毛细胞的伤害是特有的，这种伤害将造成永久性听力损失。

(3) 传声 感声混合型损伤

当冲击波和脉冲噪声强度足够大，导致外、中、内耳，即传声系统与感声系统同时损伤时，出现混合性耳聋，听力在整个频域普遍下降。这是严重的永久性听觉损失，会造成终生性耳聋。

第三节　膛口冲击波、脉冲噪声安全标准

一、安全标准制定的历史背景

20世纪70年代以前，美国国家听觉生物声学一生物力学委员会（CHABA）已经制定了听觉安全标准，之后又做了几次修订。欧洲一些国家也制定了简单的防护标准，例如，规定安全限值为140 dB或150 dB等。

20世纪70—80年代，我国陆、海军先后就武器发射冲击波、噪声对人员危害进行了两次研究工作。其中，第三十一试验训练基地等单位组织了大规模的实验研究，形成了国军标GJB 2—1982《常规兵器发射或爆炸时压力波对人体作用的安全标准》

(1983.4.1)。之后，又修订为国军标 GJB 2A—1996《常规兵器发射或爆炸时脉冲噪声和冲击波对人员听觉器官损伤的安全限值》。这是一个以保障操作人员听觉器官安全为主的防护标准。

20 世纪 90 年代初，以炮兵装备技术研究所和第三军医大学为主，制定了膛口冲击波对人员内脏损伤的安全标准 GJB 1158—1991《炮口冲击波对人员非听觉器官损伤的安全限值》(1992.6.1)。

在各国制定安全标准时，大量的动物与人员的生理试验发现，膛口冲击波、脉冲噪声对人体器官的损伤是复杂的生物动力学过程。其损伤程度既取决于膛口冲击波超压和作用时间、脉冲噪声的峰值声压级、作用时间和频谱、作用次数等力学参数，又与人员受力状态、防护程度以及身体与心理状况等随机因素有关。因此，用简单的数学公式难以准确表达。各国安全标准制定与修订漫长的过程就说明了这一点。因此，为了能更准确地反映人体器官生理特征，又不致使标准太过烦琐，采用安全标准分类处理方法是相对科学、合理的。首先，按照人体对冲击波、脉冲噪声的损伤机理分为两类，即听觉器官损伤和非听觉器官（内脏）损伤。然后，分类进行试验研究，依照：伤情分级，数据分析、量化，利用数理统计方法得出安全标准近似公式。下面，按照听觉器官与内脏器官两类分别介绍安全标准制定原理。

二、听觉器官安全标准制定原理[38]

1. 听觉器官的安全标准与损伤阈值

首先，对与安全有关的参数和指标给出科学的定义，以便规范量化标准。

(1) 听觉安全

临床生理检查，鼓膜、中耳及内耳无轻微损伤，听力无永久性阈移。

(2) 听觉安全标准

对人员听觉器官保护率不低于 90%的冲击波与脉冲噪声参数（峰值压力、持续时间与发数）。

(3) 听觉器官损伤阈值

① 暂时性听阈偏移（TTS）：由于强脉冲噪声作用，引起听阈暂时提高，听觉敏感性暂时降低，经过一段时间可以恢复的现象。

② 永久性阈移（DTS）：脉冲噪声暴露停止后，不能恢复阈移，即不可恢复的耳聋性听力损失。

2. 动物模拟实验及损伤分级

① 建立动物（豚鼠）听觉器官损伤标准；

② 提出动物损伤分级标准；

③ 动物实验结果向人员损伤标准过渡。

由于人的听觉器官与豚鼠听觉器官的结构和噪声损伤机理具有相似性，而人的听觉器官对噪声的承受能力高于豚鼠，根据试验结果予以修正。

三、内脏器官安全标准制定原理[38]

非听觉器官安全标准的制定较听觉器官的复杂。因为，内脏器官种类多，在同一冲击波作用下，其受力、损伤机理与破坏程度各不相同，必须搞清各器官损伤规律，确定最薄弱环节，得出综合损伤指标。

1. 内脏器官安全标准与损伤阈值

定义：

① 非听觉器官安全：人员听觉器官以外的内脏器官，特别是上呼吸道、肺及肠胃道不产生微伤以上损伤。

② 非听觉器官安全标准：对人员非听觉器官（内脏）保护率不低于90%的冲击波参数（峰值压力、持续时间与发数）。

2. 动物模拟试验及损伤分级

（1）建立动物非听觉器官（内脏器官）损伤标准

选择与人的内脏可对比的、不同体重的动物（如羊、兔、狗等）作为代替人员进行大量生理损伤试验的对象。

（2）动物实验结果向人员过渡

火炮膛口冲击波动物对比试验：将试验动物（如羊）与炮手同位置置放进行火炮试验（图10-6），进行数据处理，得到轻度损伤的人员损伤阈值以及保护率，确定人员内脏安全防护标准。

图10-6　152 mm加榴炮动物内脏损伤试验现场照片

四、人员安全防护标准的制定

1. 安全标准的制定

以动物模拟试验为主，人员试验为辅，损伤效果分析与数学量化处理相结合。我国制定听觉器官安全标准和非听觉器官（内脏器官）安全标准的方法如上节所述。

2. 我国制定的发射安全防护标准介绍[39]

（1）常规兵器发射压力波对人体听觉器官的安全标准（GJB 2A—1996）

用公式表示为

$$P_s=\begin{cases}169-8\lg(TN), & 0.25\ \text{ms}\leqslant T_A\leqslant 1.5\ \text{ms}\\ 177-6\lg(TN), & 1.5\ \text{ms}<T_A\leqslant 100\ \text{ms}\\ 153, & 100\ \text{ms}<T_A<500\ \text{ms}\end{cases}$$

式中 P_s——脉冲噪声安全限值（dB）；

T——A—持续时间（ms）；

N——发数。

主要考虑各种武器声学特性的区别，以压力波持续时间为区分的标准，按不同的持续时间计量，将安全标准进行一定的调整。

（2）炮口冲击波对人员非听觉器官损伤的安全标准（GJB 1158—1991）

无胸防护时的标准用公式表示为

$$P_s=\begin{cases}37-3\ln\dfrac{T_cN}{4}, & T_cN\leqslant 1\ 000\\ 20.4, & T_cN>1\ 000\end{cases}$$

式中 P_s——冲击波超压安全限值（kPa）；

T_c——有效C—持续时间（ms）；

N——发数。

图10-7～图10-9是85 mm加农炮、130 mm加农炮、152 mm加榴炮在开阔地射击时的超压等压线图。

安全标准评价：对三种国产中、大口径火炮冲击波场实测结果的分析可见，整个炮手区域均处在损伤危险区，红色区域为超过非听觉（内脏）安全标准的区域，黄色区域为超过听觉安全标准的区域。因此，必须采用个人防护措施才能符合安全标准。

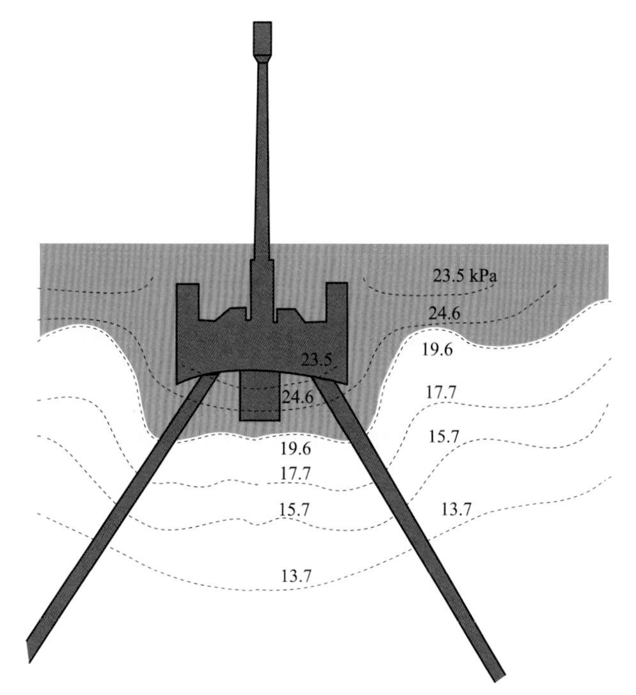

图 10-7 85 mm 加农炮 25°射角的冲击波超压等压线（试验曲线）

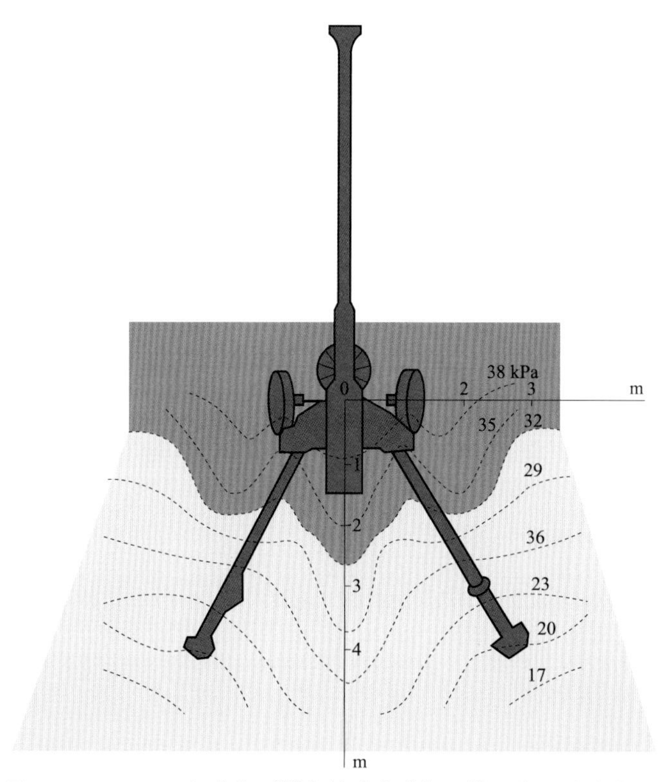

图 10-8 130 mm 加农炮 0°射角的冲击波超压等压线（试验曲线）

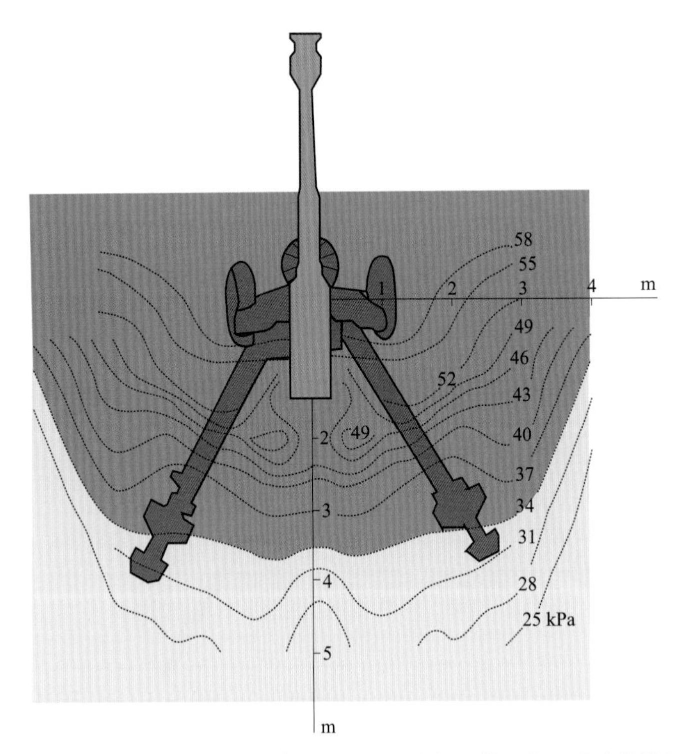

图 10-9　152 mm 加榴炮 0°射角的冲击波超压等压线（试验曲线）

第四节　发射安全控制原理

发射安全控制是指在火炮（枪）的设计、生产、试验、训练以及战场运用的全过程，保证武器操作者和现场暴露人员始终处于膛口冲击波、脉冲噪声安全标准的保护之下。这就要求从武器设计开始，把发射安全作为主要战术一技术指标之一列入总体方案论证中，并在具体技术设计时予以落实。对于操作位置有轻便防护的射手，在火炮系统、发射平台（装甲防护或防护舱）、阵地与工事等结构设计时，亦应保证其处于安全标准的极限之内。

由于膛口冲击波和脉冲噪声危害的严重性，20 世纪 60 年代以来，发射控制问题已经提出并不断寻找解决措施。

发射控制的主要措施有：降低发射源的冲击波、脉冲噪声强度；隔离冲击波、噪声源；人员防护装置。

一、降低危害源强度

降低膛口冲击波与脉冲噪声源的强度是最理想和最根本的解决措施。多年来，各国的武器研究人员做了大量的探索性工作，取得了一定效果。

1. **总体设计**

火炮（枪）总体设计时，在保证初速、膛口动能、射速、最大射程、最大后坐阻力以及战斗全重等主要战术一技术指标的前提下，同时优化弹道参数与发射安全的关系。即，尽量使射手位置的膛口冲击波、脉冲噪声在安全标准之下。第四章已讨论过弹道参数对膛口冲击波的影响，其中，E_g，p_g，ρ_g是主要的。从降低全流场的冲击波、噪声出发，减小装药量显然最明显，尤其是远场。减小装药量是弹道优化设计中首先的也是最难决定的一个参数。在其他弹道参数的优选中，减小膛口压力 p_g 对于降低近、中场冲击波是最明显的一个，尤其对于肩射及短身管武器尤其重要。但对于远场，则影响明显减小。这项工作取得明显成效的例子只是某些无后坐炮，通过优化设计可使近场射手所在部位的冲击波超压降低 1/3。

2. **膛口装置优化设计**

不同类型的膛口装置由于使用的目的和要求不同，对冲击波和脉冲噪声的减小程度也不同。

① 小口径火炮和枪等自动武器安装的膛口消焰器，主要目的是有效消除膛口焰，或为自动武器的自动机补充后坐能量的不足；也有的是减小武器后方的膛口冲击波、脉冲噪声。其负效应是火炮后坐力明显增大，因此，中、大口径火炮极少采用。消焰器优化设计的原则是依据不同类型武器的战术需求，进行区别设计。在突出主要技术指标的前提下，综合平衡各次要指标，选取不同结构型式，通过优选结构参数、数值计算和验证试验，使负效应降至最低。

② 中、大口径火炮安装的膛口制退器，主要目的是减小后坐力。其负效应是大大增加了火炮后方区域和炮手位置的冲击波超压与脉冲噪声级。优化设计的原则是，在保证火炮总体指标要求的制退器效率前提下，选取适合的制退器结构型式，通过结构参数的优选、数值计算和试验，使炮手区域处于安全防护标准之下。

③ 轻武器的消声器，以大幅度减小膛口冲击波和脉冲噪声为主要目的。由于不同类型轻武器的弹道性能、安装消声器的目的与使用要求的重大区别，决定了消声器原理与结构形式的明显不同。据此，消声器优化设计原则是，根据总体设计初步确定的弹道性能与减小脉冲噪声级的技术指标要求，优先选定总体需要的消声结构型式与外形尺寸，然后通过数值计算和试验验证，改进设计以达到总体指标要求。

二、冲击波与噪声隔离

在炮手与冲击波、噪声源之间设置障碍物，以阻隔危害源。

① 靶场试验防护：设置全封闭或半封闭的防护舱，可以保证发射安全。

② 火炮发射平台防护：不同的武器平台的封闭性差别很大，其中，坦克、装甲车体为全封闭式，具有良好的膛口冲击波与噪声隔离和防护作用，可以完全保证发射安全。

舰炮炮塔为半封闭式，基本保证发射安全。

牵引火炮防盾为开放式结构，原旨是防护敌方枪弹及炮弹弹片，兼有本炮的膛口冲击波防护功能。但试验表明，已有的地面牵引火炮的防盾结构，在正后方区域由于冲击波绕射后的叠加效应（图 10-10），出现冲击波超压增强区（黄色区域），此叠加效应与防盾尺寸、形状以及射角和方向角有关。

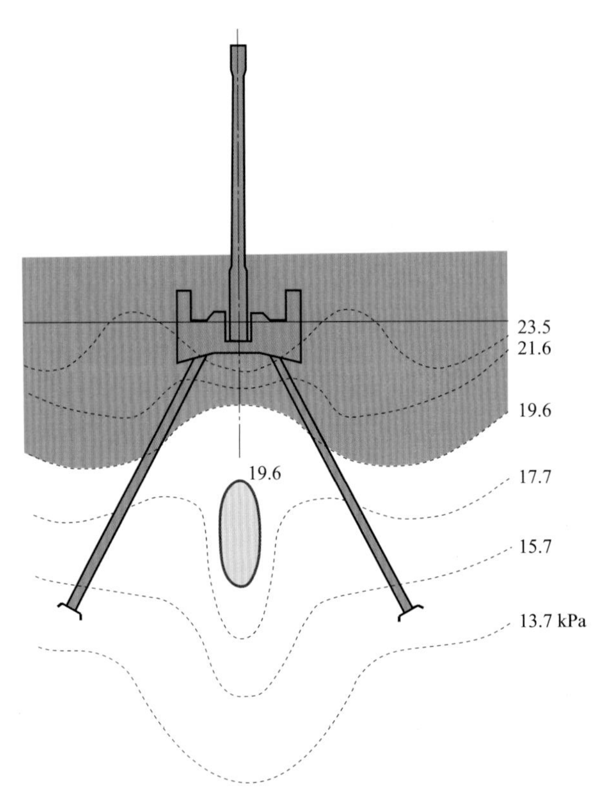

图 10-10 85 mm 加农炮 0°射角防盾后方膛口冲击波超压增强区（黄色区域）

因此，目前使用的小尺寸防盾不能有效地防护冲击波，且局部区域可能增大危害，应大大增加其尺寸，但又与火炮机动性矛盾。美国陆军为越南丛林战研制 105 mm 轻型牵引榴弹炮时，曾建议取消防盾。当然，从战场作战效能出发，综合考虑地面炮防盾的作用与利弊，未能取消。

三、高效个人防护

1. 护耳器（耳塞、耳罩、头盔）

耳塞：是塞入耳道通过隔离或吸收噪声的方式，防止噪声干扰的简单工具。由橡胶、软塑料、泡沫塑料、防声棉（浸油、石蜡的棉球或超细玻璃棉）制成的耳塞，噪声衰减量 15～25 dB。缺点是影响通话与传达口令。美国用 V-51R 耳塞。国产有 LR-1 型和 EP-2 型耳塞。

耳罩：是盖住外耳、隔离噪声的护耳器。材料为金属或塑料，若封闭良好，可减噪30 dB。

头盔：覆盖头部大部分表面，有效隔声30 dB以上，并可配耳机、耳罩及通信设备。表10-6是几种护耳器的噪声衰减特性表。

表10-6　各种护耳器的噪声衰减特性

护耳器	频率/Hz							
	125	250	500	1 000	2 000	4 000	8 000	平均衰减量/dB
干棉花	2	3	4	8	12	12	9	7.1
含蜡或油棉花	6	10	12	16	27	32	26	18.4
防声棉	7	11	13	17	29	35	31	20.4
V-51R耳塞	21	21	22	27	32	32	33	26.9
个人专用耳塞	15	15	16	17	30	41	28	23.1
泡沫圆柱耳塞	15	20	26	26	33	43	37	28.6
泡沫封耳罩	8	14	24	35	36	43	31	27.3
液体封耳罩	13	20	33	35	38	47	41	32.4
头盔	14	17	29	32	48	59	54	36.1

2. 内脏器官防护主要采用各种护具

我国研制的几种防护器材，对膛口冲击波能起到一定的生理保护作用。但是，调查发现，部队的实际装备数量与个人防护器材的使用情况均不理想。武器装备一线操作人员的发射安全保障问题亟待解决。

第十一章　中间弹道学实验研究

概　　述

中间弹道学实验研究以弹道靶道和靶场为主要的试验平台，由各类专门测量仪器与设备组成中间弹道测量系统。中间弹道靶道是全弹道靶道（含内弹道段、中间弹道段、外弹道段、终点弹道段）的组成部分之一。图 11-1 是弹道重点实验室的全弹道靶道。

图 11-1　弹道重点实验室的全弹道靶道

弹道靶道基准系统测量的坐标精度可以达到 $\sigma_x \leqslant 1.5$ mm，$\sigma_y = \sigma_z \leqslant 0.6$ mm 的指标。时间系统测量精度可以达到 1 μs。

中间弹道实验属于瞬态流场测量的范畴。虽然测量仪器已有通用商品，由于膛口流场测试要求的特殊性，各国的中间弹道学研究大多单独研制了专用实验系统。本章也不再介绍通用的瞬态测量仪器，仅重点介绍我室自主研制的中间弹道实验系统，包括：

① 膛口流场显示系统；
② 膛口流场温度测量；
③ 膛口流场速度测量；
④ 膛口冲击波场压力测量；
⑤ 后效期参数及膛口装置效率测量；
⑥ 中间弹道靶道测量。

第一节　膛口流场显示系统

膛口流场显示是用光学方法记录流场的瞬时参数以及间断和运动体的边界。与其他测量方法相比，光学测量没有惯性、不干扰流场并能全面显示流场结构及变化过程，广泛应用于高瞬态过程的研究中。20 世纪初，克朗次第一次用火花光源拍摄到子弹高速飞行的阴影相片后，光学方法逐步成为弹道学的主要实验手段，包括采用光机式（分幅、扫描、转镜）和光电式（脉冲闪光和变像管）高速摄影等。

膛口流场是微秒级瞬态流场，在膛口流场发展过程中，气流和各种强、弱间断的运动速度在 300～2 500 m/s 范围内变化。膛口焰和未燃完固体颗粒的喷射，超声速运动弹丸穿越流场等的干扰，以及安装膛口装置后，流场区域的成倍加大，大大增加了光学测量的困难。因此，对光学测量的要求是，在强光与电磁干扰环境下能够清晰地显示大区域流场的精细结构及其随时间变化的规律。

基于上述特点，膛口流场显示系统应以光学折射率原理的透射成像为主，实物成像为辅；图像记录则以脉冲闪光高速摄影方法为主，辅以转镜式分幅高速摄影。膛口流场显示系统的这种选择，既有利于协调空间—时间分辨率、大视场、强光干扰和低成本的矛盾，也为其他流场参数（压力、气流温度、速度）的测量方法准备了融入的条件，最终形成了弹道重点实验室完整的中间弹道学实验系统。

一、膛口流场脉冲闪光系统的原理及组成

1. 膛口流场光学折射率显示原理

对透明流场进行光学摄影的基本原理是：当光线通过被测流体时，在介质密度发生变化的位置，折射率也随之改变，出现了偏折现象。此处光线移位，光强分布变化，出现亮、暗的光区。流场显示主要有三种方法：阴影法、纹影法和干涉法。

阴影法：光强分布与密度分布的二阶导数有关，其成像为一亮一暗的条纹，可清晰地显示密度突变部位——强间断（激波阵面）及弱间断（接触间断面和切向间断面）的轮廓，因此，是目前膛口流场显示的主要方法，也是本书重点介绍和使用的方法（图 11-2）。

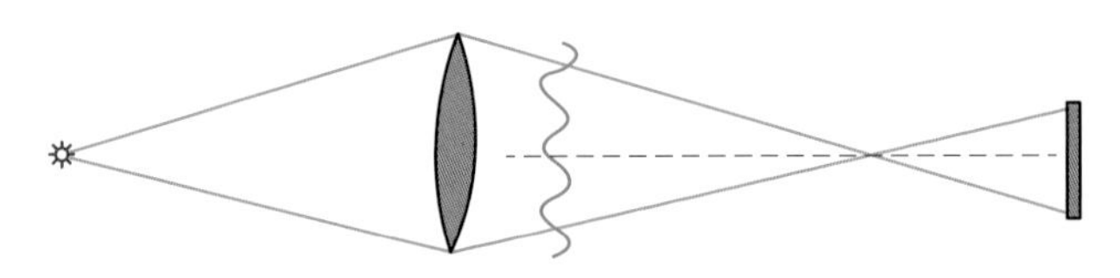

图 11-2 阴影法光学系统原理

纹影法：光强分布与密度分布的一阶导数有关，其成像反映流场的密度梯度变化（图 11-3）。

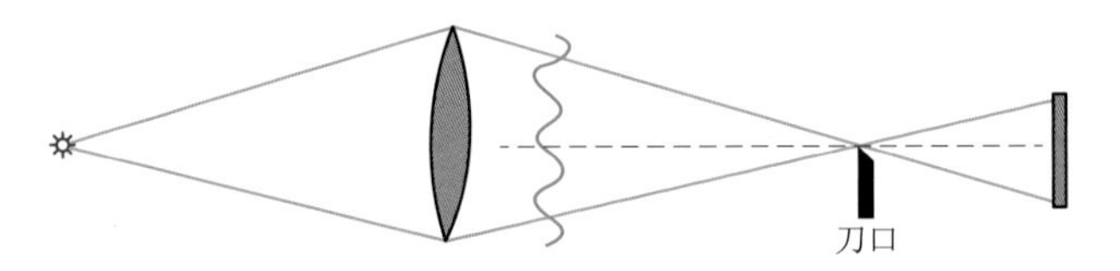

图 11-3 纹影法光学系统原理

干涉法：光强分布与密度成正比，可直接反映流场的密度分布，用于流场的定量测量（图 11-4）。

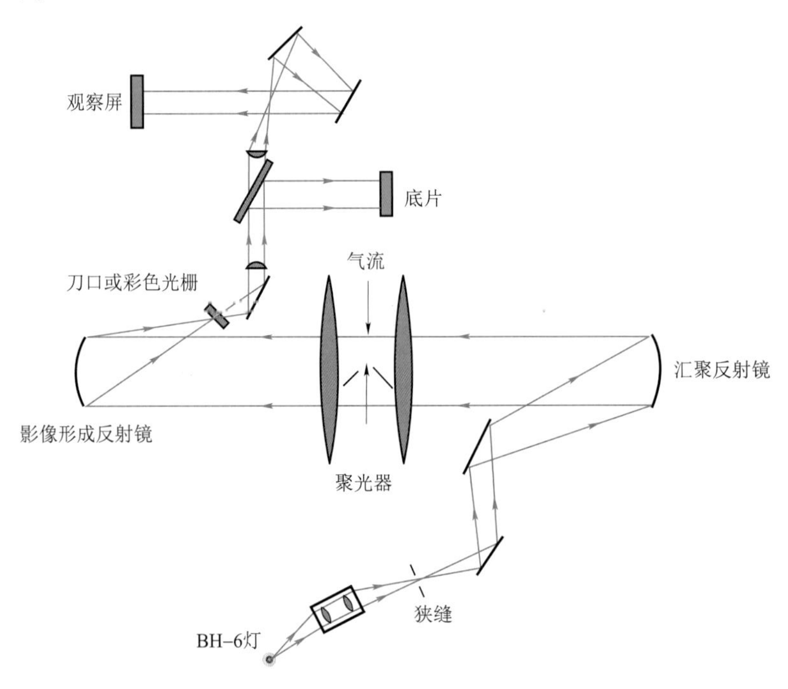

图 11-4 干涉法光学系统原理

2. 膛口流场脉冲闪光阴影摄影系统的组成

主要由脉冲光源、光学显示、同步控制及成像系统组成。

（1）脉冲光源

主要采用三种脉冲光源——火花光源、激光光源（单次及多次）和脉冲 X 光光源。

1）火花光源

火花光源是利用高压 L-C 回路中二电极隙（称火花隙）在空气或惰性气体中触发放电产生的短脉冲闪光。

自主研制的 YA-1 火花光源由高压电源、放电回路及高压脉冲触发器三部分组成（图 11-5）。

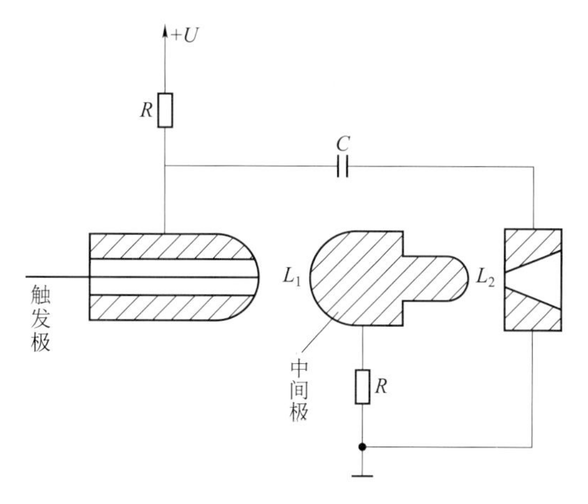

图 11-5　YA-1 串联火花光源

由于具有良好的连续光谱特性，以及较高的光能输出（大于 10 J）、短闪光时间（小于 0.5 μs，图 11-6）和点源（小于 0.5 mm）等光学特性，图像分辨率达 40 线对/mm，YA-1 是弹道靶道及瞬态流场显示的主要光源之一。本书的闪光高速阴影照片都是此光源拍摄。

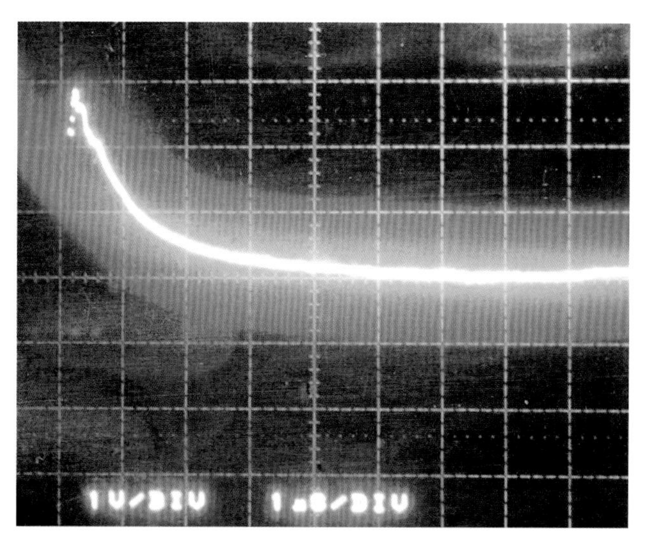

图 11-6　YA-1 火花光源闪光时间曲线

2）固体脉冲激光光源

固体脉冲激光光源是由固体脉冲激光器产生的单次或连续有控激光光源。固体脉冲激光器主要由工作物质、激励能源和谐振腔组成。

利用电光调 Q 开关，控制谐振腔的输出端以单一脉冲形式或按一定的时间顺序将峰值功率很高的单个或多个脉冲激光输出。作为膛口流场显示的光源，固体脉冲激光光源与火花光源相比，其优点是：

① 光能输出大，可实现 10 m 直径的大光区拍摄；

② 单色性，采用干涉滤光片滤除环境光，可在白天拍摄（图 11-7）；

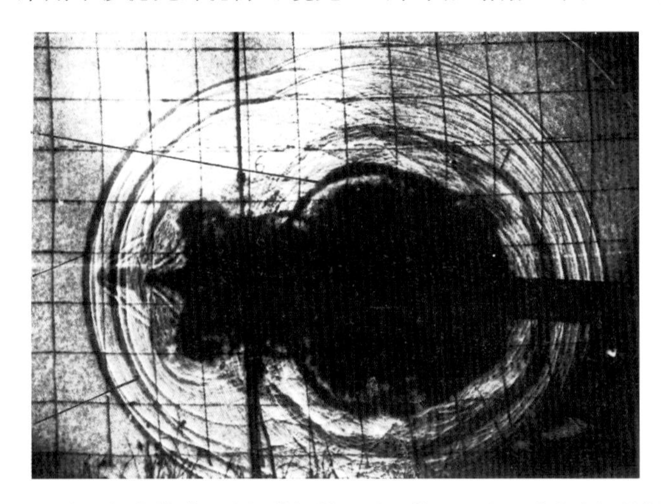

图 11-7　大口径火炮膛口流场的间接阴影照片（红宝石激光光源拍摄）[37]

③ 闪光时间短（20 ns），有利于超高速运动体的拍摄。

其缺点是：

激光光束的发散性和相干性，需依靠光路调制成点源，效果不如火花光源。

以下简单介绍三种常用的固体激光器。

① 红宝石激光器：工作物质是掺有三价铬离子（Cr^{3+}）的红宝石刚玉（Al_2O_3）晶体。在脉冲氙灯激励下输出波长为 0.694 3 μm 的红色脉冲激光。

② YAG 激光器：工作物质是掺有三价钕离子（Nd^{3+}）的钇铝石榴石晶体（简称 YAG）。在脉冲氙灯激励下输出激光波长为 1.064 μm 的红外脉冲激光。采用倍频（二次谐波）技术可转换为 0.53 μm 的绿色光。

③ 钕玻璃激光器：工作物质是掺有三价钕离子（Nd^{3+}）的优质光学玻璃（常用硅酸盐玻璃）。在脉冲氙灯激励下输出波长为 1.064 μm 的红外脉冲激光。钕玻璃激光器的成本较低、器件的能量转换效率较高，可制成较大尺寸的器件，获得较高功率或较大能量（高于几千焦耳）的近红外脉冲激光。

3）半导体脉冲激光光源

半导体脉冲激光光源是由半导体激光器产生的单次或连续有控的激光光源。半导体激光器又称激光二极管（LD）。是20世纪末发展起来的新一代激光器。与固体激光器相比，体积小、质量轻、寿命长，波长范围宽，成本低、易于大量生产。近年来，高功率半导体激光器（特别是阵列器件）发展很快，脉冲工作状态的半导体激光器，其峰值输出功率也有较大提高，有望进入瞬态流场显示的科研领域。目前推广应用面临的主要困难是单脉冲功率不足。

（2）光学显示

主要采用两种系统——直接阴影摄影系统和间接阴影摄影系统。

1）直接阴影摄影系统

为脉冲点光源在与光轴垂直的胶片上直接成像。依据几何光学原理，在点光源尺度极小、脉冲闪光时间极短时，高速运动的拍摄对象可达到比其他高速摄影更高的光学质量，光学分辨率高于40线对/mm。

2）间接阴影摄影系统

为脉冲点光源经各种与光轴垂直的光学聚焦系统后在胶片或CCD片上成像。因聚焦场镜的不同，又分为以下三种。

① 透射式聚焦阴影系统：用光学凸透镜作为聚焦场镜。当膛口流场的测量范围超过400 mm时，为消除大口径光学凸透镜的像差，须采用非球面的光学场镜，才能保证光学质量（光学分辨率可达40线对/mm），但其加工成本将成倍增加。高品质有机玻璃板的菲涅尔非球面场镜直径可加工为500～800 mm，但是，光学质量降低至20线对/mm以下。有关菲涅尔非球面镜及使用实例见本章第六节。

② 反射式聚焦阴影系统：用光学凹面镜作为反射聚焦场镜。这种光路是较易达到高光学质量、成本适中的光学系统。现有的瞬态流场显示系统多采用，光学分辨率也可达40线对/mm。

③ 珠光球幕阴影系统：用珠光球幕作为反射聚焦的大面积场镜。珠光球幕是一种超细玻璃珠铺成的平面球幕，这种光幕具有入射光路与反射光路重合的特性，可以做成非常大的面积，例如4 m×6 m，是目前各国弹道靶道使用最多的反射场镜。其优点是成本很低，但其光学分辨率也是几种间接阴影摄影法中最低的，一般在15线对/mm以下。

（3）同步控制及成像系统

主要分为单幅和多幅（多闪光）高速阴影摄影系统。

1）单幅高速阴影摄影系统

以脉冲光源单次短闪光“冻结”流场结构的摄影系统。在中间弹道膛口流场实验中，主要显示流场的流谱结构、膛口射流与冲击波波阵面的发展、弹丸空间姿态及脱壳状态等。与纹影和干涉法相比，阴影摄影系统简单、可靠、清晰度高，显示的流场范围大，因此，在实验室、弹道靶道乃至靶场中一直广泛使用。

2）多闪光高速阴影摄影系统

多闪光高速阴影摄影原理是克兰茨一沙丁于 1929 年发明的，又称克兰茨一沙丁摄影机。其基本思想是将高速摄影的时间分幅转变为空间分幅，以获得较高的空间分辨率。它不同于依靠胶片运动（间歇或连续）与转镜分幅的各种高速摄影机，用脉冲光源的光分幅，比较容易达到 10^6 幅/s 以上的高摄频，并保持如单幅高速阴影的高分辨率。分幅原理如图 11-8 所示。

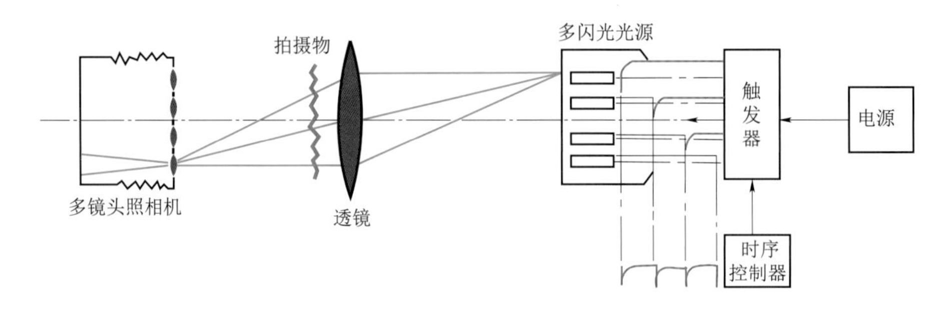

图 11-8　多闪光高速摄影机原理图

图中，多闪光光源由 N 个按一定阵列排列的脉冲点光源组成，由单独的高压电源为脉冲光源的储能电容供电。时序控制器是一台可以按照预先置入的时间间隔输出序列电脉冲信号的延时器，当它由启动信号开启后，序列电脉冲进入触发器，依次点燃脉冲光源，使第 1，2，…，i，…，N 个光源按预先置入的时间间隔依次闪光，经场镜聚焦于多镜头相机，并在底片上拍摄出 N 幅画面。很显然，多镜头相机亦需 N 个镜头，它们分别与各自的光源一一对应，组成独立的光学系统。

可见，多闪光高速摄影机没有高速运动零件和底片，拍摄物及光源没有相对运动，快速运动的拍摄物是通过脉冲光源的短闪光将其“冻结”的，而拍摄频率则依靠时序控制器的预置时间间隔确定。光源或镜头数 N 就是高速摄影机的总幅数。

多闪光高速摄影机的主要优点：空间分辨率可达 40 线对/mm 以上，高于其他类型高速摄影机；时间分辨率高；结构简单、价格低，使用维修方便。

多闪光高速摄影机的缺点：拍摄范围限于外加照明光源的阴、纹影及偏振光显示；光源以一定角度偏离光轴，存在视差。

图 11-9 是自主研制的 YA-16 多闪光高速摄影机的光路图。

① 多闪光光源：4×4 阵列排列，共 16 个独立火花光源。光源直径 0.6 mm，闪光时间 0.5 μs。

② 闪光序列时间控制：采用电脑控制，自动分幅，两幅间的时间间隔可在大范围内任意改变，实现了 1～10^6 幅/s 变摄频高速摄影。多路独立式光电转换显示器实时接收光信号，给出准确的时间坐标，时间分辨率可达 0.1 μs。

③ 场镜：直径 0.5 m。可获取大范围流场显示，以适应多幅连续拍摄的需要。

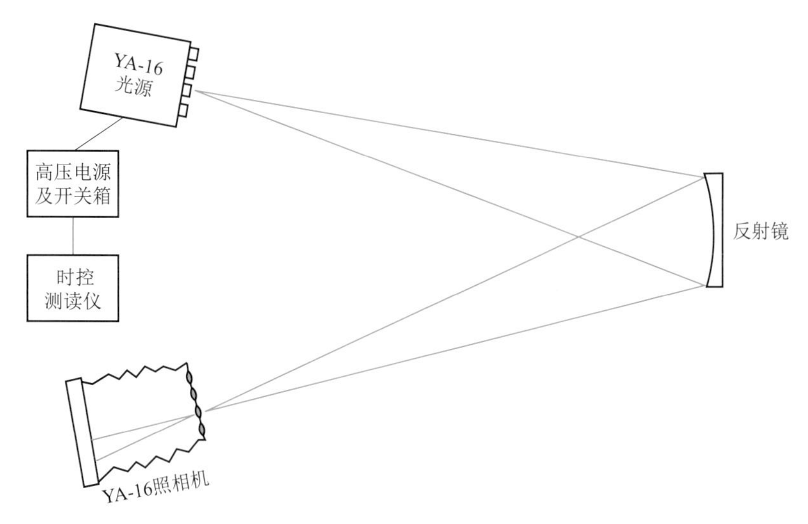

图 11-9　YA-16 多闪光高速摄影机光路图

图 11-10 为 YA-16 多闪光高速摄影机拍摄的带膛口偏流器的流场发展图。

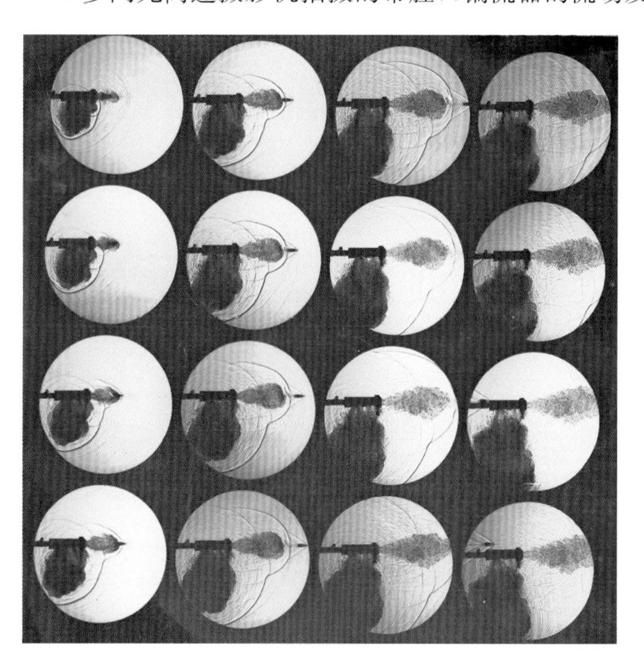

图 11-10　YA-16 多闪光高速阴影摄影（幅间隔 20 μs）

二、脉冲 X 射线阴影摄影

作为中间弹道实验手段之一，脉冲 X 射线阴影摄影是利用脉冲 X 射线的单次或多次辐射对受到身管、膛口装置、烟雾、火焰等遮挡的弹丸扰动运动、脱壳过程进行的阴影摄影。

脉冲 X 射线阴影摄影系统以专业厂商供应为主，自研为辅。弹道重点实验室采用瑞典 Scandiflash 公司的产品。

1. **组成和原理**

脉冲 X 射线阴影摄影与普通可见光阴影摄影的成像原理相同，仅光源为脉冲 X 射线管。其系统由控制柜、高压脉冲发生器、X 射线管及带增感屏的 X 光感光片组成（图 11-11）[40]。

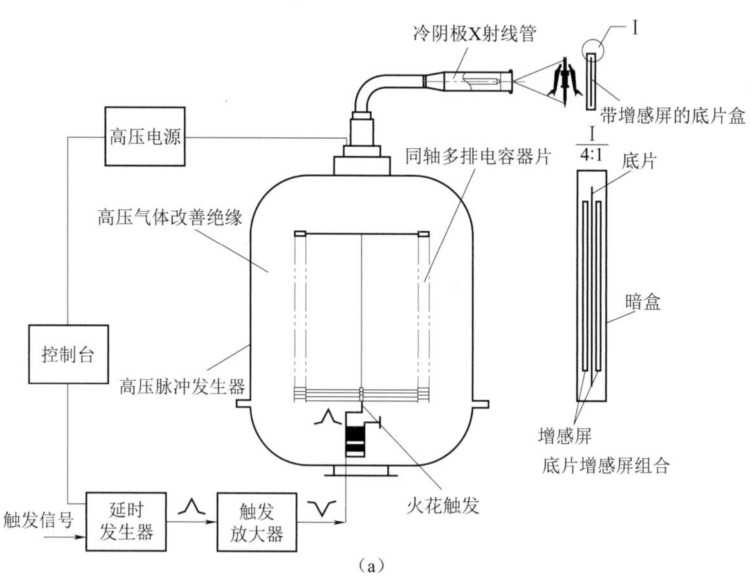

(a)

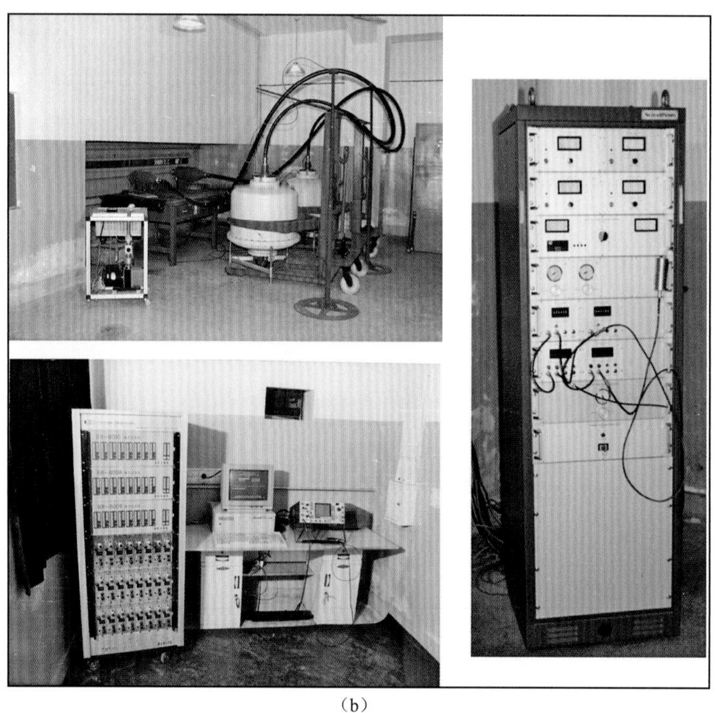

(b)

图 11-11 单幅脉冲 X 射线阴影摄影系统

(a) 原理图；(b) 系统照片

（1）X 射线管

采用冷阴极原理，在环形冷阴极中心有一锥形阳极，通过改变阳极直径来调整电子束的焦斑。

（2）高压脉冲发生器

原理与火花光源类似，是供 X 射线管放电的脉冲电容器组，为了保证电子束形成具有一定透射能力的超短脉冲 X 射线，其工作电压在 100～1 200 kV，峰值电流 10 kA 时，于 2.5 m 处穿透钢的深度 18～60 mm。

电容器罐由同轴钣式多片结构组成，尽量消除分布电感，并充以高压绝缘气体以改善绝缘，缩短电容器片间距，使 X 射线输出脉冲宽度低至 20 ns。

（3）控制柜

由高压电源、触发装置等组成。

高压电源采用 Marx 发生器原理，即并联充电、串联放电（图 11-12）。

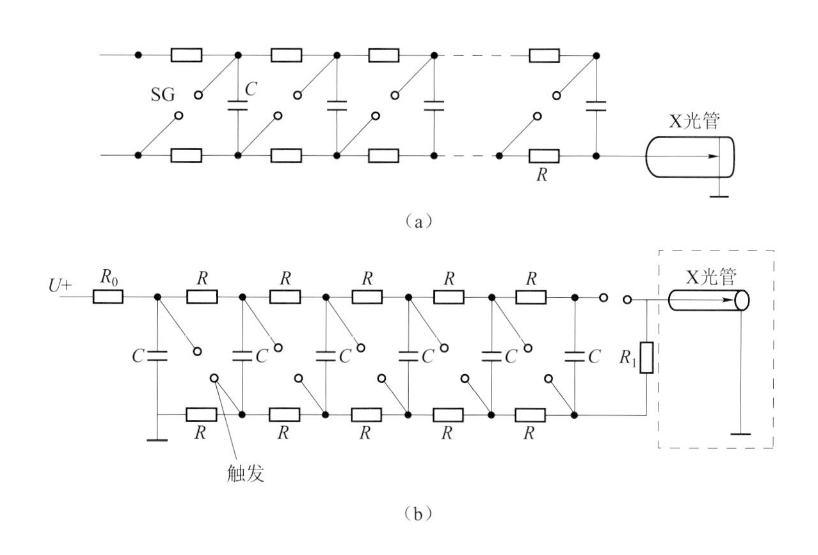

图 11-12　高电压 Marx 发生器电路原理图

（a）并联充电；（b）串联放电

2. **光路**

脉冲 X 射线阴影摄影的视场深度大，易于调整。主要采用两种光路：

（1）单幅（序列）脉冲 X 射线阴影摄影（图 11-13 和图 11-14）

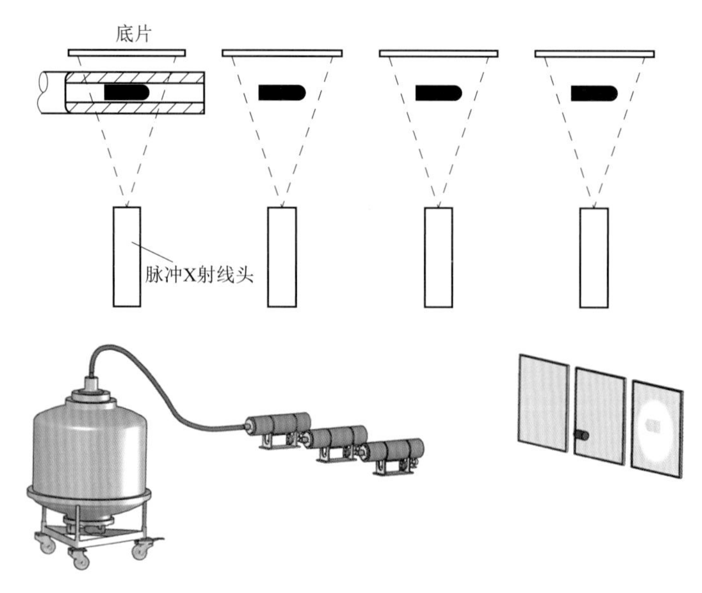

图 11-13　单幅脉冲 X 射线阴影摄影（序列）

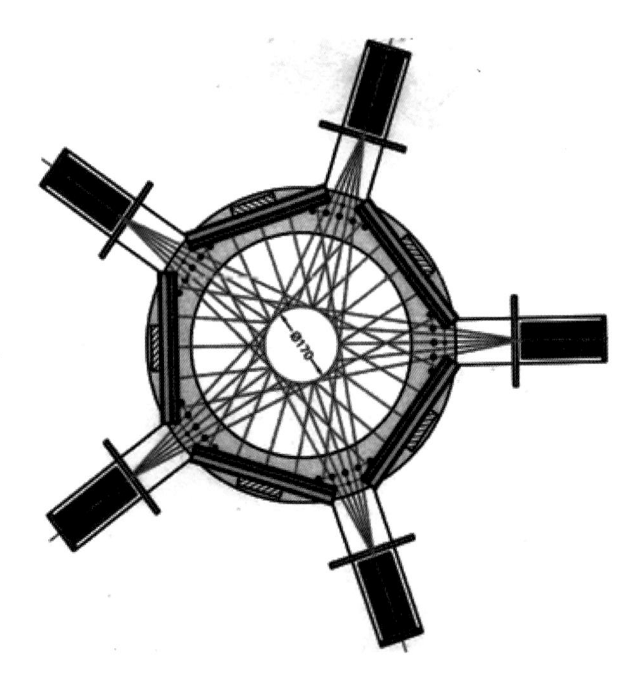

图 11-14　单幅脉冲 X 射线阴影摄影（交会）

（2）多阳极管

在同一个真空室内放置几个 X 射线源，多通道的 CCD 相机记录和储存图像，如图 11-15 所示。

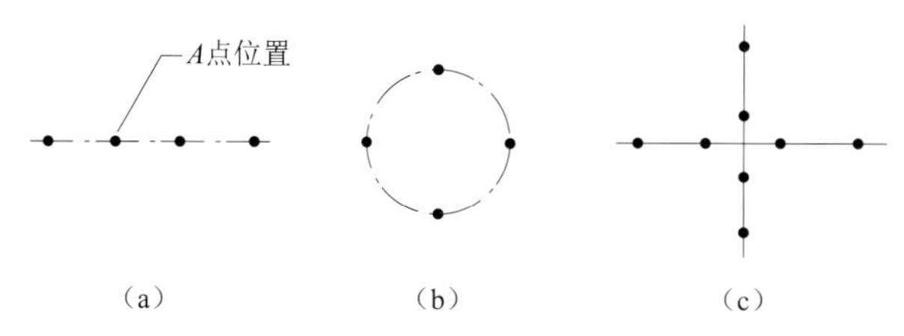

图 11-15　多阳极管位置图

（a）MAT 150-4L；（b）MAT 450-4C；（c）MAT 450-8X

第二节　膛口冲击波场压力测量

火炮（枪）发射时，膛口冲击波和脉冲噪声以超声速和声速向四周传播，影响人员、装备的安全。膛口冲击波及脉冲噪声场的测量既是膛口流场基本规律的研究内容，也是武器研制和鉴定的主要科目。检测的依据是国家制定的安全防护标准。测量的参数是以冲击波超压等压线与脉冲噪声等声压级线表示的压力场空间分布与随时间的传播规律。

典型的膛口冲击波场超压等压线的测量结果如图 11-16 所示。

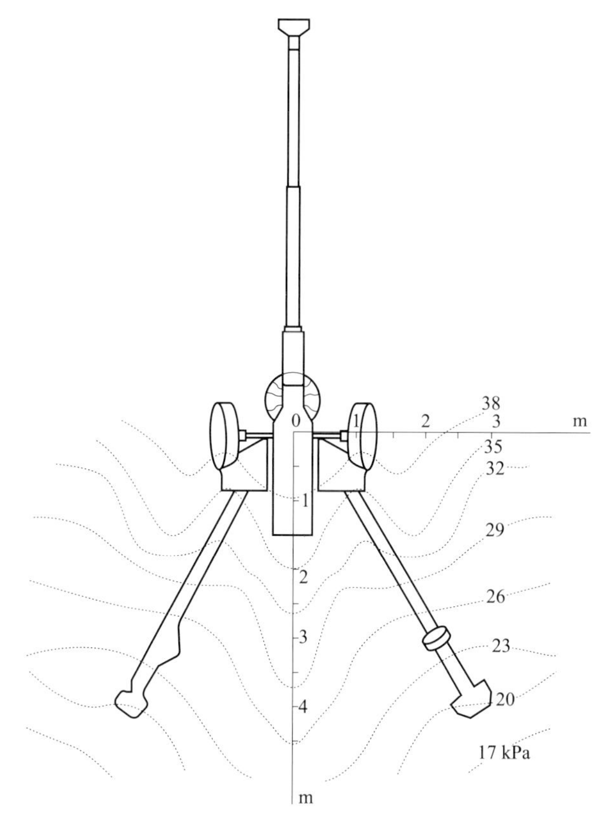

图 11-16　膛口冲击波场超压等压线

典型的膛口冲击波压力波形如图 11-17 所示。膛口冲击波属于弱冲击波范畴，其超压值为 6.9～70 kPa。

典型的膛口脉冲噪声压力波形如图 11-18 所示。膛口脉冲噪声的声压级为 130～170 dB。

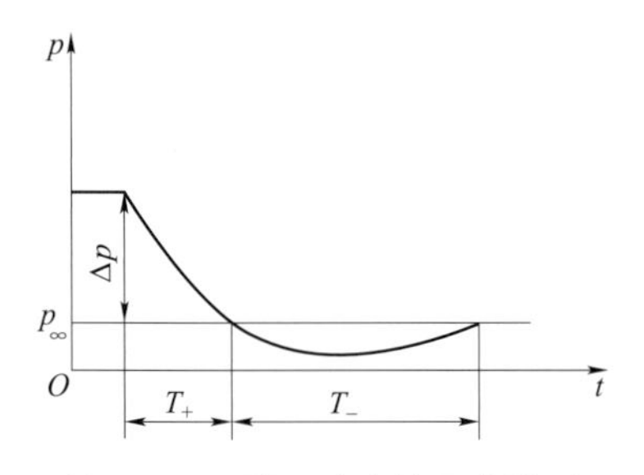

图 11-17 膛口冲击波压力波形

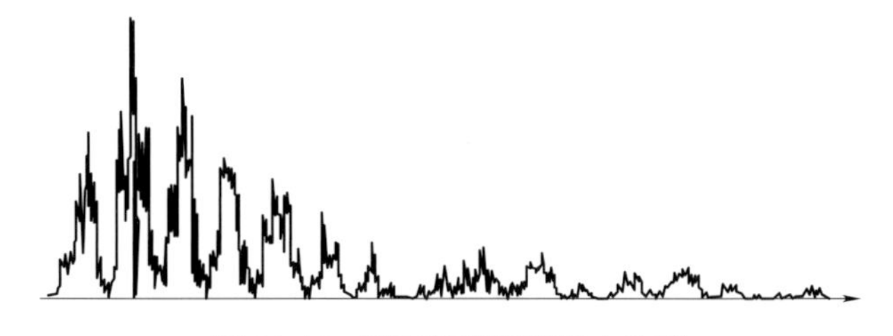

图 11-18 膛口脉冲噪声压力波形

冲击波波阵面的前沿十分陡峭，小于 1 μs，频谱大于 1 MHz，实际的测量系统均有一定的带宽，不失真地测量和记录有很大困难。

当允许冲击波响应时间为 3 μs，幅值误差不大于 5%时，要求测量系统的频响带宽不小于 100 kHz。此带宽对压力测量系统的要求比较高。

对冲击波测量系统的技术要求：

① 系统动态响应特性及频带宽；

② 系统稳定性及可自动调零功能，减小随机误差；

③ 可进行系统静态与动态标定，便于分析误差；

④ 长传输线多路测量的信号保真。

本节主要介绍膛口冲击波超压测量方法。膛口脉冲噪声测量原理类似，不再单独叙述。

一、膛口冲击波超压场测量系统

近 20 年来，随着传感技术、数字化技术以及信号记录、存储、传输技术，尤其是数据采集系统的快速发展，使高动态响应、高精度的瞬态压力测量方法已较成熟，专用和通用的仪器设备也多商品化，膛口冲击波超压场的测量水平得到很大的提高。

膛口冲击波超压测量系统，是一个以现场测量为主的多传感器、长线传输的瞬态压力测量系统，其组成一般包括图 11-19 所示部分。由于年代不同，所用的仪器和测量方法有所区别。

冲击波多通道测量系统是将多点测量传感器的输出信号通过长信号电缆传输给远端的多通道信号调理器和数据采集系统。其中，传感器特性与技术指标是判断系统能否适用于膛口冲击波测量的关键环节之一。传感器是一种能感受和检测被测压力信号并能按

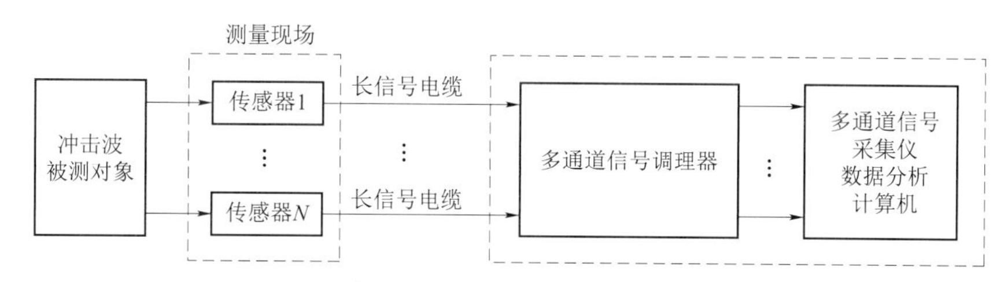

图 11-19 膛口冲击波多通道测量系统结构图

一定精度和规律变换成为电信号输出，以满足信息的传输、处理、存储、显示、记录等要求的测量装置，是将非电的压力信号转变为电压（电流）信号的转换装置。

可以满足膛口冲击波压力测量要求并被推广应用的压力传感器有压电式和压阻式两种。

1. 半导体压阻式冲击波超压测量系统

压阻式压力传感器组成的测试系统的频率响应一般在 0～100 kHz 以上，由于其下限截止频率达到 0 Hz，所以能减小相位失真，并有利于对负压区的测试，又因其上限截止频率达到 100 kHz 以上，是测试冲击波的理想传感器。

（1）压阻式传感器

半导体压阻式传感器是利用半导体硅单晶材料各向异性和压阻效应，以硅片作为弹性元件的一体化微机电传感器，又称为扩散硅压阻式传感器。

压阻式压力传感器是二阶传感器系统。二阶传感器单位阶跃响应曲线如图 11-20 所示。

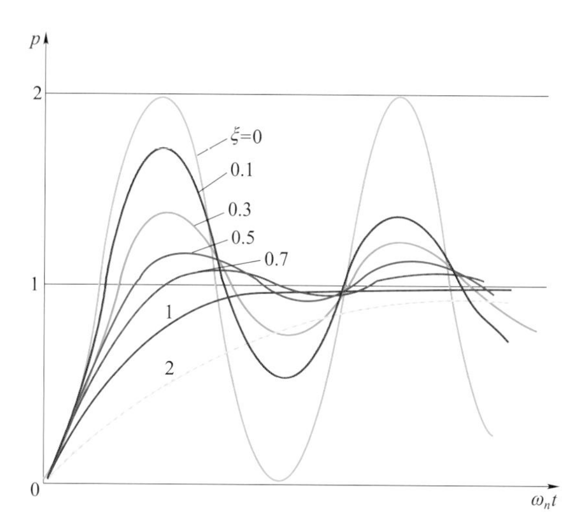

图 11-20 二阶传感器单位阶跃响应曲线

由二阶传感器的单位阶跃响应曲线可以看出，二阶传感器对阶跃信号的响应主要取决于阻尼比 ξ 和固有角频率 ω_n。

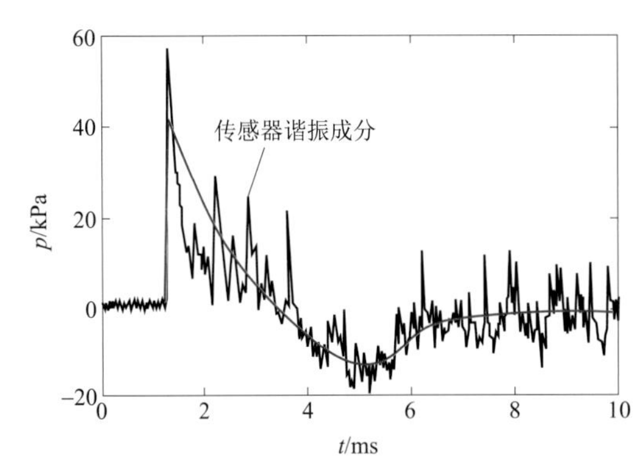

图 11-21　欠阻尼系统测量的冲击波波形

现有国内外压阻式压力传感器阻尼比 $\xi \leqslant 0.3$，都属于欠阻尼工作状态，所测得的冲击波波形如图 11-21 所示。

压阻式压力传感器技术指标的选择，重点是阻尼比 ξ 与响应时间 t_r。当阻尼比 $\xi=0.65 \sim 0.75$，固有频率为 100 kHz 时，响应时间 t_r 为 3 μs，信号测量误差不超过 5%。

扩散硅压阻式传感器的结构如图 11-22 所示，其加工过程和工作原理是将硅单晶片按一定方向制成周边固定的圆形或方形“硅杯”，作为弹性膜敏感单元。核心部分是一块圆形的硅膜片，在膜片上面通过集成电路的方法扩散了四个阻值相等的电阻，构成惠斯登电桥。膜片周围用一圆环（硅杯）固定。

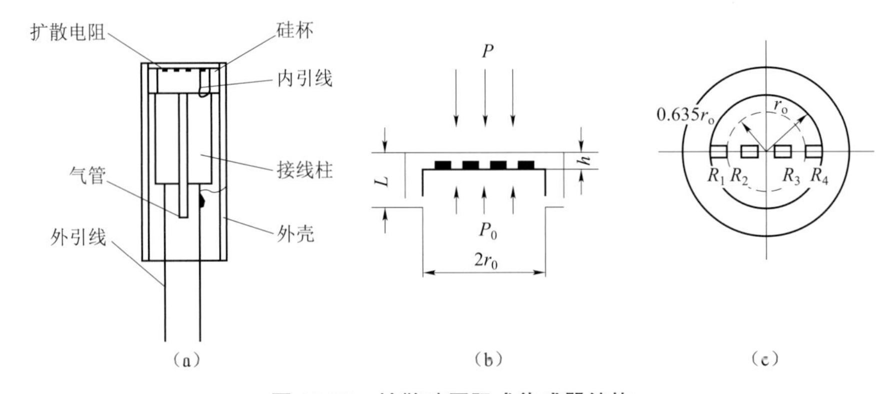

图 11-22　扩散硅压阻式传感器结构

（a）结构图；（b）硅杯；（c）硅杯电阻

P—被测压力；P_0—参考压力；h—硅膜片厚度

当无压力作用时，电桥处于平衡状态，无电压输出；当膜片两边压力不同时，电阻值发生变化，电桥失去平衡，输出相应电压。该电压和膜片的压力差成正比，从而得到膜片承受的压力差。

压阻式压力传感器具有以下特点：

① 高灵敏度。其灵敏系数比金属应变式压力传感器大 50～100 倍。一般满量程输出最大 100 mV 左右。

② 结构尺寸小，质量轻，直径小于 2 mm。

③ 高频率响应，大于 150 kHz，最高达 1 MHz。

④ 精度可达 0.1%。

⑤ 需采用温度补偿。由于采用半导体材料硅制作，传感器及放大器对温度比较敏感。

近些年来，国内外从事压阻式压力传感器研发、生产的单位很多，动态特性、测量精度、稳定性、环境温度等指标又有明显提高。和其他几种传感器相比，压阻式动态压力传感器正在成为动态测量的首选传感器，已在一些国家的测量标准中建议使用。

（2）直流放大器

直流放大器的特点是频带宽，温度和灵敏度漂移大。为此，在靶场测量时，要求直流放大器具有温度零位漂移自动调零功能，以适应野外温度变化时各测点基线的一致性。

2. 压电式膛口冲击波超压测量系统

压电式膛口冲击波超压测量系统框图如图 11-23 所示。

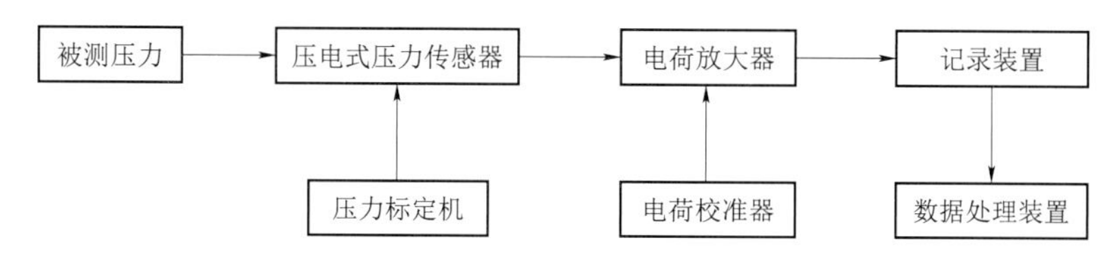

图 11-23　压电式膛口冲击波超压测量系统框图

（1）压电式压力传感器原理

压电式压力传感器是利用压电材料（如石英天然晶体、酒石酸钾钠、锆钛酸铅、磷酸二氢铵等人工晶体），在冲击压力作用下，产生压电效应，将压力信号转换为电信号的传感器。压电传感器的结构原理如图 11-24 所示。

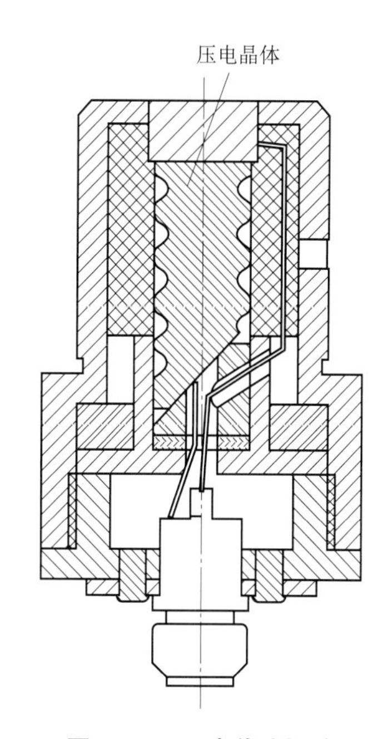

图 11-24　压电传感器的结构原理图

用压电式压力传感器测量膛口冲击波，列入美军早期的《兵器试验规程》的是美国陆军阿伯丁靶场，该靶场研制了三种形式的压电传感器。

① 铅笔形自由场冲击波压力传感器（图 11-25（a））。呈铅笔形状，长 250 mm，直径 12 mm，杆的中部嵌入同口径的环形锆钛酸铅晶体。现场测试时，传感器的尖部均朝向膛口冲击波方向，可以测量人体和其他被测物的冲击波作用。该传感器已被美国 PCB 公司生产，为 137A20 系列，用带加速度补偿的石英晶体代替压电陶瓷，铅笔及敏感元件的形状、尺寸均做了改变，内置了集成电路放大器以驱动长电缆，传感器性能也得到改善。

② 饼状传感器。以电石为敏感元件，做成盘状镶于环形框内，直径约 55 mm。在测试现场，各传感器垂直放置在测点周边指向冲击波方向，以测量入射冲击波超压（图 11-25（b））。

③ 圆柱形传感器。原作为冲击波速度测量传感器，经 PCB 公司开发为微型自由场冲击波压电传感器（132A31 型）（图 11-25（c））。

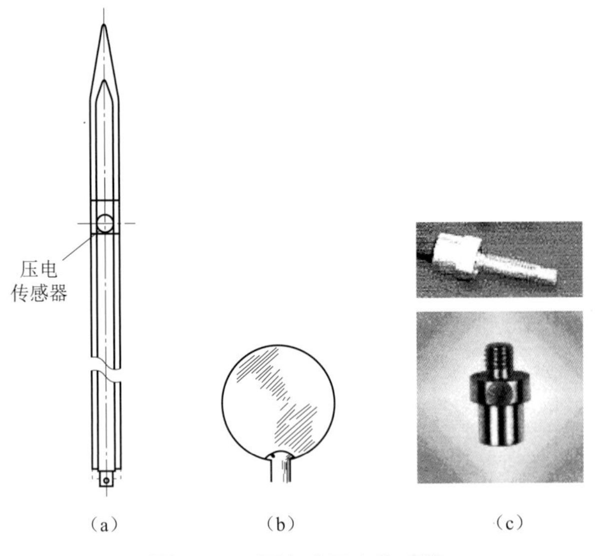

图 11-25 压电式压力传感器

压电式压力传感器的特点：

① 高频率响应为 500 kHz～1 MHz；

② 压力分辨率很高，可测量极微弱的压力信号 0.02 kPa；

③ 最大过载高，是最小量程的 1 000 倍；

④ 上升时间可达 1～2 μs；

⑤ 低频响应差，不利于负压曲线测量及静态校准。

（2）电荷放大器

电荷放大器主要由电荷变换级、低通及高通滤波器、末级功放等组成。

电荷变换级首先将传感器的高输出阻抗变为低输出阻抗，把压电效应产生的电荷变换为与其成正比的电压。低通滤波器消除高频干扰信号对有用信号的影响，高通滤波器有效地抑制低频干扰信号对有用信号的影响，末级功放将信号放大输出。

二、传感器的布点及放置方法

1. 传感器布点

膛口冲击波超压场测量的目的是获得冲击波超压等值面或等值线。为此，需要在膛口周围以一定的排列方式放置足够数量的压力传感器，如图 11-26 所示。布放的区域由试验目的而定，当研究膛口冲击波机理和膛口装置对冲击波分布规律的影响时，应测量全流场（*A* 区）；当检查膛口冲击波对炮手区域的危害情况时，以测量后方区域为主（*B* 区）。布点方法以有利于插值计算超压等压线图为准。有等间隔射线和等间距网格两种，重点监测点（如炮手位置和设备）以其实际方位放置。测量的各布点冲击波超压数据经计算机软件处理后，得超压等压线或等压面。

2. **传感器放置方法**

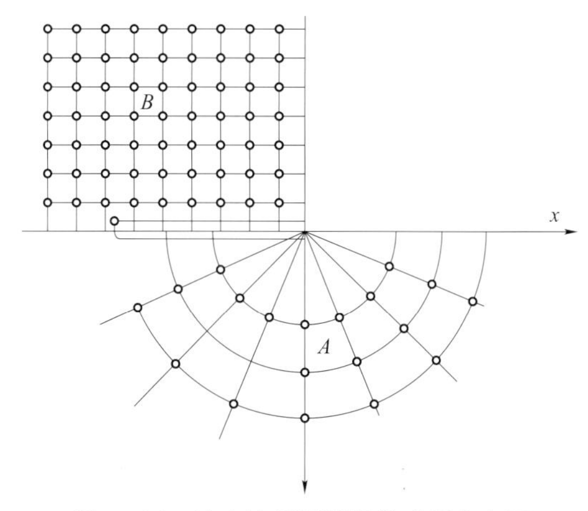

图 11-26　冲击波超压测量传感器布点图

在第一章和第四章已表明，实验和理论计算的膛口冲击波的分布规律，主要是指波阵面在空间各点扫过的压力变化规律，即入射压力规律。当波阵面遇到障碍物时，将发生反射、绕射等现象，此时在障碍物测压表面测得的冲击波压力将是反射或绕射后压力。

任意放置的压力传感器所测得的超压 Δp_2 以及每个炮手耳朵、胸部所承受的超压值绝不等于所在位置的入射超压值 Δp_1，而是和传感器工作面、炮手的感受面面积 S 以及工作面与冲击波入射方向（即波阵面法线方向）的夹角（入射角 α）有关，即

$$\Delta p_2 = f(\Delta p_1, S, \alpha)$$

图 11-27 是反射超压与工作面积及入射角关系曲线。由图可见，当 $\alpha = 0°$ 时，传感器工作面感受的是冲击波波阵面的超压（称入射超压）；当 $0° < \alpha < 90°$ 时，为斜反射超压；当 $\alpha = 90°$ 时，为不完全正反射超压；当 $\alpha = 90°$，且反射面无穷大时，为完全正反射超压 $(\Delta p_2)_m$，此值可以按下式计算：

$$(\Delta p_2)_m = 2\Delta p_1 + \frac{6\Delta p_1^2}{\Delta p_1 + 7p_\infty}$$

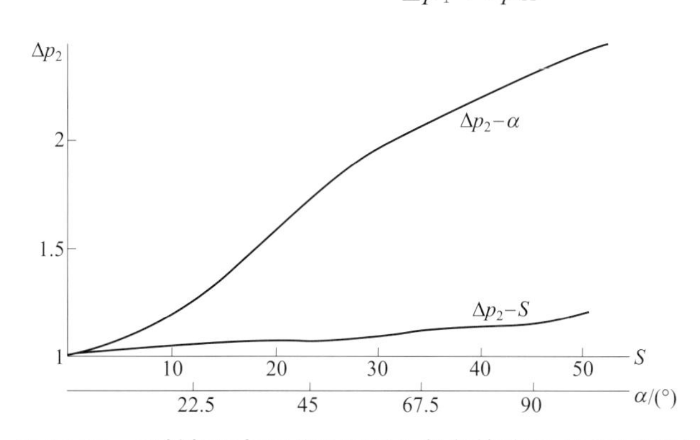

图 11-27　反射超压与工作面积及入射角的关系（试验曲线）

因此，在测量膛口冲击波场时，必须将传感器工作面与入射冲击波方向一致（$\alpha = 0°$）时，才能测得准确的结果。只有传感器尺寸和工作面积足够小时，放置的方向影响才比较小。

由于膛口冲击波（尤其是带膛口装置的膛口冲击波）波阵面形状在测量之前是未知的，那么，传感器如何放置才能测出入射冲击波超压呢？实际上，通过炮膛轴线与耳轴平行的平面是膛口冲击波波阵面的法线方向。因此，将传感器工作面置于此平面内所测的都是该点的入射冲击波超压。图 11-28 所示为弹道重点实验室膛口冲击波场测量现场。身管处于水平射击状态，压阻式压力传感器的工作面与炮管轴线同一水平面。

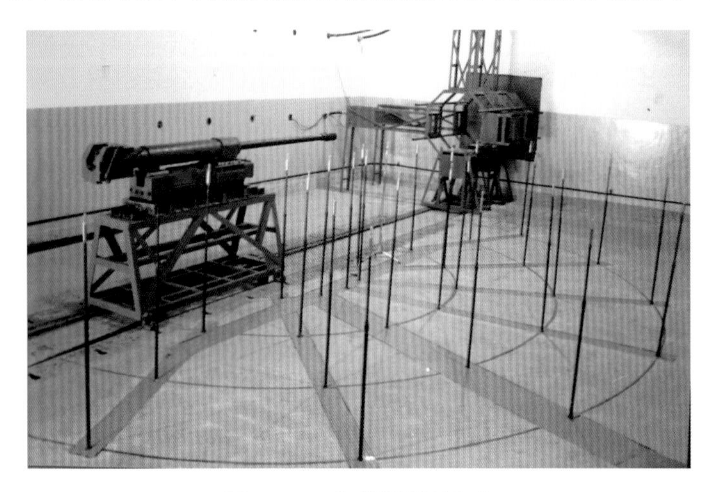

图 11-28 传感器放置方法

三、标定方法

通常用两种方法进行测量系统的标定。

1. 静态标定

采用经过校准的"标准"静态量作为输入量，如加上几个标准压力，测出测量系统的输出值与压力间的关系，作为换算和校准的依据，同时，也检查测量系统的静态特性，如灵敏度、非线性度、分辨率、重复性等。

2. 动态标定

采用随时间变化的输入量（如阶跃或脉冲曲线），获得全系统的传递函数，以检查瞬态测量系统频率响应特性和保真度。

压力传感器的动态标定方法分激波管标定和炸药点爆炸标定两种。

（1）激波管标定法

用激波管产生几个不同强度的激波，同时测量激波阵面速度以计算激波超压，以此作为标定冲击波测量系统的基准。

图 11-29 是弹道重点实验室的 58 mm×58 mm 方截面标定激波管。采用方截面比圆截面更容易保证传感器表面与侧壁齐平，减少对激波传播的干扰。

激波管的驱动段侧壁上开有六个窗口，分别装有一个触发传感器、两个测速传感器和三个被标定的压阻式传感器。每对窗口之间的距离为 400 mm，两个测速传感器之间

图 11-29　弹道重点实验室激波管标定系统

的距离为 ΔL。测量激波扫过时间 Δt，即可计算波阵面速度

$$D=\frac{\Delta L}{\Delta t}$$

再按下式计算激波阵面超压

$$\Delta p=\frac{2k}{k+1}\left(\frac{D^2}{a_\infty^2}-1\right)p_\infty \tag{11-1}$$

图 11-30 是标定的激波波形记录。图 11-30（a）是激波管开口状态时三个传感器测量的波形，波形尾端是衰减段；图 11-30（b）是激波管闭口状态时三个传感器测量的波形，后段是反射激波。

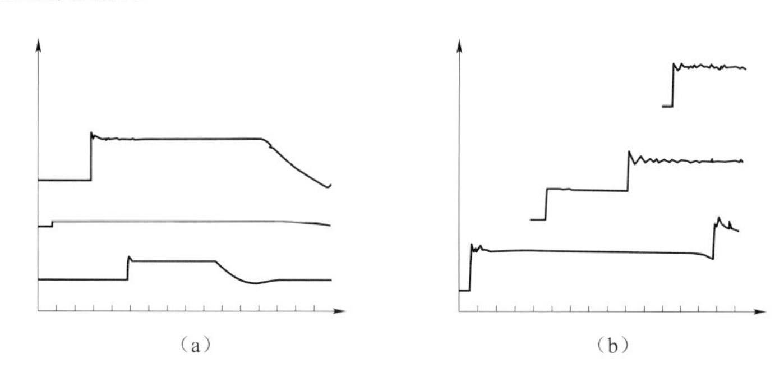

图 11-30　激波管标定的激波波形

（a）激波管开口状态的标定波形；（b）激波管闭口状态的标定波形

（2）点爆炸标定法

用一定形状炸药，在不同距离产生几个冲击波压力，同时测量波阵面速度以计算这些压力，以此作为标定膛口冲击波测量系统的基准。由于炸药冲击波与被测膛口冲击波的信号特性和超压等级接近，使动态标定更合理。图 11-31 是点爆炸冲击波标定的原理图。采用圆柱形 TNT 压制粉状炸药，参数为：装药量 22.2 g，密度 1.55 g/cm^3，药柱长径比 1.93。采用空中悬挂方式，电雷管引爆。

被标定的压阻式传感器置于同一半径 R 的圆周上，炸药在同平面的圆心。两个压电测速传感器分别置于同平面被测半径前后的等距离（ΔL）射线上。与爆心的距离分别为 $R-\Delta L/2$ 和 $R+\Delta L/2$。

当炸药引爆时，同一半径 R 的圆周上，被标定的传感器测得冲击波超压 ΔP，其值由测速传感器标定。冲击波波阵面到达测速传感器 1 和 2，经电子测时仪测得波阵面从 1 到 2 的时间 Δt，得到冲击波到达 R 的速度 $D=\Delta L/\Delta t$。再由关系式（11-1）计算冲击波超压值。

照此方法，在不同半径 R_2，R_3，R_4，R_5处经每组多发点爆炸，测得相应的由测速传感器计算的冲击波超压，绘出曲线，即可标定每个传感器。

图 11-32 是用压阻传感测量系统测得的 12.7 mm 重机枪的膛口冲击波压力波形记录。在几个冲击波波形中：

① 初始冲击波在前，为第 1 个波形的第 1 小波；

② 火药燃气冲击波、入射冲击波及反射冲击波的各种情况，如第 2～5 个波形所示；

③ 火药燃气扫过传感器形成的尾部压力上升，如第 6 个波形所示。

对于膛口冲击波测量系统，静态标定和动态标定都是必需的。因此，测试现场的工作量很大。

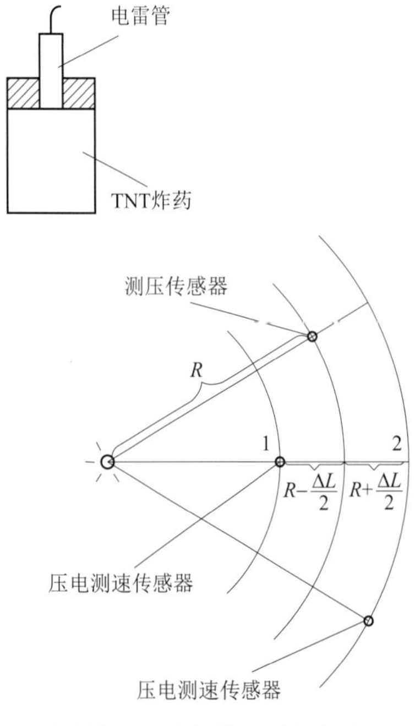

图 11-31　点爆炸标定示意图

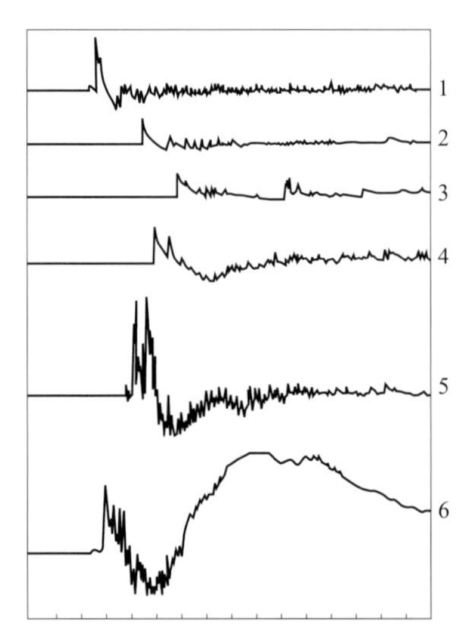

图 11-32　12.7 mm 重机枪的膛口冲击波压力波形曲线

第三节　膛口气流速度测量

在中间弹道学研究中，膛口流场中的气流速度是一个重要参数。由于其高速非定常流动，准确测量十分困难。在几种气流速度测量方法中，皮托管流速计、热线风速仪分别是在 80 m/s 及 300 m/s 以下低速、定常流中使用的接触测量方法。激光多普勒测速（LDV）是目前使用最广泛的一种非接触测量方法，但在超过 1 000 m/s 及非定常流测量中仍有技术困难。激光双焦点测速（L2F）是新发展的另一种非接触测速方法，测速范围更大，不需要人工播撒粒子，但由于其测量时需要对穿过二激光焦点的散射粒子数进行统计处理，因此，只能用于定常流测量。

用于测量高速非定常流速度的方法之一是示踪法，用电火花形成激波或用激光激发等离子体作为示踪粒子。前者的缺点是：一定强度的激波会干扰流场；在压力梯度较大的流场中，激波变形严重，给结果处理带来误差。G. Klingenberg[1] 用 100 MW 红宝石脉冲激光器激发形成等离子体作为示踪粒子，克服了激波变形的缺点，但是，实验表明，用 100 MW 红宝石脉冲激光器能量过高，也形成了等离子体激波干扰流场。同时，这种方法只能测量空间某一点的某瞬时速度，不能得到速度一时间曲线。

本节介绍一种自主研制的“高超声速气流速度激光激发测量系统：LVG-1”，采用低电离阈的序列脉冲激光器形成一组等离子体，示踪测量气流速度一时间曲线。

一、测速系统 LVG-1 的原理与组成

1. LVG-1 的基本原理

LVG-1 是利用三个钕玻璃序列脉冲激光器，按一定时间间隔发出的三个时序激光，经透镜 L_1 聚焦后，在流场被测点处形成按上述时间顺序排列的三个等离子体，测量这三个等离子体的运动速度，即可代表流场在三个时刻的当地微团速度 V，从而得到流体速度随时间变化规律 V-t 曲线（图 11-34）。

2. LVG-1 系统组成

LVG-1 系统组成如图 11-33 所示。

（1）时间序列脉冲激光等离子体发生器

① 三脉冲钕玻璃激光器。三个序列控制的独立的钕玻璃激光器，其参数是：磷酸盐钕玻璃棒 ϕ10 mm×200 mm，波长 λ=1.06 μm，染料调 Q 开关。采用钕玻璃激光器，在缩短脉宽、降低电离阈值及成本方面，较红宝石脉冲激光器有明显优点，激光能量从 100 MW 降为 20 MW，可以以最小能量获得最易电离的等离子体，减小对流场的干扰。

② 氦氖激光准直系统。该系统用于激光器光路的调整与校准。

③ 聚焦透镜 L_1。该透镜使三路激光束经独立的反光光路再经 ϕ70 mm×120 mm 的非球面镜后，在同一点聚焦形成等离子体。

（2）精密时间控制

用三路数字式时间控制电路，以控制序列脉冲激光的时间间隔（0～(999±0.5)μs），调整间隔 1 μs。

（3）位移一时间记录

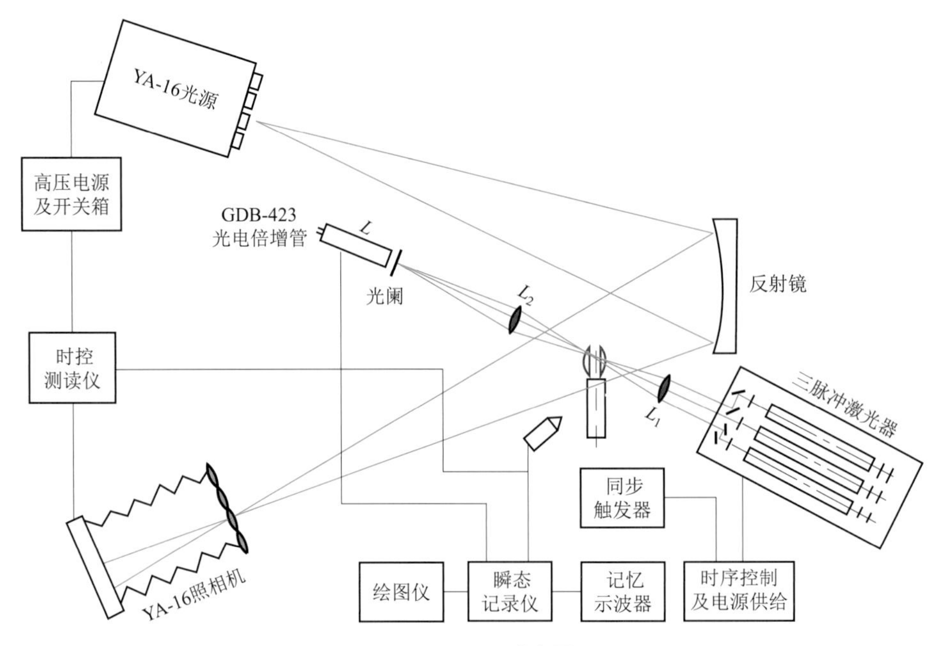

图 11-33 LVG-1 测速原理图

接收和记录等离子体在流场中位移随时间变化的曲线。由物镜 L_2、光阑、GDB-423 型光电倍增管及瞬态记录仪组成。其中，物镜 L_2将流体中运动的等离子体的像点扫过光栅平面，成像于光电倍增管外表面的光阑上。光阑刻有等间距狭缝，缝的方向垂直于等离子体运动方向。每当等离子体斑点像经过一条狭缝，光电倍增管就获得一个光脉冲，经光电倍增管转换后形成间断式位移一时间脉冲波形（图 11-34），得到等离子体运动速度：

$$V=\frac{S}{Mt\cos\alpha} \tag{11-2}$$

式中 S——狭缝的间距；

t——二脉冲的间隔时间；

M——光学系统放大率；

α——气流速度方向与测速方向的夹角。

测量了各瞬时的等离子体速度，即得到了流场 A 点的气流速度随时间变化的 V-t 曲线。

（4）高速流场显示

采用 YA-16 多闪光高速摄影机，同步观测、记录与气流速度变化相应瞬时的流场结构阴影图，以便分析被测量点在各瞬时的非定常流场中其相对位置与速度的关系。

在非定常流场中，流场速度既是位置的函数，也是时间的函数；同时，流场结构及激波的发展对流场速度变化有很大的影响。因此，与定常流场测速不同，非定常流场测速必须辅以高速流场显示。

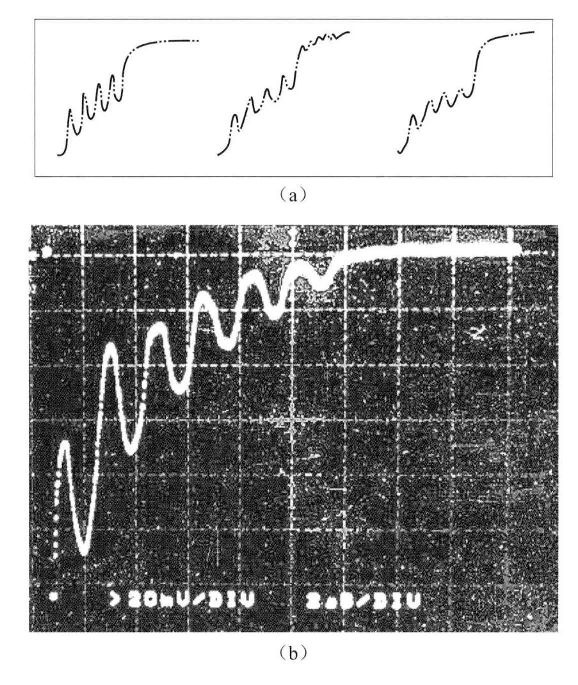

（a）

（b）

图 11-34　光电倍增管记录的间断式位移一时间脉冲波形

（5）同步触发器

与被测非定常流场发展同步，以启动等离子体发生器，使被测量的非定常流场的发展、记录和显示系统准确同步。本系统的同步误差小于 1 μs。

二、等离子体示踪特性分析

高能激光经光学系统聚焦时，其局部高温会将流场中的气体原子瞬时加热电离并形成一个准中性气团，即等离子体。用这个等离子体作为气体流动的示踪粒子，需要分析它的物理特性，如对流场的干扰特性、对流体的跟随性、等离子体停留的寿命等。

1. 等离子体不干扰流场的最大激光能量 E_{max}

等离子体由于吸收了激光会聚焦点处的能量，形成局部高温、高压和向外膨胀的等离子体弱冲击波（图 11-35 中的小圆）。作为流场测速的示踪粒子，这个等离子体弱冲击波将随原流场的发展而衰减，在膨胀 1～2 mm 后很快衰减为弱扰动波，100 μs 后消失。从高速阴影照片可以看出，这种情况没有干扰原流场。

因此，限制等离子体最大能量——激光不干扰流场的最大激光能量 E_{max}，不形成干扰的冲击波，是该测量原理可行性的前提。如果激光能量过大，则测速的等离子体将对流场形成干扰，图 11-36 是由 YA-16 高速摄影机拍摄的对一个欠膨胀自由射流形成干扰的大能量等离子体冲击波。

为了测量该等离子体的冲击波能量，在静止空气中用 YA-16 拍摄的等离子体冲击

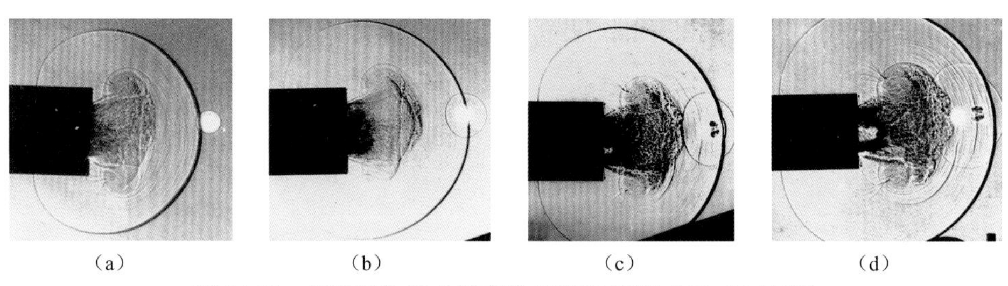

图 11-35 等离子体形成的弱扰动波发展图（YA-16 拍摄）

(a) $t=0$ μs；(b) $t=25$ μs；(c) $t=75$ μs；(d) $t=125$ μs

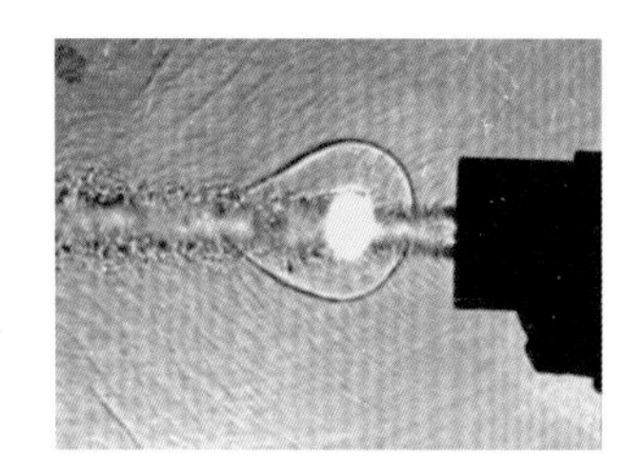
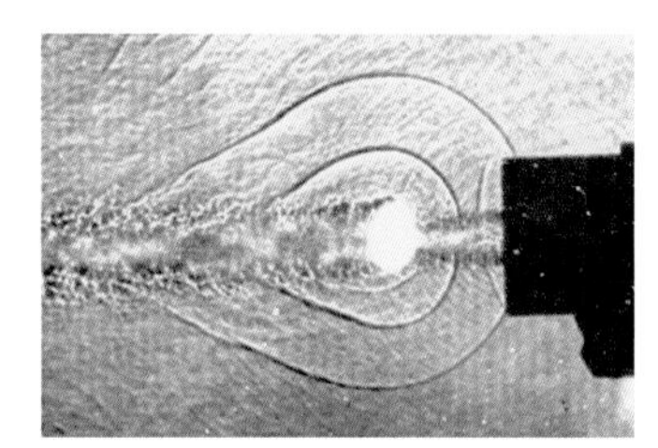

图 11-36 对欠膨胀自由射流形成干扰的等离子体冲击波（YA-16 拍摄）

波的形成与发展图，绘成了冲击波半径 R-t 曲线（图 11-37），同时，用数值方法计算了与试验符合的瞬时释放能量的冲击波初始能量 E_0。

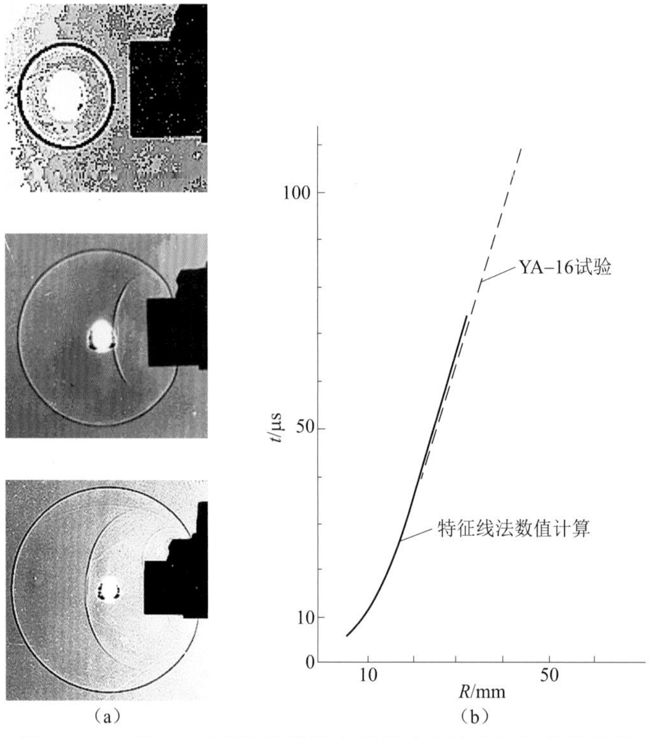

图 11-37 对流场形成干扰的等离子体冲击波发展与能量计算

(a) 激光等离子体冲击波发展图（YA-16 拍摄）；(b) 等离子体冲击波 R-t 曲线（数值计算）

计算表明，这种情况下的等离子体释放的能量 $E_0=0.7$ J，而激光器能量为 2 J。早期的冲击波波阵面速度 $D\approx400$ m/s，超压 $\Delta p\approx0.4$ MPa，至 50 μs 衰减为 340 m/s 的弱扰动波。

由于激光等离子体发生器的转换效率受许多因素的影响，得不出一个普遍适用的最大激光能量值 E_{max}，因此，针对一个特定系统，E_{max}应根据不产生影响流场的等离子体冲击波来决定。对本系统而言，激光器储能以电容 $C=500$ μF，工作电压 $U_{max}=1\,350$ V 为限。

2. **保证测量所需的最小停留寿命 $(t_s)_{min}$**

所谓等离子体停留寿命，是指在一定的激光能量 E 和一定测试参数，如光电倍增管参数（电压 U_b）、光阑结构（狭缝宽度 S）等条件下，测量的等离子体亮度曲线的宽度（图 11-38）。当 E，U_b及 S 增大时，t_s亦随之变宽，因此，t_s值增大与 E_{min}的减小是相互矛盾的。

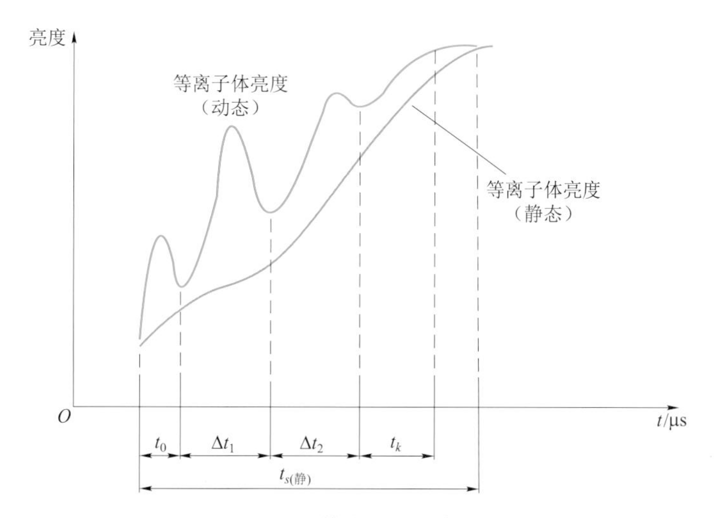

图 11-38　等离子体寿命曲线

为了保证测量的需要，最小停留寿命 $(t_s)_{min}$由被测量的气流速度最小值来确定。

当光栅间隔 $S=2$ mm 时，被测量气流的最小速度 $V=150$ m/s，通过时间 $\Delta t=13.3$ μs，从图可见

$$t_s=t_0+\sum_1^n\Delta t+t_k$$

式中　t_0——曲线头段时间，$t_0>0.5\Delta t$；

t_k——曲线尾段时间，$t_k>0.5\Delta t$；

n——光阑间隔数，最少为 $2\Delta t$，一般取 $2.2\Delta t$。

即 $(t_s)_{min}=29.3$ μs，最小停留寿命应为 30 μs 以上。

因此，对激发等离子体的序列脉冲激光器能量要有上限和下限的要求。其下限 E_{min}

应保证等离子体在示踪过程中的最小停留寿命，即在一定测量条件下等离子体亮度曲线的宽度应不小于 30 μs。显然，激光能量越高，等离子体寿命越长。其上限是等离子体不干扰流场的最大激光能量 E_{max}。

3. 等离子体跟随性

用等离子体作为示踪点能否可靠地跟随流体一起运动？也就是说，等离子体速度能否代表流体微团速度？这就是“等离子体与当地气体微团运动的一致性或跟随性”问题。现验证如下：

一般来讲，等离子体不同于人工播撒粒子，后者的密度与流体有显著差异，其跟随性与粒子尺度和质量密切相关，仅在人工粒子尺寸为微米量级时其速度比才接近于 1。而等离子体是气流中被激光高温加热了的气团，由于激光释放能量的速率极快，约为亚微秒量级，释放体积 0.1 mm^3，形成的冲击波球在几毫米范围内即衰减为弱扰动。因此，等离子体的中心运动不受影响。由于等离子体内部加热扩张使尺寸增大，其密度 q_d 将小于周围气体密度 q。计算表明，此膨胀过程在 100 μs 量级，等离子体体积可膨胀一倍以上。在运动过程中，等离子体受到浮力和黏性阻力作用。计算表明，在测量时间（10 μs）内，浮力引起向上的位移为 1.8×10^{-9} m 量级，与等离子体尺寸相比，可以忽略。黏性阻力在高速无相对运动气流中亦可忽略。最后，由动量方程：

对于气流：
$$\frac{\mathrm{d}V}{\mathrm{d}t}=-\frac{1}{\rho}\mathrm{grad}(p)$$

对于等离子体：
$$\frac{\mathrm{d}V_d}{\mathrm{d}t}=-\frac{1}{\rho_d}\mathrm{grad}(p)$$

得到
$$\rho\left(\frac{\mathrm{d}V}{\mathrm{d}t}-\frac{\mathrm{d}V_d}{\mathrm{d}t}\right)=\left(\frac{\rho}{\rho_d}-1\right)\mathrm{grad}(p)$$

由于 $\frac{\rho}{\rho_d}>1$，当流场压力梯度较大时，可能形成气体微团与等离子体的加速度差。但是，在测量的 10 μs 时间间隔内，其位移与等离子体尺寸变化相比也小几个数量级，同样可以忽略。

可以认为，在高超声速非定常流测量中，等离子体的跟随性问题一般不存在。至于对湍流、分离流等复杂流动，这种测量方法尚无实例。

三、等离子体示踪测速方法的误差分析

影响测速精度的误差源主要包括光阑几何误差、光学系统误差、时间测量误差。其他误差如跟随性、流场不均匀性引起的光路折射率变化及等离子因浮力横向位移等误差均为小量级，已忽略。

（1）光阑几何误差 ε_s

本系统采用的光栅采用照相制版法加工，狭缝中心距 S 及狭缝宽度的相对误差为 $\varepsilon_s=0.4\%$。

（2）光学系统误差

包括透镜放大倍数误差 ε_M 和透镜物距误差 ε_l，经实测分别为 0.56%和 0.5%。

（3）时间测量误差

包括仪器计时采样频率和曲线判读等误差，ε_t = 1%～1.5%。

为了进行验证，采用模拟测量得到的平均相对误差为 ε_v = 2.3%。

四、应用实例

1. 7.62 mm 枪膛口流场轴向气流速度测量

如第一章所述，膛口流场的最外层是膛口冲击波，中间层是火药燃气超声速射流和接近正激波的马赫盘，内部是瓶状激波系。从弹丸出口至气流排空的约 5 ms 时间内，气体最大速度出现在马赫盘前的射流轴线上，可达 2 300 m/s，最小速度出现在马赫盘后，为 300 m/s 以下。

下面列出几种典型的气流速度变化规律：

① 无膛口装置条件下，弹丸出口 250 μs 时，膛口流场沿轴线的气流速度变化规律及该瞬时流场阴影照片如图 11-39 所示。

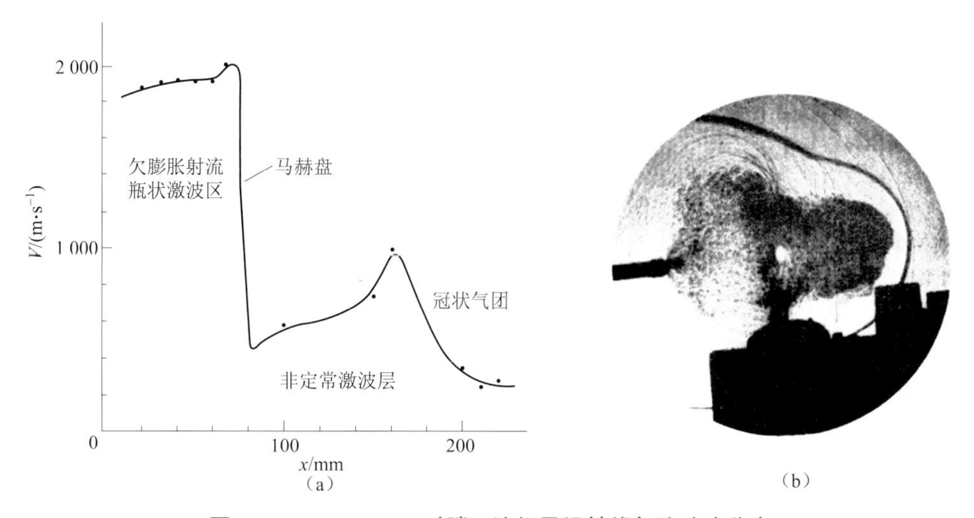

图 11-39　t = 250 μs 时膛口流场及沿轴线气流速度分布

（弹底出膛口时刻 t = 0）

从图中可见，马赫盘将流场分为两个区域：第一区为欠膨胀射流瓶状激波区，第二区为非定常激波层。气流在一区膨胀加速最高达 2 000 m/s，经马赫盘，速度急剧下降，然后继续膨胀达 960 m/s，进入冲击波后的减速区，最低约 220 m/s。测量结果符合实际规律。

② 无膛口装置条件下，弹丸出口 450 μs 时，膛口流场沿轴线的气流速度变化规律如图 11-40 所示。

③ 带消焰器时，膛口轴线 30 mm 处气流速度随时间变化规律如图 11-41 所示。

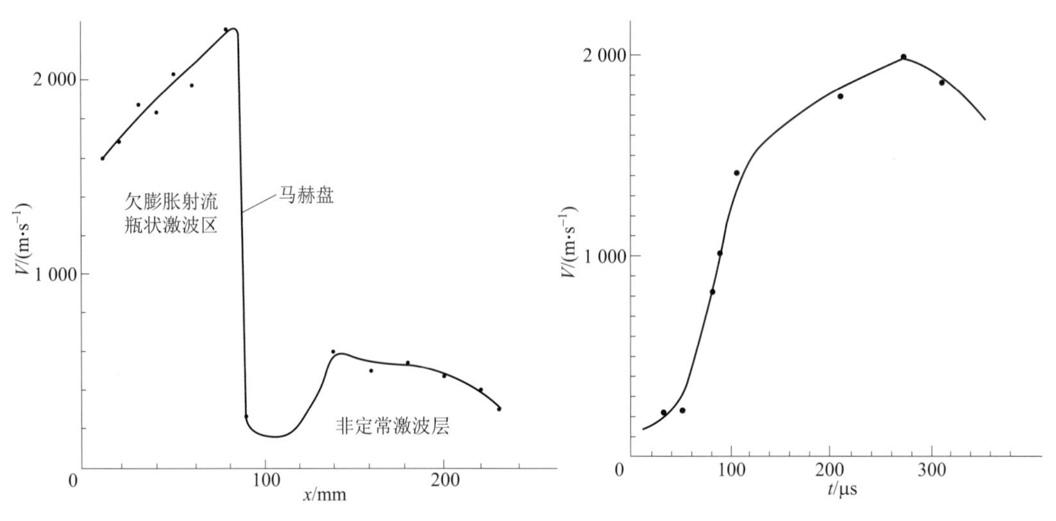

图 11-40　无膛口装置 $t=450$ μs 的 V-x 曲线　　**图 11-41　消焰器 $x=30$ mm 的 V-t 曲线**

2. 激波管出口流场轴向气流速度分布

激波管以常温空气为工质，高压室工作压力 4 MPa。测量自破膜起至排空为止的出口非定常射流轴线上各点气流速度随时间变化规律。图 11-42 是距口部 50 mm 的轴线上气流 V-t 变化曲线。

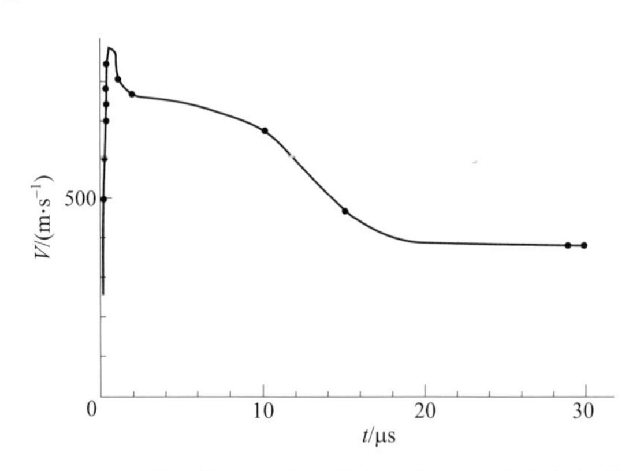

图 11-42　激波管出口流场的轴向气流速度变化规律

第四节　膛口气流温度测量

为了定量描述膛口流场，分析膛口焰中辐射光激发机理，必须了解膛口气流温度的空间与时间分布特性。由于膛口流场的非定常性、高参数值、多层激波与弹丸的存在以及燃烧化学反应，对测温技术的要求极为苛刻。多年来，都在寻求一种准确、非接触的膛口气流瞬态温度场测量方法。

在已有的测温方法中，如热电偶法、亮度法、谱线中心强度法、光电比色法、干涉法及声学测温法等，有的为接触测量，惯性较大，有的需对气流和火焰做一些假设，误差较大。尤其是时间分辨率低，对于测量瞬态温度变化十分剧烈的膛口流场均难适应。迄今为止，只有光谱方法是能够胜任的少数测量方法之一，其中，钠谱线翻转法又是公认的测量火焰温度的一种较好和较为简便的方法。

钠谱线翻转法的原理是：将含钠原子的物质（如 NaCl 等）放入被测温度的火焰中，火焰就发射出钠 D 双谱线波长为 589.0 nm 和 589.6 nm 的光谱。如果在火焰的一侧，置一明亮的钨带灯，使其辐射的连续光通过含钠蒸气的火焰，经单色光谱仪分光后，在单色仪出缝处，用目测望远镜可观察到钠 D 线的后面被明亮的连续光谱所衬托。当火焰温度低于钨带灯温度时，由于火焰的吸收，观察到的钠 D 线呈暗线；当火焰温度高于钨带灯的温度时，钠 D 线呈亮线；若调节钨带灯的供电电流，改变钨带灯的亮度，直至连续光谱背景光强正好与钠 D 线的光强相同时，钠 D 线就消失，则此钨带灯的亮度温度正好与火焰温度相等。钨带灯的亮度温度和它的供电电流关系曲线，可由精密光学高温计校正。据此，获得火焰待测温度值。钠谱线翻转法测量火焰温度的准确度和精度高，但操作比较烦琐，如测温时，必须在手工调钨带灯供电电流大小的同时，用肉眼观察钠谱线由亮线到暗线的翻转点，连续测定火焰温度的瞬时变化比较困难。鉴于此，Klingenberg 等人从 Planck-Wein 辐射定律出发，导出火焰温度的计算方程式，由实验测得几个物理量的值后，就能准确地计算出火焰温度，并可连续测定。其温度的时间分辨率可达 50 μs，测量误差达 7%。由于系统频带偏窄及器件性能的限制，其测量精度还不高。为此，我们进行了改进，建立了计算机控制的“改进型钠谱线翻转法光谱测温系统”，其测温范围为 1 000～3 000 K，测温时间分辨率为 20 μs，测量误差小于 2%。本节主要介绍“改进型钠谱线翻转法光谱测温系统”的测量方法和原理。

一、测量原理

图 11-43 是钠谱线翻转法光谱测温原理图。图中，L 是经过精密光学高温计校正过的标准钨带灯。透镜 L_1将灯的钨带成像在火焰 F 处，透镜 L_2将钨带灯在火焰 F 处的像再次成像在单色仪 M 的入缝上。实验可方便地测得下述三个物理量：

① 标准钨带灯在波长为 Na-589.0 nm 处的相对辐射光谱强度 I_L；

② 钠火焰中钠辐射的 Na-589.0 nm 的相对辐射光谱强度 I_F；

③ 标准钨带灯的辐射通过钠火焰后，测得的标准钨带灯辐射叠加钠火焰辐射的相对辐射光谱强度 I_{L+F}。

如果能根据这三个物理量求得火焰温度，就可克服一般的钠谱线翻转法的缺点。为此，从 Planck-Wein 辐射定律和 Wein 公式出发，辐射的强度公式为

$$I=2\pi hc^2\lambda^{-5}[\exp(ch/K\lambda T)-1]^{-1} \tag{11-3}$$

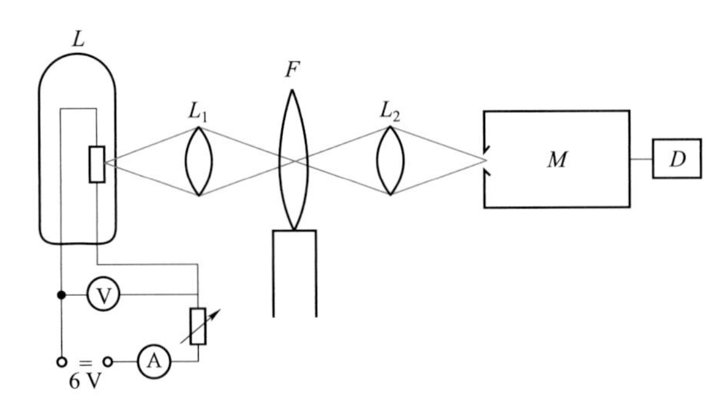

图 11-43 钠谱线翻转法光谱测温原理图

式中 h——Planck 常数；

c——光速；

λ——波长；

K——Boltzmann 常数；

T——辐射体温度。

一般情况下，$\lambda T \ll ch/K$，所以

$$\exp(ch/K\lambda T) \gg 1$$

从而式（11-3）可简化为

$$I = 2\pi hc^2\lambda^{-5}\exp(-ch/K\lambda T) \tag{11-4}$$

从式（11-4）可以分别求得 I_L、I_F 和 I_{L+F}：

$$I_L = 2\pi hc^2\lambda^{-5}[\exp(-ch/K\lambda T_L)]D \tag{11-5}$$

$$I_F = 2\pi\alpha hc^2\lambda^{-5}[\exp(-ch/K\lambda T_F)]d\lambda \tag{11-6}$$

$$\begin{aligned} I_{L+F} = & 2\pi hc^2\lambda^{-5}[\exp(-ch/K\lambda T_L)]D - \\ & 2\pi\alpha hc^2\lambda^{-5}[\exp(-ch/K\lambda T_L)]d\lambda + \\ & 2\pi\alpha hc^2\lambda^{-5}[\exp(-ch/K\lambda T_F)]d\lambda \end{aligned} \tag{11-7}$$

式中 D——单色仪的入射狭缝宽度；

α——钠谱线吸收系数；

$d\lambda$——钠谱线宽度；

T_L——标准钨带灯的亮度温度；

T_F——火焰的待测温度。

将式（11-5）、式（11-6）代入式（11-7）得

$$I_{L+F} = I_L - \alpha I_L\frac{d\lambda}{D} + I_F \tag{11-8}$$

由式（11-8）得

$$\alpha\frac{d\lambda}{D} = \frac{I_L + I_F - I_{L+F}}{I_L} \tag{11-9}$$

从式（11-5）和式（11-6）得

$$\ln\frac{I_F}{I_L}=\ln\left[\frac{\exp(-ch/K\lambda T_F)}{\exp(-ch/k\lambda T_L)}\alpha\frac{d\lambda}{D}\right] \tag{11-10}$$

将式（11-9）代入式（11-10），化简得

$$T_F=\left(T_L^{-1}+\frac{K\lambda}{ch}\ln\frac{I_L+I_F-I_{L+F}}{I_F}\right)^{-1} \tag{11-11}$$

将实验测得的 T_L，I_L，I_F 和 I_{L+F} 代入式（11-11），便可求得火焰温度 T_F。

二、改进型钠谱线翻转法光谱测温方法

1. 测量方法

① 试验前，任意设置标准钨带灯的亮度温度 T_L：设置标准钨带灯上的供电电压，并在事先做好的钨带灯电压一温度校正曲线上查得标准钨带灯上的亮度温度。

② 用钠蒸气灯将单色仪波长精确地调在 589 nm 处。

③ 在无火焰的情况下，测得钨带灯的相对辐射光谱强度 I_L。

④ 用遮光板遮住钨带灯光，将火焰送入光路，并用钠盐将火焰染色，测得火焰的相对辐射光谱强度 I_F。

⑤ 去掉遮光板，让钨带灯光进入光路通过该火焰，此时测得的便是标准钨带灯叠加钠火焰辐射的相对辐射光谱强度 I_{L+F}。

④与⑤的动作用斩光器代替遮光与进光完成。

2. 实验装置

光谱测温系统如图 11-44 所示。

图中，L 为 W6-18 型钨带灯；L_1，L_2 和 L_3 为聚光透镜，工作频率最高可达 25 kHz。L_1 使钨带灯的钨带成像在斩光器上，L_2 将成在斩光器上的像成在燃烧气体 F 待测点上，L_3 使 F 点的像成在 HRD-1 型双光栅单色仪的入射狭缝上，单色仪的倒线色散率为 0.66 nm/mm；C 为斩光器。检测器为 1P28 光电倍增管，它带一个自制的高速响应电路，信号经自制的 HG804 直流放大器至多通道瞬态数字存储器，由计算机处理信号，画出实测的相对光谱强度波形图和温度一时间分布曲线。

3. 计算温度的方法

对于波形的处理方法，用图 11-45 所示的简化原理图说明。

在测量膛口焰时，由弹丸出膛时断靶信号触发多道瞬态数字存储器，开始记录测光信号。在膛口焰进入测量光路之前，记录的波形为标准钨带灯的相对辐射光谱强度 I_L 和零点 O（分别对应于斩光器扇板的开和关状态）。膛口焰进入光路后，当斩光器扇板处于关的状态时，测得的是火焰 Na-589.0 nm 的相对辐射光谱强度 I_F（由于弹丸的火药中含有微量钠盐作消焰剂，所以，火药燃烧后，发射出 Na 光谱）；当斩光器扇板处于开的状态时，测得的是标准钨带灯辐射叠加了火焰辐射的相对辐射光谱强度 I_{L+F}。

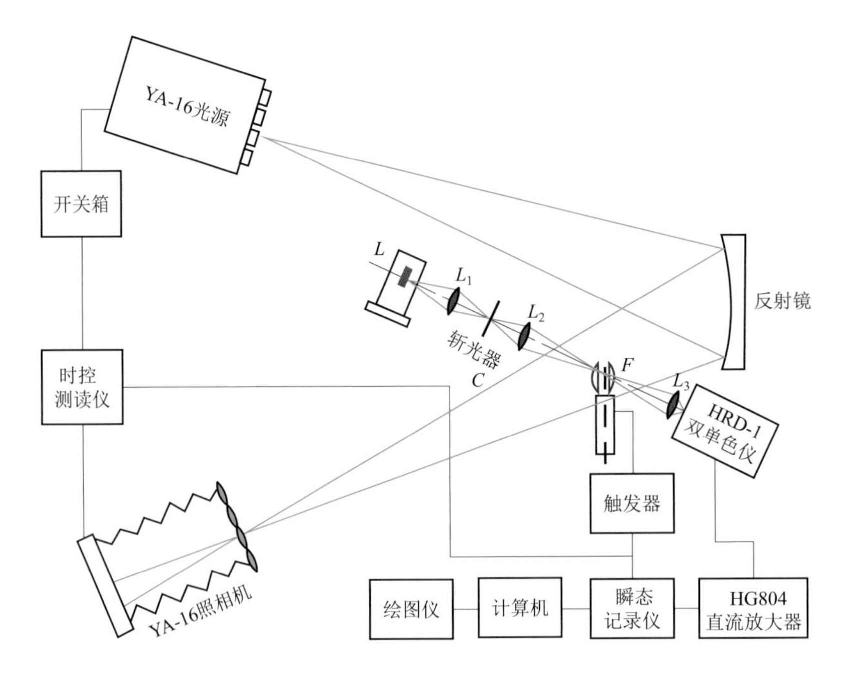

图 11-44 膛口光谱测温系统原理及装置图

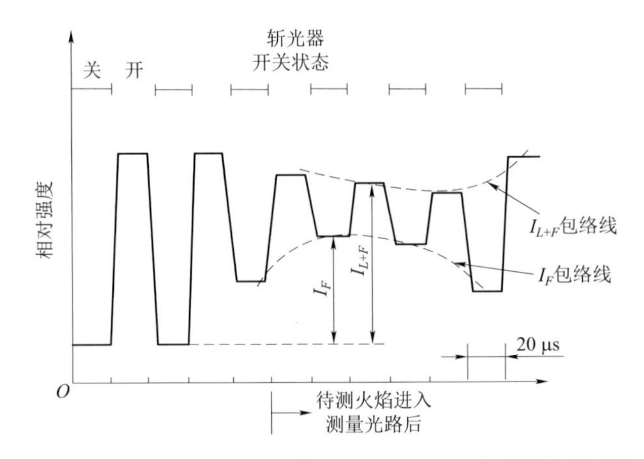

图 11-45 膛口焰温度测量的 I_L，I_F和I_{L+F}波形简化原理图

分别将所有相邻的 I_{L+F} 和 I_F 连成平滑曲线，即可计算各瞬时对应的 I_{L+F}，I_F 和火焰温度 T_F（图 11-46）。

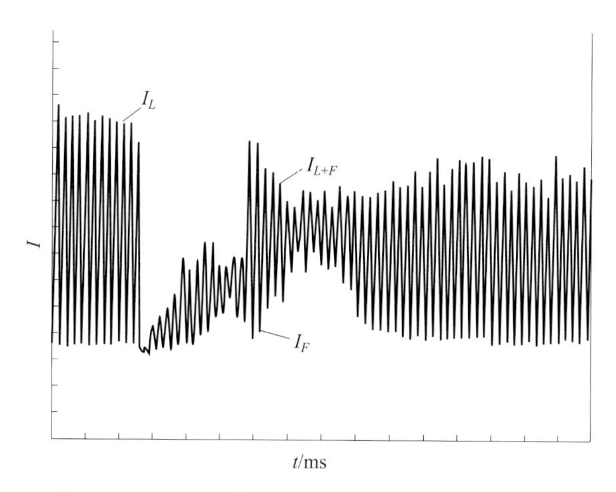

图 11-46　实测的相对光强 I_L，I_F，I_{L+F} 波形图

改进型钠谱线翻转法光谱测温系统测量瞬态燃烧温度的优点是：

① 无须考虑发光区外表层的吸收，求得的温度是所测发光观察区的最高温度；

② 测温计算公式所用的物理量均为实测值；

③ 时间分辨率较高，适用于爆炸、爆燃等瞬态反应过程的非定常温度测量。

三、应用实例

1. 7.62 mm 机枪（初速 800 m/s）

测量距膛口 $x=150$，200，300 mm 轴线处的膛口温度场，得到温度一时间曲线（图 11-47）和不同时刻膛口轴线上的气流温度分布（图 11-48）。

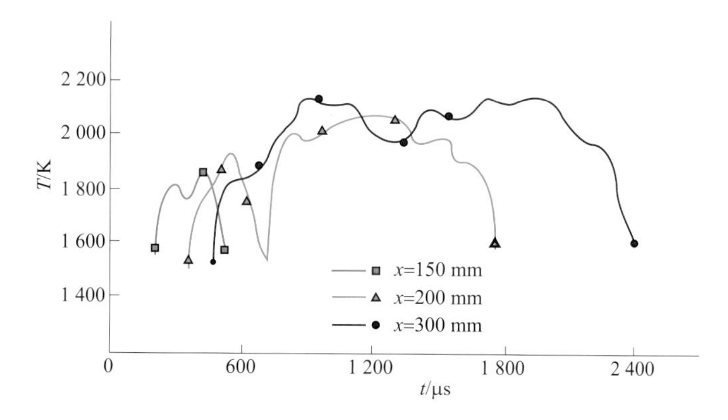

图 11-47　7.62 mm 机枪膛口轴线上的气流温度一时间曲线

（弹底出膛口 $t=0$ μs）

2. 12.7 mm 重机枪

测量在距膛口 283 mm 的轴线上，气流温度随时间变化曲线（图 11-49）。

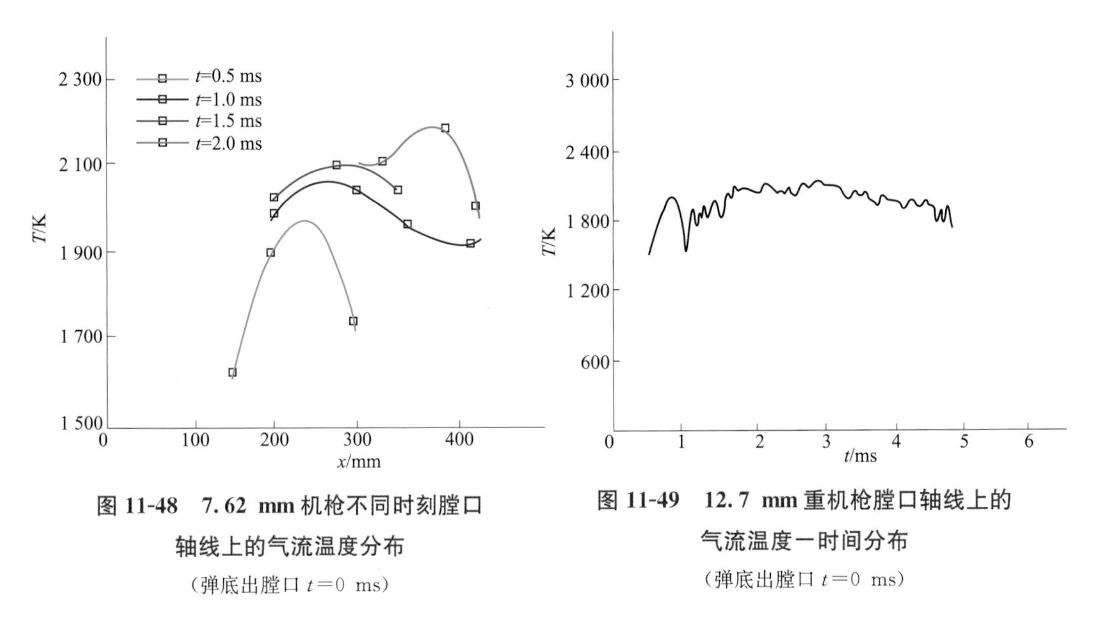

图 11-48　7.62 mm 机枪不同时刻膛口轴线上的气流温度分布

（弹底出膛口 $t=0$ ms）

图 11-49　12.7 mm 重机枪膛口轴线上的气流温度—时间分布

（弹底出膛口 $t=0$ ms）

以上实验的仪器特性参数：瞬态数字存储器采样速度为 1 μs，采样时间为 4 096 μs；斩光器的工作频率为 25 kHz，即通断时间为 20 μs；钨带灯温度 $T_L=2\ 253$ K；光电倍增管供电电压为−800 V。

第五节　后效期参数及膛口装置效率测量

利用自由后坐台进行火炮和枪的膛内火药燃气后效期参数变化规律、火药燃气作用系数 β 以及膛口装置效率测量，是中间弹道研究的重要内容，也是靶场武器定型试验的科目之一。此项测量的理论根据是火炮（枪）自由后坐运动方程。

一、测量系统组成

1. 自由后坐试验台

自由后坐试验台是为后坐部分提供水平、直线、无摩擦运动的平台。包括：带滚轮的后坐部分固定架、导轨、缓冲器三部分。其中，固定架可以调整后坐部分的质心在炮（枪）膛轴线上，保证发射过程不产生附加力矩；缓冲器用以吸收自由后坐动能。

2. 自由后坐运动参数测量系统

该系统由直线位移传感器等组成，如图 11-50 所示。通过记录自由后坐的位移—时间（L-t）曲线，计算自由后坐速度—时间（W-t）曲线和自由后坐加速度—时间（a-t）

曲线。直线位移传感器有多种原理，如电感式、光电式、电容式、霍尔式位移传感器等，可以满足自由后坐运动测量的要求（最大行程大于 2 m，移动速度大于 10 m/s，线性精度 0.1%）。

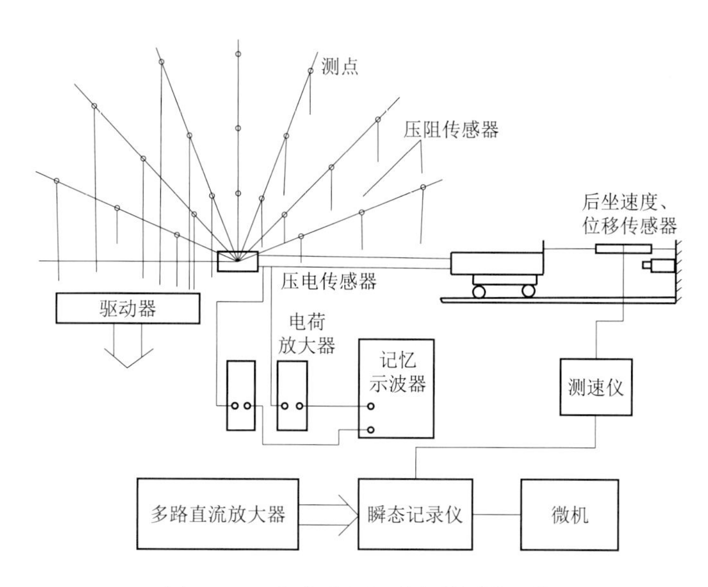

图 11-50　自由后坐运动参数测量系统

3. 后效期膛压、初速测量系统

采用与内弹道时期相同的膛压测量系统——压电测压系统。在膛口处加装测压传感器。测量弹前空气激波和弹丸出口后，膛底与膛口处的火药燃气压力随时间变化规律。测压传感器采用高量程（0～500 MPa）石英压电传感器，如 Kistler 压电传感器和电荷放大器，经电缆输送至瞬态记录仪。

采用光电区截装置的速度测量方法，测量膛口初速。该系统也可同时测量膛口冲击波场。

二、数据处理

处理自由后坐试验结果，得到自由后坐位移 L、速度 W 及加速度 a 的时间变化曲线（图 11-51）。

膛口装置效率测量和计算所需的参数与上同，计算公式在第二、三章已详细介绍，不再重述。

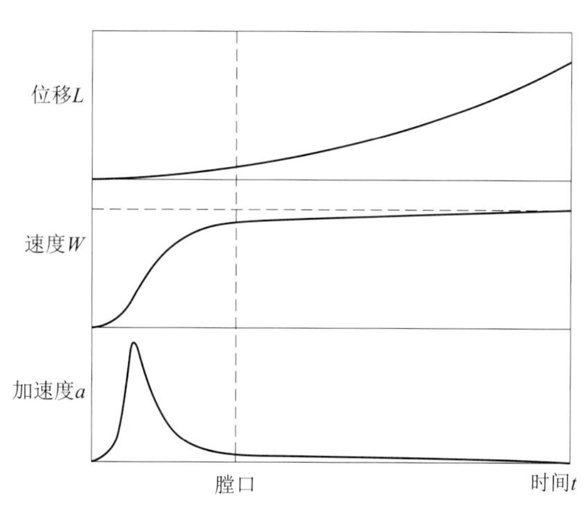

图 11-51　L-t，W-t，a-t 试验曲线

第六节 中间弹道靶道测量

中间弹道靶道是利用光学及光电原理测量弹丸和弹上附着物（弹托等）飞出膛口瞬时的初始姿态、空间坐标，以及穿越膛口流场时的运动参数、气动力特性及各种扰动（包括初始扰动、脱壳过程的气动和机械干扰）。

中间弹道靶道光学显示的困难是强烈膛口焰对摄影系统的二次曝光和不透明烟雾对弹丸的遮蔽作用，采用常规的光学测量仪器十分困难。可行的测量方法有：

（1）多排攻角纸靶结合狭缝摄影机

这是最简单、直观、经济的经典方法，缺点是，近膛口区飞行姿态及脱壳过程无法显示。

（2）分布式正交脉冲X光阴影摄影（图11-52）

这是国内、外靶场研究中、小口径脱壳穿甲弹脱壳过程以及膛口制退器对脱壳穿甲弹弹道性能影响的主要方法。该法可有效地消除烟雾、火焰的干扰，但不能显示流场信息、激波系与弹丸的气动力结构。

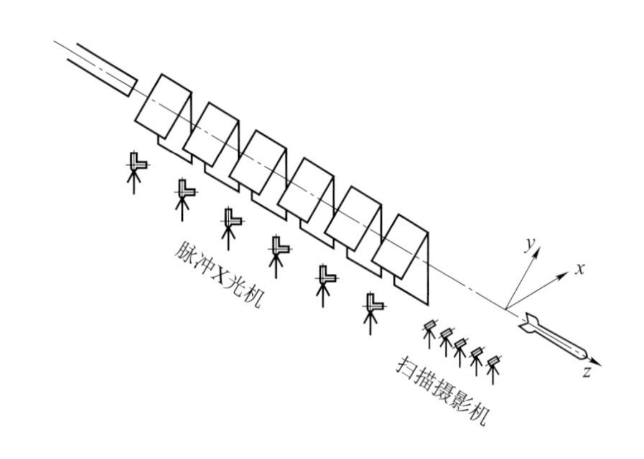

图11-52 美国阿伯丁靶场分布式正交脉冲X光摄影系统

（3）分布式正交、脉冲闪光间接阴影摄影

1988年，自主研制的“IB-12中间弹道靶道”用6组大尺寸菲涅尔透镜组成了分布式正交闪光间接阴影摄影系统（图11-53），首次利用非X光源拍摄了强膛口焰环境下的近膛口区25 mm脱壳穿甲弹的弹托飞散与尾翼弹飞行姿态照片。1991年，又用6组大尺寸菲涅尔反射镜建成了弹道重点实验室全弹道靶道的中间弹道段（图11-54）。

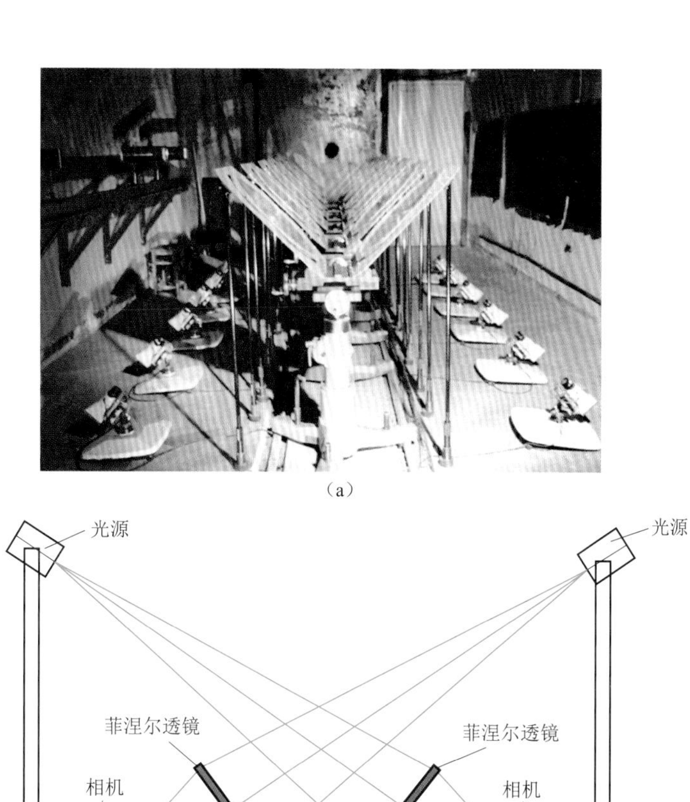

图 11-53　IB-12 中间弹道靶道（菲涅尔透镜间接阴影摄影系统）

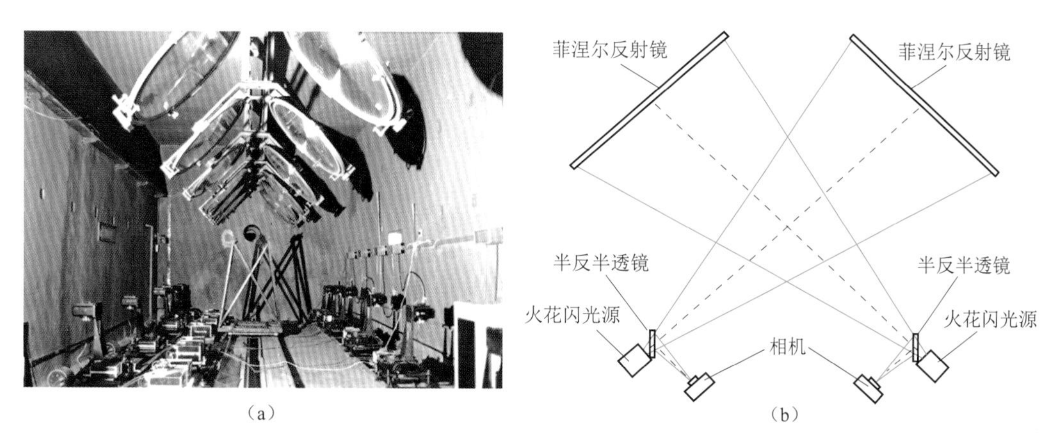

图 11-54　弹道重点实验室全弹道靶道的中间弹道段

（菲涅尔反射镜间接阴影摄影系统）

一、分布式正交、脉冲闪光间接阴影摄影的中间弹道靶道

1. 靶道的组成

以“IB-12 中间弹道靶道”为例加以说明，由以下 7 个部分组成（图 11-55）：

① 分布式正交高速阴影摄影站；

② 分布式脉冲闪光光源；

③ 信号触发器；

④ 分布式测时与测速装置；

⑤ 空间基准定标装置；

⑥ 图像处理与识别软件；

⑦ 总控制柜。

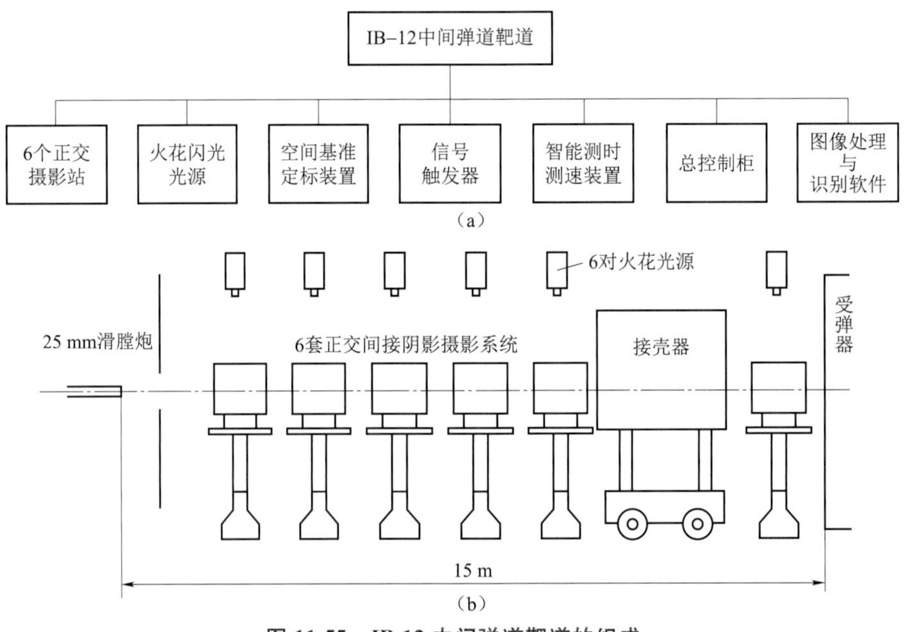

图 11-55　IB-12 中间弹道靶道的组成

2. 减小膛口焰影响的间接阴影闪光摄影方法

伴随着弹丸发射，在膛口区产生强烈的膛口焰，给流场显示和测量带来了很大的影响，强烈的膛口焰（图 11-56）使底片二次曝光（全黑），淹没了弹体和流场的全部信息。如何消除膛口焰对闪光摄影的影响，是实现脱壳穿甲弹近膛口区飞行姿态定量测量和显示的关键。

IB-12 中间弹道靶道采用的脉冲闪光菲涅尔透镜间接阴影原理有效排除了膛口焰对闪光摄影的影响。其光路原理是：将有自发光的膛口气流置于菲涅尔透镜的焦距以内（图 11-57），由于 $x=s-f>0$，来自闪光光源的光线通过透镜将气流及弹丸聚焦成像在照相机底片上，而透镜焦距内的膛口焰通过透镜后被发散，仅成一个虚像，只有平行

图 11-56　火炮发射时在膛口区产生的膛口焰

于光路的少部分光进入照相机，这就大大减少了膛口焰对底片的曝光量。实践证明，摄影效果良好。

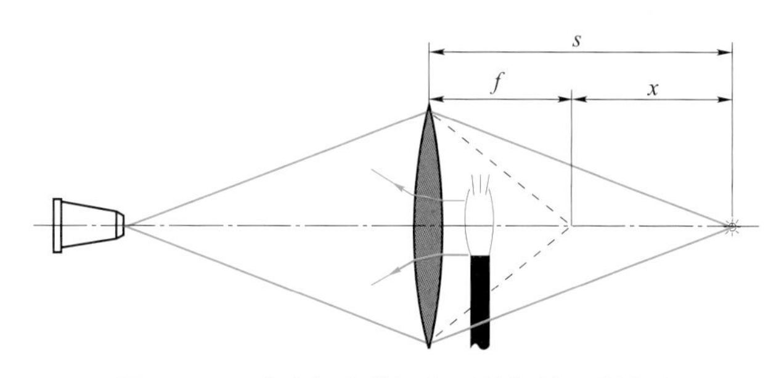

图 11-57　脉冲闪光菲涅尔透镜间接阴影方法

3. 分布式正交闪光高速摄影系统

为了实现近膛口区脱壳穿甲弹飞行姿态的定量测量和脱壳全过程显示，采用正交摄影方法，该系统由沿靶道设置的 6～8 对摄影站、6～8 对脉冲闪光光源，以及空间基准定标装置、信号触发器、智能测时测速装置、总控制柜和图像处理与识别软件等 7 个部分组成。其工作过程如下：

① 试验前，建立和标定空间坐标系。用准直激光器将炮膛轴线作为 x 坐标轴，将其发出的激光束通过靶道基准坐标仪的四棱镜，建立正交的 y，z 坐标轴；对每站光学系统依次进行校准和标定，作为对射击后各张照片进行图像处理的基准（图 11-58）。

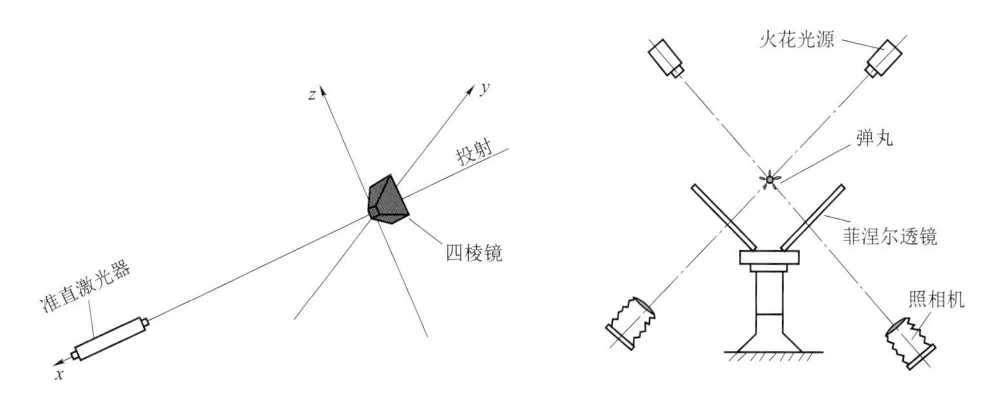

图 11-58　分布式正交闪光高速摄影系统

② 发射时，依照控制程序，在弹丸飞至各站的中心时，依次触发脉冲光源闪光，将流场、弹丸及飞散的卡瓣的阴影像经菲涅尔透镜聚焦在提前打开快门的照相机底片上，完成正交照相站的 6×2=12 幅照片。

③ 与此同时，智能测时单元记录了闪光时间并计算弹丸的飞行速度，为图像处理准备时间信息。

④ 图像处理：利用图像处理软件和实测的空间坐标、时间信息处理系列照片，可以获得弹体和弹托的运动与飞散规律。对简单的轴对称锥形物体（如普通弹丸），利用两张正交阴影照片，可以直接定量测量其空间位置坐标；对于形状复杂、运动不对称的弹托，仅靠两张阴影照片还无法确定其空间位置，需采用计算机图像处理与识别技术来实现。

二、IB-12 中间弹道靶道主要参数

① 脉冲光源：高稳定性抗干扰火花光源。

② 菲涅尔透镜是一种由优质平面有机玻璃作为透光材料的非球面聚焦透镜，其设计思想是将透镜分成许多具有不同曲率的环带，使通过每一个环带透镜的光线都会聚在同一像点上，这样，既校正了球差，又可减小透镜的厚度与质量，很容易实现通光口径超过 500 mm 的场镜。

本系统采用密纹热压成型的菲涅尔透镜。在靶道断面为 2.4 m×3.1 m，火线高为 1.29 m 的条件下，菲涅尔透镜设计参数为 ϕ480（通光口径/mm）×800（焦距/mm）。

图 11-59 是菲涅尔透镜间接阴影系统拍摄的脱壳过程照片。

图 11-59　菲涅尔透镜拍摄的脱壳过程照片

③ 照相机：为适应菲涅尔透镜锥形光路、高分辨率、长焦距以及中心波长 400 nm 的空气火花闪光光谱要求，专门设计了专用照相机。用高分辨率数码相机代替底片记录和处理更为方便。

④ 空间基准：IB-12 中间弹道靶道采用活动标准板式空间基准装置，以贯穿炮膛轴线的准直激光束作为 x 轴。以空间基准装置上的四棱镜作为 x，y，z 轴基准并进行标定。

⑤ 信号触发器：膛口信号由弹前激波产生，同步误差小。各摄影站用氦一氖激光器光幕触发。

⑥ 测时与测速装置：由测速靶、光导纤维及智能测时仪组成。

弹体到达各摄影站时，测速靶感受其信号，光导纤维接收和传输光信号至智能测时仪（测试精度为 10^{-7} s），得出弹体飞行速度、到达各摄影站的时间以及火花光源的闪光时间等。

⑦ 图像处理与识别：采用三维空间图形识别与处理软件，从二正交阴影图的轮廓重合决定空间的物体。通过处理，得到脱壳穿甲弹近膛口区飞行姿态和脱壳全过程的定量显示。

三、应用实例

本书第七章的脱壳弹高速阴影摄影照片都是在 IB-12 中间弹道靶道拍摄的。再列举几个实例。

1. 脱壳穿甲弹膛口起始扰动的测量

脱壳穿甲弹飞离膛口时，产生起始章动角位移 δ_0 和角速度 $\dot{\delta}_0$（图 11-60）。

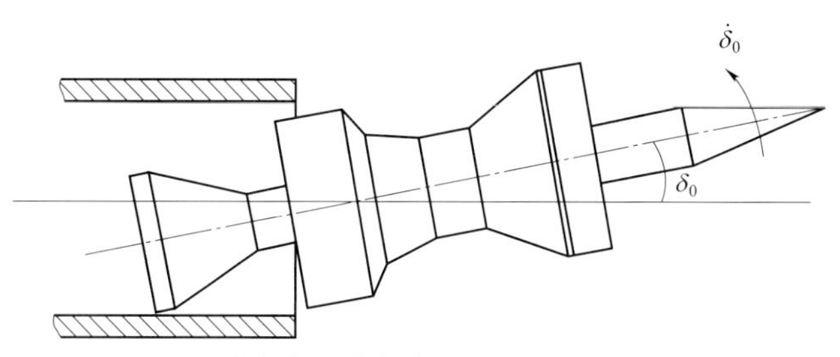

图 11-60 脱壳穿甲弹出膛口瞬间的起始章动角示意图

测量膛口的起始扰动，需排除脱壳产生的干扰。方法是，发射整体弹托的模拟脱壳穿甲弹（其弹托结构与尺寸均与分瓣的脱壳穿甲弹的相同），测量出膛口区仰角和章动角，取第一个位置的章动角为 δ_1，而 $\dot{\delta}_1=\Delta\delta_1/\Delta t=(\delta_2-\delta_1)/(t_2-t_1)$，即脱壳穿甲弹膛口起始章动角速度。

实测的 120 mm 尾翼稳定脱壳穿甲弹（模拟）起始扰动角和角速度为 $\delta_0=1.52°$，$\dot{\delta}_0=43.07$ rad/s。

2. 脱壳干扰测量

阻力脱壳的穿甲弹在穿出膛口气流区进入空气中自由飞行后，受空气阻力作用进行脱壳过程。利用中间弹道靶道可以测量卡瓣飞散过程的弹体和弹托运动规律。

（1）弹体运动规律的测量

从试验获得的一组脱壳弹飞行姿态的正交照片，经处理得到弹体的运动规律。其中包括：弹体质心的空间坐标（x_c，y_c，z_c）、弹轴在靶道坐标系的方向余弦（$\cos\alpha$，$\cos\beta$，$\cos\gamma$）、弹体的俯仰角 α、偏航角 β 以及章动角 δ（图 11-61）。

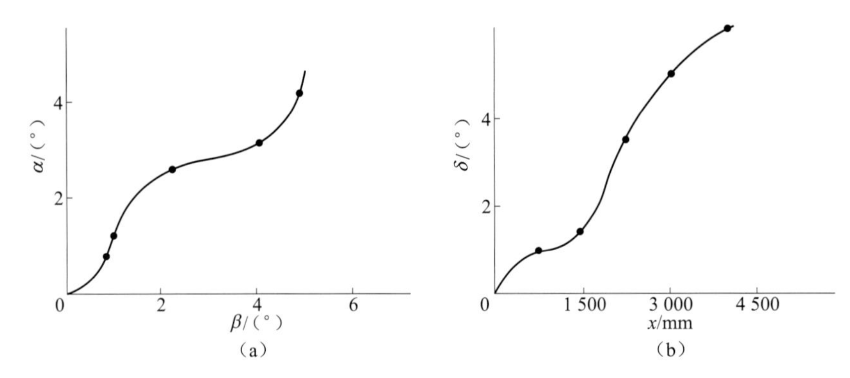

图 11-61　实验照片处理的部分结果

（a）α-β 曲线；（b）δ-x 曲线

（2）弹托运动规律的测量

从试验获得的一组脱壳穿甲弹飞行姿态的正交照片可以处理得到弹托的运动规律，其中包括弹托的空间位置、弹托质心的空间坐标、弹体与弹托空间位置的相对关系、弹托飞散的全过程。

脱壳过程及弹托运动规律的测量及处理结果详见第七章。

关于本章内容的详细研究资料，可参阅附录八的 2(3)，2(5)，2(6)，2(7)，2(9)，4(7)，4(13)，6(5)，6(8)，6(12)，6(15)，6(16) 等的有关报告及论文。

附　　录

附录一　冲击波与脉冲噪声的基本概念

一、间断面及其分类

1. 间断面

在气流穿过时，气体本身的参数或参数对空间坐标的导数发生突变的曲面为间断面。气体参数发生突变的，称为强间断面；气体参数连续而参数对空间坐标的导数发生突变的，称为弱间断面。

间断面的性质如下：

① 间断面运动速度不同于气体质点的速度，气体质点可以穿过间断面；

② 在定常流中，间断面一般是固定的；在非定常流中，间断面不固定；

③ 必须满足根据质量、能量、动量守恒方程导出的边界条件：

质量守恒

$$\rho_1 V_{1n} = \rho_2 V_{2n}$$

能量守恒

$$\rho_1 V_{1n}\left(\frac{V_1^2}{2}+h_1\right)=\rho_2 V_{2n}\left(\frac{V_2^2}{2}+h_2\right)$$

动量守恒

$$p_1+\rho_1 V_{1n}^2 = p_2+\rho_2 V_{2n}^2$$

$$\rho_1 V_{1n} V_{1\tau} = \rho_2 V_{2n} V_{2\tau}$$

式中　下标 1，2——间断面两侧的气体状态；

　　下标 n，τ——法向和切向分量。

强间断面又分为法向间断面（最常见的是激波阵面）及切向间断面（涡面）两种。

弱间断面种类多，一般性质为：

① 弱间断面相对于两侧气体的传播速度等于气体的声速（切向弱间断面除外）。

② 弱间断面与流线夹角等于马赫角 α，换句话说，弱间断面与特征面重合

$$\sin\alpha=\frac{a}{V}$$

③ 与强间断面不同，弱间断面不能自行出现，必然和一定的初始或边界条件相对

应，例如转角、壁面曲率变化等。

最常见的弱间断面是弱压缩波及膨胀波阵面。

2. **涡面**

涡面又称滑移面或切向间断面，是一种没有物质流通过的强间断面。其基本性质为：

① 允许气体介质沿此面切向运动或滑移。

② 面两侧的边界条件为：气体法向速度及压力相等，即在此面两侧，法向速度及压力的变化是连续的，切向速度和其他热力学参数有任意间断。因此，此面可将两种不同状态和成分的气体介质区分开。

③ 不太稳定，时间稍长，则由于湍流交换而变宽。

涡面常出现于射流边界、激波非正规反射和激波相交中。

3. **接触间断**

接触间断又称接触面，是涡面的一种特殊形式。其基本性质为：

① 此面两侧的气体之间无滑移。

② 此面两侧的边界条件为：气体速度与压力相等，即在此面两侧，气体速度和压力的变化是连续的，而其他热力学参数有任意突变。

③ 一般不稳定，由于湍流交换而使边界模糊。

接触间断面常出现于冲击波形成过程中。当高温、高压气体推动周围空气运动时，两种气体介质之间由接触间断面分开，如附录图1所示。

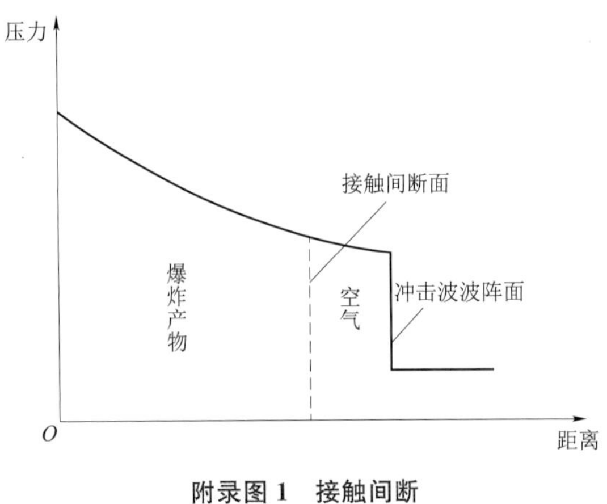

附录图1　接触间断

4. **激波阵面**

气流穿过时，气体切向速度的变化是连续的，而法向速度和压力、密度等热力学参数均发生突变的强间断面为激波阵面，是一种常见的法向间断面。其基本性质为：

① 激波阵面相对于前方气体的运动速度为超声速，且与其紧贴的波前、波后气体相对于激波阵面的速度符合普朗特方程

$$a^{*2}=V_{n1}V_{n2}+\frac{k-1}{k+1}V_{\tau}^{2}$$

式中　a^{*}——临界声速；

V_{n1}，V_{n2}——激波阵面前后气体相对于激波阵面的法向速度；

V_{τ}——气体沿激波阵面的切向速度；

k——气体的比热比。

② 激波阵面前后的热力学参数符合雨贡纽方程

$$h_2-h_1=\frac{1}{2}\left(\frac{1}{\rho_1}+\frac{1}{\rho_2}\right)(p_2-p_1)$$

式中　h_1，h_2——激波阵面前后气体的比焓；

ρ_1，ρ_2——激波阵面前后气体的密度；

p_1，p_2——激波阵面前后气体的压力。

③ 激波阵面在气流中能够稳定地存在。

二、压力波

1. 基本概念

传播压力扰动的波动。压力波发生在具有惯性和弹性的介质中，在气体中，最常见的压力波是声波和冲击波。

① 压力场（声场和冲击波场）是有压力波存在的气流区域。

② 自由场是指压力波在各向同性的介质中传播，边界影响可以忽略的压力场（声场和冲击波场）。在自由场中，没有任何物体反射和绕射现象。

③ 半自由场是仅有地面反射影响的压力场（声场和冲击波场）。

④ 扩散场或混响场是均能声波在各方向上无规则传播的近全反射状态的声场。实际声场多为半扩散或半混响声场。

2. 声波与冲击波的区别

普通声波和噪声波是小振幅的线性压力波，是传播弱扰动的波，可以用线性偏微分方程——波动方程描述它的运动。其主要特点是：

① 为等熵过程，传播速度与扰动强度无关，等于气体介质的当地声速；

② 传播时，气体介质本身的参数不变，即没有介质的同向运动；

③ 符合几何反射与叠加定律。

喷气发动机、火箭的强脉冲气流噪声波是有限振幅的非线性压力波，需用非线性偏微分方程描述它的运动。

冲击波是大振幅的非线性压力波，是传播强扰动的波，只能用非线性偏微分方程才可描述它的运动。其主要特点是：

① 为非等熵过程，传播速度与扰动强度有关，相对于气体介质为超声速；

② 传播时，气体介质本身的参数是变化的，即波后介质发生同向运动；

③ 不符合几何反射与线性叠加的原理。

武器发射时，由各种因素产生的压力波交混在一起，但通常最主要的是火药燃气形成的膛口冲击波、炮尾冲击波和燃气射流脉冲噪声。

三、冲击波

1. 冲击波定义

由高压气体推动的运动激波。

2. 空气冲击波产生原因

爆炸后，高压气体瞬时或快速释放形成的强间断面与后面的高压、高速气流和截入的空气一起向外做膨胀运动，直至衰减为声波。

3. 冲击波参数

(1) 冲击波超压

又称峰值超压。冲击波波阵面压力 p 与环境压力 p_∞ 之差，记为 Δp。

$$\Delta p = p - p_\infty$$

冲击波超压是衡量冲击波强度的主要标志。当 $\Delta p > 10^6$ Pa 时，波阵面速度大于 10^3 m/s，为强冲击波；当 $\Delta p < 10^5$ Pa 时，为中等冲击波；作用在炮手操作区域的膛口冲击波为弱冲击波。为了便于对生理危害进行分析和比较，常用声压级（L_p）表示超压，其单位是分贝（dB）。二者之间的换算关系是：

$$L_p(\text{dB}) = 20\lg \frac{p}{p_r}$$

式中　p_r——参考声压，以 1 000 Hz 时正常人耳刚能听到声压（20 μPa）为基础。

(2) 正相区

又称正压区。波阵面后压力大于环境压力 p_∞ 的区域。相应的时间间隔称为正相区持续时间（T_+），是冲击波作用的重要参数（附录图 2）。正相区冲击波压力波形可用如下函数近似表示：

$$p(t) = p_\infty + \Delta p\left(1 - \frac{t}{T_+}\right)e^{\frac{-bt}{T+}}$$

于是，正相区压力冲量 I 也可以按下式计算：

$$I = \int_0^{T+}[p(t) - p_\infty]\mathrm{d}t = \int_0^{T+}\Delta p\left(1 - \frac{t}{T_+}\right)e^{\frac{-bt}{T+}}\mathrm{d}t$$

一般，冲击波对目标的作用主要取决于冲击波超压 Δp 和正相区冲量 I。当目标的固有周期 T 远大于 T_+ 时，冲击波对目标的破坏主要取决于 Δp；反之，当 T 远小于 T_+ 时，则主要取决于 I。后者主要在核爆炸与巨量炸药爆炸时出现。对于膛口冲击波对人员的作用，T_+ 与 T 量级相近，应同时考虑 Δp 和 I 的影响。实际测量时，用 Δp 和 T_+ 代替。

(3) 负相区

又称负压区或称稀疏区。波阵面后压力小于环境压力 p_∞ 的区域。相应的时间间隔称为负相区持续时间（T_-），是强冲击波作用的重要参数（附录图 2）。负相区仅对核爆炸与巨量炸药爆炸产生的冲击波才有意义，一般不作为膛口冲击波的主要参数。

（4）冲击波上升时间

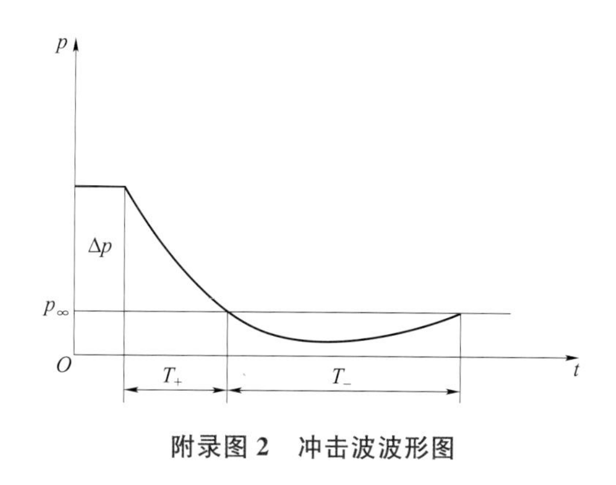

附录图 2　冲击波波形图

冲击波波阵面从起点达到峰值的时间，为冲击波上升时间。冲击波经典理论将冲击波波阵面当作一个理想的、厚度为零的间断面处理，认为它是一个前沿无限陡峭、与行进方向垂直的波，上升时间为零。实际上，由于气体黏性及热传递，冲击波波阵面具有一定厚度。实测表明，这一厚度为 2～5 倍平均分子自由程。冲击波上升时间在微秒量级以下，但由于测压系统频率响应的限制，目前只能测得微秒量级。冲击波上升时间随着冲击波超压的增大而减小。因此，也是衡量冲击波对目标作用性质的参数之一。

4. 冲击波绕射

冲击波绕射是在冲击波行进方向上遇到有限尺寸的固体障碍物时，冲击波受其影响而产生的现象。冲击波绕射后的流场十分复杂，主要取决于障碍物的几何形状和尺寸。冲击波对圆柱形障碍物绕射发展过程如附录图 3 所示。一个平面入射冲击波 I 与圆柱相撞产生一条弯曲的、向外扩展的反射冲击波 R（附录图 3（a）），接着，反射波与入射波相交形成两个马赫冲击波 Ma（附录图 3（b）），并出现马赫波正规相交（附录图 3（c））及非正规相交形成新的马赫波 Ma'（附录图 3（d））。同时，涡面 S 及涡流 V 的形成与发展呈现复杂的物理图谱。

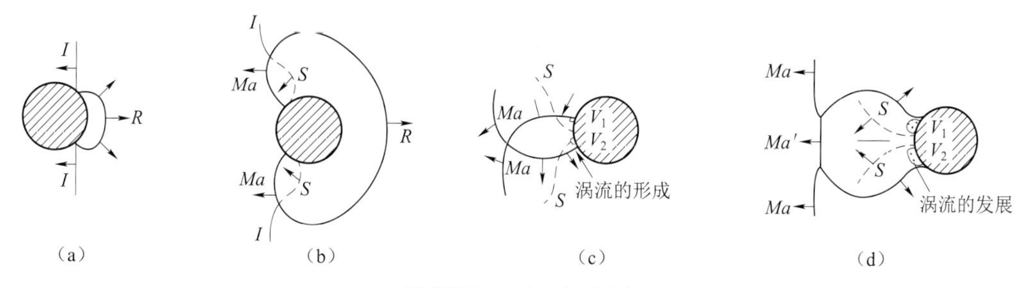

附录图 3　冲击波绕射

5. 冲击波正规相交

两个冲击波在空间迎面相遇时，只产生一个涡面的过程。强度相等的两个冲击波正规相交，可看作是其中任一个冲击波以对称面为固壁的正规反射（附录图 4）。冲击波正规相交后的流场必然出现一个涡面，只有两个冲击波强度 p_{i1}，p_{i2} 及其夹角 β_i 在一定范围内，才可能发生正规相交。

同样，对每个冲击波强度 p_{i1}，p_{i2}，存在唯一的临界角 β_{icr}。当 $\beta_i>\beta_{icr}$ 时，正规相交不再出现。不同入射冲击波强度时的 β_{icr} 曲线如附录图 5 所示。图中，λ_1 及 λ_2 是两个

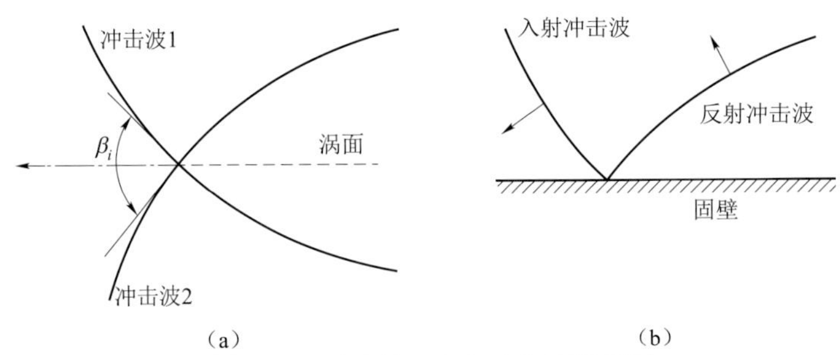

附录图 4 冲击波正规相交与正规反射

冲击波波阵面的速度系数：

$$\lambda_1 = \frac{D_1}{a^*}$$

$$\lambda_2 = \frac{D_2}{a^*}$$

式中 D_1，D_2——冲击波波阵面 1，2 的速度；

a^*——气体临界声速。

6. 冲击波非正规相交

冲击波非正规相交又称马赫相交，是两个冲击波在空间相遇时，形成第三冲击波的过程。形成的第三个冲击波称为马赫冲击波。强度相等的两个冲击波非正规相交时，可看作是其中任意一个冲击波以对称面为固壁的非正规反射（附录图 6）。当冲击波强度

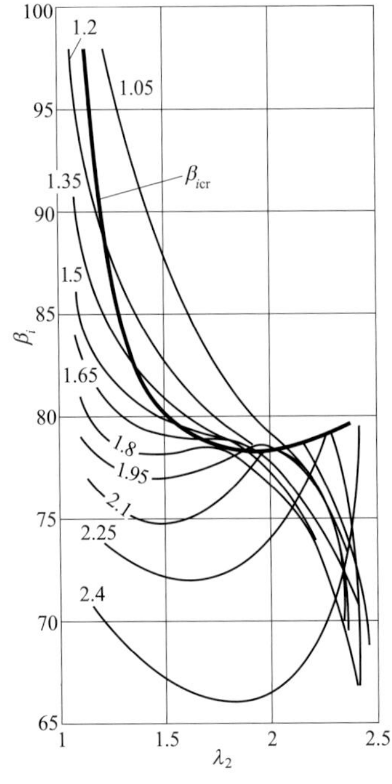

附录图 5 冲击波相交的临界角

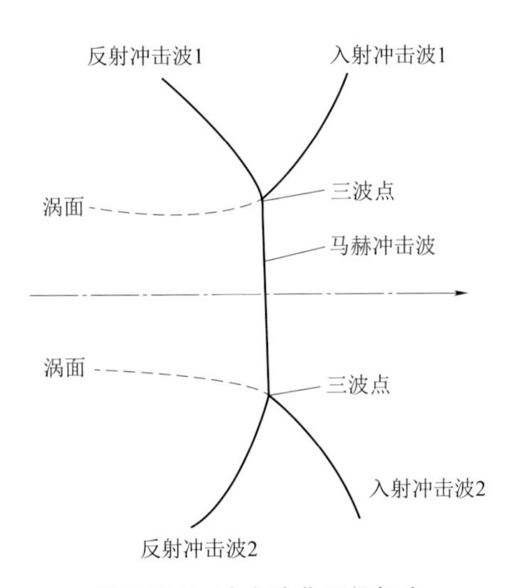

附录图 6 冲击波非正规相交

及夹角较大（超过 β_{icr}）时，便可能出现非正规相交。这时，将有两个三波点及两个涡面。膛口冲击波的波系结构中常出现冲击波非正规相交。

四、脉冲噪声

1. 定义

（1）声波

声波：声源振动产生的在介质中传播的弱压力波。频率在人耳可感受范围（20 Hz～20 kHz）的，称为声音（波）；高于此频率范围的，称为超声（波）；低于此频率的，称为次声（波）。

在空气中传播的声波是弱压缩波，即纵波。

声场：在传播声音的介质（本书特指空气）中，有声波存在的区域。

（2）噪声

噪声：由多种频率的声波组成的嘈杂声音。

脉冲噪声：由突然冲击产生的噪声，其频谱可包含全部可闻听阈。

气动脉冲噪声：气流的起伏运动或气动力产生的噪声。最强烈的气动脉冲噪声是喷气发动机、火箭和枪炮出口气流产生的噪声。其形成机理主要是超声速射流与边界层相互作用形成湍流脉动噪声，以及射流与冲击波相互作用形成啸叫声。声功率与气流速度的 8 次方成正比。

$$W=KD^2\frac{\rho^2V^8}{\rho_0a_0^5}$$

2. 噪声参数

声场中表示噪声强度的参数为声压、声强和声功率。由于声压可准确测量，故将声压 p 作为主要参数。

（1）声压和声压级

瞬时声压（p_t）：是时间和空间位置的函数（单位 Pa，kPa）；

峰值声压（p_m）：一段时间内最大瞬时声压；

声压级　$$L_p=10\lg\left(\frac{p}{p_r}\right)^2=20\lg\frac{p}{p_r}\ \text{(dB)}$$

采用这个定义是因为，人耳可辨别声信号的强弱范围很大。从听阈（人耳刚能听到的最低声压，称为基准声压，1 000 Hz 时其值为 2×10^{-5} Pa）到痛阈（耳痛难忍的震耳的噪声，为 10^3 Pa）跨越 8 个数量级。这个频带叫声频。而人对声音强弱的辨别不是线性的，听觉的响度大小与声压的对数成比例。因此，用声压级（dB）可以代表人的听觉器官对声音感受变化。

（2）声频谱

声音，尤其噪声，都是由许多频率的声波组成的，而人耳对不同频率的声音感受程度也不同。声压或声能随频率的分布曲线称为声频谱。不论声压高低，人耳对 3～5 kHz 频率的声音最为敏感。

（3）响度

响度是人耳主观感觉的声压，即声音响亮的程度。响度取决于声强和频率。按人耳对声音的感觉特性，依据声压和频率定出人对声音的主观音响感觉量，称为响度级，单位为方。

以频率为 1 kHz 的纯音作为基准音，其他频率的声音听起来与基准音一样响时，该声音的响度级就等于基准音的声压级。例如，某噪声的频率为 100 Hz，强度为 50 dB，其响度与频率为 1 kHz，强度为 20 dB 的声音响度相同，则该噪声的响度级为 20 方。附录图 7 是等响度曲线。该曲线表示人耳感觉响度相同的各级（10～130 方）所对应的频率和声压级。可见，频率 3～5 kHz 为人耳最敏感区，300 Hz 以下的低频是不敏感区。

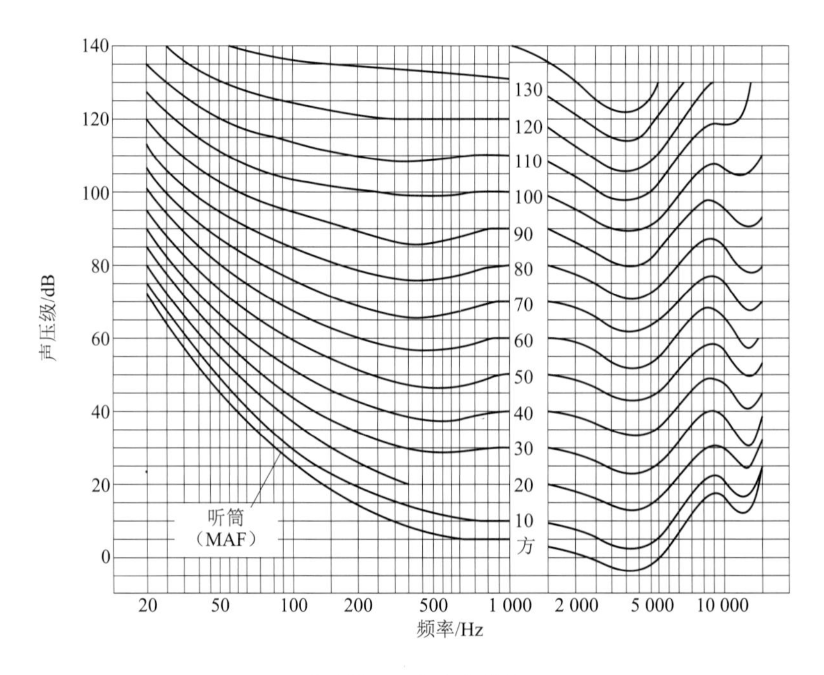

附录图 7 等响度曲线

3. 非线性噪声

生活中听到的多为强度较弱的普通声音或噪声，其声压级在 160 dB 以下，符合小振幅、弱扰动波的线性声波方程。但喷气发动机和大型火箭产生的气流脉冲噪声，其声压级高达 180 dB，为有限振幅波，不能用线性化假设。

关于本附录内容的详细资料，可参阅附录八的 1(4)。

附录二　气体射流有关知识

一、射流及其分类

射流是流体经喷管管口向另一流体环境喷射时形成的流动。按流体环境的速度不同，射流可分为伴随射流及自由射流。最常见的是从各种管道内流入静止空气中形成的自由空气射流。按出口压力比，即管口压力与外界压力之比的不同，射流可分为欠膨胀射流与过膨胀射流。一个完整的射流可包括初始段、过渡段与主体段三部分（附录图 8）。

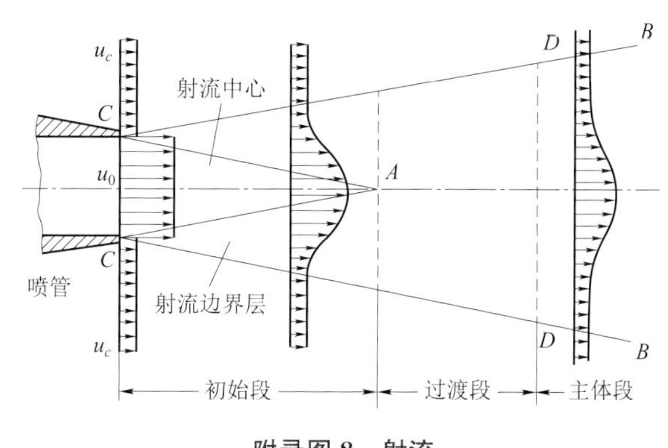

附录图 8　射流

射流自管口射出时，由于黏性等作用，与流体环境发生质量、动量及热量交换，形成了厚度不断增大的混合区，射流速度较小时，此混合区为层流，较大时，为湍流，此时称为湍流射流边界层。随着射流向前发展，边界层不断加厚，最后，两种流体完全混合。自管口边界至汇合点 A 的区域，称为射流初始段。随着射流混合区的不断发展，流体环境被卷入的质量增多，射流轴心速度连续下降，整个射流形成湍流。至某一距离（截面 D—D）以后的流动，可设想为，相当于管口外一点发出的射流。D—D 截面以后的射流称为主体段。介于初始段与主体段之间的射流为过渡段。

（1）定常与非定常射流

定常射流：出口气体参数稳定、不随时间变化的射流；

非定常射流：出口气体参数随时间变化的射流。

（2）伴随射流与自由射流

伴随射流：流入环境介质速度不为零的射流；

自由射流：流入环境介质速度为零的射流。

（3）亚声速与超声速射流

亚声速射流：喷管出口气流速度小于当地声速的射流；

超声速射流：喷管出口气流速度大于当地声速的射流。

（4）射流核心

射流核心是射流中未同周围介质混合的中心区。对于亚声速射流，射流核心内的静压与速度不变，故称为等速射流核心。对于超声速射流，不存在等速、等压区，通常把它的瓶状激波内接近一维均匀流的区域称为射流核心。

（5）欠膨胀射流

出口压力比大于1的气体射流。在欠膨胀射流中，气体还要继续膨胀，形成超声速射流。

（6）过膨胀射流

出口压力比小于1的气体射流。

二、欠膨胀射流的特点

1. 欠膨胀射流的流谱结构

欠膨胀射流可分为三段（附录图9）。

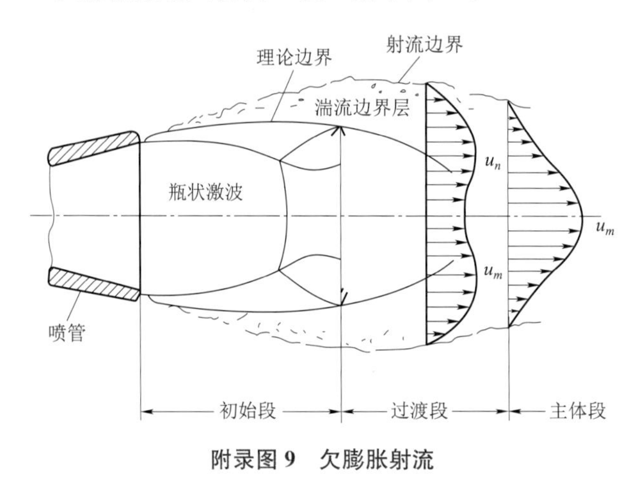

附录图9　欠膨胀射流

① 初始段：气体黏性及温度只在很薄的边界层内对射流产生影响，射流的理论边界可近似地代表射流边界，气流参数可用理想流体基本方程计算。

② 过渡段：湍流混合逐渐明显，但气流最大速度不在射流轴线上。

③ 主体段：湍流混合完全，气流最大速度在射流轴线上。此时，自由湍流射流理论成立。

对于膛口火药燃气射流，由于被膛口冲击波包围着，其过渡段与主体段不明显，起主要作用的是初始段。欠膨胀射流初始段结构如附录图10所示。

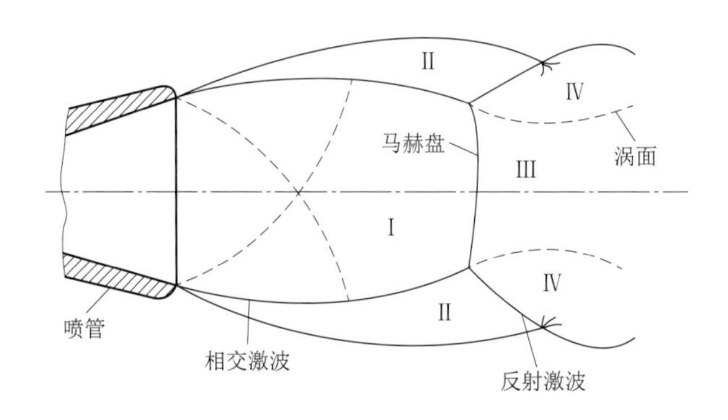

附录图10　欠膨胀射流初始段结构

最外层为射流边界——一层很薄的湍流区，中间是一个瓶状激波。由激波分界，射流初始段可分为几个性质不同的气流区：

Ⅰ区——瓶状激波内的超声速自由膨胀区。其主要特点是气流急剧膨胀，压力、温度迅速下降，速度增大，并一直保持超声速。

Ⅱ区——相交激波、反射激波与射流边界间的超声速区。其内的气体流动十分复杂，靠近激波相交区域附近尤甚。

Ⅲ区——马赫盘后的亚声速区。它是超声速气流经马赫盘后急剧减速、增压、升温形成的。对于膛口火药燃气射流，马赫盘后的高温足以点燃未完全氧化的火药燃气，形成中间焰。

Ⅳ区——反射激波后的超声速区。它与Ⅲ区由涡面分开。

2. **瓶状激波**

欠膨胀射流内部特有的，由相交激波、马赫盘及反射激波组成的激波结构，因形状似瓶而得名。瓶状激波的形成和结构随出口压力比 n 而变化（附录图 11）。

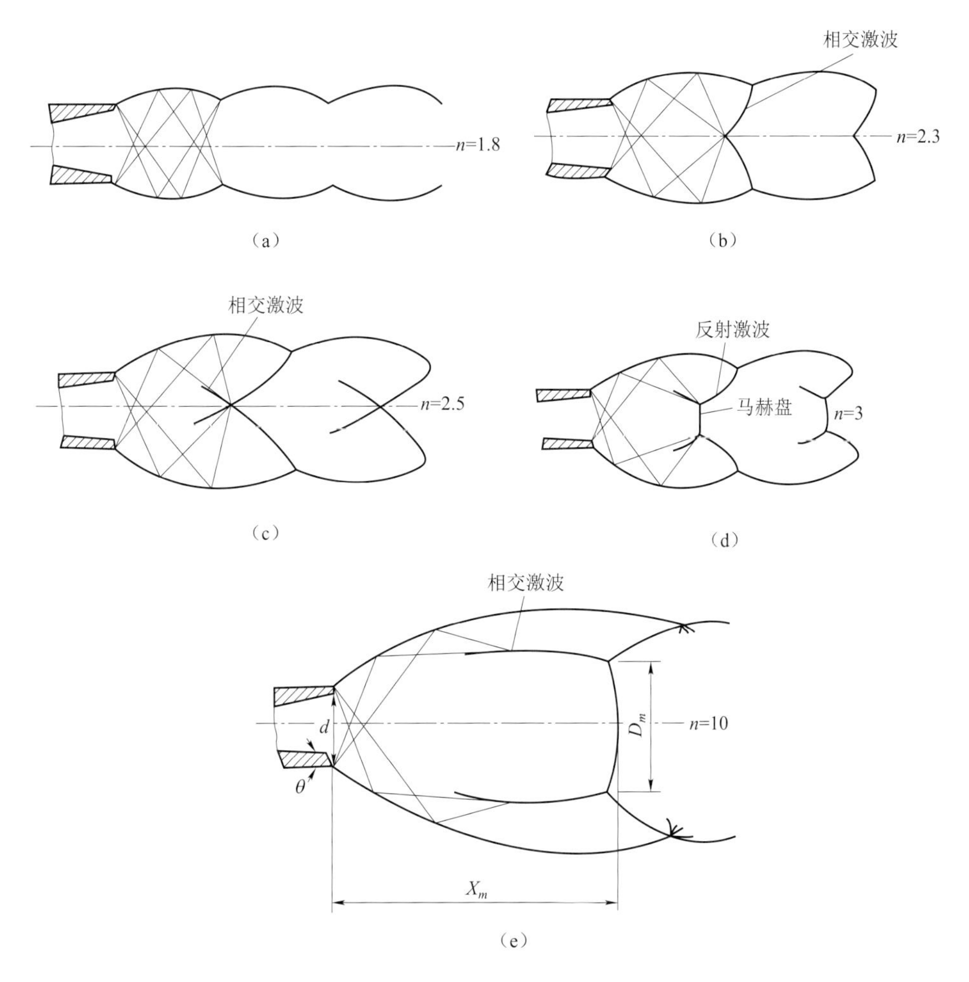

附录图 11　瓶状激波的形成

当喷管的出口压力比大于1时，自口部发出的两簇膨胀波束在弯曲的气流边界反射为压缩波束（附录图11（a））。当压力比增高时，这些压缩波在射流内叠加并合成为两条相交激波（附录图11（b））。它们之间的相互作用形成激波的正规相交（附录图11（c））和非正规相交或马赫相交（附录图11（d），（e）），出现反射激波和一条接近正激波的马赫盘。

瓶状激波的尺寸是欠膨胀射流的重要特征参数。通常用马赫盘直径 D_m 表示瓶状激波的直径，以马赫盘距喷管的出口距离 X_m 表示瓶状激波的长度。大量实验研究证明：瓶状激波的尺寸与出口压力比呈指数关系，常用的经验公式为

$$\frac{D_m}{d}=\frac{1.1n^{0.5}}{k^{2.5}\cos^2\theta}$$

$$\frac{X_m}{d}=0.7Ma(kn)^{0.5}$$

式中 d——出口直径；

n——出口压力比；

Ma——出口气流马赫数；

θ——出口半锥角；

k——气体比热比。

3. 定常欠膨胀自由射流随压力比变化的风洞试验

用定常开口风洞吹风实验可以清晰地表示出射流结构随出口压力比的变化。附录图12为南京理工大学风洞实验室的开口风洞。

附录图12 开口风洞

附录图13和附录图14分别为不同出口压力比 n 条件下流谱结构和膛口装置出口射流（纹影照片）。

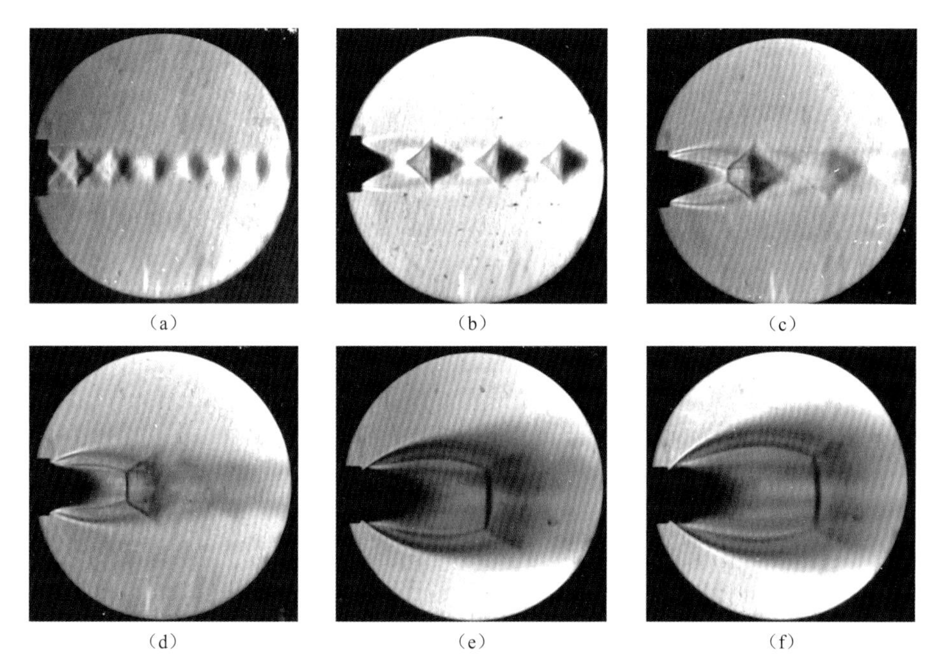

附录图 13　不同出口压力比时的欠膨胀射流流谱（风洞吹风纹影照片）

(a) $n=1.2$；(b) $n=2$；(c) $n=2.5$；(d) $n=5.0$；(e) $n=10.0$；(f) $n=15.0$

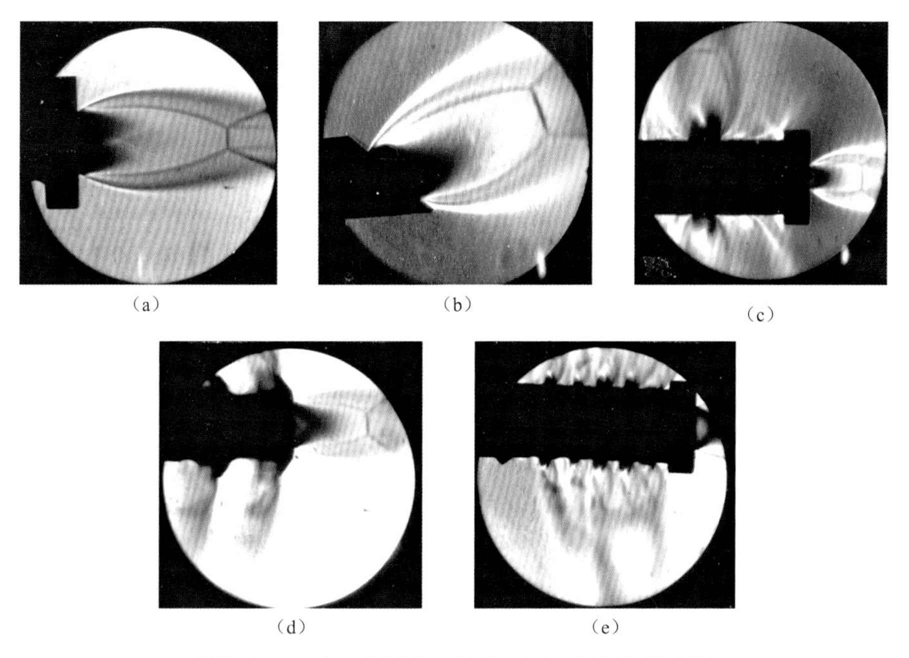

附录图 14　膛口装置出口射流（风洞吹风纹影照片）

关于本附录内容的详细资料，可参阅附录八的 1(4)，5(1)。

附录三　火药燃气作用系数 β 的经典计算方法

火药气体作用系数 β 的经典计算方法是指以实验或一维定常、理想流简化假设为基础的、计算与估算 β 的理论方法和经验公式。由于经典方法简单、实用，对特定火炮（枪）有一定的准确性，20 世纪 80 年代前，在火炮总体设计的估算阶段常作为主要方法应用。至今，仍有几种发表于 60 年代前的火药燃气作用系数 β 的经典计算方法还在使用。这些方法存在的一个共同问题是：由于其近似性或经验性，使之适应面较窄，而公式使用条件不明确，使用者盲目性很大。国内曾对 β 计算方法做过许多研究与改进，取得一定效果，但因实验数据很少，误差无法估计。目前，工程设计中（尤其是火炮设计计算书中）实际的 β 计算值仍普遍偏高达 20%～30%之多（附录表 1 及附录表 2）。这对反后坐装置与膛口装置设计的影响是相当严重的。

附录表 1　计算所得火炮作用系数 β 与试验值比较

火炮类型	56-85 加	72-85 高	59-100 高	60-122 加	59-130 加
计算书	1.896	1.497	1.690	1.742	1.66
试验值	1.660	1.142	1.328	1.444	1.38

一、火药燃气作用系数 β 的经典计算方法

1. 美国公式

$$\beta_1 = 1\,431/v_0$$

2. 法国公式

$$\beta_2 = 1\,300/v_0$$

3. 勃拉贡拉沃夫公式

$$\beta_3 = 1\,275/v_0$$

4. 炮兵研究所公式

$$\beta_4 = 1\,400/v_0 \text{及} \beta_4 = 1\,400/v_0 + 0.15$$

5. 克鲁伯公式

$$\beta_5 = 0.67\sqrt{q/\omega}$$

6. 斯鲁霍茨基公式

$$\beta_6 = \frac{k+1}{k}\left(\frac{2}{k+1}\right)^{1.5}\frac{a_g}{v_0}$$

取 $k=1.2$ 时，

$$\beta_6 = 1.589\,\frac{a_g}{v_0}$$

取 $k=1.25$ 时，

$$\beta_6=1.508\frac{a_g}{v_0}$$

7. 布拉温公式

$$\beta_7=\sqrt{\frac{8}{k(k+1)}}\cdot\sqrt{\left(\frac{W_{KH}}{\omega}-\alpha\right)\cdot p_g\cdot\frac{1}{v_0}}$$

8. 特洛契科夫公式

$$\beta_8=0.5+\frac{\sqrt{2}}{(k+1)\sqrt{k-1}}\cdot\frac{a_g}{v_0}$$

式中　$k=1.245+0.0000305(v_0-400)$（根据表拟合）

9. 马蒙托夫公式

$$\beta_9=0.5+\frac{2}{n+1}\frac{\xi_g}{\xi_0}\cdot\frac{1}{k}\frac{a_g}{v_0}$$

$$\beta_9=0.5+1.207\frac{a_g}{v_0}(n=1.35, k=1.25)$$

10. 太机公式

$$\beta_{10}=\frac{A}{v_0}\sqrt{q/\omega}\text{（}A\text{ 查表）}$$

11. 施伦克尔公式

$$\beta_{11}=0.5+\frac{I_n}{\omega v_0}$$

式中　$I_n=1.342\omega\sqrt{RT_g}\left(1+0.15\frac{\omega}{q}\right)$

$$RT_g=f-0.26\left(0.1667+0.5714\frac{q}{\omega}\right)v_0^2$$

12. 用多变指数 $\boldsymbol{k=1.33}$ 修正斯鲁霍茨基公式

$$\beta_{12}=1.393\frac{a_g}{v_0}$$

13. 用多变指数 $\boldsymbol{k=1.33}$ 修正布拉温公式

$$\beta_{13}=1.607\sqrt{\left(\frac{W_{KH}}{\omega}-\alpha\right)\cdot p_g\cdot\frac{1}{v_0}}$$

14. 用相当摩擦系数 f 的拟合方法

$$\beta_{14}=0.5+\frac{1+k}{1+A}\frac{1}{k}\left(\frac{k+1}{2}\right)^{\frac{3-k}{2(k-1)}}\left(1+\frac{\omega}{6q}\right)\frac{a_g}{v_0}$$

（A 值计算见第二章）

利用上述公式，计算了 21 种有试验结果的火炮（枪）的 β 值，见附录表 2。

15. 理想流体一元非定常特征线法 β_{15}

16. 考虑摩擦、热传导损失的一元非定常特征线法 β_{16}

附录表 2 β 的计算与试验值比较表

序号	武器	β_1	β_2	β_3	β_4	β_5	β_6	β_7	β_8	β_9	β_{10}	β_{11}	β_{12}	β_{13}	β_{14}	β_{15}	β_{16}	$\beta_{试验值}$
1	54 式 7.62 mm 手枪	3.252	2.955	2.898	3.332	2.043	3.429	3.252	3.437	2.614	2.724	3.010	3.266	3.098	2.792		2.380	2.340
2	54 式 7.62 mm 冲锋枪	2.862	2.600	2.550	2.950	2.043	2.754	2.690	2.757	2.198	2.090	2.394	2.569	2.623	2.562	2.092	2.666	2.306
3	56 式 7.62 mm 冲锋枪	2.015	1.830	1.796	2.122	1.489	1.951	1.879	1.946	1.703	1.837	1.932	1.859	1.790	1.519	1.867	1.570	1.554
4	56 式 7.62 mm 半自动步枪	1.947	1.769	1.735	2.055	1.489	1.873	1.818	1.867	1.655	1.775	1.847	1.784	1.732	1.405	1.800	1.410	1.360
5	53 式 7.62 mm 骑枪	1.745	1.585	1.555	1.857	1.198	1.815	1.718	1.806	1.619	1.562	1.808	1.729	1.636	1.438	1.698	1.606	1.630
6	53 式 7.62 mm 重机枪	1.654	1.503	1.474	1.768	1.198	1.622	1.558	1.612	1.500	1.481	1.698	1.545	1.484	1.248	1.551	1.468	1.440
7	54 式 12.7 mm 高射机枪	1.704	1.548	1.518	1.817	1.128	1.761	1.622	1.752	1.586	1.503	1.807	1.566	1.464	1.457	1.640	1.549	$\frac{1.320}{1.480}$
8	20 mm 高射炮	1.417	1.287	1.262	1.536	1.018	1.397	1.337	1.385	1.361	1.212	1.538	1.331	1.274	1.318	1.262	1.170	1.290
9	HC-23 mm 航空炮	2.083	1.892	1.856	2.188	1.645	1.929	1.885	1.925	1.689	1.884	1.899	1.838	1.796	1.528	1.866	1.791	1.740
10	69 海双 30 mm 自动炮	1.363	1.238	1.214	1.483	0.939	1.377	1.305	1.365	1.349	1.135	1.531	1.312	1.244	1.395	1.069	1.090	1.180
11	65 双 37 mm 高炮	1.652	1.501	1.472	1.767	1.266	1.610	1.551	1.601	1.493	1.493	1.644	1.534	1.477	1.520	1.570	1.520	1.490
12	57 mm 反坦克炮	1.445	1.313	1.288	1.564	0.986	1.492	1.401	1.480	1.420	1.222	1.598	1.421	1.335	1.270	1.384	1.220	1.350
13	苏 85 反坦克炮	1.376	1.250	1.226	1.496	0.852	1.455	1.347	1.442	1.397	1.101	1.615	1.386	1.284	1.432	1.324	1.110	1.420
14	72 式 85 高射炮	1.427	1.296	1.271	1.546	1.022	1.456	1.376	1.444	1.397	1.224	1.547	1.386	1.311	1.205	1.366	1.180	1.142
15	59 式 100 mm 高射炮	1.590	1.444	1.417	1.705	1.104	1.640	1.545	1.630	1.511	1.395	1.688	1.563	1.472	1.341	1.539	1.455	1.328
16	66 式 122 mm 加农炮	1.617	1.469	1.441	1.732	1.118	1.687	1.580	1.677	1.540	1.422	1.710	1.607	1.506	1.414	1.585	1.498	1.444
17	66 式 152 mm 加榴炮	2.185	1.985	1.947	2.287	1.537	2.250	2.139	1.190	1.887	1.996	2.102	2.143	2.038	2.014	2.201	1.890	1.999
18	43 式 152 mm 榴弹炮	2.817	2.559	2.510	2.906	2.273	2.640	2.579	2.646	2.130	2.182	2.354	2.519	2.457	2.359	2.569	2.440	2.600
19	37 mm 弹道炮全装药（ω=122 g）	1.665	1.513	1.484	1.779	1.246	1.596	1.533	1.358	1.484	1.494	1.675	1.521	1.460	1.522	1.558	1.476	1.420
20	37 mm 弹道炮减装药（0.67ω）	2.351	2.135	2.094	2.450	1.527	2.190	2.132	1.812	1.850	2.145	2.300	2.086	2.031	1.802	2.127	2.016	1.960
21	37 mm 弹道炮减装药（0.5ω）	3.006	2.731	2.678	3.090	1.763	2.755	2.702	2.267	2.199	2.680	2.890	2.626	2.574	2.052	2.649	2.513	2.527

二、几种常用的 β 公式使用建议

1. 斯鲁霍茨基公式

该公式是我国火炮设计书籍及各种火炮计算说明书中使用最广泛的 β 计算公式。根据一些书籍的提法，取 $k=1.25$ 即 $\beta=1.508\dfrac{a_g}{v_0}$，适用于中等威力火炮。而在苏联早期的火炮计算书及我国许多火炮计算书中，则取 $k=1.20$ 即 $\beta=1.589\dfrac{a_g}{v_0}$，但试验结果证明，以上两种公式，均高于 β 试验值，尤其是取 $k=1.20$ 是没有根据的，建议停止使用。

如果仍想使用此公式，k 应取 1.33～1.40，即用多变指数修正损失，可部分地改善其结果。

2. 布拉温公式

该公式是考虑火药燃气余容影响的斯鲁霍茨基公式，其使用中的问题同上。但计算表明，经多变指数修正后的计算结果较斯鲁霍茨基方法更接近试验值。

3. 马蒙托夫公式

引入多变指数 n 修正损失，但书籍中推荐的 n 值偏小（$k=1.25$，$n=1.35$）。

4. 克鲁伯公式

该公式规定的适用范围是大口径火炮，但计算值偏低，用于其他火炮误差更大。结果表明，此公式不宜采用。

5. $\dfrac{\boldsymbol{A}}{\boldsymbol{v_0}}$型经验公式

该公式有多种，实际上任何 β 公式均可写为此形式，在轻武器中尤其常用。该公式表明初速 v_0 是 β 的主要影响因素，而 A 值的不同则反映了武器的其他气流参数及流动损失的影响。因此，如能获得各种武器的 A 的变化规律，无疑 A/v_0 也是一种简单有效的计算方法。

目前，$\beta=\dfrac{1\ 300}{v_0}$ 及 $\beta=\dfrac{1\ 250}{v_0}$ 仍然使用。而 $\beta=\dfrac{1\ 400}{v_0}$ 及 $\beta=\dfrac{1\ 400}{v_0}+0.15$（苏联炮兵研究所公式）则明显偏大，不宜使用。

实际符合的 A 值应在 1 050～1 300 之间。

三、变装药火炮 β 公式

在用阻力功法测量膛口制退器效率时，需要计算火炮全装药与减装药时的 β 值。这一计算方法的使用比较混乱，往往采用不同的公式，如用

$$\beta_{减}=\frac{1\ 400}{v_0}+0.15$$

$$\beta_{全}=\frac{1\ 400}{v_0}$$

等。

计算与试验结果表明，同一火炮的不同装药应选用同一公式计算。

关于本附录内容的详细研究资料，可参阅附录八的 2(4)，2(13)，6(7) 的有关报告与论文。

附录四　炮膛流空的特征线数值计算方法

一、基本假设

① 后效期膛内火药燃气为一元流，即不考虑药室部扩大，用平均多变指数 k（为方便起见，取比热比同一符号）考虑摩擦、热传导损失；

② 弹丸出口时，膛内气流速度呈直线分布，压力呈二次曲线分布；

③ 弹丸出口时，若口部气流为超声速，则惯性外排，特征线外倾；若为亚声速，则有膨胀波内传，但至口部达局部声速时，则保持此状态直到流空为止。

二、单元过程计算公式

有关一元非定常流特征线法的理论已很成熟，其相容方程与特征方程的诸形式本文不需赘述。但在后效期炮膛流空计算中，单元过程与边界条件的处理尚有若干特殊之处：

① 初始（$t=0$）参数不均匀分布，即存在三角区Ⅰ（附录图 20）。因此，在沿轴线取的特征线网格上，均为扰动源并发出两簇特征线。

② 弹丸飞出膛口（0，N_2）点瞬间，紧贴弹底的一层气体速度应与弹丸出口速度相同，于是，它可能大于、等于或小于火药燃气当地声速。依基本假设③分别采取不同的出口边界条件。当亚声速出口时，有自口部发出的一簇膨胀波以速度 $\mathrm{d}x/\mathrm{d}t=|V-a|$ 内传（子程序 AA 及 AA_1）；超声速时，气体质量直接外排（用一般点子程序 AB），至口部为当地声速时，按声速出口反射条件（子程序 CC）。

全部特征线计算可化为以下几种单元子程序，其差分公式为：

(1) 一般点（子程序 AB）

已知：(j，$i-1$) 点及 ($j-1$，i) 点的气流参数。

求：(j，i) 点的气流参数（附录图 15）。

$$\frac{a_{j,i}}{a_0}=0.5\left(\frac{a_{j,j-1}}{a_0}+\frac{a_{j-1,i}}{a_0}\right)+0.25(k-1)\left(\frac{v_{j,i-1}}{a_0}-\frac{v_{j-1,i}}{a_0}\right)$$

$$\frac{v_{j,i}}{a_0}=\frac{1}{k-1}\left(\frac{a_{j,i-1}}{a_0}-\frac{a_{j-1,i}}{a_0}\right)$$

$$x_{j,i}=\{(V_{13}+a_{13})[x_{j-1,i}-(V_{23}-a_{23})a_0t_{j-1,i}]-(V_{23}-a_{23})[x_{j,i-1}-(V_{13}+a_{13})a_0t_{j,i}]\}/[(V_{13}+a_{13})-(V_{23}-a_{23})]$$

式中

$$V_{13}=0.5(V_{j,i-1}+V_{j,i})/a_0$$

$$a_{13}=0.5(a_{j,i-1}+a_{j,i})/a_0$$

$$V_{23}=0.5(V_{j-1,i}+V_{j,i})/a_0$$

$$a_{23}=0.5(a_{j-1,i}+a_{j,i})/a_0$$

（2）膛底壁面反射（子程序 BB）

已知：$(j-1,\ i)$ 点的参数。

求：壁面点的参数（对于 6 区，条件为 $j-i=N_2$，其他区条件 $j=i$）（附录图 16）。

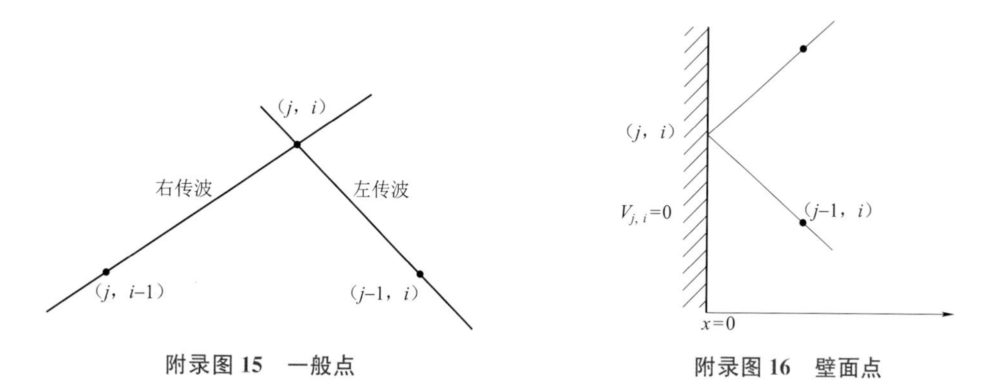

附录图 15　一般点　　附录图 16　壁面点

由$\dfrac{V_{j,i}}{a_0}=0$ 及 $x_{j,i}=0$ 的边界条件得

$$\frac{a_{j,i}}{a_0}=\frac{a_{j-1,i}}{a_0}-0.5(k-1)\frac{V_{j-1,i}}{a_0}$$

$$t_{j,i}=t_{j-1,i}-\frac{x_{j-1,i}}{a_0(V_{23}-a_{23})}$$

式中

$$V_{23}=\frac{0.5(V_{j-1,i}+V_{j,i})}{a_0}$$

$$a_{23}=\frac{0.5(a_{j-1,i}+a_{j,i})}{a_0}$$

（3）原发膨胀区（子程序 AA）

已知：(1，0) 点气流的参数及膨胀波发出的间隔 Δp。

求：与第一条右传波的交点 $(1,\ i)$ 的气流参数（附录图 17）。

$$\frac{a_{1,i}}{a_0}=\frac{a_{1,0}}{a_0}\left(1+i\,\frac{\Delta p}{p_{1,0}}\right)^{\frac{k-1}{2k}}$$

$$\frac{V_{1,i}}{a_0}=\frac{2}{k-1}\left(\frac{a_{1,0}}{a_0}-\frac{a_{1,i}}{a_0}\right)+\frac{V_{1,0}}{a_0}$$

$$x_{1,i}=\frac{\dfrac{l_{\mathrm{km}}}{\dfrac{V_{1,i}}{a_0}-\dfrac{a_{1,i}}{a_0}}-\dfrac{x_{1,i-1}}{V_{13}+a_{13}}+a_0 t_{1,i-1}}{\dfrac{1}{\dfrac{V_{1,i}}{a_0}-\dfrac{a_{1,i}}{a_0}}-\dfrac{1}{V_{13}+a_{13}}}$$

$$t_{1,i}=\frac{x_{1,i}-l_{\mathrm{km}}}{a_0\left(\dfrac{V_{1,i}}{a_0}-\dfrac{a_{1,i}}{a_0}\right)}$$

式中

$$V_{13}=0.5\left(\frac{V_{1,i-1}}{a_0}+\frac{V_{1,i}}{a_0}\right)$$

$$a_{13}=0.5\left(\frac{a_{1,i-1}}{a_0}+\frac{a_{1,i}}{a_0}\right)$$

（4）口部膨胀三角区（子程序 AA_1）

已知：N_1——以 Δp 为间隔的原发膨胀波至 $Ma<1$ 的最后一条波序号，$(j，N_1)$ 点的气流参数。

求：$Ma=1$ 时的膨胀压力差 Δp_1 及 $Ma=1$ 时的口部气流参数（附录图 18）。

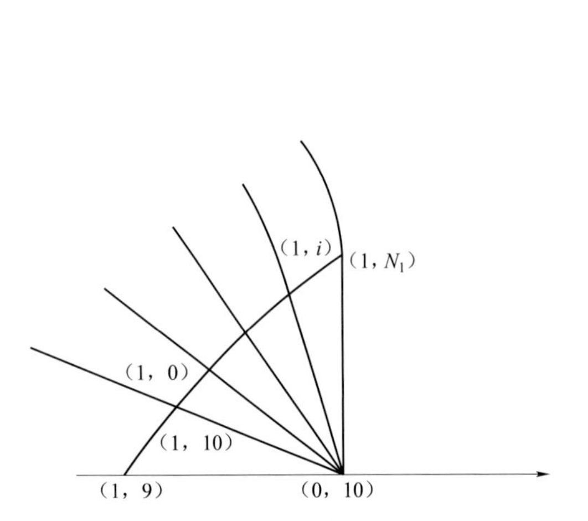

附录图 17　原发膨胀区

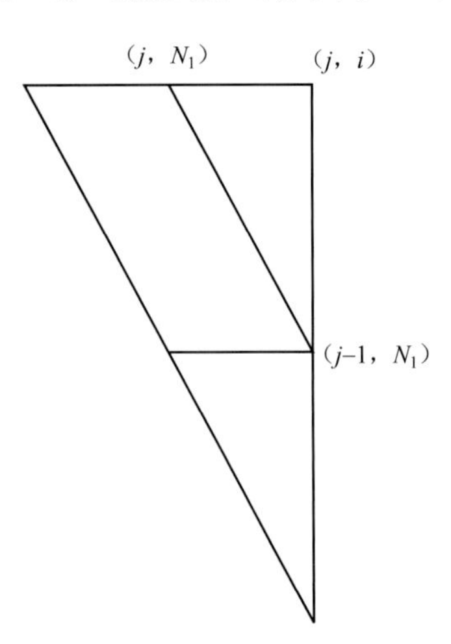

附录图 18　口部膨胀三角区

$$\Delta p_1=\left\{1-\left[\left(\frac{2}{k-1}\cdot\frac{a_{j,N_1}}{a_0}+\frac{V_{j,N_1}}{a_0}\right)\frac{k-1}{k+1}\cdot\frac{a_0}{a_{j,N_1}}\right]^{\frac{2k}{k-1}}\right\}p_{j,N_1}$$

$$\frac{a_{j,i}}{a_0}=\frac{a_{j,N_1}}{a_0}\left(1-\frac{\Delta p_1}{p_{j,N_1}}\right)^{\frac{k-1}{2k}}$$

$$\frac{V_{j,i}}{a_0}=\frac{2}{k-1}\left(\frac{a_{j,N_1}}{a_0}-\frac{a_{j,i}}{a_0}\right)+\frac{V_{j,N_1}}{a_0}$$

$$x_{j,i}=\frac{\dfrac{x_{j-1,1}}{V_{j,i}-a_{j,i}}-\dfrac{x_{j,i-1}}{V_{13}+a_{13}}+a_0\cdot t_{j,i-1}}{\dfrac{1}{V_{j,i}-a_{j,i}}-\dfrac{1}{V_{13}+a_{13}}}$$

$$t_{j,i}=\frac{x_{j,i}-x_{j-1,N1}}{V_{j,i}-a_{j,i}}$$

式中

$$V_{13}=0.5(V_{j,i-1}+V_{j,i})$$

$$a_{13}=0.5(a_{j,i-1}+a_{j,i})$$

（5）出口反射参数（子程序 CC）

已知：（j，$i-1$）点的气流参数。

求：（j，i）点的参数。

由出口条件：$Ma_{j,i}=1$，$x_{j,i}=l_{km}$

$$\frac{V_{j,i}}{a_0}=\frac{a_{j,i}}{a_0}=\frac{2}{k+1}\left(\frac{a_{j,i-1}}{a_0}+\frac{k-1}{2}\cdot\frac{V_{j,i-1}}{a_0}\right)$$

$$t_{j,i}=t_{j,i-1}+\frac{l_{km}-x_{j,i-1}}{a_0(V_{13}+a_{13})}$$

式中

$$V_{13}=\frac{0.5}{a_0}(V_{j,i-1}+V_{j,i})$$

$$a_{13}=\frac{0.5}{a_0}(a_{j,i-1}+a_{j,i})$$

三、其他气流参数计算（子程序 DA）

$$\frac{p_{j,i}}{p_0}=\left(\frac{a_{j,i}}{a_0}\right)^{\frac{2k}{k-1}}$$

$$\frac{\rho_{j,i}}{\rho_0}=\left(\frac{a_{j,i}}{a_0}\right)^{\frac{2}{k-1}}$$

$$\frac{T_{j,i}}{T_0}=\left(\frac{a_{j,i}}{a_0}\right)^2$$

$$Ma_{j,i}=\frac{V_{j,i}}{a_{j,i}}$$

四、火药燃气作用系数 β 的计算

$$\beta=0.5+\frac{1}{\omega v_0}\int_0^{\tau}P_{pt}s\,\mathrm{d}t$$

五、多变指数 k 的取值

根据计算符合，取 $k=1.32\sim1.40$ 比较合适。

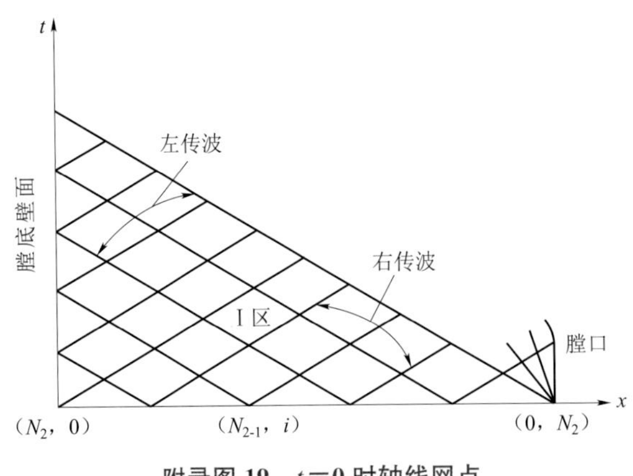

附录图 19 $t=0$ 时轴线网点

其中，各种火炮及大威力枪：$k=1.32\sim1.35$（一般可取 1.33）；

对于摩擦、热散失严重的低初速、短身管武器（如手枪、半自动及冲锋枪、迫击炮），$k=1.35\sim1.40$。

计算时均采用量纲为 1 的量，初始网格划分如附录图 19 所示，物理面（t-x）及速度面 a/a_0-V/a_0 分区及特征线网的计算实例如附录图 20 所示。

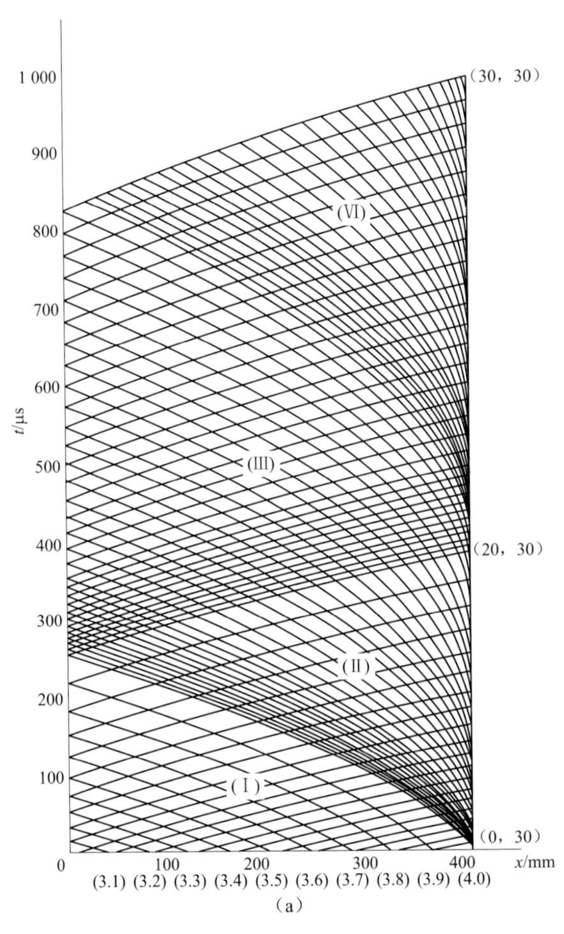

附录图 20 亚声速出口的物理面特征线网（a）与速度面特征线网（b）

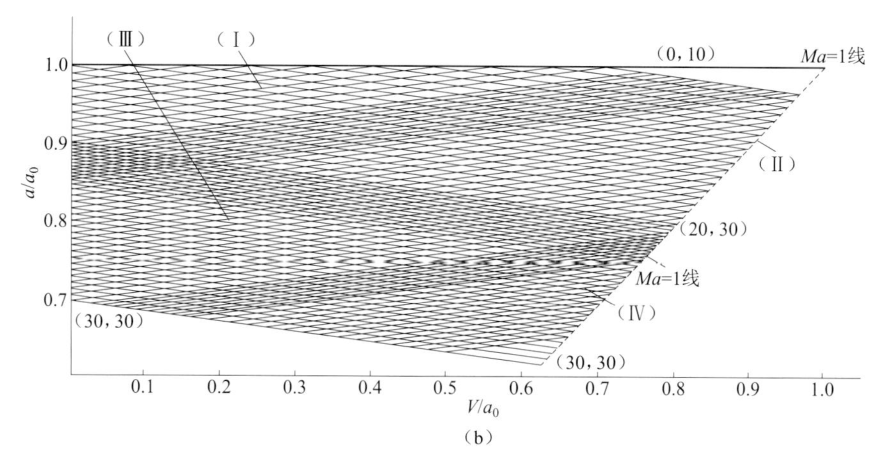

附录图 20　亚声速出口的物理面特征线网（a）与速度面特征线网（b）（续）

关于本附录内容的详细研究资料，可参阅附录八的 6(6) 等有关论文。

附录五　膛口装置效率的理论计算方法

一、基本假设

① 火药燃气为一元、定常、等熵流；

② 膛口断面为临界断面；

③ 用多变指数修正摩擦及热损失。

二、结构特征量的计算

1. 膛口装置出口反作用系数 K

由图 3-11 及式（3-1）～式（3-6），继续推导。

S 截面气流总反力　　$F=GV+Sp$

$$G=S\rho V$$

引入速度系数 λ　　$\lambda=\dfrac{V}{a^*}$

得

$$F=F^*\frac{(\lambda+\lambda^{-1})}{2}=KF^*$$

式中　a^*，F^*——临界断面气体声速和气流总反力；

$K=\dfrac{\lambda+\lambda^{-1}}{2}$，称为 S 截面的反作用系数，它表示 S 截面气流总反力与临界截面气流总反力之比。

为了修正膛口装置中气流径向分速引起的总反力损失和其他损失，引入经验系数

χ_θ及χ_μ：

$$K=\chi_\mu[1+\chi_\theta(K'-1)] \quad (1)$$

式中 K'——理想喷管的反作用系数；

χ_μ取为0.98；

$\chi_\theta=\cos 2\theta$（$\theta<35°$时），$\chi_\theta=0.342$（$\theta\geqslant35°$时）。

而λ由式（2）算出：

由
$$\frac{S^*}{S}=\left(\frac{k+1}{2}\right)^{\frac{1}{k-1}}\lambda\left(1-\frac{k-1}{k+1}\lambda^2\right)^{\frac{1}{k-1}} \quad (2)$$

式中 S^*——临界断面，即膛口断面积。

当已知$\frac{S^*}{S}$时，由上式可得λ，再由式（1）计算K。

2. **流量分配比σ（附录图21）**

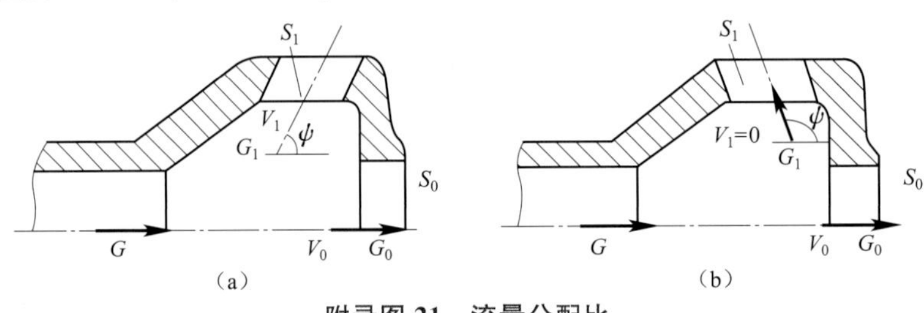

附录图21 流量分配比

（a）$\psi<90°$；（b）$\psi>90°$

膛口制退器腔室内，流量分配比σ与侧孔入口面积、侧孔轴线角度及腔室结构有关。

令
$$\sigma=\frac{G_0}{G}=\frac{1}{1+\frac{G_1}{G_0}}$$

式中 G，G_0，G_1——总流量及弹孔、侧孔秒流量。

由
$$G_0=S_0(\rho V)_0, G_1=S_1(\rho V)_1$$

令
$$\delta=\frac{(\rho V)_1}{(\rho V)_0}$$

则

$$\sigma=\frac{1}{1+\delta\frac{S_1}{S_0}} \quad (3)$$

一般$\delta=0.6\sim0.8$。

下面简要导出δ计算公式。附录图21表示两种不同侧孔入口角ψ时的流动。

当$\psi<90°$时，进入侧孔的气流具有初始速度$V_1=V_0\cos\psi$，其中V_0，V_1分别是腔室中心及侧孔入口的气流速度。

由

$$G_0=S_0^*\sqrt{k\left(\frac{2}{k+1}\right)^{\frac{k+1}{k-1}}\left(1-\frac{k-1}{k+1}\lambda_0^2\right)^{-\frac{k+1}{k-1}}}\cdot\frac{p_0}{\sqrt{RT_0}}$$

$$G_1=S_1^*\sqrt{k\left(\frac{2}{k+1}\right)^{\frac{k+1}{k-1}}\left(1-\frac{k-1}{k+1}\lambda_1^2\right)^{-\frac{k+1}{k-1}}}\cdot\frac{p_0}{\sqrt{RT_0}}$$

假设

$$\frac{S_0^*}{S_1^*}=\frac{S_0}{S_1}$$

则

$$\frac{G_1}{G_0}=\frac{S_1}{S_0}\frac{\sqrt{\left(1-\frac{k-1}{k+1}\lambda_1^2\right)^{-\frac{k+1}{k-1}}}}{\sqrt{\left(1-\frac{k-1}{k+1}\lambda_0^2\right)^{-\frac{k+1}{k-1}}}}$$

$$\delta=\left(\frac{1-\frac{k-1}{k+1}\lambda_0^2}{1-\frac{k-1}{k+1}\lambda_0^2\cos^2\psi}\right)^{\frac{k+1}{2(k-1)}}\tag{4}$$

当 $\psi\geqslant 90°$时，进入侧孔的气流速度 $V_1=0$，依靠自身的膨胀能力加速。假设气流先等熵滞止，然后，在静压 p_1 及 $\lambda=0$ 的情况下进入侧孔。

由

$$G_1=S_1^*\sqrt{k\left(\frac{2}{k+1}\right)^{\frac{k+1}{k-1}}}\frac{p_1}{\sqrt{RT_1}}$$

$$G_0=S_0^*\sqrt{k\left(\frac{2}{k+1}\right)^{\frac{k+1}{k-1}}}\sqrt{\left(1-\frac{k-1}{k+1}\lambda_0^2\right)^{-\frac{k+1}{k-1}}}\frac{p_0}{\sqrt{RT_0}}$$

用等熵方程代入，并采用同样假设，则

$$\frac{G_1}{G_0}=\frac{S_1}{S_0}\sqrt{\left(1-\frac{k-1}{k+1}\lambda_0^2\right)^{-\frac{k+1}{k-1}}}\sqrt{\left(1-\frac{k-1}{k+1}\lambda_1^2\right)^{-\frac{k+1}{k-1}}}$$

$$\delta=\left[\left(1-\frac{k-1}{k+1}\lambda_0^2\right)\left(1-\frac{k-1}{k+1}\lambda_0^2\cos^2\psi\right)^{\frac{k+1}{2(k-1)}}\right]\tag{5}$$

计算表明，式（4）、式（5）对于反作用式制退器是正确的。

当腔室直径较大时，由于环形突出部及类似扰动源，腔室内将出现激波，气流由超声速降为亚声速，于是，由激波前后速度的普朗特公式

$$\lambda_1\lambda_2=1$$

式（4）、式（5）中的 λ 应以 λ^{-1} 代入，同时，引入符合系数 φ_1，即

$$\delta=\begin{cases}\varphi_1\left(\dfrac{1-\frac{k-1}{k+1}\lambda_0^{-2}}{1-\frac{k-1}{k+1}\lambda_0^{-2}\cos^2\psi}\right)^{\frac{k+1}{2(k-1)}}, & \psi<90°\\ \varphi_1\left[\left(1-\frac{k-1}{k+1}\lambda_0^{-2}\right)\left(1-\frac{k-1}{k+1}\lambda_0^{-2}\cos^2\psi\right)\right]^{\frac{k+1}{2(k-1)}}, & \psi\geqslant 90°\end{cases}\tag{6}$$

对于冲击式制退器，$\varphi_1=0.85$；

对于冲击—反作用式制退器，$\varphi_1=1$。

3. **侧孔出口气流角** ψ

一般情况下，侧孔出口气流轴线与几何轴线不重合（附录图 22）。

其原因有二：第一是侧孔导向性不佳，随着侧孔导向部长度 l 与侧孔宽度 c 之比 l/c 的减小，导向变差。为此，引入侧孔导向系数 φ_2：

$$\psi=\varphi_2\psi'$$

式中　ψ'——侧孔几何轴线与炮膛轴线夹角；

　　　ψ——侧孔气流轴线与炮膛轴线夹角。

附录图 23 为 φ_2-$\dfrac{l}{c}$ 曲线，其中 l 为侧孔导向部或导向挡钣长度，c 为侧孔宽度（方孔）。对于圆孔，用 $\dfrac{\pi d}{4}$（d 为孔径）代替 c。从图中可以看出，仅当 $\dfrac{l}{c}$ 接近于 1 时，φ_2 才等于 1。

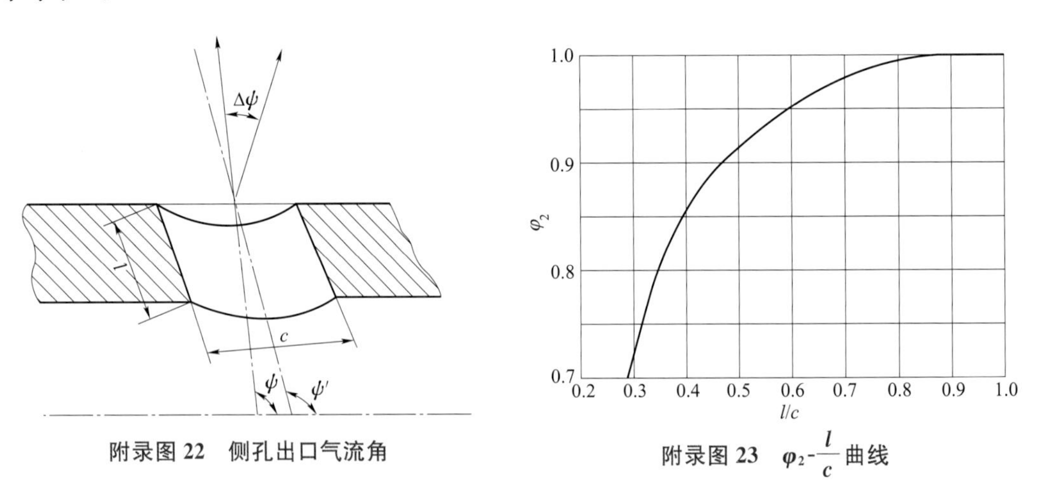

附录图 22　侧孔出口气流角

附录图 23　φ_2-$\dfrac{l}{c}$ 曲线

第二个原因是出口气流斜切。当出口气流轴线与出口平面不垂直时，将出现斜切，气流轴线向一侧偏折 $\Delta\psi$ 角。$\Delta\psi$（K，ψ）关系式是以隐式给出的，即解联立方程组：

$$\begin{cases}\dfrac{\sin(\psi+\Delta\psi)}{\sin\psi}=\dfrac{K+\sqrt{K^2-1}}{\dfrac{K}{\cos\Delta\psi}+\sqrt{\dfrac{K^2}{\cos^2\Delta\psi}-1}}\left[\dfrac{k-(k-1)K(K+\sqrt{K^2-1})}{k-(k-1)\dfrac{K}{\cos\Delta\psi}\left(\dfrac{K}{\cos\Delta\psi}+\sqrt{\dfrac{K}{\cos^2\Delta\psi}-1}\right)}\right]^{\frac{1}{k-1}}\\ \psi=\arctan\dfrac{\sin\Delta\psi}{\dfrac{\sin(\psi+\Delta\psi)}{\sin\psi}-\cos\Delta\psi}\end{cases}\tag{7}$$

当 K 及 ψ 已知时，可解出 $\Delta\psi$。

4. 结构特征量 α

结构特征量 α 是膛口制退器计算的最主要参数，以附录图 24 三个腔室制退器为例推导 α 公式。

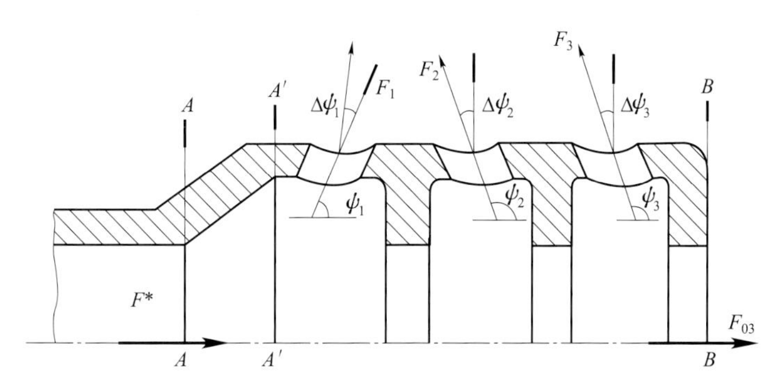

附录图 24　膛口制退器的气流

取制退器 A—A 与 B—B 两截面之间为对象，分析受力：

图中 $F^*=\dfrac{k+1}{k}Ga^*$——入口气流总反力；

$F_1=\dfrac{k+1}{k}G_1a^*K_1$——第一腔室侧孔出口气流总反力；

$F_2=\dfrac{k+1}{k}G_2a^*K_2$——第二腔室侧孔出口气流总反力；

$F_3=\dfrac{k+1}{k}G_3a^*K_3$——第三腔室侧孔出口气流总反力；

$F_{03}=\dfrac{k+1}{k}G_{03}a^*K_{03}$——第三腔室弹孔出口气流总反力。

将各出口气流反力投影于轴线上，得到膛口制退器出口截面的轴向合力 F_T：

$$F_T=\frac{F_1}{\cos\Delta\psi_1}\cos(\psi_1+\Delta\psi_1)+\frac{F_2}{\cos\Delta\psi_2}\cos(\psi_2+\Delta\psi_2)+\frac{F_3}{\cos\Delta\psi_3}\cos(\psi_3+\Delta\psi_3)+F_{03}\quad(8)$$

由质量守恒方程，知 $$G=G_1+G_2+G_3+G_{03}$$

而 $$G_1=(1-\sigma_1)G$$

$$G_2=\sigma_1(1-\sigma_2)G$$

$$G_3=\sigma_1\sigma_2(1-\sigma_3)G$$

$$G_{03}=\sigma_1\sigma_2\sigma_3G$$

式中　σ_1，σ_2，σ_3——各腔室的流量分配比。

令 $$F_T=\alpha F^*$$

将以上各式代入式（8）并除以 F^*，便得到 α 公式

$$\alpha=K_{03}\sigma_1\sigma_2\sigma_3+K_1(1-\sigma_1)\frac{\cos(\psi_1+\Delta\psi_1)}{\cos\Delta\psi_1}+$$

$$K_2\sigma_1(1-\sigma_2)\frac{\cos(\psi_2+\Delta\psi_2)}{\cos\Delta\psi_2}+K_3\sigma_1\sigma_2(1-\sigma_3)\frac{\cos(\psi_3+\Delta\psi_3)}{\cos\Delta\psi_3} \tag{9}$$

对于 m 个气室的膛口制退器，可得 α 公式：

$$\alpha=K_{0m}\sigma_1\sigma_2\cdots\sigma_m+\sum_{i=1}^{m}\sigma_1\sigma_2\cdots(1-\sigma_i)K_i\frac{\cos(\psi_i+\Delta\psi_i)}{\cos\Delta\psi_i} \tag{10}$$

三、膛口装置效率计算步骤

当已知膛口弹道参数及膛口装置结构尺寸时，便可计算膛口装置结构特征量 α 和效率 η_T。其主要步骤如下。

1. 计算各腔室气流速度系数 $\boldsymbol{\lambda_{0i}}$ 及反作用系数 $\boldsymbol{K_{0i}}$

（1）计算各腔室的面积比 ν_{0i}

第一腔室 $$\nu_{01}=\frac{S_{k1}}{S}$$

第二腔室 $$\nu_{02}=\nu_{01}\frac{S_{k2}}{S_{01}}$$

第 i 腔室 $$\nu_{0i}=\nu_{0i-1}\frac{S_{ki}}{S_{0i-1}}$$

式中 S_{k1}，S_{k2}，S_{ki}——第 1，2，i 个腔室横截面积；

S，S_{00}，S_{0i-1}——炮膛及第 1，i 个腔室弹孔面积。

（2）由式（2）计算理想速度系数 λ'_{0i}

$$\nu_{0i}=\frac{\left(\dfrac{2}{k+1}\right)^{\frac{1}{k-1}}}{\lambda'_{0i}\left(1-\dfrac{k-1}{k+1}\lambda'^{2}_{0i}\right)^{\frac{1}{k-1}}}$$

（3）计算理想反作用系数

$$K'_{0i}=\frac{\lambda'_{0i}+\lambda'^{-1}_{0i}}{2}$$

（4）按实际喷管修正反作用系数

由式（1）：

$$K_{0i}=\chi_\mu[1+\chi_\theta(K'_{0i}-1)]$$

（5）计算实际喷管的速度系数 λ_{0i}

$$\lambda_{0i}=K_{0i}+\sqrt{K^2_{0i}-1}$$

2. 计算 $\boldsymbol{\delta}$ 及流量分配比 $\boldsymbol{\sigma_i}$

根据制退器结构，由式（3）～（6）计算 δ 及 σ_i：

$$\sigma_i=\frac{1}{1+\delta_i\dfrac{S_i}{S_{0i}}}$$

3. 计算各侧孔气流反作用系数 $\boldsymbol{K_i}$

（1）侧孔出口面积比 ν_i

第一腔室侧孔　$\nu_1=\frac{S_1}{S}$

第 i 腔室侧孔　$\nu_i=\nu_{0i-1}\frac{S_i}{S_{0i-1}}$

（2）由式（2）计算 λ_i'

（3）计算理想的 K_i'

（4）计算实际的 K_i

$$K_i=\chi_\mu[1-\chi_\theta(K_i'-1)]$$

4. 计算侧孔出口气流角

（1）根据 l/c 求导向系数 φ_2

（2）计算 $\psi=\varphi_2\psi'$

（3）由 ψ 及 K_i 按式（7）计算 $\Delta\psi_i$

5. 根据式（10）计算 $\boldsymbol{\alpha}$

6. 计算 $\boldsymbol{\beta}$

7. 计算效率 $\boldsymbol{\eta_T}$

注意，本方法取 $k=1.32\sim1.35$ 计算各有关值。

四、计算实例与试验数据（30 种膛口装置）

为了验证简化理论方法的正确性，计算了自行设计的 30 种不同结构参数的 37 mm 模拟膛口装置的效率，并与 37 mm 弹道炮自由后坐试验台效率试验结果进行比较，附录表3～附录表 6 列出了这些计算结果及对比的试验数据。

附录表 3 各类消焰器（圆锥形及圆柱形喷管）效率的理论计算值和试验值

	火炮	65-37 高						美 40					
	装置序号	1	2	3	4	5	6	1	2	3	4	5	6
	装置简图												
参数	d/cm	3.7						4.0					
	D_k/cm	10	9.5	8.3	8.0	5.7	4.5	8.0	8.0	15.2	15.2	15.2	22.72
	2θ	13°16′	59°21′	38°12′	19°32′	36°16′	35°18′		9°		47°	47°	60.3°
计算	v	7.076	6.386	4.875	4.529	2.999	1.432	4	4	14.44	14.44	14.44	32.26
	λ	2.14	2.12	2.06	2.04	1.81	1.545	2.006	2.006	2.265	2.265	2.265	2.36
	K	1.304	1.296	1.273	1.265	1.181	1.096	1.252	1.252	1.354	1.354	1.354	1.392
	χ_0	0.973	0.510	0.786	0.942	0.806	0.816	0.34	0.988	0.34	0.682	0.682	0.496
	α	1.270	1.128	1.190	1.225	1.123	1.057	1.064	1.224	1.097	1.217	1.217	1.171
	η_T	−16.3%	−7.6%	−11.4%	−13.5%	−7.2%	−3.3%	−5.4%	−19.5%	−8.2%	−18.9%	−18.9%	−14.8%
试验值	η_T(测)	−16.8%	−11.2%	−14.5%	−15.7%	−8.0%	−2.7%	−6.6%	−18.7%	−7.9%	−20.1%	−21.5%	−13.5%
	α(测)							1.078	1.215	1.093	1.230	1.245	1.157
	数据来源	华工一〇一自由后坐台						美 ADA077045，NSWC 自由后坐台					
说明	1. 65-37 为曳光穿甲弹，q=0.765 kg，ω=0.221 kg，β=1.42。 2. 美 40 自由后坐火炮（NSWC），q=0.692 2 kg，ω=0.295 kg，β=1.677（测）。												

附录表 4　各类开腔式（冲击式）膛口制退器效率的理论计算值和试验值

火炮	65-37	65-37	65-37	65-37	65-37	65-37
装置	单冲 1	单冲 2	单冲 3	单冲 4	大侧 1	大角 1
类型	冲击式	冲击式	冲击式	冲击式	冲击式	冲击式
d_0	4.1	4.1	4.1	4.0	4.14	4.2
D_k	6.4	6.3	4.6	10.5	6.6	6.6
2θ	30°	37°22′	18°12′	31°4′	58°40′	60°8′
S_δ	52.76	47.85	62.24	83.7	78.0	74（测）
ψ'	90°	90°	90°	90°	90°	120°
l/c	0.33	0.52	0.53	0.79	0.89	1.13
ψ_k	70.2°	86.8°	83.75°	—	—	60°
v_0	2.90	2.81	2.18	7.8	3.08	3.08
K_0	1.161	1.142	1.142	1.241	1.093	1.222
σ	0.258	0.280	0.230	0.168	0.177	0.25
v_1	4.753	4.311	5.61	7.54	7.03	6.67
K_1	1.211	1.182	1.245	1.239	—	1.126
φ_2	0.78	0.92	0.925	0.99	1	1
ψ	70.2°	82.8°	83.3°	89.9°	90°	120°
α	0.547	0.438	0.358	0.224	0.193	−0.032
η_T	24.6%	30.0%	33.9%	40.0%	41.4%	51.0%
η_T（测）	23.9%	30.1%	32.4%	38.2%	41.3%	50.6%

附录表 5　各类半开腔式（多孔式）膛口制退器效率的理论计算值和试验值

火炮	65-37	65-37	65-37	65-37	65-37		65-37
装置	多孔-1	多孔-2	多孔-3	多孔-4	多孔-5		反作-1
类型	冲击-反作用式	冲击-反作用式	冲击-反作用式	冲击-反作用式	冲击-反作用式		反作用式
d_0	4.0	4.9	4.15	4.1	4.05	4.05	4.5
D_k	9.19	7.7	6.8	8.0	6.5	6.5	4.05
2θ	80°12′	102°14′	>70°	>70°	58°	>70°	0°
S_δ	25.13	25.13	31.42	50.27	15.27	20.36	56.3，111.0
ψ'	90°	120°	70°，90°	80°，90°，115°	70°，90°	120°	105°
l/c	1	1	0.764	0.70	0.78	0.78	>0.85
ψ_k	—	60°	69°	62.1°，72.9°	69.3°	59.4°	70.2°
v_0	5.98	4.195	3.27	4.53	2.99	7.70	1.161
K_0	1.077	1.064	1.057	1.069	1.094	1.084	1.028
σ	0.388	0.492	0.359	0.256	0.509	0.457	0.375
v_1	2.264	2.264	2.83	4.53	1.376	4.73	10.0
K_1	1.04	1.04	10.49	1.068	1.026	1.07	1.296
φ_2	1	1	0.987	0.97	0.99	0.99	1
ψ	90°	120°	69°，88.7°	77.6°，87.3°，111.6°	69.3°	118.8°	105°
α	0.418	0.351	0.403 5	0.121 4	0.277		0.211
η_T	31%	34.1%	31.9%	44.6%	39.9%		40.6%
η_T（测）	29.8%	33.5%	35.7%	44.1%	38.0%		39.7%

附录表 6 几种制式膛口制退器（模拟）效率的理论计算值和试验值

火炮	59-57 高	59-100 高	苏 85 反坦	65-37 高		65-37 高		59-1-130	
装置	制式	制式	制式	双冲-1		双冲-5		制式	
类型	冲击-反作用式	冲击-反作用式	冲击-反作用式	冲击式		冲击式		冲击式	
d_0	6.5	10.8	10.0	4.1	4.3	4.1	4.1	14.5	14.5
D_k	11.0	17.2	19.4	7.35	7.6	6.5	6.8	22.9	23.9
2θ	$>70°$	$>70°$	$>70°$	40°18′	$>70°$	60°	$>70°$	$>70°$	$>70°$
S_δ	126	376.7	438.3	42.66	30.84	29.04	32.02	316.2	326.6
ψ'	90°	90°	80°，110°	110°	110°	85°	90°	90°	105°
l/c	0.52	1.16	0.764	0.41	0.475	0.702	0.905	0.645	0.617
ψ_k	83.1°	—	72.6°，76.7°，73.8°	70°	—	—	—	—	—
v_0	3.573	2.84	5.02	3.82	13.14	2.99	8.22	2.95	8.02
K_0	1.061	1.05	1.073	1.165	1.096	1.087	1.086	1.051	1.086
σ	0.255	0.243	0.188	0.30	0.407	0.401	0.377	0.447	0.427
v_1	4.74	—	7.44	3.843	8.93	2.616	—	2.27	5.84
K_1	1.07	—	1.082	1.166	1.088	1.077	—	1.040	1.077
φ_2	0.923	0.923	0.985	0.864	0.902	0.974	1	0.961	0.955
ψ	83.1°	90°	78.8°，108.4°	95.04°	99.22°	82.8°	90°	86.5°	100.3°
α	0.331	0.255	0.070 9	−0.040		0.245		0.193	
η_T	41.0%	44.1%	63.5%	51.3%		39.1%		47.5%	
η_T(测)	(38%)	(45%)	(68%)	48.8%		40.9%		(45%)	

关于本附录内容的详细研究资料，可参阅附录八的 2(13)，5(3)，6(9) 等有关报告与论文。

附录六 膛口装置冲击波场的理论计算方法

根据膛口冲击波机理研究，介绍两种带膛口装置冲击波场的理论计算方法。

一、冲击波线性叠加方法

基本假设：带膛口制退器的膛口冲击波由弹孔冲击波和两个侧孔冲击波合成，由于中、远场膛口冲击波属于弱冲击波，可近似采用线性叠加简化计算。

在附录图 25 的坐标系中，带膛口制退器的冲击波场计算位置点 M 的超压 Δp 由弹孔超压 Δp_0 及两侧孔超压 Δp_1 和 Δp_2 叠加得到。即

$$\Delta p=\Delta p_0+\Delta p_1+\Delta p_2 \tag{1}$$

式中 Δp——膛口中、远区域某点 M 的冲击波超压；

Δp_0——弹孔出口气流形成的冲击波在 M 点的超压；

Δp_1——同方位侧孔出口气流形成的冲击波在 M 点的超压；

Δp_2——反方位侧孔出口气流形成的冲击波在 M 点的超压。

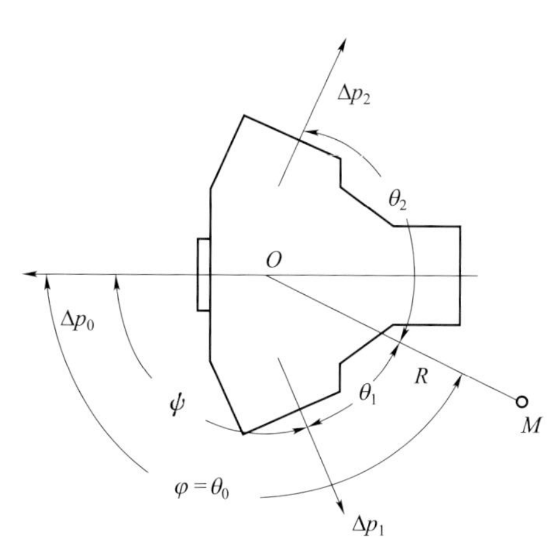

附录图 25　膛口冲击波计算坐标参数图

根据 37 mm 弹道炮的实验结果拟合的半经验公式如下：

$$\Delta p(R,\varphi)=\Delta p_0+\sum_{i=1}^{m}\left[\frac{v_0}{a_g}\frac{d}{H(i-1)}\right]^{M(i)(k-1)}\left[\Delta p_1(i)+\Delta p_2(i)\right]$$

其中

$$\begin{cases}\Delta p_0=\left[\prod_{i=1}^{m}\sigma(i)^{0.85}\right]\left\{\dfrac{\left(1+\dfrac{\lambda_0}{2}\right)\left[1+\cos(\lambda_0^{0.5}\theta_0)\right]}{R'}\right\}^{a_0}\\ \Delta p_1(i)=\left\{\dfrac{\sigma(1)[1-\sigma(2)]\cdots[1-\sigma(i)]}{2}\right\}^{0.85}\times\left\{\dfrac{\left(1+\dfrac{\lambda_1(i)}{2}\right)\left\{1+\cos[\lambda_1^{0.5}(i)\cdot\theta_1(i)]\right\}}{R'}\right\}^{a_1(i)}\\ \Delta p_2(i)=\left\{\dfrac{\sigma(1)[1-\sigma(2)]\cdots[1-\sigma(i)]}{2}\right\}^{0.85}\times\left\{\dfrac{\left(1+\dfrac{\lambda_2(i)}{2}\right)\left\{1+\cos[\lambda_2^{0.5}(i)\cdot\theta_2(i)]\right\}}{R'}\right\}^{a_2(i)}\end{cases}$$

$$a_0=1.42-\frac{\lambda_0^{1.75}(m)}{300}(\theta_0-22.5)$$

$$a_1(i)=1.42-\frac{\lambda_1^{1.75}(i)}{300}[\theta_1(i)-22.5]$$

$$a_2(i)=1.42-\frac{\lambda_2^{1.75}(i)}{300}[\theta_2(i)-22.5]$$

$$\theta_0=\varphi$$

$$\theta_1(i)=|\varphi-\psi_B(i)-\Delta\psi(i)|$$

$$\theta_2(i)=\{\varphi+\psi(i)+\Delta\psi(i),360-\varphi-\psi_B(i)-\Delta\psi(i)\}_{\min}$$

$$R'=2.83\times10^{4}\ \frac{R}{d\sqrt{p_g a_g}}$$

式中 R——测点距膛口矢径；

φ——测点矢径与射线夹角；

a_g——火药燃气膛口声速；

$H(i)$——气室长度；

$M(i)$——系数。

$$M(i)=\begin{cases}0(i=1)\\1(i>1)\end{cases}$$

附录图 26 是按式（1）计算曲线与实测曲线的比较。可以看出，每条冲击波超压等压线都具有单一气流冲击波的桃形分布特点，合成计算的效果较好，与试验结果规律相近。

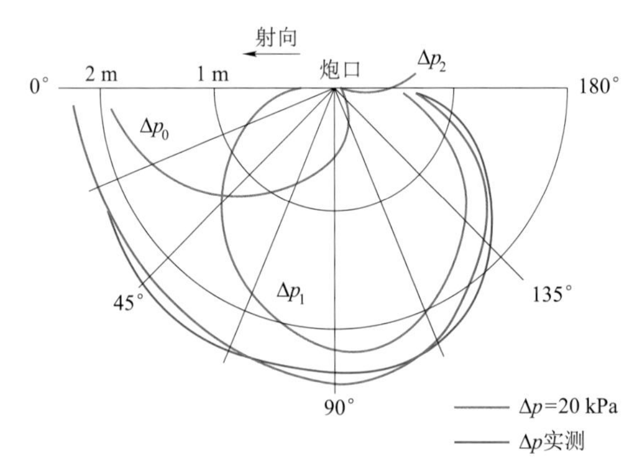

附录图 26 三通式制退器膛口冲击波合成超压等压线（Δp＝20 kPa）

绿线——计算值；红线——试验值

用这个公式推广至各种中、大口径火炮的膛口制退器冲击波场计算，也有一定的准确度，可以用作火炮总体设计阶段的估算方法。附录表 7 和附录表 8 中列出了 37 mm 弹道炮的 28 种膛口制退器的冲击波场试验结果和 12 种计算结果。

附录表 7　膛口冲击波场超压 Δp（atm①）计算结果

名称	157.5°				135°				112.5°			90°			67.5°			45°				22.5°		
	1 m	2 m	3 m	4 m	1 m	2 m	3 m	4 m	1.5 m	2.5 m	3.5 m	1 m	2 m	3 m	1.5 m	2.5 m	3.5 m	1 m	2 m	3 m	4 m	1.5 m	2.5 m	3.5 m
三通-1	0.152	0.082	0.057	0.045	0.245	0.112	0.071	0.051	0.260	0.136	0.089	0.681	0.250	0.141	0.405	0.198								
多孔-1	0.171	0.088	0.060	0.046	0.265	0.117	0.073	0.052	0.267	0.137	0.089 3	0.685	0.245	0.137	0.354	0.184								
多孔-2	0.317	0.139	0.086 1	0.062	0.429	0.165	0.096	0.067	0.283	0.142	0.092 3	0.407	0.179	0.112	0.257	0.148								
单冲-5	0.249	0.125	0.085	0.064	0.389	0.163	0.099	0.071	0.350	0.168	0.106	0.648	0.245	0.142	0.308	0.169								
单冲-4	0.203	0.118	0.087	0.071	0.326	0.146	0.091	0.065	0.361	0.180	0.115	1.021	0.331	0.174	0.397	0.199								
三通-2	0.237	0.118	0.080	0.060	0.357	0.154	0.095	0.068	0.321	0.158	0.100	0.734	0.260	0.144	0.346	0.178	0.115	0.504	0.217	0.133		0.332	0.178	0.120
三通-3	0.212	0.117	0.084	0.066	0.340	0.148	0.091	0.065	0.355	0.173	0.109	0.873	0.298	0.161	0.366	0.189	0.122							
大侧-1	0.235	0.126	0.088	0.069	0.362	0.154	0.094	0.066	0.364	0.178	0.112	0.865	0.296	0.160	0.359	0.185	0.120							
多孔-4	0.304	0.153	0.103	0.078	0.488	0.202	0.123	0.088	0.421	0.195	0.119	0.684	0.258	0.149	0.293	0.162	0.110							
三通-4	0.395	0.179	0.113	0.082	0.546	0.216	0.127	0.088	0.394	0.181	0.110	0.564	0.222	0.130	0.268	0.147	0.099 3							
大角-2	0.698	0.261	0.147	0.098	0.424	0.184	0.113	0.080	0.190	0.118	0.087	0.227	0.128	0.092	0.188	0.117	0.086							
无 ω	0.024	0.012	0.008 4	0.064	0.085	0.041	0.027	0.020	0.117	0.066	0.045	0.325	0.142	0.087 4	0.301	0.158	0.103	0.708	0.278	0.161	0.109	0.506	0.245	0.152
无 0.67ω	0.017	0.008 5	0.006 0		0.060 3	0.029 1	0.019		0.033	0.046 7	0.032	0.230	0.101	0.062	0.213	0.112	0.073	0.502	0.197	0.114		0.359	0.174	0.108
无 0.5ω	0.013 3	0.006 6	0.004 7		0.047	0.023	0.015		0.055	0.037	0.032	0.180	0.079	0.049	0.157	0.088	0.057	0.392	0.154	0.089		0.280	0.136	0.084
消焰-1									0.079	0.066	0.059	0.166	0.109	0.085	0.232	0.148	0.110	0.682	0.307	0.193	0.138	0.738	0.357	0.221

① 1 atm=101 325 Pa。

附录表 8 膛口冲击波场超压 Δp（atm）试验结果

名称	η_T /%	157.5°				135°				112.5°			90°			67.5°			45°				22.5°		
		1 m	2 m	3 m	4 m	1 m	2 m	3 m	4 m	1.5 m	2.5 m	3.5 m	1 m	2 m	3 m	1.5 m	2.5 m	3.5 m	1 m	2 m	3 m	4 m	1.5 m	2.5 m	3.5 m
三通-1	29.20	0.155	0.093 0	0.065 5	0.054 0	0.300	0.140	0.089 6	0.073 4	0.300	0.157	0.107	0.659	0.243	0.137	0.449	0.187								
多孔-1	29.80	0.161	0.099 8	0.070 9	0.059 9	0.269	0.125	0.079 5	0.065 3	0.203	0.124	0.079 8	0.414	0.185	0.106	0.289	0.165								
单冲-2	30.13	0.192	0.096 0	0.054 0		0.290	0.121	0.079 0					0.403				0.147								
自由-1	30.78	0.175	0.105	0.079 1	0.069 0	0.253	0.145	0.080 5	0.073 9	0.219	0.112	0.077 8	0.417	0.162	0.088 5	0.300	0.168								
单冲-3	32.35	0.225	0.106	0.067 0		0.297	0.144	0.093 6					0.536				0.129								
多孔-2	33.54	0.209	0.131	0.078 0	0.059 4	0.328	0.135	0.082 0	0.060 9	0.242	0.132	0.091 9	0.461	0.181	0.110	0.305	0.169								
专利-1	33.69	0.202	0.104			0.263	0.114	0.071 1		0.196	0.098 1		0.268	0.131	0.074 1	0.292	0.151		0.690	0.245			0.346	0.171	
多孔-3	35.68	0.174	0.110	0.067 0		0.300	0.133	0.081 0		0.272	0.133	0.083 0	0.472	0.168	0.103	0.249	0.157	0.109	0.539						
单冲-5	36.85	0.262	0.129	0.090 4	0.061 4	0.333	0.123	0.070 9	0.054 9	0.195	0.106	0.071 7	0.309	0.158	0.105	0.288	0.160								
多孔-5	38.01	0.195	0.118	0.083 8	0.054 4	0.349	0.169	0.099 9	0.074 3	0.350	0.180	0.109	0.714	0.256	0.117	0.343	0.167								
单冲-4	38.22	0.231	0.133	0.088 5	0.066 5	0.372	0.158	0.095 5	0.074 9	0.323	0.169	0.109	0.564	0.202	0.118	0.330	0.159								
三通-2	38.62	0.254	0.136	0.089 0	0.061 0	0.466	0.172	0.109 0	0.086 7	0.333	0.185	0.116	0.675	0.235	0.127	0.377	0.165	0.099 6	0.609	0.262	0.137	0.116	0.298	0.172	0.113
三通-3	38.91	0.201	0.118	0.082 2	0.055 1	0.422	0.207	0.130 0	0.111 0	0.561	0.298	0.175	1.020	0.511	0.218	0.537	0.233	0.149							
反作-1	39.68	0.382	0.159	0.112 0	0.080 6	0.641	0.231	0.130 0	0.092 4	0.430	0.189	0.114	0.434	0.220	0.120	0.350	0.197								
双冲-3	40.22	0.183	0.102	0.072 0		0.305	0.132	0.085 9		0.243	0.142	0.090	0.522	0.185	0.115	0.322	0.148	0.093	0.507						
双冲-3′	40.94	0.175	0.096	0.063 0		0.312	0.138	0.890 0		0.291	0.154	0.101	0.544	0.224	0.126	0.394	0.179	0.111	0.483						
大侧-1	41.30	0.210	0.120	0.088 6	0.071 6	0.359	0.146	0.091 5	0.076 2	0.300	0.150	0.101	0.572	0.198	0.111	0.313	0.155	0.099 1							

续表

名称	η_T /%	157.5°				135°				112.5°			90°			67.5°			45°				22.5°		
		1 m	2 m	3 m	4 m	1 m	2 m	3 m	4 m	1.5 m	2.5 m	3.5 m	1 m	2 m	3 m	1.5 m	2.5 m	3.5 m	1 m	2 m	3 m	4 m	1.5 m	2.5 m	3.5 m
自由-2	41.99	0.285	0.143	0.100 0		0.346	0.150	0.097 7	0.069 0	0.167	0.124	0.081 2	0.316	0.170	0.102	0.303	0.171	0.105							
多孔-6	44.02	0.242	0.123	0.082 1	0.065 4	0.172	0.407	0.104	0.076 9	0.370	0.192	0.115	0.663	0.329	0.151	0.274	0.187								
多孔-4	44.11	0.233	0.137	0.088 5	0.076 8	0.414	0.166	0.104	0.079 6	0.341	0.158	0.111	0.625	0.229	0.127	0.282	0.186	0.116							
三通-4	44.61	0.304	0.152	0.095 4	0.071 6	0.540	0.189	0.114	0.089 4	0.461	0.193	0.117	0.806	0.231	0.136	0.284	0.149	0.090 9							
大侧-2	45.03	0.243	0.126	0.079 9		0.433	0.164	0.095 4	0.073 4	0.341	0.164	0.116	0.624	0.252	0.144	0.437	0.185	0.112	0.556	0.203	0.110	0.082 6	0.317	0.165	0.108
大角-2	45.70	0.556	0.206	0.118 0	0.088 0	0.476	0.192	0.104	0.081 0	0.177	0.108	0.082 6	0.285	0.160	0.106	0.223	0.129	0.084							
双冲-1	48.79	0.294	0.144	0.095 0	0.078 5	0.441	0.173	0.109	0.086 6	0.321	0.179	0.118	0.570	0.220	0.126	0.265	0.192								
双冲-2	49.28	0.270	0.134	0.088 0	0.067 7	0.425	0.164	0.106	0.088 4	0.341	0.154	0.112	0.748	0.234	0.135	0.318	0.181								
大角-1	50.60	0.351	0.149	0.090 4	0.078 2	0.525	0.199	0.125	0.091 9	0.361	0.169	0.108	0.644	0.201	0.109	0.261	0.162								
大侧-2	38.44	0.095 9	0.057 7			0.184	0.100			0.191	0.100		0.433	0.165											
大侧-2	40.71	0.142	0.077 8			0.250	0.130			0.235	0.122		0.408	0.175											
无	ω					0.111				0.124 0	0.073 0	0.054 6	0.275	0.136	0.086 0	0.316	0.179	0.115	0.717	0.262	0.175		0.466	0.228	0.147
	0.67ω					0.074				0.084 0	0.053 0	0.040 0	0.183	0.095 0	0.061 0	0.202	0.123	0.082 3	0.509	0.229	0.124		0.275	0.144	0.090 1
	0.5ω					0.061 3				0.065 8	0.039 5	0.030 5	0.139	0.073 6	0.051 4	0.116	0.086 4	0.057 8	0.343	0.156 0	0.089 4		0.202 0	0.114 0	0.089 3
消焰-1（制）	-16.80	0.027	0.021 0	0.015 0	0.013 0	0.038	0.029	0.018	0.016 0	0.060 0	0.050 0	0.042 0	0.143	0.094 0	0.077 0	0.207	0.178	0.114	0.641	0.341	0.204	0.145	0.867	0.452	0.264

二、冲击波合成理论计算方法

依照第一章的膛口冲击波物理模型，利用几何激波动力学方法，解决四个球形冲击波独立发展和空间相交的合成问题，可以计算复杂结构膛口制退器的冲击波超压空间分布。

下面简要介绍其要点。

1. 三股单一气流的冲击波计算

用能量连续（非瞬时）、有限（非全部）释放的动球心的球形冲击波模型和点爆炸 G. Bach 分析解，求出球形冲击波波阵面相对速度 D 与球心速度 U_0，计算冲击波波阵面的绝对速度 U_A。然后，利用雨贡纽公式计算超压。

单气室膛口制退器在任一点的冲击波超压 Δp，可以视为弹孔冲击波超压 Δp_0 与侧孔冲击波超压 Δp_i 的合成结果。对于多气室，按等效原则近似处理为单气室；对于多侧孔，按等效原则处理成单侧孔。这样，对任意形状的膛口制退器，都可用“三球”近似处理膛口周围的超压场计算。正前方的冠状冲击波一般弱于弹孔冲击波，在我们所关心的中、远场，其影响可以忽略。流量分配比、侧孔气流角度、弹孔气流速度以及侧孔气流速度决定带膛口制退器的冲击波超压场的分布。

2. 相交冲击波衰减规律的等效假设

两冲击波相碰后，相交冲击波波后压力随距离的衰减规律 p_2-R 与这两个冲击波单独衰减至同一距离后再相交的波后压力 p_2'-R 的规律相同。

膛口冲击波两球的相互作用一般为非正规相交，其间断线及三波点的轨迹是一条由膛口外某点发出的射线。

3. 利用二维几何激波动力学方法处理相交后的冲击波运动与衰减问题

假设远场传播的弱冲击波，其波后流动参数的变化可以忽略，只考虑波阵面几何形状变化对传播的影响。

利用这个方法求出激波位置，再按 Shock-Shock 问题的解求激波马赫数。

关于本附录内容的详细研究资料，可参阅附录八的 2(2)，2(4)，4(5)，6(2) 等报告与论文。

附录七　计算流体力学简述

流体运动的描述方法有拉格朗日法和欧拉法。前一种追踪单个流体微团的流动特征，与刚体运动质点概念相类似；后一种是将观测点置于流动空间中某一固定点上，以考察流体流过该点的流动特征，这种描述方法在流体力学中采用最多。取流场中某个固定位置（欧拉法）的有限体积（即控制体）作为研究对象，运用守恒律（质量、动量和能量守恒）、热力学和气体动力学等理论，可推导出表征流体动力学特性的一组数学方程（如 N-S 方程、Euler 方程）。由于这些方程为非线性偏微分方程，一般无法获得解析解，只能通过数值方法进行近似求解。计算流体力学就是利用数值方法通过计算机来求解这些偏微分方程的一门学科。通过数值模拟，获得大量的离散点流动数据，通过对这些数据的分析来揭示流体运动的物理规律，研究流体运动的时空物理特性。随着计算机和计算流体力学的发展，数值计算已成为实验、理论分析以外的第三种流体力学分析方法。

一、控制方程

1. N-S 方程

不考虑体积力和外部热源，根据守恒定律，N-S 方程的积分形式[24]为

$$\frac{\partial}{\partial t}\iiint_{\Omega}\boldsymbol{Q}\,\mathrm{d}\Omega+\oint_{\Gamma}(\boldsymbol{F}_c-\boldsymbol{F}_v)\,\mathrm{d}\Gamma=\iiint_{\Omega}\boldsymbol{W}\,\mathrm{d}\Omega \tag{1}$$

式中　$\boldsymbol{Q}$，$\boldsymbol{F}_c$，$\boldsymbol{F}_v$，$\boldsymbol{W}$ 分别表示守恒量、对流项、黏性通量和源项，即

$$\boldsymbol{Q}=\begin{bmatrix}\rho\\ \rho u\\ \rho v\\ \rho w\\ \rho e_t\end{bmatrix};\ \boldsymbol{F}_c=\begin{bmatrix}\rho u n_x+\rho v n_y+\rho w n_z\\ (\rho u^2+p)n_x+\rho u v n_y+\rho u w n_z\\ \rho v u n_x+(\rho v^2+p)n_y+\rho v w n_z\\ \rho w u n_x+\rho w v n_y+(\rho w^2+p)n_z\\ \rho(e_t+p)u n_x+\rho(e_t+p)v n_y+\rho(e_t+p)w n_z\end{bmatrix};$$

$$\boldsymbol{F}_v=\begin{bmatrix}0\\ \tau_{xx}n_x+\tau_{xy}n_y+\tau_{xz}n_z\\ \tau_{yx}n_x+\tau_{yy}n_y+\tau_{yz}n_z\\ \tau_{zx}n_x+\tau_{zy}n_y+\tau_{zz}n_z\\ \Theta_x n_x+\Theta_y n_y+\Theta_z n_z\end{bmatrix};\ \boldsymbol{W}=\begin{bmatrix}0\\ \rho f_{e,x}\\ \rho f_{e,y}\\ \rho f_{e,z}\\ \rho f_e\boldsymbol{V}+\dot{q}_h\end{bmatrix}$$

$$\begin{cases}\Theta_x=u\tau_{xx}+v\tau_{xy}+w\tau_{xz}+q_x\\ \Theta_y=u\tau_{yx}+v\tau_{yy}+w\tau_{yz}+q_y\\ \Theta_z=u\tau_{zx}+v\tau_{zy}+w\tau_{zz}+q_z\end{cases}$$

$$q_x=\kappa\frac{\partial T}{\partial x},q_y=\kappa\frac{\partial T}{\partial y},\ q_z=\kappa\frac{\partial T}{\partial z} \tag{2}$$

对于牛顿流体，黏性应力分别为

$$\begin{cases}\tau_{xx}=2\mu\left(\dfrac{\partial u}{\partial x}-\dfrac{1}{3}\mathrm{div}\boldsymbol{V}\right),\tau_{xy}=\tau_{yx}=\mu\left(\dfrac{\partial u}{\partial y}+\dfrac{\partial w}{\partial x}\right)\\ \tau_{yy}=2\mu\left(\dfrac{\partial v}{\partial y}-\dfrac{1}{3}\mathrm{div}\boldsymbol{V}\right),\tau_{xz}=\tau_{zx}=\mu\left(\dfrac{\partial u}{\partial z}+\dfrac{\partial w}{\partial x}\right)\\ \tau_{zz}=2\mu\left(\dfrac{\partial w}{\partial z}-\dfrac{1}{3}\mathrm{div}\boldsymbol{V}\right),\tau_{yz}=\tau_{zy}=\mu\left(\dfrac{\partial v}{\partial z}+\dfrac{\partial w}{\partial y}\right)\end{cases} \tag{3}$$

黏性系数 μ 常用 Sutherland 公式计算，即

$$\mu=\frac{1.458T^{\frac{3}{2}}}{T+110.4}\cdot 10^{-6}$$

对于理想气体，状态方程为

$$p=(k-1)\rho\left[e_t-\frac{1}{2}(u^2+v^2+w^2)\right]$$

以上各式中，

Γ——控制体 Ω 的外表面；

(n_x, n_y, n_z)——单元面 $d\Gamma$ 的外法线单位向量 $\boldsymbol{n}$ 的分量；

(u, v, w)——流体速度 $\boldsymbol{V}$ 的分量；

(q_x, q_y, q_z)——热通量分量；

$(f_{e,x}, f_{e,y}, f_{e,z})$——体积力 $\boldsymbol{f}_e$ 的分量；

$\dot{q}_h$——单位质量的传热速率；

k——气体比热比，如空气通常取 $k=1.40$；

κ——热传导系数，$\kappa=c_p\dfrac{\mu}{P_r}$，其中 c_p 为定压比热，P_r 为普朗特常数。

2. **N-S 方程的微分形式**

笛卡儿坐标系下的三维非定常 N-S 方程微分形式为

$$\frac{\partial \boldsymbol{Q}}{\partial t}+\frac{\partial \boldsymbol{E}}{\partial x}+\frac{\partial \boldsymbol{F}}{\partial y}+\frac{\partial \boldsymbol{G}}{\partial z}=\frac{\partial \boldsymbol{E}_v}{\partial x}+\frac{\partial \boldsymbol{F}_v}{\partial y}+\frac{\partial \boldsymbol{G}_v}{\partial z}+\boldsymbol{W} \tag{4}$$

式中 守恒量 $\boldsymbol{Q}=[\rho, \rho u, \rho v, \rho w, \rho e_t]^{\mathrm{T}}$；

对流和黏性通量的分量分别为

$$\left\{\begin{aligned}
\boldsymbol{E}&=\begin{bmatrix}\rho u\\ \rho uu+p\\ \rho uv\\ \rho uw\\ \rho(\rho e_t+p)u\end{bmatrix}\\
\boldsymbol{F}&=\begin{bmatrix}\rho v\\ \rho vu\\ \rho vv+p\\ \rho vw\\ \rho(\rho e_t+p)v\end{bmatrix}\\
\boldsymbol{G}&=\begin{bmatrix}\rho w\\ \rho wu\\ \rho wv\\ \rho ww+p\\ \rho(\rho e_t+p)w\end{bmatrix}
\end{aligned}\right.,\quad
\left\{\begin{aligned}
\boldsymbol{E}_v&=\begin{bmatrix}0\\ \tau_{xx}\\ \tau_{xy}\\ \tau_{xz}\\ u\tau_{xx}+v\tau_{xy}+w\tau_{xz}-q_x\end{bmatrix}\\
\boldsymbol{F}_v&=\begin{bmatrix}0\\ \tau_{yx}\\ \tau_{yy}\\ \tau_{yz}\\ u\tau_{yx}+v\tau_{yy}+w\tau_{yz}-q_y\end{bmatrix}\\
\boldsymbol{G}_v&=\begin{bmatrix}0\\ \tau_{zx}\\ \tau_{zy}\\ \tau_{zz}\\ u\tau_{zx}+v\tau_{zy}+w\tau_{zz}-q_z\end{bmatrix}
\end{aligned}\right.$$

黏性应力项、黏性系数 μ、热传导系数 κ 和理想气体状态方程，与前述的积分形式相同。

3. **多组分 N-S 方程**

不考虑体积力和外部热源，对于化学非平衡流的多组分 N-S 方程积分形式，可写为

$$\frac{\partial}{\partial t}\iiint_{\Omega}\boldsymbol{Q}\,\mathrm{d}\Omega+\oint_{\Gamma}(\boldsymbol{F}_c-\boldsymbol{F}_v)\,\mathrm{d}\Gamma=\iiint_{\Omega}\boldsymbol{W}\,\mathrm{d}\Omega \tag{5}$$

式中　守恒量 $\boldsymbol{Q}=[\rho,\rho u,\rho v,\rho w,\rho e_t,\rho Y_1,\cdots,\rho Y_i,\cdots,\rho Y_{N_s-1}]^{\mathrm{T}}$；

源项 $\boldsymbol{W}=[0,0,0,0,0,\dot{\omega}_1,\cdots,\dot{\omega}_i,\cdots,\dot{\omega}_{N_s-1}]^{\mathrm{T}}$；

对流通量和黏性通量分别为

$$\boldsymbol{F}_c=\begin{bmatrix}\rho un_x+\rho vn_y+\rho wn_z\\(\rho u^2+p)n_x+\rho uvn_y+\rho uwn_z\\\rho vun_x+(\rho v^2+p)n_y+\rho vwn_z\\\rho wun_x+\rho wvn_y+(\rho w^2+p)n_z\\\rho(e_t+p)un_x+\rho(e_t+p)vn_y+\rho(e_t+p)wn_z\\\rho Y_1(un_x+vn_y+wn_z)\\\vdots\\\rho Y_i(un_x+vn_y+wn_z)\\\vdots\\\rho Y_{N_s-1}(un_x+vn_y+wn_z)\end{bmatrix},$$

$$\boldsymbol{F}_v=\begin{bmatrix}0\\\tau_{xx}n_x+\tau_{xy}n_y+\tau_{xz}n_z\\\tau_{yx}n_x+\tau_{yy}n_y+\tau_{yz}n_z\\\tau_{zx}n_x+\tau_{zy}n_y+\tau_{zz}n_z\\\Theta n_x+\Theta n_y+\Theta n_z\\\Phi_{x,1}n_x+\Phi_{y,1}n_y+\Phi_{z,1}n_z\\\vdots\\\Phi_{x,i}n_x+\Phi_{y,i}n_y+\Phi_{z,i}n_z\\\vdots\\\Phi_{x,N_s-1}n_x+\Phi_{y,N_s-1}n_y+\Phi_{z,N_s-1}n_z\end{bmatrix},$$

$$\begin{cases}\Theta_x=u\tau_{xx}+v\tau_{xy}+w\tau_{xz}+k\dfrac{\partial T}{\partial x}+\rho\sum\limits_{i=1}^{N_s}h_iD_{i,m}\dfrac{\partial Y_i}{\partial x}\\\Theta_y=u\tau_{yx}+v\tau_{yy}+w\tau_{yz}+k\dfrac{\partial T}{\partial y}+\rho\sum\limits_{i=1}^{N_s}h_iD_{i,m}\dfrac{\partial Y_i}{\partial y}\\\Theta_z=u\tau_{zx}+v\tau_{zy}+w\tau_{zz}+k\dfrac{\partial T}{\partial z}+\rho\sum\limits_{i=1}^{N_s}h_iD_{i,m}\dfrac{\partial Y_i}{\partial z}\end{cases},$$

$$\Phi_{x,i}=\rho D_{i,m}\frac{\partial Y_i}{\partial x},\Phi_{y,i}=\rho D_{i,m}\frac{\partial Y_i}{\partial y},\ \Phi_{z,i}=\rho D_{i,m}\frac{\partial Y_i}{\partial z},$$

$$Y_{N_s}=1-\sum_{i=1}^{N_s-1}Y_i\ ;$$

Y_i，h_i，$\dot{\omega}_i$分别表示组分 i 的质量分数、焓和化学反应速率；黏性应力项参见式(3)。κ 和 $D_{i,m}$分别表示热传导系数和组分 i 的混合平均扩散系数；N_s表示混合气体所含的组分总数。

单个组分和混合气体状态方程为

$$p_i=\rho Y_i\frac{R}{M_i}T,\ p=\rho RT\sum_{i=1}^{N_s}\frac{Y_i}{M_i}$$

式中　M_i——i 组分的相对分子质量。

对于理想气体，每个组分的比热、焓和内能仅与温度有关，即

$$c_{pi}(T)=\frac{R}{M_i}(a_1T^{-2}+a_2T^{-1}+a_3+a_4T^1+a_5T^2+a_6T^3+a_7T^4)$$

$$h_i(T)=\frac{RT}{M_i}\left(-a_1T^{-2}+a_2T^{-1}\ln T+a_3+a_4\frac{T}{2}+a_5\frac{T^2}{3}+a_6\frac{T^3}{4}+a_7\frac{T^4}{5}+\frac{a_8}{T}\right)$$

组分 i 的定容比热和内能可从 $c_{pi}(T)$，$h_i(T)$ 获得

$$c_{Vi}(T)=c_{pi}(T)-\frac{R}{M_i},e_i(T)=h_i(T)-\frac{R}{M_i}T$$

混合气体的定压比热、焓和内能为

$$c_p=\sum_{i=1}^{N_s}Y_ic_{pi},c_V=\sum_{i=1}^{N_s}Y_ic_{Vi},h(T)=\sum_{i=1}^{N_s}Y_ih_i,e(T)=\sum_{i=1}^{N_s}Y_ie_i$$

温度可通过下式迭代求得

$$e_t-\frac{1}{2}(u^2+v^2+w^2)=\sum_{i=1}^{N_s}\rho_ih_i(T)-T\sum_{i=1}^{N_s}\rho_i\frac{R}{M_i}$$

二、离散方法

1. 有限差分法

有限差分法采用 Taylor 级数直接对流动参量导数进行离散，构造相应精度的离散方程，它适用于微分形式的控制方程。如给定函数 $f(x)$，$f(x+\Delta x)$按 Taylor 级数展开

$$f(x+\Delta x)=f(x)+(\Delta x)\frac{\partial f}{\partial x}+\frac{(\Delta x)^2}{2!}\frac{\partial^2 f}{\partial x^2}+\cdots$$

整理得

$$\frac{\partial f}{\partial x}=\frac{f(x+\Delta x)-f(x)}{\Delta x}-O(\Delta x)$$

式中　$O(\Delta x)$——截断误差。

截断误差值越小，差分$\frac{f(x+\Delta x)-f(x)}{\Delta x}$越接近理论值，当截断误差足够小时，可以近似忽略。

有限差分法的优点是简单且易获得高阶精度，缺点是仅适用于结构化网格，虽然可以将贴体网格（物理域）通过坐标变换转化为笛卡儿结构化网格（计算域）进行计算，但是，这种转换不可避免地引入离散误差，而且在比较复杂的情况下，网格自身的生成费时。因而有限差分法仅用于流场结构相对简单的流动问题，较少用于工程计算。

2. 有限体积法

有限体积法是流体力学中应用最广泛的数值求解方法，20 世纪 70 年代，由 McDonald 等引入。有限体积法采用 N-S 方程的积分形式，在控制体上离散来构造积分型离散方程。在式（1）中，面积分（对流和黏性通量）可近似为穿过控制体外表面的通量之和，界面通量的计算格式是有限体积法的关键。与有限差分法相比，有限体积法具有很强的灵活性，既可用于结构化网格，也可用于非结构化网格，适合流场结构复杂的情形。另外，由于有限体积法是在守恒方程上直接离散，因而可以计算控制方程中的弱解问题，但是对于 Euler 方程，必须进行熵修正，以消除非物理解。本书数值计算所用的空间离散方法均为有限体积法。

3. 有限单元法

有限单元法广泛用于固体力学的计算，被认为是固体力学的标准数值计算工具。它由 Turner 于 1956 年提出，直到 20 世纪 90 年代，有限单元法才广泛用于流体方程的求解。它与有限体积法的区别在于：每个单元都需要选定一个形函数，并将其代入控制方程中，再进行离散；控制方程乘上选定的权函数后，进行积分，并要求控制方程的余量加权平均值为零，从而导出一组与所求变量有关的代数方程。由于有限单元法采用积分形式控制方程和非结构化网格，非常适合求解不规则流场的椭圆和抛物型问题。在某些情况下，它与有限体积法在数学上是等同的，但是有限单元法通常较有限体积法需要更多的计算资源和计算时间。

三、湍流计算

湍流是指流体微团无序的、不规则的随机运动，这种随机运动在流动参量上表现为时间和空间上的高频脉动。湍流具有空间三维的非稳态特性，它由不同尺度相互交错、随机运动的涡（湍流漩涡）组成，其中大涡尺度与流动的几何特征尺度相当，其能量来自平均流动，并传递给较小的涡，依此类推，小涡动能最终耗散为分子内能。不同大小涡之间的相互作用，增强了流动的扩散性和耗散性。虽然湍流最小涡的尺度很小，但还是远大于分子尺度，也就是说，湍流仍满足连续介质假设，控制方程（1）可描述湍流流动。

如果直接对控制方程（1）进行离散，开展湍流模拟（即直接模拟，DNS)，必须保证空间和时间步长分别小于最小湍流涡的空间尺度和最小湍流脉动时间尺度。湍流最小时间、空间尺度与雷诺数的关系为 $t_k \sim Re^{-1/2}$，$l_k \sim Re^{-3/4}$，计算所用的网格和内存数量级分别为 $Re^{9/4}$ 和 Re^3，即雷诺数越大，时、空步长越小，其所需的网格数和内存则更大。最近几年，随着计算机技术的发展，直接模拟已广泛开展，但均局限于雷诺数小、流场结构简单的算例。关键原因是计算机速度和存储容量还不够，目前的硬件计算速度还不能使之用于工程计算。人们不得不寻求湍流计算的近似方法，以寻求计算量和近似精度的折中。因而出现了许多湍流模型，主要分为两类，即统计湍流模型（RANS）和大涡模拟（LES），到目前为止，这些模型仍在不断发展，本书将分别对这两种近似方法进行简要介绍。

1. 统计湍流模型

统计湍流模型将流动变量 Φ 分解为平均量和脉动量两部分，即 $\Phi=\overline{\Phi}+\Phi'$，其中 $\overline{\Phi}$ 表示雷诺平均量，Φ' 为其脉动量，流动量 Φ 表示原始变量。对微分形式控制方程（4）进行雷诺平均，并假定为不可压流动（忽略密度脉动），则质量和动量守恒方程用张量形式表示为

$$
\begin{cases}
\dfrac{\partial \overline{v}_i}{\partial x_i}=0 \\[2ex]
\dfrac{\partial(\rho\overline{v}_i)}{\partial t}+\rho\overline{v}_j\dfrac{\partial \overline{v}_i}{\partial x_j}=-\dfrac{\partial \overline{p}}{\partial x_i}+\dfrac{\partial}{\partial x_j}(\overline{\tau}_{ij}-\rho\overline{v_i'v_j'})=0
\end{cases}
$$

上式称为雷诺平均 N-S 方程（RANS）。与 N-S 方程相比，除了附加未知项 $\rho\overline{v_i'v_j'}$ 外，在形式上完全相同。这个附加项即所谓的雷诺应力张量

$$
\tau_{ij}^R=\rho\overline{v_i'v_j'}=-\rho(\overline{v_iv_j}-\overline{v}_i\overline{v}_j)
$$

统计湍流模型（RANS）的目标是计算雷诺应力（模型化）使平均方程可求解（封闭方程）。常见的湍流模型有涡黏性模型（包括 0，1 和 2 方程模型）、雷诺应力输运方程等。

Morkovin 认为马赫数小于 5 的流动问题可以忽略密度脉动，而高超声速流或密度脉动不可忽视的流动问题（如反应流），则必须考虑密度脉动，这使得雷诺平均方程变得尤为复杂。为简化方程，引入 Favre 平均法（Favre-averaged，又称密度加权），标记为 $\Phi=\widetilde{\Phi}+\Phi''$。并对流动量分别采用雷诺和 Favre 平均法，即对密度 ρ 和压力 p 仍采用雷诺平均，而其他变量（如速度 v_i、焓 h、内能 e 和温度 T 等）采用 Favre 平均，这样，可使方程形式大为简化，即

$$
\begin{cases}
\dfrac{\partial\overline{\rho}}{\partial t}+\dfrac{\partial\overline{\rho}\widetilde{v}_i}{\partial x_i}=0 \\[2ex]
\dfrac{\partial(\overline{\rho}\widetilde{v}_i)}{\partial t}+\dfrac{\partial(\overline{\rho}\widetilde{v}_j\widetilde{v}_i)}{\partial x_j}=-\dfrac{\partial\overline{p}}{\partial x_i}+\dfrac{\partial}{\partial x_j}(\widetilde{\tau}_{ij}-\tau_{ij}^F) \\[2ex]
\dfrac{\partial(\overline{\rho}\widetilde{e}_t)}{\partial t}+\dfrac{\partial(\overline{\rho}\widetilde{v}_j\widetilde{h}_t)}{\partial x_j}=\dfrac{\partial}{\partial x_j}(\widetilde{q}_jq_j^T+\alpha-\beta)+\dfrac{\partial}{\partial x_j}[\widetilde{v}_i(\widetilde{\tau}_{ij}-\tau_{ij}^F)]
\end{cases}
\tag{6}
$$

式中　平均黏性应力 $\widetilde{\tau}_{ij}$ 和热通量 $\widetilde{q}_j$ 与 N-S 方程的相同，即

$$\widetilde{\tau}_{ij}=2\mu\widetilde{S}_{ij}+\lambda\frac{\partial\widetilde{v}_k}{\partial x_k}\delta_{ij}=2\mu\widetilde{S}_{ij}+\left(-\frac{2\mu}{3}\right)\frac{\partial\widetilde{v}_k}{\partial x_k}\delta_{ij} \tag{7}$$

$$\widetilde{S}_{ij}=\frac{1}{2}\left(\frac{\partial\widetilde{v}_i}{\partial x_j}+\frac{\partial\widetilde{v}_j}{\partial x_i}\right) \tag{8}$$

$$\widetilde{q}_j=\kappa\frac{\partial\widetilde{T}}{\partial x_j}$$

定义 Favre 湍流脉动动能、总能和总焓分别为

$$\widetilde{k}=\frac{1}{2}\widetilde{v''_iv''_i},\ \widetilde{e}_t=\widetilde{e}+\frac{1}{2}\widetilde{v}_i\widetilde{v}_i+\widetilde{k},\ \widetilde{h}_t=\widetilde{h}+\frac{1}{2}\widetilde{v}_i\widetilde{v}_i+\widetilde{k}$$

Favre 雷诺应力 τ_{ij}^F、湍流热通量 q^T 以及 α 和 β 分别为

$$\begin{cases}\tau_{ij}^F=-\bar{\rho}\,\widetilde{v''_iv''_j},q^T=\dfrac{\partial}{\partial x_j}(\bar{\rho}\,\widetilde{v''_jh''})\\ \alpha=\dfrac{\partial}{\partial x_j}(\widetilde{\tau_{ij}v''_i}),\beta=\dfrac{\partial}{\partial x_j}(\bar{\rho}\,\widetilde{v''_jk})\end{cases}$$

在跨声速或超声速流动条件下，α 和 β 项通常忽略；因而，只需给定 Favre 平均雷诺应力的 6 个分量和湍流热通量的 3 个分量，平均方程（6）即可封闭。

雷诺应力的计算一般采用 Boussinesq 近似（即涡黏性假设）或雷诺应力输运方程，前者的 Favre 雷诺应力与平均黏性应力（式（7））相似，表示为

$$\tau_{ij}^F=-\bar{\rho}\,\widetilde{v''_iv''_j}=2\mu_T\widetilde{S}_{ij}+\left(-\frac{2\mu_T}{3}\right)\frac{\partial\widetilde{v}_k}{\partial x_k}\delta_{ij}-\zeta$$

式中　$\zeta=-\frac{2}{3}\bar{\rho}\,\widetilde{k}\,\delta_{ij}$，一般情况下可忽略不计；

μ_T——涡黏性系数。

对于湍流热通量计算，由雷诺相似理论，表示为

$$q^T=\frac{\partial}{\partial x_j}(\bar{\rho}\,\widetilde{v''_jh''})=-\kappa_T\frac{\partial\widetilde{T}}{\partial x_j}$$

$$\kappa_T=c_p\frac{\mu_T}{Pr_T}$$

式中　Pr_T——湍流普朗特常数。

涡黏性湍流模型的平均流动方程与层流 N-S 方程（式（1））形式相同，而黏性系数 μ 和热传导系数 k 分别为

$$\mu=\mu_L+\mu_T,k=k_L+k_T$$

式中　下标 L 和 T 分别表示层流和湍流。下文如未特别说明，均指 Favre 雷诺平均方程，不再做形式上区分。

下面简要介绍涡黏性模型中应用最广泛的 k-ε 两方程模型，也是本书膛口流场湍流计算所采用的模型。高雷诺数 k-ε 模型的积分形式可写为

$$\frac{\partial}{\partial t}\iiint_{\Omega(t)} \boldsymbol{Q}_T \mathrm{d}\Omega + \oiint_{\Gamma(t)} (\boldsymbol{F}_{c,T} - \boldsymbol{F}_{v,T}) \mathrm{d}\Gamma = \iiint_{\Omega(t)} \boldsymbol{W}_T \mathrm{d}\Omega \tag{9}$$

式中

$$\boldsymbol{Q}_T = \begin{bmatrix} \rho k \\ \rho\varepsilon \end{bmatrix}, \quad \boldsymbol{F}_{c,T} = \begin{bmatrix} \rho k V_n \\ \rho\varepsilon V_n \end{bmatrix},$$

$$\boldsymbol{F}_{v,T} = \begin{bmatrix} n_x\tau_{xx}^k + n_y\tau_{yy}^k + n_z\tau_{zz}^k \\ n_x\tau_{xx}^\varepsilon + n_y\tau_{yy}^\varepsilon + n_z\tau_{zz}^\varepsilon \end{bmatrix}, \ \boldsymbol{W}_T = \begin{bmatrix} P - \rho\varepsilon \\ C_{\varepsilon 1} P \dfrac{\varepsilon}{k} - C_{\varepsilon 2}\rho \dfrac{\varepsilon^2}{k} \end{bmatrix}$$

其中

$$\begin{cases} \tau_{xx}^k = \left(\mu_L + \dfrac{\mu_T}{\sigma_k}\right)\dfrac{\partial k}{\partial x}, \ \tau_{yy}^k = \left(\mu_L + \dfrac{\mu_T}{\sigma_K}\right)\dfrac{\partial k}{\partial y} \\ \tau_{zz}^k = \left(\mu_L + \dfrac{\mu_T}{\sigma_K}\right)\dfrac{\partial k}{\partial z}, \ \tau_{xx}^\varepsilon = \left(\mu_L + \dfrac{\mu_T}{\sigma_\varepsilon}\right)\dfrac{\partial \varepsilon}{\partial x} \\ \tau_{yy}^\varepsilon = \left(\mu_L + \dfrac{\mu_T}{\sigma_\varepsilon}\right)\dfrac{\partial \varepsilon}{\partial y}, \ \tau_{zz}^\varepsilon = \left(\mu_L + \dfrac{\mu_T}{\sigma_\varepsilon}\right)\dfrac{\partial \varepsilon}{\partial z} \end{cases}$$

$P = \tau_{ij}^F S_{ij}$，由式（7）和式（8）确定。

涡黏性系数 μ_T 与 k 和 ε 关系为

$$\mu_T = C_\mu f_\mu \rho \frac{k^2}{\varepsilon}$$

该模型常数可取为

$$\begin{cases} C_\mu = 0.09, \quad C_{\varepsilon 1} = 1.44, \quad C_{\varepsilon 2} = 1.92, \\ \sigma_K = 1.0, \quad \sigma_\varepsilon = 1.3, \quad Pr_T = 0.9 \end{cases}$$

高雷诺数 k-ε 湍流模型的固壁边界条件设置可采用壁面函数法，即壁面附近的第一个网格点值与壁面之间通过壁面函数联系起来，不需要湍流方程求解壁面本身和壁面附近第一个网格点值。这样，壁面附近的网格可以不用加密。相反，对于低雷诺数 k-ε 模型，壁面本身及壁面附近的第一个网格点都由湍流方程求解（不用壁面函数法），但其边界附近的网格数要求足够密。

2. 大涡模拟

大涡模拟是介于直接模拟（DNS）和雷诺平均统计湍流模型（RANS）之间的湍流近似计算方法。大涡模拟的基本观点是对于大尺度湍流结构（大尺度湍流涡）直接进行模拟（因而三维非稳态是大涡模拟固有特性）。而对于小尺度结构（小湍流涡），即亚格子（Subgrid-Scales，SGS），采用模型化进行近似。也就是说将小尺度的脉动过滤掉，而直接求解大尺度脉动。

与统计湍流模型类似，大涡模拟将流动量 Φ 分解为大尺度脉动（求解部分）和小尺度（近似部分）脉动，即 $\Phi = \bar{\Phi} + \Phi'$，$\bar{\Phi}$ 由低通滤波函数 G 求得。对于可压缩流（考

虑密度脉动），与RANS湍流模型类似，对方程（4）采用Favre平均滤波，即对于速度、能量和温度采用Favre平均滤波，故可压缩流大涡模拟N-S方程可写为

$$\begin{cases}\dfrac{\partial\bar{\rho}}{\partial t}+\dfrac{\partial\bar{\rho}\widetilde{v}_i}{\partial x_i}=0\\ \dfrac{\partial(\bar{\rho}\widetilde{v}_i)}{\partial t}+\dfrac{\partial(\bar{\rho}\widetilde{v}_j\widetilde{v}_i)}{\partial x_j}+\dfrac{\partial\bar{p}}{\partial x_i}-\dfrac{\partial\widetilde{\sigma}_{ij}}{\partial x_j}=-\dfrac{\partial\tau_{ij}^{SF}}{\partial x_j}+\dfrac{\partial}{\partial x_j}(\bar{\sigma}_{ij}-\widetilde{\sigma}_{ij})\\ \dfrac{\partial(\bar{\rho}\widetilde{e})}{\partial t}+\dfrac{\partial(\bar{\rho}\widetilde{v}_j\widetilde{e})}{\partial x_j}+\dfrac{\partial\widetilde{q}}{\partial x_j}+\bar{p}\widetilde{S}_{kk}-\widetilde{\sigma}_{ij}\widetilde{S}_{ij}=-\mathscr{A}-\mathscr{B}-\mathscr{C}+\mathscr{D}\end{cases}\tag{10}$$

式中

$$\mathscr{A}=\frac{\partial}{\partial x_j}[\bar{\rho}(\widetilde{v_je}-\widetilde{v}_j\widetilde{e})],\mathscr{B}=\frac{\partial}{\partial x_j}(\bar{q}_j-\widetilde{q}_j)$$

$$\mathscr{C}=\overline{pS_{kk}}-\bar{p}\widetilde{S}_{kk},\mathscr{D}=\overline{\sigma_{ij}S_{ij}}-\widetilde{\sigma}_{ij}\widetilde{S}_{ij}$$

$$\bar{q}_j=-\kappa\frac{\partial\bar{T}}{\partial x_j},\widetilde{q}_j=-\widetilde{\kappa}\frac{\partial\widetilde{T}}{\partial x_j},\widetilde{S}_{ij}=\frac{1}{2}\left(\frac{\partial\widetilde{v}_i}{\partial x_j}+\frac{\partial\widetilde{v}_j}{\partial x_i}\right)$$

$$\bar{\sigma}_{ij}=\overline{2\mu S_{ij}}-\overline{\left(\mu_B-\frac{2\mu}{3}\right)\delta_{ij}S_{kk}},\widetilde{\sigma}_{ij}=2\widetilde{\mu}\widetilde{S}_{ij}-\overline{\left(\widetilde{\mu}_B-\frac{2\widetilde{\mu}}{3}\right)\delta_{ij}\widetilde{S}_{kk}}$$

方程（10）中（$\bar{\sigma}_{ij}-\widetilde{\sigma}_{ij}$）和$\mathscr{B}$项常忽略，而亚格子应力$\tau_{ij}^{SF}$和$\mathscr{A}$，$\mathscr{C}$，$\mathscr{D}$通过模型来近似。关于亚格子应力模型，常用的有涡黏性模型（Eddy-Viscosity Models）、Smagorinsky亚格子模型、动力亚格子模型（Dynamic SGS Models）等，这里不再介绍，读者可参阅相关文献。

实际上，每一种湍流模型都有它的优势和缺陷。湍流模型的选取需结合求解问题本身，综合考虑其经济性和适用性。在工程计算方面，因统计湍流模型计算量小，能处理复杂流场结构，且大多数情况下也能获得比较好的模拟结果。因而，到目前为止，仍占主体地位。但是，随着硬件计算能力的不断提高，大涡模拟将是工程应用领域最有潜力的湍流计算方法。

3. 湍流燃烧简介

湍流燃烧是21世纪最重要的研究领域之一，主要侧重于火焰结构及其预测（数值）方法等方面的研究[41]。随着火焰预测方法的快速发展，湍流燃烧数值模拟已成为人们理解燃烧机理的比较好的手段之一。湍流燃烧的模拟方法包括直接模拟（DNS）、大涡模拟（LES）、概率密度函数（PDF）输运方程模型、条件矩模型（CMC）、简化概率密度函数模型（如层流小火焰模型和BML模型）、关联矩模型和基于物理概念的一些唯象模型，如EBU或ED模型、ESCIMO理论等。其中，直接模拟（DNS）和大涡模拟（LES）的精度最高，但是，如前文所述，其计算量过于巨大，目前只能用于结构较简单、雷诺数较低的流场计算。输运方程的概率密度函数法因其求解方法复杂，计算量亦

较大，使得其应用范围较窄。层流小火焰模型、BML 模型、漩涡耗散（EBU 或 ED）模型、简化的 PDF 模型是工程能够接受并有潜力的研究方向。而条件矩（CMC）和概率密度法仍处于发展之中，层流小火焰模型也只适用于特定的领域。在实际应用中，占主导地位的仍是采用雷诺平均和简单的唯象燃烧模型（如 EBU）相结合的模拟方法。其所需的计算要求和容量并不高，且能处理复杂流场结构，计算结果也比较接近实际。可见，考虑到模型的复杂性和精度要求以及计算成本，采用基于 k-ε 湍流模型和漩涡耗散（ED）湍流燃烧模型开展膛口反应流的模拟（尤其是工程应用方面）是目前比较经济的方法。

四、并行计算

1. 并行软硬件介绍

并行计算（Parallel Computing）是指在并行计算机上，将求解问题分解成多个子任务，分配给不同的运算单元，各个运算单元之间相互协同，并行地执行子任务，从而达到加快求解速度或提高求解问题计算规模的目的[42]。开展并行计算必须具备并行计算机、可并行求解的问题以及并行编程环境等条件。

并行计算机结构根据经典 Flynn 分类法，可分为四大类，即单指令单数据流（SISD）、单指令多数据流（SIMD）、多指令多数据流（MIMD）和多指令单数据流系统（MISD）。几乎所有的高性能计算机都属于 MIMD 类，它进一步分为共享式内存系统、分布式内存系统、Cluster（集群）等。

共享式内存 MIMD 系统中，所有处理器共享并可充分利用整个内存，因而易于实现编程和内存的有效使用。分布式内存 MIMD 系统与共享式相反，即每个处理器有它自己的本地内存，处理器要访问非本地内存，要借助于网络。相对于共享内存系统，需要做更多的编程工作。集群是由几个计算机（节点）连接而组成的超级计算系统。多数情况下，它混合了分布和共享式内存系统。虽然集群规模可以很大（如几千个处理器），但要发挥其理论性能，与分布式系统一样，需要更多的编程工作。

对于并行编程环境，常用的有 OpenMP 和 MPI。前者主要用于共享式内存系统，它是编写多线程程序的一个标准，其优点是容易实现并行循环。免费的 OpenMP 编译器有 Intel Fortran 非商业版和 GCC 中的 GFortran。对于分布式系统的编程环境，应用最广泛的是消息传递编程标准 MPI（Message Passing Interface），它是目前最为流行的并行编程方式之一。比较流行的免费 MPI 软件有 MPICH，OpenMPI，MVAPICH，LAM MPI 等。

并行程序的执行过程相对串行程序复杂得多，其执行时间（Execution Time）等于从并行程序开始执行到所有进程执行完毕，称为墙上时间（Wall Time）。墙上时间进一步可分为 CPU 运算时间、CPU 通信时间、同步时间等。墙上时间是评价一个并行程序运行速度的依据。关于程序并行性能的评价一般采用加速比 S_n 和计算效率 E_n，即

$$S_n=\frac{T_1}{T_n}, E_n=\frac{T_1}{nT_n}$$

其中，T_1表示程序采用一个处理器来求解整个问题所用的计算时间（墙上时间），相应的 T_n是指采用第 n 个处理器求解整个问题所用的计算时间。

2. **CFD 并行算法简介**

计算流体力学中，常用的并行方法有网格分区法（Grid Partitioning）、域分解法（Domain Decomposition）、时域并行（Time Parallelization）等，它们均属于数据分解技术（Data Decomposition Techniques）。其中网格分区法最常用，它将空间求解区域（网格）分解为不重叠的子区域，各子区域分别由不同运算单元同时进行计算，而子域之间的耦合通过相邻子域之间交换边界数据来实现，如附录图 27 所示。在并行集群中，边界数据的交换是通过网络传递实现的，而通常网络速度相对较慢。为提高计算效率，应尽量减少数据交换量，各个子域之间的计算负载应均衡。比如尽量使网格分割的子域计算量均等，并使子域个数与处理器个数匹配。对于处理器个数少的情形，可将子域分组，并使各组的负载均衡。

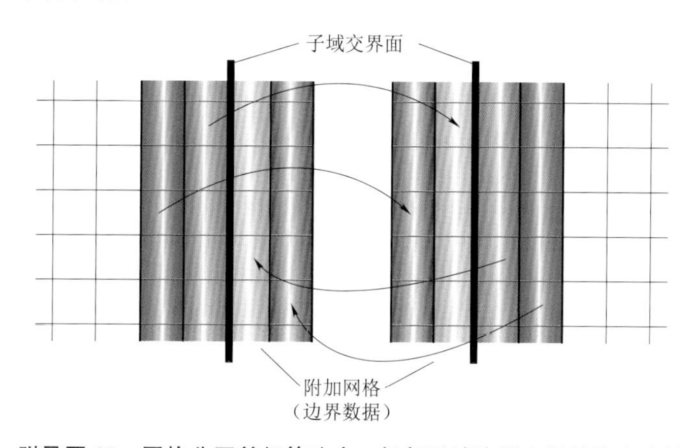

附录图 27　网格分区并行算法中，相邻子域边界之间的信息交换

对于膛口流场，我们采用消息传递（MPI）的分布式并行环境 MPICH 2.0 和网格分区法进行中远场冲击波场的并行计算。

五、计算流动显示

计算流动显示（Computational Flow Imaging，CFI）是运用光学流动显示的原理和科学计算可视化方法，将数值计算获得的流场数据转换并在计算机上模拟实现，得到相应的光学数字图像，如阴影图、纹影图及干涉图，以反映流场的特征。它融合了计算流体力学、实验流体力学、科学计算可视化等领域，是流体力学领域中比较新的研究方向，是流场可视化技术的一个新的分支。由于计算流动显示技术模拟真实的光学过程，得到的结果与实验结果是严格对应的，故计算图像与实验图像具有可比性，能直观地进行对照比较。随着计算流体力学理论研究的深入和科学计算可视化技术的日趋成熟，它已被越来越多地应用于实验结果分析、实验和理论的验证等方面。

六、计算流体力学软件简述

随着计算流体力学的发展、计算速度和存储技术的不断提高，计算流体力学在各个领域得到了广泛应用，尤其是商用软件和开源程序的不断完善和成熟，进一步拓展和加深了计算流体力学（CFD）软件在工业和工程计算等方面应用，其中具有代表性的商用软件有 FLUENT、CFX（二者已被 ANSYS 公司并购）、PHOENICS、STAR-CCM 等，开源程序有 OpenFOAM，CFL3D，Vulcan 及 DUNS 等。

对于商用软件，一般具有友好的用户界面、完备的前后处理器和适合不同工程领域的物理模型及其求解器。如应用最广泛的商业软件 FLUENT，它能模拟复杂结构的不可压缩流和可压缩流的层流、湍流等问题，能通过并行计算和自适应化网格等技术提高计算速度，计算范围涵盖了从低亚声速、跨声速、超声速到高超声速流动，能够模拟流体流动、传热传质、化学反应、多相流和其他复杂的物理现象。用户可以通过 UDF 扩展 FLUENT 的功能，如自定义边界、初始化、介质属性、源项以及增强自带的物理模型（如多相流物理模型）等。虽然商业软件具有强大的功能（包括前后处理器）、宽广的适用范围，但也有其软肋和不足，主要有以下几点：商用软件一般为可执行软件包，并不提供核心源代码，其扩展性受到限制，仅局限于软件给定的功能和扩展模块；为使软件在广阔的应用范围内运行稳定、可靠，一般提供的算法、格式相对保守，精度有限，对于特定问题或行业，并不能提供很好的解决方案；商业软件适合于一般的工程计算，不适合于开拓性、较深层次的科学研究。随着商业软件的不断成熟和发展，其计算精度和稳定性不断提高，应用范围也更广阔。

商业软件的功能和扩展性一般是有限度的，而开源程序与它刚好相反，因为源代码开放，用户可以按具体问题随意修改和扩展程序。但是开源程序也存在以下不足：开源程序一般只针对某类问题或现象，其功能单一，前后处理器功能少；一般提供的程序说明文档比较少，读懂源代码比较困难或花时间比较多；需要一定的专业背景和编程经验，不像商业软件，一般需要结合自己的求解问题进行修改后方可使用，对用户的要求比较高；某些源代码，其开放也有限度，比如不提供重要代码段源码、程序结构陈旧等。尽管如此，因为代码开放，许多科学工作者和爱好者以此为基础，进行扩展和二次开发，也可获得功能强大、算法先进的计算代码。

对于膛口流场的数值模拟，一般的工程问题可以通过商业软件进行计算，如 FLUENT。对于复杂物理现象，如冲击波场精细结构、膛口焰形成机理及爆燃转爆轰现象、噪声与湍流以及冲击波与旋涡的相互作用等，尚无成熟可靠的商业软件或开源程序。

附录八　作者本人相关文献

以下为本书撰写的主要参考文献，系作者本人的论著、指导的研究生论文、主持撰写的课题技术总结报告等，书中不标注参考文献号。

1. 百科全书、词典

（1）李鸿志．中间弹道学，中国大百科全书（军事卷），1987.

（2）李鸿志．“中间弹道学”6 词条，中国军事百科全书（第一版），1997.

（3）李鸿志．“中间弹道学”6 词条，中国军事百科全书（第二版），2007.

（4）李鸿志，尤国钊．“中间弹道学”等 43 词条，兵器工业科学技术词典（弹道学）. 北京：国防工业出版社，1991.

2. 中间弹道学文献数据库（作者撰写和主持撰写的课题组科研总结报告）

（1）“炮口制退器的研究”项目阶段研究报告（华东工程学院内部报告，兵器科研），1976.

（2）“膛口冲击波机理研究”科学技术总结报告（华东工程学院内部报告，兵器科研），1981.

（3）“YA-1 亚微秒光源及其阴影照相系统”研制技术报告（华东工程学院内部报告，兵器科研），1984.

（4）“中间弹道理论及其应用”项目技术报告（华东工学院内部报告，兵器科研），1986.

（5）“YA-16 多闪光高速照相机”科学技术总结报告（华东工学院内部报告，兵器科研），1986.

（6）“冲击波测量方法研究”技术总结报告（华东工学院内部报告，兵器科研），1987.

（7）“膛口气流温度测量”工程技术总结报告（华东工学院内部报告，兵器科研），1988.

（8）“高膛压滑膛炮炮口制退器的研究”工程技术总结报告（华东工学院内部报告，兵器科研），1989.

（9）“高超声速气流速度激光激发测量方法及测试系统”工程技术总结报告（华东工学院内部报告，兵器科研），1989.

（10）“膛口焰机理及抑制技术”科学技术总结报告（华东工学院内部报告，兵器科研），1990.

（11）“IB—12 中间弹道靶道正交多站闪光测量系统”工程技术总结报告（华东工学院内部报告，兵器科研），1990.

（12）“复杂流场分布参数综合测量与 DPS 辨识方法的应用研究”技术总结报告

（华东工学院内部报告，兵器科研），1991.

（13）“炮口制退器优化设计方法研究”工程技术总结（华东工学院内部报告，兵器科研），1991.

（14）“弹道性能的影响研究”科研总结报告（南京理工大学内部报告，兵器科研），1992.

（15）“带化学反应多相流激波现象研究”科研总结（高校博士基金），1993.

（16）“高膛压滑膛炮炮口制退器对脱壳穿甲弹弹道性能干扰和影响研究”总结报告（南京理工大学内部报告，兵器科研），1995.

（17）“气云和粉尘爆炸过程中火焰与激波相互作用的研究”技术报告（自然科学基金重点项目），1997.

（18）“带化学反应的膛口流场数值模拟及实验研究”科学技术报告（南京理工大学内部报告，兵器科研），2008.

（19）“膛口真实流场的数值模拟及并行计算”科学技术报告（南京理工大学内部报告，兵器科研），2008.

3. 实验图库

膛口流场高速摄影数字式图库［Z］. 弹道国防科技重点实验室内部资料，2008.

4. 学位论文：中间弹道学方向研究生论文（李鸿志指导）

（1）沈孝明. 计算二维非定常理想可压缩流的一体格子流体法及其在膛口流场计算中的应用［D］. 华东工程学院，1982.

（2）崔东明. 膛口气流参数的计算与测量［D］. 华东工程学院，1984.

（3）许厚谦. 炮口焰和筒形消焰器灭焰机理研究［D］. 华东工程学院，1984.

（4）魏琪. 膛口流场的数值模拟［D］. 华东工学院. 1986.

（5）金凌. 炮口制退器理论研究［D］. 华东工学院，1987.

（6）刘晓利. 变能量冲击波的研究［D］. 华东工学院，1987.

（7）高玲. 激光电离测速系统实验及原理论证［D］. 华东工学院，1987.

（8）孟广才. 考虑爆炸产物的爆炸冲击波与炮口冲击波的近似分析解［D］. 华东工学院，1987.

（9）孟金友. 膛口射流及其对弹丸后效作用的研究［D］. 华东工学院，1987.

（10）蒋求夫. 炮口制退器优化设计［D］. 华东工学院，1988.

（11）杨新泉. 炮口制退器优化设计方法［D］. 华东工学院，1989.

（12）陈新立. 带挡钣的膛口二次燃烧点火的数值模拟及实验研究［D］. 华东工学院，1991.

（13）徐志红. 光谱测温法在膛内火药气体温度测量中的应用［D］. 华东工学院，1992.

（14）李虎全. 脱壳穿甲弹弹托脱落时的气动力研究［D］. 华东工学院，1992.

（15）许厚谦．膛口二次燃烧点燃的机理研究及数学模拟（博士）［D］. 华东工学院，1987.

（16）马大为．含复杂波系膛口非定常流场的数值研究（博士）［D］. 华东工学院，1991.

（17）刘晓利．可燃粉尘一空气混合物燃烧与爆轰特性的实验研究与数值模拟（博士）［D］. 南京理工大学，1993.

（18）陈志华．气云与粉尘爆炸现象的研究（博士）［D］. 南京理工大学，1998.

（19）姜孝海．高速运动弹丸诱导的瞬态流场数值研究．南京理工大学博士后研究报告，2006.

（20）王杨．膛口气流脉冲噪声研究（博士）［D］. 南京理工大学，2012.

（21）郭则庆．膛口流场动力学机理数值研究（博士）［D］. 南京理工大学，2012.

5. **教材**

（1）李鸿志，崔东明．冲击波与射流理论［M］. 南京：华东工学院，1989.

（2）李鸿志，崔东明，范宝春．连续介质中的激波［M］. 北京：兵器工业出版社，1995.

（3）张月林，等．火炮反后坐装置设计［M］. 第十二章“火药气体作用系数和炮口装置”（李鸿志执笔）. 北京：国防工业出版社，1984.

6. **论文**

（1）李鸿志．炮口制退器结构参量与效率的关系［Z］. 炮兵工程学院资料汇编，1962.

（2）李鸿志，尤国钊．炮口冲击波的形成和分布规律以及减小炮口冲击波途径分析［J］. 华东工学院学报，1977，1（1）：26-48.

（3）李鸿志，高树滋．带膛口装置的膛口流场与冲击波形成机理［J］. 兵工学报，1979（2）：1-26.

（4）李鸿志．炮口冲击波场计算程序［J］. 华东工学院学报，1979（4）：109-126.

（5）李鸿志．多闪光高速摄影机的发展及其在非定常流场研究中的应用［J］. 华东工学院学报，1988（1）：81-89.

（6）李鸿志．模拟炮膛流空的数值计算方法［J］. 华东工学院学报，1982（3）：113-127.

（7）李鸿志，季儒彦，等．后效期炮膛气流参数变化规律及β计算［J］. 兵工学报（武器分册），1982（3）：18-33.

（8）李鸿志，刘殿金．一种亚微秒级火花光源［J］. 华东工学院学报，1983（3）：69-82.

（9）李鸿志．炮口装置受力与效率计算［J］. 华东工学院学报，1984（3）：1-17.

（10）李鸿志，王俊德，等．一种用于火焰原子吸收/发射光谱分析的火焰温度测量新方法［J］. 分析化学，1988，16（3）：203-206.

（11）刘晓利，李鸿志．高压放电冲击波的变能量释放问题［J］. 兵工学报（弹箭），1989（2）：1-6.

（12）李鸿志，王俊德，等．光谱法测量枪口闪光气流的瞬态温度［J］. 光谱学与光谱分析，1990，10（5）：27-30.

（13）李鸿志，马大为．膛口冲击波和射流结构的数值解［C］. 中国兵工学会弹道学会弹道学术交流会，1990.

（14）崔东明，李鸿志，等．IB-12 中间弹道靶道及其应用［J］. 弹道学报，1991（1）：11-18.

（15）崔东明，何正求，李鸿志．脱壳穿甲弹的中间弹道研究［J］. 华东工学院学报，1991（4）：11-18.

（16）李鸿志，崔东明，等．尾翼脱壳穿甲弹近炮口区飞行姿态显示［J］. 兵工学报，1992，13（1）：66-69.

（17）李鸿志，马大为．膛口冲击波的远场传播规律［J］. 弹道学报，1992（1）：25-29.

（18）李鸿志，王莹，等．膛口气流速度测量［J］. 弹道学报，1992（8）：49-53.

（19）王杨，姜孝海，郭则庆，等．小口径膛口射流噪声的数值模拟［J］. 爆炸与冲击，2014，34（4）：508-512.

（20）李鸿志，王莹，等．用序列脉冲激光等离子体示踪方法测量非定常流速度—时间变化［J］. 实验力学，1992，7（4）：345-350.

（21）李鸿志，刘晓利．膛口变能量冲击波的特性分析：弹道初始参量的影响［J］. 兵工学报，1993（3）：17-21.

（22）何正求，李鸿志．卡瓣 APFSDS 弹的脱壳扰动与密集度［J］. 兵工学报，1995（11）：308-311.

（23）李鸿志，范宝春，耿继辉，陆守香．激波与可燃粉尘界面的相互作用［J］. 中国科学，1996，26（3）：247-256.

（24）范宝春，陆守香，李鸿志．激波作用下粉尘卷扬、点火与燃烧的数值研究［J］. 空气动力学学报，1996，14（2）：134-140.

（25）刘晓利，李鸿志，曹从咏，明晓．反射面式消声器的抑噪机理［J］. 流体力学实验与测量，1998，12（2）：74-79.

（26）范宝春，姜孝海，李鸿志．湍流加速火焰的三维数值模拟［J］. 计算力学学报，2003，20（4）：462-466.

（27）姜孝海，李鸿志，范宝春，等．基于 ALE 方程及嵌入网格法的膛口流场数值模拟［J］. 兵工学报，2007，28（12）：1512-1515.

（28）姜孝海，范宝春，李鸿志．膛口流场动力学过程数值研究［J］. 应用数学与力学，2008，29（3）：316-324.

（29）王杨，郭则庆，姜孝海．冲击波超压峰值的数值计算［J］. 南京理工大学学报（自然科学版），2009，33（6）：770-773.

（30）王杨，姜孝海，郭则庆．膛口冲击波物理模型数值分析［J］. 弹道学报，2010，22（1）：57-60.

（31）王杨，郭则庆，姜孝海．某无后坐力炮的流场数值模拟［J］. 南京理工大学学报（自然科学版），2011，35（1）：47-51.

（32）王杨，郭则庆，姜孝海．后效期火药气体流空过程数值模拟［J］. 火炮发射与控制学报，2009（3）：63-67.

（33）郭则庆，王杨，姜孝海，李鸿志．膛口初始流场对火药燃气流场影响的数值研究［J］. 兵工学报，2012，33（6）：663-668.

（34）郭则庆，王杨，姜孝海，刘殿金．小口径武器膛口流场可视化实验［J］. 实验流体力学，2012，26（2）：46-50.

（35）郭则庆，姜孝海，王杨．后效期火药燃气加速弹丸的数值研究［J］. 高压物理学报，2012，26（5）：564-570.

（36）郭则庆，姜孝海，王杨．膛口反应流并行数值模拟［J］. 计算力学学报，2013，30（1）：111-116.

（37）张焕好，陈志华，姜孝海．三维膛口装置内外流场及效率的数值模拟［J］. 兵工学报，2011，32（5）：513-519.

（38）Li Hong-Zhi，Yu Guo-Zhao. Analysis of characteristics of muzzle blast with muzzle devices［C］. Proceedings of the International Conference on Ballistics，Nanjing，China，1988.

（39）Li Hong-Zhi，Xu Hou-Qian. Numerical simulation model of whold flowfield for secondary muzzle flash onset［C］. Proceedings of the International Conference on Ballistics，Nanjing，China，1988.

（40）Wang J D，Li Hong-Zhi，Zu Chen-H. Studies on temporal resolution characteristics of flame temperature for flame atomic absorbtion spectroscopy［J］. Spectroscopy Letters，1989，22（8）：1111-1122.

（41）Li Hong-Zhi，Ma Da-Wei. Numerical Simulation of Muzzle Flow［C］. Proceedings of the 12th International Symposium on Ballistics，San Antonio，Texas，USA，1990.

（42）Ling Gao，Li Hong-Zhi. Investigation of velocity measurement in supersonic flow using plasma produced by ND-glass laser［C］. Proceedings of the 12th International Symposium on Ballistics，San Antonio，Texas，USA，1990.

（43）Ma Da-Wei，Li Hong-Zhi. The application of high-order godunov scheme to supersonic flow [C]. First European Computational Fluid Dynamics Conference, Brussels, Belgium, 1992.

(44) Li Hongzhi, Liu Xiaoli. Characteristic analysis on variable energy blast wave at muzzle: the influence with ballistic initial parameters [C]. Proceedings of the 13th International Symposium on Ballistics, Stockholm, Sweden, 1992.

(45) Li Hongzhi, Li Baoming. The current situation and development of ballistics in P. R. CHINA [C]. Proceedings of the 14th International Symposium on Ballistics, Quebec, Canada, 1993.

(46) Li Hong-Zhi, Fan Bao-Chun, Geng Ji-Hui, Lu Shou-Xiang. Shock wave interaction with surface of combustible dust layers [J]. Science in China (E), 1996, 39 (5): 449-460.

(47) Jiang Xiao-hai, Fan Bao-chun, Li Hong-zhi. Numerical investingations on dynamic process of muzzle flow [J]. Applied Mathematics and Mechanics, 2008, 29 (3): 351-360.

(48) Jiang X H, Chen Z H, Fan B C, Li H Z. Numerical simulation of blast flow fields induced by a high-speed projectile [J]. Shock Waves, 2008, 18: 205-212.

(49) Jiang X, Chen Z, Li H. Numerical Investigation on the reacting muzzle flow [C]. Proceedings of the 27th International Symposium on Shock Waves, St. Petersburg, Russia, 2009.

(50) Jiang X, Li H, Guo Z, et al. Numerical Investigations On Muzzle flow Under Approaching Real Shooting Conditions [C]. Proceedings of the 28th International Symposium on Shock Waves, Manchester, UK, 2011.

(51) Guo Z, Jiang X, Wang Y, Chen Z, Li H. Visualization experimental and numerical investigation on the muzzle flow [C]. Proceedings of the 23rd International Congress of Theoretical and Applied Mechanics, Beijing, China, 2012.

参 考 文 献

［1］ Klingenberg G, Heimerl M. Gun muzzle blast and flash [M]. Washington: AIAA, 1992.

［2］ Merlen A, Dyment A. Similarity and asymptotic analysis for gun-firing aerodynamics [J]. Journal of fluid Mechanics, 1991, 225: 497-528.

［3］ Cooke C H. Application of an explicit TVD scheme for unsteady, axisymmetric, muzzle brake flow [J]. International Journal for Numerical Methods in Fluids, 1987, 7 (6): 621-633.

［4］ 邵家骏，刘桂久，焦其文，罗本元．航炮炮口气流与炮口装置的研究（内部）[R]. 第六一一研究所，1981.

［5］ 迪特尔．伊劳尔．消声器原理 [J]. 轻兵器，1980 (4): 29-49.

［6］ Headquarters, U. S. Army Materiel Command. 炮口装置 [M]. 邱凤昌，张月林，译．北京：国防工业出版社，1974.

［7］ Director M N, Dabora E K. Predictions of variable-energy blast waves [J]. AIAA Journal, 1977, 15 (9): 1315-1321.

［8］ Dabora E K. Variable energy blast waves [J]. AIAA Journal, 1972, 10 (10): 1384-1386.

［9］ Smith F A. Theoretical model of the blast from stationary and moving guns [C]. 1st International Symposium on Ballistics, Orlando, FL, 1974.

［10］ 克莱登 W A，希克曼 A. 联合王国在肩射无后坐武器的噪声方面最近所做的工作 [C]. 第四届国际弹道会议论文集（翻译本），1981.

［11］ Lighthill M J. On sound generated aerodynamically, I. General Theory [J]. Proc. R. Soc, 1952: 564-587.

［12］ 马大猷．现代声学理论基础 [M]. 北京：科学出版社，2004.

［13］ Л. И. Соркина. Проьлемы Уменьшения Шума [M]. Москва: Издательство ИНОСТРАННОЙ ЛИТЕРАТУРЫ, 1961.

［14］ 居鸿宾，沈孟育．计算气动声学的问题：方法与进展 [J]. 力学与实践，1995, 17 (5): 1-10.

［15］ Freund J B, Lele S K, Moin P. Direct numerical simulation of a Mach 1. 92 turbulent jet and its sound field [J]. AIAA J, 2000, 38 (11): 2023-2031.

［16］ Williams J E F, Hawkings D L. Sound generation by turbulence and surfaces in arbitrary motion [J]. Philosophical Transactions of the Royal Society of London. Series A, Mathematical and Physical Sciences, 1969, 264 (1151): 321-342.

[17] Carfagno S P. Handbook on gun flash [M]. Philadelphia: Franklin Institute, 1961.

[18] May I W, Einstein S I. Prediction of gun muzzle flash [R]. Army Ballistic Research Lab Aberdeen Proving Ground MD, 1980.

[19] Yousefian V. Muzzle flash onset [R]. Aerodyne Research, Inc, 1982.

[20] Kubota, Naminosuke. Propellants and explosives: thermochemical aspect of combustion [M]. Weinheim: Wiley-VCH, 2007.

[21] Cayzac R, Carette E, Alziary de Roquefort T, et al. Unsteady intermediate ballistics: 2D and 3D CFD modeling: applications to sabot separation [C]. Proceedings of 22nd International Symposium on Ballistics, Vancouver, Canada, 2005.

[22] 赵润祥．多体干扰、分离实验技术 [R]. 南京理工大学，2000.

[23] 黄振贵，陈志华，郭玉洁．尾翼稳定脱壳穿甲弹动力学过程的三维数值模拟 [J]. 兵工学报，2014，35 (1)：9-17.

[24] Blazek J. Computational Fluid Dynamics: principles and applications [M]. Oxford: Elsevier, 2001.

[25] Smith R W. AUSM (ALE): a geometrically conservative arbitrary Lagrangian-Eulerian flux splitting scheme [J]. Journal of Computational Physics, 1999, 150 (1): 268-286.

[26] Tae-Hyeong Yi, Dale A Anderson, Donald R Wilson, Frank K Lu. Numerical study of two-dimensional viscous, chemically reacting flow [J]. AIAA, 2005-4868.

[27] Magnussen B F, Hjertager B H. On mathematical modeling of turbulent combustion with special emphasis on soot formation and combustion [C]. Symposium (International) on Combustion. Elsevier, 1977, 16 (1): 719-729.

[28] Chung T J. Computational fluid dynamics [M]. Cambridge: Cambridge University Press, 2010.

[29] Hu F Q, Hussaini M Y, Manthey J L. Low-dissipation and low-dispersion runge-kutta schemes for computational acoustics [J]. Journal of Computational Physics, 1996, 124 (1): 177-191.

[30] Claus Wagner, Thomas Huttl, Pierre Sagaut. Large-eddy simulation for acoustics [M]. Cambridge: Cambridge University Press, 2007.

[31] Baur E H, Schmidt E M. Design optimization techniques for muzzle brakes [C]. Proceedings of the 8th Symposium on Ballistics, Shrivenham, UK, 1986.

[32] 李伟如．膛口制退器制退冲量的相似律 [J]. 兵工学报，1982 (1)：58-62.

[33] Westine P. The blast field about the muzzle of guns [J]. Shock and Vibration Bulletin，1969，39 (6)：139-149.

[34] Pater L L. Scaling of muzzle brake performance and blast field [R]. Naval Weapons Lab Dahlgren VA，1974.

[35] Merlen A. Generalization of the muzzle wave similarity rules [J]. Shock Waves，1999 (9)：341-352.

[36] 王秉义．枪炮噪声与爆炸声的特性和防治 [M]. 北京：国防工业出版社，2001.

[37] 孙忠良，宋福治．炮口波的测量及对人耳的损伤 [R]. 中国人民解放军59181部队，1979.

[38] 姚德胜，杨志焕，王正国，等．炮口冲击波对人员内脏损伤的安全标准编制说明 [S]. 炮兵装备技术研究所，第三军医大学野战外科研究所，1990.

[39] 炮口冲击波与脉冲噪声安全防护标准的国、军标

GJB 2—1982. 常规兵器发射或爆炸时压力波对人体作用的安全标准 [S].

GJB 12—1984，导弹火炮在舰上发射时的脉冲噪声对听觉的安全限值 [S].

GJB 1158—1991，炮口冲击波对人员非听觉器官损伤的安全限值 [S].

GJB 2A—1996，常规兵器发射或爆炸时脉冲噪声和冲击波对人员听觉器官损伤的安全限值 [S].

[40] Scandiflash 脉冲 X 光机使用说明书 [Z].

[41] Bilger R W. Future progress in turbulent combustion research [J]. Progress in Energy and Combustion Science . 2000 (26)：367-380.

[42] 张林波，迟学斌，等．并行计算导论 [M]. 北京：清华大学出版社，2006.

索　　引

0～9

A～Z

α～κ

A

B

C

E

F

G

H

J

K

N

P

Q

R

S

T

W

X

Z